华信咨询设计研究院专家团队

核心网规划与应用

吴成林 陶伟宜 张子扬 赵迎升
周 悦 徐伟杰 景建新 ◎编著

人民邮电出版社
北 京

图书在版编目（CIP）数据

5G核心网规划与应用 / 吴成林等编著. -- 北京 : 人民邮电出版社, 2020.10（2022.4重印）
ISBN 978-7-115-54626-5

Ⅰ. ①5… Ⅱ. ①吴… Ⅲ. ①无线电通信－移动通信－通信技术 Ⅳ. ①TN929.5

中国版本图书馆CIP数据核字(2020)第144395号

内容提要

本书首先介绍了5G在全球的商用情况及5G对未来发展的展望，以及国际、国内各组织对5G发展的推动情况；其次介绍了5G核心网NSA和SA架构，对5G SA核心网的关键技术（例如，SBA架构、网络切片、边缘计算等）进行了详细阐述，结合5G网络的技术特点，全面介绍了5G的主要应用场景；然后详细介绍了5G SA核心网的规划思路和方法，并对5G SA核心网各网元在网络中的功能用途进行了阐述；最后对5G的安全进行了系统的说明。

本书适合从事5G移动通信网络核心网规划、设计和维护的工程技术人员、管理人员参考使用，对从事5G安全以及5G业务应用相关的工程技术人员有参考价值，也可供高等院校移动通信相关的专业师生阅读。

◆ 编　　著　吴成林　陶伟宜　张子扬　赵迎升　周　悦
　　　　　　徐伟杰　景建新
　责任编辑　赵　娟　王建军
　责任印制　彭志环

◆ 人民邮电出版社出版发行　　北京市丰台区成寿寺路11号
　邮编　100164　　电子邮件　315@ptpress.com.cn
　网址　https://www.ptpress.com.cn
　三河市中晟雅豪印务有限公司印刷

◆ 开本：787×1092　1/16　　彩插：7
　印张：28.5　　2020年10月第1版
　字数：685千字　　2022年4月河北第3次印刷

定价：188.00元

读者服务热线：(010)81055493　印装质量热线：(010)81055316
反盗版热线：(010)81055315
广告经营许可证：京东市监广登字20170147号

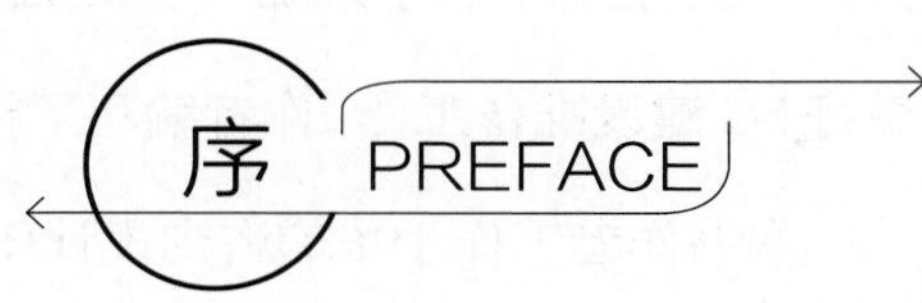

当前，第五代移动通信（5G）技术已日臻成熟，国内外各大主流运营商均在积极准备 5G 网络的演进升级。促进 5G 产业发展已经成为国家战略，我国政府连续出台相关文件，加快推进 5G 技术商用，加速 5G 网络发展建设进程。2019 年 6 月初，工业和信息化部发放 5G 商用牌照，标志着中国正式进入 5G 时代。4G 改变生活，5G 改变社会。新的网络技术带动了多场景服务的优化和互联网技术的演进，也将引发网络技术的大变革。5G 不仅是移动通信技术的升级换代，还是未来数字世界的驱动平台和物联网发展的基础设施，将对国民经济的方方面面带来广泛而深远的影响。5G 和人工智能、大数据、物联网及云计算等的协同融合点燃了信息化新时代的引擎，为消费互联网向纵深发展注入后劲，为工业互联网的兴起提供新动能。

作为信息社会通用基础设施，当前国内 5G 产业建设及发展如火如荼。在 5G 产业上虽然中国有些企业已经走到了世界前列，但并不意味着在所有方面都处于领先地位，还应该加强自主创新能力。我国 5G 牌照虽已发放，但是 5G 技术仍在不断的发展中。在网络建设方面，5G 带来的新变化、新问题也需要不断探索和实践，尽快找出解决办法。在此背景下，在工程技术应用领域，亟须加强针对 5G 网络技术、网络规划和设计等方面的研究，为已经来临的 5G 大规模建设做好技术支持。“九层之台，起于累土”，规划建设是网络发展之本。为了抓住机遇，迎接挑战，做好5G建设准备工作，作者编写了相关图书，为5G网络规划建设提供参考和借鉴。

本书作者工作于华信咨询设计研究院有限公司，长期跟踪移动通信技术的发展和演进，一直从事移动通信网络规划设计工作。作者已经出版过有关3G、4G网络规划、设计和优化的图书，也见证了5G移动通信标准诞生、萌芽、发展的历程，参与了5G试验网的规划设计，积累了5G技术和工程建设方面的丰富经验。

本书作者依托其在网络规划和工程设计方面的深厚技术背景，系统地介绍了5G核心网技术以及网络规划设计的内容和方法，全面提供了从5G理论技术到建设实践的方法和经验。本书将有助于工程设计人员更深入地了解5G网络，更好地进行5G网络规划和工程建设。本书对将要进行的5G规模化商用网络部署有重要的参考价值和指导意义。

2019.6.26

4G 改变生活，5G 改变社会。相对 4G，5G 不仅能够提供更高带宽、更低时延、更大容量的移动互联网服务，而且极大地拓展了物联网和高可靠、低时延业务的应用场景。5G 作为新一代信息通信技术演进的重要方向，是实现万物互联的关键基础设施，对促进社会经济数字化转型具有重要的支撑引领作用。基于 5G SA（独立组网）的行业应用正处于不断的培育和丰富中，5G 将推动各行各业的开放与创新，将进一步与社会各领域深度融合。5G 必将为更多垂直行业赋能、赋智，促进产业转型升级，支撑经济高质量发展。

建设和发展 5G 是我国当前信息化发展的重中之重。2018 年 10 月，国务院印发《完善促进消费体制机制实施方案（2018—2020 年）》，该方案要求加快推进第五代移动通信（5G）技术商用。2020 年 3 月，中共中央政治局常务委员会召开会议，提出加快 5G 网络等新型基础设施建设进度。当前 5G 建设如火如荼，我国在现有提供 5G NSA（非独立组网）服务的基础上，在 2020 年下半年提供基于 SA 的 5G 服务。在此背景下，5G 工程技术应用、5G 行业应用和解决方案以及 5G 安全应用等领域，需要加强针对 5G 网络规划、设计、应用、安全等方面的研究，为 5G 大规模建设和广泛应用做好技术指导和参考。

本书作者均是华信咨询设计研究院有限公司从事移动通信核心网的专业技术

人员，长期跟踪研究5G通信系统标准、规范与组网技术，参与国内多个省市的5G试验网、试商用网规划、设计和测试，以及5G新业务试点、5G安全研究等工作，对5G网络技术有较深刻的理解。本书在编写过程中融入了作者长期从事移动通信网络规划设计工作积累的经验和心得，便于读者全面地理解5G核心网技术和5G网络规划、设计及应用等内容。

本书第一章讲述的是5G部署及标准发展，简述了5G在全球商用的现状以及国内5G商用进程，同时介绍了5G相关国际标准组织和5G标准进展。第二章重点阐述了5G核心网架构及5G核心网与4G核心网对比，重点对5G NSA组网和SA组网进行了分析和对比。第三章介绍了5G核心网关键技术，重点介绍了5G的服务化架构、网络切片和多接入边缘技术（Multi-acess Edge Computing，MEC）3种关键技术的原理、流程、应用及安全。第四章描述了5G的主要业务场景以及基于3GPP相关技术研究，并论述了eMBB、大规模物联网、关键通信、增强的车联网等业务场景的应用、流程及性能要求。第五章重点分析了5G核心网规划、5G核心网规划的流程、网络组织架构、各网元的配置、组网方案和容灾备份方案，以及5G核心网的基础设施云资源池的规划方案。第六章描述了5G核心网设备要求，详细介绍了5G核心网AMF（接入与移动性管理功能）、UPF（用户面功能）、SMF（会话管理功能）、AUSF（鉴权服务功能）、UDM（通用数据管理）、UDR（用户数据寄存器）、PCF（策略控制功能）、NSSF（网络切片选择功能）、NRF（网络存储功能）的设备功能及要求，并给出部分设备重点功能的应用场景。第七章讲述了5G核心网安全，基于3GPP标准介绍了5G网络的安全架构、5G网络的各安全实体的机制以及5G网络的认证和鉴权、接口安全、切片管理安全等内容。

全书由华信咨询设计研究院有限公司5G编委会统稿，并按照个人专业分工完成全书的编写，第一章由周悦执笔，第二章、第五章、第六章、缩略语由吴成林执笔，第四章由赵迎升执笔，第七章由张子扬和景建新执笔，第三章的 3.1 节、3.2 节、3.3 节以及附录由陶伟宜执笔，第三章的 3.4 节由徐伟杰执笔。华信咨询设计研究院有限公司是国内最早从事移动通信网络规划、设计和咨询的设计院之一，在 5G 网络规划、设计、咨询和安全等方面具备雄厚的技术实力和丰富的实践经验。本书的编写工作得到了华信咨询设计研究院有限公司多位领导和同事的大力支持，特别是余征然总经理和朱东照总工程师的大力支持，在此表示感谢！同时，本书的编写工作还得到了中国电信原北京研究院、原广州研究院核心网专家的支持和帮助，参考了许多学者的专著和研究论文，在此一并致谢。

5G 的标准还在发展和完善中，编者的认知水平有限，书中难免有疏漏与不妥之处，欢迎读者批评指正。

编者

2020 年 8 月于杭州

目录 CONTENTS

第一章 5G部署及标准发展

第二章 5G核心网架构概述

第三章 5G核心网关键技术

第四章 5G主要业务场景

第五章 5G核心网规划

第六章 5G核心网设备要求

第七章 5G核心网安全

缩略语

附录

5G 部署及标准发展

Chapter 1

第一章

导读

2019 年是 5G“商用元年”，全球多个国家和地区都把 5G 建设列为重中之重。2019 年 4 月，韩国、美国率先启用 5G 商用，随后瑞士、英国等国家也宣布 5G 商用。2019 年 6 月 6 日，工业和信息化部向中国电信、中国移动、中国联通、中国广电发放了 5G 商用牌照。这个时间比业界预期至少提前了大半年。2019 年 10 月 31 日，三大运营商共同宣布推出 5G 套餐，2019 年 11 月 1 日，我国正式启用 5G 网络服务。与此同时，5G 的全球发展速度始终领先于业界预期。5G 发展之所以这么快，是因为“5G 将改变整个社会”，推动整个社会的发展，全球很多国家纷纷将 5G 作为国家战略加以发展。2020 年 5G 进入全面建设时期，SA 网络的推出也意味着真正 5G 核心网进入了规模建设。5G 建设，标准先行，3GPP 是 5G 标准的主要制定者，5G 第一阶段标准 R15 版本已全部完成。我国 IMT-2020(5G) 推进组负责我国 5G 的发展推进，为 3GPP 提供需求的输入和技术协同。2020 年，5G 第二阶段标准 R16 版本已于 2020 年 7 月正式冻结，ITU 也将批准正式的 IMT-2020 标准。

1.1 概述

第五代移动通信系统 5G 一直是 2019 年的热点新闻。2018 年中央经济工作会议明确把“加快 5G 商用步伐，加强人工智能、工业互联网、物联网等新型基础设施建设”作为 2019 年经济工作的重点任务之一。2019 年 3 月召开的全国两会，各行各业代表对 5G 的发展与现状持以高度的关注和期待，5G 也成功应用于 2019 年全国两会的直播。

移动通信从 1G 到 4G，还没有哪一代技术像 5G 这般受到全社会如此的关切。4G 促进了移动互联网革命，从而改变了人们的生活方式，而 5G 则将改变整个社会！因为与 4G 相比，5G 的性能指标有了数量级的提升，5G 使虚拟现实、无人驾驶、工业互联网等成为可能，结合人工智能、大数据等新技术，将全面加速社会各行各业的数字化、网络化和智能化转型，并将催生更多的新兴需求。智慧城市、智能家居、智慧医疗……每一个具体应用都将创造一个巨大的产业。

在 2017 年年初召开的 5G 峰会上，美国高通公司发布了《5G 经济》报告。该报告指出：“5G 技术将成为和电力、互联网等一样的通用技术，成为社会经济发展主要动力的一部分，未来 5G 技术将成为转型变革的催化剂，而这些变革将会重新定义工作流程并重塑经济竞争优势规则。”

根据 IHS Markit（埃信华迈）的预测，从 2020 年到 2035 年，全球实际 GDP 将以 2.9% 的年平均增长率增长，其中，5G 将贡献 0.2% 的增长。从 2020 年到 2035 年，5G 为年度 GDP 创造的年度净值贡献将达 3 万亿美元，预计到 2035 年，全球 5G 产业链将创造 3.6 万亿美元的经济产出，在全球其他行业中将创造 12.3 万亿美元的经济产出，同时创造 2230 万个工作岗位。

1.2 5G 全球部署

1.2.1 5G 商用

2019 年是 5G“商用元年”，全球多个国家都把 5G 建设列为重点项目。2019 年 4 月 3 日 23 时，韩国率先宣布启用 5G 服务，韩国成为全球第一个 5G 商用的国家。数小时后，美国 Verizon（威瑞森电信）在芝加哥和明尼阿波利斯推出美国第一个 5G 商用网络。2019 年 4 月 17 日，瑞士宣布 5G 商用，成为欧洲第一个 5G 商用的国家，2019 年 5 月 30 日，英国宣布5G商用，2019年6月15日，西班牙也加入5G商用行列。全球5G部署可谓争先恐后。

当时，全球移动通信系统协会（Global System for Mobile Communications Association，GSMA）预测至2019年年底，18个市场将推出5G网络。而现实是5G超出预期发展，根据GSMA 2020年1月发布的《全球5G形势2019年第四季度报告》，28个市场共53家运营商已经推出符合第三代合作伙伴计划（3rd Generation Partnership Project，3GPP）标准的商用5G服务（含固定无线接入），24个市场的46家运营商已经推出了5G商用移动服务。

以韩国为例，作为首个5G商用国家，韩国的5G发展较为突出，短短69天，至2019年6月10日5G用户突破100万，渗透率接近2%，较4G时代快了11天；2019年8月8日，5G用户突破200万，2019年10月底，5G用户接近400万。截至2019年年底，韩国的5G用户达到467万，三家运营商合计部署约19万台5G基站，覆盖85%的城市和93%的人口。5G整体的发展速度明显快于4G。

同时Strategy Analytics（一家全球著名的信息技术、通信行业和消费科技市场研究机构）于2020年发布的研究报告指出，2019年全球5G智能手机出货量达到1870万台，市场对5G智能手机的需求远高于预期。2019年全球5G智能手机出货量见表1-1。

表1-1　2019年全球5G智能手机出货量

	全球5G智能手机出货量（万台）	占比
华为	690	36.9%
三星	670	35.8%
vivo	200	10.7%
小米	120	6.4%
LG	90	4.8%
其他	100	5.4%
总计	1870	100%

1.2.2　5G展望

2020年年初，韩国最大的电信运营商SK电讯（SK Telecom）宣布已经准备好提供独立的5G服务，与此同时，我国三家运营商正在加紧5G SA部署，计划于2020年尽快推出5G SA服务。在此之前，所有5G商用网络都是基于4G核心网的非独立组网（Non-Stand Alone，NSA），即5G基站接入4G核心网。SA网络是基于5G核心网的独立组网，是端到端完整的5G网络，真正支持5G特有的场景和功能。可以说，2020年是5G核心网建设的元年，是5G SA的商用元年；同时，3GPP R16已正式冻结。这意味着，从2020年开始，5G正式进入大规模部署时期。

GSMA预测，2020年全球将有178家运营商实现5G商用，5G网络覆盖主要的国家和地区，5G 连接数（不含物联网）将达到 1.8 亿个，2023 年将超越 2G 的连接数，这一数据将达到 10 亿个。2025 年，全球 411 家运营商将在 119 个国家和地区商用 5G 网络，预计全球 5G 连接数将达到 18 亿个，超越 3G，占比达到 20%。其中，亚太地区占比最大（连接数占全球 65.2%），其次是欧洲（13.1%）和北美（11.6%），这 3 个区域占全球总连接数的 90%。

《中国移动经济发展 2020》显示，2025 年，中国 5G 连接数将超 8 亿个，5G 占比达 47%，4G 占比为 53%；到 2026 年，5G 占比将反超 4G。

2020—2025 年，中国运营商对 5G 网络的资本投入将超过 1600 亿美元，占总资本支出的 90%，占全球 5G 资本支出的 19%。在此期间，受益于企业物联网和新型 5G 服务收入的日益增长，移动营收将以每年约 1% 的速度稳定增长。

物联网将成为 5G 时代不可或缺的一部分。2019—2025 年，全球物联网连接数量将达到 250 亿个。全球物联网收入将增长两倍以上，达到 1.1 万亿美元。中国物联网连接数从 36.3 亿达到 80 亿，其中，大部分增长来自企业市场。2020—2025 年中国物联网连接数增长如图 1-1 所示。对于企业市场，就增速和规模而言，智能楼宇和智能制造是关键的垂直领域。对于消费者市场，智能音箱和联网家用设备将引领增长，而家庭安全将是最大的垂直市场。

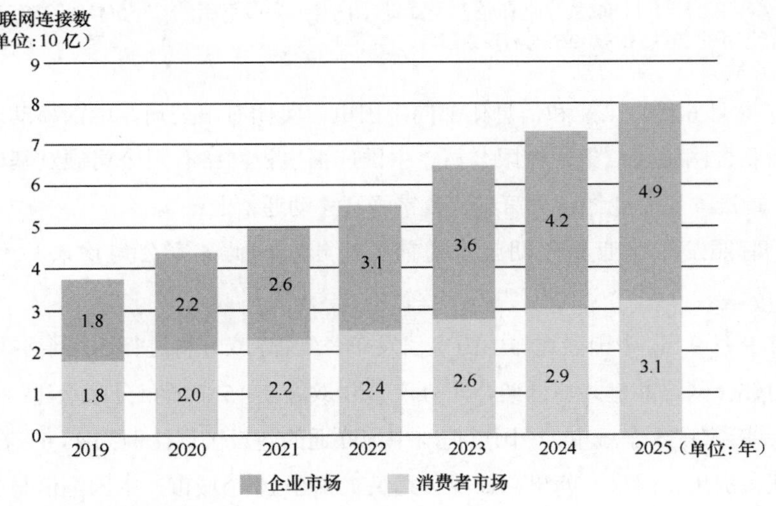

（摘自《中国移动经济发展 2020》）

图1–1　2020—2025年中国物联网连接数增长

而《爱立信移动性报告（2019 年 11 月版）》显示，爱立信的预测更乐观。

- 到 2025 年年底，5G 用户将突破 26 亿。
- 到 2025 年年底，5G 将覆盖全球 65% 的人口，并处理全球 45% 的移动数据流量。
- 到 2025 年年底，北美 5G 用户占比 74%，东北亚将紧随其后，达到 56%，欧洲将达到 55%。

- 随着视频使用量的增加和新服务的推出，每部智能手机产生的移动数据流量在 2025 年将从目前的 7.2 GB/月增长到 24 GB/月。
- 到 2025 年年底，物联网总连接数约为 249 亿，而到 2019 年年底为 108 亿。

1.2.3 国内发展

2018 年 4 月，国家发展和改革委员会批准三大运营商在北京、天津、青岛、杭州、南京、武汉、贵阳、成都、深圳、福州、郑州和沈阳 12 个城市进行 5G 规模组网建设及应用示范工程。

2018 年 12 月 6 日，工业和信息化部发放 5G 系统试验频率使用许可，三大运营商获得全国范围 5G 中低频段试验频率。5G 频率分配见表 1-2。

表1-2 5G频率分配

中国电信	中国移动	中国联通
3400MHz ~ 3500MHz	2515MHz~2675MHz、4800MHz~4900MHz	3500MHz~3600MHz
100MHz	260MHz	100MHz
注：在中国移动获得的频段中，2575MHz~2635MHz 频段为重耕现有的 TD-LTE（4G）频段。同时 2019 年 3 月 31 日前，工业和信息化部收回中国联通使用的 2555MHz~2575MHz 频率和中国电信使用的 2635MHz~2655MHz 频率。		

2019 年 6 月 6 日，工业和信息化部向中国电信集团有限公司、中国移动通信集团有限公司、中国联合网络通信集团有限公司、中国广播电视网络有限公司颁发基础电信业务经营许可证，批准 4 家企业经营“第五代数字蜂窝移动通信业务”。

这次的牌照发布比业界预期至少提前大半年，因此 4 家公司均未马上推出正式的 5G 商用服务。

2019 年 9 月 9 日，中国联通与中国电信发布公告称，双方将进行 5G 网络共建共享合作。根据签署的《5G 网络共建共享框架合作协议书》，双方在 15 个城市分区承建：在北京、天津、郑州、青岛、石家庄 5 个城市，中国电信与中国联通的建设区域比例为 4∶6；在上海、重庆、广州、深圳、杭州、南京、苏州、长沙、武汉、成都 10 个城市，中国电信与中国联通的建设区域比例为 6∶4。除上述城市之外，中国电信独立承建广东省 10 个地市、浙江省 5 个地市及其他 17 个省份；中国联通独立承建广东省 9 个地市、浙江省 5 个地市及其他 8 个省份。如此大规模的共建共享合作在国内尚属首次。

2019 年 10 月 31 日，三大运营商共同宣布推出 5G 套餐，2019 年 11 月 1 日正式启用 5G 网络服务。

2019 年 10 月底 5G 正式商用后，我国 5G 用户规模与网络覆盖范围同步快速扩大。截至 2019 年年底，我国 5G 基站数超过 13 万个，用户规模以每月新增百万用户的速度扩张。35 款 5G 手机获得入网许可，国内市场 5G 手机出货量达 1377 万部，占国内全部手机市场的 3.5%。

2019 年 11 月 21 日，中国广播电视网络有限公司（简称“中国广电”）董事长在北京举办的世界 5G 大会上表示，2020 年中国广电 5G 将正式商用，直接采用 SA 路线，实施 700MHz+4.9GHz“低频 + 中频”的协同组网策略。中国广电已经加入 3GPP 国际组织，牵头制定 700MHz 5G 大频宽国际标准，计划于 3GPP R16 版本冻结前完成。2019 年的 11 月 23 日，中国广电 5G 站在长沙开通，这是中国广电在取得 5G 牌照后，开通的首个 5G 基站，也是全球首个 700MHz+4.9GHz 的 5G 基站。

2019 年 12 月 24 日，工业和信息化部发布重要通告，正式向中国电信、中国移动、中国联通、中国广电核发 190 号段、197 号段、196 号段、192 号段公众移动通信网网号。中国广电获得 192 号段公众移动通信网网号。

2020 年 1 月 3 日，工业和信息化部依照申请向中国广播电视网络有限公司颁发 4.9GHz 频段 5G 试验频率使用许可，同意其在北京等 16 个城市部署 5G 网络。2020 年 4 月 1 日，工业和信息化部发布《关于调整 700MHz 频段频率使用规划的通知》，正式将 702—798MHz 频段频率使用规划调整用于移动通信系统，并将 703—743/758—798MHz 频段规划用于频分双工（Frequency Division Duplexing，FDD）工作方式的移动通信系统。

另外，《中国广电 5G 试验网建设实施方案》显示，2020 年上半年，中国广电已完成将近 40 个大中型城市的建网，在 2020 年下半年完成 334 个地市及重点旅游城市的网络建设，并在 2021 年争取完成全国所有城市、县级、乡镇和重点行政村的覆盖，逐步实现覆盖全国 95% 以上人口的目标。

与此同时，三大运营商在 2020 年正在大规模铺设 5G SA 网络。时任工业和信息化部苗圩部长在 2020 年 1 月 20 日的工业和信息化部新闻发布会上表示：下一步 5G 发展要重点加快独立组网的建设，只有独立组网的方式才能更进一步显现出 5G 的性能。2020 年 3 月初，中国移动启动 5G SA 核心网设备采购，力争在本年度的第四季度实现 SA 商用。中国电信一直以来坚持以 SA 为主，2020 年 2 月，中国电信宣布率先完成 5G SA 核心网商用设备整系统性能验证、5G 端到端系统功能验证及异厂商互通测试，计划在本年度的第四季度推出 SA 商用。中国联通与中国电信达成共识：初期实现 NSA 共享，控制性部署 NSA，以 SA 为目标，2020 年第一季度启动网络向 SA 的演进升级。2020 年 3 月中旬，中国电信、中国联通联合启动 5G SA 无线主设备集中采购，采购规模不少于 25 万个，计划在 2020 年第三季度前完成全部建设进度。三大运营商 5G 投资计划见表 1-3。

表1-3　三大运营商5G投资计划

	2019 年			2020 年		
	5G 资本开支（亿元）	新建 5G 基站（万个）	覆盖范围	5G 资本开支（亿元）	新建 5G 基站（万个）	覆盖范围
中国移动	240	>5	50 个重点城市	1000	25	全国所有地市级（含）以上城市
中国电信	93	>6（其中共享 2）		453	共建共享 25	
中国联通	79	>6（其中共享 2）		350		

另外，中国铁塔发布的《2019 年业绩报告》显示，截至 2019 年年底，中国铁塔共承接 26.5 万个 5G 站址需求，建成 16.1 万个，交付站址中已起租的有 3.8 万个。2020 年资本开支中计划将 170 亿元用于 5G 基站建设，目前，中国广电也正在与中国铁塔接触，提出站址需求。

值得关注的是，政府在 5G 发展中起到了积极的引领和推动作用，自 2018 年年底，中央经济工作会议提出“加快 5G 商用步伐，加强人工智能、工业互联网、物联网等新型基础设施建设”以来，5G 已成为新基建的抓手，中央多次会议强调 5G 建设，尤其进入 2020 年，2 月 21 日中央政治局会议、2020 年 3 月 4 日中央政治局常务委员会会议均提到推动和加快 5G 建设。2020 年的第一季度大部分省份也明确公布 2020 年 5G 发展目标。2020 年 3 月 6 日，工业和信息化部召开加快 5G 发展专题会。2020 年 3 月 24 日，工业和信息化部下发《关于推动 5G 加快发展的通知》，全力推进 5G 网络建设、应用推广、技术发展和安全保障，充分发挥 5G 新型基础设施的规模效应和带动作用，支撑经济高质量发展。《关于推动 5G 加快发展的通知》重点内容如图 1-2 所示。

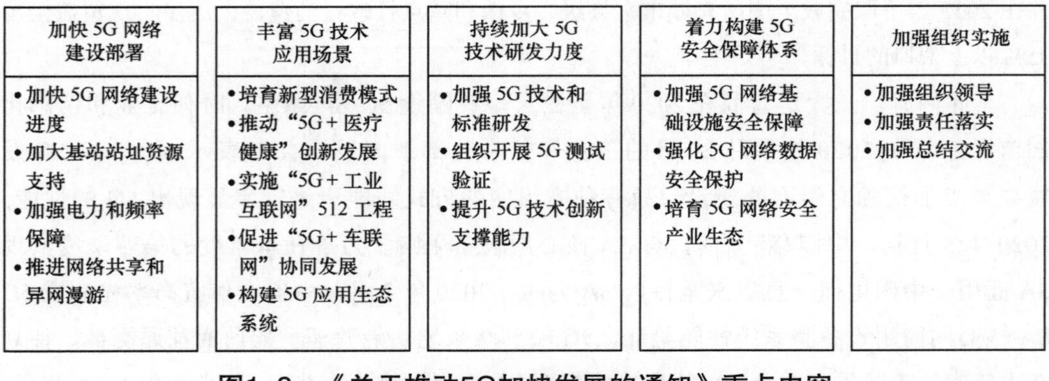

加快 5G 网络建设部署
- 加快 5G 网络建设进度
- 加大基站站址资源支持
- 加强电力和频率保障
- 推进网络共享和异网漫游

丰富 5G 技术应用场景
- 培育新型消费模式
- 推动“5G + 医疗健康”创新发展
- 实施“5G + 工业互联网”512 工程
- 促进“5G + 车联网”协同发展
- 构建 5G 应用生态系统

持续加大 5G 技术研发力度
- 加强 5G 技术和标准研发
- 组织开展 5G 测试验证
- 提升 5G 技术创新支撑能力

着力构建 5G 安全保障体系
- 加强 5G 网络基础设施安全保障
- 强化 5G 网络数据安全保护
- 培育 5G 网络安全产业生态

加强组织实施
- 加强组织领导
- 加强责任落实
- 加强总结交流

图1-2　《关于推动5G加快发展的通知》重点内容

2019 年年底，中国国际经济交流中心和中国信息通信研究院联合发布的《中国 5G 经济报告 2020》预测，2020—2025 年，5G 网络总投资额达 9000 亿～ 15000 亿元。2020 年，5G 商用将直接为社会创造约 54 万个就业机会，到 2030 年，在直接贡献方面，5G 将带动的总产出、经济增加值、就业机会分别为 6.3 万亿元、2.9 万亿元和 800 万个；在间接贡献方面，5G 将带动的总产出、经济增加值、就业机会分别为 10.6 万亿元、3.6 万亿元和 1150 万个。到 2025 年，5G 用户将达到 8.16 亿，中国将成为全球最大的 5G 市场。

●• 1.3 标准

1.3.1 标准组织

1. ITU

国际电信联盟（International Telecommunication Union，ITU）是联合国负责信息通信技术（Information Communications Technology，ICT）事务的专门机构，成立于 1865 年，旨在促进国际上通信网络的互联互通，负责分配和管理全球无线电频谱、制定全球电信标准，其成员包括 193 个成员国和 700 多个部门成员及部门准成员和学术成员。ITU 的组织结构主要包括电信标准化部门（Telecommunication Standardization Sector，TSS，即我们常说的 ITU-T）、无线电通信部门（Radio communication Sector，RS，即我们常说的 ITU-R）和电信发展部门（Telecommunication Development Sector，TDS，即我们常说的 ITU-D）。各部门设立研究组［Study Groups，SG(*n*)］。ITU-R 下设 6 个研究组，为世界无线电通信大会的决策制定技术基础，并制定有关无线电通信事项的全球标准（建议书）、报告和手册。第五研究组（SG5）聚焦于地面无线电通信服务，SG5 下面设置 4 个工作组（Working Parties，WPs），各工作组定期召开会议来讨论相关的 ITU-R 建议书。其中，WP 5D 工作组主要研究国际移动通信系统（International Mobile Telecommunications，IMT），包括 5G。WP 5D 设置总体工作组、频谱工作组和技术工作组 3 个常设工作组和 1 个特设组，开展具体工作。

ITU 计划在 2020 年完成制定 IMT-2020 空口技术规范。任何的标准组织都可以在规定的时间内提交完整的解决方案，通过 ITU 指定的第三方机构验证后，能够满足 ITU 需求的方案就被认定为 5G 标准。

2. 3GPP

3GPP 全称为 3rd Generation Partnership Project（第三代合作伙伴计划），成立于 1998 年 12 月，最初目标是在 ITU 的 IMT-2000 计划范围内制定和实现全球性的第三代移动通信电话系统技术规范和宽带标准，致力于全球移动通信系统（GSM）到通用移动通信系统（Universal Mobile Telecommunications System，UMTS）/ 宽带码分多址（Wideband Code Division Multiple Access，WCDMA）的演进。同期成立的 3GPP2 则致力于 CDMA2000 标准体系。随着技术和产业的发展，3GPP 逐渐成为 4G、5G 标准的权威组织。

3GPP 的“合作伙伴”主要包括组织合作伙伴（Organizational Partners，OP）、市场

代表合作伙伴（Market Representation Partners，MRP）和观察员（Observers）三类。其中，组织合作伙伴是签署合作协议的标准开发组织（Standards Development Organization，SDO），包括欧洲电信标准协会（ETSI）、美国电信行业解决方案联盟（ATIS）、日本无线工业及商贸联合会（ARIB）、日本电信技术委员会（TTC）、中国通信标准化协会（CCSA）、印度电信标准开发协会（TSDSI）以及韩国电信技术协会（TTA）。每个SDO都有自己的个体成员，这些成员来自运营商、设备制造商，终端制造商、芯片制造商、学术界、研究机构以及政府机构等不同领域。这些个体成员必须通过SDO才能成为3GPP会员。市场代表合作伙伴是可以提供市场建议并为3GPP带来市场需求的共识，任何组织均可申请成为市场代表合作伙伴。观察员是针对潜在的合作伙伴，即未来可能成为OP的SDO。例如，中国无线通信标准研究组（CWTS）于1999年正式签字加入3GPP，成为OP，在此之前，CWTS就是以观察员的身份参与3GPP活动的。2002年CCSA成立后，CWTS并入CCSA，因此2003年CCSA取代CWTS成为OP。3GPP“合作伙伴”构成如图1-3所示。

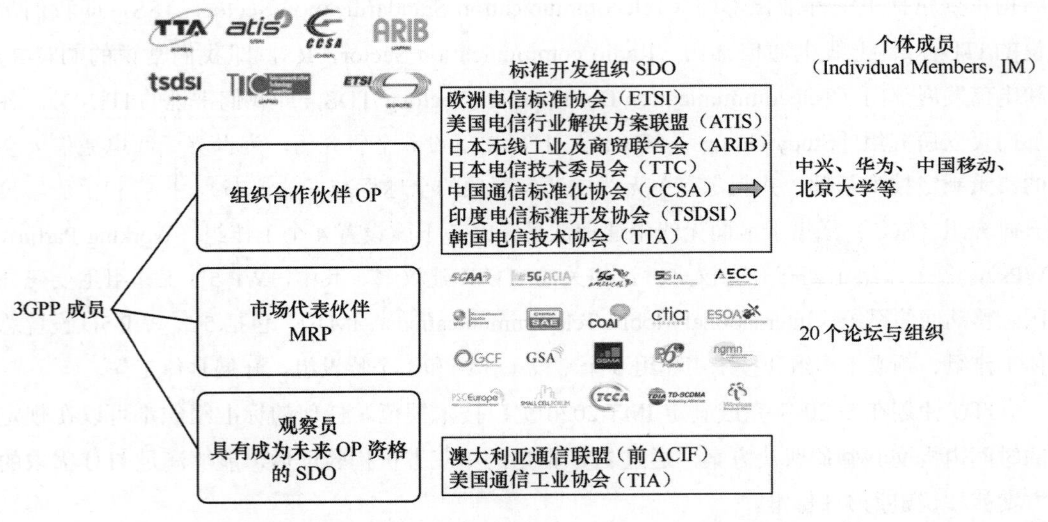

图1-3 3GPP“合作伙伴”构成

在3GPP的组织结构中，项目协调组（Project Cooperation Group，PCG）是最高管理机构，代表OP负责全面协调工作，负责总体时间表和技术工作管理，以确保根据项目参考中包含的原理和规则按照市场要求及时生成3GPP规范。技术方面的工作由技术规范组（Technology Standards Group，TSG）完成，TSG下设多个工作组（Work Group，WG）。每个WG分别承担具体的任务。TSG向项目协调小组PCG报告，组织WG的工作，并酌情与其他小组联络，TSG的主席和副主席从3GPP的成员中选出。PCG每6个月正式开会一次，以最终采纳TSG的工作项目、批准选举结果和保障3GPP的资源。3GPP组织架构如图1-4所示。

图1-4　3GPP组织架构

3GPP 目前有三大 TSG：TSG 无线接入网（TSG Radio Access Network，TSG RAN）、TSG 服务和系统方面（TSG Service & Systems Aspects，TSG SA）和 TSG 核心网与终端（TSG Core Network & Terminals，TSG CT）。其中，TSG CT 负责指定终端接口（逻辑和物理）、终端能力（例如，执行环境）和 3GPP 系统的核心网络部分。核心网部分具体包括：用户设备——核心网络 L3 层无线电协议移动性管理（Mobility Management，MM）、呼叫控制（Call Control，CC）、会话管理（Session Management，SM），与外部网络的互联、网络实体之间的各类协议、智能卡应用（Smart Card Application Aspects）以及与移动终端的接口。

WG 负责具体的技术规范（Technical Specification，TS）和技术报告（Technical Report，TR）。一般由 3GPP 的组织成员向 3GPP 提交项目提案，获 TSG 采纳后可进入可行性研究，若可行，则进一步制定技术规范。其间，3GPP 召开会议进行多次技术讨论，选出最佳方案，形成技术规范。组织成员根据批准后的技术规范，制定各自的标准。

3GPP 以项目的形式对工作进行管理和开展，最常见的形式是研究项目（Study Item，

SI）和工作项目（Work Item，WI），SI 输出技术报告（TR），WI 输出技术规范（Technical Specification，TS）。

所有 3GPP 规范都有一个由 4 或 5 位数字组成的规范编号，例如，09.02 或 29.002。前两位数字定义系列，3GPP 对技术文件采用分系列的方式进行管理，系列 01 到 13 后面跟随两个数字，21 到 55 系列后面跟随 3 个数字。3GPP 规范系列说明见表 1-4。

表1-4　3GPP规范系列说明

规范系列的主题	3G 及更高版本 / GSM（R99 及更高版本）	仅 GSM（Rel-4 及更高版本）	仅 GSM（Rel-4 之前）
一般信息（已不复存在）			00 系列
要求	21 系列	41 系列	01 系列
服务方面（“阶段 1”）	22 系列	42 系列	02 系列
技术实现（“阶段 2”）	23 系列	43 系列	03 系列
信令协议（“阶段 3”）– 用户设备到网络	24 系列	44 系列	04 系列
无线方面	25 系列	45 系列	05 系列
编 / 解码器	26 系列	46 系列	06 系列
数据	27 系列	47 系列（不存在）	07 系列
信令协议（“阶段 3”）–（无线核心网）	28 系列	48 系列	08 系列
信令协议（“阶段 3”）– 核心网	29 系列	49 系列	09 系列
程序管理	30 系列	50 系列	10 系列
用户识别模块	31 系列	51 系列	11 系列
操作维护和计费	32 系列	52 系列	12 系列
终端和用户识别模块测试规范		13 系列（1）	13 系列（1）
安全方面	33 系列	（2）	（2）
UE 和（U）SIM 测试规范	34 系列	（2）	11 系列
加密算法（3）	35 系列	55 系列	（4）
LTE（演进的 UTRA），高级 LTE，高级 LTE Pro 无线技术	36 系列	—	—
多种无线电接入技术方面	37 系列	—	—
LTE 之后的无线电技术	38 系列	—	—

注：13 系列 GSM 规范与欧洲联盟特定的监管标准有关。在 ETSI TC SMG 关闭时，对这些规范的责任已转移到 ETSI TC MSG（移动规范组），并且它们未出现在 3GPP 文件服务器上。
阶段 1、阶段 2、阶段 3（Stage1，Stage2，Stage3）代表了规范开展的不同阶段。其中，阶段 1 业务描述和需求定义；阶段 2 将需求映射到网络功能和实现流程；阶段 3 实现该业务的信令描述和协议规范。

通常规范号码后面是版本 Vx.y.z，其中，x 表示 Release，y 表示技术版本，z 表示修订版本（非技术的修改）。例如，3GPP TS 29.572 V16.1.0，5G System；Location Management Services；Stage 3 表示一个关于 5G 系统、位置管理服务、第三阶段的技术规范书，为 R16

版本的第二次技术修订版本。

技术报告分为两类：一类拟由 OP 作为其自己的出版物转载、发行的出版物；另一类是 3GPP 内部工作文件，例如，用于记录工作的计划和时间表，或用于保存可行性研究的中期结果。

第一类具有这种形式的数字：xx.9xx，例如，3GPP TR 21.900，Technical Specification Group working methods，定义了 TSG 的工作方法，它分为多个版本，从最早的 V3.1.0 到最近的 V16.2.0。

第二类具有这种形式的数字：xx.8xx（可行性研究报告等），也有 30.xxx / 50.xxx（计划和调度），对于某些规范系列，若 xx.8xx 已耗尽，则采用 xx.7xx。

本书主要引用的 3GPP 规范包括 22 系列、23 系列、29 系列和 33 系列。

3. 其他组织

欧洲电信标准协会（European Telecommunications Standards Institute，ETSI）成立于 1988 年，是欧洲地区性 ICT 标准化组织，由技术委员会（Technical Committee，TC）、ETSI 项目（EP）、ETSI 合作项目（EPP）、行业规范组（ISG）、特别委员会、专责小组（STF）各类技术小组进行标准化工作。3GPP 为现有两个 EPP 之一，ETSI 作为创始成员，与 3GPP 有着紧密的合作。ETSI 的许多组件技术将被集成到未来的 5G 系统中。例如，网络功能虚拟化（Network Function Virtualization，NFV）、边缘计算（Mobile Edge Computing，MEC）、毫米波传输（mWT）和下一代协议（NGP）。同时，ETSI 下属技术委员会数字增强无线通信系统（Digital Enhanced Cordless Telecommunications，DECT）和 DECT 论坛向 ITU 递交了自身的 5G 候选计划方案。

本书主要引用 ETSI 关于边缘计算及网络虚拟化的相关规范。

电子电气工程师学会（Institute of Electrical and Electronics Engineers，IEEE）是国际性的电子技术与信息科学工程师的学会。IEEE 于 1963 年成立，出版了全世界电子和电气还有计算机科学领域 30% 的文献，制定了超过 900 个现行工业标准。IEEE 下设 39 个学会（Society），包括通信学会（Communications Society）、计算机学会（Computer Society）等，学会下采用委员会 Committee（例如，IEEE802）、工作组 WorkGroup（例如，802.11）、任务组 TaskGroup（例如，802.11a）等分层级组织开展标准活动。2016 年，IEEE 推出 5G 行动计划（5G Initiative），5G 行动计划工作组描绘 5G 路线图，确定短期（3 年）、中期（5 年）和长期（10 年）的研究、创新和技术趋势。其他工作组制定标准、组织活动和召开会议，例如，IEEE 5G 峰会和 IEEE 5G 世界论坛。IEEE 的 5G 工作重点在于推动并协调其涵盖的各领域向 5G 及超 5G 的下一代网络发展。其中，IEEE 于 1914 年定义了 5G 前传网络的接口和标准，即下一代前传接口（Next Generation Fronthaul Interface，NGFI），它是 5G 商用的关键技术之一。

值得一提的是，各国和地区还专门成立了5G推进组，例如，中国IMT-2020PG、欧盟[Mobile and Wireless Communications Enablers for the Twenty-Twenty（2020）Information Society，METIS]、5G PPP（5G Public Private Partnership，5G PPP）、5G IA（5G Infrastructure Association，5G IA）、英国5G创新中心（5G Innovation Center，5G IC）、日本5G促进论坛5G MF（the Fifth Generation Mobile Communication Promotion Forum，5G MF）、韩国5G Forum、美国5G Americas、巴西5G Brazil等。这些5G推进组负责本国、本地区5G的发展推进，为3GPP提供需求的输入和技术协同。

美国、中国、欧盟、日本、韩国的5个5G推进组织于2015年10月签署多方合作备忘录，并从2016年起定期联合举办全球5G大会，共同探讨5G政策、频率、标准、试验和应用等议题，共同推进全球5G发展。在第三届全球5G大会上，巴西5G Brazil与之前已签署多方合作协议的5个组织一起签署了新的多方合作协议，因此自2017年第四届全球5G大会起，5G Brazil开始参加5G全球大会，全球5G大会已举办七届。

1.3.2 标准推进

ITU 2012年启动IMT愿景研究；2015年6月，ITU WP5D第22次会议确定IMT的愿景和时间表，第五代移动通信技术被正式命名为IMT-2020；2015年10月发布ITU-R M.2083-0《IMT愿景：面向2020年及之后的国际移动通信系统未来发展框架与总体目标》；2015年年中启动5G标准制定；2017年年底启动5G候选技术征集；2018年年底启动5G技术方案评估；2020年完成5G技术规范。ITU 5G时间推进如图1-5所示。3GPP和ITU的5G标准化路线如图1-6所示。

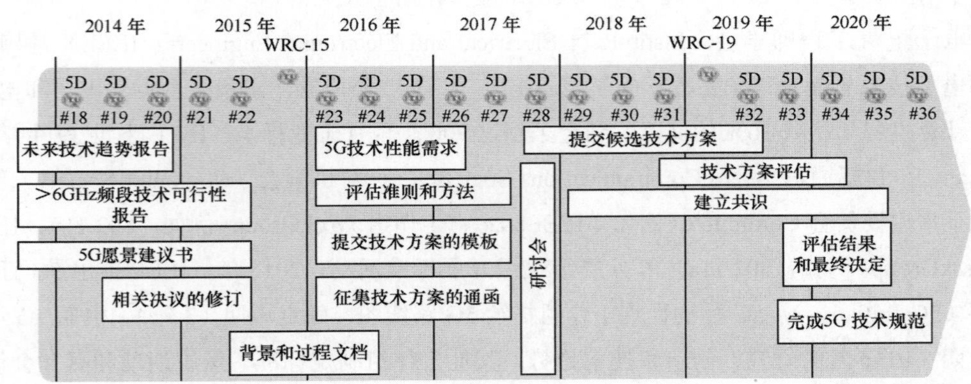

图1-5 ITU 5G时间推进

3GPP按Release计划制定标准，工作完成后相应的Release就冻结。其中，R99、R4～R7为UMTS标准，R8～R9为LTE标准，R10～R11为LTE-A标准，R13为LTE-Pro标准。

3GPP 5G相关的标准研究工作共分为3个阶段，R14、R15和R16，完整的5G标准于

2020 年完成并将其提交给 ITU。

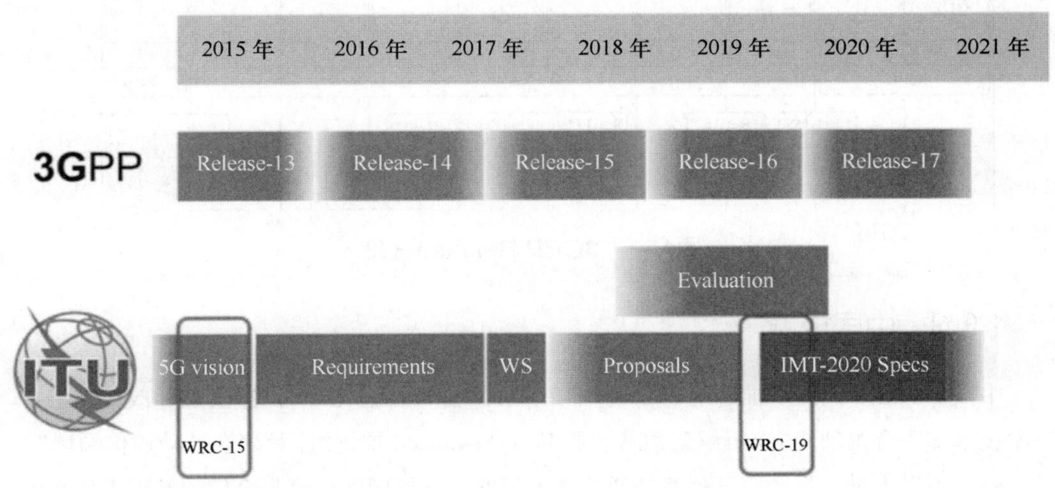

（数据来源：国际电联）

图1-6　3GPP和ITU的5G标准化路线

R14：2017 年 6 月冻结，开展 5G 系统框架和关键技术研究。

R15（5G 标准第一阶段）的具体描述如下。

R15 早期版本，5G NSA 模式，系统架构选项采用 Option3，于 2017 年 12 月冻结。

R15 主要版本，5G SA 模式，系统架构选项采用 Option2，于 2018 年 6 月冻结。这标志着首个真正完整意义的国际 5G 标准出炉，也标志着首个面向商用的 5G 标准出台。

R15 延迟版本（late drop），系统架构选项 Option4 与 Option7 于 2019 年 3 月冻结，比原定的 2018 年 12 月推迟了 3 个月。

R16（5G 标准第二阶段）的具体描述如下。

2018 年 6 月确定 R16 的内容范围：在 NR 方面，R16 将推进毫米波的多波束 / MIMO 技术，扩展超高可靠低时延通信（Ultra-Reliable and Low Latency Communication，uRLLC）和物联网（Internet of Things，IoT）的应用领域；在 5G 核心网（5G Core，5GC）方面，R16 将进一步研究 5GC 功能演进，以面向未来 5G 多样化业务应用。受 R15 延迟版本冻结时间推迟的影响，R16 规范冻结时间由原定的 2019 年 12 月推迟至 2020 年 3 月。2020 年受新冠疫情的影响，3GPP 再次将 R16 版本的工作顺延，R16 版本已于 2020 年 7 月初正式冻结。

Rel-17：5G 系统增强功能。

2019年6月开始立项讨论Rel-17，2019年12月通过“立项包”，该项目将于2021年12月完成。

3GPP Release 进度如图 1-7 所示。

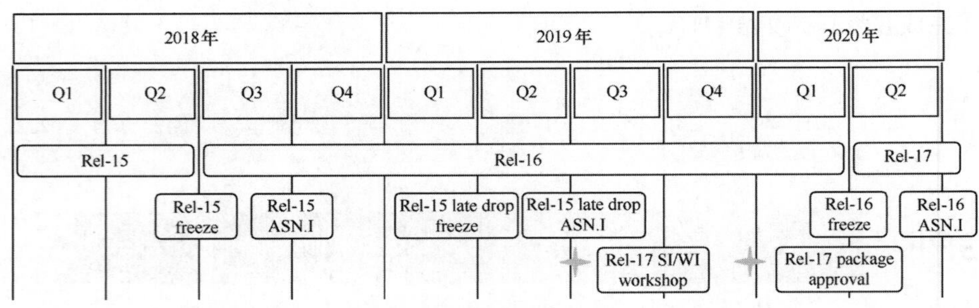

图1-7　3GPP Release进度

1.3.3　中国进展

中国IMT-2020（5G）推进组于2013年2月由工业和信息化部、国家发展和改革委员会、科学技术部联合推动成立，组织架构基于原IMT-Advanced推进组，是聚合移动通信领域“产学、研、用”力量、推动第五代移动通信技术研究、开展国际交流与合作的基础工作平台。中国IMT-2020（5G）推进组架构如图1-8所示。

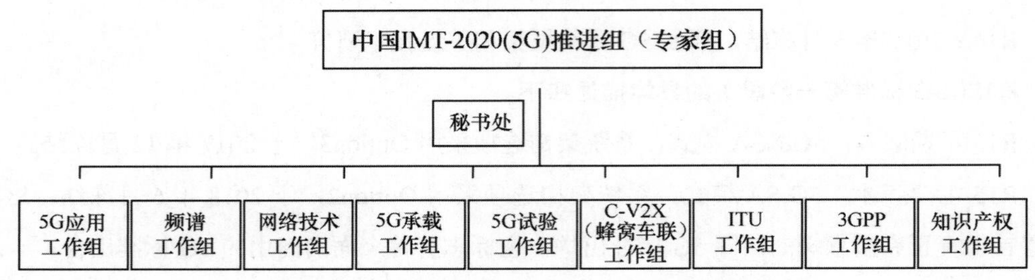

图1-8　中国IMT-2020（5G）推进组架构

IMT-2020（5G）推进组设置了不同组别，专家组负责制定推进组的整体战略和研究计划；需求工作组研究面向2020年及未来的5G愿景与需求；无线技术工作组研究5G潜在的关键技术和系统框架；网络技术工作组研究5G网络架构及关键技术；频谱工作组研究5G频谱相关问题；标准工作组推动ITU、3GPP和IEEE等国际标准化组织的相关工作；知识产权工作组研究5G相关知识产权问题。

推进组全面组织开展我国5G的推进工作，特别是在技术创新、标准推进、产业协作和国际合作方面发挥着重要作用。推进组组织技术研发测试，制定设备规范和测试规范，推动产品的研发和应用。推进组通过白皮书的形式向业界和产业界发布推进组的研究成果，与欧洲、日韩等国家和地区的推进组织构建全新的合作平台，通过定期的会议，形成从政府到产业平台，到企业多层次的5G产业合作体系。同时，针对一些比较专业的领域开展国际合作。例如，在车联网领域，在欧洲、韩国，与5G汽车联盟（5G Automotive Association，5G AA）开展深度的合作。IMT-2020（5G）推进组主要成果见表1-5。

表1-5 IMT-2020（5G）推进组主要成果

时间	成果
2014 年 5 月	5G 愿景与需求白皮书
2015 年 2 月	5G 概念白皮书
2015 年 5 月	5G 无线技术架构和 5G 网络技术架构白皮书
2015 年 9 月	与欧盟 5G PPP 签订合作备忘录
2015 年 10 月	与欧洲、美国、日本、韩国 5G 推进组织签署多方合作备忘录
2016 年 1 月	启动 5G 技术研发试验
2016 年 2 月	启动 5G 候选技术方案及其评估方法的研究
2016 年 6 月	5G 网络架构设计白皮书
2016 年 9 月	5G 技术研发试验的第一阶段测试结果
2016 年 11 月	Polar 码成为 5G 新的控制信道编码
2017 年 6 月	5G 网络技术测试规范、5G 经济社会影响白皮书和 5G 安全需求与架构白皮书，成立 C-V2X（蜂窝车联）工作组
2017 年 9 月	5G 技术研发试验的第二阶段测试结果
2018 年 2 月	发布全球首套 5G 端到端 OTA 性能测试系统
2018 年 6 月	5G 承载需求白皮书、C-V2X 白皮书、5G 核心网云化部署需求与关键技术白皮书
2018 年 9 月	5G 技术研发试验的第三阶段测试结果
2018 年 9 月	5G 承载网络架构和技术方案白皮书、5G 无人机应用白皮书
2018 年 9 月	智能切片白皮书
2019 年 1 月	MEC 与 C-V2X 融合白皮书、5G 承载光模块白皮书
2019 年 7 月	5G 同步组网架构及关键技术白皮书、基于 AI 的智能切片管理和协同白皮书、5G 新媒体行业白皮书、LTE-V2X 安全技术白皮书
2019 年 7 月	向 ITU 提交 IMT-2020（5G）候选技术方案
2019 年 10 月	车辆高精度定位白皮书、C-V2X 业务演进白皮书 5G 回传规模组网及典型场景应用方案、5G 应用创新发展白皮书
2020 年 2 月	中国信息通信研究院和 IMT-2020（5G）推进组联合发布 5G 安全报告

注：蜂窝车用无线通信技术（Cellular Vehicle to Everything，C-V2X）；2019 年 7 月，IMT-2020（5G）峰会在北京召开。

2016 年 1 月，IMT-2020（5G）推进组启动 5G 技术研发试验，5G 技术研发试验共分为 3 个阶段：第一个阶段（2016.1—2016.9）“5G 关键技术验证”；第二个阶段（2016.9—2017.9）“5G 技术方案验证”；第三个阶段（2018.2—2019.1）“5G 系统方案验证”。

第一个阶段试验包括规模天线、新型多址、新型多载波、高频段通信、超密集组网、全双工、先进编码调制 7 个无线关键技术以及控制与承载分离、网络功能重构、网络切片和移动边缘计算等 4 个网络关键技术的性能和功能测试。第一个阶段的试验充分验证了上述关键技术在支持 Gbit/s 用户体验速率、毫秒级端到端时延、每平方千米百万级连接等多样化 5G 场景需求的技术可行性，进一步增强了业界推动 5G 技术创新发展的信心。

第二个阶段试验针对连续广覆盖场景、低时延高可靠场景、低功耗大连接场景、热点高容量（低频）场景、热点高容量（高频）场景、高低频混合场景、其他混合场景七大场景展开测试。测试目标是结合 5G 典型场景，针对 5G 概念样机开展单基站测试，评估不同厂商 5G 技术方案性能，支撑 5G 国际标准制定，引导芯片 / 仪表厂商积极参与，开展系统设备厂商与芯片 / 仪表厂商的多方对接测试，为形成 5G 产业链奠定基础。

第三个阶段试验分别进行了 NSA 室内和室外测试，SA 室内测试和室外测试注重互操作研发测试（IoDT），验证单系统的组网性能以及高低频多基站的混合组网性能。该测试频段包括 2.6GHz、3.5GHz 及 4.9GHz。该阶段试验的目标有 3 个方面：第一，制定规范指导 5G 预商用和商用产品的研发；第二，开展单系统、单终端、系统组网和互操作测试；第三，开展 5G 典型应用融合实验。

测试结果表明，5G 基站与核心网设备均可支持非独立组网和独立组网模式，主要功能符合预期，达到预商用水平。

5G 产品研发试验由国内运营企业牵头组织，设备企业与科研机构共同参与，分为规模试验和应用示范两种。如前文所述，中国移动、中国电信、中国联通均在 2018 年启动了 5G 规模试验和应用示范，为 5G 的试商用以及之后的规模商用做准备。

我国主推的灵活系统设计、极化码、大规模天线及新型网络架构等被 3GPP 采纳为 5G 国际标准。2016 年 11 月 3GPP RAN1 87 次会议，我国主导推动的 Polar 码被 3GPP 采纳为 5G 增强移动宽带（Enhanced Mobile Broadband，eMBB）控制信道标准方案。这也是我国在 5G 移动通信技术研究和标准化上的重要进展。2017 年 6 月，3GPP 正式确认 5G 核心网采用中国移动牵头并联合 26 家公司提出的基于服务的架构（Service Based Architecture，SBA）作为统一基础架构。

2019 年 7 月在 ITU-R WP5D#32 会议中，中国提交的 IMT-2020（5G）候选技术方案获得了 ITU 关于 5G 候选技术方案的正式接收确认函。根据 ITU 的要求，完整的 5G 技术提交材料包括技术方案描述性模板、链路预算模板、性能指标满足性模板、自评估报告。中国的 5G 无线空口技术（Radio Interface Technologies，RIT）方案基于 3GPP 新空口（New Radio，NR）和窄带物联网（Narrow Band-Internet of Things，NB-IoT）技术。其中，NR 重点满足 eMBB、uRLLC 两个场景的技术需求，NB-IoT 满足海量机器类通信（Massive Machine Type Communication，mMTC）场景的技术需求。我国自评估研究结果表明，NR+NB-IoT 无线空口技术方案能够全面满足 IMT-2020 的技术愿景需求和技术指标要求。

ITU 于 2017 年 10 月启动 5G 候选技术方案征集，2019 年 7 月 WP5D#32 会议收到了 7 份候选技术方案，包括 3GPP-RIT、3GPP-SRIT、中国、韩国、ETSI（TC DECT）和 DECT 论坛、TSDSI（印度）、新岸线（Nufront）。这次会议确定 3GPP-RIT、3GPP-SRIT、中国和韩国提交的文件符合 ITU 要求，其他提案尚不完整。2019 年 12 月，日内瓦举行的 WP5D#33 会议上，确认 TSDSI（印度），ETSI / DECT 论坛和 Nufront IMT 2020 RIT 已更新完整。目前，IMT-2020 规范还在进一步完善中，预计于 2020 年 10 月举行的 WP5D 会议中最终确定。

2020 年 1 月 9 日，由中国通信标准化协会（CCSA）主办的“5G 标准发布及产业推动大会”在北京召开。会议期间，CCSA 举行了我国首批 14 项 5G 标准发布仪式，这些 5G 标准涵盖核心网、无线接入网、承载网、天线、终端、安全、电磁兼容等领域，是各方携手合作的智慧结晶，也是 5G 相关产业加速发展的重要标志。

我国首批 14 项 5G 标准具体包括如下内容。

① 5G 移动通信网 核心网总体技术要求

② 5G 移动通信网 核心网网络功能技术要求

③ 5G 移动通信网 核心网网络功能测试方法

④ 5G 数字蜂窝移动通信网 无线接入网总体技术要求（第一阶段）

⑤ 5G 数字蜂窝移动通信网 NG 接口技术要求和测试方法（第一阶段）

⑥ 5G 数字蜂窝移动通信网 Xn/X2 接口技术要求和测试方法（第一阶段）

⑦ 面向 5G 前传的 N×25Gbit/s 波分复用无源光网络（WDM-PON）第 1 部分：总体

⑧ 面向 5G 前传的 N×25Gbit/s 波分复用无源光网络（WDM-PON）第 2 部分：PMD

⑨ 5G 数字蜂窝移动通信网 无源天线阵列技术要求（<6GHz）

⑩ 5G 数字蜂窝移动通信网 无源天线阵列测试方法（<6GHZ）

⑪ 5G 数字蜂窝移动通信网 增强移动宽带终端设备技术要求（第一阶段）

⑫ 5G 移动通信网 安全技术要求

⑬ 蜂窝式移动通信设备电磁兼容性能要求和测量方法 第 17 部分：5G 基站及其辅助设备

⑭ 蜂窝式移动通信设备电磁兼容性能要求和测量方法 第 18 部分：5G 用户设备和辅助设备

1.3.4 各国企业对 5G 标准的贡献

2020 年 3 月，Strategy Analytics（一家知名的信息技术、通信行业和消费科技市场研究机构）发布研究报告《谁是 5G 标准化的领导者？3GPP 5G 活动评估》。该报告评估了到目前为止 R15、R16 中 13 家公司对 3GPP 5G 标准的贡献。

通过深入研究 3GPP 组织和工作程序，从 5G 相关报告的数量，包括已提交的报告，已批准 / 同意的报告占总提交报告的比例，主席职位、所有 TSG 和 WG 中与 5G 相关的工作项目（WI）/ 研究项目（SI）的报告员等方面进行评估，取综合值（单项最高值为 10 分）评价相关企业对 3GPP 5G 标准的贡献。3GPP 5G 标准活动评估如图 1-9 所示，由图 1-9 可知，在 3GPP 5G 标准活动中，华为、爱立信、诺基亚、高通和中国移动较为活跃。

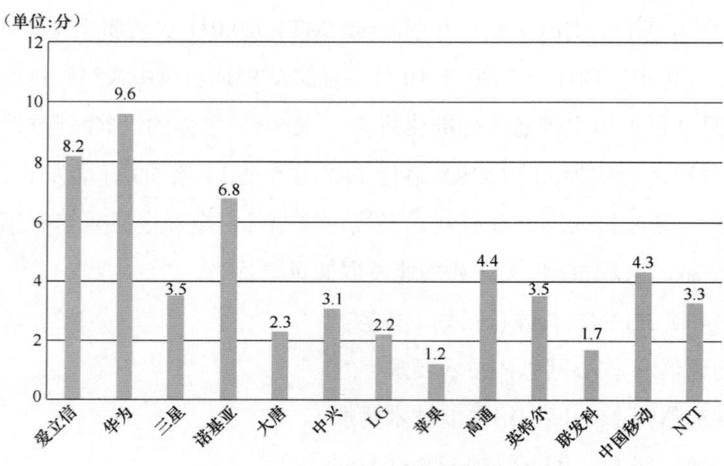

图1-9　3GPP 5G标准活动评估

德国 IPLytics（一家知名的专利数据公司）2020 年 2 月发布的《5G 标准必要专利申报的事实发现研究》对企业提交 3GPP 的 5G 相关标准提案的数量做了分析，华为、爱立信、诺基亚、高通、三星、英特尔排名靠前，该排名因统计维度（共同提交、作为第一起草者提交和按提案份额加权统计等）的不同而有所差异，同时该研究未包含运营商。

企业对于标准的贡献或话语权最终体现为企业拥有相应核心专利的数量。据 IPLytics 2020 年 2 月发布的《5G 标准必要专利申报的事实发现研究》，截至 2020 年 1 月，全球 5G 专利声明达到 95526 项，细分为 21571 个专利族。中国企业申报的 5G 专利占比为 32.97%，超过全部申报专利的 1/3；韩国企业的占比为 27.07%；欧洲企业的占比为 16.98%；美国企业的占比为 14.13%；日本企业的占比为 8.84%。专利持有人公司总部所在国家 / 地区的已申报 5G 专利族如图 1-10 所示。

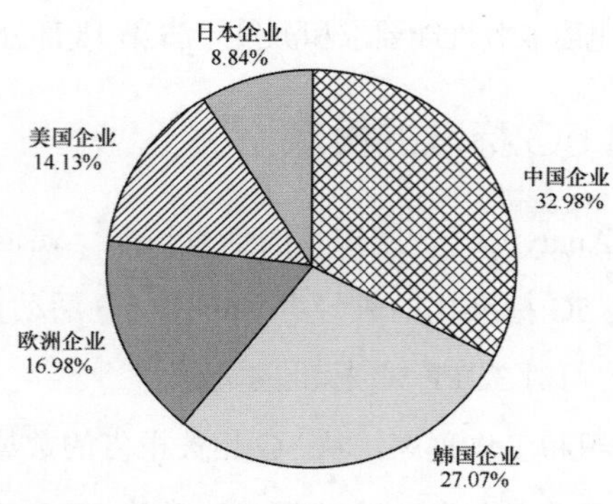

（数据来源：IPLytics《5G 标准必要专利申报的事实发现研究》）

图1-10　专利持有人公司总部所在国家/地区的已申报5G专利族

专利族声明数量排名前 10 的公司其专利数量占总量的 82%，排名前 32 名公司则占总量的 98%。华为已宣布 5G 专利族为 3147 个，位列第一，占总量的 14.61%，比 4G 时代占总量的数据提高了 4.62 %；三星为 2795 个，排第二，占比为 12.98%，比 4G 占总量的数据高 2.06%；中兴为 2561 个，位列第三，占比为 11.89%，占总量的数据比 4G 高 4.67%，其次为 LG、诺基亚和爱立信等。由以上数据可知，中国企业在 5G 时代相对于 4G 时代的专利增长明显高于其他企业。

从专利授权率（即至少一个专利局授权）来看，欧洲公司获得的 5G 专利授予最高，其次是韩国，韩国在总量上具有明显优势。中国企业申报的 5G 专利主要集中在中国专利局和专利合作条约（Patent Cooperation Treaty，PCT），很少在欧洲、日本或韩国等其他国家专利局。5G 声明专利授权情况见表 1-6。

表1–6　5G声明专利授权情况

	声明专利（个）	至少提交美国、欧洲专利局或国际专利	至少一个专利局授权
中国企业	6234	73.74%	25.57%
韩国企业	5119	89.65%	62.63%
欧洲企业	3211	91.25%	66.33%
美国企业	2591	87.96%	44.31%
日本企业	1672	83.31%	50.06%

报告采用专利族大小（patent family size）和引证量（forward citations）的乘积作为专利价值指数进行评估，就这个指数而言，中国企业仍明显落后于国际先进水平。尽管存在差距，但是中国企业的专利数量增速明显高于其他企业，而且近几年，中国企业在 5G 声明专利中提出的比重较高，因此随着时间的推移，相信中国企业的专利水平一定会进一步提高。主要企业专利价值如图 1-11 所示。

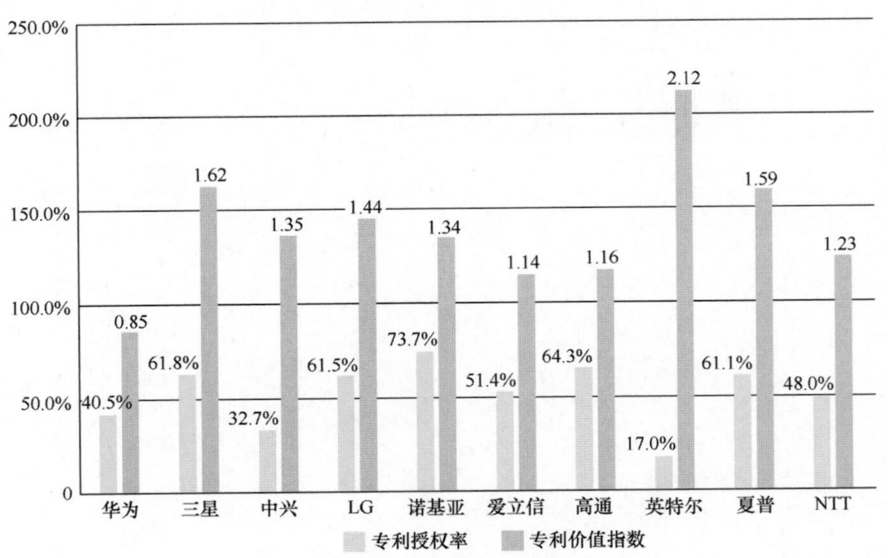

图1–11　主要企业专利价值

参考文献

[1] IHS 经济部和 IHS 技术部．5G 经济：5G 技术将如何影响全球经济 [R]. IHS，2017.
[2] GSMA Intelligence. Global 5G Landscape Q4 2019 [R]. GSMA，2020.
[3] GSMA Intelligence. Mobile Economy 2020 [R]. GSMA，2020.
[4] GSMA 智库 . 中国移动经济发展 2020 [R]. GSMA，2020.
[5] Peter Jonsson，etc. Ericsson Mobility Report [R]. Ericsson，2019.
[6] 中国国际经济交流中心，中国信息通信研究院 . 中国 5G 经济报告 2020 [R] 2019.

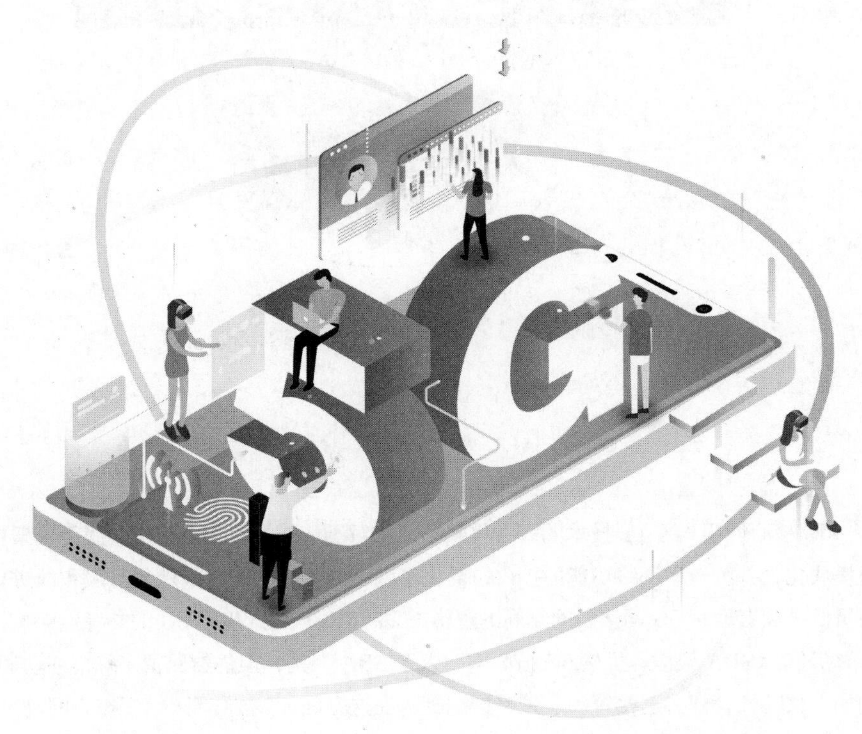

5G 核心网架构概述

Chapter 2

第二章

导读

5G 核心网引入了 IT 技术的服务化架构，相对于传统的参考点架构，服务化架构使网元的功能模块化，并统一了网络功能的接口，简化了网络结构，使网络的迭代升级和演进更便捷。同时为了便于读者理解 5G 网络各网元间的逻辑关系，3GPP 也给出了 5G 的参考点架构，但实际网络部署仍然为 SBA 架构。虽然 5G 核心网引入了 SBA 架构，但仍然保留了蜂窝移动通信网的特点，例如，移动性管理、连接管理、策略控制等，在这方面 5G 核心网与 4G 核心网是一致的。4G 核心网主要网元的功能在 5G 核心网中都能找到对应的网络功能（Network Function，NF）。但 5G 核心网对网络功能进行了细化，形成了各个 NF，原来 4G 核心网一个网元设备的多个功能在 5G 阶段分解为相对独立的 NF。5G 网络的组网架构按照标准的不同可分为非独立组网 NSA 和独立组网 SA，NSA 和 SA 各自进一步细分为多个组网选项。NSA 组网和 SA 组网各有特色，运营商在部署 5G 网络时可以结合自身网络的特点、市场需求等灵活选择建网模式。NSA 在标准和设备方面均比 SA 更早成熟，一般早期开展 5G 业务的运营商会选择 NSA 模式建网，但从网络长期演进方面考虑，SA 模式建网将会是运营商的目标。

●• 2.1 服务化架构和传统参考点架构

5G 核心网的架构相对以往 3G/4G 的核心网进行了彻底的变革，5G 核心网将 IT 的 SBA 引入核心网的设计。在 SBA 架构中，各网络功能（NF）之间的通信不再是传统通信的处理机制，即同一设备与其他不同设备间采用不同的接口，服务化架构屏蔽了同一设备与不同设备之间接口的差异，对所有设备提供统一的服务接口，来自不同 NF 调用统一的服务接口与该 NF 进行通信。此外，提供服务的业务模块可以自注册、发布和发现，取消了传统设备间的耦合，简化了不同网元间的复杂联系，进而缩短了业务流程。更重要的是，服务化架构的 5G 核心网可以部署在基于通用服务器的云资源池上，不需要像 3G/4G 那样使用核心网厂商的专有硬件。在非漫游状态下的 5G 服务化架构示意如图 2-1 所示。较为详细的服务化的技术信息参考本书的第三章 5G 核心网关键技术中的服务化架构。另外，漫游场景下的 SBA 架构可参考本书的第五章 5G 核心网规划中的漫游网络架构。

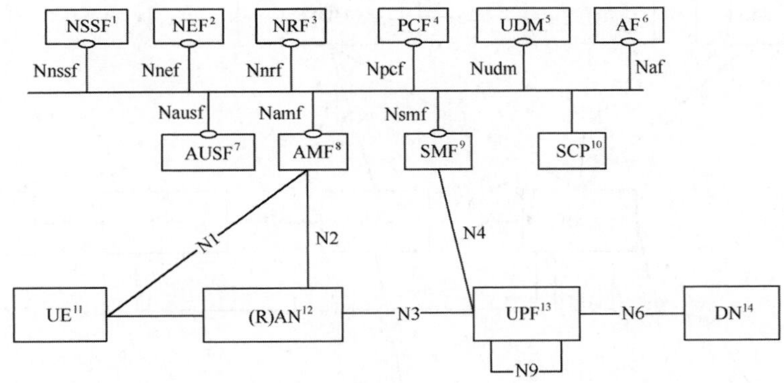

注：5G 服务化架构中主要网元如下所述，各网元的功能详见本书第六章。

1. NSSF: Network Slice Selection Function	网络切片选择功能
2. NEF: Network Exposure Function	网络能力开放功能
3. NRF: Network Repository Function	网络存储功能
4. PCF: Policy Control Function	策略控制功能
5. UDM: Unified Data Management	通用数据管理
6. AF: Application Function	应用功能
7. AUSF: Authentication Server Function	鉴权服务功能
8. AMF: Access and Mobility Management Function	接入与移动性管理功能
9. SMF: Session Management Function	会话管理功能
10. SCP: Service Communication Proxy	服务通信代理
11. UE: User Equipment	用户设备（如手持终端）
12.（R） AN: Radio Access Network	无线接入网
13. UPF: User Plane Function	用户面功能
14. DN: Data Network	数据网络

图2-1　在非漫游状态下的5G服务化架构示意

在 SBA 架构中，每个核心网网元的接口统一命名为“N + 小写英文功能名缩写”。例如，网络切片选择功能NSSF的接口为Nnssf；5G核心网网元的服务操作名称以接口名开始，例如，Nnssf_NSSelection 表示 NSSF 的网络切片选择操作。除了统一的服务化接口外，5G 网络仍然保留了少量的参考点接口，主要是 5G 核心网与无线网之间的接口（例如，N1、N2、N3 接口）以及核心网与外部数据网络的 N6 接口。N4 接口是控制面 SMF 和用户面 UPF 分离的设备接口（N4 接口一般不开放，属于设备内部接口）。

5G 仍然属于蜂窝移动通信技术，为了便于传统通信工程师的理解，3GPP 标准组织提供了传统的参考点架构，即类似以往 2G/3G/4G 采用的具体网元之间逻辑关系的架构，实际组网仍以服务化架构去部署。5G 在非漫游状态下的传统参考点架构示意如图 2-2 所示，为清晰起见，NRF、NEF 未在图 2-2 中体现，NRF 和 NEF 均有与其他各 NF 的接口。在非漫游状态下的传统参考点架构示意有助于对以往通信技术熟悉的工程师更好地理解 5G 通信的基本原理。

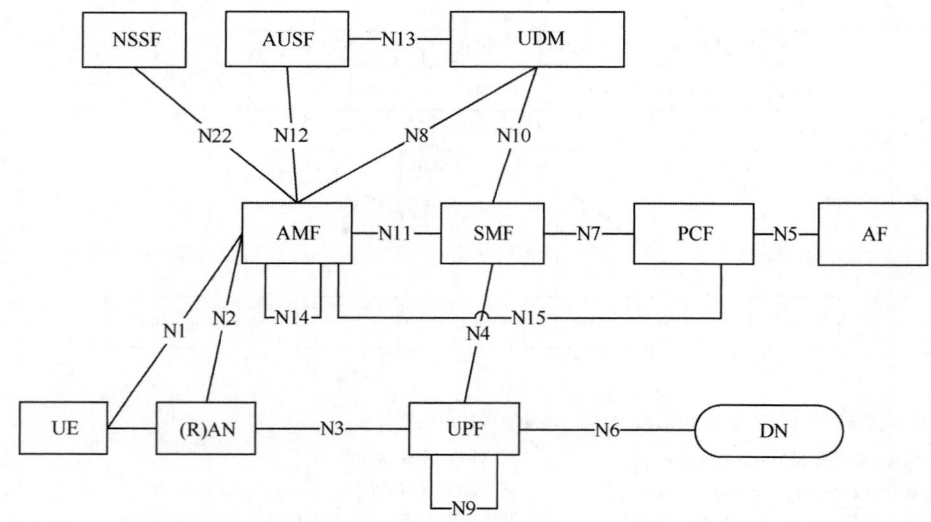

图2–2　5G在非漫游状态下的传统参考点架构示意

●• 2.2　5G 核心网与 4G 核心网架构对比

5G 引入了多种关键技术，5G 技术的性能和能力相对 4G 有了显著提升。例如，在网络时延方面，5G 可以实现端到端时延降到毫秒级别；在设备连接密度方面，5G 技术的每平方千米可提供高达百万级别的设备连接。但 5G 通信仍然是蜂窝通信，通信的理念与 4G 是类似的。为了便于读者对 5G 核心网的理解，我们将 5G 核心网与 4G 核心网架构进行简单的对比，5G 与 4G 架构对比如图 2-3 所示。

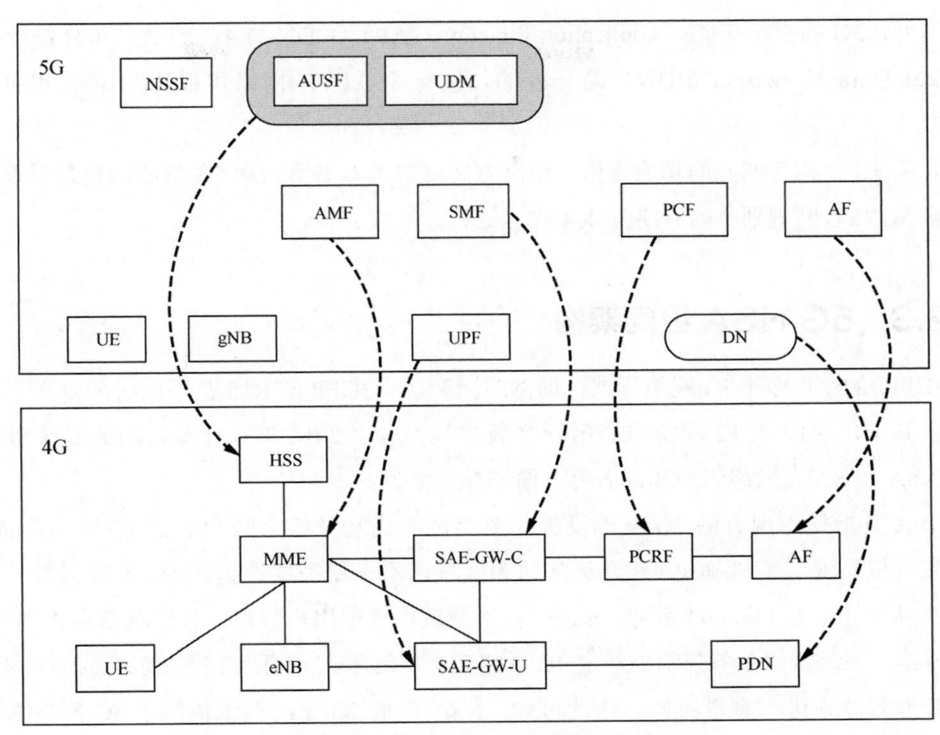

图2-3 5G与4G架构对比

5G 的 SBA 架构改变了网络的基本单元，将以往的网元设备按照功能进行拆解组合形成一个个功能模块，使组网更加灵活、简单。但 5G 继承了移动网的主要特性，包括用户认证、移动性管理、业务连接、策略控制、路由转发等。就移动网的功能而言，4G 核心网各网元的功能在 5G 核心网中都有体现。4G 核心网与 5G 核心网的功能映射示意如图 2-4 所示。

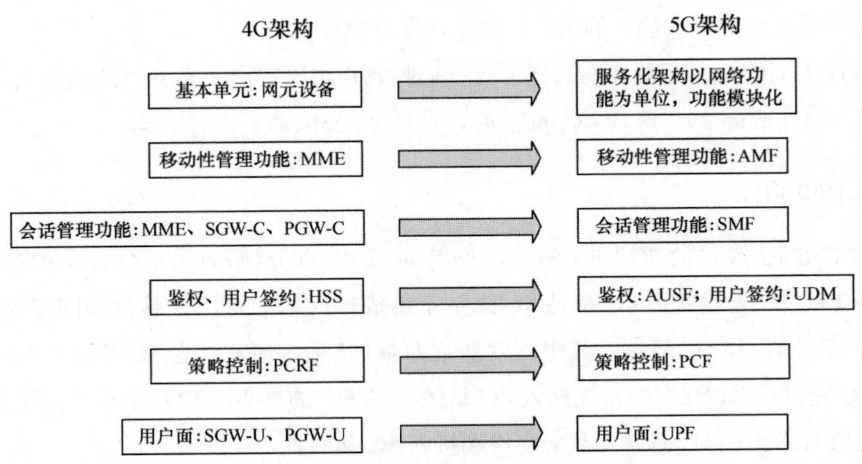

图2-4 4G核心网与5G核心网的功能映射示意

另外，5G 的应用功能（Application Function，AF）和 DN 与 4G 的 AF 和分组数据网（Packet Data Network，PDN）是一样的，同一个 AF、DN 既可以用于 4G，也可以用于 5G。

有关 5G 架构各网元的功能作用、组网方案可参考本书第六章 5G 核心网设备要求以及第五章 5G 核心网规划中的网络整体架构。

2.3 5G NSA 组网架构

3GPP 给出了两种 5G 网络模式，即 NSA 和 SA。3GPP 的 R15 在不同时间发布了两个版本，其中，2017 年 12 月发布的第一个版本是 NSA，2018 年 6 月发布的第二个版本是 SA，NSA 和 SA 在网络组织和部署等方面差异非常大。

NSA 是指使用现有的 4G 基础设施（主要是无线网及核心网）进行 5G 网络的部署。运营商可根据业务需求确定 4G 升级基站和区域，不一定需要完整的 5G 连片覆盖。基于 NSA 架构（主要是 Option3 系列）的 5G 基站载波仅承载用户数据，其控制信令仍通过 4G 网络传输，系统级的业务控制仍然由 4G 网络负责。这种方式相当于是在现有的 4G 网络上增加新型载波来进行容量扩容。由此可知，NSA 是把 5G 无线技术依附于 4G 网络来开展业务的，5G 应用场景依然是目前 4G 的移动互联网场景。

NSA 组网需要用到双连接技术。“双连接（ Dual Connectivity，DC）”技术是指在同一个核心网的两个无线基站共同覆盖区内，终端同时接入这两个无线基站，并将其中的一个基站作为主基站（Master Node，MN），将另一个基站作为辅基站（Secondary Node，SN）。主基站是用户终端接入网络的锚点（即接入的统一入口），提供用户终端接入网络的信令控制（例如，移动性管理、位置信息上报等），并负责用户面数据的转发；辅基站在主基站的控制下仅为用户终端提供额外的用户面数据转发资源。

为方便不同的运营商的建网选择，3GPP 对 NSA 组网提出了多种可选的模式，比较典型的有选项 3（Option3）、选项 4（Option4）、选项 7（Option7）三种模式。

1. Option3

采用 Option3 模式的 5G NSA 的核心网为 4G 的演进分组核心网（Evolved Packet Core network，EPC），无线网由 4G 基站和 5G 基站组成。在某个 4G/5G 基站共同覆盖的区域，用户双连接到 4G 和 5G 基站，其中，主基站为 4G 基站，辅基站为 5G 基站，控制面仍然锚定在 4G 基站。5G NSA 终端先接入 4G 基站，与统一的核心网 EPC 通信完成鉴权后，再通过双连接技术添加 5G 基站，从而将终端接入 5G 基站。

Option3 的具体实现又可细分为 Option3、Option3a 和 Option3x 三种选项。这三种选项对5G基站控制信息的处理方式是一致的，即其控制信息（或信令消息）由4G基站统一接入EPC，5G基站用户面数据根据不同选项采用不同的转发方式。

（1）Option3

用户的承载有两个，即“EPC—4G基站—5G基站—用户”和“EPC—4G基站—用户”两个承载通道，由于5G空口的带宽较大，可优先选择“EPC—4G基站—5G基站—用户”通道转发用户面数据。

（2）Option3a

4G基站建立“EPC—4G基站—用户”的承载，5G基站建立“EPC—5G基站—用户”承载通道。

（3）Option3x

5G基站建立“EPC—5G基站—用户”承载通道和可选的“EPC—5G基站—4G基站—用户”承载通道，一般优先选择“EPC—5G基站—用户”承载通道转发用户面数据。

传统4G基站的处理能力相对有限，例如，由于带宽处理能力、信令处理能力无法承载5G基站这个新“业务量”，所以主基站4G基站需要升级改造为增强型4G基站。另外，主基站和辅基站还涉及基站间的兼容性，为了弱化因兼容性产生的问题，一般采用与4G基站同厂商的5G基站。

对于Option3，5G基站需要额外支持S1-U的4G用户面接口与4G LTE基站之间的X2接口，所以在5G开展初期，当SA尚不成熟时，Option3是实现5G快速部署的一种较好的选择。Option3系列组网示意如图2-5所示。

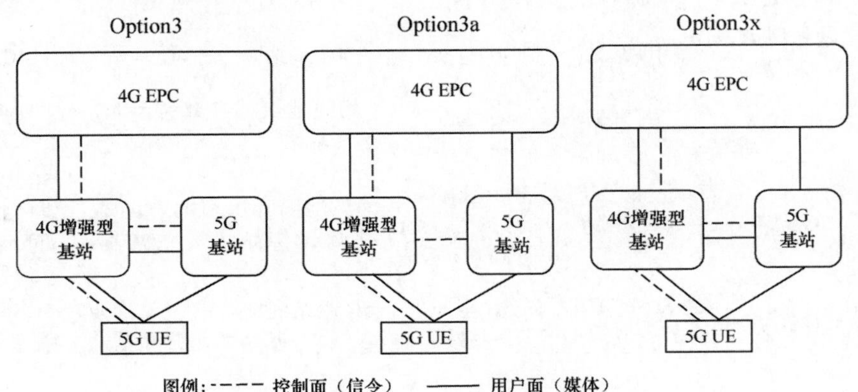

图2-5 Option3系列组网示意

2. Option7

Option7相对于Option3，运营商先部署5G核心网，统一的核心网为5GC，无线网仍然由4G基站和5G基站组成。与Option3一样，Option7的主基站为4G基站，辅基站为

5G 基站。

因为核心网为 5GC，传统 4G 基站仍需要升级改造为增强型 4G 基站，5G 基站和 4G 基站一般是同一厂商的设备。

Option7 虽然是 3GPP 提出的一种 NSA 组网架构，但目前已经建设的网络中很少采用这种选项建网。Option7 系列组网示意如图 2-6 所示。

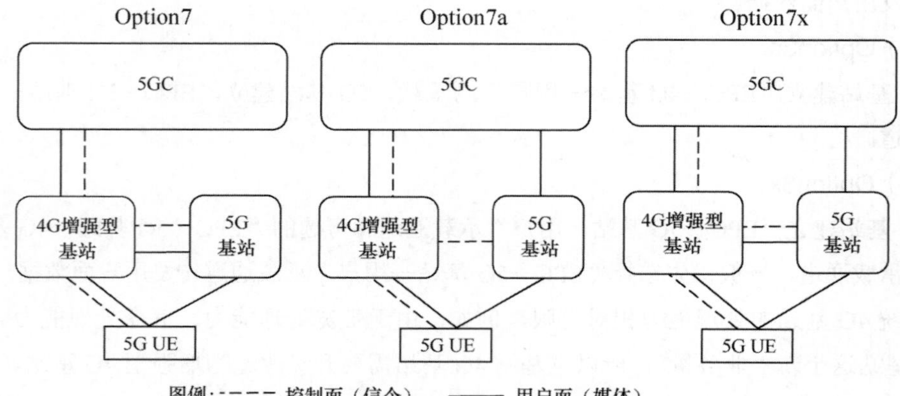

图2-6 Option7系列组网示意

Option3 和 Option7 在架构上有一定的相似性，Option3 和 Option7 对比见表 2-1。

表2-1 Option3和Option7对比

NSA	Option3	Option3a	Option3x	Option7	Option7a	Option7x
核心网	EPC	EPC	EPC	5GC	5GC	5GC
主站	增强型 4G 基站	4G 基站	4G 基站	4G 基站	4G 基站	4G 基站
辅站	5G 基站	5G 基站	5G 基站	增强型 4G 基站	增强型 4G 基站	增强型 4G 基站
媒体流	5G 经 4G	5G 至 EPC	5G 基站部分到 EPC，部分到 4G 基站	5G 基站到增强型 4G 基站	5G 基站到 5GC	5G 基站部分媒体到 5GC，部分经 4G 增强型基站
控制流	5G 经 4G	5G 至 4G 基站	5G 至 4G 基站	5G 基站到增强型 4G 基站	5G 基站到 4G 增强型基站	5G 基站到增强型 4G 基站

3. Option4

Option4 是运营商先部署 5GC，4G/5G 统一用 5GC，无线由 4G 基站和 5G 基站组成。与 Option7 不同的是，Option4 主站为 5G 基站，辅站为 4G 基站。Option4 因为新部署 5G 基站，可以要求 5G 基站向下兼容，所以 4G 基站可以暂时不用升级。

Option4 可能应用的一个场景是新进入的运营商直接部署 5G 网络，但初期 5G 网络覆盖有限，需要借助其他运营商的 4G 来提升覆盖面，类似 4G 无线与其他运营商的共享。另外一个可能的应用场景是，运营商的 4G 核心网退网，4G 基站统一接入 5G 核心网，但这与 SA 的 Option5 比较类似。Option4 系列组网示意如图 2-7 所示。

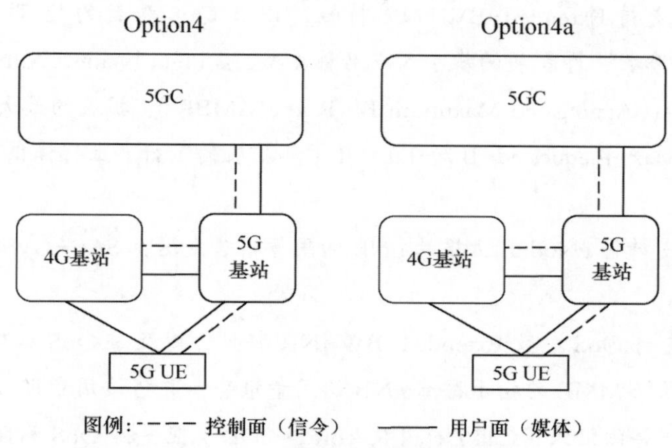

图2-7　Option4系列组网示意

4. NSA 对 EPC 的要求

在 NSA 组网架构下，现有的 4G EPC 需要进行简单的功能升级，以便支持 5G NSA。下面以 Option3a 为例（该选项也是 NSA 广泛采用的选择模式），具体介绍 EPC 核心网的升级需求。

4G 核心网中的用户最大比特率（Maximum Bit Rate，MBR）最大限制为 4Gbit/s，而 5G 基站的目标是 10 Gbit/s，为避免核心网成为用户业务速率的瓶颈，需要将 MBR 扩展到最大 4Gbit/s。用户限制速率升级涉及归属签约用户服务器（Home Subscriber Server，HSS）、策略及计费控制功能（Policy and Charging Control Function，PCRF）/ 用户属性存储（Subscription Profile Repository，SPR）以及移动性管理实体（Mobility Management Entity，MME）、SAEGW［SAEGW 为分组数据网网关（PDN Gateway，PGW）和服务网关（Serving Gateway，SGW）的合设设备］，系统架构演进（System Architecture Evolution，SAE）和计费网关（Charging Gateway，CG）。另外，用户限制速率还需要支持相应 QoS 的处理。

（1）MME

MME 需要升级，进而支持以下功能。

- MME 需要支持 5G NR（New Radio，即 5G 基站，同 gNB）的接入控制。接收和识别 UE 在附着请求和位置区更新请求中上报的双连接功能（Dual Connectivity E-UTRAN and NR，DCNR），并根据 HSS 的签约或 MME 本地配置中的接入限制信息决定该 UE 能否接入 NR。
- MME 需要支持向 HSS 上报自身支持 5G 基站作为辅基站的能力。
- MME 需要支持接收 eNodeB 发送的用户面演进的无线接入承载（Evolved Radio

Access Bearer，E-RAB）修改指示，将指示中携带的承载ID和其对应的无线节点的全量隧道端点信息（Full Qualified -Tunnel Endpoint Identifier，F-TEID）通知给SAE-GW，并向eNodeB回复E-RAB修改响应。

- MME需要支持Extended-BW-NR特性，以及QoS参数的处理。Extended-BW-NR特性对应3个参数，即扩展的基于入点名称（Access Point Name，APN）的下行/上行聚合最大比特速率（Aggregated Maximum Bit Rate，AMBR）、扩展的最大请求下行/上行带宽（Extended-Max-Requested-BW-DL/UL）和扩展的下行/上行保证速率（Extended-GBR-DL/UL）。
- MME需要支持将eNodeB上报的gNB的用量报告发送至SAE-GW。

（2）SGW

- SGW需要支持QoS参数Extended-BW-NR特性，以及该QoS参数的处理。
- SGW需要根据MME的指示存储gNB的用量报告，并将该用量报告发送至PGW。
- SGW的呼叫详细记录（Call Detail Record，CDR）应支持QoS参数取值扩展，即根据gNB的用量报告提供5G基站的流量。

（3）PGW

PGW需要支持高带宽QoS，支持对单用户大带宽，支持Extended-BW-NR特性，即启用Extended-APN-AMBR-DL/UL参数，替代APN-Aggregate-Max-Bitrate-UL/DL参数，启用Extended-Max-Requested-BW-DL/UL参数，替代Max-Requested-Bandwidth-DL/UL参数，启用Extended-GBR-DL/UL替代Guaranteed-Bitrate-DL/UL参数。

PGW能根据MME的指示存储gNB的用量报告，并基于5G gNB生产CDR。

（4）PCRF

PCRF需要能识别4G/5G用户并下发不同的计费控制策略。PCRF也需要支持Extended-BW-NR特性，支持AMBR QoS最大带宽取值范围，支持启用扩展带宽参数。

（5）HSS

HSS需要支持新增NR扩展签约信息，对应的参数为Extended-Max-Requested-BW-DL和Extended-Max-Requested-BW-UL；HSS需要根据MME在功能清单（Feature-list）上报的NR支持能力，控制NR扩展签约信息的下发，支持对UE的DCNR的授权。若对用户的5G接入进行限制，HSS中为用户签约数据接入限制（Access Restriction Data，ARD），从而可限制用户接入5G无线网络，相应的MME也需要根据ARD来限制用户的5G接入。

（6）CG

CG需要支持NR双连接用户产生的话单和相关字段处理。在EPC原有的SGW-CDR基础上增加标识5G NR的相应字段。

●• 2.4 5G SA 组网架构

与 4G 组网相比，5G 的 SA 组网是全新的网络。SA 组网采用端到端的 5G 网络架构，从终端、无线新空口到核心网都采用 5G 标准，支持 5G 的各类接口、各项新功能。SA 组网采用了网络虚拟化、软件定义网络、网络切片、边缘计算等新技术来满足 5G 的多种业务场景需求。与 NSA 相比，SA 组网下的用户终端在选网接入、鉴权与秘钥协商、移动性管理、安全等方面均存在较大的差异，因此对于 NSA 的 5G 终端（不支持 SA），将无法正常接入 SA 网络使用 5G 业务。

SA 组网不需要终端具备双连接功能。根据运营商策略，终端在 4G/5G 共同覆盖的区域，可以优先选择 5G 网络，在没有 5G 网络覆盖的区域，选择 4G 网络。

SA 组网按照与现有 4G 网络的关系，可以分为 Option2 和 Option5。

- Option2 是 5G 与 4G 网络相互独立，5G 与 4G 的互通在核心网层面上实现。
- Option5 是 4G 基站升级为增强型基站接入 5GC，4G/5G 统一由 5G 核心网控制。Option5 和 NSA 的 Option4a 类似，在标准和设备成熟的情况下，Option5 比 Option4a 更有优势。

关于 SA 的组网技术细节和设备要求参见本书的后续章节。SA Option2 和 Option5 组网示意如图 2-8 所示。

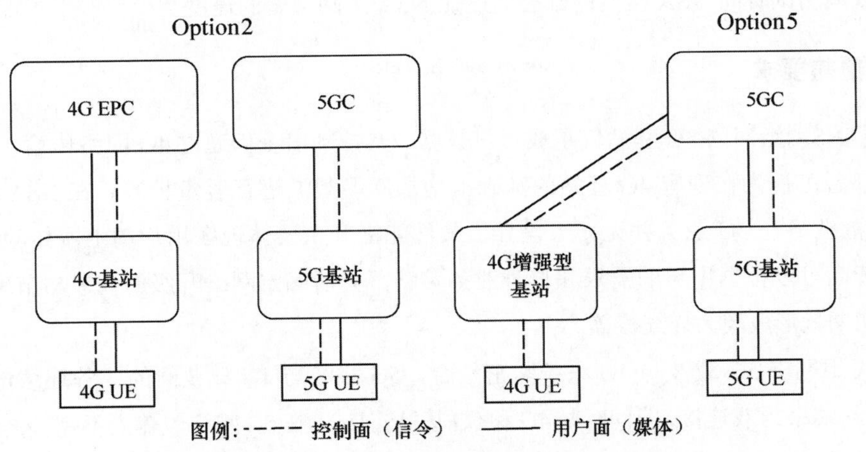

图2-8 SA Option2和Option5组网示意

●• 2.5 NSA 与 SA 的组网分析对比

为了更好地理解 NSA 和 SA 两种组网的区别，下面分别对两种组网从技术成熟度、网络的部署速度、覆盖要求、建网成本、网络演进等方面进行对比分析。

1. 技术成熟度

与 SA 相比，NSA 的标准成熟得更早，而且 NSA 是在现网设备的基础上升级，4G/5G 基站与核心网之间的兼容性测试是厂商内部的事情，比较容易实施。截至 2019 年年底，全球商用的 5G 均基于 NSA 组网，包括国内的三大运营商的 5G 网络。

在标准冻结的时间方面，SA 比 NSA 晚了半年。与 NSA 相比，SA 引入了更多的新技术，新技术的成熟需要得到现网的验证。另外，为了支持引入与现网 4G 不同厂商的设备，SA 需要开展不同厂商设备之间的兼容性测试以及设备性能测试等工作。这些因素都决定了 SA 可用于商用的成熟设备比 NSA 较晚，SA 的规模商用预计在 2021年。

2. 网络的部署速度

现网的 EPC 核心网只需要进行少量的功能升级就可以支持 NSA，而不需要部署任何新设备。无线网的 5G NSA 基站与同厂商的 4G 基站对接，部署起来更快更方便。这种方式有利于把 NSA 快速推入市场。截至 2020 年上半年，各运营商宣称已经商用的 5G 网络基本上都是基于 NSA 的 5G 网络。

SA 组网需要新建端到端网络，包括无线网、核心网和承载网。新网络部署完成后需要专业网内的调试以及各专业网之间的联调，从而形成端到端的业务能力。考虑到网络建设周期、联调测试时间，SA 组网的部署速度比 NSA 组网部署的速度至少要慢半年。

3. 覆盖要求

基于 NSA 组网的 5G 基站仅承载用户数据，其控制信令仍通过 4G 网络传输，因此 5G 基站的部署可视为在现有 4G 基站的基础上增加新型载波进行容量扩容。在 NSA 组网中，5G 提供的业务与 4G 业务并无太大差异，其性能提升主要体现在用户的上网体验速率上，所以运营商可以根据用户的需求和自身业务策略，灵活确定网络升级的规模与节奏，无须在建网初期就形成较大连续覆盖。

NSA 组网下 5G 载波与 4G 系统紧密结合，5G 载波与 4G 载波间的业务连续性有较强的保证（终端采用双连接，即同时与4G和5G基站连接）。在5G网络覆盖尚不完善的情况下，NSA 组网仍然能保证用户的良好体验，在没有 5G 网络覆盖时，可以通过 4G 网络实现业务的连续性。可见，5G 的 NSA 组网可以满足运营商在原有经营模式下开展 5G 业务的需求，而且网络升级所需的投资门槛较低，技术挑战可控，有利于运营商以较低的风险快速地推出基于 5G 的移动宽带业务。

在采用 5G SA 组网时，终端支持单连接，即终端同时只连接 4G 或 5G 中的一个网络。为了便于用户体验，要求 5G 的覆盖有一定的连续性，避免用户在体验中频繁地在 4G、5G

网络之间来回切换。

4. 建网成本

SA 组网在网络建设初期的投资较大，但从长远来看，SA 组网的总体投资并没有比 NSA 增加很多。SA 组网的主要特点在于能够提供更为多样化的、目前 4G 网络无法支持的业务。例如，低时延、高可靠、企业专网等业务。因此 5G SA 网络在部署初期就需要具有较大规模的连续覆盖，这就意味着 SA 网络的部署基站数将远大于不需要连续覆盖的 NSA 网络部署的基站。

NSA 组网对 4G 基站的更新利用尚不需要连续覆盖，只需要对部分重点场所进行覆盖，因此 NSA 组网的初期投资相对较少。但将来从 NSA 演进到 SA，网络仍需要再改造，因此综合来看，SA 组网的整体投资并不比 NSA 组网的投资少。另外，NSA 组网的 5G 基站只能选择与现有 4G 基站同厂商的设备，从而影响了运营商选择设备供应商的灵活度，这在一定程度上不利于运营商进行成本管控。

5. 网络演进

从标准来看，NSA 和 SA 都是 3GPP 的 5G 标准版本，但从运营商的 5G目标网络的选择来看，绝大多数运营商（包括我国的三大运营商）都将 SA 作为目标网络。所以就网络演进而言，NSA 是过渡组网技术，最终还是需要向 SA 组网演进。

6. 对现网改造量

基于 4G 核心网的 NSA，需要对现有 4G EPC 核心网的 MME、SGW、PGW、HSS 等进行小量的升级。在 NSA 向 SA 演进中，需要对原有的 NSA 基站进行改造。

相对而言，SA 模式对现网的改造要求较少，除了互操作要求的 N26 接口外（详见本书附录 5　4G/5G 互操作），现有 EPC 核心网和无线网基本不需要升级改造。

7. 业务能力

在 ITU 定义的 eMBB 场景下，NSA 和 SA 的业务能力相当，二者均可以为移动互联网用户提供高速上网服务，但在 uRLLC 和 mMTC 场景下，只有 SA 才能发挥 5G 的高可靠、低时延、大带宽的技术特色。另外，SA 还支持网络切片满足垂直行业多样化的个性需求。

8. 运营商选择

美国、韩国、日本等发达国家的运营商在 5G 建设的初期阶段比较青睐 NSA，因为 NSA 可以快速部署网络，抢占用户。2019 年，美国、韩国、日本已经商用的 5G 都是基于

NSA组网的。

我国的三大运营商在5G网络建设的初期也选择了NSA组网。在2019年的中国国际信息通信展览会上，三大运营商对外发布正式提供5G业务，这一阶段的5G网络也是基于NSA组网的。与此同时，国内三大运营商也在积极准备SA的网络建设，预计于2020年年底，国内的运营商可以提供正式的SA商用。

●• 2.6 5G NSA组网和SA组网并存

运营商在初期5G网络部署的时候，出于技术、成本等因素可能会先采用NSA组网，后采用SA组网，这就会出现NSA组网和SA组网并存的阶段。5G NSA组网和SA组网并存的阶段涉及网络和终端的选择和适配。

1. 基站维度

5G基站按照制式不同可划分为NSA基站和SA基站，同一个5G基站不能既是NSA基站又是SA基站，只能是其中的一种。

早期部署的NSA基站，由于技术等原因可能存在不能平滑地通过软件升级支持SA的情况，此类NSA基站将长期与4G基站共存。

对于可以升级到SA的NSA基站，随着SA网络的普及，NSA基站大概率会升级为SA基站。

针对NSA基站，按照Option3x组网，NSA基站通过4G主基站接入4G EPC，而SA基站需要直接接入5G核心网。

2. 核心网维度

对于NSA组网，核心网利用4G的EPC，NSA相当于是4G无线网络的增强。对于SA组网，5G拥有独立的5G核心网，支持端到端的5G技术。5G核心网与4G核心网存在互操作关系，支持终端在4G/5G之间切换。

3. 终端维度

5G终端按照模式可划分为NSA单模终端、SA单模终端和NSA&SA双模终端。5G NSA单模终端只能在NSA的网络中使用5G；SA单模终端只能在SA网络中使用5G；NSA&SA双模终端则既可以在NSA网络中使用，也可以在SA网络中使用。NSA&SA双模终端在NSA和SA网络共同覆盖的区域，运营商通常会让终端优先选择SA网络。

参考文献

[1] 3GPP TS 23. 501 V16. 1. 0 Release 16. Technical Specification Group Services and System Aspects；System Architecture for the 5G System；Stage 2，2019. 6.

[2] 3GPP TR 38. 801 V14. 0. 0 Release 14. Technical Specification Group Radio Access Network；Study on new radio access technology：Radio access architecture and interfaces，2017. 3.

[3] 3GPP TS 36. 300 V15. 6. 0 Release 15. Technical Specification Group Radio Access Network；Evolved Universal Terrestrial Radio Access（E-UTRA）and Evolved Universal Terrestrial Radio Access Network（E-UTRAN）；Overall description；Stage 2，2019. 6.

[4] 冯征．面向应用的 5G 核心网组网关键技术研究．移动通信 [J]，2019(6).

[5] 何伟俊，桂烜，卢燕青，黄建文，戴国华．4G 用户不换卡不换号升级 5G 问题探讨．移动通信 [J]，2019(8).

[6] 王敏，陆晓东，沈少艾．5G 组网与部署探讨．移动通信 [J]，2019(1).

[7] 聂衡，赵慧玲，毛聪杰．5G 核心网关键技术研究．移动通信 [J]，2019(1).

[8] 汪丁鼎，许光斌，丁巍，汪伟，徐辉．5G 无线网络技术与规划设计 [M]．北京：人民邮电出版社，2019.

5G 核心网关键技术

Chapter 3

第三章

导读

5G 核心网引入了 SBA，可以使我们从服务化架构的概念、特征入手，理解 5G 核心网引入 SBA 的必要性。在 SBA 下，研究各个框架下的网络功能，以便能更好地理解 5G 网络架构。

网络切片技术的提出是为了更加灵活地满足客户的业务需求，5G 网络的软件化、自动化、模块化等功能确保了网络切片功能的实现。在网络切片的部署过程中，需要考虑后期的运维管理及网络安全。

移动 / 多接入边缘计算技术使 5G 网络的能力开放，获得高带宽、低时延、可近端部署的优势，创造出新的商业模式。移动 / 多接入边缘计算在部署的过程中，存在移动性、计费、监管等问题，而这些问题也对网络安全、服务器硬件提出了新的挑战。

●• 3.1 概述

SBA、网络切片、移动 / 多接入边缘计算是 5G 核心网的关键技术。SBA 的特点是方便、灵活。另外，由于 SBA 中的服务模块可自主注册、发布、发现，规避了传统网络各模块间紧耦合带来的复杂的互操作，提高了功能的重用性，简化了业务流程。网络切片为不同垂直行业、不同客户、不同业务提供了相互隔离、功能可定制的网络服务，是一个提供特定网络能力和特性的端到端的逻辑网络。移动 / 多接入边缘计算（MEC）是实现 5G 低时延、提升带宽速率等的关键技术之一。MEC 通过将应用程序托管从集中式数据中心下沉到网络边缘，利用网络能力的开放性获得高带宽、低时延、可近端部署的优势，为应用程序和服务打开了网络边缘，从而产生新的业务和收入的机会，创造出新的商业模式。

本章将介绍 SBA、网络切片、MEC 的基本概念、架构，以及在 5G 网络中的应用部署，同时也探讨了 5G 在安全等方面的问题。

●• 3.2 SBA

3.2.1 SBA 概念

5G 核心网采用了更方便、灵活的垂直行业架构，即 SBA。在面向业务的 5G 网络架构中，控制面的功能进行了融合和统一，同时控制面功能也分解成为多个独立的网络服务，这些独立的网络服务可以根据业务需求进行灵活的组合。每个网络服务和其他服务在业务功能上解耦，并且对外提供同一类型的服务化接口，向其他调用者提供服务，将多个耦合接口转变为同一类型的服务化接口，可以有效地减少接口数量，并统一服务调用方式，进而提升了网络的灵活性。

5G 核心网控制平面功能借鉴了 IT 系统中的服务化架构，采用基于服务的设计方案来描述控制面网络功能及接口交互。由于 SBA 采用 IT 化总线，服务模块可自主注册、发布、发现，提高了功能的重用性。3GPP 标准规定了服务接口协议采用 TCP/TLS/HTTP2/JSON，SBA 提供了基于服务化的调用接口，服务化接口基于 TCP/HTTP 2.0 进行通信，使用 JSON 作为应用层通信协议的封装。基于 TCP/HTTP 2.0/JSON 的调用方式，使用轻量化 IT 技术框架，可以适应 5G 网络灵活组网定义、快速开发、动态部署的需求。其中，SBA 中的控制面“总线”只进行基于路由器 3/4 层协议的转发，而不会感知上层的协议。

3.2.2 SBA特征

SBA是5G核心网与传统核心网的显著差异所在，5G核心网SBA的四大特征的具体内容如下所述。

1. 传统网元被逐渐拆分

伴随着虚拟化技术在电信领域的应用，传统意义上的核心网网元实现了软件、硬件解耦，软件部分被称为NF。3GPP定义的SBA将一个网络功能进一步拆分成若干个自包含、自管理、可重用的网络功能服务，这些网络功能相互之间解耦，具备独立升级、独立弹性的能力，具备标准接口与其他网络功能服务互通，并且可以通过编排工具根据不同的需求进行编排和实例化部署。网络功能服务示例如图3-1所示。AMF被拆解为Namf_CommunicationV1.0、Namf_EventExposureV1.0等网络功能服务，解耦的服务可以独立扩容、演进、按需部署，而不会互相影响。

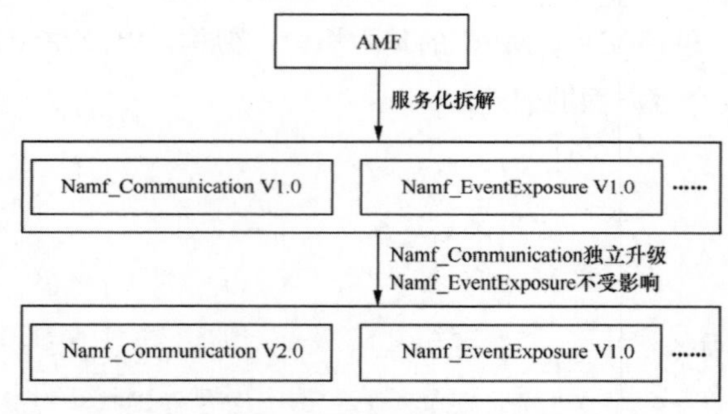

图3-1 网络功能服务示例

这种网元功能拆分与云原生或微服务架构有相似的理念，而3GPP对此进行了标准化定义，并为每个5G网络功能定义了一组具备对外互通标准接口的网络功能服务。

2. 网络功能服务管理自动化

5G核心网的网络功能服务实现了自动化管理，通过NRF来实现。NRF支持的几个主要功能如下所述。

（1）网络功能服务的自动注册、更新或去注册

每个网络功能服务在业务加载时会自动向NRF注册本服务的IP地址、域名、支持的能力等信息。在信息变更后自动同步到NRF，在关闭时向NRF进行去注册。NRF维护整个网络内所有网络功能服务的实时信息。

（2）网络功能服务的自动发现和选择

在5G核心网中，每个网络功能服务都会通过NRF来寻找合适的对端服务，而不是依赖

本地配置的方式固化通信对端。NRF 会根据当前信息向请求者返回对应的响应者网络功能服务列表，供请求者自己选择。这种方式类似于 DNS 机制，以实现网络功能服务的自动发现和选择。

（3）网络功能服务的状态检测

NRF 可以与各网络功能服务之间进行双向定期状态检测，当某个网络功能服务异常时，NRF 将异常状态通知到与其相关的网络功能服务。

（4）网络功能服务的认证授权

NRF 作为管理类网络功能，需要考虑网络的安全机制，以防止被非法网络功能服务“劫持”业务。

3. 网络通信路径优化

传统核心网的网元之间有着固定的通信链路和通信路径。例如，在 4G 网络中，用户的位置信息必须从无线基站上报 MME，然后由 MME 通过 S-GW 传递给 P-GW，最终传递给 PCRF 进行策略的更新。在 5G 核心网的服务化架构下，各网络功能在服务之前可以根据需求随意通信，极大地优化了通信路径。以用户位置信息策略为例，PCF 可以提前订阅用户的位置信息变更事件，当 AMF 中的网络服务功能检测到用户发生位置变更时，发布用户位置信息变更事件，PCF 可直接实时接收到该事件，无须其他网络功能服务进行中转。

4. 网络功能服务间的交互解耦

传统核心网的网元之间的通信遵循请求者和响应者点对点模式。这种模式是一种相互耦合的传统模式。5G 核心网架构下的网络功能服务间通信机制可进一步解耦为生产者和消费者模式，生产者发布相关能力，并不关注消费者是谁，消费者在什么地方。消费者订阅相关能力，并不关注生产者是谁，生产者在什么地方。因此同一个服务可以被多种 NF 调用，进而提升服务的重用性。点对点架构与服务化架构对比如图 3-2 所示。

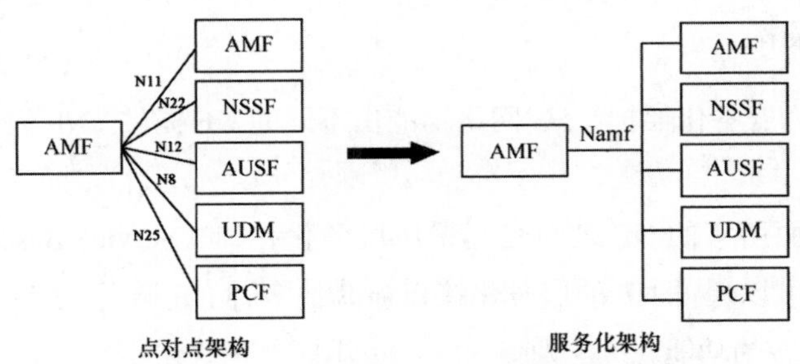

图3-2　点对点架构与服务化架构对比

3.2.3　服务化框架

服务化框架是 SBA 的核心，通过服务的注册、发现和调用构建网络功能、服务间的基本通信框架，为5G核心网新功能提供即插即用的新型引入方式。服务化框架如图3-3所示。服务化架构包括服务注册、服务发现和服务授权（API调用或发现服务）。

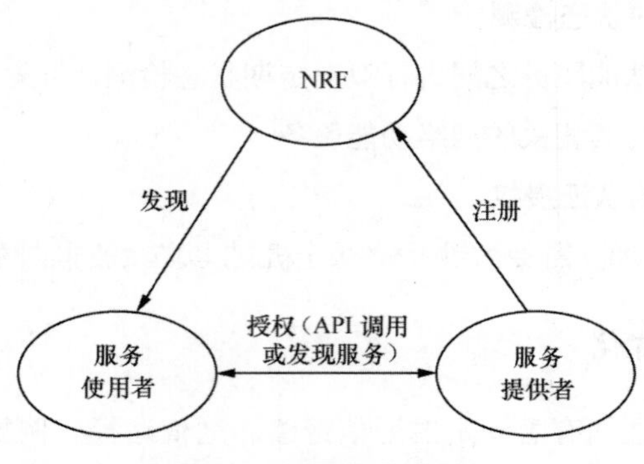

图3–3 服务化框架

1. 服务注册

NF将其支持的服务列表注册到NRF。NF可以按需更新、按需注册NRF中的服务。

2. 服务发现

服务消费者通过NRF查询所需NF及服务列表。NRF只返回授权的NF及服务列表。

3. 服务授权

服务提供者或者NRF可判断一个服务消费者是否有权调用或发现一个服务。

3.2.4 基于服务化的5G网络功能架构

1. 5G系统架构

5G系统架构为服务化架构。5G网络功能由不同的NF提供，NF间相互独立，可以按需部署。

5G系统控制面所有的NF之间交互采用服务化接口（Service Based Interface，SBI），NF的同一种服务可以通过NF的服务化接口被其他多种NF调用。NF间通过调用彼此的服务化接口实现相应的功能。

基于服务接口的5G系统网络架构如图3-4所示。图3-4描述了基于服务化接口的非漫游5G系统架构，虚线方框内的（图中上面部分）是控制面的NF，点划线框内（图中下面部分）的是用户面的网络功能。其中，基于服务的接口在控制平面内使用Nnssf、Nnef等，它们属于网络功能之间的接口。

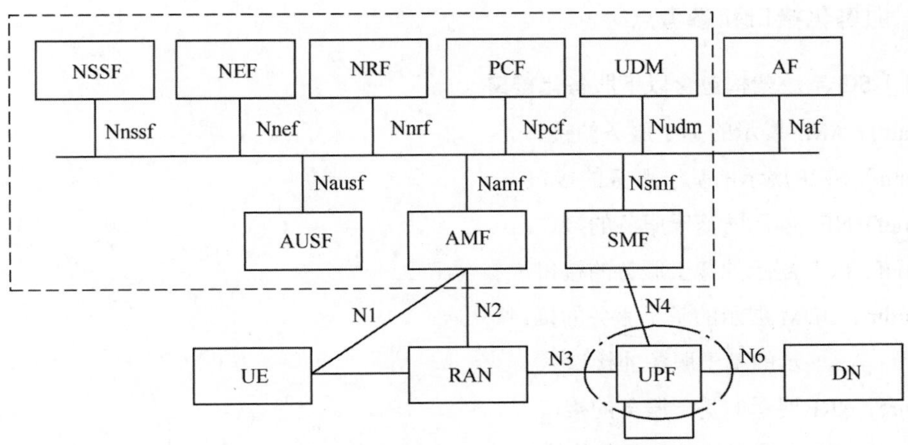

图3-4　基于服务接口的5G系统网络架构

基于参考点的 5G 系统架构如图 3-5 所示，参考点是指 5G 系统服务化架构映射到传统架构后，对应传统网元之间点对点的接口，用来代表 NF 之间交互的参考模型，并不是真实的接口。控制面 NF 之间连接体现的是基于服务化接口的参考点。例如，图 3-5 中的 N7、N8 等。控制面与 UPF、无线、外部网络连接体现的是基于传统点对点通信的参考点。

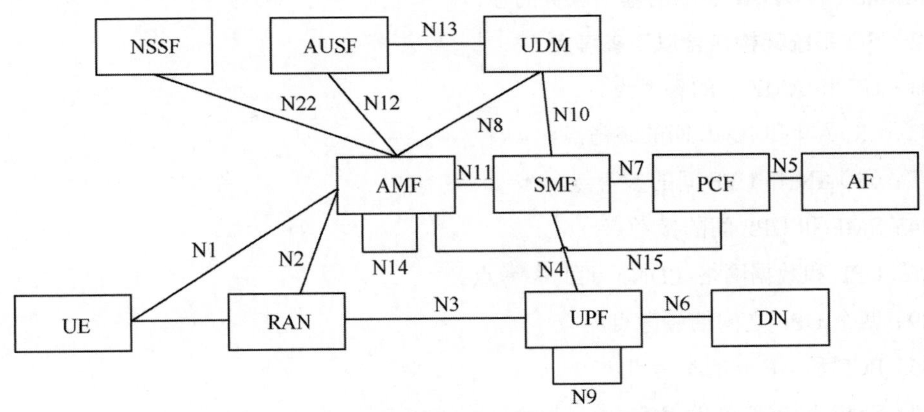

图3-5　基于参考点的5G系统架构

服务化接口与点对点架构下的接口不同。服务化的接口类似一个总线结构，每个网络功能通过服务化接口接入总线。服务化接口间采用相同的协议栈，传输层统一采用下一代超文本传输协议（Hyper Text Transport Protocol 2.0，HTTP2.0），应用层携带不同的服务消息。因为底层的传输方式相同，所以服务化接口可以在同一总线上进行传输，支撑业务灵活上线。因此在服务化方式下，网络部署非常便利，每个网络功能的接入或退出，只需要按照规范进行操作即可，不用考虑对其他网络功能的影响。

2. 服务化接口和参考点

（1）5G 系统架构包含以下服务化接口

Namf：AMF展示的基于服务的接口。

Nsmf：SMF展示的基于服务的接口。

Nnef：NEF展示的基于服务的接口。

Npcf：PCF 展示的基于服务的接口。

Nudm：UDM 展示的基于服务的接口。

Naf：AF展示的基于服务的接口。

Nnrf：NRF展示的基于服务的接口。

Nnssf：NSSF展示的基于服务的接口。

Nausf：AUSF展示的基于服务的接口。

Nudr：UDR展示的基于服务的接口。

Nudsf：UDSF展示的基于服务的接口。

N5g-eir：5G-EIR展示的基于服务的接口。

Nnwdaf：NWDAF展示的基于服务的接口。

（2）5G 系统架构包含以下参考点

N1：UE 和 AMF 间的参考点。

N2：（R）AN 和 AMF 间的参考点。

N3：（R）AN 和 UPF 间的参考点。

N4：SMF 和 UPF 间的参考点。

N6：UPF 和数据网络（DN）间的参考点。

N9：两个 UPF 之间的参考点。

N5：PCF 和 AF 间的参考点。

N7：SMF 和 PCF 间的参考点。

N8：UDM 和 AMF 间的参考点。

N10：UDM 和 SMF 间的参考点。

N11：AMF 和 SMF 间的参考点。

N12：AMF 和 AUSF 间的参考点。

N13：UDM 和 AUSF 间的参考点。

N14：两个 AMF 之间的参考点。

N15：PCF 和 AMF 间的参考点。

N16：两个 SMF 之间的参考点。

N17：AMF 和 5G-EIR 间的参考点。

N18：NF 和 UDSF 间的参考点。

N22：AMF 和 NSSF 间的参考点。

N23：PCF 和 NWDAF 间的参考点。

N24：PCF 和 PCF 间的参考点。

N27：NRF 和 NRF 间的参考点。

N31：NSSF 和 NSSF 间的参考点。

N32：SEPP 和 SEPP 间的参考点。

N33：NEF 和 AF 间的参考点。

N34：NSSF 和 NWDAF 间的参考点。

N35：UDM 和 UDR 间的参考点。

N36：PCF 和 UDR 间的参考点。

N37：NEF 和 UDR 间的参考点。

N40：SMF 和 CHF 间的参考点。

N50：AMF 和 CBCF 间的参考点。

（3）服务化接口与参考点模式对应关系

服务化接口与参考点模式对应关系见表 3-1。

表3-1　服务化接口与参考点模式对应关系

参考点	网元间的交互	服务化接口
N7	SMF<->PCF	Nsmf、Npcf
N8	AMF<->UDM	Namf、Nudm
N10	SMF<->UDM	Nsmf、Nudm
N11	AMF<->SMF	Namf、Nsmf
N12	AMF<->AUSF	Nausf、Namf
N14	AMF<->AMF	Namf
N15	AMF<->PCF	Namf、Npcf
N22	AMF<->NSSF	Namf、Nnssf
N13	AUSF<->UDM	Nausf、Nudm
N5	PCF<->AF	Npcf、Naf

3.2.5　网络功能服务

网络功能服务是 NF（NF 服务生产者）通过基于服务的接口向其他授权的 NF（NF 服务消费者）公开的一种能力。

NF 服务消费者和 NF 服务的生产者之间交互遵循以下两种机制。

（1）“请求—响应”

控制平面NF-B（NF服务生产者）由另一个控制平面NF-A（NF服务消费者）请求提供某个NF服务。该服务可以是执行一个动作或提供信息或两者都有。NF-B根据NF-A的请求提供NF服务。为了满足NF-A的请求，NF-B可以反过来作为服务消费者请求来自其他NF的NF服务。在“请求—响应”机制中，通信在两个NF（消费者和生产者）之间是“一对一”的，并且在一定时间范围内完成响应。“请求—响应”流程如图3-6所示。

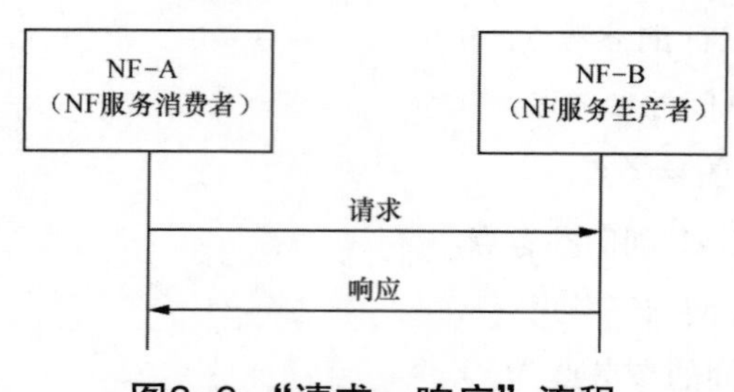

图3-6 “请求—响应”流程

（2）“订阅—通知”

控制平面NF-A（NF服务消费者）订阅由另一控制平面NF-B（NF服务生产者）提供的NF服务。多个控制平面NF可以订阅相同的控制平面NF服务。NF-B将此NF服务的结果通知给订阅此服务的NF。另外，订阅请求可以包括用于定期更新的通知请求或通过某些事件触发的通知（例如，所请求的信息被改变，达到特定阈值等）。“订阅—通知”流程如图3-7所示。

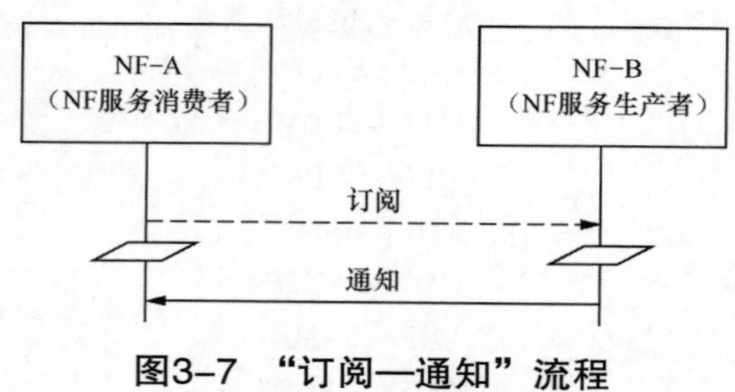

图3-7 “订阅—通知”流程

5G核心网控制面所有NF之间的交互采用服务化接口，每个NF可以提供不同的服务，每个服务中定义了多个服务操作（Service Operation，SO），NF的同一种SO可以通过服务化接口被其他多个NF调用，实现特定功能。

NF服务发现功能使核心网各NF能够发现提供预期服务的NF实例。下面我们将介绍各NF的服务化功能概要，各NF在5G网络中的详细功能参考本书第六章5G核心网设备要求。

1. AMF服务

AMF的服务化接口包括4个服务，可实现接入控制等功能。AMF服务架构如图3-8所示。

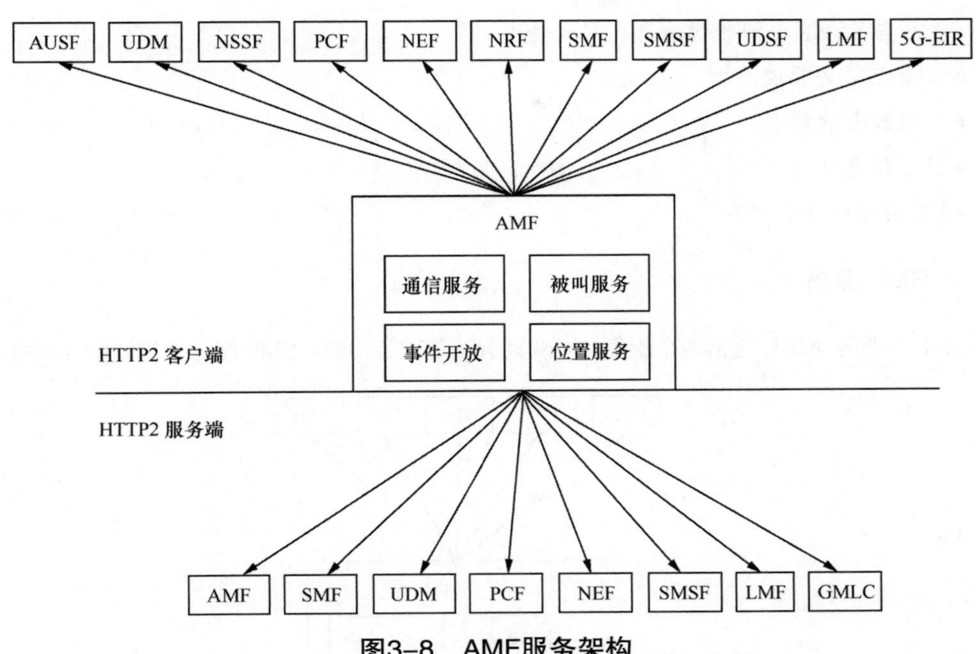

图3-8 AMF服务架构

AMF 的具体服务描述见表 3-2。

表3-2 AMF的具体服务描述

服务名称	描述
Namf_Communication（通信服务）	使 NF 消费者能够通过 AMF 与 UE 和 / 或 AN 通信。该服务使 SMF 能够请求 EBI 分配以支持与 EPS 的互通
Namf_EventExposure（事件开放）	允许其他 NF 消费者用户获得与移动相关的事件和统计信息的通知
Namf_MT（被叫服务）	使 NF 消费者能够确保 UE 可以访问
Namf_Location（位置服务）	使 NF 消费者能够请求目标 UE 的位置信息

AMF 可实现的具体功能如下所述。

- NSA 消息的加密与完整性保护。
- 注册管理。
- 可达性管理。
- 移动性管理。
- 合法监听。
- 会话管理信息转发。
- 接入鉴权与认证。

- UE 与 SMSF 之间的短消息内容的转发。
- 安全上下文管理。
- 位置服务管理。
- 位置信息传递。
- UE 移动性事件通知。

2. SMF 服务

SMF 的服务化接口包括两个服务，可实现会话管理等功能。SMF 服务架构如图 3-9 所示。

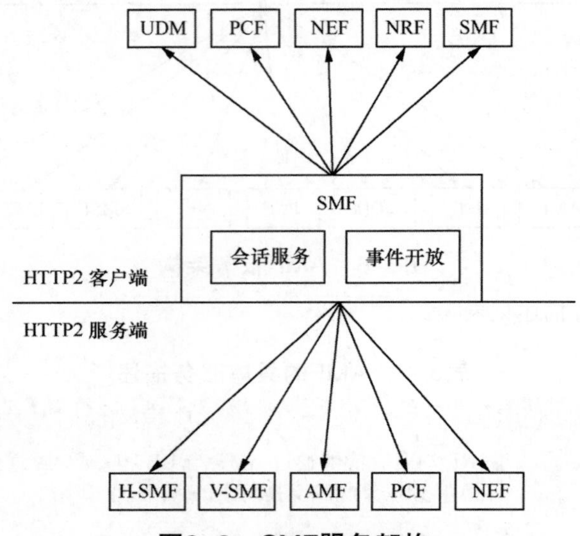

图3-9 SMF服务架构

SMF 的具体服务描述见表 3-3。

表3-3 SMF的具体服务描述

服务名称	描述
Nsmf_PDUSession（会话服务）	该服务管理分组数据单元（Packet Data Unit，PDU）会话并使用从 PCF 接收的策略和计费规则。此服务允许消费者 NF 处理 PDU 会话
Nsmf_EventExposure（事件开放）	此服务将 PDU 会话中发生的事件展示给消费者 NF

SMF 可实现的具体功能如下所述。

- 会话管理（例如，会话建立 / 修改 / 释放）。
- UE IP 地址分配与管理。
- UPF 的选择与控制。
- 路由配置。

- 策略控制。
- 合法监听。
- 计费数据采集。
- 会话和服务连续模式（Session and Service Continuity Mode，SSCM）的决策。
- 漫游功能。

3. PCF服务

PCF的服务化接口包括4个服务，可实现策略管理等功能。PCF服务架构如图3-10所示。

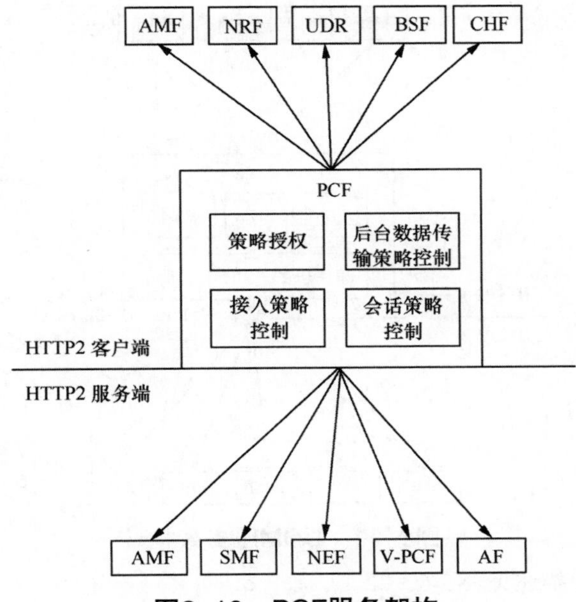

图3-10　PCF服务架构

PCF的具体服务描述见表3-4。

表3-4　PCF的具体服务描述

服务名称	描述
Npcf_AMPolicyControl（接入策略控制）	该PCF服务向NF消费者提供接入控制、网络选择和移动管理相关策略、UE路由选择策略
Npcf_SMPolicyControl（会话策略控制）	该PCF服务向NF消费者提供与会话相关的策略
Npcf_PolicyAuthorization（策略授权）	该PCF服务授权AF请求，并根据AF会话所绑定的PDU会话授权AF的请求创建策略。该服务允许NF消费者订阅/取消订阅接入类型和RAT类型、PLMN标识符、接入网络信息、使用报告等通知
Npcf_BDTPolicyControl（后台数据传输策略控制）	该PCF服务向NF消费者提供后台数据传输策略

PCF 可实现的功能如下所述。

- 支持统一的策略框架来管理网络行为。
- 为控制平面功能提供策略规则以强制执行它们。
- 访问与统一数据存储库（Unified Data Repository，UDR）中的策略决策相关的用户信息。

4. UDM 服务

UDM 的服务化接口包括 5 个服务，可实现用户鉴权、事件开放等功能。UDM 服务架构如图 3-11 所示。

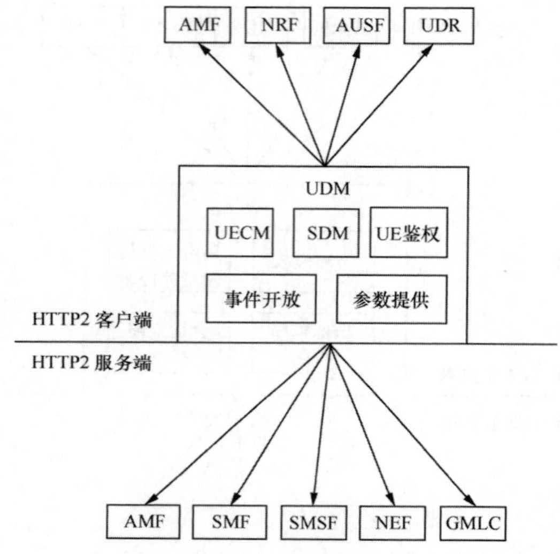

图3–11　UDM服务架构

UDM 的具体服务描述见表 3-5。

表3–5　UDM的具体服务描述

服务名称	描述
Nudm_UECM	1. 向 NF 消费者提供与 UE 的交互信息相关的信息。例如，UE 的服务 NF 标识符、UE 状态等 2. 允许 NF 使用者在 UDM 中注册和注销其服务 UE 的信息 3. 允许 NF 使用者更新 UDM 中的某些 UE 报文信息
Nudm_SDM	1. 允许 NF 消费者在必要时检索用户订阅数据 2. 向用户的 NF 消费者提供更新的用户订阅数据
Nudm_UEAuthentication（UE 鉴权）	1. 向用户的 NF 消费者提供与订阅数据有关的更新认证 2. 对于基于鉴权和密钥同意（Authentication and Key Agreement，AKA）的身份验证，此操作还可用于从安全报文同步失败情况中恢复 3. 用于通过 UE 了解身份验证过程的结果
Nudm_EventExposure（事件开放）	1. 允许 NF 消费者描述接收到的一个事件 2. 给用户的 NF 消费者提供事件的监视指示

（续表）

服务名称	描述
Nudm_ParameterProvision（参数提供）	在 5GS 中提供可用于 UE 的信息

UDM 可实现的功能如下所述。

- 生成 3GPP AKA 身份验证凭据。
- 用户识别处理。
- 基于用户数据的接入授权。
- UE 的服务 NF 注册管理。
- 支持服务 / 会话连续性。
- 合法监听功能。
- 用户管理。
- 短信管理。

5. NRF 服务

NRF 的服务化接口包括 3 个服务，可实现 NF 管理、NF 发现、访问令牌功能。NRF 服务架构如图 3-12 所示。

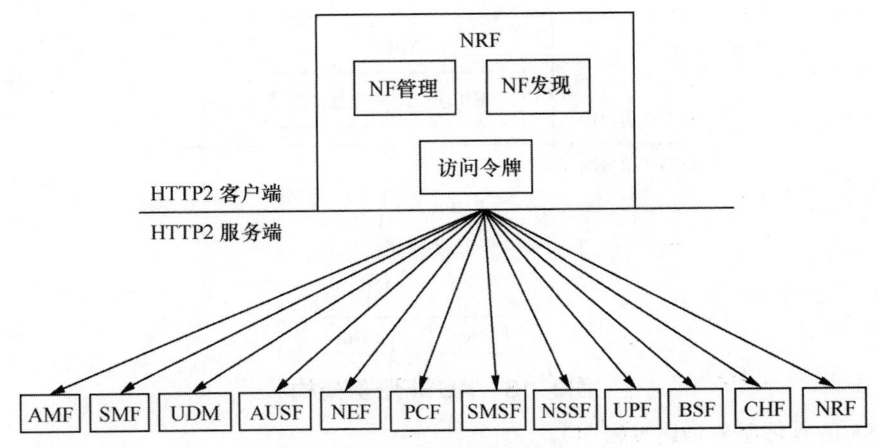

图3-12 NRF服务架构

NRF 的具体服务描述见表 3-6。

表3-6 NRF的具体服务描述

服务名称	描述
Nnrf_NFManagement（NF 管理）	为 NF、NF 服务的注册、注销和更新服务提供支持。向消费者提供新注册的 NF 及其 NF 服务的通知

（续表）

服务名称	描述
Nnrf_NFDiscovery（NF 发现）	允许一个 NF 服务使用者发现具有特定 NF 服务或目标 NF 类型的一组 NF 实例。另外，可以使一个 NF 服务能够发现特定的 NF 服务
Nnrf_AccessToken（访问令牌）	为 TS 33.501 中定义的 NF 到 NF 授权提供 OAuth 2.0 访问令牌

NRF 服务支持以下功能。

- 支持服务发现功能。
- 从 NF 实例接收 NF 发现请求，并将发现的 NF 实例（被发现）的信息提供给 NF 实例。
- 维护可用 NF 实例及其支持服务的 NF 配置文件。

6. AUSF 服务

AUSF 的服务化接口包括两个服务，可实现 UE 认证和漫游保护功能。AUSF 服务架构如图 3-13 所示。

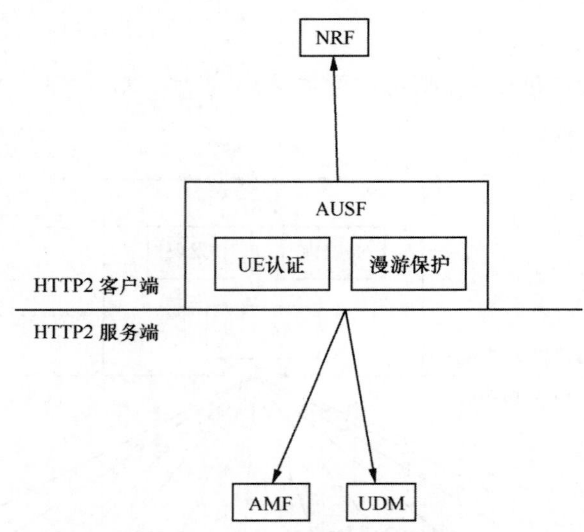

图3-13　AUSF服务架构

AUSF 的具体服务描述见表 3-7。

表3-7　AUSF的具体服务描述

服务名称	描述
Nausf UEAuthentication（UE 认证）	AUSF 为请求者 NF 提供 UE 认证服务。对于基于 AKA 的身份验证，此操作还可用于从安全报文同步失败情况中恢复
Nausf_SoRProtection（漫游保护）	AUSF 为请求者 NF 提供漫游信息服务的转向保护

AUSF 支持以下功能。

- 支持对 TS 33.501[29] 中指定的 3GPP 访问和不受信任的非 3GPP 访问进行身份验证。

7. NEF 服务

NEF 的服务化接口包括 7 个服务，可实现分组流描述（Packet Flow Description，PFD）管理、触发支持、QoS 提供、事件开放、参数提供、话务影响、计费更新功能。NEF 服务架构如图 3-14 所示。

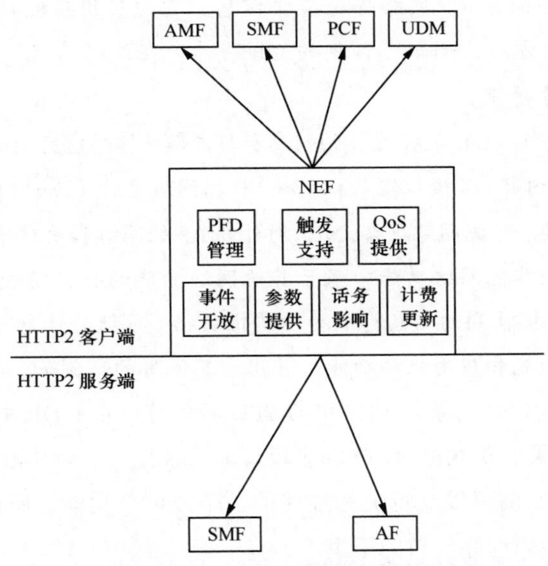

图3-14 NEF服务架构

NEF 的具体服务描述见表 3-8。

表3-8 NEF的具体服务描述

服务名称	描述
Nnef_PFDManagement（PFD 管理）	为 PFD 管理提供支持
Nnef_Trigger（触发支持）	为设备触发提供支持
Nnef_AFsessionWithQoS（QoS 提供）	请求网络为 AS 会话提供特定的 QoS
Nnef_EventExposure（事件开放）	为事件开放提供支持
Nnef_ParameterProvision（参数提供）	提供对可用于 5GS 中的 UE 的供应信息的支持
Nnef_TrafficInfluence（话务影响）	提供影响话务路由的能力

（续表）

服务名称	描述
Nnef_ChargeableParty（计费更新）	请求成为 UE 数据会话的计费组成部分

NEF 支持以下独立功能。

● 暴露能力和事件。NF 功能和事件可以由 NEF 公开，例如，第三方、应用程序功能、边缘计算；NEF 使用 UDR 的标准化接口（Nudr）将信息存储 / 检索为结构化数据。

● 从外部应用程序向 3GPP 网络安全提供信息，它为应用功能提供了一种安全的、向 3GPP 网络提供信息的方法，例如，预期的 UE 行为。在这种情况下，NEF 可以认证和授权并协助限制应用程序功能。

● 内外信息翻译。它可以在与 AF 交换的信息和与内部网络功能交换的信息之间转换。例如，它在 AF 服务标识符和内部 5G 核心信息 [例如，数据网络名称（Data Network Name，DNN）、S-NSSAI] 之间进行转换。根据网络策略，NEF 对外部 AF 的网络和用户敏感信息进行相关处理。

● 网络公开功能从其他网络功能（基于其他网络功能的公开功能）接收信息。NEF 使用 UDR 的标准接口将接收到的信息存储为结构化数据。存储的信息可以由 NEF 访问和“重新公开”给其他网络功能和应用程序功能，并用于其他目的，例如，数据分析。

● NEF 还可以支持 PFD 功能。NEF 中的 PFD 功能可以在 UDR 中存储和检索 PFD，并应 SMF 的请求（拉模式）或 NEF 的 PFD 管理请求（推模式）向 SMF 提供 PFD。

由于特定的 NEF 实例可以支持上面描述的一个或多个功能，所以单个 NEF 可以支持指定用于能力公开的应用程序接口的子集。

8. SMSF 服务

SMSF 的服务化接口包括 1 个服务，可实现短信服务功能。SMSF 服务架构如图 3-15 所示。

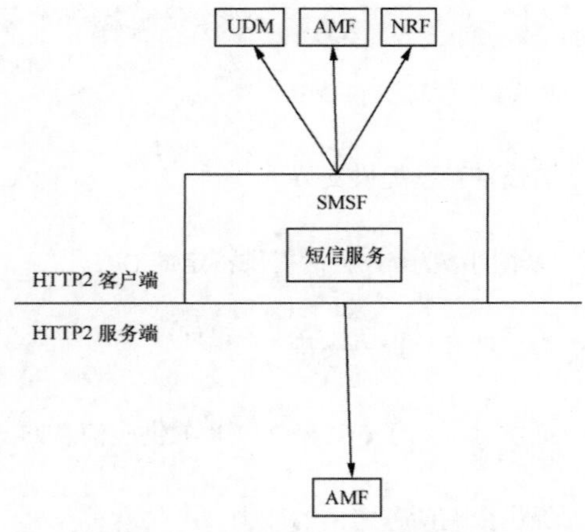

图3-15　SMSF服务架构

SMSF 的具体服务描述见表 3-9。

表3-9 SMSF的具体服务描述

服务名称	描述
Nsmsf_SMService（短信服务）	此服务允许 AMF 为 SMSF 上的用户授权 SMS 和激活 SMS

SMSF 可实现的功能如下所述。

- 检查短信管理订阅数据，并发送相应的短信。
- 带 UE 的 SM-RP/SM-CP。
- 从 UE 向 SMS-GMSC/IWMSC/SMS-Router 转发短消息。
- 从 SMS-GMSC/IWMSC/SMS-Router 向 UE 转发短消息。
- 短信相关 CDR。
- 合法拦截。
- 与 AMF 和 SMS-GMSC 交互，用于通知 UE 不可用于 SMS 传输的过程（即当 UE 不可用于 SMS 时，由 SMS-GMSC 通知 UDM）。

9. UDR 服务

UDR 的服务化接口包括 1 个服务，可实现数据管理功能。UDR 服务架构如图 3-16 所示。

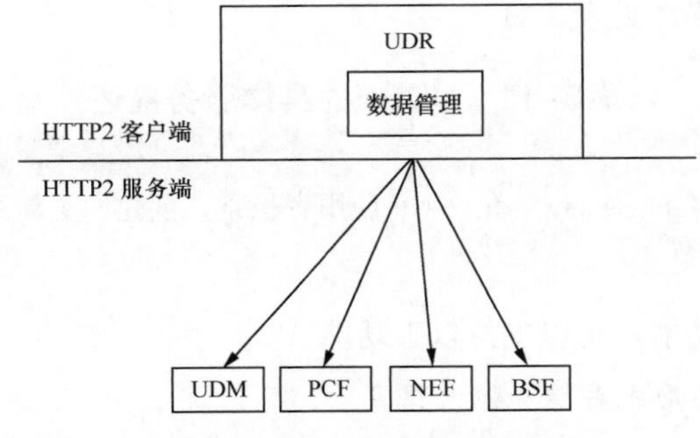

图3-16 UDR服务架构

UDR 的具体服务描述见表 3-10。

表3-10 UDR的具体服务描述

服务名称	描述
Nudr_DM（数据管理）	允许 NF 消费者根据适用于消费者的数据集检索、创建、更新、订阅更改通知、取消订阅更改通知及删除存储在 UDR 中的数据。该服务还可用于管理运营商的特定数据

UDR 可支持的功能如下所述。

- UDM 对订阅数据的存储和检索。

● 由 PCF 存储和检索策略数据。

● 用于曝光的结构化数据的存储和检索。

● 由 NEF 提供的应用数据（包括用于应用检测的分组流描述、用于多个 UE 的 AF 请求信息）。

UDR 位于与 NF 服务使用者相同的公共陆地移动网（Public Land Mobile Nework，PLMN）中，NF 服务使用者使用 Nudr 存储并从中检索数据。Nudr 是一个内部 PLMN 接口。

10. UDSF 服务

UDSF 的服务化接口包括 1 个服务，可实现非结构化数据管理功能。UDSF 服务架构如图 3-17 所示。

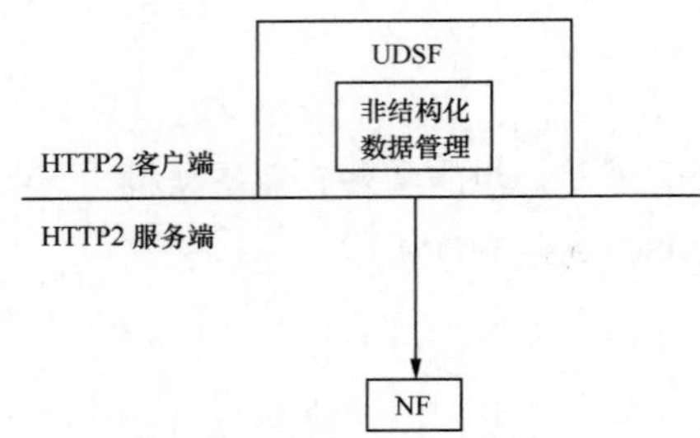

图3-17　UDSF服务架构

UDSF 的具体服务描述见表 3-11。

表3-11　UDSF的具体服务描述

服务名称	描述
Nudsf_UnstructuredDataManagement（非结构化数据管理）	允许 NF 使用者检索、创建、更新和删除存储在 UDSF 中的数据

UDSF 是一个可选功能，可以支持以下功能。

● 以非结构化数据的形式存储和检索信息。

11. NSSF 服务

NSSF 的服务化接口包括两个服务，可实现网络切片选择和 S-NSSAI 的可用性功能。NSSF 架构服务如图 3-18 所示。NSSF 的具体服务描述见表 3-12。

表3-12　NSSF的具体服务描述

服务名称	描述
Nnssf_NSSelection（网络切片选择）	向请求者提供请求的网络切片信息
Nnssf_NSSAIAvailability（S-NSSAI 的可用性）	根据每个 TA 为 NF 消费者提供 S-NSSAI 的可用性

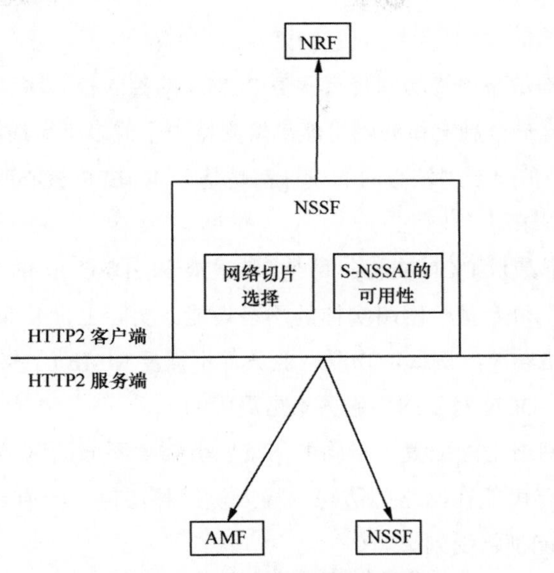

图3-18 NSSF服务架构

NSSF 可实现的功能如下所述。

- 选择为 UE 服务的网络切片实例集。
- 确定允许的网络切片选择辅助信息（Network Slice Selection Assistance Information，NSSAI），如果需要，确定到订阅的单个网络切片选择辅助信息（Single Network Slice Selection Assistance Information，S-NSSAI）的映射。
- 确定已配置的 NSSAI，如果需要，确定到订阅的 S-NSSAI 的映射。
- 确定用于服务 UE 的 AMF 集，或者基于配置，可能通过查询 NRF 来确定候选 AMF 的列表。

3.3 网络切片

3.3.1 网络切片的概念

1. 运营商多业务面临的挑战

网络切片的概念被广泛接受，经常超出 5G 范畴，4G 专用核心网（Dedicate Core Network，DCN）也被叫作 4G 切片。

3GPP 从 R13 开始，专用核心网和扩展专用核心网已经被引入。专用核心网 / 扩展专用核心网定义了为支持特定功能用户的专用核心网的增强架构，专用核心网可以提供特定功能或隔离特定的用户设备和用户，例如，M2M 用户，属于特定企业或独立行政领域等。

专用核心网的增强架构是路由终端到带有服务 PLMN 的独立核心网和保持终端到带有服务 PLMN 的独立核心网，一个独立核心网可能部署支持一个或多个无线技术。

由于专用核心网 / 扩展专用核心网的设计都是基于 4G EPC 核心网架构的，不能完全满足运营商灵活的业务需求。

（1）网络服务的非最优 DCN 支持。每个 DECOR 和 eDECOR 的 DCN 部署针对某一服务进行定制，它包含了每个基于网络实体的网络功能。实际上，并非所有的网络服务都需要网络实体所有的网络功能，例如，物联网业务并不需要 MME 的移动性支持或安全支持，在各种不同的案例中，DCN 对于网络服务不是最优的。

（2）缺少灵活的网络功能配置。不同的网络服务需要不同的网络功能设置，由于服务需求不同，网络功能有可能在网络的边缘、接入侧或核心侧。没有灵活的网络功能配置，终端的 QoE 或网络性能都将受到影响。

（3）缺乏支持 DCN 端到端的隔离。虽然 DCN 支持不同类型的无线接入网络，但 DCN 的设计仅关注移动核心网，未考虑 RAN 的内部功能。因此在不同的业务合作方面，不能实现完全的 DCN 端到端隔离，因此必须为 RAN 在内的每个 DCN 提供安全和隐私的专有解决方案。

网络切片就是要在现有网络的硬件条件下，切出不同的功能网络应用于不同的场景，而且这些应用于不同场景的网络切片是相互独立的。

由于 DCN 在实际网络部署时还存在很多缺点，所以 3GPP 在 5G 领域定义了网络切片来解决这些问题。

2. 网络切片的定义

3GPP 给网络切片的定义是 A logical network that provides specific network capabilities and network characteristics，具体指的是，网络可以基于运营商与客户签订的业务服务协议（Service Level Agreement，SLA），为不同垂直行业、不同客户、不同业务提供相互隔离、功能可定制的网络服务，是一个提供特定网络能力和特性的端到端的逻辑网络。

网络切片是基于客户需求，提供可设计、可部署、可维护的逻辑网络。不同的客户业务场景的需求，对应不同的网络切片实例。网络切片实例包括网络、存储、计算等资源，以及资源相互间的协同连接。网络功能通过虚拟网元和网络管理系统实现。网络中的终端、接入网、传输网、核心网、业务网等都可称为网元。网络切片的需求提出者、使用者可称为租户。

5G 网络的软件化、自动化、模块化等功能，确保了网络切片功能的实现。网络切片管理功能结构如图 3-19 所示。

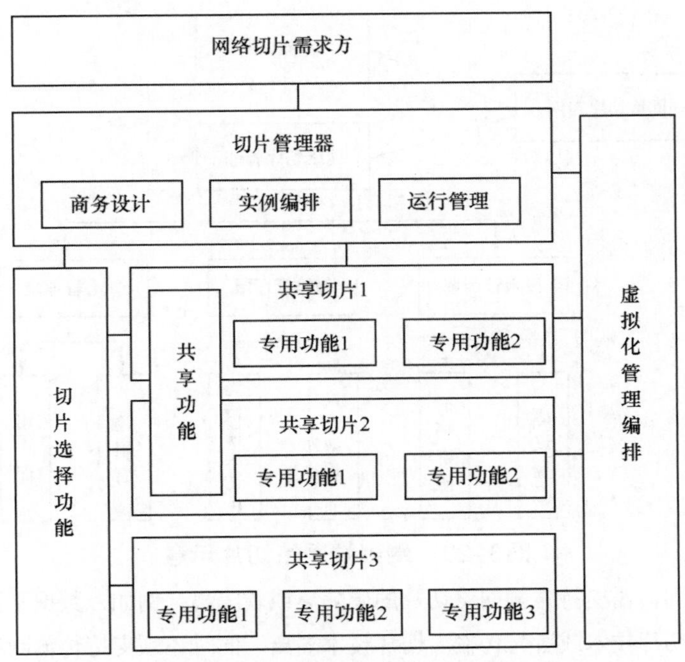

图3-19　网络切片管理功能结构

网络切片是用来为用户提供服务的，根据业务的需求对业务进行资源调配管理，形成客户需要的产品和服务，每个网络切片对应的就是一个网络切片实例。客户可以自己管理或者通过租户进行管理，满足自己的服务需要。

在为租户提供服务的过程中，网络切片管理需要调动各种基础资源，包括无线接入资源、传输资源、核心网资源，基于网络切片与业务的特点进行选择。

网络切片技术可以让运营商在一个硬件基础设施中切分出多个虚拟的端到端网络，每个网络切片在设备、接入网、传输网以及核心网方面实现逻辑隔离，适配各种类型服务并满足用户的不同需求。

对每个网络切片而言，网络带宽、服务质量、安全性等专属资源都可以得到充分保证。由于网络切片之间的相互隔离，所以一个网络切片的错误或故障不会影响到其他网络切片的通信。端到端网络切片示意如图 3-20 所示。

在终端层面，需要支持携带网络切片标识给网络，网络支持按照应用选择接入不同的网络切片，支持网络切片相关标识的处理。

在无线接入网层面，实现切片级的资源分配、隔离和切片内流量的处理。例如，对协议栈的定制裁剪，时频资源的软切或者硬切，支持切片内核心网功能的选择，支持切片可用性的处理。

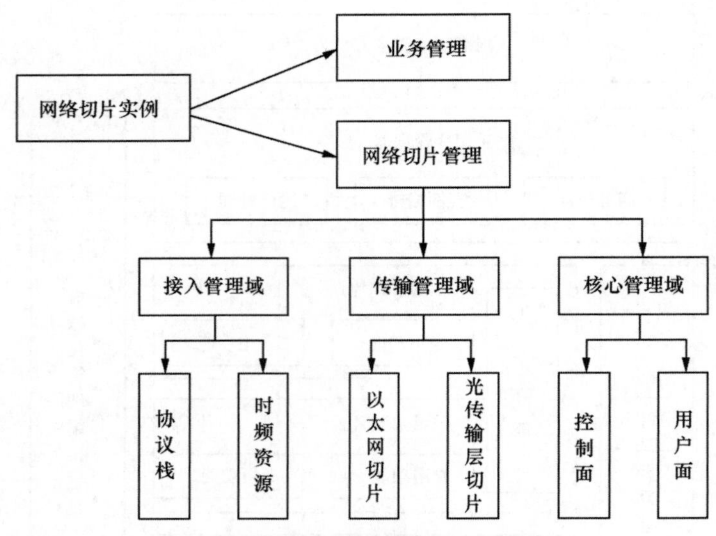

图3-20 端到端网络切片示意

在传输网层面，需支持传输网络切片的硬隔离或软隔离。例如，数据平面与控制平面采用基于以太网的切片技术或者光传输层切片技术隔离，同时还须支持传输网络切片业务标识处理。

在核心网层面，控制与承载的分离，对控制面模块和用户面模块的调用和功能剪裁，基于业务需求对功能模块进行灵活的设计分布。切片的接入控制和选择功能，结合切片的可用性，引导UE接入合适的网络切片，支持UE的切片相关标识的决策和分配（签约的标识、允许的标识、配置的标识），支持按照应用的切片选择策略进行决策和更新，从而达到不同场景的切片内功能的定制化。

3. 网络切片的形式

网络切片是包含接入网和核心网的逻辑网络，通过切片的形式提供相关的通信业务和网络能力。网络切片可以按照提供形式的不同特性来划分。如果网络切片可以提供相同的特性，则可以通过切片来实现用户分组。

核心网网络切片实现端到端网络切片的终端接入控制、切片选择和切片的协同管理。核心网包括移动性、会话管理、计费、QoS、应用优化功能等多样化的能力，为切片的定制能力提供了丰富的选择。

用户可以通过一个无线网络同时接入多个核心网切片，在这种场景下，所有这些切片由一个公共的 AMF 来管理。每个 PDU 会话只能由一个网络切片管理。

用户的切片选择功能可以通过网络运营商提供网络切片选择策略（Network Slice Selection Policy，NSSP）来实现，这个策略包含切片选择相关的规则，协助用户完成切片的选择功能。

在 SBA 架构下，5G 网络切片有多种形态，具备按需编排的能力。5G 网络切片形态 1——独立切片如图 3-21 所示。5G 网络切片形态 2——多切片共享 NF（AMF 等控制 NF）如图 3-22 所示。

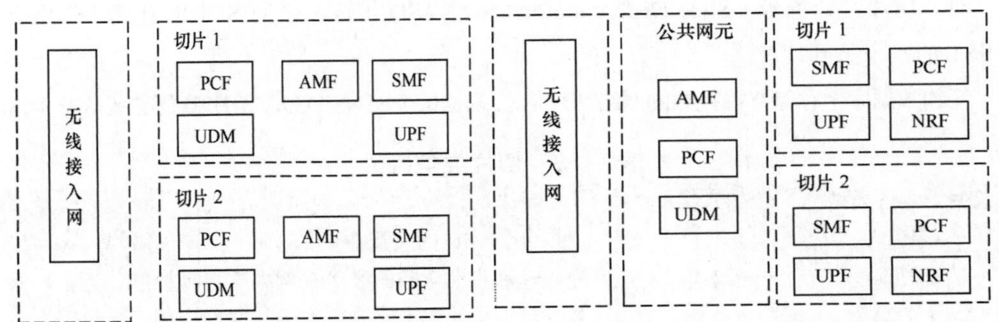

图3-21 5G网络切片形态1——独立切片

图3-22 5G网络切片形态2——多切片共享NF

4. 网络切片的价值

网络切片的价值在于以下两个方面。

（1）网络切片即服务

① 为不同垂直行业提供不同、相互隔离、功能可定制的网络服务。

② 实现客户化的网络切片的设计部署和运维。各领域可以在功能场景、设计方案上独立进行裁剪。

（2）性能可保障

① 租户会与运营商签订服务合同，其中规定了租户使用的业务所对应的 SLA。

② SLA 通常包括安全性 / 私密性、可见性 / 可管理性、可靠性 / 可用性，以及具体的业务特征（业务类型、空口需求、定制化网络功能等）和相应的性能指标（时延、吞吐率、丢包率、掉话率等）。

3.3.2 网络切片使用技术

终端通过提供网络切片选择辅助信息（Network Slice Selection Assistance Information，NSSAI）来选择和组建切片相关的实例，每一条网络切片选择辅助信息对应一个网络切片，包含业务的类型及业务类型的差异因子。网络切片选择辅助信息可以是预配置的也可以是终端附着后从网络中获取的。具备切片功能的网络可以依据终端提供的网络切片选择辅助信息来为终端选择切片。

1. 网络切片标识

网络切片由 S-NSSAI 标识，这个标识包括以下两个方面的信息。

（1）切片服务类型（Slice Service Type，SST），表征对应切片特征和业务期待的网络切片行为。

（2）切片区分符号（Slice Differentiator，SD），SD 可选，是对 SST 的补充，以区分相同 SST 的多个不同切片。

签约数据库中存储终端签约的网络切片信息（Subscribed NSSAI），切片类型定义见表 3-13。

表3-13　切片类型定义

切片 / 业务类型	SST 值	说明
eMBB	1	用于 5G 的大量业务，吞吐量大，速率 高
uRLLC	2	支持低时延关键业务的通信，例如，自动控制、远程控制
mMTC	3	低成本、高密度的物联网应用

① 一个 S-NSSAI 用于识别一个网络切片，一个 UE 最多同时支持 8 个切片。

② 3GPP 定义了 3 个基础的切片服务类型（SST），支持跨 PLMN 服务。

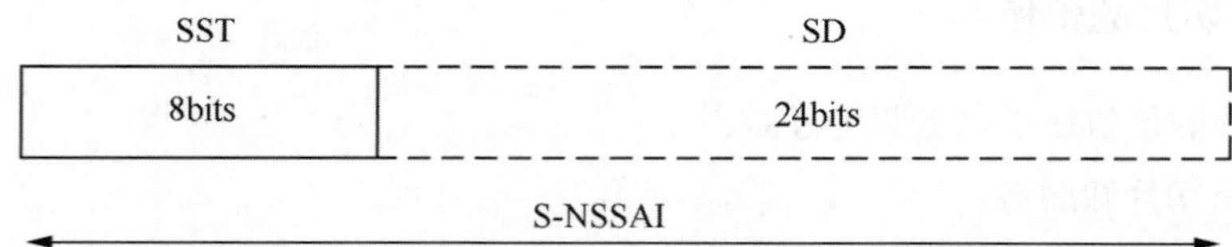

注：SST = 0 ～ 127 为标准值，128 ～ 256 为运营商自定义。

运营商在进行网络切片编号时应考虑以下 3 个方面因素。

① 业务分类：与切片的模板相关。

② 业务范围：全国或者省内。

③ 行业或企业的识别。

运营商在进行网络切片编号时使用到的标识有以下 5 种。

① 预先配置在 UE 中的 NSSAI（Configured NSSAI ），这里的 NSSAI 也可以由 NSSF 或 AMF 生成并下发 UE，主要用于生成初始注册时使用的 Requested NSSAI。

② 存储在 UDM 中的用户签约的 NSSAI 信息 Subscribed S-NSSAI。

③ 允许 UE 在当前注册区接入 NSSAI（Allowed NSSAI）。由 NSSF（切片选择功能）根据 Requested NSSAI、Subscribed NSSAI 及相关策略计算生成后传送给 AMF 与 UE（某些场景也可由 AMF 直接生成），并保存在 UE 与 AMF 中。

④ 由 UE 根据 Configured NSSAI 与 Allowed NSSAI 生成的请求 NSSAI（Requested

NSSAI），可携带在初始注册消息的 RRC 与非接入层（Non-Access Stratum，NAS）消息中，表示 UE 在本次注册中请求使用的 NSSAI。

⑤ 拒绝 UE 接入的切片的 NSSAI 信息（Rejected S-NSSAI）。对于 PLMN 不支持的切片，UE 在该 PLMN 下不能再接入；对于当前注册区不支持的切片，UE 在移出该注册区前不能再接入。NSSAI 标识的应用场景如图 3-23 所示。

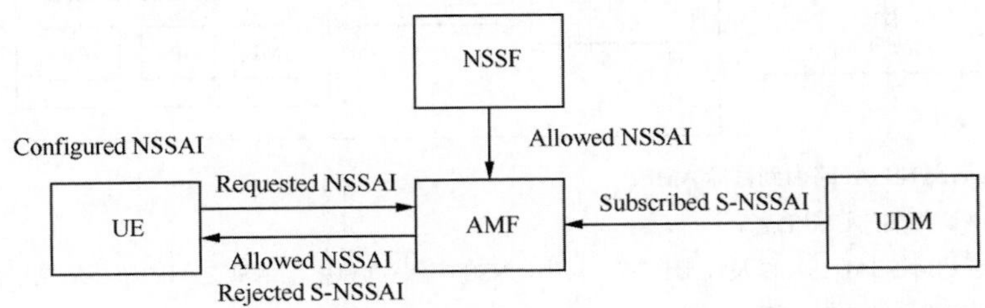

图3-23　NSSAI标识的应用场景

2. 网络切片的层次关系

网络切片的层次分为：网络功能（NF）、切片实例（NSI）和切片子网实例（NSSI）。

- 一个 NSI 可以支持某个 / 多个通信业务，包含多个 NF。
- 一个 NSSI 可以包含多个 NF。
- 一个 NSI 可以由多个 NSSI 组成。
- 一个 NSSI 可以被多个 NSI 共用。

切片组合关系如图 3-24 所示。NSI X = NSSI A + NSSI C，NSI Y = NSSI A + NSSI B

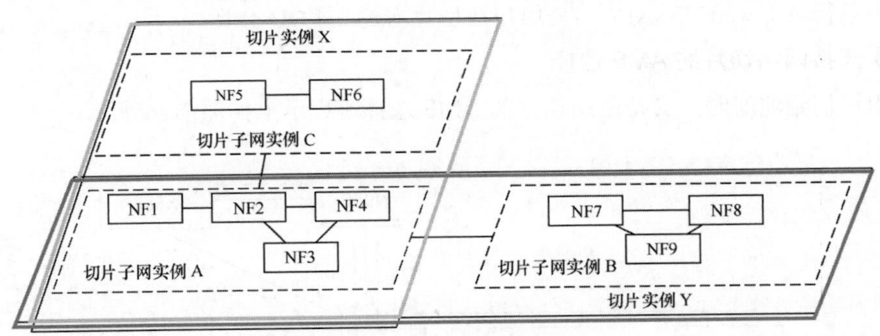

图3-24　切片组合关系

3. 网络切片操作

5GC（5G 核心网）专门引入了网络切片选择功能 NSSF 实体，其功能主要包括：为 UE 选择网络切片实例集合、确定 Allowed NSSAI 和确定为 UE 服务的 AMF 集合（AMF Set）、候选 AMF 列表。切片选择流程如图 3-25 所示。

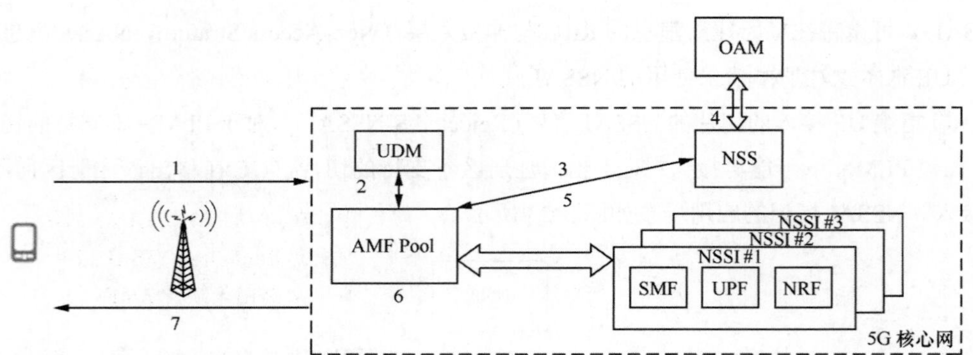

1. 终端基于 Configured NSSAI 路由到目标 AMF。
2. AMF 向 UDM 确认终端的订阅信息。
3. AMF 向 NSS 获取 S-NSSAI（s）以及注册区域。其中，NSS 中保存 AMF 与 NSI 之间的拓扑地图、注册区域、切片级别的策略、切片级别统计集合等。
4. 校验 Config S-NSSAI（s）和 Sub.S-NSSAI。
5. 获取到 S-NSSAI（s）、NSI-ID、服务 AMF，NRF 的全限定域名（Fully Qualified Domain Name，FQDN）。
6. 缓存终端允许的 NSI（s），重选 AMF（可选）。
7. 终端得到 NSSAI 信息。

图3-25　切片选择流程

基于上述内容，具体的切片选择流程主要包括以下两个方面。

① 切片辅助选择信息 NSSAI 用于切片选择。

② 引入 NSSF，维护切片和实例的对应关系，为用户选择切片实例。

用户的切片操作主要包括两个部分：一是用户在初始注册时，选择合适的 AMF，并在此过程中获得 Allowed NSSAI；二是用户在切片内建立 PDU 会话。

（1）支持网络切片的 AMF 选择

当用户初始注册时，支持网络切片的 AMF 选择流程示意如图 3-26 所示。

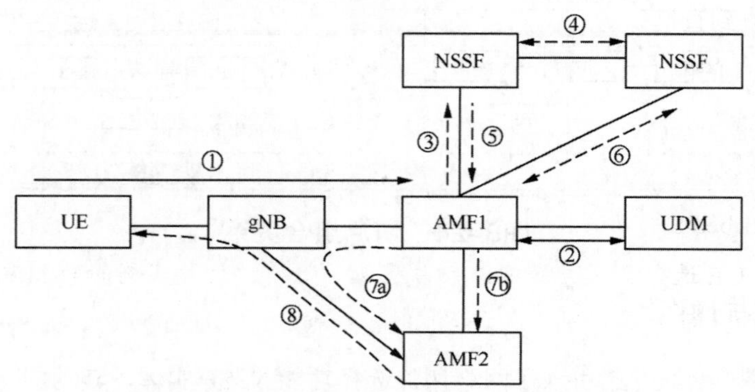

图3-26　支持网络切片的AMF选择流程示意

图 3-26 中的①～⑧具体描述如下。

① 注册请求转发原则见表 3-13。UE 发送注册请求，其中可以携带 Requested NSSAI、5G-S-TMSI（或 GUAMI），gNB 根据表 3-14 的原则把注册请求转发到初始 AMF。

表3-14 注册请求转发原则

5G-S-TMSI 或 GUAMI	Requested NSSAI	RAN 侧路由
有	有 / 无	根据 5G-S-TMSI 或 GUAMI 路由
无	有	根据 Requested NSSAI 路由
无	无	路由至缺省 AMF

② AMF 选择判定流程如图 3-27 所示。AMF 去 UDM 查询用户签约的切片信息，随后 AMF 根据图 3-26 进行判断。需要注意的是，图 3-27 所示流程的前提是假定 AMF 需要去 NSSF 查询。

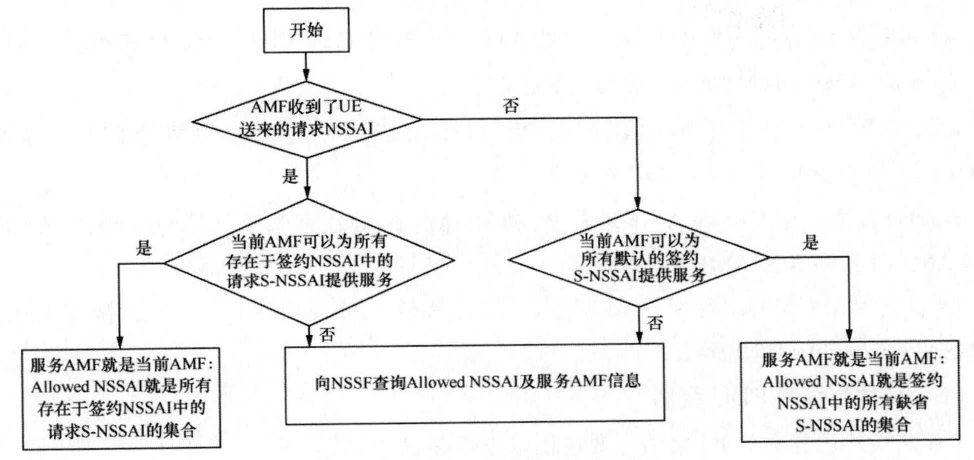

图3-27 AMF选择判定流程

③ AMF 向 NSSF 发起查询，携带 Requested NSSAI、Subscribed NSSAI、PLMN ID 与当前 TA 等信息。

④ NSSF 收到查询请求后，根据收到的信息、本地配置与其他本地可用信息（包括 UE 当前 TA 中 RAN 的能力、NWDAF 提供的网络切片实例负荷等），NSSF 会执行以下操作。

- NSSF 根据 Subscribed S-NSSAIs 校验 Requested NSSAI 中哪些 S-NSSAIs 可以允许接入。当 Requested NSSAI 中的所有 S-NSSAIs 均不在 Subscribed S-NSSAIs 时，NSSF 还会考虑使用缺省的 Subscribed S-NSSAIs。
- NSSF 为 UE 选择其服务的网络切片实例。目前，切片实例的分配方式有两种：一种是在注册时（即此步骤中）就为所有 Allowed S-NSSAIs 分配切片实例；另一种是在第一次使用某个切片时，才为 UE 分配切片实例。在选择切片实例时，NSSF 可能会返回切片实例标识，也可能只是返回各切片实例专用的 NRF。
- NSSF 确定为 UE 服务的目标 AMF Set，或者根据配置或查询 NRF，进一步决定候选

AMFs。例如，如果 NSSF 此时不查询 NRF 获取候选 AMF 列表，则无须图 3-26 中（4）所示的消息交互。

● NSSF 根据当前 UE 所在 TA 中切片实例的可用性，确定 Allowed NSSAI。

● 如果是 early binding 方式，NSSF 还会根据配置，确定已选择的各切片实例的专用 NRFs。

● 如果 UE 未提供 Requested NSSAI，或者 Requested NSSAI 中有 S-NSSAI 在当前 PLMN 不合法，NSSF 会根据 Subscribed S-NSSAIs 与配置生成当前 PLMN 的 Configured NSSAI。

⑤ NSSF 向 AMF 返回查询结果，返回的查询结果中会携带 Allowed NSSAI、目标 AMF Set（或者候选 AMF 列表）。

⑥ 如果 NSSF 返回的是 AMF Set，初始 AMF 将向 NRF 查询具体的候选 AMF 列表（可选）。

⑦ 初始 AMF 向目标 AMF 发起重定向。

● ⑦a如果初始 AMF 不在 AMF 列表中，初始 AMF 在候选 AMF 列表中找到目标 AMF（AMF2），经由 gNB 向目标 AMF 发起重定向。

● ⑦b如果初始 AMF 不在 AMF 列表中，初始 AMF 在 AMF 列表中找到目标 AMF（AMF2），初始 AMF 直接向目标 AMF 发起重定向。

⑧ 目标 AMF 向 UE 返回注册应答，其中携带 Allowed NSSAI，可选携带 Rejected S-NSSAI、Configured NSSAI。

（2）切片内创建 PDU 会话

UE 在切片内建立 PDU 会话主要包括以下步骤。

① UE 根据 URSP（UE 路由选择策略）中的 NSSP（网络切片选择策略）选择一个切片。

② 根据切片信息去相应级别的 NRF 查询 / 选择相关 NF，完成 PDU 会话建立。

NSSP 示意如图 3-28 所示。

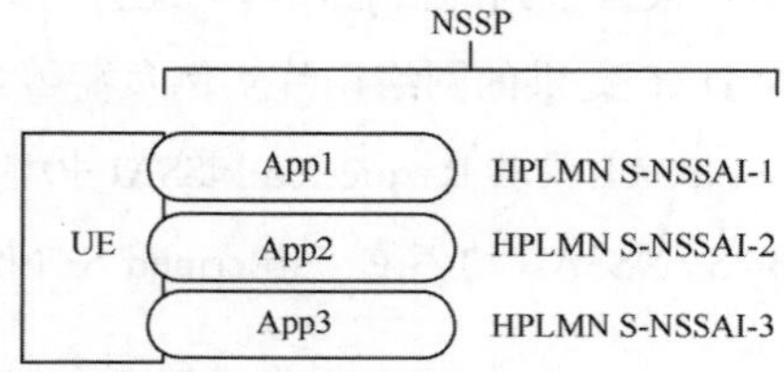

图3-28 NSSP示意

NSSP 包含一个或多个 NSSP 规则，每个 NSSP 规则包含一个应用与对应 S-NSSAI 的关联，NSSP 中还可以包含一个缺省 NSSP 规则，未能匹配的应用将使用缺省 NSSP 规则。一个应用可以对应 NSSP 中的多个 NSSP 规则，该应用会按 NSSP 中各条 NSSP 规则的优先级次序依次进行匹配，最先匹配上且其对应的 S-NSSAI 属于 UE 当前 Allowed NSSAI，即为匹配成功的NSSP规则，此时最先匹配上的S-NSSAI即为选择到的S-NSSAI。

运营商可以为UE预配置UE路由选择策略（Route Selection Policy，RSP），或由PCF动态下发/更新RSP。RSP中包含了NSSP，UE会根据NSSP来为应用选择合适的切片。UE上可以有多个NSSP，即对于每种不同的接入方式，UE可以有对应的NSSP。

3.3.3 网络切片的管理

网络切片是一个端到端的逻辑网络，网络切片实例管理分为3个阶段：设计激活、切片运行和切片删除。

在设计激活阶段，根据业务需求设计切片，调用网络资源，进行功能配置，激活业务，输出网络切片蓝图，用来生成网络切片实例。一个网络切片蓝图可以生成多个网络切片。

在切片运行阶段，通过软件对网络运行进行监控，汇报网络的运行状态，对标网络指标，实时更新、调整、配置网络切片，满足租户的业务变化需求。

在切片删除阶段，根据网络运营的调整需要，进行网络切片的删除或者迁移。对删除后的切片进行资源释放。

1. 逻辑架构和管理界限

3GPP网络架构和NFV-MANO架构的映射关系如图3-29所示。3GPP协议中的网络切片管理模型如图3-30所示。

- 目前，3GPP中关于网络切片管理的规范还在制定中，版本尚未确定。
- 各层的技术方案以及各层之间的接口尚未完成定义。

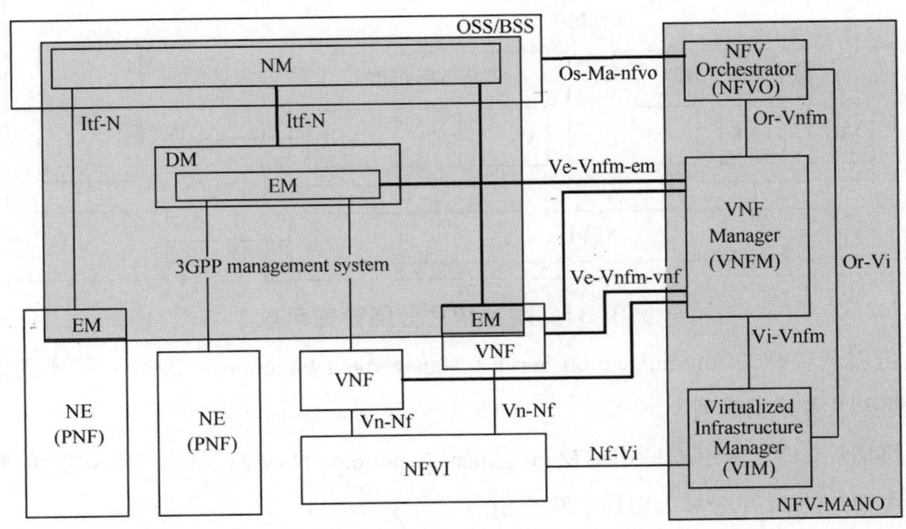

图3-29 3GPP网络架构和NFV-MANO架构的映射关系

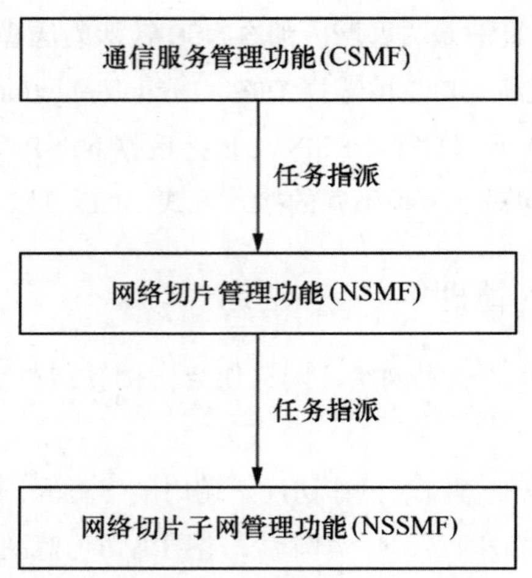

图3-30 3GPP协议中的网络切片管理模型

2. 分层管理的管理职责

网络切片分层管理示意如图 3-31 所示。

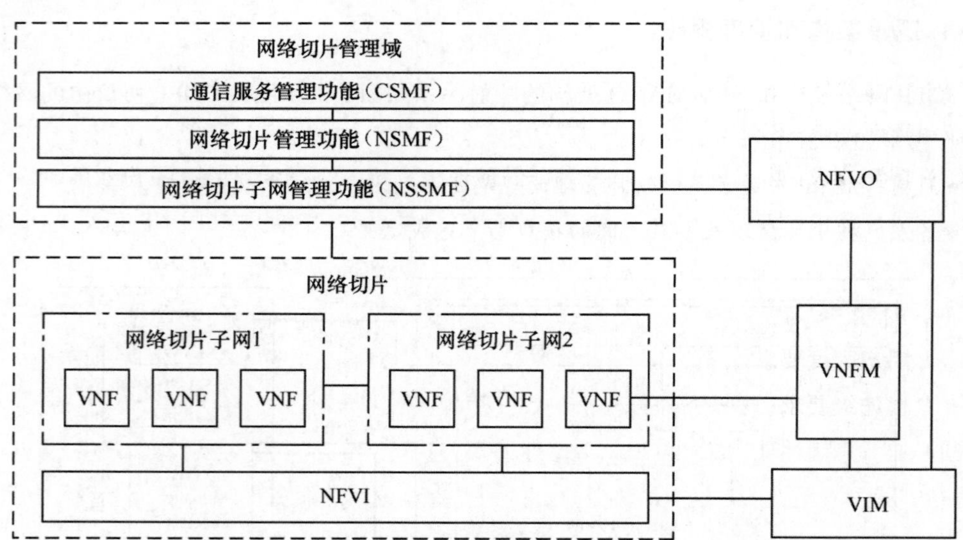

图3-31 网络切片分层管理示意

通信服务管理（Communication Service Management Function，CSMF）可实现业务需求到网络切片需求的映射。

网络切片管理（Network Slice Management Function，NSMF）可实现 NSI 的编排管理，并将整个切片的 SLA 分解为切片子网的 SLA。

网络切片子网管理（Network Slice Subnet Management Function，NSSMF）可实现

NSSI 的管理和编排，将 SLA 映射为网络服务实例和配置要求，并将指令下达给 MANO 执行。

3. 生命周期管理

网络切片的生命周期管理如图 3-32 所示。

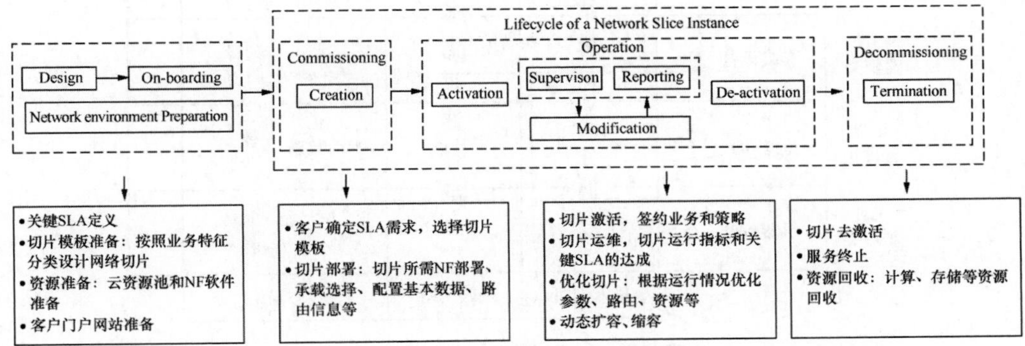

图3-32　网络切片的生命周期管理

4. 关键 SLA 输入

CSMF 需求输入包含以下信息。

（1）容量要求：用户规模。

（2）计费要求：B2B 或 B2B2X。

（3）覆盖要求：热点覆盖 / 区域覆盖（与地理位置相关）；全国业务 / 省份业务。

（4）隔离需求：切片之间的隔离，信令隔离 / 数据隔离，与是否共用 NF 有关。

（5）端到端时延要求：UE 到 UPF 的时延要求，与 5QI 相对应。

（6）移动性要求：是否限制 TA/ 是否允许切换到 4G 等。

（7）用户密度要求：用户数 / 平方千米。

（8）优先级要求：可以支持多个用户 5QI 等级。

（9）业务可用性要求：与容灾、备份能力相关。

（10）业务可靠性要求：可靠性指标，达到多少百分比的服务保障。

（11）UE 移动速度要求：例如，移动速度小于 350km/h。

（12）终端功耗：MICO 模式、定时器的设定等。

5. 切片和切片子网模板设计

网络切片模板示意如图 3-33 所示。

（1）运营商在对外开放业务之前应准备好切片模板。

（2）切片模板的颗粒度和数量应根据业务需求和管理需求综合考虑和设计。

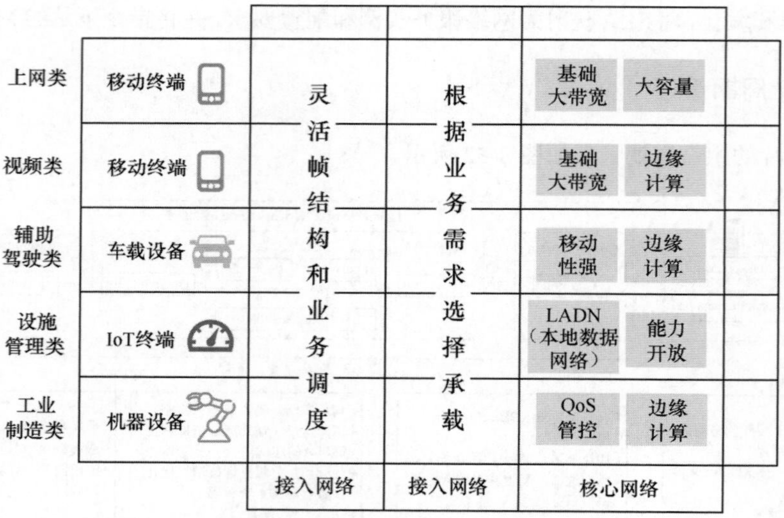

上网类	移动终端	灵活帧结构和业务调度	根据业务需求选择承载	基础大带宽	大容量
视频类	移动终端			基础大带宽	边缘计算
辅助驾驶类	车载设备			移动性强	边缘计算
设施管理类	IoT终端			LADN（本地数据网络）	能力开放
工业制造类	机器设备			QoS管控	边缘计算
		接入网络	接入网络	核心网络	

图3-33　网络切片模板示意

（3）切片模板体现业务特征和 SLA 要求。

（4）基于一个切片模板可以生成多个垂直行业切片。

6. NSI 生成

网络切片 NSI 生成示意如图 3-34 所示。

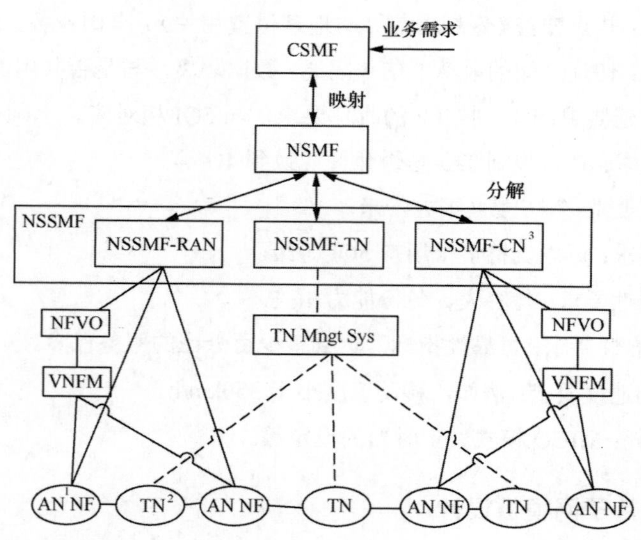

1. AN 为接入网络　2. TN 为传输网络　3. CN 为核心网络

图3-34　网络切片NSI生成示意

NSI 生成的具体步骤如下所述。

（1）NSMF 收到网络切片的相关需求，如果现有的 NSI 可以共享，则 NSMF 使用共享的 NSI；如果没有，则新建一个 NSI。

（2）NSMF 根据需求产生网络切片子网需求和 TN 网络需求。

（3）NSMF 向 NSSMF 请求 NSSI，NSSMF 向 NSMF 反馈 NSSI 信息。

（4）NSMF 向 TN 网管发送需求，TN 网管向 NSMF 发送响应消息。

（5）NSMF 触发指令建立 NSSIs 之间的关系。

3.3.4 网络切片安全

1. 安全威胁

（1）切片间攻击：DoS 攻击导致一个切片可能消耗其他切片的资源。

（2）对 UE 的攻击：UE 接入多个切片时数据的机密性和完整性易遭攻击。

（3）对切片的未授权接入：导致不合法 UE 接入网络获得服务。

（4）对管理面的攻击：非法获取对切片的管理功能。

（5）对第三方 API 的攻击：通过受损的 API 操纵切片。

（6）虚拟化产生的威胁：虚拟化网络功能（Virtualize Network Function，VNF）间缺少认证，拒绝服务攻击，例如，消耗 VNF 资源等。

2. 安全需求

（1）安全隔离。

（2）网络切片的资源不应相互影响。

（3）单个 UE 通过多个网络切片访问服务时，减少网络切片间数据泄露的风险。

（4）将潜在的网络攻击限制在单个网络切片上。

（5）认证和授权。

（6）防止未经授权的 UE 获得服务。

（7）对 UE 接入进行认证并保证各种接入链路的通信安全。

（8）对切片管理面和 API 的访问必须获得授权。

（9）安全服务定制。

（10）单个切片中要有特定服务的安全保证需求。

（11）不同切片应该支持不同的安全机制（认证方法、证书类型、用户信息库和安全策略）。

3.3.5 网络切片技术部署建议

（1）先做 eMBB 核心网切片，为用户提供基础业务，掌握 5G 的基本运营能力。全国建设一个核心网切片，可实现快速商用交付，避免不同省不同切片连接时带来的兼容性问题。

（2）在考虑细分 eMBB 切片时，摸索差异化体验的提供方式（例如，自营业务）。催熟 5G 网络的切片管理和运营能力、打通 MANO 与切片管理。

（3）在面向垂直市场打造行业切片时，提供差异化的网络服务。

摸索与行业的合作方式，充分挖掘切片的商业价值。只有实现了这一步才算真正发挥了 5G 切片的价值。

3.4 多接入边缘技术（MEC）

3.4.1 MEC 基本概念

据高德纳咨询公司（Gartner）的预测，未来有 70% ～ 75% 的数据在网络边缘处理，这就要求网络具有本地化处理、动态连接以及超强的计算能力。以云计算为核心的集中处理模式难以满足“万物互联”在高带宽、低时延、用户体验等方面的迫切需求。

MEC 的概念最初由诺基亚、华为等 6 家公司组成的欧洲电信标准协会多接入边缘技术行业规范组（英文简称为 ETSI MEC ISG）联合提出，其基本思想是把云计算平台从移动核心网络的内部迁移到移动接入网边缘，通过部署具备计算、存储、通信等功能的边缘节点，使传统无线接入网具备业务本地化条件，进一步为终端用户提供更高带宽、更低时延的数据服务，并可大幅度减少核心网的网络负荷，同时降低数据业务对网络回传的带宽要求。

2014 年，ETSI 正式定义了移动边缘计算的基本概念并成立了移动边缘计算行业规范工作组，同时启动了相关的标准化工作。2016 年，ETSI 将此概念扩展为多接入边缘计算（MEC），并将移动蜂窝网络中的边缘计算应用推广至其他无线接入网络（例如，Wi-Fi、Fixed Access）。移动边缘计算行业规范工作组除了 ETSI 之外，3GPP 及 CCSA 也相继启动了相关工作。目前，MEC 已发展为 5G 移动通信系统的重要技术之一。MEC 基本思想示意如图 3-35 所示。

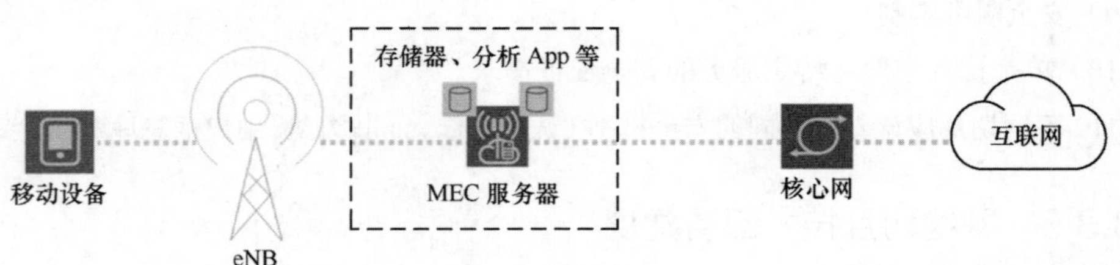

图3-35 MEC基本思想示意

1. ETSI MEC ISG 标准组织

2014 年 12 月，ETSI 成立了移动边缘计算行业规范组（ETSI Mobile Edge Computing Industry Specification Group，ETSI MEC ISG）。2017 年 3 月，ETSI 在法国举行的 ETSI MEC 第 9 次会议上，将移动边缘计算正式更名为多接入边缘计算以应对第二阶段工作中遇到的挑战，从而更好地满足了非移动运营商的需求。

目前，ETSI MEC ISG 所处的第二阶段目标是实现一个完整的多接入边缘计算系统，能够满足需要边缘计算的应用需求。ETSI MEC ISG 正与 3GPP、欧洲电信标准协会网络功能虚拟化规范组（ETSI Network Functions Virtualization Industry Specification Group，ETSI NFV ISG）以及其他标准化组织密切合作，确保边缘计算应用程序可以开发为一个标准的、被广泛采用的平台。

2. ETSI MEC ISG 成员

截至 2019 年 6 月底，ETSI MEC ISG 共有 63 个成员（Members）和 30 个参与者（Participants）。我国的中国信息通信研究院、华为、中兴、中国电信、中国联通和中国移动（研究院）均已加入。ETSI MEC ISG 成员与参与者见表 3-15。

表3-15　ETSI MEC ISG成员与参与者

成员组织名称		
ADVA Optical Networking SE	Hewlett-Packard Enterprise	Orange
Aeroflex/VIAVI	Huawei Tech.（UK） Co.，Ltd	PT PORTUGAL SGPS SA
Affirmed Networks Inc.	Huawei Technologies France	Quortus Limited
AFNOR	IBM Europe	Red Hat Limited
Altiostar	ICS	ROBERT BOSCH GmbH
Amdocs Software Systems Ltd	Intel Corporation （UK） Ltd	Rogers Communications Canada
AsiaInfo Technologies Inc	InterDigital，Inc.	Saguna Networks Ltd
ASTRI	ITALTEL SpA	Samsung R&D Institute UK
AT&T GNS Belgium SPRL	ITRI	SES S.A.
CAICT	Juniper Networks	Sony Europe B.V.
Ceragon Networks AS	Keysight Technologies UK Ltd	TELECOM ITALIA S.p.A.
China Telecommunications	KPN N.V.	TELEFONICA S.A.
CNIT	Mavenir	TNO
CTTC	MeadowCom	TURK TELEKOMUNIKASYON A.S.
Daegu University	MINISTERE DE L'INTERIEUR	UBiqube
DOCOMO Communications Lab.	Motorola Mobility UK Ltd.	Ubiwhere Lda （UW）

（续表）

成员组织名称		
Dolby Laboratories Inc.	NEC Europe Ltd	Vasona Networks Inc
ETRI	Netas	ViaviSolutions Deutsch. GmbH
EURECOM	Nokia Germany	VMware Bulgaria EOOD
FONDAZIONE LINKS	NTT corporation	VODAFONE Group Plc
FUJITSU Laboratories of Europe	Openet Telecom	ZTE Corporation
参与者组织名称		
Accelleran	Flex	Radware Ltd
ACS	GSM Association	SCILD Innovations
Akamai Technologies	INTRACOM TELECOM SOLUTIONS SA	Silicom Ltd
Artesyn Embedded Computing Inc	IPGallery	SK Telecom
Athonet S.r.l.	KDDI Corporation	STC
China Mobile Research Inst.	Netrounds	Tech Mahindra Ltd
China Unicom	NextWorks	Telenity
CPLANE NETWORKS，Inc	Politecnico di Torino	Tseng InfoServ，LLC
DELL Inc.	Qwilt Technologies Ltd	University Carlos IIIde Madrid
ECI Telecom Ltd	Radcom Ltd	University of Patras

3. ETSI MEC 标准发布情况

ETSI 关于 MEC 第一阶段标准化工作于 2017 年年底基本结束，共制定了 19 个标准，定义了 MEC 的基本能力，内容包括移动边缘计算平台架构、移动边缘计算技术需求、移动边缘计算 API 接口准则、移动边缘计算 App 使能、移动边缘云平台管理、基于 NFV 的移动边缘云部署等，但是缺少与数据面实现部分（计费和安全）的定义。

第一阶段 ETSI 已公布 MEC 相关标准见表 3-16。

表3-16　第一阶段ETSI已公布MEC相关标准

标准号	名称	发布版本	发布时间
ETSI GS MEC 001	Mobile Edge Computing（MEC）；Terminology	V1.1.1	2016-03
ETSI GS MEC 002	Mobile Edge Computing（MEC）；Technical Requirements	V1.1.1	2016-03
ETSI GS MEC 003	Mobile Edge Computing（MEC）；Framework and Reference Architecture	V1.1.1	2016-03
ETSI GS MEC-IEG 004	Mobile-Edge Computing（MEC）；Service Scenarios	V1.1.1	2015-11

（续表）

标准号	名称	发布版本	发布时间
ETSI GS MEC-IEG 005	Mobile-Edge Computing（MEC）；Proof of Concept Framework	V1.1.1	2015-08
ETSI GS MEC-IEG 006	Mobile Edge Computing；Market Acceleration；MEC Metrics Best Practice and Guidelines	V1.1.1	2017-01
ETSI GS MEC 009	Mobile Edge Computing（MEC）；General principles for Mobile Edge Service APIs	V1.1.1	2017-07
ETSI GS MEC 010-1	Mobile Edge Computing（MEC）；Mobile Edge Management；Part 1：System，host and platform management	V1.1.1	2017-10
ETSI GS MEC 010-2	Mobile Edge Computing（MEC）；Mobile Edge Management；Part 2：Application lifecycle，rules and requirements management	V1.1.1	2017-07
ETSI GS MEC 011	Mobile Edge Computing（MEC）；Mobile Edge Platform Application Enablement	V1.1.1	2017-07
ETSI GS MEC 012	Mobile Edge Computing（MEC）；Radio Network Information API	V1.1.1	2017-07
ETSI GS MEC 013	Mobile Edge Computing（MEC）；Location API	V1.1.1	2017-07
ETSI GS MEC 014	Mobile Edge Computing（MEC）；UE Identity API	V1.1.1	2018-02
ETSI GS MEC 015	Mobile Edge Computing（MEC）；Bandwidth Management API	V1.1.1	2017-10
ETSI GS MEC 016	Mobile Edge Computing（MEC）；UE application interface	V1.1.1	2017-09
ETSI GR MEC 017	Mobile Edge Computing（MEC）；Deployment of Mobile Edge Computing in an NFV environment	V1.1.1	2018-02
ETSI GR MEC 018	Mobile Edge Computing（MEC）；End to End Mobility Aspects	V1.1.1	2017-10

第二阶段的标准化任务始于 2017 年 3 月，解决了计费、监听等实际商用问题，对第一阶段推出的各类标准进行修订、演进，还针对车联网（V2X）、IoT、网络切片及多接入边缘等方面推出一批新的标准。截至 2019 年年底，正在进行的标准化工作中除 GR MEC 022、GR MEC 024、GR MEC-DEC 025、GR MEC 026、GR MEC 027 和 GR MEC 029 外，其他相关标准均处于草案阶段。第二阶段 ETSI 已公布 MEC 相关标准见表 3-17。

表3-17　第二阶段ETSI已公布MEC相关标准

标准号	名称	发布版本	发布时间
ETSI GS MEC 001	Multi-access Edge Computing（MEC）；Terminology	V2.1.1	2019-01

（续表）

标准号	名称	发布版本	发布时间
ETSI GS MEC 002	Multi-access Edge Computing（MEC）；Phase 2: Use Cases and Requirements	V2.1.1	2018-10
ETSI GS MEC 003	Multi-access Edge Computing（MEC）；Framework and Reference Architecture	V2.1.1	2019-01
ETSI GS MEC 009	Multi-access Edge Computing（MEC）；General principles for MEC Service APIs	V2.1.1	2019-01
ETSI GS MEC 016	Multi-access Edge Computing（MEC）；UE application interface	V2.1.1	2019-04
ETSI GR MEC 022	Multi-access Edge Computing（MEC）；Study on MEC Support for V2X Use Cases	V2.1.1	2018-09
ETSI GR MEC 024	Multi-access Edge Computing（MEC）；Support for network slicing	V2.1.1	2019-11
ETSI GR MEC-DEC 025	Multi-access Edge Computing（MEC）；MEC Testing Framework	V2.1.1	2019-06
ETSI GS MEC 026	Multi-access Edge Computing（MEC）；Support for regulatory requirements	V2.1.1	2019-01
ETSI GR MEC 027	Multi-access Edge Computing（MEC）；Study on MEC support for alternative virtualization technologies	V2.1.1	2019-11
ETSI GS MEC 029	Multi-access Edge Computing（MEC）；Fixed Access Information API	V2.1.1	2019-07

4. MEC与其他边缘计算概念比较

MEC与雾计算、微云等概念相似，都是通过资源和服务向边缘位置下沉，从而降低交互时延、减轻网络负担、丰富业务类型、优化服务处理，提升服务质量和用户体验。

（1）雾计算（Fog Computing）

雾计算的概念是由思科在2011年提出的，其思想是充分开发利用靠近用户的网络边缘设备的计算、存储、通信、控制、管理等功能，将云计算模式扩展到网络边缘。雾计算由性能较弱、分散的各类功能计算机组成，是一种分布式的数据处理方式，具有“去中心化”的特点。

雾计算的架构可以分为感应器层（Sensor Layer）、雾计算层（Fog Layer）和云计算层（Cloud Layer）三层。雾计算层负责第一层数据分析、事件生命周期控制和管理及配置感应器；云计算层负责总体数据分析、服务层面的控制和管理及配置雾服务器。

雾计算强调数量，以量制胜，无论单个雾节点的能力有多弱都要发挥作用。雾计算中的网络边缘的设备可以是路由器、交换机、网关等，也可以是专门部署的本地服务器。

2015年11月，ARM、思科、戴尔、英特尔、微软和普林斯顿大学的边缘实验室（Edge Laboratory）联合成立了开放雾联盟（Open Fog Consortium），旨在通过开发开放式架构、分布式计算、联网和存储等核心技术以及实现物联网全部潜力所需的领导力，加快雾计算部署。2017 年 2 月，开放雾联盟发布了雾计算开放架构（Open Fog）。这是一个旨在支持物联网、5G 和人工智能应用的数据密集型需求的通用技术架构。该架构为雾节点（智能互联设备）与网络、部署模式、层次模型和用例提供了一个中高层次的系统架构视图，标志着雾计算向制定标准迈出了重要的一步，未来的工作将更偏向于新需求和底层细节的研究。2018 年 8 月，IEEE 发布了全球首个雾计算参考架构的国际标准（IEEE 1934），并积极推动开发雾计算节点设备。

（2）微云

微云（Cloudlet）的概念最早由美国卡耐基梅隆大学的一个团队提出。Cloudlet 源于移动计算、IoT 和云计算的融合，是 3 层结构（移动或物联网设备—微云—云）“mobile or IoT device-cloudlet-cloud”的中间层。

Cloudlet 是广泛部署、去中心和自管理的，可以在个人计算机、工作站和低成本服务器上实现。一个 Cloudlet 可以看作一个位于网络边缘的小规模移动增强型云数据中心。Cloudlet 通过为移动设备提供计算资源以支持计算密集型和交互式且具有严格时延要求的移动应用。与部署在大规模数据中心的云不同，Cloudlet 在局域网环境下每次只处理少量用户的数据，即没有专业的机房，也没有专业人员管理。

（3）三种概念比较

虽然 MEC 与雾计算和 Cloudlet 的概念相似，但是在一些细节上三种概念仍存在区别。三种概念比较见表 3-18。

表3-18　三种概念比较

概念	发起方	部署位置	主要驱动力及应用场景	是否支持边缘应用感知	移动性和不同边缘节点上相同应用的实时交互的支持
多接入边缘计算	诺基亚、华为、IBM、英特尔、NTT DoCoMo、沃达丰	位于终端和数据中心之间，可以和接入点、基站、流量汇聚点、网关等组件共址	主要致力于降低应用时延，适合物联网、车辆网、视频加速、增强现实、虚拟现实等多种应用场景	支持。特别支持对无线接入部分的感知	目前只提供终端从一个边缘节点移动到另一个边缘节点情况下的移动性管理支持
雾计算	思科	位于终端和数据中心之间，可以和接入点、基站、流量汇聚点、网关等组件共址	主要针对物联网场景设计，交通、智慧城市、智慧楼宇、工业制造业、零售企业、健康医疗、农业、智慧家庭、运营商等	支持。特别支持对无线接入部分的感知	完全支持雾节点之间的分布式应用之间的通信

（续表）

概念	发起方	部署位置	主要驱动力及应用场景	是否支持边缘应用感知	移动性和不同边缘节点上相同应用的实时交互的支持
微云	美国卡耐基梅隆大学、英特尔、华为、沃达丰	位于终端和数据中心之间，可以和接入点、基站、流量汇聚点、网关等组件共址；还可以直接运行在车辆、飞机等终端上	主要从触觉互联网获得灵感，同样适用于物联网	不支持。但是支持该功能作为独立模块在微云之上进行扩展	目前只支持虚拟机映像从一个边缘节点到另一个离终端更近的边缘节点的切换

需要注意的是，在各种边缘计算技术中，MEC与运营商的关系最为密切，运营商对MEC非常重视。以国内的三大运营商为例，近几年来，它们都在积极与MEC厂商合作进行场景应用的试点，并陆续发布了各自的技术白皮书。

3.4.2 MEC系统框架和参考架构

1. MEC系统框架

ETSI在2016年3月发布的标准“Mobile Edge Computing（MEC）: Framework and Reference Architecture”给出了MEC系统框架，系统被划分为MEC系统级（MEC system Level）、MEC主机级（MEC host Level）和网络级（Network Level）3个层级。MEC主机级由MEC主机和MEC主机级管理两个单元组成。最上层的MEC系统级管理单元对MEC系统资源进行全面管理，并接收来自终端和第三方的业务请求。中间层的MEC主机级管理单元对MEC主机的资源以及MEC平台、MEC应用配置进行管理，MEC主机包含MEC平台、MEC应用和虚拟化基础设备。最下层的网络级包含3GPP网络、本地网络、外部网络等外部网络实体，表示MEC主机与外部的连通情况。MEC系统框架如图3-36所示。

2. MEC参考架构

在MEC系统框架之上，ETSI给出了一个更为详细的MEC参考架构。这个参考架构定义了MEC功能实体之间的相互关联，并抽象出3种不同类型的参考点。其中，Mp代表和MEC平台相关的参考点；Mm代表和MEC平台管理相关的参考点；Mx代表和外部实体相关的参考点。MEC参考架构如图3-37所示。

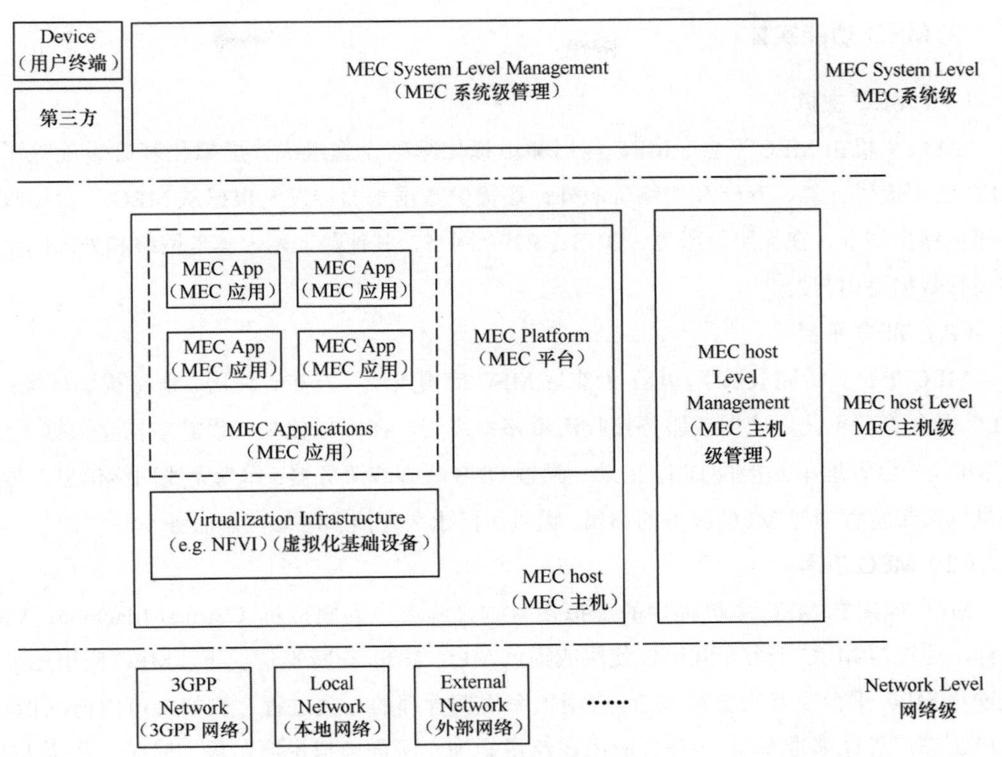

图3–36　MEC系统框架

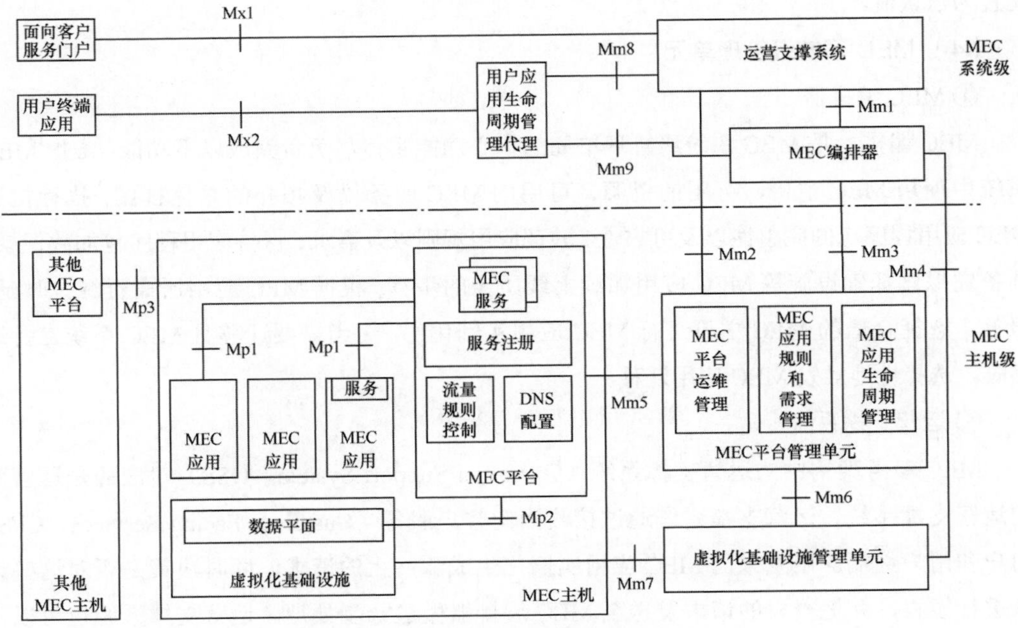

图3–37　MEC参考架构

3. MEC 功能实体

（1）MEC 主机

MEC 主机由 MEC 平台、MEC 应用和虚拟化基础设施组成。虚拟化基础设施除了为 MEC 应用提供计算、存储和网络资源外，还提供数据平面转发，根据从 MEC 平台接收到的流量路由规则，在应用、服务、DNS、3GPP 网络、其他接入网、本地网络和外部网络之间进行数据路由转发。

（2）MEC 平台

MEC 平台负责完成以下功能：为实现 MEC 应用发现、发布、使用、服务提供环境；从 MEC 平台管理单元、应用或服务接收流量路由规则，在虚拟化基础设施中构建数据平面；从 MEC 平台管理单元接收 DNS 记录，配置 DNS 代理或服务器；作为无线网络信息、位置信息以及带宽管理等 MEC 服务的归属；提供访问永久存储和时间信息服务。

（3）MEC 应用

MEC 应用在 MEC 主机提供的虚拟化基础设施上作为虚拟机（Virtual Machine，VM）运行，通过与 MEC 平台交互可以使用或提供 MEC 服务。在特殊情况下，MEC 应用还可以通过与 MEC 平台交互来支持 MEC 应用生命周期管理的相关过程。例如，可用情况指示、用户状态信息迁移准备等。MEC 应用在流量规则、所需虚拟资源、最大时延、所需 MEC 服务等方面有一定的需求，这些需求只有在 MEC 系统级管理单元验证后配置生效，否则配置为默认值。

（4）MEC 系统级管理单元

① MEC 编排器

MEC 编排器是 MEC 系统级管理单元的核心功能实体，负责完成以下功能：维护 MEC 系统中使用 MEC 主机、可用的资源、可用的 MEC 服务以及拓扑的总体视图；执行检查 MEC 应用程序包的完整性以及可靠性、验证应用规则以及需求、保持应用程序包加载记录、准备虚拟化基础设施等 MEC 应用加载上线所需的步骤；根据 MEC 应用所需资源、时延、服务，选择合适的 MEC 主机进行 MEC 应用实例化生产；当需要迁移且 MEC 系统支持迁移时，选择性地触发 MEC 应用迁移。

② 运营支撑系统

MEC 参考架构中的运营支撑系统（Operation Support System，OSS）对应的是运营商的运营支撑系统。运营支撑系统通过接收面向客户服务（Customer Facing Services，CFS）门户和用户终端应用发来的 MEC 应用实例化生成和终止的请求，同时决策是否对这些请求进行授权，并把授权的请求发送至 MEC 编排器做进一步处理。运营支撑系统也可以选择性地接收来自用户终端对于 MEC 应用在外部云和 MEC 系统之间迁移的请求。

③ 用户应用生命周期管理代理

用户应用是指 MEC 系统根据用户终端上的应用（用户终端应用）发起的请求在 MEC 系统上的 MEC 应用。用户应用生命周期管理代理支持用户终端应用提出的 MEC 应用加载、实例化、终止需求，并选择性地支持 MEC 应用在 MEC 系统内部或外部之间进行迁移。用户应用生命周期管理代理还支持将用户应用的相关状态信息反馈给用户终端应用。用户应用生命周期管理代理对终端设备（例如，联网的用户终端、笔记本电脑）上运行的 MEC 应用的请求进行认证，并对运营支撑系统与 MEC 编排器进行交互做进一步处理（例如，MEC 应用的实例化或终止）。

（5）MEC 主机级管理单元

① MEC 平台管理单元

MEC 平台管理单元包括 MEC 平台运维管理、MEC 应用规则和需求管理、MEC 应用生命周期管理 3 个功能。MEC 平台运维管理模块负责提供 MEC 平台基本管理功能。MEC 应用规则和需求管理模块负责管理包括 MEC 服务认证授权、流量规则、DNS 配置和冲突处理等工作。此外，MEC 平台管理单元从虚拟化基础设施管理单元接收虚拟资源错误报告和性能统计信息，并做进一步相应处理。MEC 应用生命周期管理模块负责对 MEC 应用生命周期进行管理，并向 MEC 编排器通知 MEC 应用生命周期相关的事件。

② 虚拟化基础设施管理单元

虚拟化基础设施管理单元（Virtualized Infrastructure Manager，VIM）负责完成以下功能：虚拟化基础设施的计算、存储和网络等虚拟化资源的分配、管理以及释放；为运行 MEC 应用镜像文件准备虚拟化基础设施，包括配置基础设施、接收和存储 MEC 应用镜像文件；收集和上报虚拟化基础设施的性能、故障信息；选择性地支持 MEC 应用在 MEC 系统与外部云环境之间进行迁移。

（6）用户终端应用

用户终端应用是指通过用户应用生命周期管理代理与 MEC 系统交互的终端设备（例如，联网的用户终端、笔记本电脑）上安装的应用程序。

（7）面向客户服务门户

运营商通过面向客户服务门户开放让第三方客户（例如，商业企业）根据其特殊需求来选择和订购一系列的 MEC 应用，以及从所提供的应用中获取后台的服务信息。

4. MEC 参考点

（1）MEC 平台相关参考点

① Mp1 参考点

Mp1 参考点在 MEC 平台和 MEC 应用之间提供服务注册、服务发现和通信支撑等服务。

Mp1 参考点同时提供 MEC 应用可用性检查、会话状态迁移支撑、流量规则和 DNS 规则配置激活、永久存储、时间信息访问等其他服务。Mp1 参考点可以使用或提供 MEC 服务的相关功能。

② Mp2 参考点

Mp2 参考点在 MEC 平台和虚拟化基础设施的数据平面之间用于指示数据平面如何将流量在 MEC 应用、网络、服务等之间进行路由。

③ Mp3 参考点

Mp3 参考点在 MEC 平台之间，用于控制 MEC 平台之间的通信。

（2）MEC 管理相关参考点

① Mm1 参考点

Mm1 参考点在 MEC 编排器和运营支撑系统（OSS）之间，用于触发 MEC 应用的实例化生成和终止。

② Mm2 参考点

Mm2 参考点在运营支撑系统与 MEC 平台管理单元之间，用于 MEC 平台配置、故障和性能管理。

③ Mm3 参考点

Mm3 参考点在 MEC 编排器和 MEC 平台管理单元之间，用于 MEC 应用的生命周期、MEC 应用规则和需求的管理以及可用 MEC 服务的跟踪。

④ Mm4 参考点

Mm4 参考点在 MEC 编排器和虚拟化基础设施管理单元之间，用于 MEC 主机虚拟化资源的管理，包括跟踪可用资源和管理 MEC 应用程序镜像等。

⑤ Mm5 参考点

Mm5 参考点在 MEC 平台管理单元和 MEC 平台之间，用于 MEC 平台以及 MEC 应用规则和需求配置，并支持 MEC 应用生命周期管理流程以及 MEC 应用迁移管理等。

⑥ Mm6 参考点

Mm6 参考点在 MEC 平台管理单元和虚拟化基础设施管理单元之间，用于管理虚拟化资源（例如，实现 MEC 应用生命周期管理）。

⑦ Mm7 参考点

Mm7 参考点在虚拟化基础设施管理单元和虚拟化基础设施之间，用于管理虚拟化基础设施。

⑧ Mm8 参考点

Mm8 参考点在用户应用生命周期管理代理和运营支撑系统之间，用于处理用户终端应用在 MEC 系统上运行 MEC 应用的请求。

⑨ Mm9 参考点

Mm9 参考点在用户应用生命周期管理代理和 MEC 编排器之间，用于管理用户终端应用请求的 MEC 应用。

（3）外部实体参考点

① Mx1 参考点

Mx1 参考点在运营支撑系统与面向用户服务门户之间，被第三方用于向 MEC 系统请求运行 MEC 应用。

② Mx2 参考点

Mx2 参考点在用户应用生命周期管理代理与用户终端应用之间，被用户终端应用于向 MEC 系统请求运行 MEC 应用或者将 MEC 应用迁入、迁出 MEC 系统（仅当 MEC 系统支持时）。

5. NFV 环境下实现 MEC 参考架构

NFV 的主要思想是在工业化标准服务器上部署虚拟资源层实现对底层硬件资源的调用，在标准的服务器虚拟化软件上运行各种网元功能软件。NFV 实现了电信网络网元的软硬件解耦，能够提升网络弹性、缩短业务部署时间、促进网络高效、低成本运营，被视为电信业务云化的核心技术和架构。ETSI 早在 2012 年成立了网络功能虚拟化标准工作组（ETSI ISG NFV）来研究网络功能虚拟化，IETF、3GPP、ITU-T 和 CCSA 也都相继成立了相关的工作组和项目组。

MEC 与 NFV 关系密切，ETSI 提供的 MEC 参考架构是参照 NFV 参考架构进行设计的。ETSI 认为 MEC 可视为部署在网络边缘的本地业务网，对资源的共享性及扩展性要求较高，需要在虚拟化环境下进行部署。此外，MEC 与 NFV 在本质上都是在虚拟化平台之上运行的各种应用软件，ETSI 定义的 MEC 参考架构与 NFV 参考架构对比如图 3-38 所示。从图 3-38 中可以看到，MEC 参考架构（ETSI GS MEC 003 V2.1.1）与 NFV 参考架构（ETSI GS NFV 002 V1.2.1）的底层基础设施乃至整体架构都是十分相似的。因此 ETSI 建议 MEC 应尽量使用 NFV 的环境和管理方案。

ETSI 在 2018 年 2 月发布的标准 MEC；Deployment of Mobile Edge Computing in an NFV environment 中，基于 NFV 参考架构给出了在 NFV 环境下的 MEC 参考架构。在 NFV 环境下的 MEC 参考架构如图 3-39 所示。

从图 3-38 中可以看到，ETSI 定义的 NFV 管理和编排（Management and Orchestration，MANO）由 NFV 编排器（NFVO）和 VNF 管理单元（VNFM）组成。对于 NFV MANO 而言，MEC 平台与 MEC 应用是作为虚拟化网络功能（VNF）运行在 NFV 基础设施（NFVI）之上的，这使 MEC 部分编排和生命周期管理任务可以转交 NFV 编排器和 VNF 管理单元完成，无须 MEC 针对 NFV 进行修改和适配。

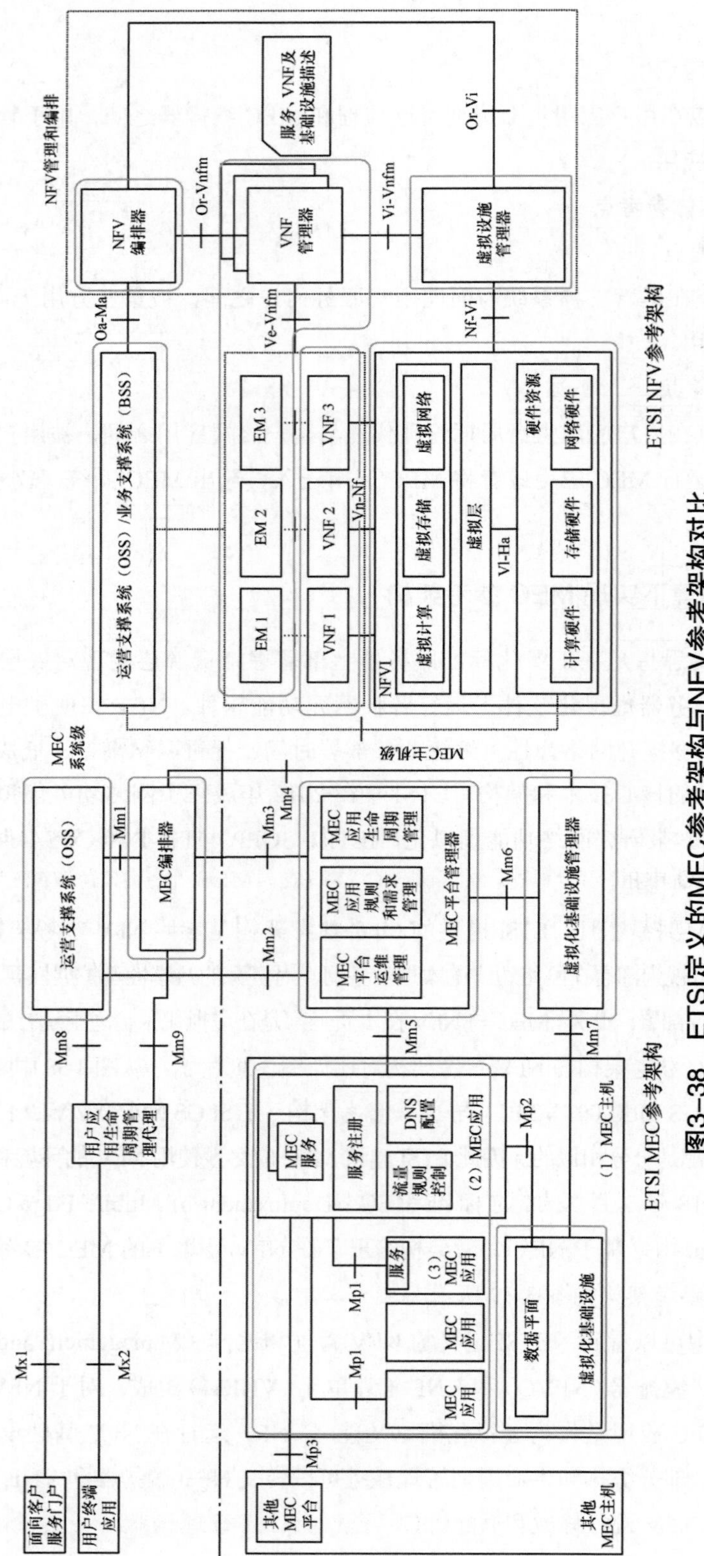

图3-38　ETSI定义的MEC参考架构与NFV参考架构对比

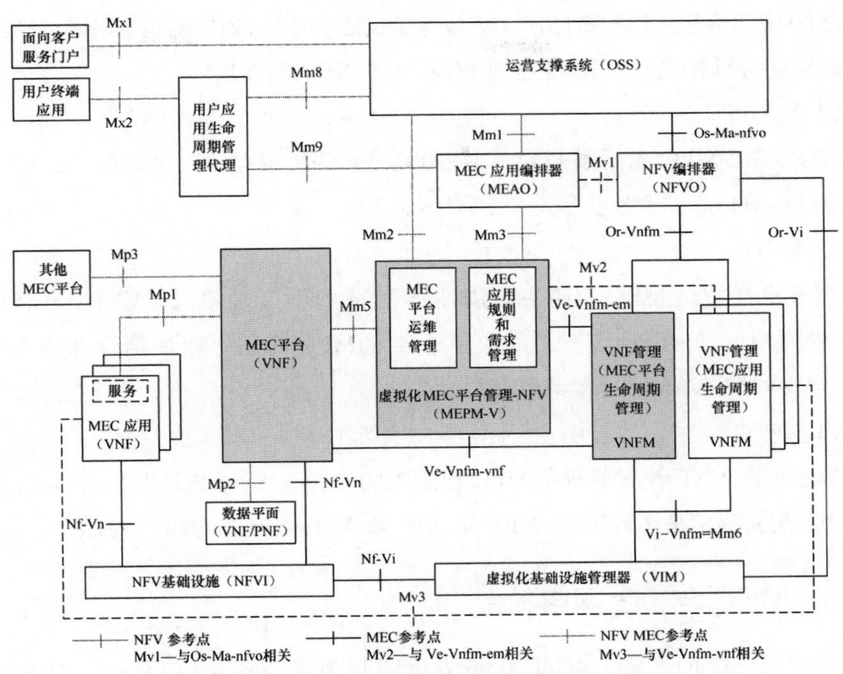

图3–39　在NFV环境下的MEC参考架构

在 NFV 环境下，MEC 平台管理单元把 MEC 应用生命周期管理任务转交 VNFM 来完成，MEC 编排器变为 MEC 应用编排器（MEAO），把原先基础设施资源方面的编排任务转交给 NFV MANO 中的 NFV 编排器（NFVO）完成。MEC 平台作为 VNF 参照 ETSI NFV 流程进行管理，虚拟化 MEC 平台管理单元（MEPM-V）充当虚拟化 MEC 平台的网元管理单元（EM），并需要 VNFM 负责 MEC 平台生命周期管理。MEC 平台作为 VNF 管理示意如图 3-40 所示。

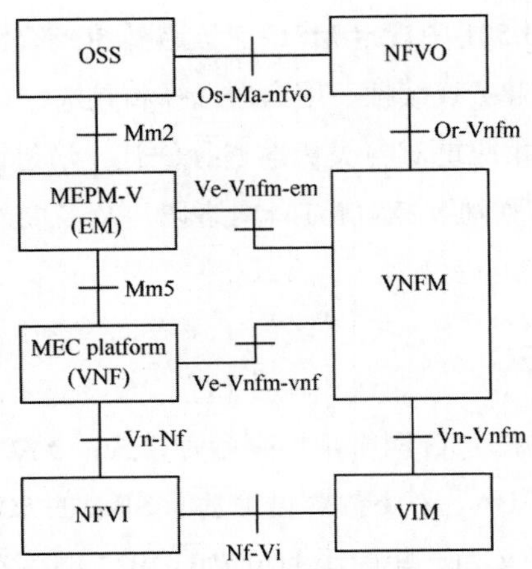

图3–40　MEC平台作为VNF管理示意

在 ETSI MEC 参考架构和 ETSI NFV 参考架构之间引入新的参考点 Mv1、Mv2 和 Mv3（与原有 NFV 参考点相关），用于支持对 MEC 应用 NFV 的管理。

① Mv1 参考点

Mv1 参考点在 MEC 应用编排器（MEAO）和 NFV 编排器（NFVO）之间，与 ETSI NFV 定义的 Os-Ma-nfvo 参考点有关。

② Mv2 参考点

Mv1 参考点在负责 MEC 应用生命周期管理的 VNF 管理单元（VNFM）和虚拟化的 MEC 平台管理单元（MEPM-V）之间，用于传递 MEC 应用生命周期管理相关信息，与 ETSI NFV 定义的 Ve-Vnfm-em 参考点有关。

③ Mv3 参考点

Mv3 参考点在 VNF 管理单元和 MEC 应用 VNF 之间，用于传递 MEC 应用生命周期管理、初始化及配置等信息，与 ETSI NFV 定义的 Ve-Vnfm-vnf 参考点有关。

3.4.3 MEC 与 5G 网络融合

MEC 并非是 5G 的产物，4G 时代不少运营商都启动了 MEC 试点，对其技术和商业模式进行探索，通过在移动网络边缘增加计算、存储、数据处理等能力，来承载不同的行业应用。例如，内容分发网络（Content Delivery Network，CDN）、视频监控、人脸识别等。但是 4G 时代的 MEC 方案有一定的技术短板：早期 ETSI MEC ISG 在第一阶段定义的 MEC 整体参考架构、应用生命周期管理和运维框架等缺少多接入边缘计算系统、网络切片支撑、接口规范和编排管理等部分。另外，由于 4G 核心网 CU 未分离，导致边缘侧分流和对接方案复杂，无线侧分流方案中监管、安全与计费方面有缺失，导致商用困难。

3GPP 在技术规范 TS 23.501 中规定 MEC 应该遵循 5G 整体架构，并满足以下功能：本地路由、话务分流、会话和业务连续性、用户面选择和重选、网络能力开放、QoS 和计费。ETSI MEC ISG 在第二阶段相应地对各类标准进行修订、演进，除了解决计费、监听等实际商用问题，同时还针对车联网 V2X、IoT、网络切片及多接入边缘（Multi-Access）等方面推出一批新的标准。

1. 5G 系统架构和 MEC

在 3GPP 的 Stage2 规范中，5G 网络架构有两种模式：一种采用传统的基于参考点的系统架构；另一种采用全新的 SBA，以下内容讨论基于 SBA 的 5G 系统架构。

SBA 架构中的元素被定义为一些由服务组成的 NF，网络功能可以部署在任何合适的地方，通过统一的接口为任何许可的网络功能提供服务。SBA 架构采用模块化、可重用性和自包含原则来构建网络功能，使运营商部署网络时能充分利用最新的虚拟化和软件技术，以细颗粒度方式更新网络的任一服务组件。

3GPP 选定的 SBA 接口的协议实现组合为 TCP、HTTP/2、JSON、Restful、OpenAPI3.0。在标准 ETSI GS MEC 009 Mobile Edge Computing（MEC）；General principles for Mobile Edge Service APIs 中，MEC 能力开放功能基于 HTTP 以 JSON 数据格式实现能力开放相关数据的传输，并支持 MEC 应用通过 Restful API 来调用 MEC 平台提供的服务。实质上 MEC 的 API 架构与 5G 的 SBA 架构是一样的。5G 系统架构（SBA）和 MEC 系统架构比较如图 3-41 所示。

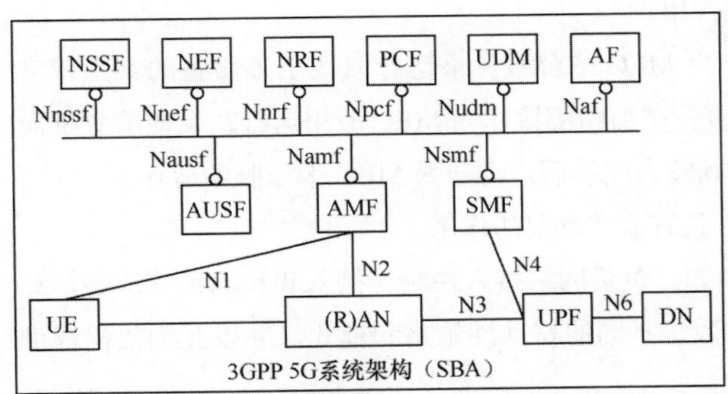

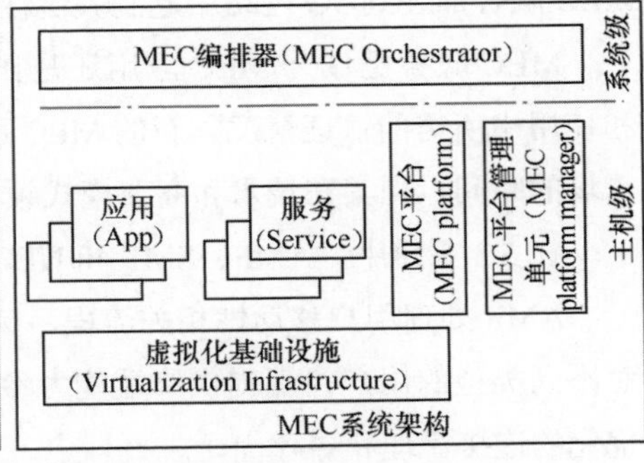

图3-41 5G系统架构（SBA）和MEC系统架构比较

在 5G 系统中网络功能及其提供的服务在 NRF 中注册，NRF 提供可用的服务列表。与之相对应的，在 MEC 系统中，MEC 应用提供的服务在 MEC 平台的服务注册表（Service Registry，SR）中进行注册，服务注册表提供了 MEC 服务器上可用服务的可见性，使用服务松散耦合的概念，在应用程序部署中提高了灵活性。5G 网络部署 MEC 系统如图 3-42 所示。

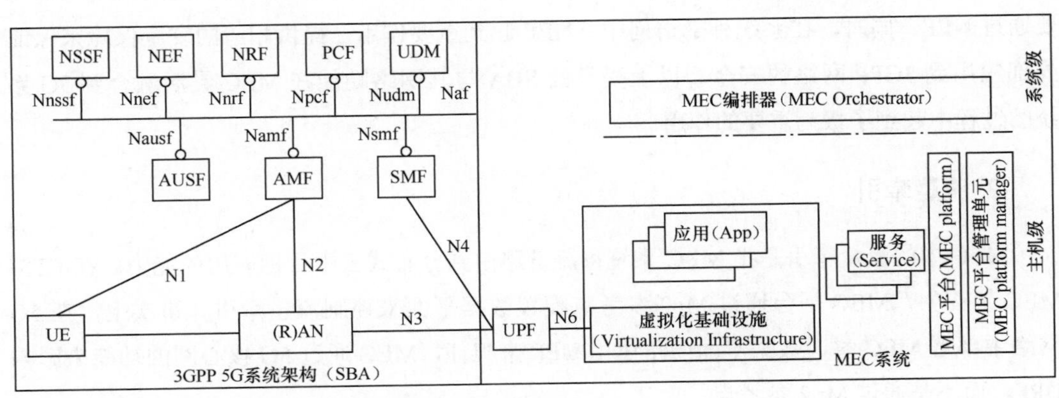

图3-42 5G网络部署MEC 系统

MEC 系统中的系统级功能实体 MEC 编排器作为 AF 可以与 NEF 进行通信，在某些场合还可以直接与5G网络功能进行通信；主机级功能实体MEC平台作为应用功能可以直接与5G网络功能进行通信；主机级功能实体MEC主机则通常部署在某个数据网络中。在图3-41左侧的3GPP 5G系统架构（SBA）中，核心网功能系统级实体NEF与其他类似的网络功能一起部署在网络的核心位置。NEF实例也可以部署在网络边缘以便从MEC主机获得低时延、高带宽的服务。

MEC业务系统作为5G系统的边缘网络部署在N6参考点上，由UPF负责将边缘网络的流量分发导流到MEC业务系统。基于5G核心网的C/U分离式架构，UPF可以灵活部署到网络边缘的MEC系统。对MEC而言，UPF是分布式的、可配置的数据平面，在MEC融合部署到5G网络中起到关键性作用。

MEC服务是作为MEC应用还是作为MEC平台服务来运行取决于该服务的共用程度和使用中所需的认证情况。新的MEC服务在初期应该作为MEC应用运行，以便节省推向市场的时间，当其在技术和商业模式领域较为成熟后，再转为MEC平台服务运行。

在5G系统中，AMF、SMF和NEF具有非常重要的作用。

AMF处理用户移动性相关流程，例如，负责网络接入控制、接入和移动性管理等，针对不同类型的用户终端提供终端能力参数、不同的移动性策略和模式，并以此为依据提供优化的连接管理和寻呼优化。

SMF提供的功能包括会话管理、IP地址分配和管理、DHCP服务、UPF选择/重选以及管理、UPF流量规则配置、会话管理事件合法侦听、漫游计费及支撑等。MEC可以在中心云或边缘云提供服务，因此SMF对UPF的选择、管理以及配置流量规则起到关键作用。SMF允许MEC作为5G应用功能管理PDU会话、控制策略设定和流量规则。NEF是服务开放的中心，3GPP的网络功能都是通过NEF将其能力“暴露”给其他网络功能的，除了被授权的网络功能可以直接与提供该服务的网络功能进行访问之外，其他的网络功能都需要通过NEF。同时，在系统外部访问中，NEF起到重要作用，提供相应的安全保障来保证外部应用到3GPP网络的安全。以上提及的SBA与其网络功能在MEC灵活融合到5G系统的过程中起到了极为重要的作用。

2. 流量牵引

MEC中的流量牵引是指MEC系统将流量路由到分布式云中目标应用的能力。在ETSI MEC架构中，MEC平台通过Mp2参考点配置数据平面来控制流量牵引。事实上，在5G网络中部署MEC时，数据平面的角色由UPF来担任，MEC通过5G核心网的功能来影响UPF，而不是通过Mp2参考点。

MEC应用实例化后，MEC平台开始配置数据平面到MEC应用的路由。在5G网络中，MEC平台作为应用功能向PCF发送确认需要牵引流量的信息；PCF将流量牵引需求转换为应用到目标PDU会话的策略，并向合适的SMF提供路由规则；SMF根据收到的信息确认是否存在目标UPF，如果存在则开始在目标UPF上配置流量规则，否则，在PDU会话的数据路径中插入UPF。

3. 移动性管理

为提高超低时延和高带宽服务的性能，MEC系统需要结合网络边缘的网络和计算环境，将MEC应用寄宿在距离UE很近的MEC主机上，因此会面临UE的移动性问题。从长远来看，UE（无论传统手持设备或安装V2X系统的车辆）的移动使当前位置使用的MEC主机并不总是最优的（即使底层网络能够保持两点间服务的连续性）。

MEC应用服务分为有状态服务和无状态服务两种。有状态服务的应用迁移通过在初始用的实例与重定位应用的实例之间传输和同步服务状态来实现，而无状态服务的应用迁移则简单得多。

应用移动性管理是服务连续性支撑的一部分。UE移动到新的服务基站时会触发MEC应用移动性管理，MEC平台根据无线网络信息发现UE所处服务基站的变化，确定UE是否要离开当前MEC主机的服务范围。如果UE要离开当前MEC主机的服务范围，MEC平台将用户上下文信息和/或应用实例从一个MEC主机重定位到另一个MEC主机，继续为UE提供服务。

MEC应用移动性管理的原则如图3-43所示，图3-43给出了在5G网络中融合部署MEC时应用移动性管理的基本场景。

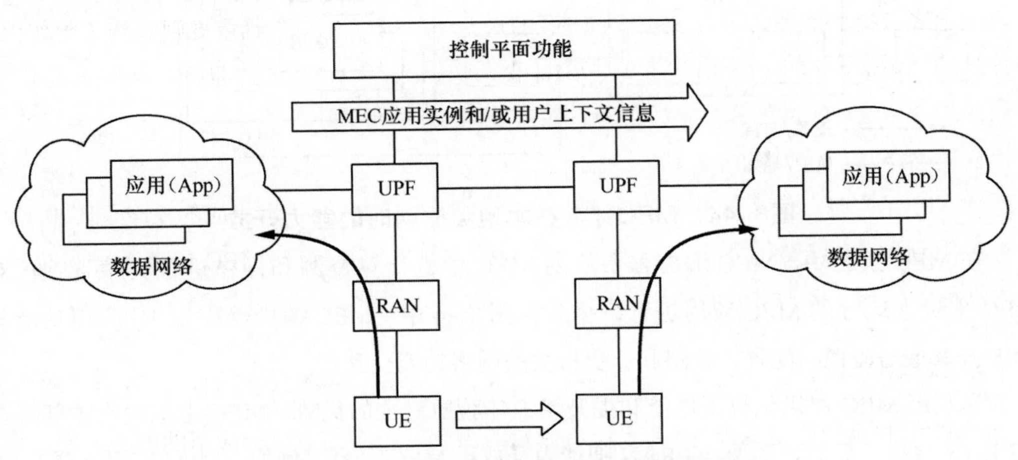

图3-43　MEC应用移动性管理的原则

4. 网络能力开放

NEF将5G核心网网络功能的服务能力向外部实体开放。基于5G网络的SBA架构，包括MEC系统功能实体在内的外部实体作为应用功能，经NEF授权后可以直接使用网络功能。此外，在很多情况下5G网络的服务和能力也能够通过NEF对外开放。例如，监控、配置、策略和计费。

- 监控：允许外部实体请求或订阅包括UE漫游状态、UE连接丢失、UE可达性和位置等与UE相关事件信息。AMF和UDM是提供这类事件信息的关键网络功能实体。
- 配置：允许外部实体配置5G中UE的预期行为，例如，预期的UE移动或通信特征。
- 策略和计费：根据外部实体请求对UE的QoS和计费策略进行处理。PCF是提供策略和计费控制的关键网络功能实体，其他网络功能大多也在一定程度上提供支持。

MEC部署在本地数据网时的能力开放如图3-44所示。

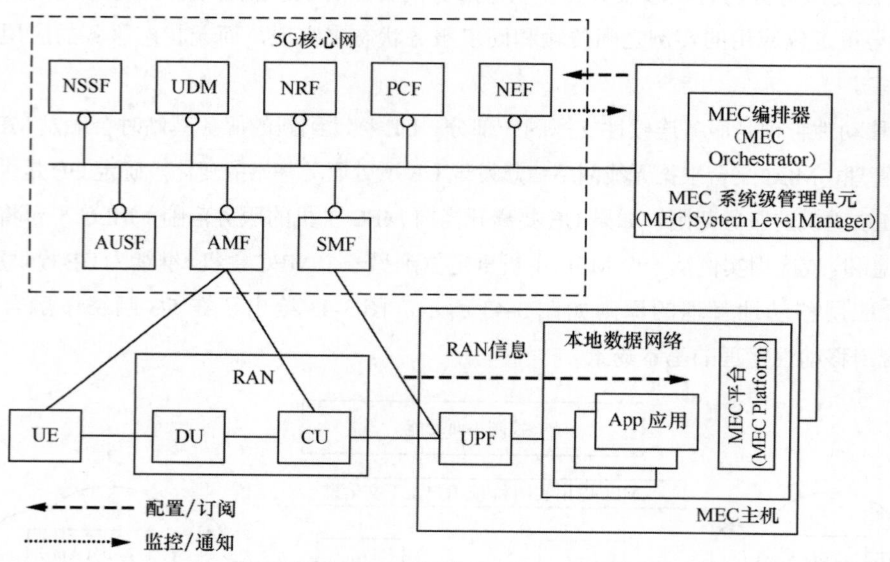

图3-44 MEC部署在本地数据网时的能力开放

在MEC系统中，MEC编排器负责对MEC主机计算资源和操作进行集中管理，对MEC主机上运行的MEC应用进行编排。在图3-44中，MEC编排器作为5G应用功能与NEF及其他与监控、配置、策略和计费相关的网络功能交互。

为利用MEC在优化应用性能和提升用户体验质量上的优势，MEC主机通常被部署在5G RAN边缘。此时，需要5G RAN把能力开放给MEC平台。例如，MEC应用需要MEC主机提供无线网络信息服务（Radio Network Information Service，RNIS）来对提供给UE的服务进行优化，而RNIS则依赖RAN把无线信息（例如，信号接收功率/质量等）开放给MEC主机。本地5G RAN的能力开放由部署在边缘的NEF实例来负责。

5. 计费

目前，3GPP 对于 MEC 计费相关接口尚没有明确的标准化建议。从用户流量计费考虑，在 5G 系统中，UPF 作为 PDU 会话锚点以及 MEC 所在数据网络的网关，MEC 应用与非 MEC 应用适用于同样的计费机制。从第三方应用计费考虑，运营商在电信网络边缘为第三方应用提供了边缘云服务，需要新的计费机制。

6. 监管需求

从 3G、4G 到 5G，合法侦听（Lawful Interception，LI）和数据留存（Retained Data，RD）一直在配合执法机关在刑侦办案中起着重要的作用。国家法律法规明确要求服务提供商的网络支持执法机关在法律授权范围内对通信内容进行侦听，因此服务提供商需要做到识别目标用户，把目标用户的通信内容与其他用户的通信内容隔离开，复制目标用户的通信内容并发送给执法机关，以及发送相关的监听结果给执法机关。

针对 MEC 的情况，建议在 SMF 和 UPF 上实施合法侦听和数据留存。综上所述，UPF 实际上就是 MEC 主机的数据平面，因此 3GPP 规范支持对 MEC 应用流量的合法侦听和数据留存就像支持任何经过 UPF 的应用流量一样。具体可以参考已经发布的标准 MEC；Support for regulatory requirement。

3.4.4 MEC 在 5G 网络中的部署

MEC 主机部署在边缘或者核心数据网络中，而 UPF 负责牵引用户平面流量到目标 MEC 应用所在的数据网络。网络运营商除了选择数据网络和 UPF 之外，还需要根据技术和商业因素（例如，站点设施、应用需求、用户负载实测值或估算值）来选择物理计算资源的部署位置。MEC 管理系统负责编排 MEC 主机和应用的运行，动态地决定 MEC 应用的运行位置。

1. MEC 物理部署位置问题

MEC 主机的物理部署位置可以是基站或者核心网，或者是两者之间的任何位置。MEC 物理部署位置如图 3-45 所示。MEC 主机可以部署在基站机房、本地网接入 / 汇聚机房和地市级核心机房，部署成本依次降低，覆盖范围依次增长，时延依次升高。MEC 物理部署位置的选择取决于具体的应用需求，例如，覆盖范围和时延需求，其中，时延需求是重要的影响因素。

基站机房离用户更近，终端发起的业务经过基站、MEC 主机到本地网络 / 第三方内容服务，主要针对新型超低时延业务在边缘才能满足需求的场景，时延可控制在 1ms~10ms 之内，例如，无人机投递业务（10ms，15Mbit/s）、智慧场馆（10ms，1Gbit/s）、自动驾驶（1ms，

50Mbit/s 以上）、远程医疗诊断（10ms，50Mbit/s）、机器人协作（1ms，1Mbit/s~10Mbit/s）、远程手术（1ms~10ms，300Mbit/s）等。

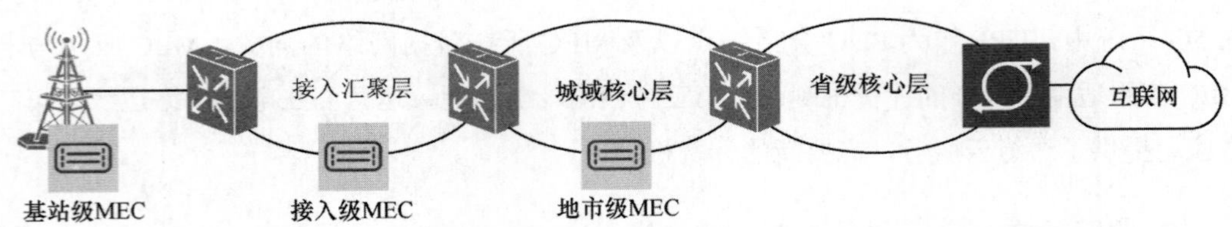

图3-45 MEC物理部署位置

本地网接入 / 汇聚机房会增加一部分回传网络的时延，可以为用户提供低时延、高带宽服务。例如，虚拟现实（Virtual Reality，VR）/AR 业务（20ms，1Gbit/s）、移动视频监控（20ms，50Mbit/s）、移动广播（<100ms，10Mbit/s）、公共安全（20ms，10Mbit/s）、高清视频（20ms，10Mbit/s）等。

影响回传网络时延的主要因素是光纤的传输路径长度，光纤传输单向时延系数为 5μs/km，城域范围内光传输单向距离在 100km 以内，时延带来的影响较小（小于 1ms），对于时延要求不高的应用，MEC 可以部署在本地网接入 / 汇聚机房，或者地市级的核心机房。

2. MEC 与 UPF 的合设问题

虽然逻辑上 UPF 与 MEC 业务系统是分离、松耦合的，但在实际建设时，对于 MEC 与 UPF 是否合适及共享基础设施存在以下 3 种方案。

（1）MEC 与 UPF 合设，共用基础设施

MEC 系统把 UPF 包括在内，MEC 系统与 UPF 由同一个厂商（例如，提供 UPF 核心网功能的厂商）建设，MEC 业务系统与 UPF 共享 NFV 电信边缘云基础设施，进行统一管理，节约部分投资。另外，靠近基站的边缘接入点资源比较紧张，MEC 与 UPF 合设有利于资源的充分利用。但是该方案要求基础设施既能满足 UPF 等 NFV 高性能网络转发处理需求，也能支持 IT 类业务应用的容器化部署与编排管理、边缘 AI 类以及视频类业务应用的图形处理器（Graphics Processing Unit，GPU）/ 现场可编程门阵列（Field Programmable Gate Array，FPGA）等加速及异构计算处理，导致原先主要面向网络通信处理的 NFV 电信云扩展为 ICT 综合边缘云。

（2）MEC 与 UPF 分设，不共用基础设施

MEC 业务系统与 UPF 分离部署，支持分别由不同厂商建设（可以引入 IT 厂商或者自研提供 MEC 业务系统），并且 UPF 作为 5G 核心网网元，与承载自有及第三方业务应用的 MEC 业务系统物理隔离也有利于保障 5G 网络的安全。但是该方案中 MEC 业务系统的 CT 类应用业务不能与 UPF 共用 CT 类 VNF 基础设施，存在部分重复投资，基础设施的利用率低于合设方案。此外，部分边缘接入点资源受限，难以同时建设提供CT和IT两种边缘云。

（3）MEC与UPF部分合设

MEC业务系统分为CT类VNF与IT类应用两大类业务服务。其中，CT类VNF与UPF共享NFV边缘云，IT类应用独立建设IT边缘云，满足IT类边缘业务部署的灵活性需求。但是该方案增加了边缘业务统一管理的复杂度，同时部分MEC业务也很难简单地划分为IT类或是CT类。

目前，运营商的业务试点中多种模式都有采用，而未来统一规划建设部署时以哪种方案为主或者在不同的边缘层级上采用不同的方案，目前尚未定论，在此笔者认为更靠近基站的边缘点集成部署统一承载，而更靠近中心的边缘点会适宜采用部分共享部署方案。

3.4.5 MEC应用问题

1. ETSI MEC标准中的业务场景

ETSI在标准ETSI GS MEC-IEG 004 Mobile-Edge Computing（MEC）；Service Scenarios中给出了MEC的七类业务场景：智能（移动）视频加速、视频流分析、增强现实（Augmented Reality，AR）、密集计算辅助、企业专网应用、车联网、IoT网关。ETSI发布的MEC应用场景见表3-19。

表3-19 ETSI发布的MEC应用场景

业务场景	MEC在业务场景中提供的服务
智能（移动）视频加速	开放无线网络信息，支持应用层和网络层的跨层联合优化视频等数据传输
视频流分析	对监控视频在边缘进行智能分析，降低大规模传输到中心云的网络带宽
增强现实（AR）	开放网络定位能力，给AR处理提供实时辅助信息和缓存等
密集计算辅助	将计算从终端卸载到边缘云端，并提供低时延支持网络游戏、环境传感器、某些安全应用
企业专网应用	将用户面流量分流到企业网络
车联网	从车辆及道路传感器实时接收数据进行分析，并将结果以极低时延发送给相关车辆及设备
IoT网关	在物联网边缘聚合、分析物联设备采集上报的海量数据，并及时产生本地决策

（1）智能视频加速业务场景

TCP协议认为网络拥塞是产生数据包丢失和高延迟的主要原因，而此假设导致蜂窝网络的资源利用效率降低、应用性能和用户体验度降低。导致这种低效率的根本原因是TCP协议很难适应快速变化的无线网络条件。

在蜂窝网络内，终端的快速移动引起底层无线信道环境发生变化，或者其他终端进出网络引起系统负载变化，这些变化都将导致移动终端的可用无线接入带宽在数秒之内变化一个数量级。

智能（移动）视频加速示意如图 3-46 所示。图 3-46 给出智能（移动）视频加速服务场景的一个例子。在 MEC 服务器上部署无线分析应用（Radio Analytics Application，RAA），为视频服务器提供近乎实时的无线下行接口可用吞吐量指标。

视频服务器使用吞吐量指标辅助 TCP 做出拥塞控制决策，例如，初始窗口大小的选择、拥塞避免期间拥塞窗口值的设置、无线链路拥塞情况恶化时拥塞窗口大小的调整等。换言之，TCP 既不需要主动地探测可用的无线网络资源，也不需要根据相关探测结果来降低数据的发送率。吞吐量指标还可以用来确保应用层编码能与无线下行链路的预估容量相匹配。以上这些改进的目的是通过减少视频缓冲的等待时间和视频卡顿次数来提高用户体验质量，以及保证最大限度地利用无线网络资源。

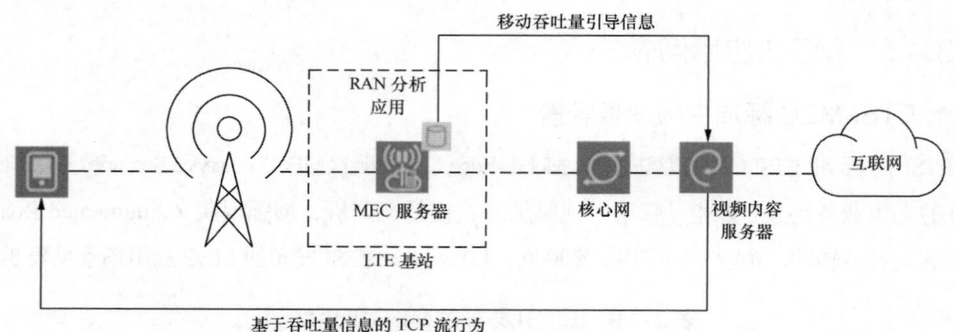

图3–46 智能（移动）视频加速示意

（2）视频流分析业务场景

目前，视频监控业务需要把视频流上传至服务器处理或者在摄像机所在地进行处理。与在 MEC 服务器上处理视频流提取重要数据相比，这两种方式的成本都比较高、效率比较低。

视频流分析示意如图 3-47 所示。图 3-47 使用 MEC 服务器对视频流进行分析处理，无须再在摄像机所在地进行处理，特别是在部署大量摄像机的情况下，可以使部署更灵活，成本更低。此外，使用 MEC 服务器处理视频流提取重要数据（事件、元数据、视频片段）上报，可以减少需要经由核心网上传至云端的视频流数据量。

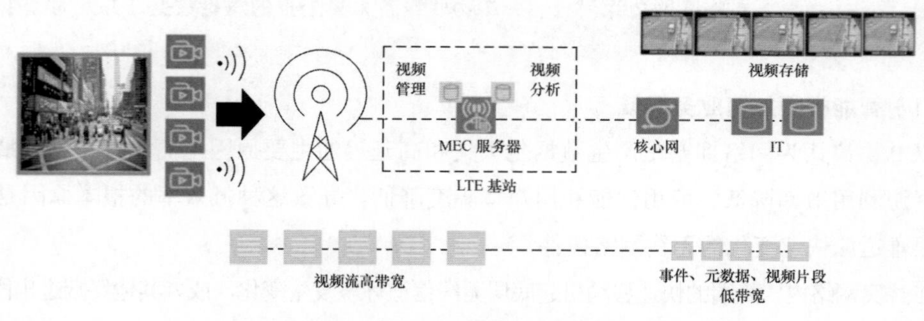

图3–47 视频流分析示意

（3）增强现实（AR）业务场景

AR 将真实世界信息和虚拟世界信息进行无缝集成，通过把虚拟信息仿真叠加到真实世界，能使用户达到超越现实的感官体验。AR 有着广阔的应用场景，例如，博物馆、美术馆等。

当用户在游览景点时，增强现实服务需要相关应用来对摄像机输出视频信息和精确位置信息进行综合分析，以便实时为用户提供额外叠加的（虚拟）信息。该应用采取定位技术或通过摄像机视角或综合两者来实时感知用户的位置和朝向信息，并且当用户运动时需要实时更新相关信息。

增强现实信息相对于云端服务器是高度本地化的，MEC 服务器在分析用户的位置和朝向信息方面的实时性更高，因此在增强现实服务中使用 MEC 服务器能最大限度地减小增强现实信息时延、提高数据处理速率，具有很大的优势。增强现实示意如图 3-48 所示。

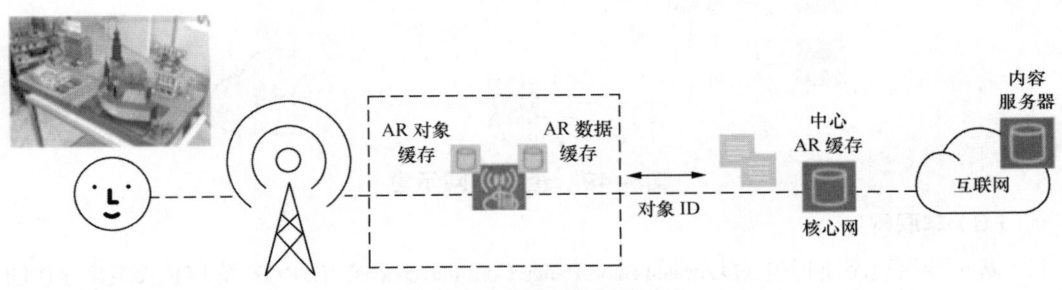

图3-48　增强现实示意

（4）密集计算辅助

为使终端设备或传感器的购建成本做到尽可能低、持续工作时间尽可能长，就必须降低终端设备或传感器的计算性能。因此需要把原本由终端设备完成的密集计算和决策卸载到网络侧，由计算性能较高的服务器来完成，从而降低终端设备或传感器的计算能力需求，改善电池性能，提高整体性能。计算卸载要求对应用进行重新设计，除了必须在终端设备完成的功能之外，应用的其他部分功能可以卸载到网络侧。

MEC 服务器部署在网络边缘，具备高计算性能，可以在短时间内完成终端设备卸载到网络侧的密集计算，并将结果返回给终端设备。另外，MEC 服务器在同时接收各种数据源信息的基础上往往可以得出更有意义的计算结果。

（5）企业专网部署 MEC

在企业办公环境里，不能移动的桌面电脑正在被智能手机、平板电脑和笔记本电脑等便携式移动终端取代，同时企业的业务也正转向由云平台来提供。为方便员工进行移动（云）办公，企业允许员工自带设备接入企业的专用网络。而对于移动运营商来说，在小基站和企业无线局域网（Wireless Local Area Network，WLAN）之间提供无缝的统一通信服务是重要的市场机遇。

企业专网服务场景通过把MEC平台与企业网络集成在一起，员工可以直接通过移动设备（例如，智能手机、平板电脑）访问企业网，而不再需要固网通信（例如，固话和五类线局域网）。在这种基于MEC的企业移动网络组网范式中，企业IT部门与移动运营商在业务分发策略方面密切协作，需对用户面进行流量路由（在运营商小基站网络与企业内部WLAN网络之间智能选择），对企业的各级员工和客户进行接入控制（为不同等级的用户提供差异化服务）、对员工自带设备进行高效管理、对新业务/新员工的接入做出高效配置等。企业专网示意如图3-49所示。

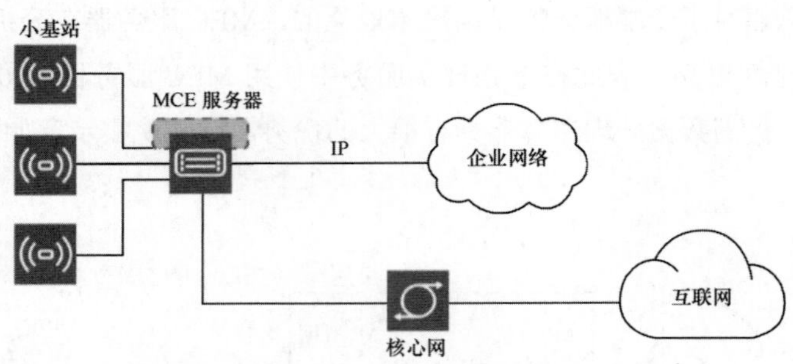

图3–49 企业专网示意

（6）车联网

基于专用短距离通信（Dedicated Short Range Communications，DSRC）及LTE长距离连接的联网汽车数量正在不断增长。车辆和道路传感器之间交换重要的安全和运行信息，提高交通系统的安全性、效率及便捷度。LTE能够满足车辆之间长距离、低时延通信的需求，并为安全系统提供实时消息传递（时延小于100ms）。而在部署DSRC的地方，LTE可以作为DSRC的补充。

车联网的数据传送量将不断增加，对于时延的要求也越来越高。显然把所有的数据传送到远端的集中部署的车联网云进行处理，目前这样的需求暂时无法满足。

把MEC应用于车联网，就可以把车联网云从远端拉近到分布式部署的移动通信基站。MEC服务器部署在基站、小基站甚至汇聚站点，运行MEC应用为车辆提供各种车联网功能。MEC可使数据及应用就近存储于距离车辆较近的位置，减少数据传输压力，从而可减小延迟/时延。

车联网示意如图3-50所示，图3-50给出了使用MEC来为车联网提供服务的场景。MEC应用直接从车载应用及道路传感器实时接收本地化的数据，然后进行分析并将结论（例如，危害报警信息）以极低时延传送给临近服务区域内的其他联网车辆，整个过程可在毫秒级别的时间内完成，使驾驶员可以及时做出决策。

（7）物联网网关服务场景

随着物联网的发展，“海”量物联网设备需要联网，而这些设备所产生的“海”量数据需要很大的处理及存储容量。物联网网关部署在连接物联网终端设备的感知网络和传统通信网络之间，以极低的时延来管理不同的协议、消息的分析和决策等。

MEC 服务器为物联网网关提供额外的计算能力和存储能力可以应用在业务的聚合和分发、终端设备消息的分析、基于分析结果的决策逻辑、数据库的日志记录、终端设备的远程配置和接入控制 5 个方面。物联网示意如图 3-51 所示。

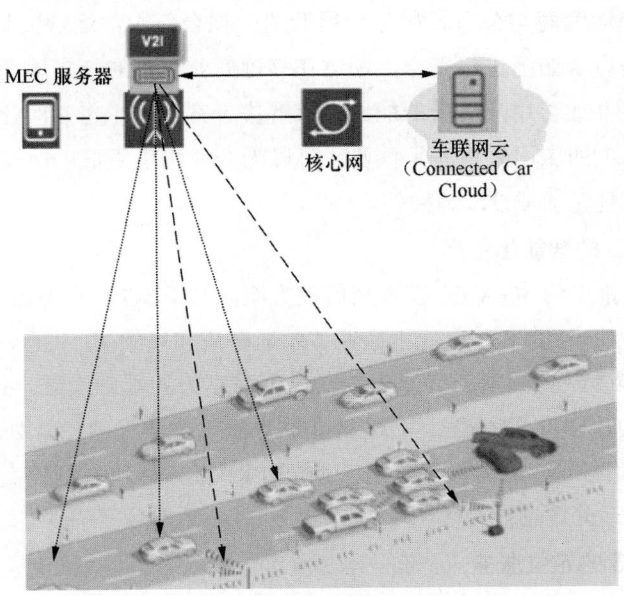

图3–50　车联网示意

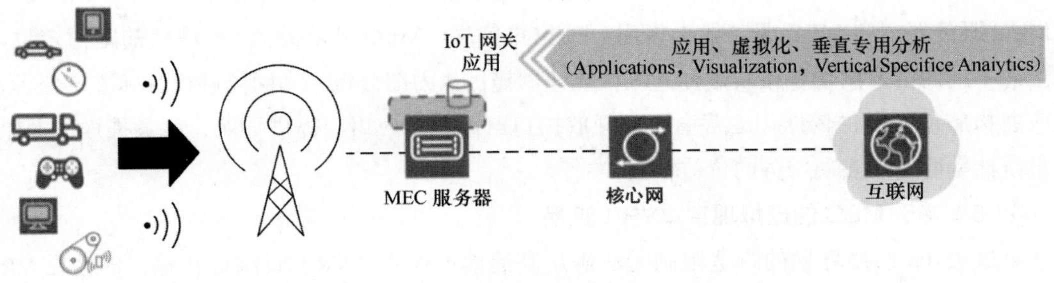

图3–51　物联网示意

2. MEC 应用案例

（1）基于 MEC 的现场视频直播

在 2016 年上海举办的 F1 比赛中，国内的一家基础运营商和厂商联手在 F1 赛场内利用 MEC 技术提供本地赛事的 16 路多角度高清视频直播。厂商提供的开放式边缘服务器（即 MEC 平台）部署在小站控制器汇聚节点。直播视频业务流绕过核心网，直接由 MEC 平台分流至本地网络，现场观众可以通过 MEC 平台直接访问本地网络。在本案例中，运营商分别测试 MEC 视频直播和传统视频直播的传输时延，前者的时延可降至 500ms，几乎达到实时传输水平，而后者的时延大于 7s。本地分流使用户能够通过 MEC 平台直接访问本地网络，降低了回传带宽消耗和业务访问时延，提升了用户的应用体验。

（2）基于 MEC 的公有云服务

在国外某电信运营商与公有云服务商展开的一项合作中，运营商将其 5G 网络的网络边缘计算功能与公有云服务进行整合，通过在靠近商业站点的特定地理位置部署高级云服务来大幅缩短延迟并改善用户体验的能力。该解决方案对于零售、医疗、公共安全、娱乐和制造等行业和 IoT 的应用来说非常重要，可以为企业提供更低的时延、更高的计算能力以及网络路由，并且无须铺设本地硬件。

（3）基于 MEC 的智能化生产

国内某公有云推出的 5G MEC 新零售解决方案，基于 5G 热点覆盖，将视频通过稳定、可靠的链路回传，并借助 MEC 实现视频业务本地分流和视频 AI 本地分析，有效降低了带宽负载和云中心压力，为高效、智能化生产提供强有力的基础设施。该解决方案在 MEC 基础之上建立起 OT 与 IT 的桥梁，实现宽窄带一体化的数据通信及处理，在边缘侧搭载 LTE 智能终端工位机和 AI 能力，对接工厂 MES/ERP 系统，可有效提高工人绩效、管控质量及检测效率，实现降本增效。

（4）基于 MEC 的定位服务

某国内厂商联合基础运营商在北京、上海两地的多个大型商场中部署了基于 MEC 的定位服务。以上海太茂广场为例，运营商配置若干小区，并部署多套小基站，BBU 接入 MEC 服务器，向 MEC 服务器上报用户的位置信息，MEC 可以提供 5m 精度的室内定位，按照不同商铺、商场各楼层进行人流量统计，提供热力图分析，为商场进行目标客户分析、应急措施部署提供依据。运营商还可开放接口至第三方应用，提供导航、服务推送、人流量统计等服务，实现服务的价值增值。

（5）基于 MEC 的虚拟现实（VR）直播

过去 4G 网络环境的带宽限制无法满足高清虚拟现实（VR）直播的传输，即使在 VR 摄像机拥有超清 VR 视频采集和直播能力的情况下，用户终端的观看体验仍然欠佳，导致 VR 直播业务发展缓慢。国内某直播平台基于 MEC，把渲染、加解密、大规模计算、机器学习等从云或端迁移到云边缘，发挥 5G 网络的高带宽、低时延特性，解决了此前 VR 直播遇到的瓶颈，充分发挥了 5G 优势，凸显了 5G 网络的价值。

3.4.6 MEC 安全问题

MEC 服务器需要在地理位置上靠近用户，通常部署在接入网机房。对于运营商的网络，核心网机房处于相对封闭的环境，受运营商管理控制，核心网机房的（物理）安全性有一定的保证，而接入网相对更容易被用户接触，处于相对不安全的物理环境，运营商管理控制能力减弱，导致 MEC 平台和 MEC 应用可能遭到攻击者非授权访问，进而攻击核心网，造成敏感数据泄露、分布式拒绝服务（Distributed Denial of Service，DDoS）攻击等，而且物理设备也可能遭受物理攻击。

1. MEC 安全威胁

（1）基础设施安全威胁

MEC 基础设施与云计算基础设施的安全威胁类似：攻击者可以近距离接触硬件基础设施（部分运营商进入机房仍然无门禁、无监控），对其进行物理攻击；攻击者可以非法访问物理服务器的 I/O 接口，获得敏感信息；攻击者可以篡改镜像，利用 HostOS 或虚拟化软件漏洞攻击 HostOS，或利用 GuestOS 漏洞攻击 MEC 平台或者 MEC 应用所在的虚拟机或容器，从而实现对 MEC 平台和 / 或者 MEC 应用的攻击。

（2）MEC 平台安全威胁

MEC 平台存在木马、病毒攻击；MEC 平台和 MEC 应用在通信时，传输数据被篡改、拦截、重放；攻击者可通过恶意 MEC 应用对 MEC 平台发起非授权访问，导致敏感数据泄露或 DDoS 攻击等；当 MEC 平台以 VNF 或容器方式部署时，VNF 或容器的安全问题（例如，VNF 分组被篡改、镜像被篡改等）也会影响 MEC 平台。

（3）MEC 应用安全威胁

MEC 应用存在木马、病毒攻击；MEC 应用和 MEC 平台在通信时，传输数据被篡改、拦截、重放；恶意用户或恶意 MEC 应用可非法访问合法的 MEC 应用，导致敏感数据泄露、DDoS 攻击等；当 MEC 应用以 VNF 或容器方式部署时，VNF 或容器的安全问题（例如，VNF 分组被篡改、镜像被篡改等）也会影响 MEC 应用。另外，在 MEC 应用的生命周期中，MEC 应用可能被非法创建、删除、更新等。

（4）MEC 编排和管理系统威胁

MEC 编排和管理系统的网元存在被木马、病毒攻击的可能；编排和管理系统的网元的相关接口上传输的数据被篡改、拦截和重放等；攻击者可通过大量恶意终端的 UE 应用，不断地向用户生命周期管理代理发送请求，实现 MEC 平台上的属于该终端的 MEC 应用的加载、实例化、终止等，对 MEC 编排器造成 DDoS 攻击。

（5）数据平面网关安全威胁

数据平面存在木马、病毒攻击；攻击者近距离接触数据网关，获取敏感数据或篡改数据网管配置，进一步攻击核心网；数据平面网关与 MEC 平台之间传输的数据被篡改、拦截和重放等。

2. MEC 安全防护

移动边缘计算的安全防护应该包含以下要求（MEC 特有安全防范 + 传统安全防范）。

（1）基础设施安全防护

在物理基础设施安全方面，应通过加锁、人员管理等保证物理环境安全，并对服务器的 I/O 进行访问控制。在条件允许时，可使用可信计算保证物理服务器的安全；在虚拟基础设施安全方面，应对 HostOS、虚拟化软件、GuestOS 进行安全加固，防止镜像被篡改，并提供虚拟网络隔离和数据安全机制。当部署容器时，还应考虑容器的安全，包括容器之间的隔离，容器使用 root（根）权限的限制等。

（2）MEC 平台安全防护

MEC 平台与其他实体之间通信应进行相互认证，并对传输的数据进行机密性和完整性、防重放保护；调用 MEC 平台的 API 应进行认证和授权；MEC 平台应进行安全加固，实现最小化原则，关闭所有不必要的端口和服务；MEC 平台的敏感数据（例如，用户的位置信息、无线网络的信息等）应进行安全存储，禁止非授权访问。MEC 平台还应该具备 DDoS 防护等功能。

（3）MEC 应用安全防护

MEC 应用安全防护包括生命周期安全、用户访问控制、安全加固、DDoS 防护和敏感数据安全保护，实现只有合法的 MEC 应用才能够上线，合法的用户才能够访问 MEC 应用。MEC 应用安全防护具体包括 MEC 应用加载、实例化以及更新、删除等生命周期管理操作应被授权后执行；应对用户的访问进行认证和授权；MEC 应用应进行安全加固；应对 MEC 应用的敏感数据进行安全的存储，防止非授权访问；MEC 应用占用的虚拟资源应有限制，防止恶意的移动边缘应用故意占用其他应用的虚拟化资源；MEC 应用释放资源后，应对所释放的资源进行清零处理。

（4）数据面网关安全防护

数据面网关安全防护包括数据面网关的安全加固、接口安全、敏感数据保护以及物理接触攻击防护，使用户数据能够按照分流策略进行正确的转发。数据面网关安全防护具体包括数据面与 MEP 之间、数据面与交互的核心网网元之间应进行相互认证；应对数据面与 MEP 之间的接口、数据面与交互的核心网网元之间的接口上的通信内容进行机密性、完整性和防重放的保护；应对数据面上的敏感信息（例如，分流策略）进行安全保护；数据面是核心网的数据转发功能网元，从核心网下沉到接入网，应防止攻击者篡改数据面网元的配置数据、读取敏感信息等。

（5）MEC 编排和管理安全防护

MEC 编排和管理安全防护包括接口安全、API 调用安全、数据安全和 MEC 编排和管理网元安全加固，实现对资源的安全编排和管理。MEC 编排和管理安全防护具体包括编排和管理网元的操作系统和数据库应支持安全加固；应防止网元上的敏感数据泄露，确保数据内容无法被未经授权的实体或个人获取；编排和管理系统网元之间的通信、与其他系统之间的通信应进行相互认证，并建立安全通道；如果需要远程登录移动边缘编排和管理系统网元，应使用 SSHv2 等安全协议登录进行操作维护。

（6）管理安全防护

管理安全防护与传统网络的安全管理一样，包括账号和口令的安全、授权、日志的安全等，保证只有授权的用户才能执行操作。

（7）组网安全防护

组网安全防护与传统的组网安全原则相同，包括三平面的安全隔离、安全域的划分和安全隔离。组网安全防护具体包括应该实现管理、业务和存储三平面的流量安全隔离；在网络部署时，应通过划分不同的虚拟局域网（Virtual Local Area Network，VLAN）网段等实现不同安全域之间的逻辑隔离或者使用物理隔离的方式来实现不同安全级别的安全域之间的安全隔离，保证安全风险不在业务、数据和管理层面之间、安全域之间扩散。

3.4.7 MEC 硬件问题

为满足 5G 时代丰富的业务需求、提供极致的用户体验，需要在边缘计算节点部署 MEC 主机为用户实时处理数据，实现业务的灵活接入。但是边缘计算节点通常选择运营商网络边缘的传输接入机房，与核心数据机房相比，这种方式的条件较为恶劣，给 MEC 主机部署带来以下挑战。

（1）机架空间限制

边缘机房机架深度多为 600mm~800mm，远小于数据中心的 1200mm 的机架深度，通用服务器在这样的空间里无法安装。

（2）机房温度限制

边缘机房制冷系统的稳定性无法得到有效保证，在制冷系统故障时，机房温度可能会高达 45℃以上，通用服务器并不具备电信设备的温度适应能力。

（3）机房承重限制

边缘机房普遍低于数据中心的承重标准，影响服务器的部署密度。

此外，部署于边缘机房的服务器还面临抗震要求高、机房空气质量差等挑战。

通过对边缘机房进行改造或者新建机房来适配通用服务器带来的问题是，边缘机房数量多、差异大，导致改造成本高，而边缘计算的业务特点又限制了新建机房选址的灵活性。相应地对服务器进行定制化来适配边缘机房是更为可取的方案，于是便有了基础运营商主导、主流供应商参与其中的开放电信工厂基础设施（Open Telecom IT Infrastructure，OTII）项目。

1. 边缘计算定制服务器

（1）OTII 项目及其目标

2017 年 11 月，中国移动联合中国电信、中国联通、中国信息通信研究院、英特尔等公司在开放数据中心委员会（Open Data Center Committee，ODCC）共同发起面向电信应用的 OTII。目前，已经有超过 20 家的传统电信设备、服务器、部件、固件、管理系统等领域的主流供应商（包括华为、浪潮、联想、曙光、烽火、新华三等）积极支持 OTII 项目。OTII 项目发起单位和参与单位如图 3-52 所示。

联合发起单位

目前参与单位

图3-52　OTII项目发起单位和参与单位

OTII 项目的主要目标是形成运营商行业面向电信应用的深度定制、开放标准、统一规范的服务器技术方案及原型产品，从而满足运营商核心网与接入网络云化以及 MEC 的业务需求。

（2）OTII 服务器需求和挑战

通常，运营商机房接入（包括汇聚机房、综合接入机房、基站等）分省、地市、区县等多个层级，每个层级承载不同的网络及边缘业务。例如，核心网用户面网元多部署在地市机房，无线接入网 RAN-CU 功能虚拟化优先选择在区县机房，而 MEC 业务则覆盖区县、接入等各类机房。

不同的业务由于负载特征不同，对硬件平台提出不同的技术需求。例如，服务器性能需求、时钟同步精度要求、异构计算要求等。但是在开放的网络及边缘产业链中，硬件平台应尽量采用统一的设计和部件选型，以减少多个 VIM 平台和 VNF 业务的适配工作。

边缘机房与核心数据中心相比条件较为特殊，很多方面无法满足常规通用服务器的部署及运行要求。例如，机架空间限制、环境温度稳定性、机房承重限制。另外，边缘机房还面临抗震要求较高、机房空气质量欠佳等挑战。改造机房来适应现有服务器的难度较大，对服务器进行定制设计是更为可取的方案。

此外，OTII 边缘服务器承载网络及边缘业务，并分散部署在大量的边缘机房，因此需要有强大的管理运维能力，例如，统一管理接口、运维高效、故障诊断及自愈。

（3）OTII 服务器技术方案

OTII 项目确定的初步技术方案包括以下 3 个方面。

① 配置规格及关键部件

- **配置规格方面：**核心网控制面网元对 CPU、内存需求较高，同时机房环境相对较好，宜采用主流两路服务器；对于用户面网元、RAN 侧网元、MEC 等下沉到边缘的应用，负载以网络流量转发为主，从功耗、空间和性能需求等方面考虑，倾向于单路低功耗方案，例如，采用英特尔至强 D 等 SoC 方案。
- **主板设计方面：**对于两路 CPU 的配置，将采用 NUMA Balance 设计，以满足多 PCIe 设备应用场景下的性能及稳定性。
- **部件规格方面：**一是对网卡的性能、兼容性等有较高的要求，可能需要推动 25G、100G 网卡的应用以及生态的不断完善，同时加强对部件的选型要求或者形成比较严格的认证部件列表；二是对于网卡加速功能要求比较迫切，需要将部分功能卸载至网卡，以提高网络处理速度并降低 CPU 负载，具体功能包括网络转发、IPSec、DPI 和 HQoS 等。

② 物理形态、供电及环境适应性

OTII 边缘服务器不但需要适应边缘机房的环境，还需要满足各类边缘业务在边缘机房的交付、部署与本地运维需求。

- **环境适应性：**为适应边缘数据中心的空间限制和机架深度，服务器的深度推荐不超过 470mm，最多不超过 500mm；边缘数据中心的功率和承重能力有限，对服务器密度要求不高，一般计算型服务器采用 2U 高度即可，存储型服务器可进一步放宽；部分边缘应用场景可能需要服务器支持在更大的温度范围（−5℃ ~45℃）内运行，并可能需要满足 B 级电磁兼容性（Electromagetic Compatibility，EMC）、抗震等需求。
- **维护便利性：**服务器开关、指示灯、硬盘、线缆等采用应用前维护，以提高维护效率，减少对机架后方空间的要求；服务器风扇能够支持热插拔，保证在线清理或更换。

③ BIOS、BMC 及硬件管理

OTII 项目将与服务器、基板管理控制器（Basebord Management Controller，BMC）及防火墙厂商合作，开发统一的服务器硬件监控、远程管理功能，使上层管理平台能够无差别地与不同供应商、不同配置规格的服务器对接。

（4）OTII 服务器各项指标

目前，首款 OTII 深度定制服务器参考设计原型机已经推出。原型机在配置规格、硬件设计和管理维护等方面的技术要求为470mm（深度）×434mm（宽度）×87mm（高度）的机箱尺寸，与运营商用到的接入交换机等设备规格相同，适应边缘机房的空间、供电条件，能够在45℃的环境中持续工作，具备更好的耐腐蚀、抗潮湿特性，以满足恶劣边缘环境的要求。在配置方面也具备较强的可扩展性，以单路设计为例，原型机最多可支持18核的处理器，512G内存，具备8个2.5寸盘位，并预留3个PCIe插槽。

与通用服务器相比，OTII服务器面向5G和边缘计算等场景进行定制，从而实现能耗更低、温度适应性更大、运维管理更加方便，增加选址新建机房灵活性的目的。OTII原型机与通用机架式服务器比较见表3-20。

表3-20　OTII原型机与通用机架式服务器比较

比较内容	机架式服务器（一般情况）	OTII 边缘服务器原型机
深度	＞700mm	≤ 470mm
功耗	约300W	约200W
运维方式	前、后均可维护	前维护（风扇、电源等）
风扇设计	机箱中部	机箱后部、热插拔
适应温度	10℃ ~35℃	长期5℃ ~40℃ 短期 -5℃ ~45℃

2. MEC服务器硬件加速

MEC硬件普遍采用x86服务器，而x86服务器对于特定的业务需求处理性能低下，导致性价比低，无法满足5G场景的商用部署要求。因此需要考虑针对不同的业务采用不同的软硬件加速方案。

- **计算密集型业务。**例如，5G CU分组数据汇聚协议（Packet Data Convergence Protocol，PDCP）的空口加解密处理、MEC定位算法对CPU计算能力要求很高，需要采用专用硬件进行加速。
- **流量转发型业务。**例如，5G UPF/GW-U、MEC本地分流以及CDN、宽带接入服务器（Broadband Remote Access Server，BRAS）等业务对网络转发能力要求很高，需要对数据转发的软件和硬件加速。
- **视频相关类业务。**例如，VR/AR、视频直播等业务需要对视频渲染、转码进行硬件加速。
- **人工智能类业务。**例如，AI领域涉及的训练、推理操作需要引入GPU进行硬件加速。

目前的解决方法是采用各种专用硬件加速方案。例如，使用FPGA对GPRS隧道协议等业务加速，使用GPU对视频音频业务加速，使用英特尔快速辅助技术（Quick Assist Technology，QAT）对加解密加速，特别是采用智能网卡硬件对5G用户面UPF加速，将大部分流量从CPU卸载到智能网卡上，以获得更高的转发性能。

参考文献

[1] 3GPP TS 23. 501 V16. 1. 0 Release 16. Technical Specification Group Services and System Aspects; System Architecture for the 5G System; Stage 2, 2019. 6.

[2] 3GPP TS 23. 503 V16. 1. 0 Release 16. Technical Specification Group Services and System Aspects; Policy and Charging Control Framework for the 5G System; Stage 2, 2019. 6.

[3] 3GPP TS 28. 551 V15. 2. 0 Release 15. Technical Specification Group Services and System Aspects; Management and orchestration of networks and network slicing; Performance Management (PM); Stage 2 and stage 3, 2018. 9

[4] ETSI GS MEC 003 V2. 1. 1. Multi-access Edge Computing (MEC); Framework and Reference Architecture, 2019. 1.

[5] ETSI White Paper No. 28. MEC in 5G networks. 2018. 6

[6] ETSI GR MEC 017 V1. 1. 1. Mobile Edge Computing (MEC); Deployment of Mobile Edge Computing in an NFV environment, 2018. 2.

[7] ETSI GS NFV 002 V1. 2. 1. Network functions virtualization (NFV); architectural framework: GS NFV 002. 2014. 12

[8] 陈天，陈楠，李阳春，樊勇兵．边缘计算核心技术辨析．广东通信技术 [J]．2018（12）．

[9] 安星硕，曹桂兴，苗莉，任术波，林福宏．智慧边缘计算安全综述．电信科学 [J]．2018（7）．

[10] 李子姝，谢人超，孙礼，黄韬．移动边缘计算综述．电信科学 [J]．2008（1）．

导读

建设 5G 网络的最终目的是通过业务运营获取利润，因此需要研究 5G 能够提供的主要业务。各运营商、主流厂商、相关研究机构纷纷发布 5G 业务白皮书，从不同的维度归纳总结 5G 主要的应用场景。本章基于 3GPP 的相关技术研究，对 eMBB、大规模物联网（Massive Internet of Things，mIoT）、关键通信（Critical Communications，CC）、增强的车辆对外界的信息交换（enhancement of 3GPP Support for 5G V2X Service，eV2X）等业务进行了基本的描述，包括业务场景概述、基本要求、流程及性能要求。产业链各方可以基于 5G 网络能够提供的基本业务，深入研究垂直领域应用的解决方案，在 5G 网络建设环节中实现自身价值。

●• 4.1 概述

根据 ITU 的规划，5G 有三大应用场景：eMBB（增强移动宽带）、uRLLC（超高可靠低时延通信）和 mMTC（海量机器类通信）。3GPP 于 2017 年 12 月发布的基于 NSA 架构的 5G Release15 主要针对 eMBB 场景；2018 年 6 月发布的基于 SA 架构的 5G Release15 支持 eMBB 及 uRLLC 的基本版本；2018 年 6 月启动的 5G Release16 标准编制支持完整的 uRLLC 场景及 mMTC 场景。

5G 的三大应用场景如图 4-1 所示。

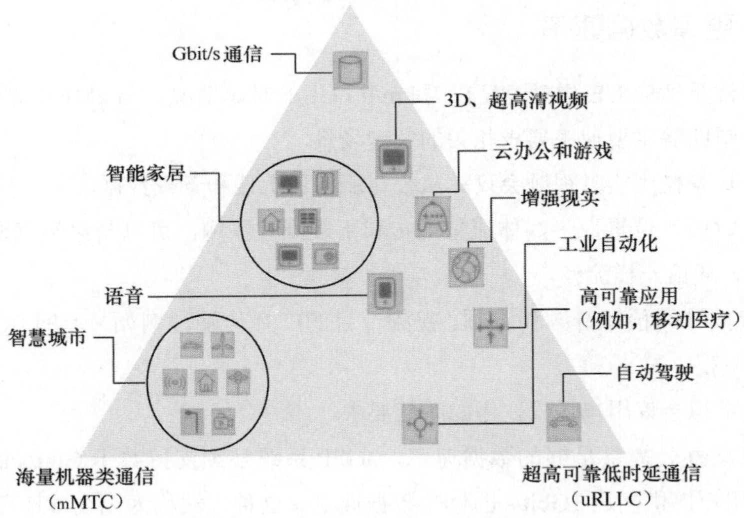

图4-1　5G的三大应用场景

基于 3GPP 相关技术研究，5G 主要应用场景及可支持的主要业务包括 eMBB、mIoT、CC 和 eV2X。3GPP eMBB 对应 ITU eMBB；3GPP mIoT 基本对应 ITU mMTC；3GPP CC 和 eV2X 基本对应 ITU uRLLC。

华为在"5G 时代十大应用场景白皮书"中，按照应用与 5G 技术相关度排序，探讨了最能体现 5G 能力的十大应用场景：云 VR/AR、车联网、智能制造、智慧能源、无线医疗、无线家庭娱乐、联网无人机、社交网络、个人 AI 辅助和智慧城市。

中国信息通信研究院、IMT-2020（5G）推进组和 5G 应用产业方阵共同发布的"5G 应用创新发展白皮书——2019 年第二届绽放杯 5G 应用征集大赛洞察"中，建立了 5G 应用评估体系，即能力成熟度市场前景（Capability Maturity Market，CMM）模型，通过5G能力要求（Capability）、成熟度（Maturity）、市场前景（Market）3个角度对具体应用进行评估，一方面分析不同应用的5G相关性，另一方面评价发展进度和判断未来发展空间。根据5G应用评估体系（CMM模型），筛选出5G十大先锋应用领域：VR/AR、超高清视频、无人机、车联网、工业互联网、智能电网、智慧医疗、智慧教育、智慧金融、智慧城市。

由此可见，各方从不同的维度出发，得出的5G主要应用领域虽然大体相同，但也略有区别。产业链各方应基于3GPP基本的技术研究，结合自身需求，建立相应的评估体系，探索契合自己的5G应用场景，在产业链中站稳脚跟，充分享受5G带来的红利。

4.2 eMBB

eMBB主要满足以下几个系列的业务需求。

4.2.1 更高数据速率

该系列专注于适应UE相对速度在10km/h以内的时延情况，与eMBB峰值速率、体验速率、上下行链路等主要速率要求相关的关键场景。

（1）办公场景使用实时视频会议、从公司服务器上传和下载数据。

（2）不分时段、位置，多媒体流量上传和下载到互联网，可以与终端直通（Device-to-Device，D2D）通信一样流畅。

（3）支持按时间预订音频和音频/视频节目的广播传输。例如，具有3GPP设备性能的4K超高清电视。

（4）满足虚拟会议用户场景，考虑时延要求。

（5）为在家办公提供足够的数据速率，3GPP系统必须支持数十Gbit/s的峰值数据速率，并为住宅用户提供高达1Gbit/s的体验数据速率。这种方法称为无线本地环路（Wireless Local Loop，WLL）。其中，最后一公里是无线传送的。

4.2.2 更高密度

该系列包括UE相对速度达到60km/h（例如，行人或用户在城市驾驶车辆的速度）时，传输各区域的大量数据流量（流量密度）或传输大量连接数据（设备密度或连接密度）情况下的系统要求。

（1）在办公场景中，用户在室内频繁地从公司的服务器上传和下载数据，并使用交互式应用程序，例如，与同事进行实时视频通信。

（2）在用户高度密集的场景中，不分时段、位置，都可以提供大量的容量较高的多媒体流量上传和下载。用户可以在室内也可以在室外，当用户在室内时，可以是静止或走动的；当用户在室外时，可以缓慢地行驶至 60km/h。

（3）即使终端进入交通密集的地区，也可以提供不同的移动宽带方案。

4.2.3 部署与覆盖范围

考虑到类似室内 / 室外、局域连接、广域连接等部署和覆盖情况的系统要求，该系列包括 UE 的相对速度可以达到 120km/h。

1. 小区域连接

小区域连接包括期望用户及其服务节点在室内部署的一种办公场景，每个服务节点的覆盖区域很小。在教育环境中，虚拟临场可以让学生远程与他们的同学和老师进行 360° 实时视频通信。在办公室，用户可以进行实时视频会议，并频繁地从公司的服务器上传和下载大小不同的数据，这些数据可能达到 TB 级的数据量。

2. 广域连接

作为移动通信的基本场景，无缝广域覆盖场景旨在为用户提供无缝服务。未来，移动云办公，移动云教室，在线游戏 / 视频，增强现实等移动宽带业务将变得越来越受欢迎，人们期望提供无缝广域覆盖的移动宽带业务。

基于卫星的接入是基于地面的接入网络的一种补充方式，以确保无处不在的 100% 地理覆盖。对于在某些情况下无法部署基于地面的接入网络的地理区域更是如此，例如，海事服务、湖泊、岛屿、山脉或其他只能由卫星覆盖的区域。

3. 无线本地环路

为在家办公提供足够的数据速率，3GPP 系统必须支持数十 Gbit/s 的峰值数据速率，并为住宅用户提供高达 1Gbit/s 的体验数据速率。其中，最后一公里是无线传送的。

4. 低密度区域的极端覆盖范围

低密度区域的极端覆盖范围应支持在低密度区域（偏远农村地区）远距离为人类和机器提供宽带接入。假设低用户密度时的传播距离为 100 千米，覆盖范围极大的宏小区可以支持数据业务（固定设备可达 2Mbit/s，移动设备可达 384kbit/s）、语音业务和所有必要的控制信道。

4.2.4 更高的用户移动性

该系列专注于 UE 的相对速度高达 1000km/h 时与 eMBB 移动性要求相关的关键场景。

1. 快速行驶车辆中的增强移动宽带

该系列可以为车辆（速度高达200km/h）中的用户提供无缝增强移动宽带。例如，用户应用包括车载娱乐、互联网访问、即时和实时信息增强导航、安全和车辆诊断。

2. 高铁中的增强移动宽带

该系列可以为高铁（速度高达500km/h）中的用户提供无缝增强移动宽带。旅行时，乘客将使用高质量的移动互联网获取信息、互动、娱乐或工作。例如，观看高清电影、在线游戏、访问公司系统、与社交云交互或进行视频会议。

3. 高速飞行的飞机上的增强连接服务

该系列可以为高速飞行的飞机（速度高达1000km/h）内的用户提供无缝增强连接服务。飞机的航线高度可达12km，而直升机等其他飞行器通常会在较低的高度飞行。

在此业务场景中，目标用户体验关键绩效指标（Key Performance Indicator，KPI）和系统性能KPI见表4-1。

表4-1 目标用户体验KPI和系统性能KPI

业务场景	用户体验速率	连接密度	流量密度
时速500 km/h内的交通工具（汽车、高铁）中的移动宽带	下行：50Mbit/s 上行：25Mbit/s	2000/ km^2	下行： 100Gbit/s/km^2 上行： 50Gbit/s/km^2
时速高达1000km/h的飞机上的连接服务	下行：15Mbit/s 上行：7.5Mbit/s	每300 km^2 范围内有1架飞机时，每架飞机上平均有80个连接	下行：每架飞机1.2Gbit/s 上行：每架飞机600Mbit/s

4.2.5 数据速率变化很大的设备

该系列专注于UE具有多个交换少量数据和大量数据的应用时与eMBB要求相关的关键场景。

设备发送少量数据时，能够接收数据传输而无须冗长且信令密集的过程，从而避免对设备电池寿命的负面影响以及信令资源的浪费。

其他时候，设备需要发送或接收大量数据（例如，视频数据），可能需要为此而优化程序。

4.2.6 固定移动融合

如今，大量住宅或商业用户依靠固定宽带光纤到x（Fiber To The x，FTTx）/x数字用户线（x Digital Subscriber Line，xDSL）技术和移动宽带（Mobile Broadband，MBB）技术来

访问公共互联网和私人网络。用户应该能够以多种方式智能地组合固定和移动访问方式，以满足他们将来的需求。

当用户需要超高数据速率时，来自家庭或办公室中的设备的流量应该能够同时或单独地通过固定宽带和下一代无线网络发送 / 接收。3GPP 系统可以指定网络控制策略来管理固定宽带和下一代无线网络作为主要 / 次要接入类型，并且取决于应用的类型、时间、位置、用户类型、终端设备类型和网络状态。用户使用的流量可以是来自运营商提供的服务、客户自己的服务（例如，公司）或第三方服务。例如，通过互联网向用户提供的各种应用服务（Over The Top，OTT）。

除了单个运营商场景之外，该解决方案还应包括两个不同运营商的场景：运营商 A 提供固定接入；运营商 B 提供移动接入，二者共同为用户提供服务。

1. 业务场景 1—— 同时使用下一代无线网络和固定宽带接入

该业务场景允许固定宽带接入和下一代无线网络持续和同时使用，使最终数据速率接近固定和 5G 的速率之和（> 90%）。该功能仅在业务峰值时使用蜂窝接入，作为负载均衡机制，或作为运营商策略的补充。

2. 业务场景 2—— 5G 接入作为带宽提升

该业务场景允许按需使用下一代无线网络，为固定宽带接入提供带宽提升。用户可以根据应用类型、时间和 UE 类型触发带宽需求，允许用户控制费用并提升他们的用户体验质量。对于运营商而言，能够通过在特定时间段内提升动态和临时按需带宽来增加收入。用户应该能够通过智能手机应用 / 网页门户在线购买带宽提升服务。

3. 业务场景 3—— 5G 接入作为灾备方案

在固定宽带停止服务的情况下，使用下一代无线网络作为灾备方案。

4. 业务场景 4—— 5G 作为快速接入提供手段

在用户等待部署或激活其固定宽带期间，使用下一代无线网络快速提供服务。

5. 业务场景 5—— 对称带宽

该业务场景为最终用户提供与下行速率相同的上行速率。更快的上行链路速度可用于云服务、媒体应用、照片上传等。

4.2.7 家庭基站部署

5G 生态系统将包括宏站（Macrocells）、小基站（Picocells）、家庭基站（Femtocells）。

住宅和商业的Femtocells将在为最终用户提供5G服务方面发挥关键作用，并可提高系统的容量、密度、可用性。固定宽带技术（FTTx/xDSL）对于运营商为家庭基站部署提供回程功能是必不可少的。3GPP系统应该可以识别用户，做出关于接入类型的决定并在固定或移动接入上提供单组服务。

1. 业务场景1—— 统一的身份集

在这种业务场景下，运营商能够为单个用户管理统一的身份集，以便整合用户数据，从而允许跨固定和蜂窝接入网络的无缝接入，包括基于固定宽带的蜂窝接入。

2. 业务场景2—— 一致的策略集

在这种业务场景下，运营商可以为所有网络中的用户提供一致的策略集（例如，QoS和流量管理策略），包括基于固定宽带的蜂窝接入。

3. 业务场景3—— 访问单组服务

在这种业务场景下，当用户使用蜂窝、固定或基于固定宽带的蜂窝接入时，一旦运营商识别出用户，就可以授予该用户访问单组服务的权限，例如，增值服务（Value Added Service，VAS）、目录、内容优化，以及在恰当的时候访问本地服务。这有助于运营商整合服务，并为最终用户提供跨所有访问类型的服务一致性。

4. 业务场景4—— 访问局域网服务

当连接到客户端的小基站时，最终用户应能够访问局域网服务（例如，外围设备，内容服务器等）。

●• 4.3 mIoT

在3GPP TR 22.891研究的用例中，有一组具有大量特征和要求广泛的设备（例如，传感器、可穿戴设备等）用例。这组用例与新的垂直服务关系比较密切，例如，智能家居、智慧城市、智能设施、远程医疗、可穿戴设备等。

这组用例包括以下应用场景。

1. 物联网

物联网包括大量的传输非时间关键数据的设备，这些设备有的非常简单，有的非常复杂。物联网还需要考虑设备的安全性和设备配置的效率。

2. 可穿戴设备（个人局域网）

可穿戴设备由多种类型的设备和传感器组成。目前，可穿戴设备的使用已成为主流。这个场景系列具有一些共有属性，例如，复杂性较低、电池寿命较高、可靠性较高等。部分场景可能还需要较高的数据传输速率。

3. 传感器网络

传感器网络的智能服务将逐步普及。所有这些服务的聚合将导致高度密集、特征各异的设备在公共通信和互通框架中组合应用。根据具体的使用情况，可能需要具有电池寿命较长、复杂度较低特征的设备。

为整合对大规模物联网应用场景的潜在需求，确定了以下 3 个方面的关键特征。

（1）运营方面。

（2）连通性方面。

（3）资源效率方面。

4.3.1 运营方面

大规模物联网为 3GPP 系统引入了新的运营考虑因素。现有系统提供对物联网的一些支持，但是在运营方面存在不易改进之处，而这些不易改进之处可以在 5G 系统设计中解决。该系列包括适用于各种设备和服务的运营方面，涵盖了物联网的安全需求以及对网络服务器 / 应用程序和设备的支持，以便这些设备和服务之间相互识别、寻址和联系。

1. 轻量级设备配置

安装并激活非常简单的设备用于服务，例如，智能电表。它可以记录设备的用电量，提供最新的使用报告，允许客户利用全天时间进行评级节约的费用，并可以每月向电力公司提供一份完整的报告。

2. 可变数据大小

例如，在街角安装并激活录像机，录像机具有一定的在线处理功能，以及向交警发送信息的能力。在给定传输中，无论是发送少量数据还是大量数据，网络始终需要为设备提供有效的服务，而有效服务可以最大限度地减少对设备电池使用的负面影响，并最大限度地减少信令资源的消耗。

3. 物联网安全

预计未来，在运营商渠道之外，销售的设备可能不会预先配置运营商特定的订阅凭证。

如果最终用户购买尚未针对任何运营商进行预配置的支持 3GPP 的智能手环或其他设备。当设备尝试连接到 3GPP 网络时，应该存在通过 3GPP 网络获得设备适当的订阅凭证的机制，以便以预期的方式使用该设备。

4. 农业机械和租赁

农业机械越来越自动化。拖拉机、收割机、农作物装载机在密切协调下可以自动驾驶穿过农场。这种模式减少了对驾驶员的需求。农业机械可以报告各种传感器数据，以便农民可以远程监控农场，农业机械收集的数据有助于农民预测和制订种植计划。与智能手机相比，农业机械具有较长的使用寿命（大约 15 年），因此农业机械需要拥有在很长时间内保持相关性能或易于升级的技术。此外，农业机械经常被租赁，需要安装能够应对各种区域和迁移的柔性装置，并需要具有在不同运营商之间轻松切换的技术。

5. 一户多设备

当连接模块变得更便宜时，大多数东西将包括连接模块，属于一个用户的连接设备的数量也将随之增加。一个用户拥有的设备可以分为以下两组。

（1）互斥设备组

在这组设备中，最多可以同时激活一个设备。

（2）独立设备组

在这组设备中，每个设备可以独立于其他设备的连接状态独立连接到网络。

6. 多用户共用一设备

市场上已经出现了许多基于共享经济概念的企业，例如，汽车租赁服务。由于设备可以在人们之间共享，因此需要提供一种与设备连接的新模式以及防止未授权用户进行欺诈性访问的机制。

7. 服务提供商的连接支持

基于内容或服务提供商授权的连接控制可以服务于各种商业模型。内容或服务提供商可能愿意支付用于流量传递的任何类型的连接成本，而不需要用户使用特定的应用。另外，内容或服务提供商可能需要具备向移动运营商提供特定连接要求（例如，QoS）的能力。

通过开箱即用的连接方式可以进一步增强此业务场景。全球性设备制造商或服务提供商很难知道他们的设备和服务最终将在何时何地被部署和被激活。因此制造商和提供商将不能预先为设备提供特定的 PLMN 和 IoT 服务信息。在这种情况下，与其要求用户手动配置设备，不如设备制造商或服务提供商为设备付费，UE 就可以自动连接到网络。

当服务提供商为设备支付连接付费时，有必要防止用户欺诈性地使用所提供的连接。因此网络需要过滤掉除预期服务之外的流量。

8. 多供应商设备之间的通信

物联网应该确保不同域之间的可达性和可寻址性。在理想情况下，应该有一种简单/通用的方法来识别特定的设备，然后使用该标识符来访问和寻址设备，而与设备的连接方式无关。设备应该能够与其他设备通信，而无须进行任何中间适配。

另外，由于处理网际互联协议（Internet Protocol，IP）/IP 多媒体系统（IP Multimedia Subsystem，IMS）协议栈需要更多的处理能力，且通过无线接口会有更多的协议开销，导致设备可能不支持 IP 协议或者可能没有配备 IMS 客户端。因此应确保设备之间的通信效率，并阻止未经授权的消息传递。

当设备数量增加以及每个设备可以被不同用户使用时，用户应该可以容易且直观地寻址每个设备。

4.3.2 连通性方面

物联网将支持各种连接模型。设备可以直接与网络连接或使用其他设备作为中继 UE 与网络连接，或者可以同时使用两种类型的连接。这些设备可以是简单的可穿戴设备，例如，智能手表或嵌入衣服的一组传感器；比较复杂的生物识别可穿戴设备；在个人区域网络中通信的非可穿戴设备——一组家用电器。中继 UE 可以使用 3GPP 或非 3GPP（例如，WLAN、固定宽带接入）来接入网络。以下一个或多个连接模型将适用于任何设备。

连接场景可以支持 3GPP 和非 3GPP RAT，可以支持基于许可频段或未许可频段的 3GPP RAT。

连接场景还需要支持连接方案的各种组合，具体内容如下所述。

- 可以在直接 3GPP 连接和间接 3GPP 连接之间切换的设备。
- 可以在使用 3GPP RAT 间接连接和使用非 3GPP RAT 间接连接之间切换的设备。
- 仅支持直接连接的设备（例如，不支持 3GPP 连接）。
- 使用直接连接彼此通信的设备组，以及通过其中一个设备与网络的间接 3GPP 连接（例如，个人局域网、家庭办公网络）。

当个人局域网络设备（例如，佩戴多个智能可穿戴设备的人）处于间接 3GPP 连接模式时，可能会应用一些其他方案，具体内容如下所述。

- 中继设备（例如，智能手表）和中继 UE 可以属于相同 PLMN 的相同用户或不同用户。
- 在漫游案例中，中继设备（例如，智能手表）和中继 UE 可以具有与不同 PLMN 相关联的订阅。

在任何情况下，中继 UE 需要在建立 3GPP 连接之前确定设备被授权用于间接 3GPP 连接。在建立 3GPP 连接之前，还需要使用网络对设备进行鉴权。

在上述所有场景中，5G 的应用方面包括以下内容。

- 在使用直接设备连接和直接或间接 3GPP 连接的设备之间提供安全通信。
- 在选择连接模式和 RAT 时考虑 QoS。
- 支持所需的最终用户服务，包括实时语音和数据。
- 最大限度地降低设备的功耗。
- 支持漫游中继设备、中继 UE 接入漫游网络。
- 支持中继 UE 连接多个中继设备。
- 为在间接 3GPP 连接和直接 3GPP 连接之间切换的设备提供连续的服务。
- 为从一个间接 3GPP 连接切换到另一个间接 3GPP 连接的设备提供连续的服务。
- 确保使用直接设备连接或使用中继 UE 进行间接 3GPP 连接的设备都可被授权。
- 提供设备选择使用的 RAT（例如，3GPP RAT、非 3GPP RAT）的灵活性。

在每种连接模型中，使用不同类型的网络访问（3GPP RAT 和非 3GPP RAT）将提供不同类型的要求，具体内容如下所述。

- 某些要求将特定应用于通过 3GPP RAT 连接到 3GPP 系统的设备。
- 某些要求将特定应用于通过非 3GPP RAT 连接到 3GPP 系统的设备。
- 无论用于直接设备连接或 3GPP 连接的 RAT 如何，一般要求都将适用。

1. 直接 3GPP 连接模式

直接 3GPP 连接模式涵盖了两种情况：设备访问其归属网络时与设备漫游时。

当设备处于直接 3GPP 连接模式时，3GPP 系统应该支持实时服务，包括实时语音（至少 24.4kbit/s）和 / 或实时视频（至少 1Mbit/s），以及非实时服务（至少 1Mbit/s）。

2. 间接 3GPP 连接模式

在这种模式下，设备和中继 UE 属于相同的 PLMN 并且具有相同或不同的订阅。

对于在中继 UE 和中继设备之间使用 3GPP RAT 的情况，当设备处于间接 3GPP 连接模式时，3GPP 系统应该支持实时服务，包括实时语音（至少 24.4kbit/s）和 / 或实时视频（至少 1Mbit/s），以及非实时服务（至少 1Mbit/s）。

对于在中继 UE 和中继设备之间使用非 3GPP RAT 的情况，当设备处于间接 3GPP 连接模式时，3GPP 系统应该支持实时服务（例如，实时语音和 / 或实时视频）和非实时服务。

3. 漫游情况下间接 3GPP 连接模式

在这种模式下，设备和 / 或中继 UE 接入拜访网络（注：归属网络是指设备在签约地的网络，当设备漫游出签约地网络即是拜访网络，本模式强调的是漫游情况下接入拜访网络）具有两种情况：一种是设备接入网络；另一种是中继 UE 接入网络。另外，还有一种可能是设备和中继 UE 都处于漫游的情况。

漫游情况下间接 3GPP 连接模式支持实时服务（例如，实时语音和 / 或实时视频）和非实时服务。

4. 直接设备连接模式

在这种模式下，每个设备都具有相同或单独的订阅。

对于在中继 UE 和中继设备之间使用 3GPP RAT 的情况：当设备接近时，设备可以使用 3GPP RAT 的直接设备连接模式相互通信。设备支持非实时服务（至少 1Mbit/s），以便彼此通信。

对于在中继 UE 和中继设备之间使用非 3GPP RAT 的情况：当设备接近时，设备可以使用非 3GPP RAT 的直接设备连接模式相互通信。设备支持非实时服务，以便彼此通信。

5. 服务连续性

对于支持直接 3GPP 连接、间接 3GPP 连接或两者都支持的设备，都需要在以下情况下支持服务连续性。

（1）设备从直接 3GPP 连接变为间接 3GPP 连接模式。

（2）设备从间接 3GPP 连接变为直接 3GPP 连接模式。

（3）设备在间接 3GPP 连接模式中从一个中继 UE 改变到另一个中继 UE。

4.3.3 资源效率方面

虽然现有系统能够提供对物联网的一些支持，但是仍然有些不易改装到现有系统却可以在 5G 系统中提升资源利用效率的改进空间。与 5G 网络中的设备有效配置、部署和使用相关联的潜在服务和网络操作要求的一些基本原则包括批量开通、资源有效访问、设备的移动需求多样化等。

下一代网络需要设计得灵活、有弹性，并使其资源和能力适应正在执行的服务、应用程序的特定需求，以及访问这些服务的设备类型。

1. 批量开通

对于在给定覆盖区域中大量部署设备的物联网用例，需要一种可以通过验证设备而无须为各个设备配置标识符和共享密钥的方法。这种场景具有两个特征：给定部署中的设备很可能由同一个实体拥有；覆盖区域是有限的（例如，仓库、灾区等）。基于这两个特征，可以批量配置和验证设备，从而将它们视为具有许多附属物的单个设备。

IoT 设备的范围从简单、功能有限的设备到复杂、高端的计算平台。对于低端设备，并非所有设备都可以使用 IMS 并且可能不需要配备 IMS 客户端，但是由于传感器的部署配置仍然希望远程激活设备，可以使用轻量级配置机制来向此类设备提供配置信息。

2. 资源有效访问

IoT 设备需要与其他类型的 3GPP UE 完全不同的模式运营。首先，在大部分时间内，业务具有低数据吞吐量和低占空比，可能没有服务连续性的期望。设备之间的用户面流量可以直接点对点传输，不需要来自网络的响应。引入这些运营模式之后，提高了资源访问的效率。

3. 设备的移动需求多样化

大量的 IoT 设备是固定的（例如，智能停车计时器）或移动范围有限（例如，智能家用或办公设备）。一旦这些设备被激活，它们的位置可以保持不变，或在非常有限的区域内移动。对于这些设备，与 EPS 所需相比，有机会减少移动性管理资源的使用。5G 系统的设计应考虑到设备的不同移动性管理需求。

4. 设备对发现机制的支持

许多设备将实现彼此交互（例如，电子健康设备，可穿戴设备）。连接到 5G 网络的打印机是设备需要发现机制的明显用例。

在用户需要使用该打印机时，用户需要在能够使用之前发现打印机及其功能（除了任何超出此场景方案范围的授权机制）。该发现机制可以是通知模式（打印机在网络中直接显示自己的消息）或扫描模式（打印机对来自用户的请求做出反应）。

在通知模式中，打印机将每隔一段时间（例如，30 秒）向网络发送消息。这些消息包括设备是打印机、打印机的特性及接口的使用与连接情况等。这些消息必须由网络以有效的方式处理（例如，最小化信令，将消息转发到正确的用户组而不是整个网络）。

4.4 关键通信

3GPP 系统在满足关键通信要求方面不尽如人意的主要领域是时延、可靠性和可用性。通过改进的无线电接口、优化的架构以及专用的核心网和无线资源可以满足关键通信领域方面的要求。

4.4.1 更高可靠性和更低时延

“更高可靠性和更低时延”应用场景系列的关键特征是对系统可靠性和时延的高要求。在大多数情况下，数据速率是适中的，最重要的是，消息可以快速可靠地传输。

这种应用的一个典型领域是发电厂。发电厂的网络覆盖范围可能限于室内或室外的受限区域，并且通常只有授权用户和设备才能连接到该网络。网络切片可用于将业务与网络中的其他业务隔离，以允许额外的服务定制，并避免其他业务对需要“更高可靠性和更低时延”的服务产生负面影响。另一个潜在的领域是 VR，多人出席并在虚拟环境中彼此通信，或者学生可以远程与同学和老师进行实时 360° 视频通信。

无人机（无人驾驶飞行器）和地面车辆等设备的远程控制非常适合“更高可靠性和更低时延”，移动的设备必须能被快速可靠地控制。然而，当涉及人类操作员时，不需要超低时延，人类的反应速度有预期的延迟，如果要求来自通信网络的时延远低于设备操作员就没有意义。对于计算机控制的设备，更低的时延可能成为相关要求。传输控制和测量数据的数据速率不是很高，但如果车辆的操作依赖于视频传送，则所需的数据速率就会较高。车辆的驾驶员需要知道车辆的地理位置，在大多数情况下，地理位置只需要提供粗略方位、局部位置等，例如，依靠雷达的本地定位用于避免车辆之间碰撞。

据推测，云机器人将在未来广泛应用于工业和生活中，例如，每个家庭都有一个或几个连接到 3GPP 网络的云机器人。云机器人在帮助残疾人方面发挥着重要的作用，例如，云机器人可以帮助有特殊需要的学生，以及这些学生在与周围的人互动时。

1. 业务场景 1——工业工厂自动化

工业工厂自动化需要闭环控制应用。这种应用的例子是机器人制造、圆桌生产、机床、包装和印刷机器。在这些应用中，控制器与集成在制造单元（例如，10m×10m×3m）中的大量传感器和致动器（注：致动器是使设备运转的装置）（例如，多达 300 个）相互作用，传感器 / 致动器密度通常非常高。在工厂内，许多这样的制造单元必须紧密地靠在一起（例如，在汽车装配线生产中高达 100%）。

在闭环控制的应用中，控制器周期性地将指令提交给一组传感器 / 致动器设备，其在循环时间内返回响应。这些消息称为电报，它们的存储容量通常很小（<50B）。循环时间范围为 2ms ～ 20ms，设置了严格的电报转发时延限制（1ms ～ 10ms）。对等时电报（在工控专业中，实时通信的最高级别）传送的附加限制增加了对抖动的严格限制（10μs ～ 100μs）。传送必须满足严格的可靠性要求（$<10^{-9}$）。

为了满足闭环工厂自动化的严格要求，需要考虑以下因素。

- 对短程通信的限制。

- 使用控制器和致动器之间的直接设备连接。
- 用于闭环控制操作的许可频谱的分配。许可频谱可以进一步用作未许可频谱的补充，例如，增强可靠性。
- 为每个链路保留专用的空中接口资源。
- 结合多种分集技术，例如，频率、天线和各种形式的空间分集等，从而在严格的时延约束内接近高可靠性目标，例如，通过中继。
- 利用空中下载（Over-the-Air Technology，OAT）时间同步来满足等时操作的抖动约束。
- 工业工厂部署中使用的网络访问安全性由工厂所有者提供和管理，具有ID管理、身份验证、机密性和完整性。

典型的工业闭环控制应用基于单独的控制事件。每个闭环控制事件包括下行链路事务，然后是同步的上行链路事务，这两个事务都在一个时间周期（Tcycle）内执行。制造单元内的控制事件可能需要同步发生。

工厂自动化考虑控制器设备和传感器/致动器设备之间的应用层事务周期。每个事务周期包括：（1）由控制器发送到传感器/致动器的命令（下行链路）；（2）传感器/致动器设备上的应用层处理；（3）传感器/致动器的后续响应（上行链路）。循环时间包括从控制器发送命令到控制器接收响应的整个事务过程，它包括空中接口上的所有下层过程和时延以及传感器/致动器上的应用层处理时间。

- 控制器要求传感器进行测量（或致动器进行驱动）。
- 传感器向控制器发送测量信息（或确认启动）。

2. 业务场景2——工业过程自动化

工业过程自动化的通信应用于监控和开环控制中，以及工业工厂内的过程监控和跟踪操作。在这些应用中，分布在工厂的大量传感器（>10000）将测量数据转发给周期性或基于事件驱动的处理控制器。在传统模式中，有线现场总线技术已被用于互连传感器和控制设备。由于工厂的大规模扩建（约10km^2），大量传感器和有线基础设施部署的高度复杂性，无线解决方案已经进入工业过程自动化领域。目前，从工业过程制造的有线解决方案向无线解决方案的迁移工作预计将增多。

该使用案例需要每个工厂支持大量传感器设备（例如，10000个）以及高度可靠的传输（分组丢失率<10^{-5}）。此外，因为大多数传感器设备都是由目标寿命为几年的电池供电，同时每隔几秒提供一次测量更新，所以功耗方面需要重点考虑。由于传感器的发射功率较低，工厂的面积较大以及对运输的可靠性要求较高，因此时延的范围也成为关键因素。时延的要求通常为100ms～1s。因为每个事务的存储容量通常小于100B，所以数据速率可以

相当低。

现有的无线技术部分依赖于未经许可的技术。因此传输易受其他技术（例如，WLAN）干扰。考虑到传感器的发射功率较低，这种干扰可能更加显著。由于对传输可靠性的严格要求，这种干扰对正常运行是不利的。

使用许可频谱可以克服同频带干扰，从而实现更高的可靠性。许可频谱可以只限于在未许可频谱中突发的干扰危及可靠性和时延约束的情况下使用。这种事件需要允许在过程自动化和传统移动服务之间共享许可频谱。

此外，多跳拓扑可以提供范围扩展，网状拓扑可以通过路径冗余来提高可靠性。由于可以实现更高功效的传感器操作和网状转发功能，时间同步将非常有益。

典型的过程控制应用程序由单独的事务组成，且支持过程控制器和传感器/致动器之间的下行和上行流程。过程控制器驻留在工厂网络中，该网络通过基站与承载传感器/致动器设备的无线（网状）网络互连。通常每个事务占用的存储空间小于100B。

控制器启动的事务服务流的示例如下所述。

- 过程控制器请求传感器进行测量（或致动器进行驱动）。该请求通过工厂网络和无线网络转发到传感器/致动器。
- 传感器/致动器处理请求并在上行方向发送响应到控制器，此响应可能包含确认或测量读数。

传感器/致动器设备启动的事务服务流程的示例如下所述。

- 传感器将测量读数发送给过程控制器。该请求通过无线网络和工厂网络转发。
- 过程控制器可以在相反方向发送确认。

对于控制器和传感器/致动器启动的服务流，上行和下行事务可以异步发生。

3. 业务场景 3——超可靠通信

为了实现超可靠通信服务，所需的最低程度的可靠性和时延应保证用户体验或服务初始化。这在电子健康（eHealth）或一些关键基础设施通信等领域尤为重要。

关键任务通信服务需要比正常电信服务优先处理，例如，支持警察或消防队的服务。

关键任务服务的示例包括以下内容。

- 工业控制系统（从传感器到致动器，某些应用的时延非常低）。
- 移动医疗保健，远程监控、诊断和治疗（高速率和高可用性）。
- 实时控制车辆，道路交通，事故预防（车辆的位置、矢量、背景、往返时间）。
- 用于智能电网的广域监控系统。
- 优先处理公共安全场景中关键信息的通信。
- 多媒体优先服务（Multimedia Priority Service，MPS）为国家安全和应急准备授权用户提供优先通信。

总体而言，与 UMTS、LTE 和 WLAN 相比，预计关键任务服务需要在端到端时延、普遍性、安全性、稳定性、可用性和可靠性等方面进行重大改进。关键任务应用案例见表 4-2。

表4-2　关键任务应用案例

应用案例	描述	关键要求
变电站防护和控制	自动化故障检测和隔离，以防止大规模停电。 例如，合并单元（MU）执行电力系统组件的定期测量，并将采样的测量数据发送到保护继电器。当保护继电器检测到故障时，它会给跳闸断路器发送信号	• 时延：端到端低至 1ms • 丢包率：低至 10^{-4} • 采样频率：防护应用为 80 个采样 / 周期，质量分析和记录为 256 个样本 / 周期 • 数据速率：256 个采样 / 周期时，每 MU 的速率约为 12.5 Mbit/s • 范围：可以为变电站提供覆盖
采用分布式传感器和管理的智能电网系统	智能电网系统旨在提高能源分配效率，并需要迅速响应重新配置智能电网的需求，以应对不可预见的事件	• 吞吐量：在 8ms 内传送 200B~1521B 数据的可靠性达 99.999% • 对于任何时候可能发生的事件触发消息，任何两个通信点之间的一个跳闸时间的时延应小于 8 ms • 设备密度 密集的城市：数百个 UEs/ km^2 一般城市：大约 15 个 UEs/ km^2 农村：最多为 1 个 UE / km^2
公共安全	在发生火灾或其他紧急情况时，第一响应者的操作	公共安全要求优先处理其业务，需要能够支持动态分配服务质量、优先级和抢占参数，包括： • 接入等级（Access Class，AC） • 服务质量等级标识符（QoS Class Identifier，QCI） • 分配和保留优先级（Allocation and Retention Priority，ARP） • 保证比特率（GBR） • 聚合最大比特速率（AMBR） • 差异化服务代码点（Diffserv Code Points，DSCP）
多媒体优先服务（MPS）	在发生灾害和紧急情况时，授权的国家安全和应急准备（National Security and Emergency Preparedness，NS 和 EP）用户优先通信。当服务网络的通信能力可能受损时，例如，由于紧急情况的直接或间接结果导致拥塞或部分网络基础设施中断，授权的 NS 和 EP 用户不得不依赖公共网络服务，因此需要优先处理和优先获取通信资源	MPS 需要优先处理和优先对待

4. 业务场景 4——虚拟和增强现实中的语音、音频和视频

在该业务场景中，语音通信用于高度交互的环境，例如，多人游戏或虚拟现实会议。参与者的声音必须与环境相关的视觉信息一样可以快速地传播，此要求适用于环境的音频

和视频组件，包括编码和解码在内的 10ms 视频时延要求，它是源于人类的感知（较高的时延可能会使人产生不舒服的感觉）。为了使语音、音频和视频同步，语音和音频的单向时延（包括编码和解码）应该是相似的。

增强现实、虚拟现实和三维（Three Dimensional，3D）服务将发挥越来越重要的作用。与当前视频服务（2ms ～ 4 ms 往返时延）相比，这些场景对传输带宽（例如，8K 立体视频）和时延提出了更高要求，进而提供更好的用户体验。

高帧速率可提高视频的质量。虚拟现实可能需要以 120 传输帧数每秒（Frames Per Second，FPS；常写为 fps）或更高的帧速率显示内容的能力。

5. 业务场景 5——本地无人机协作和连接

无人机可以协作充当移动传感器和致动器网络，可以由单个用户控制，在不确定和动态的环境中执行任务。使用多个传感器有多个有利位置，因此在部署一组无人机时，传感任务的准确度会比仅部署一个无人机更高。部署无人机群的用途示例包括以下内容。

- 搜索入侵者或嫌疑人。
- 持续监测自然灾害。
- 执行自主映射。
- 对象的协作操作。

4.4.2 更高可靠性、更高可用性和更低时延

“更高可靠性、更高可用性和更低时延”应用场景系列的关键特征是对可靠性、可用性和时延的较高的系统要求。在大多数情况下，数据速率是适中的，最重要的是，消息可以快速可靠地传输，并且网络及其服务始终可用、停机时间最短。

需要这种通信条件的典型应用领域是工业控制、医院环境。

1. 业务场景 1——工业控制

一些工业控制应用需要高可靠性和非常低的时延（大约为 1ms），而对数据速率的要求可能相对较低。在其他情况下，可能需要高数据速率，例如，在上行链路中将实时视频流传送给操作员，或者计算机分析视频并使控制适应该情况（密集环境中每个用户的数据速率为 10 Mbit/s）。

传统的工业控制应用依赖于有线连接或专有、或定制的无线解决方案。虽然有线连接有可能会快速地支持高带宽并且可靠性较高，但是并不适用所有情况。原因是物理导线易受撕裂和磨损，并且由于布线会影响要控制的机器的机械设计，而专有无线解决方案可能

缺乏全球可用的频段。

具有高上行链路带宽的高可靠性低时延无线连接满足工业控制应用的要求。

通过将无线电接口专用于特定的工业控制应用并将所需的核心网络与网络中的其他流量分离，可以进一步提高可靠性。

通过允许本地处理流量，可以进一步降低时延。

2. 业务场景 2——医院环境

在医疗环境中，抢救患者的生命是至关重要的，特别是在车祸和心脏病突发等紧急情况，或救护车从远处驶向医院的过程中。

救护车中的医疗设备和机器可以直接与位于医院的医疗工具远程连接，并且位于医院的医生可以协助救护车的救护人员管理药物和控制医疗设备。

为了支持先进的远程医疗技术，基于云的服务可用于随时随地访问患者医疗记录，因此这使与安全相关的问题变得尤为重要。此外，通过云的可用计算资源有望支持先进的诊断方案，并支持在高速移动场景下远程检查患者。

由于救护车可能被派遣到不具有与城市环境（医院的位置）相同的覆盖范围和可用 RAT 不同的远程位置，因此不同技术之间的快速且无缝切换是至关重要的。此外，如果救护车从一个运营商的网络移动到另一个运营商的网络，则移动医疗（Mobile Health，m-Health）服务必须无缝地从一个网络切换到另一个网络。

由于到医院的路线是已知的或可以预测的，因此网络可以利用这种已知信息，通过计算机的边缘算法来进一步降低通信时延。

4.4.3 极低时延

“极低时延”应用场景系列的关键特征是系统要求非常低的时延，最重要的是，在发送方和接收方之间非常快速地传送消息是至关重要的。例如，在传送测量值或控制信令时，数据速率可以较低。在虚拟环境中，如果使用视频馈送，数据速率应为中等到高速。

1. 极端实时通信

如 NGMN 5G 白皮书和 3GPP TR 22.891 中所述，“极端实时通信”对通信网络提出了严格的要求。

“极端实时通信”的示例包括以下内容。

- 真正沉浸式、近端云驱动的虚拟现实。
- 远程控制车辆和机器人。
- 远程医疗保健、监测、诊断、治疗、手术。

● 教育：远程辅导、远程教学、远程办公。

“极端实时通信”应用的一个例子是触觉互联网。触觉互联网需要极低的时延、高可靠性和安全性。

2. 触觉互联网

触觉互联网使蜂窝网络成为人类感觉和神经系统的延伸。人体的感觉系统需要毫秒或更短的时延才能给人以立即反应的印象。如果远程操作工具的信息反馈来得太晚，则操作工具变得比较困难；如果来自虚拟或增强现实头盔的视觉信息反馈到达的时间太晚，则操作人员可能会觉得不舒服。

触觉互联网的另一个重要的要求是非常高的可靠性。如果操作人员操作与周围环境相互作用的设备，那么他始终完全控制该设备是非常重要的。同样，安全性也很重要，触觉互联网的连接必须保持完整、安全，且第三方没有阻止、修改或窃取连接的可能性。

4.4.4 更高精度定位

“更高精度定位”应用场景系列的关键特征是对定位精度的系统要求较高。

高精度定位包括位置信息的快速获取、可靠并且可用的要求（例如，可以确定位置）。在某些情况下，如果无法在本地处理或使用位置信息，应该能够将位置信息发送到另一台设备（例如，控制器）也很重要。因此高精度定位通常与可靠性、可用性和时延的高系统要求相关联，但携带位置信息所需的数据速率非常低。

对于该应用场景，将实际测量的位置信息和可能的位置信息分开传输是比较重要的。分离获取绝对位置（例如，地理坐标）和相对位置（例如，与前方车辆之间的距离）的需求也很重要。

需要“更高精度定位”的一个典型领域是车辆的防撞。每辆车必须知道自己的位置、附近车辆的位置以及它们的预期路径，以避免彼此碰撞。

下一代高精度定位要求在超过95%的服务区域（包括室内、室外和城市环境）内精度低于1m。具体而言，在80%的服务区域中，应该支持三维空间中基于网络定位的准确度为1m ～ 10m；室内定位的精度应该优于1m。

在交通道路、隧道、地下停车场或室内环境等区域，应支持5G网络中的高精度定位服务。

在一些关键的通信事件中，例如，在急救人员无法迅速到达现场的紧急情况下，使用由3GPP网络支持的具有更高精度定位能力的无人机或无人机群可以提高紧急响应的效率。

在下面给出的场景中，假设定位节点与增强型蜂窝通信基站协调以形成电信级通信和定位网络。例如，车辆使用由下一代基站发送的增强定位信号导航。由于车辆沿着由定位信号标记的隐形车道行驶，因此在交叉路口中没有涂漆线、人行横道线、甚至交通灯。然而，在驾驶员的视野中，车道、安全标记、行人和其他物体的信息可以通过增强现实式挡风玻璃清晰地显示。

1. 业务场景 1——室外高速情况下高精度定位

假设乘坐自动驾驶汽车 A 前往大型购物中心，在城市里被高层建筑环绕的交叉路口，另一辆汽车 B 以 60km/ h 的速度接近。由于使用 V2X 通信交换大致的位置信息，两辆车都知道存在潜在的碰撞。以毫秒为单位安排车辆在交叉路口的路线、速度和通过顺序。

车辆在交叉路口相遇之前，车辆开始以 100ms/m 的精度测量位置，并通过 V2X 通信交换信息，车辆不断计算路线并调整速度。在交叉路口，两辆车以 1s 的时差安全地通过交叉路口，两辆车在车速为 60km / h 时仅有 17m 的间隙。

快速行驶的汽车的速度可达 200km/h。当使用 3GPP 系统来控制它们的移动时，确定其位置的时间和反应时间必须短，以避免与周围环境中的其他东西碰撞。

定位可以部分或完全不依赖 3GPP 系统，但是基于位置的动作必须快速地起作用。 如果我们假设汽车的位置所需的精度等于或小于 1m，则定位的双向时延为 10ms ～ 15ms。

2. 业务场景 2——室内外低速情况下高精度定位

顾客的车辆在进入大型购物中心时，最高时速限制为 20km/h 或 30km/h，同时顾客需要在地下停车场找到一个停车位。通过基于位置的服务，可以采用小于 1m 的精度精确定位附近可用的停车位。

当顾客在购物中心走动时，他可以即时获得由 3GPP 网络推送的特定商店的多媒体折扣信息。顾客完成购物后，可以通过基于位置的服务获得他的汽车的精确位置，以及从他的当前位置到汽车的推荐路线，从而帮助他快速地找到汽车。

3. 业务场景 3——关键情况下低空无人机的更高精度定位

无人机将被广泛用于递送包裹，提高了递送效率。在急救人员无法及时到达紧急现场的情况下，无人机可用于在现场收集视频信息并提供应急设备；并将其携带的传感器的位置信息和其他数据同时发送给操作员。在无人机发回的实时图像和信息的辅助下，控制台上的操作员控制无人机远程飞越复杂的地形，并在事故发生的确切地点着陆。

无人机的本地车辆协作可以充当移动传感器网络，在不确定和动态的环境中，可以由单个用户控制自主执行传感任务。由于使用多个传感器有多个有利位置，因此在部署一组无人机时，会提高传感任务的准确度。部署无人机群的用途示例包括以下内容。

- 搜索入侵者或嫌疑人。

- 持续监测自然灾害。
- 执行自主映射。
- 对象的协作操作。

4. 业务场景 4—— mIoT 的更高精度定位

考虑仓库、包裹递送系统、物资登记表或设备跟踪器的情况，被跟踪的每个物品需要将周期性识别指示传送给跟踪应用程序。传感器将与每个物品关联（例如，物理附着），当传感器与物品关联时，可以手动或自动激活传感器。激活后的传感器通过网络识别自身并向传感器监控服务或应用程序注册。每个传感器的通信是可靠的，但不一定具有高优先级。尽管可以发送一些下行链路的确认和命令，但通信主要是在上行链路。跟踪设备将是低复杂度、低功率、电池供电的传感器。此外，传感器配置可以是固定、密集的（例如，在仓库中），也可以是广泛、移动但是局部密集的（例如，货运卡车）。传感器应支持多种无线电接入技术，以确保在穿过访问覆盖范围边界时的可达性，例如，从仓库到货运卡车或到交付地点。

4.4.5 更高可用性

“更高可用性”应用场景系列的关键特征是在对可用性的系统要求较高。在大多数情况下，可靠性、数据速率和时延都是适中的，最重要的是覆盖范围足够广。

需要这种类型通信的一个典型区域是在传统蜂窝网络拥塞或被损坏，或者其覆盖范围不够广时。附加网络层可以扩大覆盖的范围，例如，通过直接移动点至卫星的链路。

1. 业务场景 1—— 辅助连接

无线接入正迅速成为访问服务、内容和信息的主要连接模式。更重要的是，无线接入始终可以向用户提供对下一代 3GPP 系统的访问。尽管无线接入增加了组件的可靠性和内置冗余，但是仍然存在地面网络发生故障导致网络中断和用户失去系统访问的可能。例如，在灾难发生期间，确保可靠的辅助连接对用户保持连接是非常重要的。提供这种连接的一种方式是，通过卫星接入实现对 3GPP 系统的接入。

2. 业务场景 2—— 灾难和紧急响应

在发生灾害和紧急情况时，应急响应小组必须具备沟通能力，以协调和管理不同群体和组织的救援工作。除了自然灾害之外，在无人区也会发生特定的紧急情况 / 事件，与通用数据服务一起，预计下一代公共安全通信服务（例如，视频和数据）也将演进为无处不在的增强速率式的服务。

4.4.6 关键任务服务

“关键任务服务”应用场景系列涵盖 3GPP TR 22.891 描述的关键通信，这些业务需要比网络中的其他业务有更高的优先级，并且需要一些强制执行此优先级的方法，还包括在偏远或灾区提供覆盖和服务的用例。

关键任务通信可能需要比常规业务更高的优先级，因为它用于控制具有非常低的时延或高可靠性要求的设备。当网络过载时，一些其他类型的关键任务通信可能需要更高的优先级。例如，消防员比火灾现场的其他用户具有更高的优先级。

1. 业务场景 1—— 优先通信

用户和流量可以有不同的优先级，在若干场合需要全系统范围内提供优先权。

- 用户可能需要非常快速地访问网络资源，可能会预占其他用户的流量。可以允许优先用户使用比普通用户更简单和更快速的接入过程。
- 即使网络拥塞，用户也可能需要访问网络资源，可能会预占其他用户的流量。
- 用户可能需要在通信期间保证服务质量，可能会抢占其他用户的资源。

在危机事件期间，可能需要及时改变优先级需求，网络还需要支持灵活的手段，以基于当前的网络状态（例如，在灾难事件和网络拥塞期间）做出相对优先级决定。同时，网络的灵活性还可以符合运营商在不同国家或区域的监管要求。

2. 业务场景 2—— 隔离通信

在传统网络中，网络中的不同用户和流量可能需要彼此共享资源。如果网络中没有优先级，或者存在优先级划分，不同用户和流量也可能会相互产生负面的影响，甚至出现重要流量减慢或终止的情况。通过采用把优先级用户和流量与其他用户和流量隔离的方式，就可以更轻松地提供有保证的服务级别。

3. 业务场景 3—— 受保护的通信

用户和流量有不同的安全需求。如果网络提供与身份、鉴权、授权和加密相关的不同级别的安全性，则可以定制保护措施以满足不同用户和流量的需求。

4. 业务场景 4—— 保证通信

用户和流量对保证通信有不同的要求。如果网络提供不同级别的弹性、可用性、覆盖范围和可靠性，则可以定制通信的成功率，以满足不同用户和流量的需求。虽然保证通信永远不可能得到充分保证，但是可以提供不同级别的保证，使这种保证接近 100%。

- 连接可以使用更有效的纠错来降低错误率。

- 连接可以使用更高的功率来降低错误率。
- 连接可以使用冗余链路来降低错误率。
- 连接可以使用专用资源来降低错误率。
- 连接可以使用轮流接入技术来增加覆盖范围。
- 连接可以使用替代接入技术（例如，卫星接入）来提高可用性。
- 设备之间可以直接通信。
- 设备可以通过特定的网络基础设施进行通信。
- 数据可以通过有效的信道传送（例如，多路广播到大量用户）。

5. 业务场景 5—— 最佳通信

不同的用户和流量有不同的优化通信要求，如果网络提供不同的架构解决方案为用户服务，网络就可以优化通信。

- 用户可能需要非常快速地访问服务或数据。将服务和数据定位在用户附近，从而使用户可以更快地访问它们。
- 用户可以移动。能够重新定位服务和数据，使服务保持最佳状态。
- 用户可能需要大量访问数据资源库并使用大量的计算资源。将服务和数据定位在集中位置（例如，在云中），用户可以有效访问。

6. 业务场景 6—— 支持通信

当系统资源的可用性受限时，或者由于非常高的业务负载或某些资源不可用（例如，由于灾难），网络必须能够应对这种情况。如果网络允许为不同用户定制允许的服务，网络就可以运行并且仍然为用户提供可接受的服务级别。

- 普通用户可能只能访问基本服务，例如，语音、消息和简单的网页浏览。
- 街角的监控摄像机可以访问视频流，以提供有关环境的可视信息。
- 消防员可以使用所有服务，以便在事故现场更高效地实施救援。
- 可以允许用户访问另一网络的服务（例如，没有漫游协议）。

4.5 eV2X

在 3GPP TS 22.185：“Service requirements for V2X services”中已经指定了 EPS 支持 V2X 应用的一组基本要求。这些要求被认为足以使车辆（即支持 V2X 应用的 UE）与其他附近的车辆、基础设施节点和 / 或行人交换他们自己的状态信息。例如，位置、速度和航向。此外，这些要求满足了及时向附近物体传播即将发出的警告消息的需求。EPS 支持这些要求的能力将加速车辆采用 3GPP 连接。

由于汽车行业已经开始看到 V2X 应用超出了车辆状态信息的单向分布，因此 3GPP 系统需要增加其能力以满足新兴 V2X 应用所需的 KPI。也就是说，随着 V2X 应用的推进，关于车辆自身状态数据的短消息的传输将通过传输包含原始传感器数据、车辆意图数据、协调和确认未来策略等的消息来补充。对于这些高级应用，满足所需的数据速率、可靠性、时延、通信范围和速度的预期要求将变得更加严格。

高级 V2X 应用的一个相关方面是自动化级别（Levels of Assurance，LoA），它反映了该技术的功能方面并影响系统性能要求。根据汽车工程师协会（Society of Automotive Engineers，SAE）和国家公路交通安全管理局（National Highway Traffic Safety Administration，NHTSA）的级别，在自动驾驶级别中，0 代表无自动化、1 代表驾驶员辅助、2 代表部分自动化、3 代表条件自动化、4 代表高自动化、5 代表全自动化。根据操作员或自动化系统是否主要负责监控驾驶环境，在 0 ～ 2 级（驾驶员控制）和 3 ～ 5 级（车辆控制）二者之间加以区分。

4.5.1 eV2X 支持车辆编队

车辆编队是以紧密相连的方式操作一组车辆，使车辆与车辆之间像以虚拟绳索连接的火车一样移动。为了保持车辆之间的距离，车辆需要共享状态信息，例如，速度、航向和意图以及制动、加速等。通过使用车辆编队，可以减少车辆之间的距离，降低燃料整体的消耗，可以减少所需的司机数量。

车辆编队需要提供以下技术支持。

1. 加入 / 离开

为了形成一个编队，车辆需要交换意图，例如，形成一个编队的兴趣或有意成为编队的领导者或追随者。当车辆到达目的地或必须离开编队时，这个意图也应该在编队的车辆之间交换。这种意图交换可以在编队有效的任何期间发生。

2. 公告 / 警告

当一个编队已经形成并且可操作时，不属于该编队的车辆应该知道它的存在。否则，车辆可能会移动到编队的中间并破坏编队的操作。因此同一编队的通信范围之外的其他车辆应该知道该编队。

3. 群组通信

有几个被交换的消息用于编队管理。例如，该编队的车辆需要交换关于何时选择哪条道路、是否制动、何时加速等信息。至少需要支持每秒 30 个合作感知信息（Cooperative Awareness Message，CAM）。此外，领头车辆比其他车辆消耗更多的燃料，有时领头车辆可能要求下一辆车成为领导者。这种通信可以在两辆车之间进行，而无须其他车辆参与。

为了防止潜在的安全威胁，例如，暴露路线，这些信息应该保密，并且只能由编队中的车辆破译。此外，由于消息的私密性质，这些消息的通信范围是从领头车辆到编队中的最后一辆车。由于编队的车辆数量在移动中也可能变化，因此需要支持用于编队消息的资源有效分配，并且动态控制消息的发布区域。

支持两组编队的性能要求如下所述。

第 1 组：正常密度编队的车辆之间的距离可能大于 2m。当编队以 100km/h 的速度行驶时，车辆在 36ms 内移动 1m。考虑到往返时间和处理时延，消息的传输频率高达 40Hz，支持 25ms 的端到端时延，所占存储空间为 300B ～ 400B。

第 2 组：高密度编队的车辆之间的距离为 1m。当编队以 100km/h 的速度行驶时，车辆在 36ms 内移动 1m。考虑到往返时间和处理时延，消息的传输频率高达 100Hz，支持至少 10ms 的时延，所占存储空间为 50B ～ 1200B。

如果编队的长度过长，有时会中断其他车辆和交通管理部门的正常运行。因此编队中可以包含多少辆车应该有限制。考虑到卡车的跨度可以达到 15m 以上，这一点尤其正确。

4.5.2 编队内的信息交换

当车辆在路上行驶时，它们可以动态地形成编队。编队的创建者负责编队的管理。管理者应该实时更新小组成员报告的交通数据，并将其报告给路侧单元（Road Side Unit，RSU）；同时，管理者应实时接收 RSU 消息，其中包括远处的道路状况和交通信息，并与编队成员分享。所有编队成员还可以在组内通过 V2V 共享信息。

所有编队成员都可以通过两种方式获取信息：一种是在编队内通过 V2V；另一种是来自基于编队管理器的 RSU。获得的所有信息将用于构建高精度的动态驾驶地图。车辆之间的信息交换可以是新型的“询问—响应”。

编队中的车辆可以通过与编队成员的实时共享信息构建高精度的动态驾驶地图，为交通安全和效率提供可靠的保护。

仅支持 V2V 的车辆可以通过编队信息交换获取 V2V 通信范围之外的动态信息。

没有高清摄像机和雷达的车辆也可以从其他编队成员那里获得周围的信息。

4.5.3 汽车自动驾驶：传感器和状态图共享

传感器和状态图共享（Sensor and State Map Sharing，SSMS）可以共享原始或处理过的传感器数据，以建立集体态势感知。该概念是ETSI和国际标准化组织（International Organization for Standardization，ISO）相关技术报告和标准中体现的局部动态地图的扩展，二者的主要区别在于时空保真度、低时延和从超本地转移到“状态图”意识的网络区域的运输环节的能力。传感器和状态图共享将利用高可靠性传输和系统弹性的特性，使用于精确定位和控制的低时延通信之类的服务能够顺利进行。这些属性可以实现关键任务应用，例如，行人和紧急车辆通信在内的所有道路使用者的交叉路口安全。对于这些用例，高分辨率的传感器图像不一定需要传输（智能节点执行机载处理和数据交换以获得共享或融合态势感知，因此车辆能自主执行相关推理或战术机动规划等操作）；然而，由于连接数量较多且型号不同的传感器，预计SSMS需要很大的数据带宽才能正常运行。

SSMS基本要求如下所述。

- 高带宽。
- 可信融合、高可靠性。
- 短暂的时延，允许高度动态的自动驾驶车辆操作和紧急车辆响应。
- 高密度的发射设备。
- 长消息。
- 整合网络和基于云的信息（例如，本地动态地图）。

因为在密集的城市场景中可能无法使用GPS，所以SSMS还应支持高精度定位技术（通过本地共享、测距或从移动网络中获取）。

SSMS带来的好处如下所述。

- 增强状态信息：SSMS组的各个成员能够执行其各自的移动、系统和道路操作以及具有高度个人和共享态势感知的控制功能。
- 系统协调：使SSMS组的各个成员能够执行联合操作指令。
- 提高系统的安全性和整体操作性能。

4.5.4 eV2X支持远程驾驶

远程驾驶是一个概念，其中，车辆由操作员或云计算远程控制。

虽然自动驾驶需要大量的传感器和复杂的算法，但是操作员参与的远程驾驶可以减少这类算法的使用。例如，如果车辆的车载摄像机将实况视频反馈给远程操作员，则操作员可以在没有任何复杂计算帮助的情况下，比较容易发现车辆遇到的潜在危险。基于该视频，远程操作员向车辆发送即时的处理命令。

远程驾驶与自动驾驶有所区别。公共汽车遵循预定义的静态路线和特定车道，并在预定义的公交车站停靠。因此操作这些公共汽车的特性与操作自动驾驶车辆所需的特性有些不同。对于这些公共汽车，实时视频流不仅包括外部公共汽车的图像，还包括公共汽车内部的图像，因此远程操作员还需要对更多样化的场景（例如，乘客上下车的场景）做出反应。

此外，当云计算取代操作员时，可以实现车辆之间的协调。例如，如果所有车辆都提供他们的时间表和目的地，则云计算可以协调每辆车将要行驶的路线。这种协调将减少潜在的交通拥堵，提高车辆整体的运行效率。

4.5.5 用于短距离分组的自动协同驾驶

协同驾驶允许一组车辆以自动通信的方式实现车道改变和合并，以及在该组中加入/移除车辆以提高安全性和燃料经济性。

该用例由汽车工业推动，因为降低的空气动力学阻力将获取更高的燃料经济性和减少温室气体的排放。对于所有车辆类别，密切关注车辆间通信和协调可以科学使用道路，缓解交通拥堵并提高安全性。可以预见，车辆之间的距离将变得更小，超过驾驶员的响应能力，同时改善汽油消耗并进一步提高道路的利用率。

自动协同驾驶需要比 Rel-14 V2X 中描述的协同自适应巡航控制（Cooperative Adaptive Cruise Control，CACC）更多的自动化。CACC 提供车辆运动的纵向控制，而驾驶员仍负责转向控制。CACC 是 SAE（汽车工程师协会）和 NHTSA（国家公路交通安全管理局）自动驾驶规模的一级自动化实例。另外，它被德国联邦公路研究所（Btmdesanstalt Fair StraBen Wesen，BAST）称为“辅助驾驶”、SAE 称为“驾驶员辅助”。自动协同驾驶提供“更严格”或更低时延的纵向控制，使领导者能够与一组车辆进行通信和协调，从而实现紧密跟随。此外，自动协同驾驶可以增加横向控制或更高水平的自动化。自动协同驾驶的概念框架允许创新地使用通信接入来解决复杂的道路交通场景，而无须驾驶员干预。因此自动协同驾驶实现了 SAE2 级到 SAE5 级自动化。

基本的安全消息广播和用于 V2V 安全的协作感知消息的类似用途通常允许 100ms 的时延，因为人类的控制反应时间较长。此外，V2V 安全警告应用允许可靠性（PER）低至 20%。

相比之下，自动协同驾驶需要具备如下特点。

- 消息交换的时延非常低。
- 消息交换的更高可靠性：通信链路必须非常可靠地运行，以降低车辆碰撞的风险。
- UE 发送的更高密度。
- 更长的消息的交换。

短距离分组合作（Cooperative Short Distance Grouping，CoSdG）是指卡车等车辆之间的距离非常小的情景，CoSdG 创造了一种理想的合法尾随形式，车辆之间的时间间隙可以等于 0.3s 甚至更短，在 80km/h 的时速情况下车辆之间的距离接近 6.7m。通过先进的自动协同驾驶技术，结合高度可靠、能够以低时延实现数据传输的无线车辆到车辆通信系统，使这种紧密驾驶成为可能。

CoSdG 与通用编队实施不同，其中，智能交通系统（Intelligent Transport Systems-G5，ITS-G5）已成功用于各种传输频率（10Hz ～ 50Hz）。CoSdG 设想使用替代技术实现更紧密的间距和更低的时延。因此 CoSdG 可以显著提高队列的稳定性、效率和最终的安全性。

- 合作分组中的车辆之间需要可靠的无线通信。在前车和所有合作车辆之间交换消息，以便同时执行控制动作。CoSdG 不仅可以通过车对车通信来操作，还可以包括车辆到基础设施和车辆到后台的通信，以确保最有效地利用可用资源。
- CoSdG 可以与视频传输一起使用。任何车辆中的显示面板可以共享前向数据，而另一个协作通信组的驾驶员能够看到由安装在其他车辆上的摄像机收集的视频。
- CoSdG 可在关键任务场景中实现直接控制干预。必须通过无线连接将多个车辆链接到前车。信息丢失可能导致车辆碰撞，因此消息必须可靠地以非常低的时延传送。因为电子控制单元通常根据周期性提供的数据进行操作，所以抖动非常低。在考虑道路上的车辆组合时，在具有多个车道和多个级别、类型的道路的情况下，车辆的数量可以超过 10000 辆。

CoSdG 将分为两个阶段，具体如下所述。

- 在第一阶段，提出了一个底线，其中一组车辆与领导车辆一起驾驶，通常由训练有素的专业驾驶员驾驶，几辆跟随车辆由系统完全自动驾驶并且在领导车辆和其他车辆之间交换信息。在这一阶段允许它们之间的距离很小（纵向间隙）。车辆间所需的典型传输频率高达 40Hz，转换为 25ms 的端到端时延。在编队中，车辆之间的消息交换的初始考虑是基于 CAM 扩展，所占的存储空间为 300B ～ 400B。
- 在第二阶段，所有车辆由系统完全自动驾驶。与第一阶段相比，这一阶段允许更短的距离（纵向间隙），从而进一步降低车辆的燃料消耗。与第一阶段相比，第二阶段需要更高的传输频率。传输频率为 100Hz 以协调驾驶策略，端到端时延为 10ms。

此外，移动网络应支持高精度定位技术，以确保即使在 GPS 不可用时也可以使用 V2X 信息。例如，在非常密集的城市场景中。

4.5.6 集体环境感知

车辆可以在相邻区域中彼此交换实时信息（基于车辆传感器信息或来自有能力的 UE 类型的 RSU 传感器数据）。这种信息交换导致集体环境感知（Collective Perception of Environment，CPE），可以增强对车辆环境的感知，避免事故的发生。

在单向 5 个车道（或每条公路 10 个车道），最多 3 条高速公路相交的车辆密度高、拥挤的高速公路场景中，平均每千米考虑 10 辆汽车。

信息交换具有以下特点。

● 信息流量至少应包含 1600 个有效载荷字节，以便能够传输与 10 个检测到的对象相关的信息，以支持来自当地环境感知的信息和实际车辆状态相关的信息。

● 该信息应能够跟踪许多其他汽车的环境变化，重复率至少为 5Hz ～ 10Hz。选择足够高的更新频率，使车辆速度矢量在更新之前不会改变太多。每辆车产生的信息必须传递给规定范围内的所有相邻车辆（城市为 50m，农村为 500m，高速公路为 1000m）。

两种流量类型（周期性和事件驱动）可以同时存在。

在 CPE 中将有两个阶段。我们可以为两个阶段提供两组 KPI：第一阶段的第一组 KPI；第二阶段的第二组 KPI。

● 第一阶段

CPE 解决了已经具备支持 ITS 的 3GPP 技术的其他道路使用者不能定期发送检测和分类等 ITS 服务消息的问题。这些道路使用者定期发送用本地传感器检测到的物体分类、速度、方向等信息。预处理的传感器信息用于增强环境感知，其总体目标是即使在未充分开发的市场中也获得 3GPP 技术支持 ITS 的益处。对 3GPP 的要求：数据包大小为 1600B，端到端时延为 100ms，可靠性为 99%。

● 第二阶段

CPE 为一组自动协同驾驶用例（例如，自动前向碰撞避免、超车和车道变换）奠定了基础。第二阶段超越了道路使用者的检测和分类，目的是实现全方位的视野。共享传感器数据信息以增加有限的传感器范围，以检测本地传感器不可见的区域中的物体和障碍物，例如，山后、拐弯处或在房屋角落后面的物体。这些传感器数据用于在无人驾驶的情况下控制车辆。传感器数据必须以低分辨率发送预处理数据，或者以高分辨率发送原始数据，取决于具体场景。在发生事故时，出于责任原因需要原始数据，用于本地和远程传感器数据的分布式验证，以及实现精确的地图合并以及对象定位。移动通信性能影响环境建模的准确度比较明显。对 3GPP 的要求：预处理数据为 50Mbit/s，原始数据为 1Gbit/s，数据包大小为 1600B，端到端时延为 3ms，可靠性在紧急情况下为 99.999%，其他情况下为 99.99%。

4.5.7 不同 3GPP RAT 的车辆之间的通信

根据原设备生产商（Original Equipment Manufacturer，OEM）的选择，虽然一些车辆配备仅支持 LTE 的模块，但是其他车辆可以配备支持 NR 的模块。如果支持 NR 的车辆不能与支持 LTE 的车辆通信，则支持 LTE 的车辆可以被视为没有 V2X 能力的另一车辆。

◆ **无覆盖区域**

在该区域中，既没有找到 E-UTRAN，也没有找到 NR 接入网络。由于车辆之间的通信没有网络支持，因此基于 LTE 和 / 或 NR 的直接点对点通信是车辆之间通信的唯一选择。

对于与其他基于 NR 的车辆的通信，基于 NR 的车辆使用基于 NR 的直接通信似乎是理所当然的。基于 NR 的直接通信的性能将超过基于 LTE 的直接通信。

然而，考虑到车辆的平均寿命长于 10 年，基于 LTE 的车辆可能存在基于 NR 的车辆附近。因为基于 LTE 的车辆不能理解基于 NR 的直接通信，所以一种选择是基于 NR 的车辆可以使用基于 LTE 的通信与基于 LTE 的车辆通信。通过这种方式可以支持车辆之间的直接通信。

需要特别说明的是，这并不一定意味着基于 NR 的直接通信仅限于基于 LTE 的直接通信可以提供的内容。对于基本的安全服务，使用 LTE 兼容的直接通信，并且 NR 优化的直接通信可用于编队等高级 V2X 服务。

◆ 仅 LTE 覆盖区域

由于没有基于 NR 的接入网络，因此基于 NR 的车辆不提供任何网络支持，并且基于 NR 的车辆的唯一选择是使用直接通信。

在 LTE 的覆盖范围内，基于 LTE 的车辆可以由网络控制，即可选是否使用基于 LTE 的直接通信。根据网络的决定，基于 LTE 的车辆生成的 V2X 相关流量可以通过 V2X 应用服务器转接路由。 在这种情况下，基于 LTE 的车辆不使用直接通信，并且基于 NR 的车辆和基于 LTE 的车辆之间不能直接通信。然而，在该区域中，如果基于 NR 的车辆以与没有 LTE / NR 覆盖的区域相同的方式运行，则来自基于 NR 的车辆的传输可能对 E-UTRAN 产生干扰。因此，基于 NR 的车辆应减少对 E-UTRAN 的影响。

◆ LTE / NR 覆盖区域

因为基于 LTE 的车辆和基于 NR 的车辆都在网络的覆盖范围内，所以无论车辆是否可以使用直接通信，或者他们是否使用相同的无线接入技术，车辆之间都是可以通信的。

4.5.8 多 PLMN 环境

对于即时消息传送，某些 eV2X 用例需要的通信条件设置为高，无论所有涉及的 UE 和 UE 类型的 RSU 是否是同一 PLMN 的用户，都需要满足这种条件。

每辆车与其他车辆共享其检测到的物体和 / 或粗略驾驶意图。每个 UE 类型的 RSU 与车辆共享其检测到的对象。每个车辆不仅能从本地传感器获得周围物体的信息，并且还获得附近其他车辆的驾驶意图。

每个车辆利用所接收的检测到的物体的信息和 / 或其他车辆的粗略驾驶意图作为其驾驶的预测信息，从而提高驾驶的安全性和道路的运行效率。

4.5.9 连续的自动驾驶汽车的协同防撞

为了使车辆能够更好地评估事故发生的概率并协调策略以及通常的 CAM、分散型环境通知消息（Decentralized Environmental Notification Messages，DENM）、安全信息，来自传感器的数据、制动和加速指令，横向以及纵向控制等动作列表在车辆之间进行交换，在应用中，道路交通流量通过 3GPP V2X 通信。

连续的自动驾驶汽车的协同防撞（Cooperative Collision Avoidance，CoCA）的关键绩效指标（KPI）如下所述。

- 10 Mbit/s 的吞吐量，可以在邻近的 UE 之间交换 CoCA 应用消息，可以在交叉点应用协调的驾驶操控技术。
- 根据涉及车辆的数量，消息的占比最大为 2kB，以交换车辆之间预先计划好的轨迹。
- 在 CoCA 应用的时限内，常规协同策略的时延小于 10 ms。
- 安全协同驾驶操作的可靠性达 99.99%。

4.5.10 局部 / 有条件自动驾驶的信息共享

该用例等同于 SAE 3 级自动化和 SAE 2 级自动化级别的自动驾驶。其中，假设车辆之间的距离交换较大（例如，大于 2× 车辆速度）并且车辆之间只需要交换抽象或者粗略的数据即可。

以下所述的内容适用于协作感知和协同策略。

协作感知通常被定义为使用 V2X 通信共享本地感知数据（抽象数据和 / 或高分辨率传感器数据）以扩展车载传感器可检测范围的能力。每个车辆和 / 或 RSU 与附近车辆共享其自身从本地传感器［例如，摄像机、激光雷达（Light Detection And Ranging，LIDAR）、雷达等］获取的感知数据。

- 协作感知：该用例需要在同一区域中的车辆之间共享检测到的对象（例如，由本地传感器检测到的抽象对象信息）。

协同策略通常被定义为使用 V2X 通信共享驾驶意图信息（粗略和 / 或高分辨率）以进行协同策略。每辆车与附近的车辆共享其驾驶意图。

- 协同策略：该用例需要共享车辆之间的粗略驾驶意图（例如，在 $[x, y, z]$ 的 T 秒内改变车道或在高速公路和环形交叉路口并道、在 4 向交叉路口通过，并通过 V2X 在所有相关车辆中达成共识。

以下所述的内容是局部 / 有条件自动驾驶的信息共享适用的 KPI 要求（假设消息广播或多播、定期 / 或事件触发）。

- 数据速率：每条链路的 0.5Mbit/s 用于协作感知，每条链路的 0.05Mbit/s 用于协同策略。

其中，0.5Mbit/s 来自 60B/ 对象、100 个对象、10 消息 /s。0.05Mbit/s 来自少数 100B（例如，500B）/ 消息、10 消息 /s。

- 端到端时延较低。

应用层端到端时延低（例如，100 ms）。

● 可靠性较高。

● 通信范围：10× 最大相对速度。

在 SAE 3 级自动化中，当自动驾驶系统不再支持自动驾驶时，驾驶员可以完全控制汽车并具有足够长的过渡时间（例如，10s）。因此车辆需要提前获得足够多的环境预测信息。

通常，在 UE 之间，假设车辆的相对移动速度的规律为：城市 0 ～ 100km/h、城市郊区 0 ～ 200km/h、高速公路 0 ～ 250km/h（相同方向）。在 UE 和 RSU 之间，假设车辆的相对移动速度的规律为：城市 0 ～ 50km/h、城市郊区 0 ～ 100km/h、高速公路 0 ～ 250km/h（相同方向）。

● 连接设备密度较高。

4.5.11 高 / 全自动驾驶的信息共享

该用例等同于 SAE 4 级自动化和 SAE 5 级自动化级别的自动驾驶。其中，假设车辆之间的距离较大（例如，大于 2× 车辆速度），但车辆直接需要交换高分辨率的感知数据。

以下所述的内容适用于协作感知和协同策略。

● **协作感知**：该用例需要在同一区域中的车辆之间共享高分辨率感知数据（例如，相机、LIDAR、占用网格）。

● **协同策略**：该用例需要通过 V2X 在所有涉及的车辆之间共享详细的计划轨迹以进行协同策略。

以下所述的内容是高 / 全自动驾驶的信息共享适用的 KPI 要求。

● 数据速率：每条链路的 50Mbit/s 用于协作感知，每条链路的 3Mbit/s 用于协同策略。

其中，50Mbit/s 的需求来自 H.265/HEVC 高清摄像机（10Mbit/s）、LIDAR（35Mbit/s）以及其他传感器数据。3Mbit/s 的需求来自计划轨迹所需的［2.5Mbit/s（32 字节 / 坐标、10ms 分辨率、10s 轨迹、10 消息 /s）］+ 其他意图数据。用于计算的“10 消息 /s”的消息传输速率来自假设车辆发射机和 RSU 间每 10ms 生成的一条新消息。

● 端到端时延较低。

应用层端到端时延低（例如，100ms）。

● 可靠性较高。

● 通信范围：5× 最大相对速度。

在 SAE 4 级自动化和 SAE 5 级自动化中，预计自动驾驶系统无须人工干预即可进行控制，因此车辆需要提前获得足够多的环境预测信息（例如，提前 5s）。

通常，在 UE 之间，假设车辆的相对移动速度的规律为：城市 0 ～ 100km/h、城市郊区 0 ～ 200km/h、高速公路 0 ～ 250km/h（相同方向）。在 UE 和 RSU 之间，假设车辆的相对移动速度的规律为：城市 0 ～ 50km/h、城市郊区 0 ～ 100km/h、高速公路 0 ～ 250km/h（相同方向）。

● 连接设备密度较高。

4.5.12 局部 / 有条件自动编队的信息共享

该用例等同于 SAE 3 级自动化级别的自动编队。其中，假设车辆之间的距离较短（例如，小于 2× 车辆速度）并且车辆之间只需要交换抽象 / 粗略数据。

局部 / 有条件自动编队的信息共享的协作感知和协同策略与局部 / 有条件自动驾驶的信息共享相同。

以下是局部 / 有条件自动编队的信息共享适用的 KPI 要求。

● 数据速率：每条链路的 2.5Mbit/s 用于协作感知，每条链路的 0.25Mbit/s 用于协同策略。

其中，2.5Mbit/s 来自 60B/ 对象、100 个对象、50 消息 /s。0.25Mbit/s 来自少数 100B（例如，500B）/ 消息、50 消息 /s。消息传输速率 50 消息 /s 来自假设车辆发射机和 RSU 每 20ms 生成一个新消息。

假设消息广播或多播，定期（或事件触发）。

● 端到端时延较低。

应用层端到端时延低（例如，20 ms）。

● 可靠性较高。

● 通信范围：10× 最大相对速度。

在 SAE 3 级自动化中，当自动驾驶系统不再支持自动驾驶时，驾驶员可以完全控制汽车并具有足够长的过渡时间（例如，10s）。为此，车辆需要提前获得足够多的环境预测信息。

通常，在 UE 之间，假设车辆的相对移动速度的规律为：城市 0 ～ 100km/h、城市郊区 0 ～ 200km/h、高速公路 0 ～ 250km/h（相同方向）。在 UE 和 RSU 之间，假设车辆的相对移动速度的规律为：城市 0 ～ 50km/h、城市郊区 0 ～ 100km/h、高速公路 0 ～ 250km/h（相同方向）。

● 连接设备密度较高。

4.5.13 高 / 全自动编队的信息共享

该用例等同于 SAE 4 级自动化和 SAE 5 级自动化级别的自动编队。其中，假设车辆之间的距离较短（例如，小于 2× 车辆速度），但车辆需要直接交换高分辨率的感知数据。

高 / 全自动编队的信息共享的协作感知和协同策略与高 / 全自动驾驶的信息共享相同。

以下是高 / 全自动编队的信息共享适用的 KPI 要求。

- 数据速率：每条链路的 50Mbit/s 用于协作感知，每条链路的 15Mbit/s 用于协同策略。

对于协作感知，我们需要考虑是否需要具有更高数据速率的消息而不是全自动驾驶所需的 50Mbit/s 消息。15Mbit/s 的需求来自计划轨迹所需的 5Mbit/s（32B 坐标，10ms 分辨率，10s 轨迹，50 消息 /s）+ 其他意图数据。用于计算的 50 消息 /s 的消息传输速率来自假设车辆发射机和 RSU 每 20ms 生成一条新消息。

- 端到端时延较低。

应用层端到端的时延低（例如，20ms）。

- 可靠性较高。
- 通信范围：5× 最大相对速度。

在 SAE 4 级自动化和 SAE 5 级自动化中，预计自动驾驶系统无须人工干预即可进行控制，为此，车辆需要提前获得足够多的环境预测信息（例如，提前 5s）。

通常，在 UE 之间，假设车辆的相对移动速度规律为：城市 0 ～ 100km/h、城市郊区 0 ～ 200km/h、高速公路 0 ～ 250km/h（相同方向）。在 UE 和 RSU 之间，假设车辆的相对移动速度的规律为：城市 0 ～ 50km/h、城市郊区 0 ～ 100km/h、高速公路 0 ～ 250km/h（相同方向）。

- 连接设备密度较高。

4.5.14 动态乘车共享

该使用案例使车辆能够宣布与另一道路使用者共享车辆的意愿以及行人表示共享乘车的意图。车辆可以共享关于其自身的信息，例如，当前占用率、可用座位、目的地、估计到达时间、经停站点等。行人可以共享关于其自身的信息，例如，目的地、一些个人信息和相关凭证等。

通过协作，两个参与者可以决定乘坐共享的匹配性，并向行人和 / 或驾驶员提供任何积极的发现。这种情况可以基于私人拥有、私人租赁、出租车、公共交通、校园交通或其他形式的动态乘车共享的车辆。

4.5.15 多 RAT 用例

用户启动 V2X 应用程序，并且来自该应用程序的消息需要传输到附近的其他车辆。V2X UE 支持多种无线接入技术（Radio Access Technology，RAT），包括 LTE 和 5G 新 RAT（NR）。V2X UE 应该选择最好的技术来支持给定的应用。

V2X UE 选择通过最佳 RAT 传输给定应用的消息。最佳 RAT 的选择基于由网络配置的信息（例如，应用 ID 与 RAT 之间的映射）或应用在建立服务时提供的 QoS 相关要求。在 RAT 选择期间可以考虑其他因素，例如，使用给定技术的 V2X UE 的数量和 RSU 的数量。

4.5.16 用于辅助和改进自动驾驶的视频数据共享

驾驶员的视线范围在一些道路交通情况下受阻，例如，道路前面有卡车正在行驶。从一辆车发送到另一辆车的视频数据可以在这些关键情况下为驾驶员提供支持。视频数据还可以通过有能力的 UE 类型的 RSU 收集并发送。

但共享预处理数据（例如，通过自动对象检测提取的对象）是不够的，因为驾驶员对策略的决定取决于其驾驶能力和安全偏好（车辆之间的距离、迎面而来的车辆速度等）。

共享高分辨率视频数据能更好地支持驾驶员根据他们的安全偏好做出决定。但是共享低分辨率视频数据是不够的，因为障碍物是不可见的，所以可能会被忽视。此外，需要避免视频数据压缩，因为视频数据压缩会导致更长的时延。

以下两组 KPI 涉及驾驶自动化的不同技术水平。

第 1 组的 KPI 涉及考虑人类的视觉系统服务（驱动程序仍在控制循环中，但不排除是机器）。

- 时延低于 50ms，可以在应用层上实现准实时视频数据共享和监控。
- 数据速率为 10 Mbit/s，可以传输至少分辨率为 720p 和每秒 30 帧的逐行高清视频数据。
- 可靠性为 90%，以避免视频流中的大量伪像。

第 2 组的 KPI 涉及以机器为中心的视频数据分析（例如，用于超精确位置估计等）。

- 时延低于 10ms，以避免共享视频数据之间的时间和空间不匹配而导致额外的缓冲时延。
- 基于原始视频数据传输的计算机视觉的数据速率为 100Mbit/s ～ 700Mbit/s（例如，分辨率为 1280×720，每像素为 24bit，30fps），依赖于供应商的特定分级器。
- 可靠性为 99.99%，可以避免在应用计算机视觉算法时出错。

4.5.17 改变驾驶模式

根据车辆的协作水平，驾驶模式一般可分为自动驾驶、护航、编队（最大编队规模可达 20）三类。然而，尽管每种驾驶模式都具有优势，但是存在特殊的交通场景，在当前激活的驾驶模式未切换到其他驾驶模式时可能会导致交通事故。

可以通过以下操作改变驾驶模式。

- 指定车辆发送关于改变驾驶模式的一种请求消息。
- 组中的每辆车辆发送对应于驾驶模式改变请求的一种响应消息。

4.5.18 通过车辆上网

该使用案例使车辆能够为乘客、行人等提供网络访问。车辆具有几个在手机中使用受限制而在车辆中使用不受限制的参数，例如，天线的物理分布、可用功率、散热、设备尺寸、天线数量等。使用这些可能设施中的一些或全部，可以在车辆中观察到高级类别设备。该高级类别设备可用于车辆乘客或车辆周围的行人的网络连接代理。

为手机用户提供的优势集中在降低手机电池的消耗，也可能提高手机的吞吐量。 通过降低手机上的传输功率和较低的接收灵敏度减少手机电池的消耗，并且可以通过在单个上下文中捆绑多个独立用户来减少网络开销以提高网络的吞吐量。

对移动网络运营商（Mobile Network Operator，MNO）的优势集中在与活跃用户相关的网络密集度增加，以及由于在单个上下文中捆绑多个用户而带来的网络开销减少。

4.5.19 5G 覆盖范围之外的用例

支持 V2X 应用的 UE 配置有多 RAT 调制解调器（5G 和 LTE）。如果 UE 驻留在 5G 小区时加入一个编队，使用时延很低的 5G 技术在编队中的 UE 之间传输与编队相关的消息。

当该编队到达小区边界时，网络将触发切换以将 UE 转移到目标小区。假设目标小区是仅支持 LTE 的小区，且该 LTE 小区未经过优化，不能支持 V2X 编队应用的时延要求。

在这种情况下，目标小区中的 UE 之间交换支持编队应用所需的 V2V 消息必须使用 5G 新 RAT（NR）中的设备到设备的通信。其他流量通过 LTE 发送，包括其他 V2X 流量。

4.5.20 紧急轨迹对齐

紧急轨迹对齐（Emergency Trajectory Alignment，EtrA）消息增强了自动协同驾驶能力。目前已制订了通过 EtrA 进行的协同策略，可以在危险和具有挑战性的驾驶环境下帮助驾驶员进一步提高交通安全意识。

EtrA 消息涵盖了传感器数据和用于协同规避策略的特定状态信息，可以在出现意外路况时提高安全性。

- 当车辆从车载传感器中获得有关道路障碍物的信息时（例如，道路上的行人、丢失的货物、穿越道路的动物等），计算策略以避免事故的发生。
- 该车辆通过 3GPP V2X 通信服务立即通知其他车辆当前的情况。这些重要消息的可靠传输将提高自动驾驶的安全性。
- 邻近的车辆开始对齐轨迹以协同执行紧急反应。

以下所述的内容是 EtrA 期望的 KPI。

- 在应用时限内，协同策略规划的端到端时延小于 3ms。
- 30 Mbit/s 的吞吐量用于在具有传感器的车辆之间交换 90kbit 的消息和轨迹数据（分辨率为 0.3m，每个轨迹 100 个路径点，每个消息 50 个轨迹加上传感器数据）。

● 99.999%的可靠性，以避免应用程序在 500m 通信范围内的安全关键情况下应用层的轨迹误算。

4.5.21 远程驾驶支持

虽然交通安全以及无事故驾驶是每个连接的自动驾驶车辆的任务，但是远程驾驶支持（Teleoperated Support，TeSo）使单个操作员能够在短时间内远程控制自动驾驶车辆。TeSo 可以实现高效道路建设（单个操作员控制多个自动驾驶车辆），例如，铲雪。

TeSo 对用于 V2X 通信的 3GPP 网络有以下要求。

● 车辆的快速控制和反馈的端到端时延小于 20ms。

● 用于从车辆发送视频和传感器数据的 25 Mbit/s 上行链路数据速率和用于车辆接收通过 3GPP V2X 通信服务进行应用相关控制和命令消息的 1Mbit/s 下行链路数据速率。

● 避免应用程序故障所必需的可靠性是 99.999%。

4.5.22 提供交叉路口安全信息

交通事故往往发生在车辆和行人拥挤的交叉路口。为车辆提供安全信息以防止交通事故发生并且当车辆通过交叉路口时提供辅助自动协同驾驶功能。交叉路口的安全信息包括精确的数字地图、交通信号信息、行人和车辆移动状态信息和位置信息，通常用本地动态地图（Local Dynamic Map，LDM）表示。LDM 信息将定期或按需下载到车辆中。操作员需要这些信息来了解交叉路口的道路状况并控制自动驾驶车辆。

这项服务由交叉路口的安全信息系统提供，包括道路雷达、交通信号和 LDM 服务器以及 RSU。LDM 服务器监测来自道路雷达和交通信号的道路情况，并生成 LDM 信息并通过 RSU 传送到 UE。

可以通过分析 LDM 信息占用的存储空间大小、激活的车辆的数量和交叉路口交通模型的自动车辆速度来估算支持交叉路口安全信息提供的 3GPP 系统能力。

1. 交叉路口交通模型

交叉路口有 4 个方向，每个方向有 2 个车道。通信覆盖范围为 250m，每个方向有 50 辆汽车加入通信，汽车数量最多为 200 辆，自动驾驶汽车以平均车速 60km/h 行驶。

2. LDM 信息占用的存储空间和传输速率

LDM 信息由静态地图信息、交通信号相位信息、移动物体（行人或车辆）信息组成。LDM 信息占用的存储空间为 400B ～ 500B。

大小为 500m×500m 的静态地图占用的存储空间大约为 300B。具有 ID 和特定速度的移动对象将少于 100B。总 LDM 信息占用的存储空间为 400B ～ 500B。

自动驾驶汽车以 60km/h 的速度行驶，每秒移动 16m。对于安全应用，LDM 信息的传输频率应至少为 10 条 /s，这意味着 LDM 信息将以 1.6m 的间隔接收。对于自动车辆控制应用，LDM 信息的传输速率应大于 50 条 /s，这意味着车辆控制步骤将在 32cm 的距离内完成。

3. 分组数据速率和可靠性

基于给定条件，有 200 辆车、LDM 信息大小为 450B、信息传输频率为 50 条 /s，计算所需数据速率 450B×8bit×200 车辆 × 每秒 50 条信息，大约为 36Mbit/s。需要考虑 60% ～ 70%的数据包传输效率，因此分组数据速率将为 50Mbit/s。LDM 信息也用于安全和控制应用方向。

交叉路口的安全信息系统能够在自动驾驶车辆安全通过交叉路口时为自动驾驶车辆提供更准确的 LDM，同时它将提供差异化的服务。

- 行人警报警告。
- 车辆警报警告。
- 通过检测行人和车辆以及交通信号来实现车辆的自动控制。

4.5.23 自动驾驶车辆的协作车道变换

在多车道道路上，车辆可以启动车道变换操纵。为了确保安全有效地换道，必须在车辆之间交换轨迹计划。自动驾驶车辆的协作车道变换（Cooperative Lane Change，CLC）V2X 场景涉及车辆交换其预期轨迹以协调其横向（转向）和纵向控制（加速 / 减速）以确保操纵平稳。

CLC 支持两组关键的 KPI 如下。

◆ **第一组：车辆半自动驾驶**

- CLC 消息占用的存储空间为 300B ～ 400B。
- 相关车辆之间的 CLC 数据包交换需要不到 25ms 的端到端时延。
- 需要 90%的可靠性以确保参与的车辆接收车道变换操纵的更新轨迹计划。

◆ **第二组：车辆全自动驾驶**

- CLC（UE 位置，传感器数据）信息占用的存储空间最大为 12kB。
- 在相关车辆之间交换轨迹计划需要不到 10ms 的端到端时延。
- 需要 99.99%的可靠性以确保参与的车辆接收车道变换操纵的更新轨迹计划。

4.5.24 关于电子控制单元安全软件更新的提案

汽车电子控制单元（Electronic Control Unit，ECU）是控制汽车系统内电子设备的软件模块的通称。ECU 控制从方向盘到制动器以及自动驾驶汽车相关的任何模块。ECU 是汽车的关键部分，可能需要定期更新软件。这些更新软件将受到特别的安全检查，正如预期的那样，这是自动驾驶汽车行业的一个重要主题。

4.5.25 V2X 场景的 3D 视频合成

该用例包括支持在某一区域中移动的多个支持 V2X 应用的 UE。UE 可以属于相同的 PLMN 或不同的 PLMN，UE 也可以驻留在不同的小区中。

这些 UE 设有摄像头，可以拍摄环境视频，并且可以将拍摄的视频数据发送到服务器。服务器可以位于云中或 UE 附近的连接点以启用边缘计算。然后，服务器将对接收到的视频数据进行后续处理并组合信息，以便创建环境的单个 3D 视频。再将 3D 视频用于不同场景中的分析，例如，在赛车中与用户共享视频，执法机构通过视频评估可能发生的事故等。

服务器可以利用 UE 的位置信息准确地表示车辆、行人和该区域中的任何物体的位置、相对速度和距离。

4.5.26 车辆编队的 QoS 方面

编队是一组车辆的协调机动性，彼此可以共享机动和其他信息。如本章的 4.5.11 所述，它可以提高交通的运行效率并减少汽车的燃料消耗。

编队最关键的要求之一是编队成员之间的信息流可以及时可靠地执行。因为编队内车辆之间的时间间隔或距离间隙小，所以前车的状态信息的时延或者操纵信息的丢失会导致不良后果，需要合理设置车辆之间的这些间隙以避免潜在的碰撞风险。

因此安装在车辆中的编队应用将基于可实现的连接 QoS 来调整时间间隔 / 距离间隙：一方面，当可以实现低时延和高可靠性时，车辆之间的间隙可以调整得更短；另一方面，当时延或丢包率较高时，车辆之间的间隙会更长。如果 QoS 根本不能满足编队的应用要求，那么就不应该组成编队。

4.5.27 高级驾驶的 QoS 方面

根据 SAE 的划分，自动驾驶有几个级别。根据制造商的设计或法规规定，将为每个驾驶环境指定适当的自动驾驶级别。

基于制造商或车辆所处环境制订的措施方法，无论是否进行自动驾驶都需要由车辆或远程后端云中的 V2X 服务来控制。高级驾驶的 QoS 方面的示例内容如下。

- 当车辆计划的行驶路线位于已经完成安全驾驶的驾驶测试已经完成的区域内时，车辆可以作为自动驾驶的车辆行驶。

• 受到车辆的实时数据 / 图像处理能力之类的限制，传感器数据处理和 / 或驾驶策略决策的某些计算应该在云中执行。在这种情况下，仅在其可以可靠地连接到云时，V2X 服务可以允许车辆自动驾驶。

• 为了解决潜在的责任问题，V2X 服务需要持续监控车辆的状态和周围环境。

• 根据法规和条件，车辆使用自动驾驶的许可可能因环境而异。例如，法规可以规定仅在主干公路上允许自动驾驶。或者，在大雨天气中，当地道路管理部门可能决定不允许在某条道路上使用自动驾驶。由于信息量太大，车辆不会在本地存储决定是否对每个不同环境使用自动驾驶模式所需的所有信息。

此外，应考虑舒适性、乘客的体验感受或潜在的驾驶员的存在。如果仅在车辆连接到云中的 V2X 服务时才允许使用自动驾驶，突然断开连接可能会启动车辆中预置的紧急程序。在最坏的情况下，如果没有给人足够的时间来接管对车辆的控制，车辆会突然停止。这会对自动驾驶的人类体验产生负面影响。

4.5.28 远程驾驶的 QoS 方面

1. 远程驾驶应用程序的 QoS 更改通知

远程驾驶需要特定级别的 QoS 才能安全地运行应用程序。远程驾驶应用允许不坐在车辆中的远程操作员以高效且安全的方式控制车辆并远程操作车辆从当前位置到达目的地。

如果远程车辆和远程操作员之间的通信突然中断，这可能影响通信流量、远程驾驶应用的效率以及远程车辆和 / 或周围车辆的乘客的安全性。

如果及时通知网络关于远程驾驶应用的潜在 QoS 变化，远程操作员或远程车辆就可以调整自身以适应预期的通信条件（例如，车辆回退到安全状态或调整其速度），并降低突然的 QoS 变化带来的影响。

• 如果网络评估某个条件在未来可能会出现问题，则需要提前通知应用程序这一潜在的降级，以使其减速。

• 当网络条件更好时，需要通知应用程序，以便它请求新的 QoS 并应用更高的车速。

2. 支持远程驾驶

当远程驾驶应用程序运行时，车辆中的人不需要驾驶。取而代之的是，远程位置的操作员或驾驶软件分析车辆周围的情况，做出驾驶决定并将驾驶决定发送回车辆。因此在远程驾驶应用程序运行时，车辆需要和远程后端云之间保持连接。

3. 提供行动方便

在多种场景下，远程驾驶可以为人们提供行动帮助。例如，老年人不愿驾驶汽车或驾驶执照会在一定年龄以上被吊销，远程驾驶应用程序可以在这些人的日常生活中发挥重要作用。

4.5.29 扩展传感器的 QoS 方面

扩展传感器用例包括传感器数据采集、构建局部动态地图和状态图共享、共享传感器数据以扩展传感器范围、为自动驱动共享不同的全方位视频数据。3GPP 系统将支持上述用例的不同 V2X 应用，需要考虑以下 3 个方面内容。

（1）V2X 服务提供商可以指定关键传感器数据供应商（车辆和 RSU）来构建集体态势感知。关键传感器可由 V2X 服务提供商拥有，或与 V2X 服务提供商签订合同，为 V2X 服务提供更多详细信息和特定传感器的数据。因此关键传感器需要更可靠和特定的通信支持，并且 V2X 服务提供商可以在车辆移动或环境改变时调整它们。

（2）基于收集的传感器数据，本地动态地图服务器继续构建全方位本地动态地图，V2X 服务提供商可以为不同用户提供不同的本地动态地图或扩展传感器服务，例如，不同的数据速率、不同的精度、不同的范围、不同的更新周期等。因此通信服务需要支持不同的数据速率、不同的可靠性、不同的信息传递频率等。

（3）考虑到不同的计算能力，车辆和 RSU 可以共享不同类型的传感器数据类型，例如，原始或处理过的传感器数据。传感器数据类型可以由 V2X 服务提供商选择，网络的时延、数据吞吐量、可靠性应该是自适应的。

4.5.30 针对不同 V2X 应用的不同 QoS 预估

QoS 预估将有助于自动驾驶、智能交通系统等 V2X 应用提前获得通信系统的连接性能。这对于他们提前计算和调整到正确的工作模式是非常重要的，以保证安全性和服务可用性。

不同的 V2X 应用可能需要不同的 QoS 预估内容和准确度。内容越多，准确度越高，QoS 预估功能消耗的资源就越多。一方面，多余的 QoS 预估对 V2X 应用程序没有用处；另一方面，因为需要更多收集的信息、更多的计算资源、更多的存储资源，可能影响整个系统其他方面的功能。因此笔者建议为不同的 V2X 应用提供不同的 QoS 预估信息。

4.5.31 性能要求

1. 一般要求

本节中的一些要求适用于所有 V2X 方案。

（1）3GPP 系统应该能够基于支持 V2X 应用的 UE 发送的消息的特性来控制消息的通信范围。

（2）3GPP 系统应该能够优化属于同一组和邻近支持 V2X 应用的 UE 之间的通信。

（3）3GPP 系统应该能够支持应用层请求的组管理操作的消息传输。

（4）3GPP 系统应该能够支持在 V2X 应用的一组 UE 之间的消息传送。

（5）3GPP 系统应该能够支持属于 V2X 应用的同一组 UE 的两个 UE 之间的消息传送。

（6）3GPP 系统应该能够支持在 V2X 应用的一组 UE 之间的消息传送的机密性和完整性。

（7）3GPP 系统应该能够支持在 V2X 应用的 UE 之间 0.1m 的相对横向位置精度。

（8）3GPP 系统应该支持确保达到足够可靠性度量的机制。

（9）3GPP 系统应该支持交通拥塞的高连接密度。

（10）3GPP 系统应该支持用于传输消息的无线资源的有效协调，以最大化利用可用频谱并确保所需的可靠性。

（11）根据 V2X 应用的要求，3GPP 系统应能够控制 V2X 通信传输的上传和下载的可靠性。

（12）仅支持基于 NR 的 V2X 通信的 UE 对 E-UTRA（N）的影响应最小化。

（13）仅支持基于 E-UTRA 的 V2X 通信的 UE 对 NR 的影响应最小化。

（14）3GPP 系统应该能够支持 UE 之间或 UE 与 UE 类型 RSU 之间的消息传送，而不管它们是否是支持 V2X 通信的相同 PLMN 的订阅用户。如果它们是不同 PLMN 的订阅用户，则消息传输不应有服务降级。

（15）3GPP 系统应该能够支持高可靠性，而不需要应用层消息重传。

（16）3GPP 系统应该能够在支持相同 V2X 应用的 UE 之间进行通信。

（17）3GPP 系统应该能够支持运营商选择用于 V2X 应用的 3GPP RAT。

（18）3GPP 系统应该使支持 V2X 应用的 UE 能够通过另一个支持 V2X 应用的 UE 获得网络接入。

（19）3GPP 系统应该使支持 V2X 应用的 UE 能够发现另一个支持 V2X 应用的可以提供网络接入的 UE。

（20）3GPP 系统应该使支持 V2X 应用的 UE 从直接 3GPP 连接模式切换到通过另一个 UE 提供的间接 3GPP 连接，反之亦然。

（21）当 V2X UE 通过另一个同类 UE 连接时，3GPP 系统应该能够保证网络连接端到端的机密性和完整性。

（22）当 UE 不在 5G 网络服务时，3GPP 系统应允许支持 V2X 应用的 UE 使用 5G RAT 进行直接通信。

（23）RSU 应该能够与多达 200 个支持 V2X 应用的 UE 通信。

（24）3GPP 系统应该支持小于 5ms 的通信时延，用于在支持 V2V（车辆对车辆）应用的一组 UE 中的两个 UE 之间传输 V2V 消息。

（25）3GPP 系统应该能够支持 V2X 应用的 UE 与 V2X 应用服务器之间的消息传输的机密性和完整性。

2. 编队要求

（1）3GPP 系统应该能够为支持最多 5 个 UE 组成 V2X 应用 UE 组。

（2）对于车辆编队，3GPP 系统应该能够支持 V2X 应用的特定 UE 与多达 19 个其他支持 V2X 应用的 UE 之间的可靠 V2V 通信。

对于重型货车队列组，由于通信范围、卡车长度、卡车间距离等原因，需要减少编队的 UE 数量。

（3）3GPP 系统应支持小于 0.5m 的相对纵向位置精度，以支持 V2X 应用于邻近的编队。

车辆编队的具体性能要求见表 4-3。

表4-3　车辆编队的具体性能要求

<table>
<tr><th colspan="3">通信场景</th><th rowspan="2">有效载荷（B）</th><th rowspan="2">传输频率（消息/s）</th><th rowspan="2">最大端到端时延（ms）</th><th rowspan="2">可靠性（%）</th><th rowspan="2">数据速率（Mbit/s）</th><th rowspan="2">通信范围（m）</th></tr>
<tr><th>章节</th><th colspan="2">描述</th></tr>
<tr><td rowspan="2">4.5.1</td><td rowspan="2">编队性能要求（V2X UE 间）</td><td>高密度编队</td><td>50~1200（见注 1）</td><td>30</td><td>10</td><td></td><td></td><td></td></tr>
<tr><td>正常密度编队</td><td>300~400</td><td>30</td><td>25</td><td>90</td><td></td><td></td></tr>
<tr><td>4.5.2</td><td colspan="2">编队信息交换（V2X UE 和 RSU 之间）</td><td>50~1200</td><td>2</td><td>500</td><td></td><td></td><td></td></tr>
<tr><td rowspan="2">4.5.5</td><td rowspan="2">短距离分组的自动协同驾驶（V2X UE 间）</td><td>驾驶员控制</td><td>300~400（见注 2）</td><td></td><td>25</td><td>90</td><td></td><td></td></tr>
<tr><td>全自动驾驶</td><td>1200</td><td></td><td>10</td><td>99.99</td><td></td><td>80</td></tr>
<tr><td rowspan="2">4.5.12、4.5.13</td><td rowspan="2">编队信息共享（V2X UE 间）</td><td>有条件的自动驾驶</td><td>6500</td><td>50</td><td>20</td><td></td><td></td><td>10× 最大相对速度</td></tr>
<tr><td>高度 / 全自动驾驶</td><td></td><td></td><td>20</td><td></td><td>65</td><td>5× 最大相对速度</td></tr>
<tr><td rowspan="2">4.5.12、4.5.13</td><td rowspan="2">编队信息共享（V2X UE 和 RSU 之间）</td><td>有条件的自动驾驶</td><td>6000</td><td>50</td><td>20</td><td></td><td></td><td>10× 最大相对速度</td></tr>
<tr><td>高度 / 全自动驾驶</td><td></td><td></td><td>20</td><td></td><td>50</td><td>5× 最大相对速度</td></tr>
<tr><td colspan="9">注 1：该值不包括与安全相关的消息组件。
2：该值适用于数据包的触发和周期传输。</td></tr>
</table>

3. 高级驾驶性能要求

高级驾驶的性能要求见表 4-4。

表4–4　高级驾驶的性能要求

<table>
<tr><th colspan="3">通信场景</th><th rowspan="2">有效载荷（B）</th><th rowspan="2">传输频率（消息/s）</th><th rowspan="2">最大端到端时延（ms）</th><th rowspan="2">可靠性（%）</th><th rowspan="2">数据速率（Mbit/s）</th><th rowspan="2">通信范围（m）</th></tr>
<tr><th>章节</th><th colspan="2">描述</th></tr>
<tr><td>4.5.9</td><td colspan="2">全自动驾驶车辆的协同防撞（V2X UE之间）</td><td>2000</td><td></td><td>10</td><td>99.99</td><td>10</td><td></td></tr>
<tr><td rowspan="2">4.5.10、4.5.11</td><td rowspan="2">自动驾驶信息共享（V2X UE之间）</td><td>局部/有条件自动驾驶</td><td>6500</td><td>10</td><td>100</td><td></td><td></td><td>10× 最大相对速度</td></tr>
<tr><td>高度自动驾驶</td><td></td><td></td><td>100</td><td></td><td>53</td><td>5× 最大相对速度</td></tr>
<tr><td rowspan="2">4.5.10、4.5.11</td><td rowspan="2">自动驾驶信息共享（V2X UE和RSU之间）</td><td>局部/有条件自动驾驶</td><td>6000</td><td>10</td><td>100</td><td></td><td></td><td>10× 最大相对速度</td></tr>
<tr><td>高度自动驾驶</td><td></td><td></td><td>100</td><td></td><td>50</td><td>5× 最大相对速度</td></tr>
<tr><td>4.5.20</td><td colspan="2">全自动驾驶紧急轨迹对齐（V2X UE之间）</td><td></td><td></td><td>3</td><td>99.999</td><td>30</td><td>500</td></tr>
<tr><td>4.5.22</td><td colspan="2">城市驾驶交叉路口安全信息提供（V2X UE和RSU之间）</td><td>450</td><td>50</td><td></td><td></td><td>DL：0.5；UL：50</td><td></td></tr>
<tr><td rowspan="2">4.5.23</td><td rowspan="2">自动驾驶车辆的协作车道变换（V2X UE之间）</td><td>驾驶员控制/有限自动驾驶</td><td>300~400</td><td></td><td>25</td><td>90</td><td></td><td></td></tr>
<tr><td>全自动驾驶</td><td>12000</td><td></td><td>10</td><td>99.99</td><td></td><td></td></tr>
<tr><td>4.5.25</td><td colspan="2">V2X 3D 视频合成（V2X UE和V2X服务器之间）</td><td></td><td></td><td></td><td></td><td>UL：10</td><td></td></tr>
</table>

4. 扩展传感器性能要求

扩展传感器的性能要求见表 4-5。

表4–5　扩展传感器的性能要求

<table>
<tr><th colspan="2">通信场景</th><th rowspan="2">有效载荷（B）</th><th rowspan="2">最大端到端时延（ms）</th><th rowspan="2">可靠性（%）</th><th rowspan="2">数据速率（Mbit/s）</th><th rowspan="2">通信范围（m）</th></tr>
<tr><th>章节</th><th>描述</th></tr>
<tr><td>4.5.3</td><td>全自动驾驶：传感器和状态图共享（V2X UE之间）</td><td></td><td>10</td><td>95</td><td>峰值速率 25</td><td></td></tr>
</table>

（续表）

通信场景			有效载荷（B）	最大端到端时延（ms）	可靠性（%）	数据速率（Mbit/s）	通信范围（m）
章节	描述						
4.5.6	集体环境感知（V2X UE 之间）	驾驶员控制	1600	100	99		1000
		全自动驾驶		3	99.999		200
				10	99.99		500
				50	99		1000
						1000	50
4.5.16	视频数据共享（V2X UE 之间）	驾驶员控制		50	90	10	100
		有限自动驾驶					
		全自动驾驶		10	99.99	700	500

5. 远程驾驶性能要求

3GPP 系统应支持绝对速度高达 250km/h 的 V2X 应用 UE 与 V2X 应用服务器之间的消息交换。

远程驾驶的性能要求见表 4-6。

表4-6　远程驾驶的性能要求

通信场景		有效载荷（B）	最大端到端时延（ms）	可靠性（%）	数据速率（Mbit/s）	通信范围（m）
章节	描述					
4.5.21	远程驾驶员控制（V2X UE 和 V2X 服务器之间）		20	99.999	UL: 25 DL: 1	

6. 车辆服务质量的支持要求

（1）无论与 V2X 应用有关的 UE 是否在 3GPP 无线接入网络的覆盖范围内，3GPP 系统都应该能够为 V2X 应用提供估计的服务质量信息。

此要求可能并非适用于所有方案。例如，当在 3GPP 网络中生成服务质量信息并且 UE 不在覆盖范围内时，不能向 V2X 应用提供服务质量信息。

（2）3GPP 系统应该能够支持有效且安全的机制来收集信息（例如，位置信息、可靠性信息、定时信息、等待时间信息、速度信息），使 3GPP 系统能够支持 V2X 应用调整其服务。

（3）3GPP 系统应能够最小化对系统性能的影响，同时支持收集信息的机制，使 3GPP 系统能够支持 V2X 应用调整其服务产品。

（4）即使服务于 UE 的 PLMN 发生变化，3GPP 系统也应该能够支持连续报告 UE 的估计服务质量。

（5）3GPP 系统应该能够提供机制以支持在特定时间段和特定地理位置的潜在服务质量的估计，以支持 V2X 应用调整其服务产品。

（6）在将服务质量信息、时间段和地理位置通知 V2X 应用之后，3GPP 系统应该能够支持在特定时间段和特定地理位置提供潜在服务质量的机制。

（7）3GPP 核心网络应该能够为 V2X 应用提供服务质量参数的推荐，该参数可以被配置用于特定地理区域和特定时间的连接服务。

（8）3GPP 网络应该能够与 V2X 应用协商替代服务质量。

（9）3GPP 系统应该能够验证和授权 V2X 应用程序，以访问 3GPP 系统的公开服务和功能，以使 V2X 应用程序能够根据收集的信息调整其服务产品。

（10）3GPP 系统应该能够向 V2X 应用程序提供授权信息。

（11）3GPP 系统应该能够支持 V2X 应用请求关于是否可以在特定地理区域和特定时间提供具有特定服务质量的连接的信息。

（12）3GPP 核心网络应该能够支持 V2X 应用请求在特定地理区域和时间内为特定服务质量参数提供可靠的连接。

（13）当 3GPP 系统向 V2X 应用提供支持的服务质量信息时，3GPP 系统应该能够为 V2X 应用提供所需的服务质量的时间和地理信息的估计。

（14）3GPP 系统应该能够向 V2X 应用提供关于在特定时间是否可以在特定地理区域中提供所请求的具有特定服务质量的连接的信息。

（15）3GPP 系统应该能够为 V2X 应用程序提供标准化接口，以支持 V2X 应用程序调整其服务产品。

（16）3GPP 核心网应该能够向 V2X 应用提供响应，以响应是否接受关于特定地理区域和特定时间提供具有特定服务质量参数的连接服务的可靠请求。

（17）3GPP 系统应该能够在实际改变发生之前的一定时间之内，将特定地理区域内可提供的服务质量的可用性或不可用性的更新估计通知 V2X 应用。

（18）3GPP 网络应该通知 V2X 应用 UE 正在进行通信的当前服务质量可能改变，指示提供的特定时间段和 / 或地理区域。

（19）当 UE 正在进行的通信的服务质量改变时，3GPP 系统应该能够在 V2X 应用最初提供的服务质量列表内为 V2X 应用提供更新的服务质量信息。

（20）3GPP 系统应该至少在服务质量的实际变化发生之前的一定时间之内（例如，由于网络条件或无线条件发生变化），为 V2X 应用提供关于可以在某个地理区域内提供的服务质量的更新估计。

（21）当 3GPP 网络估计 UE 正在进行的通信的服务质量可能需要与当前商定的服务质量相比降级时（例如，由于预期网络条件不佳、无线技术的变化、无线拥塞），应该能够通知 V2X 应用。

（22）当 3GPP 网络估计与 UE 正在进行通信的当前商定的服务质量相比可以升级服务质量时（例如，由于预期网络条件改善、无线技术的改变、更少的小区占用），它应该能够通知 V2X 应用。

参考文献

[1] 3GPP TR 22.863 Technical Specification Group Services and System Aspects; Feasibility Study on New Services and Markets Technology Enablers - Enhanced Mobile Broadband; Stage 1(Release 14) .

[2] 3GPP TR 22.861 Technical Specification Group Services and System Aspects; Feasibility Study on New Services and Markets Technology Enablers for Massive Internet of Things; Stage 1 (Release 14) .

[3] 3GPP TR 22.862 Technical Specification Group Services and System Aspects; Feasibility Study on New Services and Markets Technology Enablers for Critical Communications; Stage 1 (Release 14) .

[4] 3GPP TR 22.866 Technical Specification Group Services and System Aspects; Study on enhancement of 3GPP Support for 5G V2X Services (Release 16) .

[5] 3GPP TR 22.280 Technical Specification Group Services and System Aspects; Mission Critical Services Common Requirements (MCCoRe); Stage 1 (Release 16) .

[6] 3GPP TR 22.261 Technical Specification Group Services and System Aspects; Service requirements for the 5G system; Stage 1 (Release 16) .

5G 核心网规划

Chapter 5

第五章

导读

5G 核心网的规划既包含了传统移动核心网的规划，又新增了云基础设施的规划。其中，传统移动核心网的规划部分首先介绍的是 5G 移动核心网的规划原则，该规划原则指导整个网络的规划；然后，网络规划需要确定整体 5G 核心网的网络组网架构，在网络组网架构的基础上，明确规划的范围和对象；其次，需要确定业务的模型和用户预测，用于确定网络规划各网元的配置和建设规模以及组网方案；最后，组网方案需要考虑到 5G 核心网各网元的容灾备份方案。网元的建设方案和组网方案完成后，传统移动核心网规划的主体内容已经基本完成，输出的结果用于 5G 核心网的基础设施云资源池规划的输入。云资源池的规划内容包括计算资源、存储资源和网络资源 3 个部分。云资源池规划也有相应的模型，云资源池的模型与 5G 核心网各 NFV 的特点密切相关。根据 5G 核心网各 VNF 的建设规模以及云资源池模型可以得出相应的基础设施的需求，进而按照云资源池的典型组网进行网络组织。

●• 5.1 总体原则

运营商在规划和设计自己的 5G 核心网的时候，一般会结合自身的网络情况、市场需求以及技术的发展趋势提出网络规划设计的原则，以指导自己的网络建设和发展。不同运营商面临的情况以及自身的发展目标不同，因此，其网络规划设计所遵循的原则也不一样。参考以往部分运营商的网络规划设计经验并结合当前的技术发展趋势，我们给出如下可能的 5G 核心网络规划设计的总体原则。

1. 符合未来 3~5 年的目标网络架构演进的原则

近年来，通信技术和 IT 技术都在快速迭代发展，并且相互融合发展，将 IT 技术深入应用到通信中已经成为业界共识。为了提高网络效率，降低网络运营成本，减少网络的变动，运营商一般会对未来 3 ～ 5 年的目标网络进行规划。例如，中国电信“CTNET 2025”提出的简洁、集约、敏捷、开放、安全的智能化网络目标。5G 核心网建设的是一张新的网络，运营商不仅需要兼顾现有的 4G 网络，还得考虑向未来目标网络架构的演进，借助新建的 5G 核心网加速向目标网络的发展和演进。

2. 分阶段部署原则

5G 技术的标准仍然在迭代发展中，5G 核心网的部分设备的标准仍未定型，设备厂商的新设备需要经历相应的开发、验证、测试和试商用流程。另外，5G 三大类应用场景也在不断摸索，对网络的要求也在不断更新，为此，5G 核心网的建设需要遵循分阶段部署的原则，初期阶段部署标准明确、设备成熟、场景需求明确的必须具备的网元，例如，SMF、AMF、UDM、UPF、PCF、NRF、NSSF 等，其他 5G 核心网的网元后期再按具体要求部署。

3. 5G 核心网网元的云化、虚拟化部署原则

5G 核心网是基于 SBA，从标准一开始就是基于服务化的设计，是云原生架构。5G 核心网的部署区别于传统移动核心网的部署，5G 核心网采用厂商专有硬件的形式部署，采用云化和虚拟化的方式部署。考虑到 5G 核心网的重要性和安全性，5G 核心网一般部署在专有云之上。

4. 4G/5G 融合部署原则

绝大部分运营商在部署5G网络的时候，往往同时还在运营4G网络，为此5G网络的部署还需要考虑与现有4G网络的互操作，发挥4G网络、5G网络各自的优势，这就需要在5G网络建设的时候部署融合的4G/5G核心网，具体到网元为SMF/PGW-C、UPF/PGW-U、PCF/PCRF、UDM/HSS。部署融合的4G/5G核心网网元也有利于运营商将现有传统基于专有硬件架构的EPC网络向云化和虚拟化的方向发展。

5. 5G 核心网集中部署原则

一方面，移动核心网网元，尤其是控制层面的网元，单设备支持的容量越来越大，相应单套设备覆盖的地理范围也越来越大；另一方面，移动网络的集中维护和管理也是运营商降本增效的必然选择，这就要求5G核心网在部署时遵循集中部署的原则。集中部署主要是针对控制面的设备，用户面设备可按需下沉。例如，随边缘计算部署的用户面设备可能下沉到网络的边缘。集中部署根据集中程度的不同可分全国集中部署、大区集中部署和省集中部署等模式。

6. 5G 核心网部署的安全性原则

网络安全越来越得到运营商的重视，因此在网络部署的时候就需要同步考虑5G网络的安全性。集中部署的5G核心网设备需要考虑设备的容灾，保证在部分设备宕机等场景下整个网络仍能继续服务。另外，5G核心网的信令协议基于超文本传输协议（Hyper Text Transfer Protocol，HTTP）等互联网协议，与传统移动核心网的通信协议相比，5G核心网受到攻击的风险更大，这就需要考虑5G核心网的预防攻击措施以及信息泄露等风险。

5.2 5G 核心网规划的内容和流程

5G核心网规划的内容大致可以分为两个部分：第一部分的主要内容是确定5G核心网各VNF的建设需求和规模；第二部分的主要内容是对5G核心网各VNF的云资源的解决方案和建设规模。

5G核心网规划的流程如图5-1所示。

在具体的规划过程中，各环节是紧密关联的。其中，某个环节的输入参数或性能指标发生变化，后续的规划环节也会发生相应的连锁反应。规划是个反复论证和分析的过程，经常会出现调整输入参数，相应的规划方案也需要不断调整具体的情况。

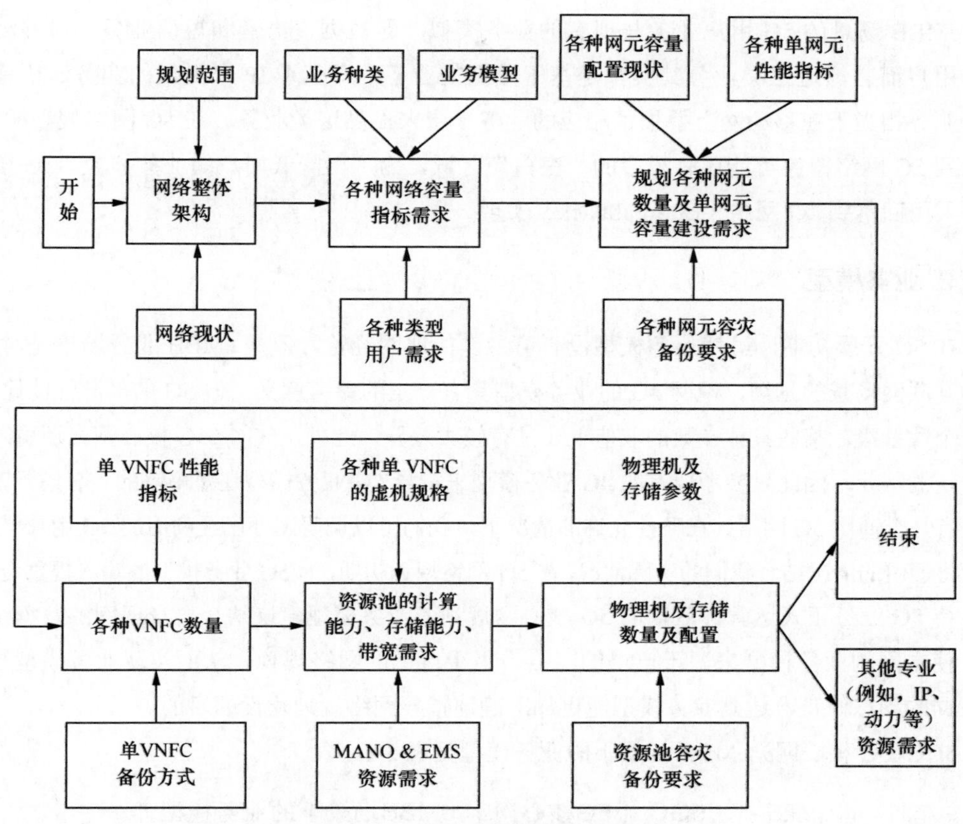

图5-1 5G核心网规划的流程

5.3 业务需求、业务模型和用户预测

移动网络规划的目的之一是为了更有效地支撑业务的发展，为此需要明确规划所支撑的业务种类以及业务模型，以指导网络的规划和建设，使新建成的网络能匹配业务的发展。

1. 业务需求

ITU 为 5G 定义了 eMBB、mMTC、uRLLC 三大应用场景。在 5G 网络规划设计的初期，一般主要针对相对成熟的业务场景的业务。这里规划的业务需求暂以成熟的 eMBB 场景的业务为主，对于 mMTC 和 uRLLC 场景的业务，待业务场景明确之后，再给出具体的业务需求。eMBB 场景在现有 4G 移动宽带业务场景的基础上，提供更高体验速率和更大宽带接入能力。另外，eMBB 场景的物联网业务的特性及运营要求和移动互联网业务的差异比较大，这里也不考虑物联网的业务需求。

eMBB 场景的 5G 用户业务与现有的业务类似，即数据、语音和短信业务，对移动互联网用户而言，这三类业务其实都是基于数据的业务，即基于 IP 来提供的业务。语音和短信业务相当于在移动网上叠加了相应的业务平台来提供这类业务。在 5G 网络规划初期，考虑到 5G 网络覆盖可能还有很多的“空白”区域，为了不降低用户的业务体验，5G 语音业务采用回落到 4G 网络（EPS Fallback）实现。

2. 业务模型

在 5G 开展初期，虽然业务模型没有可参考的现网经验，但是 eMBB 业务场景是对 4G 移动互联网场景的延续，现网 4G 的业务模型具有一定的参考意义。但 5G 的部分性能比 4G 高一个数量级，某些具体参数的取值上还是有较大差异，此外，5GC（5G 核心网）还引入了一些新的网元，因此只参考现有的 4G 业务模型来指导 5G 业务模型还是不够的。考虑到国外已经有几个商用 5G 网络，在条件允许的情况下，我们可以调研国外已经商用的 5G 用户模型，然后将调研的情况结合我们的实际情况，在 5G 网络规划初期，为 5G 业务模型的输入提供资源。

待 5G 业务正式运营，后期的 5G 核心网规划的业务模型建议结合自身现网的数据来修正，使本网的业务模型来源于自己的网络，用于自己的网络规划，从而实现业务模型与现网数据的动态修正，达到业务模型能更加准确地指导网络规划建设的目的。

5GC（5G 核心网）eMBB 场景下的业务模型见表 5-1。

表5-1　5GC（5G核心网）eMBB场景下的业务模型

项目	单位	数量	说明
开机率	%	80	网络中注册用户数占总的出计费账单用户数之比
忙时每附着用户的流数	流 / 用户	1.1	5G 数据的基本单位为流（Flow），4G 对应的基本单位为承载（Bearer）
忙时平均每流的速率	kbit/s/ 流	300	4G 为每承载的速率
忙时每附着用户在 UDM 中的认证、鉴权次数	次 /h	5	
忙时每附着用户与 IT 的接口消息数	次 /h	0.5	
忙时每附着用户查询 NRF 的次数	次 /h	2.5	
忙时每附着用户查询 NSSF 的次数	次 /h	0.1	
忙时每附着用户在 UDM 中处理的信令事务数	个 /h	25	
忙时每附着用户在 PCF 中处理的信令事务数	个 /h	14	
冗余系数		1.25	

需要说明的是，表 5-1 中的业务模型仅给了主要的模型参数，其实对每个 5GC（5G 核心网）的网元，一般有多个输入参数或指标来确定其具体的配置，具体到某个网元的配置时，还需要提供额外的参数指标。

3. 用户预测

用户预测是针对具体业务在规划满足期的用户规模的预测，满足期预测的用户是网络至少能支持的用户规模，是用来指导网络建设的容量配置的关键指标。用户预测可以是对未来的主观预测，也可以是使用某些数学模型来外推，一般是两者的综合。随着对业务的深入理解以及业务的使用推广，在预测过程中逐步优化，结合数据模型可以得到相对较为准确的预测结果。用户预测的方法有很多，例如，趋势外推法、类比法、渗透率、占有率法等，具体预测的方法和过程这里不再展开论述。

最终预测的用户需要能指导网络建设。假定预测的 5G 移动互联网用户数为 600 万户，用户预测结果示例见表 5-2。

表5-2　用户预测结果示例

序号	地市名称	5G 移动互联网用户（万户）	5G 语音用户（万户）	……
1	地市 1			
2	地市 2			
3	地市 3			
4	地市 4			
5	地市 5			
6	地市 6			
7	地市 7			
……	……			
n	合计	600		

5.4　网络整体架构

5.4.1　功能实体和分期建设

参照 3GPP 规范，5G 的网络架构分非漫游场景架构和漫游场景架构，这里将非漫游和漫游场景下的 SBA 统一，5GC 的 SBA 示意如图 5-2 所示。由图 5-2 可知，5G 核心网的逻辑网元众多，但在运营商的网络部署时，尤其是初期网络部署时，部分逻辑网元的功能可能暂时没有应用场景，因此网络建设不一定能做到一步到位，可以根据业务的需要分期部署。图 5-2 中灰色部分的逻辑网元在网络建设初期没有需求，可以暂不部署，初期重点部署的是对初期业务所必需的网元。

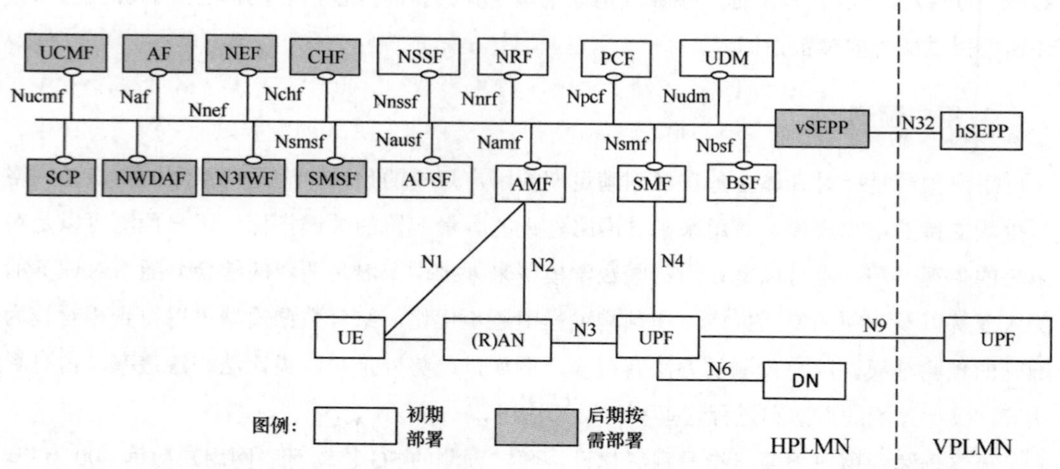

图5-2 5GC的SBA示意

初期必须部署的5GC逻辑网元包括AMF、SMF、绑定支持功能（Binding Support Function，BSF）、NSSF、NRF、PCF、UDM、AUSF。这些网元在网络中的作用详见本书第六章5G核心网设备要求。

后期根据具体的业务和网络演进需要，按需部署的网元包括UE无线能力管理功能（UE radio Capability Management Function，UCMF）、计费功能（Charging Function，CHF）、AF、NEF、短信业务功能（Short Message Service Function，SMSF）、非3GPP互通功能（Non 3GPP Inter Working Function，N3IWF）、网络数据分析功能（Network Data Analytics Function，NWDAF）、SCP、安全边界防护代理（Security Edge Protection Proxy，SEPP）。这些网元在5G网络中的主要功能简要说明如下。

- **UE无线能力管理功能：**UCMF用于存储由运营商或终端制造商分配的UE无线功能ID以及UCMF ID对应的能力。AMF可以订阅UCMF，从而获得UE的能力。
- **应用功能：**AF基于5GC之上与5GC交互，从而为UE提供服务。例如，提供语音服务的IMS、提供位置业务的定位服务等。AF还可以分为可信任和不可信任的AF，运营商自己部署的AF对运营商而言是可信任的AF，可以直接与5GC交互。对于第三方部署的AF，往往需要通过NEF来与5GC交互，避免AF直接与NF交互。
- **网络能力开放功能（NEF）：**5GC能力对外的开放网元可将5GC内各NF对5GC之外的应用或平台开放服务，外部应用或平台通过NEF来调用5GC的服务。
- **短信业务功能：**SMSF提供基于非接入层（NAS）的短信，例如，物联网卡和数据卡接收短信。对于eMBB手机用户的短信继续由IMS基于SIP来提供，不需要引入SMSF。

● **非 3GPP 互通功能**：N3IWF 的 UE 通过非 3GPP 网络（例如，Wi-Fi）接入 5GC 的网关，N3IWF 在移动网络中处于 5G RAN 的位置，负责终结非 3GPP 的 N2 和 N3 接口，支持 IPSec，保证非 3GPP 的信息安全可靠地接入 5GC，作为非 3GPP 接入的锚点，锚点即统一的入口。

● **网络数据分析功能**：NWDAF 对 5GC 网络数据以及 OAM 的数据进行收集，并对收集的数据进行分析处理，处理结果为 NF、AF 调用。在实际部署时，NWDAF 可能会由运营商的运营分析系统来做。

● **服务通信代理**：SCP 为不同 NF 间的通信提供代理，避免不同 NF 间直接通信，包括 NF 间的间接通信、委托发现、消息转发和通信安全。SCP 可以与 NRF 合设，或者说 NRF 具备 SCP 功能。

本章的 5G 核心网络规划和设计集中在初期网络必须部署的网元。

5.4.2 网络整体架构组织模式

5G 网络整体架构组织通常有以下几种模式，运营商可以根据自己的业务规模、现有的网络组织、运营架构等选择适合自己的网络组织模式。

方式一为全国集中组网模式，以全国为单位集中部署 5GC，即 5GC 设置在 1~2 个不同的核心城市，负责全国的业务。

方式二为大区集中组网模式，将全国划分为几个大区，例如，3 个大区、4 个大区、8 个大区等，每个大区设置全套的 5GC，按照地理位置分别负责覆盖数个省份或地区，不同大区覆盖的省份不重叠，即一个省份只属于其中的一个大区。

方式三为省集中组网模式，以省为单位部署 5GC，每个省均部署完整的 5GC，负责省内的业务；对涉及省际和国际漫游的网元采用全国集中部署。

1. 全国集中组网模式

全国集中组网模式是运营商将全国的 5G 集中部署在 1~2 个核心城市，集中部署的核心网负责全国的 5G 业务。考虑到安全问题，全国集中部署的设备通常放置在不同地理位置的不同机房。

全国 5GC 集中设置在两个城市的示意如图 5-3 所示。城市 1 和城市 2 作为全国的核心节点，作为全国 5GC 设置的所在地，其他城市作为边缘节点。核心节点部署全套的 5GC，负责全国的业务，边缘节点根据业务需要以及网络组织情况部署 UPF。两个核心节点城市按照负荷分担模式或主备模式工作。当采用负荷分担模式时，在正常情况下，核心节点城市 1 和城市 2 按照事先配置分区覆盖全国的 5G 业务，并相互实现数据的同步。当其中一个核心节点整体故障时，另外一个核心节点接管全国业务。例如，城市 1 的核心网备份城市 2

的核心网，当城市 2 的核心网故障时，城市 1 可以接管全国的业务，反之亦然。

全国集中组网资源最集中，维护也是全国集中，业务部署和开展同步实现。该模式下的资源最节约，网络的容量按需配置，可以相对最大化地提高网络资源的利用率。由于全国业务集中在两个核心城市，业务的时延可能会相对较大。全国集中组网模式一般适用于新运营商或者人口较少、区域面积较小的国家，全国集中部署相对更经济、运营效率更高，用最少的资源和投入来快速开展业务。

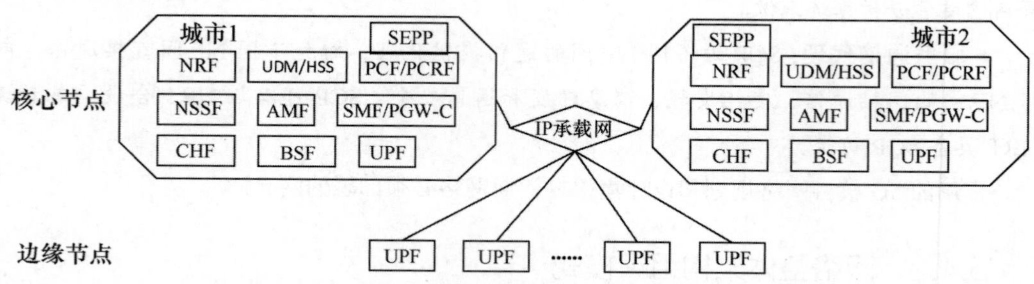

图5-3　全国5GC集中设置在两个城市的示意

2. 大区集中组网模式

大区集中组网模式是将全国按照地理位置划分成若干个大区，每个大区按照地理位置负责覆盖数个省份的业务。

大区集中组网模式示意如图 5-4 所示。全国划分成相互独立的 n 个大区，每个大区覆盖全国的不同省份。为了降低省份之间的移动切换对业务的影响，通常一个大区内覆盖省份是地理位置相连的省份，另外，还需考虑长远的业务量、设备的能力、网络安全等因素来确定划分的区域数量，即 n 的取值。大区间在业务上属于区域间的漫游或互通的关系，在业务覆盖方面相互独立。

一个大区内通常在大区所覆盖的省份中选择技术条件更强、地理位置更优的两个分布在不同省份的省会城市作为核心节点，大区内两个核心节点间保持数据的同步，形成大区内的地理容灾。大区内的两个核心节点均部署全套的 5GC 设备，设备的容量配置能力需考虑能接管整个大区的业务，即在大区内一个核心节点整体故障的情况下，另一个核心节点能接管整个大区的业务。

大区覆盖的省份一般至少在省会城市和主要城市部署 UPF，其他城市根据业务需要可以逐步考虑 UPF 的下沉部署。

另外，在骨干 / 国际层面，全国集中设置两对 SEPP 和国际 NRF（International Network Repository Function，I-NRF），分别部署在国际互联点所在城市。SEPP 和 I-NRF 用于同境外其他运营商间实现 5G 国际漫游的专用网元，以避免国内大区的 5G 核心网直接与境外运营商互联，从而起到保护和屏蔽境内网络的作用。对于采用归属地漫游场景，运营商还可以根据需要部署国际 UPF（International User Plane Function，I-UPF）、国际 SMF（International Session Management Function，I-SMF），专门负责国内用户漫游至国外时业务的回国处理。

大区集中组网模式也属于全国统一维护、统一业务部署和开展，可以相应提高网络资源的利用率，降低业务的运营成本，提高网络效率，加快业务推广。在当前网络集中化运营大趋势下以及网络虚拟化等技术的成熟应用，该模式也得到了运营商的青睐。如果运营商以往的模式是省集中组网模式，由省集中组网模式向大区集中组网模式发展，可能会面临与现有移动业务模式的继承或兼容的挑战，即从现有的运营模式跳转到另外一种模式，往往会经历一个运营模式的磨合过渡期。

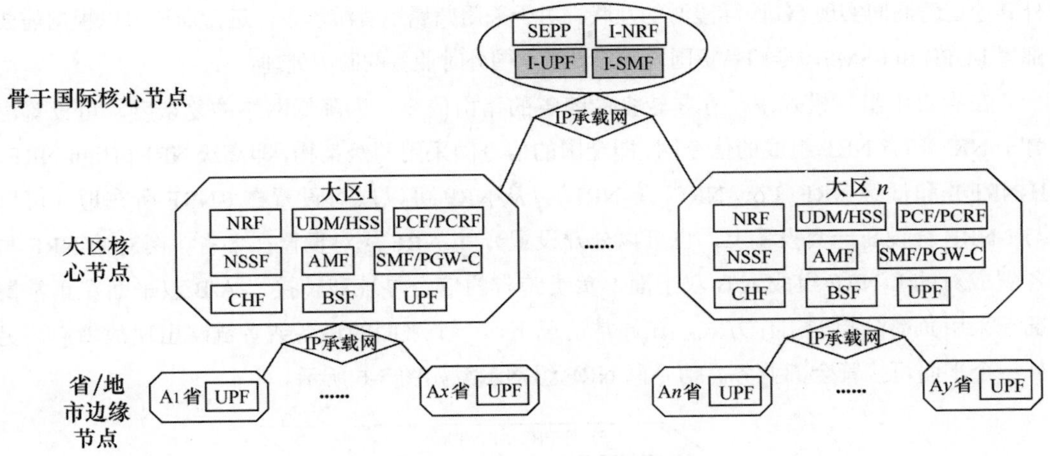

图5-4 大区集中组网模式示意

3. 省集中组网模式

省集中组网模式是以省为单位部署 5GC，且 5GC 集中部署在 1~2 个城市，通常集中部署在省会城市。出于地理安全考虑，部署在省会城市的核心网设备可设置在不同地理位置的核心机房。

省集中组网模式示意如图 5-5 所示。省会城市部署全套的 5GC 设备，分两个核心节点机房部署，两个核心节点机房的设备形成一个整体按照负荷分担的方式负责全省的业务。两个核心节点间同时相互备份，保持数据的同步，以便当其中一个节点故障时，另一个节点能接管全省的业务。

在省会城市以外的其他城市设置边缘节点，按需分期部署 UPF。

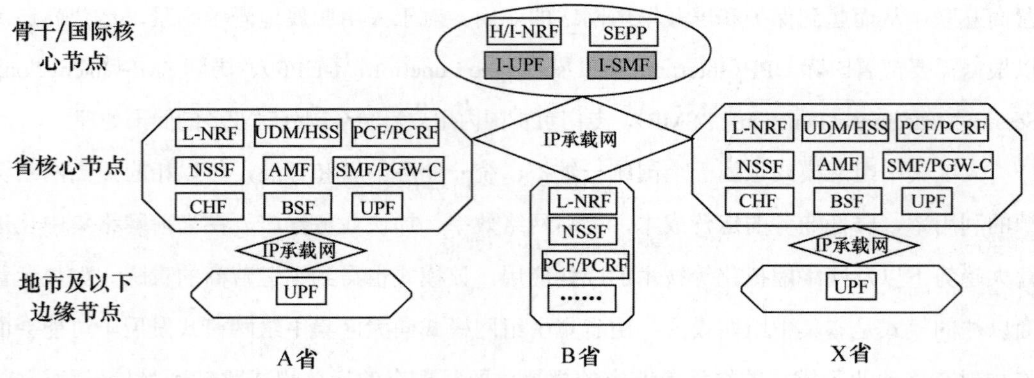

图5-5　省集中组网模式示意

在国际漫游方面，与大区集中组网模式类似，全国集中设置两对 SEPP 和 I-NRF 用于同境外其他运营商间实现 5G 国际漫游的互联。对于采用归属地漫游场景，运营商还可以根据需要部署 I-UPF 和 I-SMF，专门负责国内用户漫游至国外时业务的回国处理。

在省集中组网模式下，存在较多的跨省的路由信令，为降低网络的复杂度，可设置由骨干 NRF 和省 NRF 组成的信令网，即全国的信令网采用两级架构，即高级 NRF（High-NRF，H-NRF）和低级 NRF（Low-NRF，L-NRF）。从 NRF 可以成对设置在 I-NRF 所在地（可以与 I-NRF 合设在一套设备上，也可以分开设置），L-NRF 成对设置在各省。两对 H-NRF 与各省成对的 L-NRF 组成 A/B 双平面，负责跨省的信令寻址和转接。A/B 双平面在正常情况下采用负荷分担的工作方式，在异常情况下，一个平面的设备或者链路出现故障后，另外一个平面可接管全部业务。信令网 NRF 组网示意如图 5-6 所示。

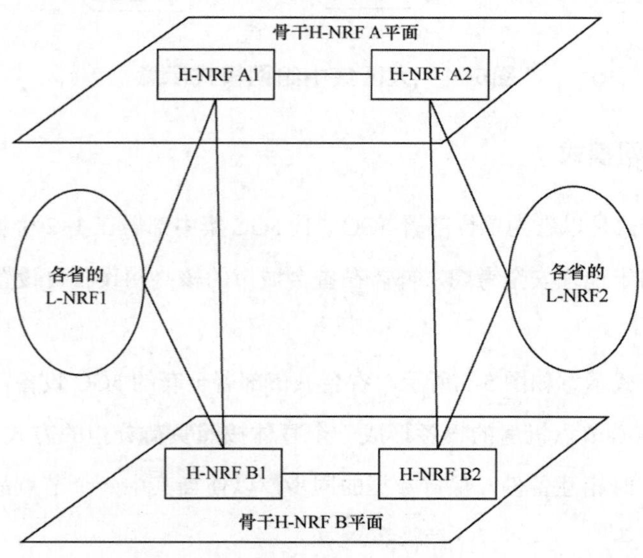

图5-6　信令网NRF组网示意

4. 三种组网模式的分析和比较

每种模式都有其特点，没有谁优谁劣之分，运营商在组网模式选择时根据自身的情况选择最适合自己的组网模式。三种组网模式的分析和比较见表 5-3。

表5-3　三种组网模式的分析和比较

模式	三者间的转换关系	集约化程度	信令分级	投资	现网 EPC 的配合	网络总体架构演进
全国集中组网模式	省集中组网模式是大区集中组网模式的一个特例，即每个大区只负责其所在省的业务；大区集中组网模式是全国集中组网模式的一个特例，将全国划分成一个大区；同样，省集中组网模式也是全国集中组网模式的一个特例，将一个省按照一个国家的模式来操作	高	一级	全国集中，实现资源的统一调配，另外，核心网的周边配套系统也相应集中，总体投资相对最少	针对现网 EPC 省集中组网模式，一套 5GC 与全国各省现有的 EPC 实现互操作，现网配合复杂	现有 EPC 网络将逐步演进到全国集中组网模式，通过部署虚拟化的 5GC 融合网元逐步替代现有 EPC 网络
大区集中组网模式		一般	一级（大区的 NRF 网络互联）	大区集中组网模式的投资介于全国集中组网模式和省集中组网模式之间，大区集中组网模式越少，越向全国集中组网模式靠近	与现网 EPC 的配合复杂度介于全国集中组网模式和省集中组网模式之间	现有 EPC 网络将逐步通过融合的 5GC 演进到大区集中组网模式
省集中组网模式		低	两级（骨干 H-NRF 和省 L-NRF）	省集中组网模式投资相对最大	省内点对点配合，复杂度相对低	EPC 架构仍然保持省集中组网模式，可以通过部署融合的 5GC 逐步替代现有 EPC 网络

5.4.3　漫游网络架构

1. 漫游概述

这里所说的漫游若无特别指出，均为国际漫游。3GPP 提出了 5 种 5G 网络架构，其中，两种对应 SA（Option2 和 Option5），3 种对应 NSA（Option 3/4/7）。每种架构对应不同的无线网与核心网方案，且对终端也有不同的能力要求，这就需要考虑不同架构情况下的漫游方案，可能会出现某种架构下的归属用户到另一种架构网络中无法漫游的情况。不同网络选项下的漫游方式见表 5-4。

表5-4　不用网络选项下的漫游方式

漫游地网络架构	归属地网络架构				
	Option2	Option3	Option4	Option5	Option7
Option2	5G	N/A	5G	5G	5G
Option3	4G	4G	N/A	N/A	N/A

（续表）

漫游地网络架构	归属地网络架构				
	Option2	Option3	Option4	Option5	Option7
Option4	5G	N/A	5G	N/A	N/A
Option5	N/A	N/A	N/A	5G	5G
Option7	N/A	N/A	N/A	5G	5G

不同核心网制式下的漫游方式见表 5-5。表 5-5 是基于核心网架构区分的漫游方式，其中，“X”表示无法通过 4G/5G 漫游，只能回到之前的 2G/3G 漫游。

表5-5　不同核心网制式下的漫游方式

基于核心网架构区分的漫游方式		归属地核心网		
		仅有 EPC	仅有 5GC	5GC+EPC
漫游地核心网	仅有 EPC	EPC 漫游	X	EPC 漫游
	仅有 5GC	X	5GC 漫游	5GC 漫游
	EPC+5GC	EPC 漫游	5GC 漫游	5GC+EPC 漫游
注：仅 EPC 包括 Option3。				

在早期的 5G 商用中，NSA 多采用 Option3，例如，日本、韩国等运营商的 5G NSA 均采用 Option3，SA 多采用 Option2。

5G 的国际漫游按照路由方式的不同分为拜访地（Local Break Out，LBO）漫游和回归属地（Home Routed，HR）漫游。

LBO 漫游对用户而言，用户在漫游地直接出移动网络访问互联网等业务，用户的业务访问路径不需要回到归属运营商的移动网络（Home Public Land Mobile Network，HPLMN），业务访问时延更短，访问漫游地的应用相对更快。对网络而言，负责处理漫游用户的 5G PDU 会话锚点的 SMF 和 UPF 位于拜访地运营商网络（Visited Public Land Mobile Network，VPLMN），即 SMF 和 PDU 会话涉及的所有 UPF 都在 VPLMN 的控制之下，用户访问业务的流量在拜访地直接出网，不回归属地。

HR 漫游对用户而言，用户在漫游地访问业务时需要通过拜访地网络回归到归属运营商网络，然后再通过归属运营商网络访问互联网等应用，业务的 IP 媒体流路径更长，相应访问拜访地的业务路由会绕转，访问时延更长。对网络而言，5G 漫游用户的 PDU 会话由归属地网络的 SMF 和拜访地网络的 SMF 共同控制。另外，归属地网络和拜访地网络各自至少控制一个 UPF，归属地网络中的 SMF 选择归属地网络中的 UPF，拜访地网络中的 SMF 选择拜访地网络中的 UPF，用户访问业务的流量通过拜访地网络的 UPF 以 N9 接口路由到归属地网络的 UPF，然后再出移动网络访问各种应用。

与 LBO 漫游方式相比，HR 漫游方式的用户访问当地应用的时延更长，但 HR 漫游方式可以满足拜访地和归属地对用户的计费以及合法侦听的要求。另外，对于边缘计算的业务场景通常只适用于非漫游和 LBO 漫游方式，不适用回归属地漫游方式。

相对 4G 漫游，5G 漫游的方式更加灵活。5G 漫游可以支持 LBO 和 HR 两种漫游方式同时并存，允许 UE 根据签约情况对不同的 PDU 会话类型采用不同的漫游方式，即部分 PDU 会话采用 HR 方式，其他 PDU 会话采用 LBO 方式。HPLMN 可以通过对用户签约数据中的每个 DNN 和每个 S-NSSAI 的签约数据来控制该类 PDU 会话采用回归属地或在拜访地建立 PDU 会话。

2. LBO 漫游网络架构

基于 SBA 的 LBO 漫游场景下的 5G 漫游架构如图 5-7 所示。

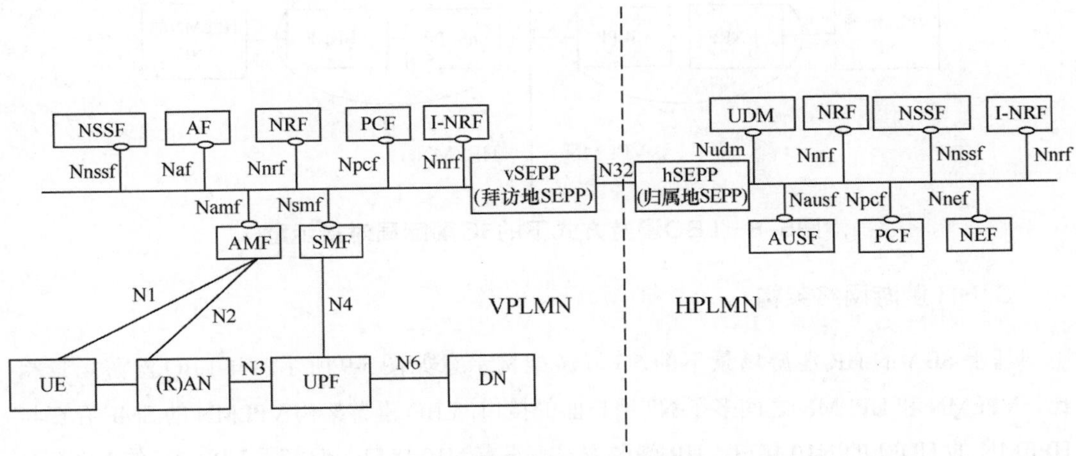

图5-7　基于SBA的LBO漫游场景下的5G漫游架构

在 LBO 漫游架构中，VPLMN 中的 PCF 可以与 AF 直接交互生成本地的策略和计费控制（Policy and Charging Control，PCC）规则为用户提供服务，VPLMN 中的 PCF 不需要与 HPLMN 的 PCF 交互来获取用户签约的策略信息。也就是说，VPLMN 中的 PCF 不需要用户签约的策略信息而是根据 PCF 本地策略来生成 PCC 规则，VPLMN 的 PCF 本地策略是基于同归属运营商间的漫游协议来制订的。

在 LBO 漫游场景下，VPLMN 和 HPLMN 只有 N32 接口用于传递两个网络的控制面信令，两个网络之间没有媒体层面的接口。

为了使网络架构和界面更清晰，同时也为了屏蔽和保护运营商内部的 5G 网络结构，LBO 漫游场景下运营商可以设置独立的 5G 漫游国际局。网络中可以设置一对 5G 漫游国际局，分别部署在不同的核心节点。一对 5G 漫游国际局可以采用负荷分担模式或主备模式工作，具体工作模式由 HPLMN 和 VPLMN 协商确定。

在LBO国际漫游场景下，国际局通常包括I-NRF和SEPP。其中，I-NRF负责转接信令至用户归属地的NRF；SEPP位于漫游网络与归属网络之间，类似5G漫游网关角色，但SEPP只负责信令部分的转接代理服务，且是非透明代理，它在网络中的作用主要是对PLMN间控制平面接口上的消息过滤和监管以及拓扑隐藏。具体而言，SEPP保护属于不同PLMN的两个NF之间信令控制消息安全，为此，归属地SEPP与漫游地SEPP需要进行密码套件的相互认证和协商。SEPP具备密钥管理能力，对保护两个SEPP间N32接口消息所需的加密密钥进行管理。SEPP通过限制外部网络对网内可见的内部拓扑信息来实现拓扑隐藏。LBO漫游方式下的5G国际局对接示意如图5-8所示。

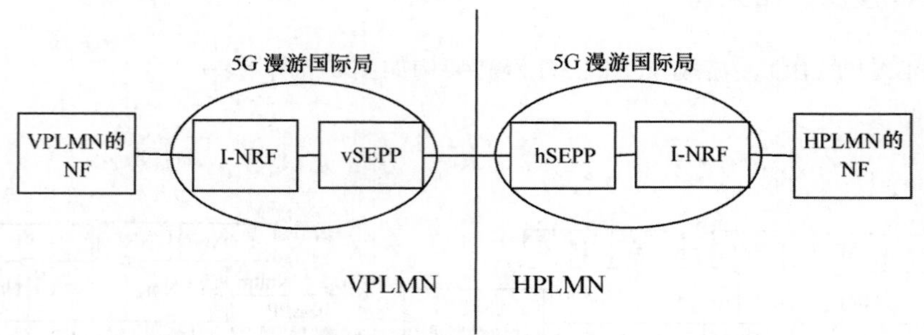

图5-8 LBO漫游方式下的5G国际局对接示意

3. HR漫游网络架构

基于SBA的HR漫游场景下的5G漫游架构示意如图5-9所示。与LBO漫游场景相比，VPLMN和HPLMN之间多了N9用户面的接口；LBO漫游架构VPLMN的SMF存在与HPLMN的UDM的N10接口，HR漫游方式下没有N10接口，但多了VPLMN的NSSF与HPLMN的NSSF间的N31接口以及SMF间的N16接口。

在HR漫游方式下，拜访地网络相当于是归属地网络的延伸，用户的策略、路由、业务的使用等都回归属网络，拜访地5G核心网主要起着业务透传的作用。考虑到两个网络在网络配置和策略应用方面可能存在差异，需要拜访地网络和归属地网络提前协商确定漫游的参数配置，以实现归属地网络的策略和业务能在拜访地网络延伸。

在4G漫游场景下，主流运营商大多选择HR漫游方式，考虑到业务的延续性，5G HR漫游方式预计会成为大多数运营商的选择。

同样，在HR漫游场景下，运营商也可以部署一对5G漫游国际局，分别设置在不同的核心节点。与LBO漫游场景相比，HR漫游场景下的5G国际局的网元组成可以更丰富，除了I-NRF和SEPP之外，还可以部署I-UPF、I-AF（例如，I-SBC/PCSCF）、I-PCF、I-SMF。其中，I-UPF专门负责漫游出访用户的业务回归属网络的路由处理；I-SMF负责漫游出访用户的业务回归属网络的会话控制处理；I-SBC/PCSCF负责5G语音业务的接入处理；I-PCF 负责漫游出访用户的业务回归属网络的策略控制处理。HR 漫游场景下的 5G 国际局对接示意如图 5-10 所示。

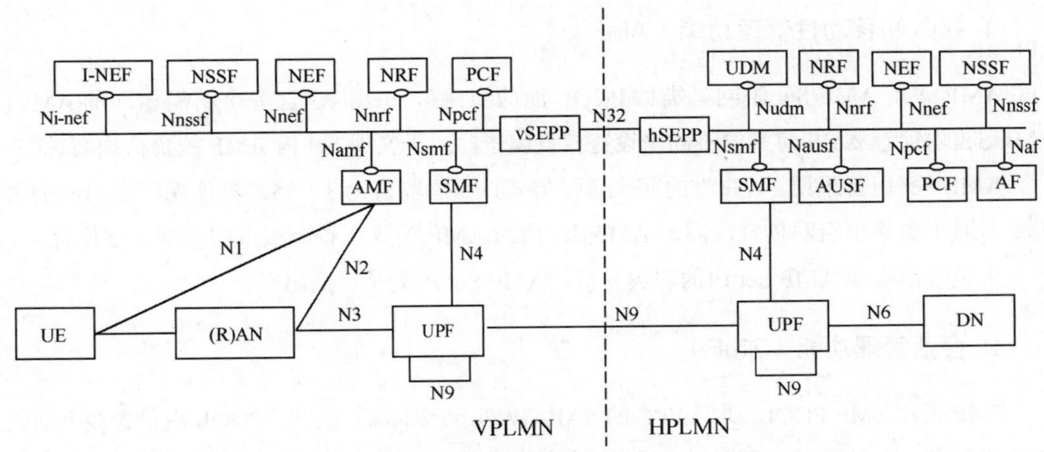

图5-9　基于SBA的HR漫游场景下的5G漫游架构示意

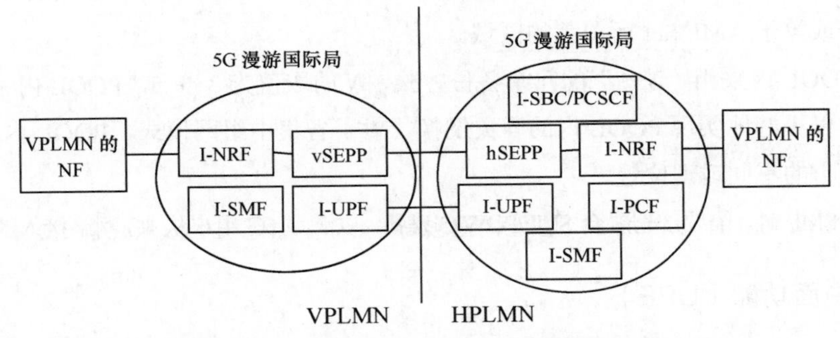

图5-10　HR漫游场景下的5G国际局对接示意

在实际的国际漫游网络中，VPLMN 和 HPLMN 之间不会是直接的两个网络对接，而是通过 IP 交换（IP Exchange，IPX）网络来间接对接。

●• 5.5　5GC VNF 网络建设方案

5GC VNF 网络建设方案涉及网络的整体架构，为方便说明，我们以省集中组网模式为例来描述 5GC 的建设方案，若无特别说明，这里的整体架构均指省集中组网模式。另外，这里 VNF 的建设方案只针对初期阶段的网元，不涉及后期阶段部署的网元的建设方案。

5.5.1　各网元设置原则

5GC 在部署网络时针对各网元的设置需遵循一些原则，以指导各网元的部署，这些网元设置原则也反映了运营商的网络运营策略。下面结合网元的特点给出初期阶段部署的主要 5GC 网元设置原则的一些示例，具体到每个运营商的网络部署时会有所不同。

1. 接入和移动性管理功能（AMF）

AMF 采用 AMF Set 组网（类似 POOL 池的组网），Set 内包含多个功能相同的 AMF。AMF Set 内针对 AMF 容量的不同来设置权重因子，用于实现 Set 内 AMF 的负荷均衡。

AMF Set 内可采用“*N*+1”的冗余备份方式，*N* 的取值为 3 ～ 5，具体视厂商的能力来确定。对于省集中组网模式，同一 AMF Set 内的 AMF 设置在省会城市的不同地理位置。

为更好地实现 AMF Set 内的容灾备份，AMF Set 内为单厂商组网。

2. 会话管理功能（SMF）

SMF 采用 SMF POOL（类似 EPC 的 SAE-GW service area）组网，POOL 内包含多个功能相同的 SMF。SMF POOL 可以通过设置容量因子等参数来实现 POOL 内各 SMF 的负荷均衡。

SMF POOL 区域与 AMF Set 对应的区域可以是一对一或一对多，即 SMF POOL 覆盖的区域大于或等于 AMF Set 所覆盖的区域。

SMF POOL 内采用“*N*+1”的冗余备份方式，*N* 的取值为 3 ～ 5，POOL 内采用同厂商设备组网，以更好地实现 POOL 内的容灾倒换。对于省集中组网模式，POOL 内的 SMF 设置在省会城市的不同地理位置。

在设置 SMF 时，需要部署融合 SMF/PGW-C 设备，以满足 5G 用户从 4G 网络接入的业务需要。

3. 用户面功能（UPF）

UPF 根据用途的不同分为核心 UPF 和边缘 UPF，其中，核心 UPF 对应 4G EPC 的 PGW-U，主要提供 eMBB 以及 VoLTE 等业务，边缘 UPF 是配合边缘计算业务随其部署的 UPF。核心 UPF 初期采用相对集中的模式，可集中设置在省会城市及业务量大的城市，边缘 UPF 根据需要随边缘计算部署。集中部署的核心 UPF 可以采用“*N*+1”组 POOL 的方式工作，*N* 的取值为 3 ～ 5；边缘 UPF 一般负责特定区域的业务，业务量相对较小，可采用“1+1”负荷分担的模式部署。

在设置核心 UPF 时，需要考虑 4G/5G 的融合，即 UPF 需为融合 UPF/PGW-U 设备，以满足 5G 用户从 4G 网络接入的业务需要。

4. 网元服务仓库功能（NRF）

NRF 采用分层组网架构，骨干 H-NRF 负责跨省的 NF 的注册、发现和授权，省 L-NRF 负责省内 NF 的注册、发现和授权。NRF 采用“1+1”主备方式进行容灾备份，主用设备需要设置在不同的地理位置。

5. 统一数据管理 + 统一数据库

统一数据管理（Unified Data Management，UDM）在具体实现上采用前后端分离的架构，前端（Front End，FE）负责信令处理以及具体的业务逻辑，后端（Back End，BE）保存用户的签约数据，FE 访问 BE 获得用户的签约数据。分离架构中的 UDM BE 对应 3GPP 标准中的统一数据库（Unified Data Repository，UDR），UDM FE 对应 3GPP 标准中的 UDM。

根据相关设备厂商的调研，因为当前 UDM 的 FE 和 BE 的单套设备支持的容量都在数千万级别，处理的业务量和存储的用户数据非常大，所以 UDM FE 采用“1+1”负荷分担设置，UDM BE 采用“1+1”主备设置。对于省集中组网模式，一般省份只需要设置一对 UDM FE 和一对 UDM BE，成对设置的设备需要部署在省会城市不同地理位置的机房。

6. 策略控制功能（PCF）

PCF 一般可以分为 FE 和 BE。其中，FE 处理信令及业务逻辑，BE 用于存储用户签约数据，PCF BE 对应 5G 标准中的 UDR。

PCF FE 的单套设备容量在数百万用户级别，一般采用“N+1”负荷分担的工作模式，N 的取值一般建议为 3 ～ 5。若投资允许，PCF FE 也可以采用“N+N”负荷分担或主备工作模式。PCF BE 的设备容量一般在数千万用户级别，由于存储的用户数量较大，影响面较广，PCF BE 一般采用“1+1”主备工作模式。对于省集中组网模式，多套 PCF FE 和 PCF BE 一般相对均衡地设置在省会城市两个不同的地理位置，主用和备用设备要求设置在不同的地理位置。

新部署的 PCF 为融合 PCF/PCRF 设备，支持 5G 用户通过 4G 网络接入。

7. 鉴权服务功能（AUSF）

AUSF 负责用户 / 网络的鉴权，一般与 UDM/UDR 融合设置，相应的容灾备份方式遵从 UDR 的容灾方式。

8. 绑定支持功能（BSF）

BSF 负责 PCF 的会话绑定，BSF 可独立设置，也可与 PCF 等合设。BSF 需要支持 Diameter 协议与现有 EPC 网络互通。BSF 采用“1+1”主备方式进行容灾备份，对于省集中组网模式，一对 BSF 设置在省会城市的不同地理位置。

9. 网络切片选择功能（NSSF）

NSSF 负责为 UE 选择网络切片，成对设置，采用“1+1”负荷分担的方式进行容灾备份。

对于省集中组网模式，一对 NSSF 设置在省会城市的不同地理位置。

5.5.2 AMF 建设方案

1. AMF 配置方案

AMF 是 5GC 中负责用户接入管理和移动性管理的网元，属于 5GC 的控制面网元，宜采用集中部署方案。在 5G 网络中，AMF 处于 5GC 的边缘，是核心网与 RAN 在控制面对接的网元。

AMF 的主要功能是负责对终端用户的接入进行鉴权，确保合法的终端能安全接入 5G 网络，同时 AMF 还负责对用户的移动性进行管理，包括用户的注册管理、连接管理、移动性管理，具体功能参考本书第六章的 AMF 的功能要求部分。

虽然 5GC 采用虚拟化技术，支持云化部署，但这只是改变了设备的硬件形态，由原来厂商专用设备改变为通用设备，网元在逻辑实现层面仍然有“套”的概念，即一个逻辑的 5GC 网元仍然有容量或处理能力的门限，并不是无限扩大。若超过了设备门限，在网络中需要再部署逻辑独立的网元，不同逻辑网元通常由相应的设备编号 / 名称或 IP 地址等编号来标识。AMF 也是如此，单套 AMF 的业务处理性能指标包括能处理的附着用户数、能处理的最大的基站数量、支持的跟踪区（Tracking Area，TA）数量等，在计算 AMF 套数需求时，一般采用性能瓶颈的参数（例如，处理的附着用户数），或者每个参数都计算，取各个参数计算结果的最大值。例如，基于业务预测和业务模型，根据附着用户数指标计算得到的 AMF 的套数为 a1 套，根据基站数量指标计算得到的 AMF 套数为 a2，根据 TA 数量指标计算得出的 AMF 套数为 a3。因此，实际需要配置的 AMF 套数为 a1、a2、a3 中的最大值，即 MAX(a1，a2，a3)。AMF 设备的容量配置计算示例见表 5-6。

表5-6　AMF设备的容量配置计算示例

单套 AMF 的设备指标	标识	说明
能处理的附着用户数	Y1	来自运营商的设备性能测试或现网实测的数据
能处理的最大的基站数量	Y2	
支持的 TA 数量	Y3	
业务预测输入		
总附着用户数	Z1	预测的 eMBB 用户数 × 开机率
总的基站数	Z2	来自无线网规划结果
总的 TA 数量	Z3	来自无线网规划结果
不考虑容灾的 AMF 套数需求		
附着用户数维度	a1= 向上取整（Y1/Z1）	
基站数量维度	a2= 向上取整（Y2/Z2）	

（续表）

不考虑容灾的 AMF 套数需求	标识	说明
TA 数量维度	a3= 向上取整（Y3/Z3）	
AMF 套数需求	a4=MAX（a1，a2，a3）	
考虑容灾后的需求		
“*N*+1”	a5=a4+1	假设以双 DC AMF Set 容灾采用“*N*+1”

在计算得到 AMF 的设备套数后，就可以计算单套 AMF 的容量配置，按照设备容量均分的方法，每个 AMF 的容量配置 = 容量配置总需求 /AMF 套数。

需要说明的是，AMF 的容量配置是以 AMF Set 为单位来配置的，相当于容量是 AMF Set 内各 AMF 共享，单套 AMF 的容量配置只是表示在正常情况下，当 AMF Set 负责的业务量达到设计容量时，单套 AMF 最大能处理的业务量。

2. AMF 网络组织

AMF 通常设置在两个不同地理位置的数据中心（Data Centre，DC），形成双 DC 组网架构。双 DC 可以考虑地理容灾，也可以两个 DC 组成一个整体，共同负责所覆盖区域的全部业务。具体容灾方案参考本书后续介绍的容灾部分相关内容。AMF 通常会以 AMF Set 的方式工作，即多个 AMF 组成一个集群，集群工作方式类似于 POOL 的工作方式。AMF Set 内多个 AMF 间根据容量配置分担负荷，并相互备份。在业务量小的区域，可以设置一个 AMF Set；在业务量大的区域，可以设置两个或多个 AMF Set，具体 AMF Set 的数量取决于业务量的大小以及设备的处理能力。

两个 AMF Set 部署在两个 DC 情况下的组网示意如图 5-11 所示。

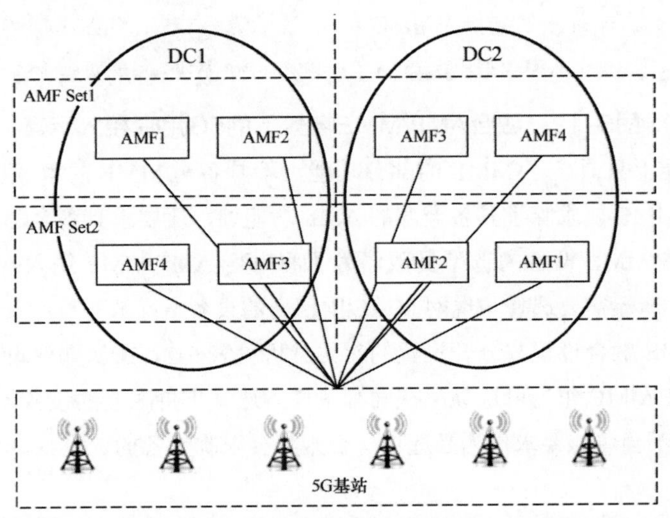

图5-11　两个AMF Set部署在两个DC情况下的组网示意

3. AMF 与 MME 融合的分析

AMF 在接入管理和移动性管理功能上与 4G EPC 的 MME 类似，这就带来了在一种设备上部署的可能，即 AMF 具备 MME 的功能，一套设备在功能上融合了 AMF/MME。融合 AMF/MME 在网络中部署时，可以作为 5G 用户的锚点接入。当用户首次从 4G 接入，4G 基站可能选择到传统 MME 或融合 AMF/MME。当用户从 4G 切换到 5G 时，用户上下文将迁移到融合 AMF/MME，并分配 5G 全球唯一临时标识（Globally Unique Temporary Identifier，GUTI），后续 5G 终端用户无论从 4G 接入还是 5G 接入都将根据 GUTI 始终接入融合 AMF/MME。同样，若用户首次从 5G 接入，后续将锚点在融合 AMF/MME 上。融合 AMF/MME 场景下的 5G 用户接入示意如图 5-12 所示。为区别传统专用硬件的 MME，采用虚拟化技术部署的融合设备用 vAMF/MME 标识（其中，v 代表 Virtualization 虚拟化）。

融合 AMF/MME 可以将 4G、5G 切换时的 N26 接口的交互变为设备内部的交互，理论上会降低信令交互的次数和时延。另外，对同厂商设备而言，现网 MME 的容量可以平滑地迁移到融合 AMF/MME 上，方便后续 4G EPC 网络向融合 5GC 网络演进。

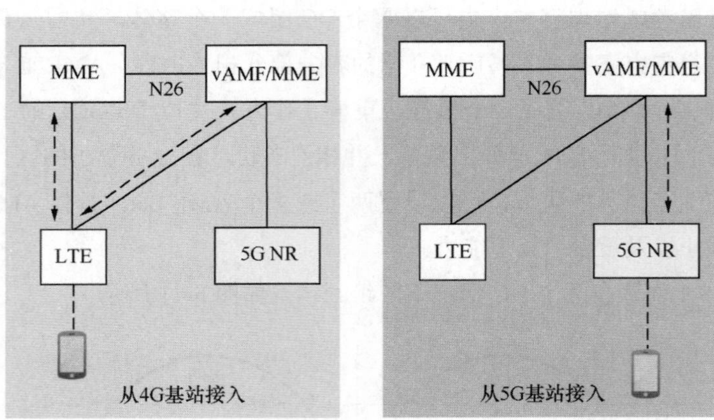

图5-12　融合AMF/MME场景下的5G用户接入示意

AMF 在功能上只具备了 MME 的部分功能，不具备对 MME 的承载控制方面的功能，所以融合 AMF/MME 要求除了具备全部的 AMF 功能外，还要求具备全部的 MME 的功能。另外，融合 AMF/MME 设备的选型受限，为了将融合 AMF/MME 纳入现有 MME POOL，融合 AMF/MME 一般需要选择与现网 MME 同厂商的设备。

AMF 和 MME 融合设置与分开设置的对比分析见表 5-7。在初期建设 5GC 时，运营商可以将融合 AMF/MME 作为可选项，在同等条件下选择支持融合的设备，但在初期网络规划和部署时一般不会将该要求作为必选项，否则将会限制设备的选型。

表5-7 AMF和MME融合设置与分开设置的对比分析

分析项目	融合设置	分开独立设置
终端对核心网的选择	初始选择可能是4G-MME，一旦UE移动到5G，后续将锚定在融合网元	按照无线接入网选择对应的4G核心网或5G核心网
4G/5G互操作的信令交互	将大部分N26接口交互变为内部信令，减少信令交互，降低信令时延，提升互操作成功率	需要MME和AMF之间交互N26接口消息
现网改造和投资	现网MME需要升级支持N26接口； AMF功能需要具备全部MME功能	现网MME升级支持N26接口
网络演进和用户迁移	4G用户逐渐向5G迁移，现网MME容量逐渐迁移到融合网元，有利于形成统一融合的5GC	4G和5G核心网相对独立演进
厂商选择	一般与现有MME同厂商	AMF和MME可以是不同厂商，也可以是同厂商

5.5.3 UDM组网方案

1. UDM配置方案

根据3GPP标准，5G的用户数据库采用前后端分离的架构，前端为UDM、PCF，后端为UDR。虽然标准中UDR是统一的，但在实现过程中，尤其是融合了HSS后，用户数据存储的字段、格式等不尽相同，为了方便实现，往往会采用不同的后端。为了方便区别，通常UDM FE、PCF FE、HSS FE表示前端，UDM BE、PCF BE、HSS BE表示后端。前端负责业务逻辑的处理，负责与其他核心网网元间的信令处理，并保存了用户和业务的动态数据，后端负责与运营商的IT系统（例如，CRM）对接，用于对用户的开户、销户等操作，后端存储静态的用户数据、策略数据。融合架构的数据存储架构如图5-13所示。

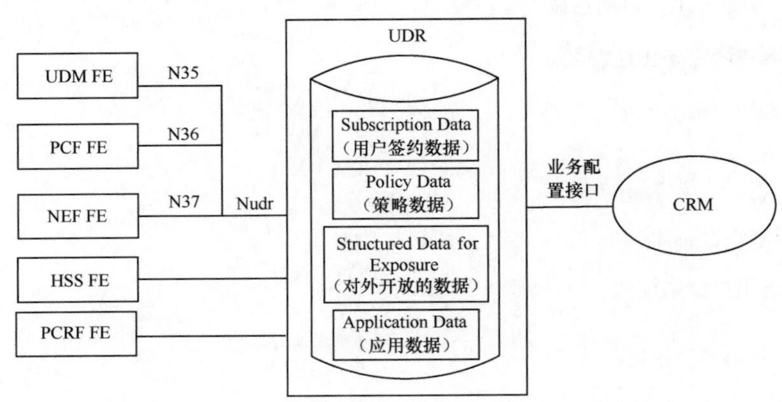

图5-13 融合架构的数据存储架构

融合网元UDM/HSS在逻辑上可以划分为4个逻辑网元，即UDM FE、HSS FE、UDM BE、HSS BE。UDM FE和HSS FE处理的业务逻辑并不相同，在业务实现上是相对独立的；UDM BE和HSS BE负责保存用户的静态数据。对于一个5G用户而言，其静态用户数据在BE内部可以分4G用户数据和5G用户数据独立保存，也可以融合为一份用户数据，具体由设备厂商的实现方式确定，但对外而言，一个5G用户只有一份用户数据。因此在设置UDM/HSS方案时，需要考虑UDM FE、HSS FE和UDM/HSS BE三个部分。

单套UDM FE、HSS FE的能力指标通常包括支持处理的动态用户数以及能同时处理的信令能力，UDM/HSS BE的能力指标通常包括能保存的最大静态用户数以及与IT的接口处理能力。在计算UDM/HSS的设备套数时需要选取其中性能瓶颈最大的指标。UDM设备容量配置计算示例见表5-8。

表5-8　UDM设备容量配置计算示例

UDM FE能力指标	标识	说明
单套支持处理的动态用户数	Y1	来自运营商的设备性能测试或现网实测数据
单套能处理的信令量	Y2	
UDM/HSS BE		
能同时保存的最大静态用户数	Y4	
能同时处理的IT接口消息	Y5	
业务预测输入		
动态用户数	X1	预测的用户数
静态用户数	X2	包括动态用户及提前预置尚未激活的用户数；简单计算可在动态用户数基础上乘以系数
需要同时处理总的信令处理量	X3	动态用户数 × 开机率 × 每附着用户忙时UDM认证 × 鉴权次数/3600
需要同时处理的IT接口消息数	X4	动态用户数 × 开机率 × 每附着用户忙时IT接口消息数/3600
不考虑容灾的设备套数需求		
动态用户数据维度	a1=向上取整（X1/Y1）	
信令量维度	a2=向上取整（X3/Y2）	
UDM FE套数	a3=MAX（a1，a2）	
静态用户数据维度	a4=向上取整（X2/Y4）	
IT接口消息维度	a5=向上取整（X4/Y5）	
UDM BE套数	a6=MAX（a4，a5）	

（续表）

不考虑容灾的设备套数需求	标识	说明
UDM FE 套数（“*N*+1”备份）	a7=a3+1	
UDM BE 套数（“1+1”备份）	a8=2 × a6	

在 UDM 的 FE 和 BE 架构中，FE 处理的是用户的动态数据，即在移动网中注册的用户数，需要频繁操作，目前，一般单台设备容量在数百万级别，BE 负责存储用户的静态用户数据，对用户数据的读写操作相对 FE 较少，单台设备容量在千万级别。所以对用户规模较大的省份，通常集中设置的 UDM 会由一对或两对 BE 组成，FE 会有多对。

另外，融合 UDM/HSS 的 FE 可以合一，即 UDM FE 与 HSS FE 对外是一个 FE，同时，处理 5G 网络和 4G 网络的用户数据的查询、鉴权、授权等，也可以分为两个独立的 FE，分别处理来自 5G 网络和 4G 网络的用户数据的查询、鉴权、授权等，具体取决于运营商的网络组织和设备厂商的支持情况。

2. UDM 网络组织

UDM 属于 5GC 的关键网元之一，集中设置的 UDM 通常设置在两个不同地址的数据中心（DC），形成双 DC 组网架构，UDM 的多对 BE 和 FE 分别设置在不同的 DC。UDM 组网示意如图 5-14 所示。

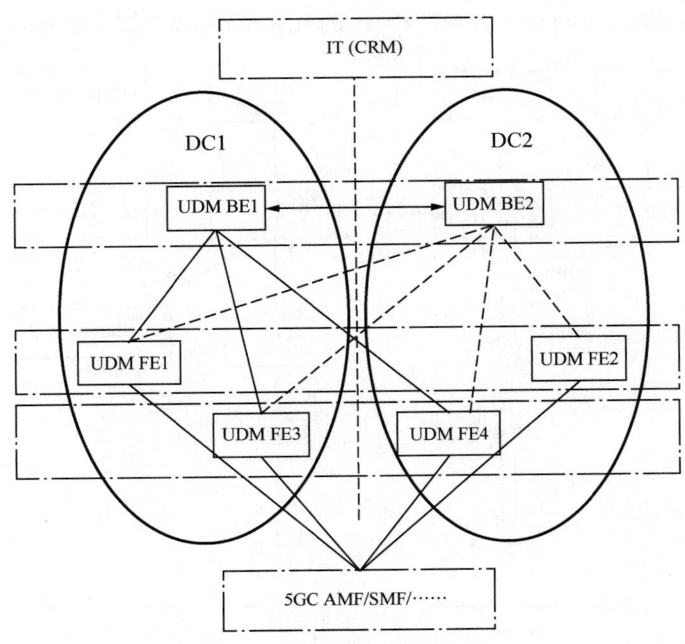

图5-14　UDM组网示意

图 5-14 中的 UDM BE1 和 UDM BE2 组成“1+1”主备，分别放在两个 DC，两个 BE 间设置同步机制，保证两边的用户数据同步。两对 UDM FE 采用负荷分担相互备份的模式，相互备份的 FE 分别设置在不同的 DC，在实现网元级容灾基础上实现地理容灾。

另外，在网络部署中，UDM 通常为融合 UDM/HSS，融合 UDM/HSS 在网络组织中不仅需要与 5GC 关联，还要与现有的 4G EPC 关联，这就意味着，在 UDM 的网络组织时需要考虑与现有网络间的组网。

在现网情况下，我们将介绍两种典型的融合 UDM/HSS 的组网方案。

（1）方案一

方案一是对现网的 HSS 进行升级，使其具备 Proxy 功能。当 4G 用户从 4G 网络接入时，MME 仍然选择 4G EPC 的 HSS 进行用户的认证鉴权，这与现网的 4G 流程一样。当 5G 用户从 4G 网络接入时，MME 不能区分是 4G 用户还是 5G 用户，仍然向归属 HSS 进行用户的认证鉴权，归属 HSS FE 在本地查询不到用户数据，则将用户数据的认证鉴权等操作转发到融合 UDM/HSS FE，交付给融合 UDM/HSS 来处理用户的认证鉴权。从 5G 接入的认证鉴权消息路由在 5G 网络内完成，不需要经过 4G 网络，直接访问融合 UDM/HSS。该组网方案默认本网的用户要么在 4G HSS 中，要么在融合 UDM/HSS 中，若这两处都没有，则认为查无此用户。该方案需要升级现网的HSS，使其具备Proxy功能，该功能需要运营商自己制订。另外，本省（或区）4G、5G 用户的国际移动用户识别码（International Mobile Subscriber Identity，IMSI）号段的路由均指向本地的 4G HSS。现网 HSS 升级为 Proxy 的组网方案示意如图 5-15 所示。

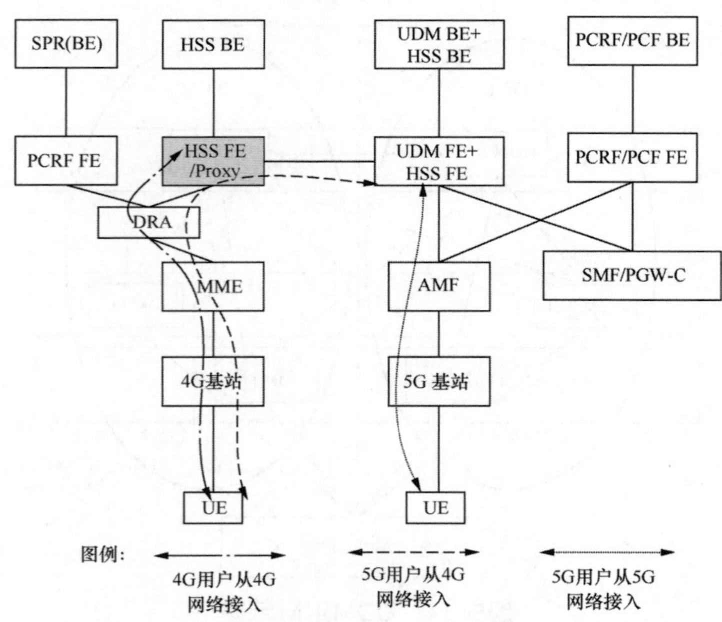

图5-15　现网HSS升级为Proxy的组网方案示意

（2）方案二

DRA 升级具备融合 Diameter 和 HTTP 信令的 Proxy，4G、5G 的用户数据库的寻址由 DRA+HTTP Proxy 来完成。现网 DRA 升级为 Proxy 的组网示意如图 5-16 所示。此方案相当于把 4G 的信令网架构引入 5G 网络，通过对现有 4G DRA 升级具备 HTTP Proxy 实现对 5G 的信令查询转发。所有 4G 的 Diameter 信令、5G 至 UDM、PCF 的 HTTP 信令均通过 HTTP Proxy 进行代理查询和转发。因此不管用户是从 4G 接入还是从 5G 接入，均由 DRA+HTTP Proxy 实现路由的查询和转发。该方案的重点在于融合信令设备 DRA+HTTP Proxy，需要对现网的 DRA 进行功能升级：对来自 5G HTTP 的查询，融合信令设备默认去查询 5G 的融合 UDM/HSS；对来自 4G 的 Diameter 的信令查询 DRA 转发至 4G HSS。若 4G HSS 没有找到用户数据，DRA 再去 5G 融合 UDM/HSS 中查询。

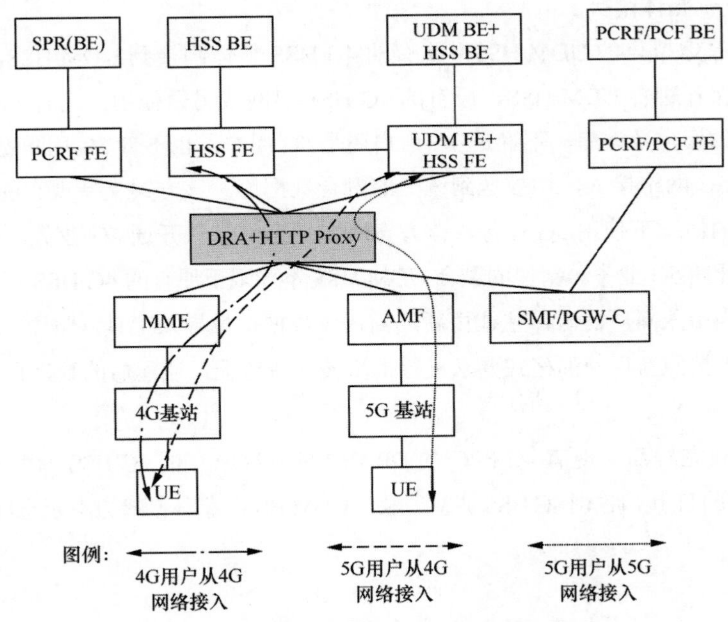

图5-16 现网DRA升级为Proxy的组网示意

3. 4G/5G 用户迁移方案

4G 用户升级为 5G 用户是 5G 用户的一个主要来源，从用户的角度来说，不希望更换手机卡和号码，只需要有一个 5G 终端就可以使用 5G 业务。因此 5G 网络就需要支持现有 4G 用户在不换手机卡、不换号码的情况下使用 5G 业务。从手机卡的角度来说，既可以支持 4G 卡，又可以支持 5G 卡来使用 5G 业务。

- 4G 卡满足 4G 用户在不换卡、不换号的情况下，通过更换 5G 终端接入 5G 网络使用 5G 业务，这时 5G 终端负责将 4G 卡的 IMSI 号码转换成未加密的用户掩藏的标识

（Subscription Concealed Identifier，SUCI）号码在5G网络中注册，此时用户已经是5G用户，需要将用户从现有的4G HSS割接或迁移到5G的融合UDM/HSS。

● 新启用5G卡，5G卡相对现有的4G卡而言是新卡。新卡按照新卡的规范支持SUCI加密，不需要终端来完成加密。另外，为了方便在网络中区别原来4G用户的路由，5G新卡一般会启用新的IMSI号段。

不管是从用户的角度还是从卡的角度，5GC均需要考虑将原有4G的用户数据从现有HSS向融合UDM/HSS迁移。用户数据的迁移大体上可以分为如下两种方案，即整体割接和按需逐步迁移。两种方案都需要新建融合UDM/HSS。新建融合UDM/HSS遵从5G标准，采用虚拟化的方式。现网4G HSS绝大多数都是传统厂商专用的硬件设备架构，即在现网4G HSS专用的设备基础上无法平滑升级到虚拟化架构的融合UDM/HSS。

（1）方案一：整体割接

该方案新建虚拟化的UDM/HSS，原有的4G HSS整体割接到UDM/HSS，在割接完成后，网络中只保存融合UDM/HSS，原有的4G HSS退网或另做他用。这种方式相当于统一了全网4G/5G的用户数据库，不管是4G用户还是5G用户，也不管5G用户是通过4G网络接入还是通过5G网络接入，均被送到统一的融合数据库。该方案支持现有的4G用户在不改号、不换卡的情况下使用5G业务，该方案既支持全网默认开通5G业务，也支持单个用户签约的形式开通5G业务。新建的融合UDM/HSS不局限于原有的4G HSS厂商，也可以引入新的厂商。当引入新厂商时，往往由新厂商提供数据批量导入工具，将原4G HSS厂商的数据导出后，再按照新厂商的格式要求进行批量转换或适配，适配后的数据再装入新建的融合UDM/HSS。

该方案实施完毕后，现有4G EPC的DRA的路由从原有的4G HSS调整到新建的融合UDM/HSS，相应的IT接口也由4G HSS调整到融合UDM/HSS。整体割接方案示意如图5-17所示。

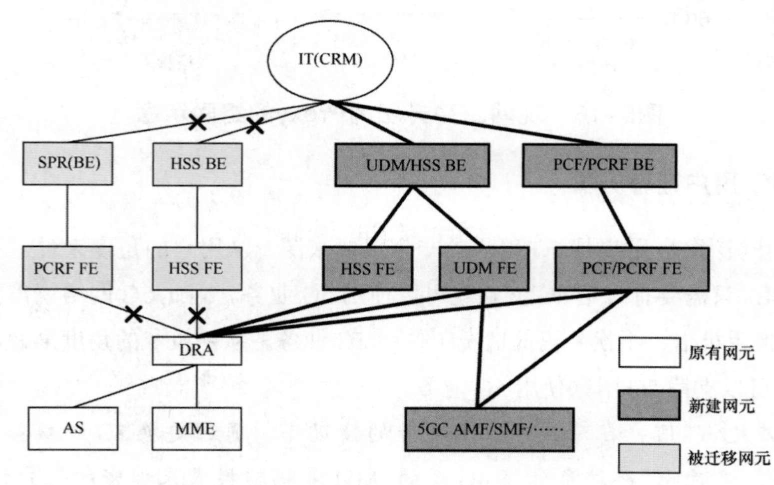

图5-17　整体割接方案示意

(2)方案二：按需逐步迁移

按需逐步迁移是在新建融合 UDM/HSS 后，将签约 5G 业务的用户从 4G HSS 迁移到 5G 融合 UDM/HSS，4G 的 HSS 和 5G 的融合 UDM/HSS 将长期并存，4G 的 HSS 处理 4G 用户的数据，融合 UDM/HSS 处理 5G 用户的数据。当 4G 用户升级为 5G 用户时，由 IT 将用户的数据写入 5G 融合 UDM/HSS 中，原 4G HSS 中的用户数据将被删除。该方案可以支持用户换卡或不换卡使用 5G 业务。原有 4G 用户仍然可以通过 4G 网络去 4G HSS 进行用户的查询、鉴权等操作。新建的融合 UDM/HSS 也不局限于原有 4G HSS 厂商。

该方案要求现有的 4G HSS 具备 Proxy 功能，当 5G 用户从 4G 网络接入时，4G HSS 去 5G 融合 UDM/HSS 查询用户数据；当 5G 启用新的 IMSI 号段时，DRA 需要将新号段的 Diameter 信令路由到融合 UDM/HSS 上。按需逐步迁移方案示意如图 5-18 所示。

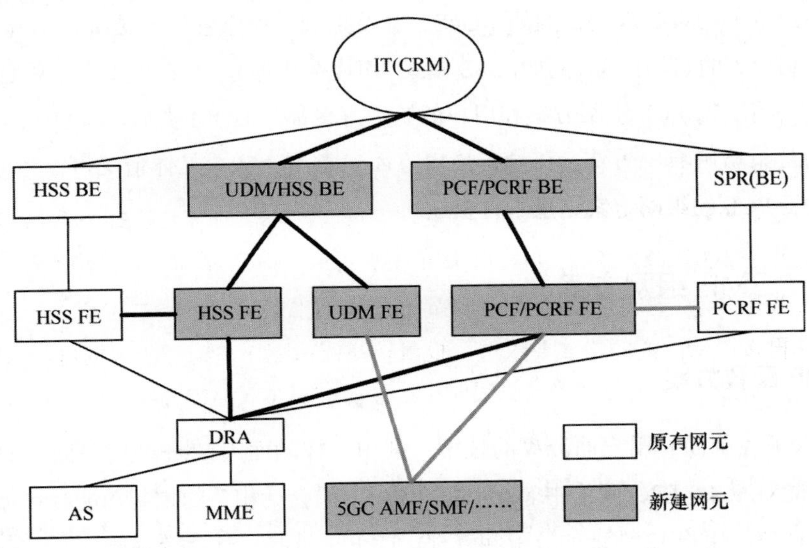

图5-18 按需逐步迁移方案示意

上述两种方案各有特点，两个方案的对比分析见表 5-9。具体方案的选择由各运营商结合自身的情况确定。

表5-9 两个方案的对比分析

	方案一 整体割接	方案二 按需逐步迁移
方案描述	新建融合数据库 UDM/HSS，割接 4G 用户数据到新建的 UDM/HSS。新老用户数据库进行适配、导入，对 IT 要求相对较低	新建融合数据库 UDM/HSS，5G 签约用户逐个迁移。原有 4G 用户仍保存在 4G HSS。 4G HSS 和融合 UDM/HSS 之间通过转发接口实现数据查询
用户影响面	全网用户，影响较大	个别用户，影响较小

（续表）

	方案一　整体割接	方案二　按需逐步迁移
IT 系统要求	新老用户数据库进行适配、导入，对 IT 要求相对较低。	IT 改造实现 4G、5G 用户数据的迁移，适配不同厂商的模板和指令，对 IT 系统要求很高
现有 4G HSS 的处理	退网或他用	不退网，UDM/HSS 并存
4G、5G 用户数据	用户数据统一，架构相对简洁	4G、5G 用户数据独立并存
支持不同厂商情况	支持不同厂商	支持不同厂商

5.5.4　PCF 组网方案

PCF 是用于 5G 业务的策略控制，提供统一的策略框架来管理网络行为，为 SMF/AMF 提供针对用户业务的策略规则（例如，QoS、计费控制、配额管理、带宽控制等），保存用户的策略控制相关的签约信息（例如，SSS 模式、切片选择等）。PCF 在架构上与 UDM 类似，也由 FE 和 BE 组成。PCF 组网方案和用户的签约方案都与 UDM 类似，与 UDM 不同的是，PCF 处理的是策略用户，另外，在设备接口方面二者不一样。具体情况可参考 UDM 的组网方案，关于 PCF 的组网方案这里不再赘述。

5.5.5　SMF 组网方案

1. SMF 配置方案

5G 引入了控制面和用户面分离的技术，其中，控制面为 SMF，用户面为 UPF。SMF 会话管理功能对应 4G EPC 网络中 MME 和 PGW 中的会话相关的控制功能，包括会话的建立、修改和释放，用户 IP 地址的分配和管理、UPF 的选择、计费等功能。

4G PGW 的能力指标通常包括承载数和吞吐量，5G 网络处理的 IP 最小单元为流（FLOW），对应 4G 网络的承载（Bear），相应的 SMF 设备的能力指标为同时处理的流数量，当然也包括计费的能力、同时建立的流数量、同时关联的 UPF 数量等，但同时处理的流数量一般作为计算 SMF 配置的指标。SMF 配置计算示例见表 5-10。表 5-10 中的示例是从同时处理的流数量维度来计算 SMF 的套数需求和容量配置。

表5-10　SMF配置计算示例

SMF 能力指标	标识	说明
单套支持的流数量	Y1	来自运营商的设备性能测试或现网实测数据

（续表）

业务预测输入	标识	说明
总的需要处理的流数量	X1= 预测用户数 × 开机率 × 每附着用户流数	来自用户预测和业务模型
单套容量冗余系数	X2	
不考虑容灾的设备套数需求		
同时处理的流数量维度	a1= 向上取整（X1 × X2/Y1）	
考虑容灾后的需求		
SMF 套数（“*N*+*N*”POOL）	a2=2 × a1	
单套 SMP 容量配置	a3=X1 × X2/a2	

在实际部署网络时，为了支持与 4G 的互操作，同时也为了向未来的网络演进，一般会部署融合的 SMF/PGW-C。其中，PGW-C 的能力指标用同时处理的承载数来衡量。融合的 SMF/PGW-C 在逻辑上仍然分 SMF 和 PGW-C，只是在设计处理时，二者的部分功能合用，内部协议处理可能更紧凑，具体由设备厂商的技术实现来确定。

2. SMF 网络组织

SMF 的组网示意涉及 SMF 与 UPF 的关联，根据 SMF 与 UPF 间的关联关系，可以大致有如下 3 种组网方式。

（1）方式一：一个 UPF 只与一个 SMF 关联，受一个 SMF 控制

方式一组网示意如图 5-19 所示。一个 UPF 只与一个 SMF 关联，该 UPF 上的所有 PDU 会话均由这个关联的 SMF 处理，相应的该 UPF 也只受这个 SMF 管理控制。在这种情况下，SMF 采用成对设置，采用“1+1”备份的方式，一个 SMF 可以关联多个 UPF，对多个 UPF 进行控制管理。该方式的网络组织简单，适合网络规模非常小、业务场景简单的应用场景。

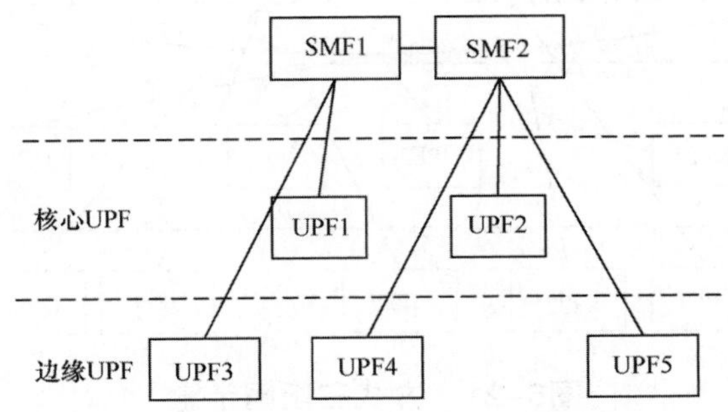

图5-19　方式一组网示意

（2）方式二：一个 UPF 可以与多个 SMF 关联，同时受多个 SMF 控制

方式二与方式一的区别在于，方式二的一个 UPF 可以与多个 SMF 关联，受多个 SMF

控制管理。具体到某个 PDU 会话只能由其中的一个 SMF 处理，不同的 PDU 会话可以由不同的 SMF 处理。方式二允许 SMF 采用 POOL 组网方式，UPF 可以与 POOL 内的各 SMF 形成全连接，从而可以形成 POOL 内的 SMF 的负荷均衡，同时也方便 SMF POOL 的容量扩容或缩容。方式二组网示意如图 5-20 所示。

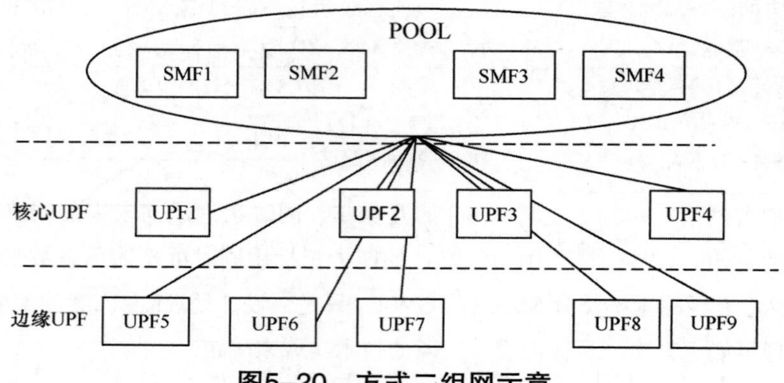

图5-20　方式二组网示意

（3）方式三：方式一和方式二的综合

方式三是对方式一与方式二的综合，既有一个 UPF 只与一个 SMF 关联，也有一个 UPF 与多个 SMF 关联。方式三可以将核心 UPF 全部连接到 POOL 内的所有 SMF，将用于边缘计算的 UPF 只与 POOL 内固定的 SMF 关联，即核心 UPF 可以由 POOL 内所有的 SMF 控制，边缘计算的 UPF 只由其中一对 SMF 控制。这种方式既可方便业务的发展，也可适当简化网络配置。方式三组网示意如图 5-21 所示。

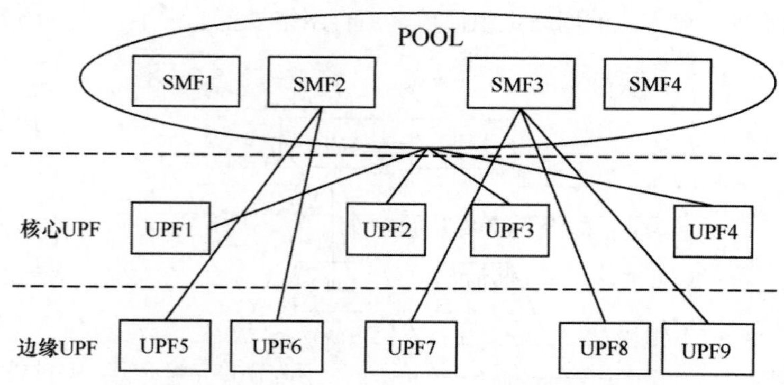

图5-21　方式三组网示意

对于上述的三种方式，若业务规模在未来 3 ～ 5 年变化不大，只需要一对 SMF 处理的情况下，方式一较为简单、结构清晰，也方便维护和故障定位。当业务规模较大、需要多套 SMF 时，方式二和方式三的优势就比较明显。方式二和方式三不仅便于设备负荷的均衡，也方便网络的发展。方式二和方式三的区别仅在于对边缘 UPF 的控制处理上：当容量小、配置简单的边缘 UPF 的数量远远多于核心 UPF 时，方式三的组网可能会更简化，配置更简单，故障排查更方便。运营商可以根据自身的要求和规划来确定具体的组网方式。

SMF 在 5G 网络中处于重要位置，其安全稳定运行是至关重要的，因此 SMF 一般至少要放在不同地理位置的两个 DC，形成地理上的容灾。成对的 SMF 或组成 POOL 的 SMF 一般均衡设置在两个 DC。虽然两个 DC 的物理位置不同，但在逻辑组网上可以视作一个整体。SMF 组网示意如图 5-22 所示。

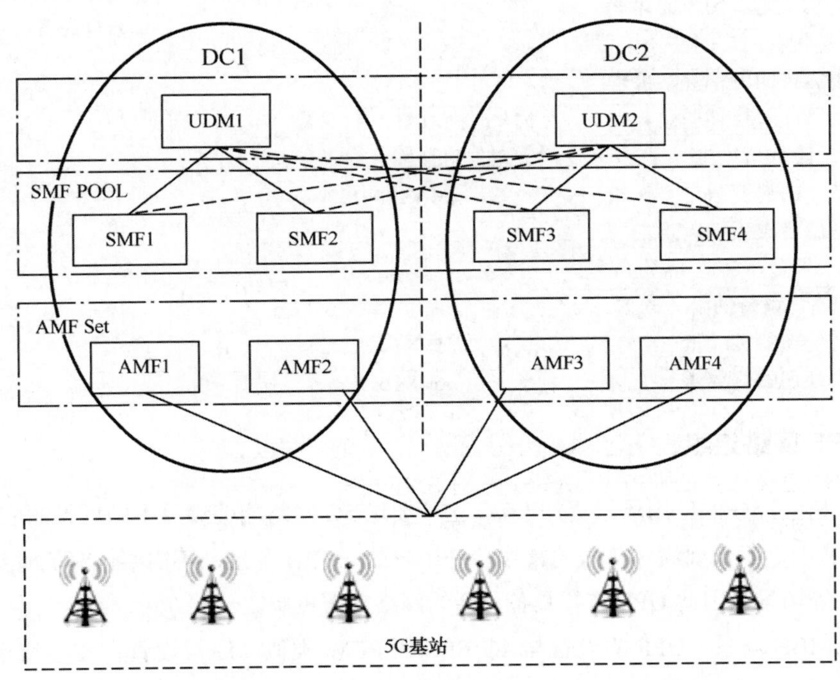

图5-22　SMF组网示意

5.5.6　UPF

1. UPF 配置方案

UPF 是 CUPS 分离架构的用户面部分，对应的是 4G 网络中的 PGW-U 设备，主要负责数据包（即媒体流）的路由和转发、数据包的检测（类似深度包检测 DPI 功能）、用户面策略的实施、QoS 的执行等。

UPF 的能力指标包括同时处理的吞吐量和流数量，对应 4G PGW 的吞吐量和承载数，在计算 UPF 的配置时，通常以这两个指标来衡量。UPF 配置计算示例见表 5-11。表 5-11

给出了同时处理的吞吐量和流数量两个维度来计算 UPF 的套数需求和容量配置。

表5-11 UPF配置计算示例

UPF 能力指标	标识	说明
单套支持的吞吐量	Y1	来自运营商的设备性能测试或现网实测数据
单套支持的流数量	Y2	
业务预测输入		
总的附着用户数	X1	UPF 辖区的预测用户数 × 开机率
忙时平均每附着用户的速率	X2	来自业务模型
忙时平均每附着用户的并发流数量	X3	
不考虑容灾的设备套数需求		
吞吐量维度	a1= 向上取整（X1 × X2/Y1）	
流数量维度	a2= 向上取整（X1 × X3/Y2）	
UPF 套数	a3=MAX（a1，a2）	
考虑容灾后的需求		
UPF 套数（“*N*+1”备份）	a4=a3+1	
单套 UPF 设备的能力配置		
处理的吞吐量	a5=X1 × X2/a4	
处理的流数量	a6=X1 × X3/a4	

2. UPF 网络组织

与 4G 相比，5G 的应用场景更加丰富，这就要求 5G 网络能够满足不同场景的应用需求，具体到 UPF 上，不仅要满足传统的针对移动用户的 eMBB 场景，还需要针对低时延、大带宽的 MEC 等场景，因此 UPF 需要具备灵活的网络部署机制。

针对 eMBB 场景，UPF 的设置与 4G EPC 的 PGW 类似，通常设置在省会城市或省内的大城市，这类 UPF 可以称之为核心 UPF。针对移动用户，UPF 的设置还需要考虑 4G/5G 的互操作和融合组网的需求，即 UPF 与 PGW-U 融合设置。核心 UPF 的设置相对集中，尤其是在网络部署初期，UPF 主要设置在省会城市或者省内的大城市，一般不会一开始就下沉到省内每个城市。另外，5G 的语音业务仍然是由 IMS 来解决的，而 IMS 的接入设备 SBC/P-CSCF 通常设置在省会城市（国内运营商部分省份可能还会设置省内第二核心城市），为了将语音业务就近接入 IMS 网，UPF 也需要同 SBC/P-CSCF 一样相对集中地设置在省会城市。eMBB 场景下 UPF 的组网示意如图 5-23 所示。

针对 MEC 场景，考虑到 MEC 的低时延、大带宽需求，UPF 需要就近接入 MEC，一般 UPF 需要与 MEC 紧密关联部署在一起，此类的 UPF 通常称为边缘 UPF。MEC 应用场景非常多，设置位置一般在会场、园区、体育馆等场所，靠近无线网络设置，这就意味着 UPF 部署在 5G 网络的边缘。

边缘计算场景下 UPF 的组网示意如图 5-24 所示。

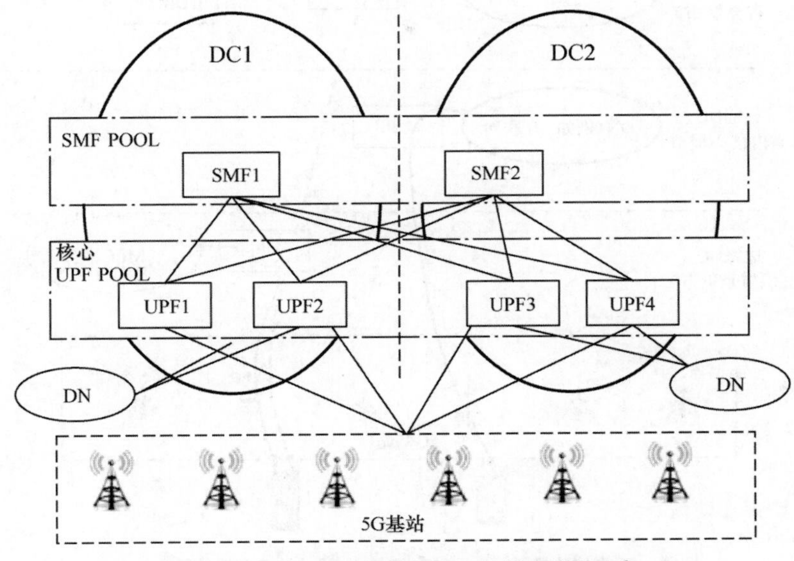

图5-23 eMBB场景下UPF的组网示意

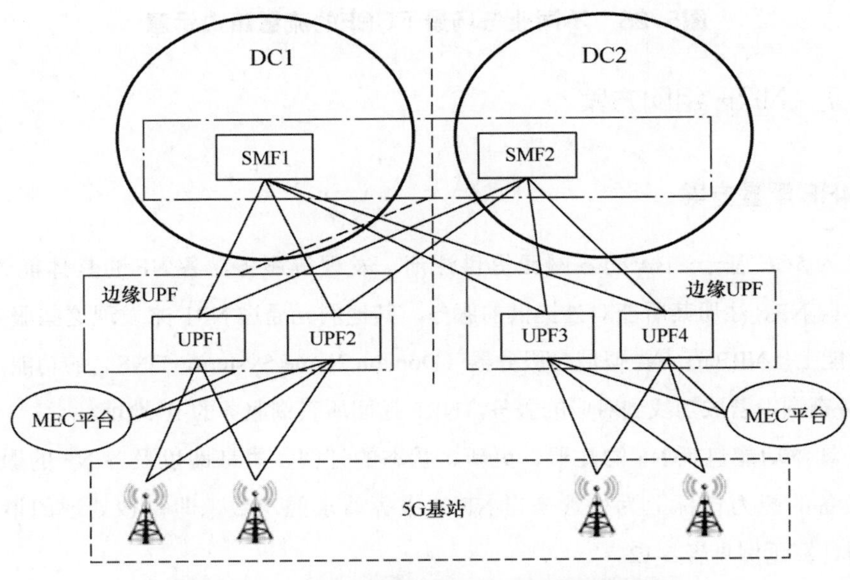

图5-24 边缘计算场景下UPF的组网示意

5G 网络支持上行链路分类器（Uplink Classifier，ULCL）和分支点（Branching Point，BP）功能（详见本书第六章 5G 核心网设备要求），允许用户的业务流经过多个 UPF，即为不用业务设置不同的锚点 UPF。例如，对于边缘计算的业务直接由边缘 UPF 出移动网，对于用户的语音业务，可以由边缘 UPF 送至核心 UPF，再由核心 UPF 送至 IMS 网。不同业务场景下 UPF 的流量路由示意如图 5-25 所示。

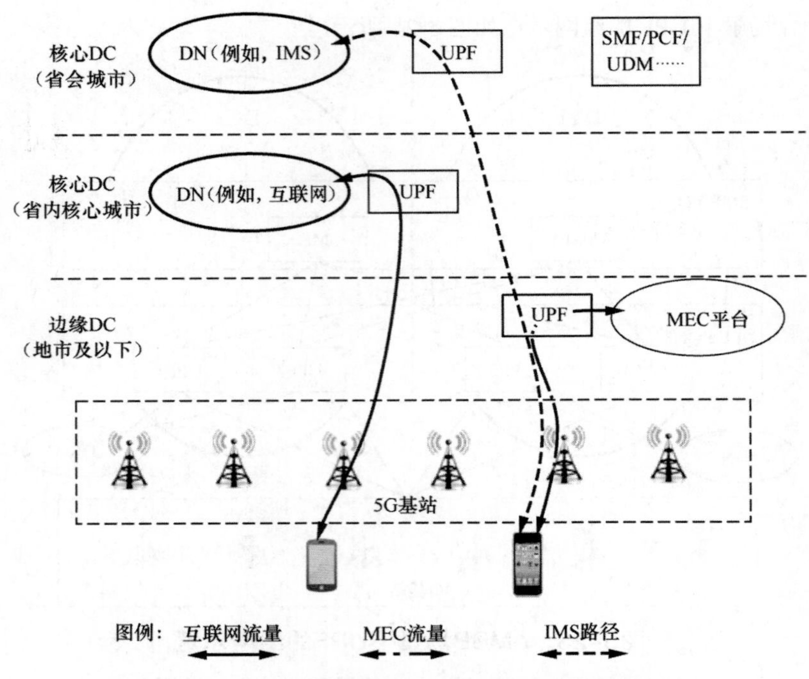

图5-25　不同业务场景下UPF的流量路由示意

5.5.7　NRF 组网方案

1. NRF 配置方案

NRF 为 5GC 基于 SBA 的各网元提供注册、发现等服务，各 NF 的具体能力保存在 NRF 中，向 NRF 注册其所能对外提供的服务，其他网元通过 NRF 来发现这些服务。在服务查询功能上，NRF 有点类似域名服务器（Domain Name System，DNS）的功能，对来自 NF 的服务查询，若成功找到对应的服务，NRF 返回所查询服务的 IP 地址。

NRF 具体功能包括 NF 的注册、更新、状态的订阅、去订阅以及各 NF 的服务发现，反映到设备的能力指标上为处理来自 NF 的服务请求的次数，即每秒处理的请求次数。NRF 配置计算示例见表 5-12。

表5-12　NRF配置计算示例

NRF 能力指标	标识	说明
单套支持的每秒处理的请求次数	Y1	来自运营商的设备性能测试或现网实测数据
业务预测输入		
总的附着用户数	X1= 预测用户数 × 开机率	来自业务模型

（续表）

业务预测输入	标识	说明
每附着用户忙时查询 NRF 次数	X2	
NRF 能力指标	标识	说明
冗余系数	X3	
不考虑容灾的设备套数需求		
处理服务器请求维度	a1= 向上取整（X1 × X2 × X3/Y1）	
考虑容灾后的需求		
NRF 套数（“1+1”备份）	a2=2 × a1	
单套 NRF 设备的能力配置	X1 × X2 × X3	

2. NRF 网络组织

NRF 为所辖区域内的 NF 提供网元的注册、发现等服务，当需要发现区域外的 NF 时，需要在 NRF 间进行中转。由此，NRF 的组网可以分为分级组网和网状组网两种方式。

分级组网是将 NRF 分为骨干级 NRF（H-NRF）和省级 NRF（L-NRF）。其中，L-NRF 负责辖区内各 NF 的注册、发现等服务，对跨省的服务发现由 L-NRF 向 H-NRF 查询，H-NRF 根据策略将请求转发到 L-NRF，由 L-NRF 提供具体的 NF 的发现。该组网方式的各 L-NRF 与 H-NRF 形成连接关系，跨省的查询通过 H-NRF 来实现。NRF 分级组网示意如图 5-26 所示。

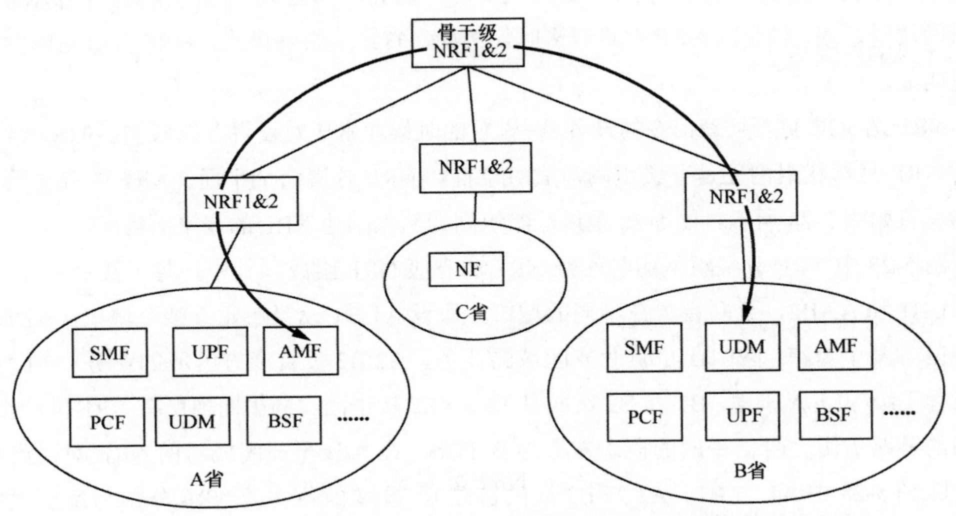

图5-26　NRF分级组网示意

NRF 的网状组网方式为一级架构或扁平架构，各 L-NRF 直接查询，不需要再经过其他中间 NRF。该组网方式要求各 L-NRF 配置全国的数据（例如，用户的号段），针对全国的数据配置相应的路由。NRF 网状组网示意如图 5-27 所示。作为对比，图 5-27 给出了网状组网架构下 A 省 AMF 查询 B 省 UDM 的查询路径示意。

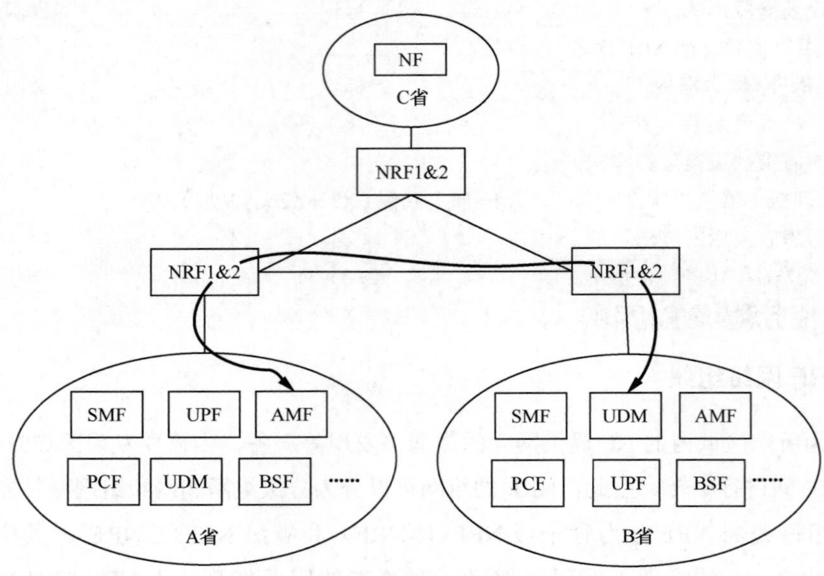

图5-27　NRF网状组网示意

NRF 的分级组网和网状组网各有特点，分级组网中的省级 NRF 的数据配置相对简单，避免了因号段的增补而对网络的大范围修改，组网架构也比较清晰；网状组网架构查询效率更高，不需要中转。当全网 NRF 数量较少时，例如，大区集中组网模式，则 NRF 的网状组网比较适用；当全网 NRF 数量较多时，例如，省集中组网模式，NRF 分级组网的优势会更明显。

NRF 是 5GC 负责处理信令的设备，在设置的时候通常成对设置并以双平面的形式组网。不管 NRF 是网状组网还是分级组网，成对设置的 NRF 分属两个平面。NRF 的双平面分级组网示意如图 5-28 所示。图 5-28 是以分级组网为例来阐述 NRF 的双平面组网。

图 5-28 中 NRF 分级组网由骨干级 NRF 和省级 NRF 组成。其中，骨干级 NRF 设置两对 A1/B1 和 A2/B2，分别设置在不同的城市，假设 A1/B1 设置在北方某个城市，A2/B2 设置在南方某个城市，A1/B1 负责北方区域的业务，A2/B2 负责南方区域的业务。A1 与 A2 组成骨干级 NRF A 平面，B1 和 B2 组成骨干级 NRF B 平面。同平面内所有 NRF 网状组网，其间的链路借用七号信令网的概念被称为 B 链路，在 A/B 平面间成对的 NRF 间设置 C 链路（即图 5-28 中 A1 与 B1、A2 与 B2 间的链路），区域内各省的 NRF 分别与所属大区的 A/B 平面的骨干级 NRF 设置 D 链路。

双平面间采用两两负荷分担的方式工作并相互备份。在正常情况下，只有同平面的 B 链路承载省际长途信令业务，B 链路故障情况下经 C 链路迂回到另一平面省际 B 链路。一个平面的设备或者其链路出现故障后，另外，一个平面可通过 C 链路接管全部业务。同时，同一区域内的两个骨干级 NRF 之间互为容灾备份。

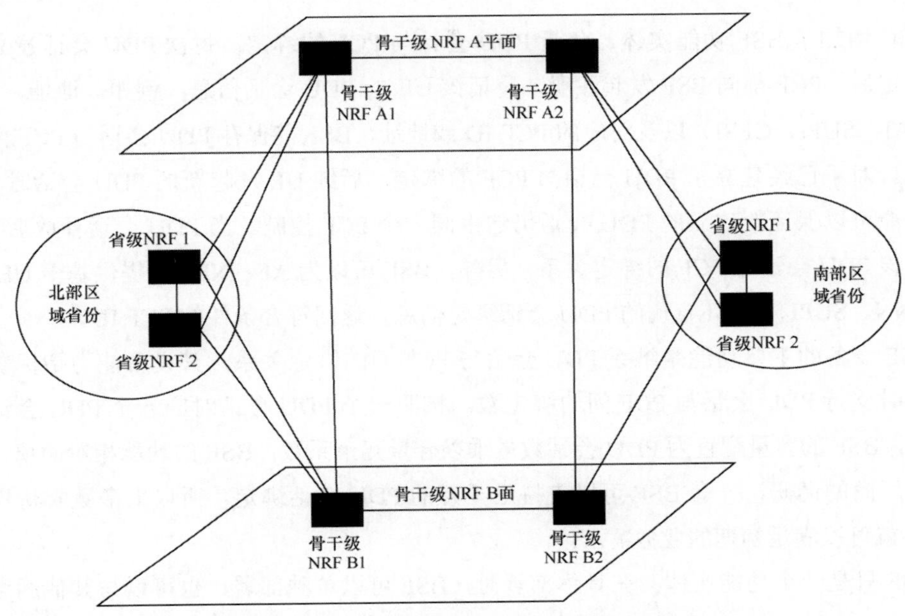

图5-28　NRF的双平面分级组网示意

NRF 属于 5GC 的关键核心网元之一，集中设置的 NRF 通常设置在两个不同地理位置的 DC，形成双 DC 组网架构。设置在两个 DC 的成对 NRF 间设置同步机制，保证两边 NRF 的数据一致，以实现相互容灾备份。各 NF 通过 NSSF 来选择 NRF，NF 向 NSSF 查询时，NSSF 给 NF 返回两个 NRF 地址，当其中一个 NRF 故障不能访问时，NF 再访问另外一个 NRF。NRF 省内双 DC 设置组网示意如图 5-29 所示。

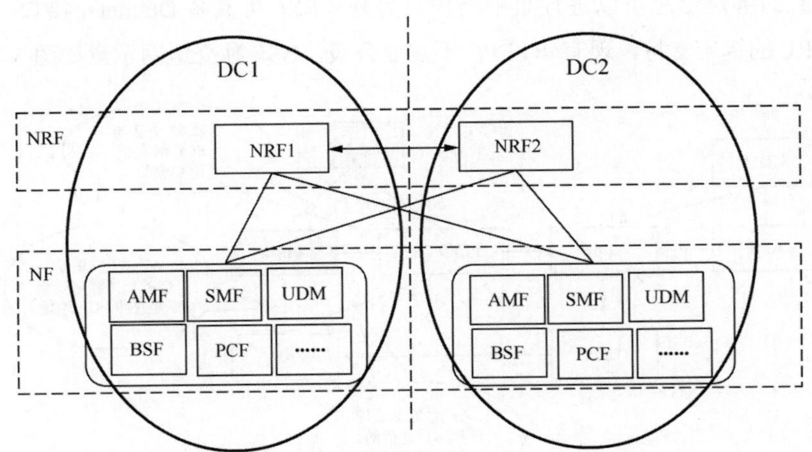

图5-29　NRF省内双DC设置组网示意

5.5.8 BSF 组网方案

5GC 增加了 BSF 功能实体，负责 PDU 会话与 PCF 的绑定。每次 PDU 会话建立并与 PCF 绑定后，PCF 都向 BSF 发起注册，登记该 UE 的 PDU 会话信息（例如，地址、DNN、S-NSSAI、SUPI、GPSI）以及对应的 PCF ID 或地址，BSF 能保存 PDU 会话与 PCF 间的绑定信息。对于已经建立了 PDU 会话与 PCF 的绑定，后续 UE 发起新的 PDU 会话时，BSF 绑定功能可以保证新建立的 PDU 会话仍然由同一个 PCF 控制。当 PDU 会话释放后，BSF 也释放该 PDU 会话与 PCF 的绑定关系。另外，BSF 可以为 AF、NEF 等提供基于 UE IP 地址、DNN、SUPI、GPSI 查询的 PDU 会话绑定信息，返回符合条件的 PCF ID。

BSF 设备的主要功能是维系 PDU 会话与 PCF 间的绑定关系，其设备能力指标参数是可以同时支持 PDU 会话与 PCF 间的绑定数。按照一个 PDU 会话对应一个 PDU 会话绑定数计算，BSF 的容量配置为 PDU 会话数量乘以容量冗余系数。BSF 的功能相对简单，根据对相关厂商的调研，一套 BSF 可以支持上千万的 PDU 会话绑定，所以大多数省份设置一对 BSF 就可以满足初期的业务需求。

BSF 只是一个功能实体，在具体部署时，BSF 可以单独部署，也可以与其他网络功能合设，例如，与 PCF 合设、与 4G EPC 的 DRA 合设等。

1. 方式一：BSF 独立部署

BSF 与其他 5GC 的功能实体一样，独立部署，单独建设 BSF 网元。独立部署的 BSF 负责每个 PDU 会话建立时与 PCF 的绑定，当 PDU 会话释放时，清除该绑定信息。BSF 为 AF（例如，IMS）提供基于 UE 信息的 PCF 绑定信息的查询。根据这种独立部署方式，PDU 与 PCF 的绑定信息可以进行集中维护。另外，BSF 可具备 Diameter 接口，实现对融合 PCF/PCRF 的绑定支持，现有 4G EPC 不需要升级。BSF 独立组网示意如图 5-30 所示。

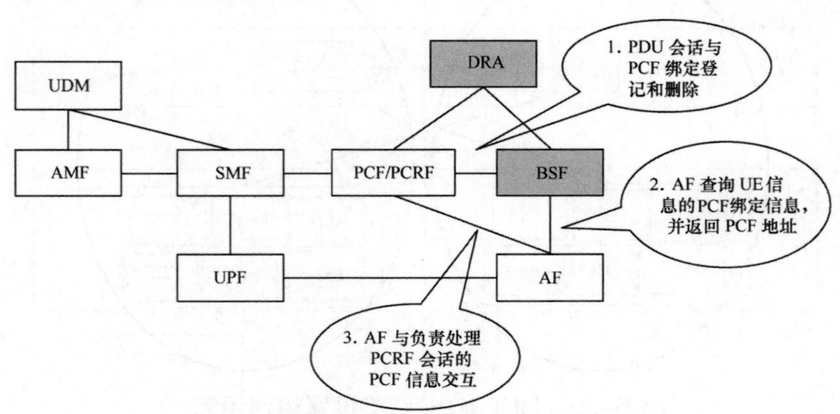

图5-30 BSF独立组网示意

2. 方式二：BSF 与 PCF 合设

方式二是将 BSF 功能叠加在 PCF 上，PCF 与 BSF 间的会话绑定信息直接在本地登记或删除。另外，PCF 本身是融合 PCF/PCRF，支持 Diameter 协议，PCF 上叠加 BSF 功能可以与 DRA 对接，支持来自 EPC 或 AF 的会话绑定信息查询。方式二可以简化 BSF 对 PCF 与 PDU 会话间的绑定信息，将外部设备间的信令变为设备内部的信令。BSF 与 PCF 合设组网示意如图 5-31 所示。

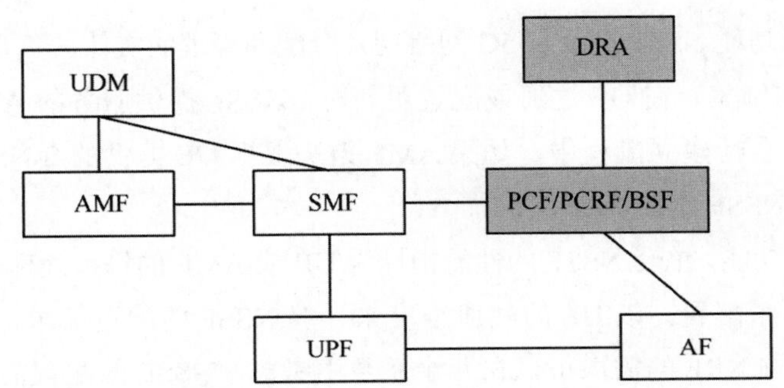

图5-31 BSF与PCF合设组网示意

3. 方式三：BSF 与 DRA 合设

方式三是对现有 4G EPC 网络中的 DRA 升级支持 BSF，由 DRA 来承担 BSF 功能，BSF 与 DRA 合设组网示意如图 5-32 所示。此方式下的 BSF/DRA 同时连接 5GC 和 EPC，不仅负责 5G 网络的 PDU 会话与 PCF 的绑定，还负责现有 EPC Diameter 信令的转接和路由。在 BSF 与 DRA 合设的情况下，BSF 与 DRA 间的信令交互为内部信令交互。

方式三要求 BSF 与现网 DRA 是同厂商设备，不同厂商是无法实现内部功能的合设。BSF 与 DRA 合设组网示意如图 5-32 所示。

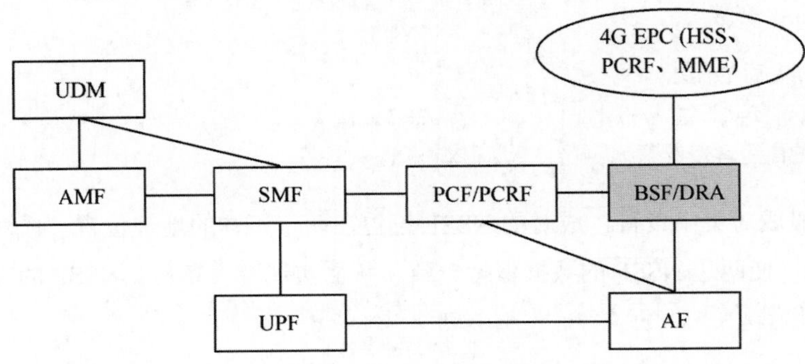

图5-32 BSF与DRA合设组网示意

在上述的三种方式中，方式一和方式二与现网的关联度不大，可以引入与现网 EPC 设备不同厂商的 BSF 设备，方式三需要基于现网设备厂商来实施。因为合设可以将原本独立的两个网元间的信令交互变成设备内部的信令交互；独立设置流程清晰、故障排查相对简便，所以每种方式都有其特点，没有绝对的好与坏，运营商应根据自身的需要选择适合自己的建设方式。

5.5.9 NSSF 组网方案

网络切片选择功能 NSSF 是负责 5G 网络切片分配和管理的实体，负责为 UE 选择提供服务的网络切片实例集。在 UE 注册或配置更新时，NSSF 提供服务的 AMF Set 或一组候选 AMF。在 PDU 会话建立流程中，如果 AMF 无法根据 UE 提供的 S-NSSAI 确定是哪个 NRF 时，AMF 向 NSSF 查询 NRF 信息。

根据 NSSF 的功能，单套 NSSF 的性能指标为 UE 或 AMF 的每秒处理查询次数的能力。为简化 NSSF 的容量配置，以 UE 的注册维度来计算 NSSF 的配置需求，对于 UE 的配置更新以及 AMF 查询 NRF 的需求可以在冗余系数中考虑。NSSF 的配置需求计算示例见表 5-13。

表5-13　NSSF的配置需求计算示例

NSSF 能力指标	标识	说明
单套支持的每秒处理查询次数	Y1	来自运营商的设备性能测试或现网实测数据
业务预测输入		
总的附着用户数	X1= 预测用户数 × 开机率	来自业务模型和用户预测
忙时每附着用户查询 NSSF 的平均次数	X2	
冗余系数	X3	
不考虑容灾的设备套数需求		
NSSF 套数	a1= 向上取整（X1 × X2 × X3/Y1）	
考虑容灾后的需求		
NSSF 套数（“1+1”主备份）	a2=2 × a1	
单套 NSSF 的容量配置	X1 × X2 × X3	

NSSF 一般成对集中设置，成对的 NSSF 设置在两个不同的地理位置。成对的 NSSF 间设置同步机制，使两边 NSSF 的数据保持一致，从而实现容灾备份。NSSF 的双 DC 设置示意如图 5-33 所示。

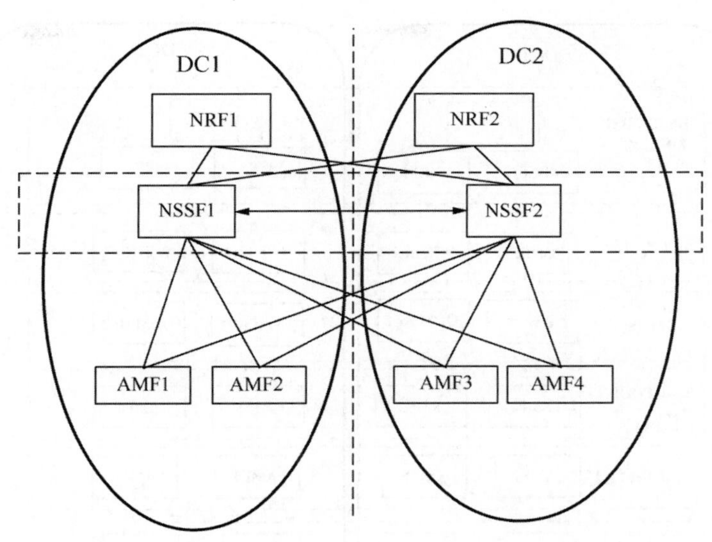

图5-33　NSSF的双DC设置示意

5.5.10　5GC VNF 建设方案汇总

5GC VNF 的建设方案完成后，可以对上述各 VNF 的情况进展做一个概要性的汇总。5GC VNF 建设规模汇总见表 5-14。

表5-14　5GC VNF建设规模汇总

序号	VNF 名称	套数	备份方式	容量单位	容量配置	新增容量
1	AMF					
2	UDM					
3	PCF					
4	SMF					
5	UPF					
6	NRF					
7	BSF					
8	NSSF					

在表 5-14 中，还可以根据需要体现出其他信息，例如，现网容量配置信息、新增网元套数信息等，可根据实际需求灵活设置。

VNF 整体组网示意如图 5-34 所示。同样，在图 5-34 中，也可以根据需要添加信息，例如，新增网元、扩容网元等。

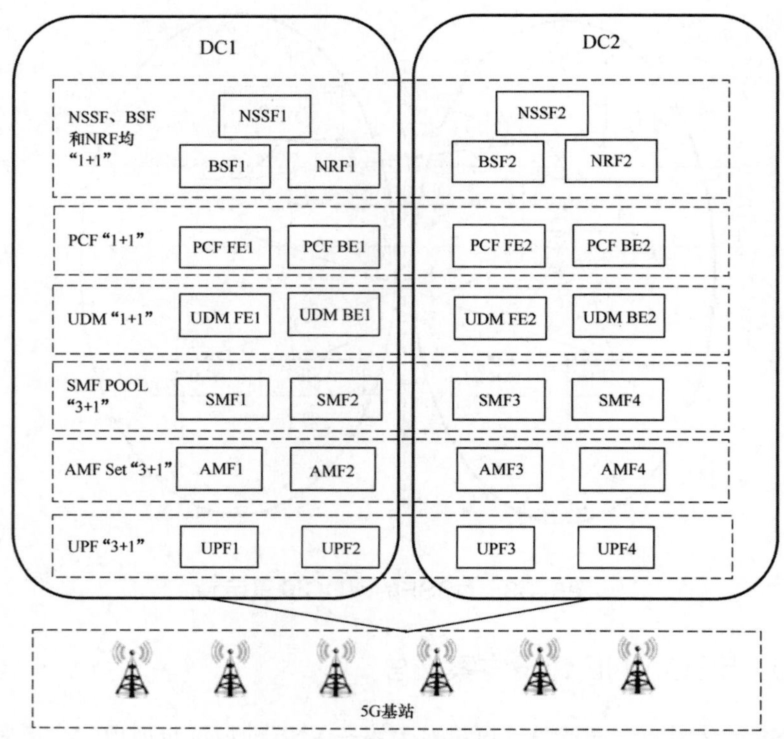

图5-34 VNF整体组网示意

5.6 容灾方案

5.6.1 容灾方案概述

5G 核心网处于移动网络的核心层面，单套设备容量可以处理的用户规模少则达到百万用户级别，多则达到千万用户级别，覆盖几个地市甚至全省 / 区的用户范围。所以不管是从用户量还是从覆盖的范围，5G 核心网设备的安全性都至关重要。在实际网络运营中，由于人为操作失误、设备故障、自然灾害等原因，通信网络节点的故障往往不可避免且故障恢复的时间较长，这就需要在网络建设和运营过程中提前考虑 5G 核心网的容灾备份方案，以保障 5G 网络的安全运行，将可能的故障影响降到最低程度。

容灾的范畴比较广，包括单套设备内部组件的容灾、设备之间的容灾、跨机房的设备容灾、网络的容灾、云资源池的容灾等。这里的容灾方案主要针对 5G 核心网各逻辑网元的容灾，并结合 DC 来阐述 5G 核心网的容灾方案。

5G 核心网网元的容灾组网方案通常包括“*N*+1”负荷分担、“1+1”负荷分担、“1+1”主备、POOL 等方式。

（1）“N+1”负荷分担

在正常情况下，“N+1”个设备以负荷分担的方式工作，“N+1”设备间不进行容灾数据的同步。一旦其中一个设备故障失效时，其业务就会被分配给剩下的 N 个设备来处理。按照“N+1”负荷分担方式，发生故障的那个设备正在处理的业务在一般情况下会中断，需要用户或网络重新发起注册或连接来使用业务。

（2）“1+1”负荷分担

在正常情况下，两套设备均工作，承担覆盖区一半的业务，同时两边保持数据同步。当其中一套设备故障失效时，另一套设备能顺利接管失效设备的全部业务。“1+1”负荷分担模式在设备容量配置上需要考虑备份容量的配置，由于两套设备的数据同步，“1+1”负荷分担可以达到失效设备正在处理的业务不中断的目的。

（3）“1+1”主备

“1+1”主备与“1+1”负荷分担的区别是：在正常情况下，只有主用设备在处理业务，备用设备不处理业务。“1+1”主备还可以进一步细分为热备和冷备：热备是备用设备保持与主用设备的数据同步，能随时接管主用设备的业务；冷备是备用设备没有同步主用设备的数据，通过用户的重新注册或网络的连接来接管失效的主用设备。

（4）POOL

POOL 的容灾方式是将同类设备组成一个池（POOL），POOL 内的设备按照容量配置以负荷分担的方式工作，POOL 内的设备之间通过技术手段实现容灾数据的同步。一旦一个设备故障失效时，则由池中的其他可用设备接管其业务。POOL 内的设备通常采用“N+M”的方式配置。其中，$1 \leqslant M \leqslant N$。

根据 5G 核心网各网元的功能及流程，5G 核心网主要网元的容灾方式建议见表 5-15。运营商在网络部署的时候，可根据自己的用户规模、组网方案以及运营要求选择适合自己的网络容灾方案。

表5-15　5G核心网主要网元的容灾方式建议

网元名称	容灾备份方式	说明
AMF	POOL	单个 POOL 内采用“N+1”或“N+N”的方式，N 一般为 3~5
SMF		
UPF	负荷分担	“N+1”（核心 UPF）或“1+1”（边缘 UPF）
UDM-FE	负荷分担	“1+1”或“N+1”，N 一般为 3~5
UDM-BE	“1+1”主备	—
PCF-FE	负荷分担	“1+1”或“N+1”，N 一般为 3~5
PCF-BE	“1+1”主备	—
NRF	“1+1”主备	—
NSSF	“1+1”主备	—
BSF	“1+1”负荷分担	—

5.6.2 AMF 容灾方案

AMF 负责用户的接入和移动性管理，是 5GC 的入口。根据 3GPP 标准，AMF 支持 AMF Set 的容灾。其中，Set 类似于我们通常所说的 POOL 容灾方案。AMF 设备本身具备负载均衡和负载重均衡的能力，RAN 可以根据 AMF 的标识、容量权重等信息选择 AMF。

AMF 容灾示意如图 5-35 所示。图 5-35 中的一个 AMF Set 由 3 个 AMF 组成，Set 内的 AMF 套数按照“*N*+1”的方式配置，即“2+1”的方式配置。在正常情况下，AMF Set 内的 3 个 AMF 负荷分担，均正常处理业务。

- **5G 基站**。Set 覆盖区域内的所有基站均与 AMF Set 内的所有 AMF 建立连接。在与 AMF 建立连接的过程中获得各 AMF 的全球唯一 AMF 标识（Globally Unique AMF ID，GUAMI）、容量以及 AMF 的备份关系（例如，AMF1 的备份为 AMF2，AMF2 的备份为 AMF3，AMF3 的备份为 AMF1）。在正常情况下，5G 基站根据 AMF 的权重因子（与 AMF 的容量相关）负荷分担选择 AMF。
- **AMF**。AMF 根据网络切片信息或本地配置来选择 NRF 列表，向 NRF 发起注册能力，包括 AMF 的容量、标识以及备份关系，同时 AMF 与 NRF 建立心跳检测机制。在业务发起过程中，向 NRF 发起查询请求，AMF 根据接入位置信息 TA 及 Set 的 FQDN 选择接入区域的 SMF、PCF 等 NF。
- **NRF**。NRF 接受 Set 内各 AMF 的能力注册（包括 GUAMI 和备份关系），并根据订阅关系向相关订阅者通知 AMF 的信息。NRF 建立与各 AMF 的心跳检测机制，监视对方是否还“活着”。
- **SMF**。作为 AMF 变更信息的订阅者，从 NRF 获得 AMF 的信息，包括 AMF 的备份关系。SMF 根据接入位置 TA 等选择接入区域的 UPF，AMF 携带 PCF 信息，SMF 可根据 AMF 提供的 PCF 信息选择与 AMF 相同的 PCF。
- **UDM**。AMF 将正在处理的用户的移动性管理上下文等信息保存在 UDM 中。

当 AMF2 发生故障时，要求 AMF2 负责处理的业务能由备份的 AMF3 负责处理。

- **5G 基站**。当 AMF2 发生故障时，基站通过机制监测到 AMF2 不能正常工作，根据本地的设置将原来发给 AMF2 的 N1/N2 接口消息发往 AMF3，同时更改本地 AMF 的配置，后续业务不再建立与 AMF2 的连接。
- **AMF**。AMF3 收到来自基站的消息，根据 GUAMI 识别出 AMF2 业务，向 UDM 请求获取用户的移动和会话上下文数据，继续处理用户的业务。AMF3 向 NRF 发送 AMF 变更通知，NRF 再将 AMF 的变更信息通知给其他相关 NF 订阅者，其他 NF 将原先与 AMF2 交互的业务改为与 AMF3 交互的业务。
- **NRF**。NRF 监测到 AMF2 故障，通知其他 NF 订阅者，告知当前的 AMF2 故障失效。

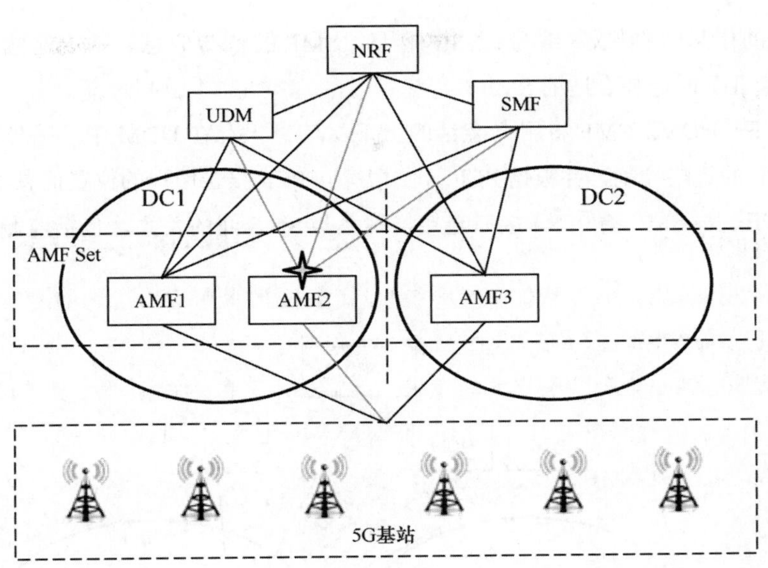

图5-35 AMF容灾示意

- **SMF**。作为 AMF 变更信息的订阅者，从 NRF 获得 AMF2 故障失效的信息，后续与 AMF3 处理相关业务。

对于后续 5G 新发起的业务，5G 基站根据 AMF1、AMF3 的容量因子等参数通过算法实现 AMF1 和 AMF3 的负荷分担。

5.6.3 SMF 容灾方案

SMF 负责 5G 用户的会话控制及计费话单的生成，其安全性也至关重要。SMF 的容灾备份方案可采用 POOL 的容灾方式，POOL 内各 SMF 按照容量配置采用负荷分担的方式工作。当 POOL 内某个 SMF 故障失效时，其业务由 POOL 内的其他 SMF 接管。

SMF 的 POOL 容灾示意如图 5-36 所示。图 5-36 中 SMF POOL 由两个 SMF 组成，分别设置在两个 DC。在正常情况下，POOL 内两个 SMF 采用负荷分担的方式工作。

（1）SMF。两个 SMF 组成一个 POOL，共同服务一个业务区。SMF 在入网时向 NRF 进行注册，携带其容量和负荷信息。SMF 向 NRF 注册成功后，建立与 NRF 之间的心跳检测机制，以相互监测对方是否处于正常的工作状态。SMF 周期性地与 NRF 交换心跳消息（NFUpdate-Heartbeat），以进行状态保活。

（2）NRF。NRF 接受 SMF 的能力注册，并根据订阅关系向相关订阅者（例如，AMF、PCF、UDM）通知 SMF 的信息（包括 SMF 的设备编号、容量等信息）。NRF 建立与 SMF 的心跳检测机制。

（3）AMF。AMF 根据 NRF 的通知信息以及本地发起的业务负荷情况建立 SMF 列表，

SMF 列表中的信息包括 SMF 编号、SMF 容量、SMF 的负荷信息。基于这些信息，AMF 在后续新发起业务时选择合适的 SMF。

（4）PCF、UDM。SMF 将用户会话的上下文信息保存在 UDM 中。另外，SMF 接受所选择的 PCF 的策略控制，并根据 PCF 订阅情况向 PCF 报告用户的位置信息。

（5）UPF。与 SMF 建立 N4 接口连接，维系与 SMF 间的关系，包括监测对方是否正常工作。

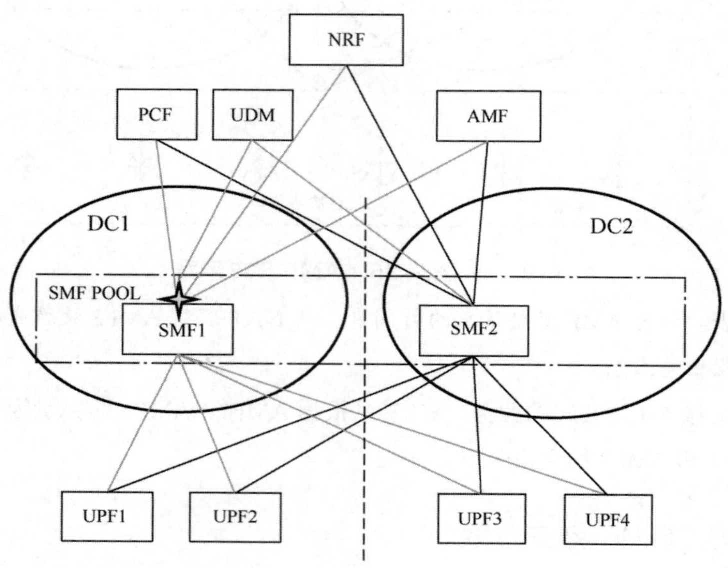

图5-36　SMF的POOL容灾示意

当 SMF POOL 中某个 SMF 故障失效时，如图 5-36 中的 SMF1 出现故障失效时，要求由 POOL 中的 SMF2 来接管原来 SMF1 的业务。

（1）AMF。AMF 监测到 SMF1 故障失效，通过本地的 SMF 配置列表信息，重新选择 SMF2 来处理业务。AMF 更新本地的 SMF 配置列表，删除 SMF1 的信息（或者将其列为不可用状态）。

（2）SMF。SMF2 接收来自 AMF 的消息，本地找不到该业务的相关信息，结合会话上下文信息判断会话为 SMF1 的会话，SMF2 向 UDM 获取用户的上下文信息，向 UPF 发起会话恢复流程。根据需要，SMF2 向会话相关的 UPF、PCF、UDM 发送 SMF 变更通知。这些 NF 记录 SMF2 的信息，后续该会话的信息由 SMF2 负责处理。

（3）NRF。NRF 监测到 SMF1 故障（例如，在规定时间内没有收到回复消息，判断 SMF1 不可用），通知其他 NF 订阅者，告知当前 SMF1 故障失效。其他 SMF 状态信息变更订阅 NF 收到通知后，变更本地保存的 SMF 状态信息。

（4）PCF、UDM。接收来自 SMF2 以及 NRF 的通知，变更本地的 SMF 信息，后续与 SMF2 进行信息交互。

（5）UPF。UPF 监测到 SMF1 故障，在本地缓存用户的下行数据并取消与 SMF1 的用户会话。在接收到 SMF2 发起的会话恢复请求时，根据 SMF 提供的会话信息执行本地会话重建流程并与 SMF 进行后续交互，会话重新建立完成后，再将本地缓存的用户下行数据发送给用户。

5.6.4 UPF 容灾方案

UPF 在 SMF 的控制下负责用户媒体的处理，核心 UPF 可采用“*N*+1”组 POOL 的方式实现容灾备份，边缘 UPF 可采用“1+1”负荷分担的方式实现容灾备份。下面以核心 UPF 的 POOL 方式为例阐述 UPF 的容灾备份。“*N*+1”个 UPF 设备组成一个 POOL，POOL 内设备负荷分担工作。在正常情况下，SMF 按照 DNN 以及 UPF 的能力将负荷分担到 POOL 内的所有设备。当其中一个 UPF 出现故障时，剩余的 *N* 个设备来承担故障失效的 UPF 的业务。当 *N*=2 时的 UPF 的容灾组网示意如图 5-37 所示。

（1）SMF。SMF 与池内所有 UPF 均建立 N4 连接，启动 N4 接口的状态检测功能，维护与 UPF 的关联，监视 UPF 是否处于“活”的状态。SMF 接收来自 UE 的会话请求后，根据 DNN、UPF 的设备容量、负荷等信息通过 N4 接口选择 UPF（假如该业务访问数据网络 DN1 并选中 UPF2）来执行该会话用户面 N3 接口隧道的建立。SMF 还配置 UPF 的备份关系，例如，UPF2 针对 DN1 的备份 UPF 为 UPF1、UPF3。

（2）UPF。UPF 与 SMF 建立 N4 连接关系后，启动状态检测机制，监测并维护 SMF 状态。UPF2 通过 N4 接口接收来自 SMF 的会话建立请求，与 SMF 交互，完成 N3 接口隧道的建立，执行用户面数据报文的转发。

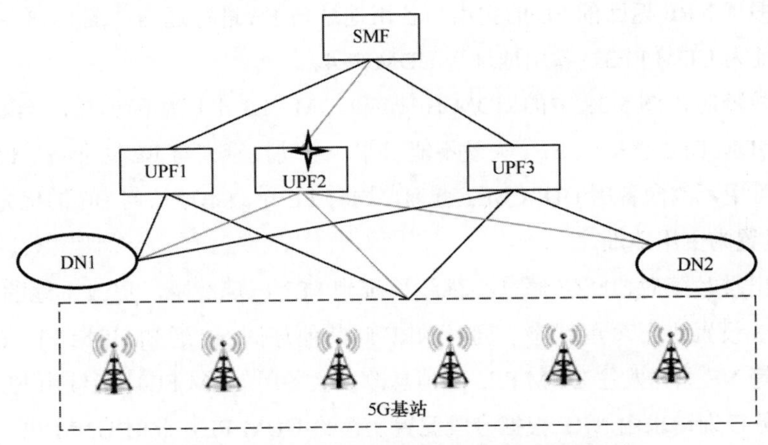

图5-37 当*N*=2时的UPF的容灾组网示意

当UPF POOL中的某个UPF故障失效时，例如，图5-37中的UPF2故障失效时，要求由POOL中的UPF1和UPF3来接管原先UPF2的业务。

（1）SMF。SMF通过N4接口状态检测机制判断UPF2故障失效，根据配置确定其备份为UPF1和UPF3，对需要保护的会话启动会话恢复流程。对某个具体会话，假设SMF根据算法选择UPF1来承接，则通过N4接口向UPF1发起会话建立请求，请求消息中携带相关会话信息。待SMF接收到UPF1的响应后，后续与UPF1交互此会话的相关流程。

（2）UPF。UPF1接收来自SMF的会话建立请求消息，将其中的消息确定为会话恢复过程，根据SMF提供的会话信息执行本地的会话重建流程并与SMF进行后续流程。UPF1建立N3接口的隧道，接管此会话的相关处理流程，接收并转发用户面数据包。

5.6.5 UDM/PCF容灾方案

UDM和PCF的架构类似，均由前端、后端组成，并且前端、后端的容灾方式也类似，即前端FE采用“*N*+1”负荷分担方式容灾，后端BE采用“1+1”主备方式容灾。这里以UDM为例来阐述其容灾，PCF的容灾与UDM的容灾类似，不再赘述。

UDM容灾示意如图5-38所示，具体配置为两个BE和4个FE，设备均衡部署在两个DC上。在正常情况下，两个UDM BE采用主备工作方式。FE可以通过对不同BE的IP地址设置不同的访问优先权来选择主用、备用BE。另外，FE对不同BE的访问优先权的设置可以根据BE的状态来调整。假设FE主用为UDM BE1、备用为UDM BE2，主用UDM BE1实时向备用UDM BE2同步信息，以保持两边信息的一致性。FE采用“3+1”的方式负荷分担，4个FE在容量配置上可以保持一致。在正常情况下，4个FE按照用户号段的划分来处理业务，即在NRF上配置不同号段所对应的主用FE和备用FE地址，其他NF（例如，SMF）根据NRF返回的FE的主用、备用地址与FE进行通信。图5-38中某个号段的用户主用地址为UDM FE3，备用地址为UDM FE4。

当出现故障时，图5-38中的UDM BE1或UDM FE3出现故障失效。当UDM BE1发生故障时，UDM BE2感知到BE1失效不能工作，主动接管来自FE的业务。FE发现UDM BE1故障不可用，改向备用UDM BE2查询，同时FE更改本地访问BE的优先级配置，将UDM BE2设置为主用地址。

当FE3出现故障时，NRF通过心跳线检查到FE3出现故障，更改本地的UDM FE的信息，将FE3设置为不可用状态，同时NRF向其他订阅NF通知UDM FE3的状态信息。SMF、AMF等NF原先发往UDM FE3的消息改发往备用UDM FE4，后续由FE4处理业务。后续新的业务查询请求由NRF根据号段配置反馈给UDM FE，此时UDM FE3已经不在反馈的FE可用列表中。

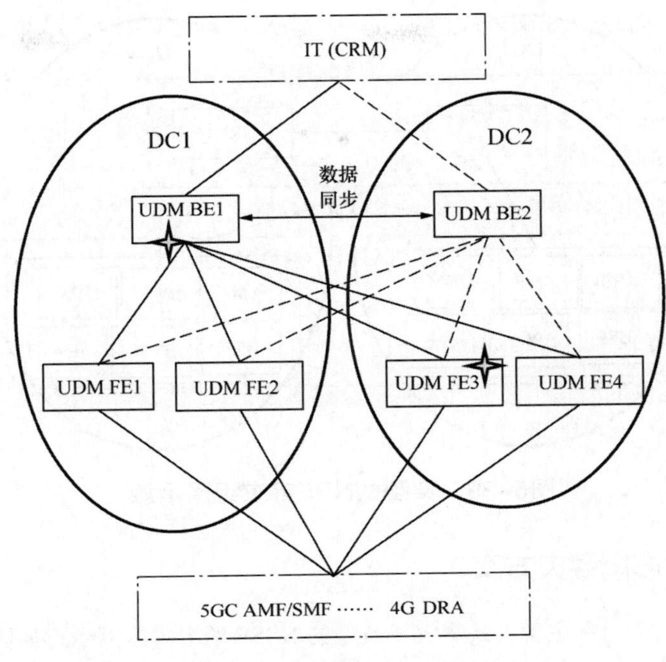

图5-38 UDM容灾示意

5.6.6 NRF 容灾方案

NRF 容灾采用“1+1”主备方式，典型的 NRF 容灾组网示意如图 5-39 所示。

在正常情况下，各 NF 本地配置主备 NRF 的地址，或者 NF 通过 NSSF 获得主备 NRF 的地址，主备 NRF 可以通过对两个 NRF 地址设置不同的访问优先级来实现。假设图 5-39 中的 NRF1 设置高优先级，NRF2 设置低优先级，即 NRF1 为主用、NRF2 为备用，各 NF 向主用 NRF1 发起注册、发现等请求，NRF 上配置 PCF/UDM 的号段 Group ID 及所包含的 SUCI、SUPI、GPSI 等信息，PCF、UDM&AUSF 注册时仅携带 Group ID。NF 在向 NRF 注册后，建立 NF 与 NRF 间的心跳检测，用于检测对方的工作状态。主用 NRF1 向 NRF2 实时同步数据，保证两边数据的一致性。在正常情况下，NF 不需要向备用 NRF 注册，备用 NRF 也不需要向 NF 提供服务。

当 NRF1 发生故障失效时，NRF2 通过与 NRF1 的同步信息判断 NRF1 故障，NRF2 接管业务。各 NF 通过心跳检测消息发现 NRF1 故障失效，NF 向备用 NRF2 发起请求。此时，NRF2 因之前同步了原 NRF1 的信息，各 NF 不需要再重新向 NRF2 注册。后续业务由 NRF2 提供服务，各 NF 修改 NRF 的优先级，将 NRF2 设为高优先级，后续即使 NRF1 故障恢复，也仍然会主用 NRF2。

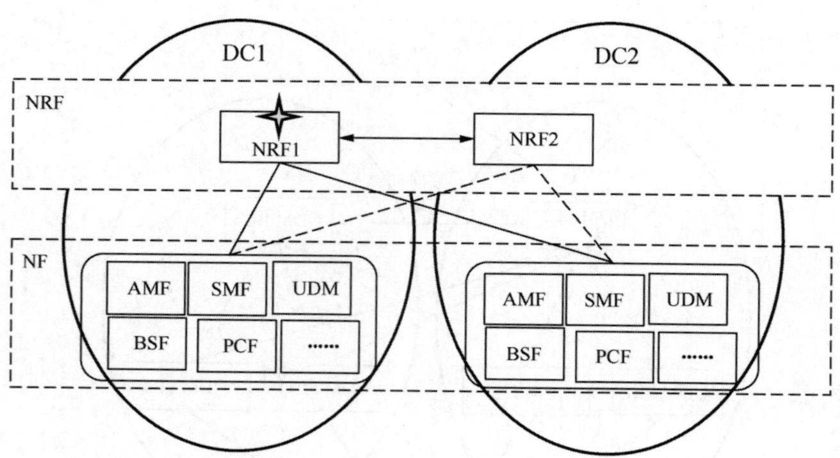

图5-39　典型的NRF容灾组网示意

5.6.7　NSSF 容灾方案

NSSF 可采用“1+1”主备方式容灾，典型的 NSSF 的容灾组网示意如图 5-40 所示。

（1）主备 NSSF 分别设置在不同的 DC 上，两个 NSSF 间设置同步心跳线，实时同步信息，保持两边信息的一致性，并相互检测对方的工作状态。

（2）AMF1 和 AMF2 通过设置优先级的方式设置主用 NSSF1、备用 NSSF2，同样 AMF3 和 AMF4 通过优先级的方式设置主用 NSSF2、备用 NSSF1。

（3）在正常情况下，AMF1/AMF2 优先选用 NSSF1 发起服务请求，AMF3/AMF4 优先选择 NSSF2 发起服务请求；AMF 不选备用 NFFS，备用的 NSSF 也不提供服务。

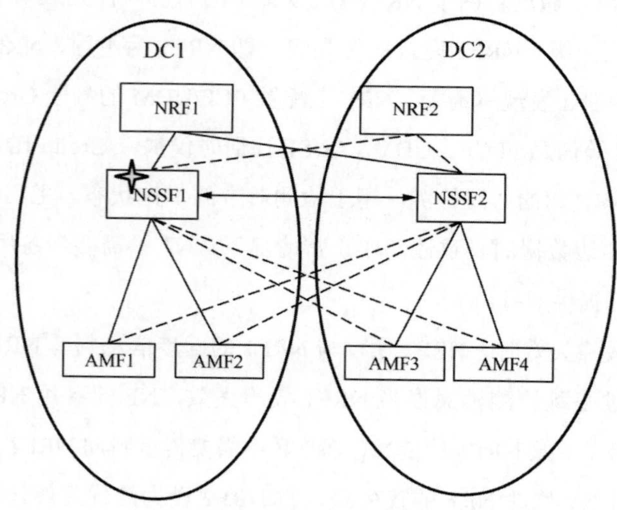

图5-40　典型的NSSF的容灾组网示意

当 NSSF1 发生故障时，系统会出现以下两项操作。

（1）NSSF2 判断 NSSF1 故障失效，向 NRF 更新 NSSF 的优先级，NRF 再将 NSSF 的状态变更信息通知给 AMF。

（2）AMF1/AMF2 调整本地的 NSSF 优先级，将 NSSF2 的优先级设置为高优先级，后续 AMF1/AMF2 优先向 NSSF2 发起查询请求。

5.7 路由方案

5.7.1 信令面路由方案

4G 核心网采用通过 DRA 组成的信令网提供 Diameter 准直联信令网疏通全网 S6a、Gx 等接口的信令。而 5G 核心网基于 SBA 架构，网元之间采用基于 HTTP、TCP、IP 协议栈的服务化接口并引入 NRF 网元，各网元主动向 NRF 发起注册并上报自己所负责的业务能力范围（例如，S-NSSAI、用户号码段、DNN 等）和路由寻址信息（例如，FQDN、IP 地址等），由 NRF 提供网络功能和服务的注册、发现、网络服务的授权等服务。5G 核心网可采用两级 NRF 架构组网，即省级（L-NRF）与骨干级（H-NRF）两级 NRF 架构。其中，L-NRF 负责省内控制面网元的注册与发现，而 H-NRF 负责转接省间的网元发现查询与应答。

另外，网元间的 HTTP 信令路由根据是否设置了 HTTP Proxy 有两种路由方式，具体信令路由方式根据运营商的网络部署情况来确定。

（1）不设置 HTTP Proxy，纯 NRF 的路由方式

网络中没有部署 HTTP Proxy，该方式的信令路由与本章 5.5 节的网元发现信令路由一致，这里不再赘述。

（2）设置 HTTP Proxy +NRF 方式（两者可以合设）

当网络中部署 HTTP Proxy，同样采用省级 L-HTTP Proxy 和骨干级 H-HTTP Proxy 两级架构。当网元之间通信时，NRF 负责非数据库类网元的注册与发现，对于数据库类网元（即 UDM、PCF）的发现，NRF 统一返回 L-HTTP Proxy 的地址，再由 L-HTTP Proxy 负责把其他控制面网元发往数据库的信令转发至对应数据库。

两种方式信令路由示意如图 5-41 所示。

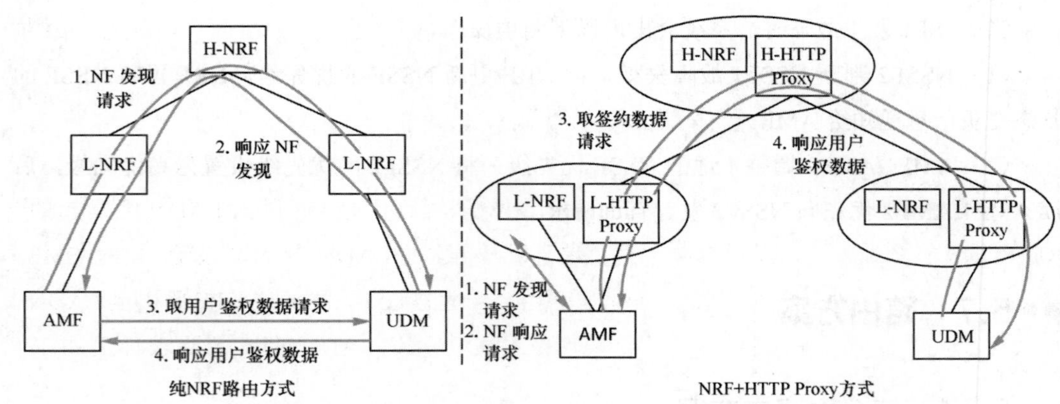

图5-41　两种方式信令路由示意

5.7.2　用户面路由方案

5G 支持多种用户面路由方案，满足不同业务或应用场景的需求。

1. 拜访地路由

用户面拜访地路由为：拜访地 RAN →拜访地 UPF。

拜访地路由应该是 eMBB 场景下的主要路由方式，用户从拜访地直接出移动网访问业务应用。

2. 归属地漫游

用户面回归属地路由为：拜访地 RAN →拜访地 UPF →归属地 UPF。

归属地路由可能的应用场景包括国际漫游情况下回归属网络以及全国性的企业虚拟专有拨号网络（Virtual Private Dial Network，VPDN）业务，要求用户面回到归属网络，再出移动网访问业务。

3. 本地分流

本地分流是对部分业务采用特定的路由到 DN，其目的之一是支持将其中一些选定的流量就近访问 DN。

本地分流可以通过 ULCL 或 IPv6 Multi-homing（多归属）方式实现，SMF 负责在 PDU 会话路径中插入 ULCL 或 BP，其技术要求详见本书“6.3.3　数据转发功能”。

用户面本地分流路由如下所述。

- 需要本地分流的路径：拜访地 RAN →拜访地 UPF/ULCL（或 BP）→拜访地 UPF/PSA1（本地分流节点）。

● 不需要本地分流的路径：拜访地 RAN →拜访地 UPF/ULCL（或 BP）→拜访地 UPF/PSA2（核心节点 UPF）。

4. LADN 路由

本地数据网络（Local Area Data Network，LADN）路由是 UE 进入 LADN 区发起的 LADN DNN 业务请求，AMF 将 UE 的位置信息以及请求的 LADN DNN 转发给 SMF，SMF 将来自 LADN 区 UE 发起的 LADN DN 请求路由至合适的 UPF，再通过 UPF 路由至 LADN DN。LADN 的路由只适用于 3GPP 接入且是 LBO 场景。LADN 的技术要求详见本书“6.3.3 数据转发功能”。

LADN 的用户面路由为：拜访地 RAN →拜访地 UPF → LADN DN。

LADN 路由可以用于边缘计算场景，当 UE 进入边缘计算覆盖的区域（类似 LADN）、UE 发起边缘计算的业务请求时，UE 通过边缘计算覆盖的 RAN →边缘计算的 UPF →边缘计算的平台。

5. 基于终端 URSP 规则的路由

UE 根据 UE 路由选择策略（UE Route Selection Policy，URSP）将某个应用流绑定到现有负责处理某些特定 DN 的 UPF，再由特定的 UPF 路由至相应的 DN。

6. 基于 AF（应用）的用户面路由

5G 可以支持基于 AF 的用户面路由，AF 可影响 SMF 对于 PDU 会话数据流的路由决策，即影响 SMF 对 UPF 的选择。

基于 AF 的用户面路由为：RAN → UPF（负责接入 AF 的 UPF）→ AF。

一个典型的 AF 应用是语音业务，当 UE 发起语音呼叫业务时，SMF 选择负责处理语音业务的 UPF 并路由至 IMS，具体为 RAN → UPF（负责处理语音的 UPF）→ SBC/P-CSCF。

5.8 编号和标识管理

5.8.1 用户相关标识

1. SUPI

用户永久标识（Subscription Permanent Identifier，SUPI）可以是基于 IMSI 的，也可以是用于专网的特定网络的标识符。对运营商而言，SUPI 一般采用基于 IMSI 的 5G SUPI 并采用区别于现有网的新的号段，以便在网络中路由。

基于IMSI的SUPI=MCC+MNC+MSIN，相关说明如下所述。

- 国家码（Mobile Country Code，MCC）是三位数字，中国为460。
- 网络码（Mobile Network Code，MNC）是两位数字，标识运营商的网络。例如，00为中国移动。
- 移动用户标识码（Mobile Subscriber Identification Number，MSIN）。

SUPI在UDM（具体为UDR，即UDM BE）中进行配置，SUPI仅在3GPP系统内部使用。为了支持漫游场景，SUPI应包含归属网络的地址（例如，归属网络的MCC和MNC）。

2. SUCI

用户加密标识（Subscription Concealed Identifier，SUCI）用来隐藏SUPI，即将用户的真实SUPI通过加密掩藏在SUCI中。在5G的无线空口中传递的用户参数为SUCI，不用直接传递SUPI，以免SUPI被非法拦截获取，从而进一步获取UE的信息。UE将使用保护方案生成带有原始公共密钥（即归属网络公共密钥）的SUCI，该原始公共密钥是由归属网络提供的。SUCI的结构示意如图5-42所示。

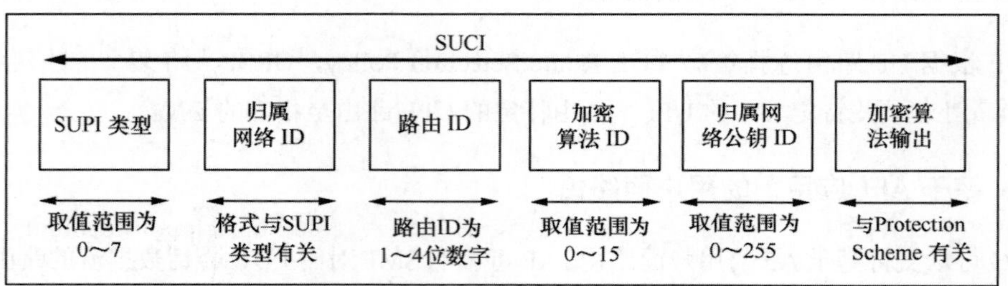

图5-42　SUCI的结构示意

图5-42中各组成部分的说明如下。

- **SUPI类型**：取值范围为0～7，0表示IMSI；1表示网络特有标识（Network Specific Identifier，NSI）；2～7待定。
- **归属网络ID**：取决于SUPI类型。当SUPI为IMSI时，归属网络ID为MCC+MNC；当SUPI为NSI时，归属网络ID为域名。
- **路由ID**：1～4位，由归属网络运营商在USIM中预配置，和MCC、MNC一起负责路由到AUSF实例，类似于HLR的H码，找到用户归属的AUSF/UDM。
- **加密算法ID**：取值为0～15，Null-scheme SUCI时取值为0。
- **归属网络公钥ID**：取值为0～255，Null-scheme SUCI时取值为0。
- **加密算法输出**：MSIN加密后的输出。

需要注意的是，选择Null-scheme不加密通常发生在以下场景。

- UE正在进行未经身份验证的紧急会话。

- 归属网络配置使用"Null-scheme"。
- 归属网络尚未配置生成 SUCI 所需的公钥。

3. GPSI

通用的公共用户标识（Generic Public Subscription Identifier，GPSI），3GPP 的移动网络的用户数据需要与外部不同系统进行信息交换，其中涉及用户部分的就用 GPSI 来标识。也就是说，GPSI 是在 3GPP 系统内部和外部使用的公共标识符。3GPP 系统（具体到 5G 网络为 UDM）内存储 GPSI 和相应 SUPI 之间的关联，可以通过 UDM 来实现 GPSI 与 SUPI 的映射翻译。

一般情况下，3GPP 移动网络的 GPSI 设置为 MSISDN，例如，用户的手机号码。

4. 5G-TMSI

5G 临时移动用户标识符（5G Temporary Mobile Subscription Identifier，5G-TMSI），这是一个 32bit 的用户标识。该标识由 AMF 为 UE 分配且只在这个 AMF 内有效。5G-TMSI 在 AMF 内唯一地标识 UE，也就是说在某个 AMF 内，UE 由 5G-TMSI 来识别。当 UE 在 AMF Pointer 被多个 AMF 共享时，AMF 需要确保在指定的 5G-GUTI 内使用的 5G-TMSI 值尚未在 AMF 的共享 AMF Pointer 内使用。

5. 5G-S-TMSI

5G 简化的临时移动用户标识符（5G S-Temporary Mobile Subscription Identifier，5G-S-TMSI）是 5G-GUTI 的缩写，AMF 以 5G-S-TMSI 的形式进行寻呼和服务请求，以实现更有效的无线信令程序（例如，在寻呼和服务请求期间）。在 RAN 信令连接建立期间，UE 提供 5G-S-TMSI 作为 RAN 参数的一部分。5G-S-TMSI 格式如下。

<5G-S-TMSI> = <AMF Set ID> <AMF Pointer> <5G-TMSI>

其中，AMF Set ID 为 10bits，唯一标识 AMF 区域内的 AMF Set。AMF Pointer 为 6bits，唯一标识 AMF Set 内的 AMF。这也隐含了 AMF Set 内最多的 AMF 实例不超过 2^6 个。

6. 5G-GUTI

5G 用户全球唯一的临时标识符（5G Globally Unique Temporary Identifier，5G-GUTI）。5G-GUTI 在 UE 初始注册成功后由 AMF 给 UE 分配临时标识，用于 3GPP 接入和 non-3GPP 接入。5G-GUTI 的分配目的主要是支持用户安全性保护，在网络中传递用户信息的是网络临时分配的标识，该标识是不断变化的。当 UE 处于 CM-IDLE 时，AMF 可以延迟向 UE 提供新的 5G-GUTI，直到发起下一个 NAS 事务。

5G-GUTI 由两个部分组成，<5G-GUTI> = <GUAMI><5G-TMSI>。5G-GUTI 结构示意

如图 5-43 所示。

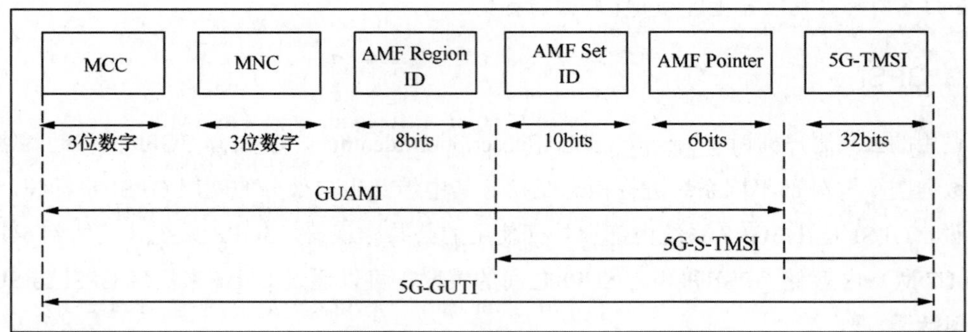

图5-43 5G-GUTI结构示意

7. PEI

设备永久标识（Permanent Equipment Identifier，PEI），网络可选使用的 5G 设备身份寄存器（5G Equipment Identity Register，5G-EIR）执行 PEI 检查，例如，检查终端是不是合法终端等。PEI 的标识可以使用国际移动台设备标识（The International Mobile station Equipment Identity，IMEI）或媒质接入控制（Medium Access Control，MAC）地址。如果终端至少支持一种 3GPP 接入技术（即 2G、3G、4G、5G），则必须为 UE 分配 IMEI 或国际移动台设备标识及软件版本号（International Mobile station Equipment Identity and Software Version Number，IMEISV）。IMEI 格式的 PEI 结构示意如图 5-44 所示。

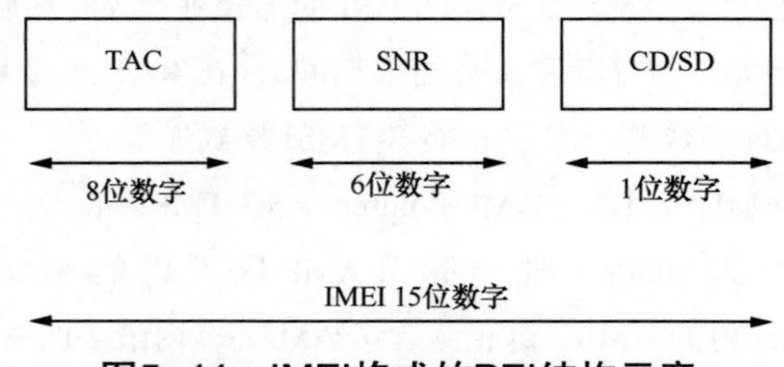

图5-44 IMEI格式的PEI结构示意

IMEI 由 TAC+SNR+CD/SD 组成，具体如下所述。

- 类型分配设备类型分配代码（Type Allocation Code，TAC）的长度是 8 位数。
- 序列号（Serial Number，SNR）是唯一标识 TAC 内每个设备的单个序列号，它的长度是 6 位数。
- 校验位（Check Digit，CD）/ 备用数字（Spare Digit，SD）：如果这是校验位，该位并不传送，校验位旨在避免手动传输错误；如果该数字是备用数字，则当由终端发送时，它应被设置为零。

5.8.2　网络相关标识

1. GUAMI

全球唯一的 AMF 标识符（Global Unique AMF Identifier，GUAMI），长度与 4G 的 GUMMEI（4G 的 MME 全球标识符）一致。GUAMI 和 GUMMEI 结构示意如图 5-45 所示。为了便于理解，图 5-45 将 5G GUAMI 和 4G 的 MME 全球标识符 GUMMEI 的结构放在一起。

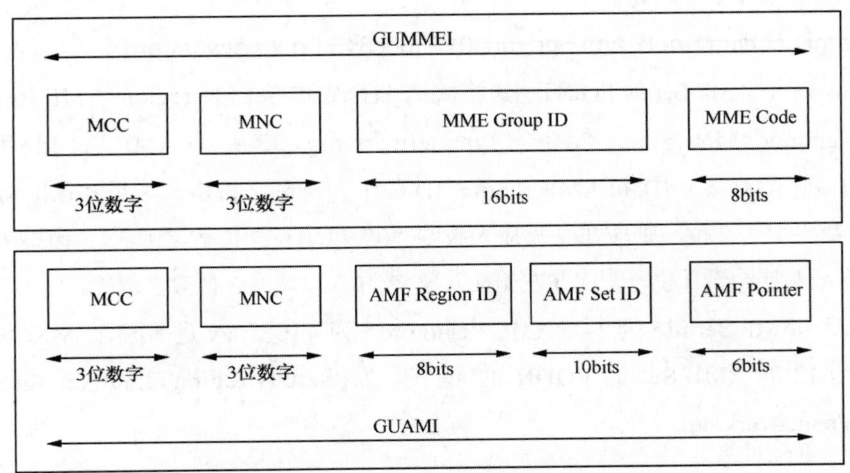

图5-45　GUAMI和GUMMEI结构示意

GUAMI 的具体格式为 <GUAMI> = <MCC> <MNC> <AMF Region ID> <AMF Set ID> <AMF Pointer>，具体如下所述。

- MCC：为 3 位数，唯一识别移动用户所属的国家。
- MNC：为 2 位数或 3 位数，识别移动用户所归属的移动网，若只有 2 位数，则前面加 0。
- AMF Region ID：8 个 bits，标识区域。
- AMF Set ID：10 个 bits，唯一标识 AMF 区域内的 AMF Set 。
- AMF Pointer：6 个 bits，唯一标识 AMF Set 内的 AMF。

2. NF FQDN

NF 域名（Fully Qualified Domain Name，FQDN）唯一标识一个 NF，用于在网络中寻址 NF。5GC 中 NF FQDN 编号格式如下所述。

（1）<NF-id>.NF. 归属网络域名

其中，归属网络域名统一为 5gc.mnc<MNC>.mcc<MCC>.3gppnetwork.org；NF 为具体

对应的NF，例如，UDM、UPF、SMF、PCF、NEF、NRF、AMF等，也可以统一为运营商自己定义的名称，例如，node；<NF-id>为运营商网络内部的设备命名，可以与运营商现有的命名格式相同，例如，<NF-id> = NF名称 + 序号 + "—" +NF地域属性 + "—" + 厂商标识.地市标签.省份标签等，具体的命名规则由运营商自己确定，便于管理网络和寻址即可。

以AMF的FQDN为例，如果<AMF-id>是amf1.cluster1.net2，<MCC>为345，<MNC>为12，AMF的FQDN如下所述。

（2）amf1.cluster1.net2.amf.5gc.mnc012.mcc345.3gppnetwork.org

另外，对于AMF Set的FQDN，其格式为Set<AMF Set Id>.region<AMF Region Id>.amfset.5-gc.mnc<MNC>.mcc<MCC>.3gppnetwork.org，其中，<AMF Set Id>和<AMF Region Id>是AMF Set ID和AMF Region ID的十六进制字符串。如果<AMF Region Id>中的有效数字少于2位，则应在左侧插入数字"0"以填充2位数字编码。如果<AMF Set Id>中的有效数字少于3位，则应在左侧插入数字"0"以填充3位数字编码。

例如，<AMF Set Id>为1，<AMF Region Id>为48（十六进制），<MNC>为345，<MCC>为12的AMF Set的FQDN的编码为：set001.region48.amfset.5gc.mnc012.mcc345.3gppnetwork.org。

3. DNN

DNN和3G/4G的APN的概念类似，用于确定用户连接到哪个外部数据网络。如果要支持4G/5G网络互操作，则DNN和APN应该相同；如果不需要支持4G/5G网络互操作，则可以配置新的DNN，格式同APN，具体如下所述。

◆ APN=APN网络标识符 + APN运营商标识符。

● APN网络标识符定义了GGSN / PGW/UPF连接到哪个外部网络以及终端用户可选的请求服务，APN网络标识符是强制性的、必须要有的。APN网络标识符应该包含至少一个标签，并且其最大长度为63个8位字节。APN网络标识符不应该以任何字符串"rac""lac""sgsn"或"rnc"开头，并且不得以".gprs"结尾。此外，它不应取值"*"。

● APN运营商标识符（Operator Identifier,OI）定义了GGSN、PGW、UPF所在的PLMN-GPRS、EPS、5GC核心网。APN OI这部分是可选的，例如，GPRS的APN OI格式为"mnc<MNC>.mcc<MCC>.gprs"，5GC的APN OI为"mnc<MNC>.mcc<MCC>.5gc"。其中，<MNC>和<MCC>是从用户的IMSI中导出来的。

4. PLMN ID

PLMN ID 为归属网络 ID，其格式为 PLMN ID=MCC+MNC。如果支持 4G/5G 网络互操作，建议 4G 网络和 5G 网络采用同一个 PLMN ID。

为了保证 PLMN 间的 DNS 翻译，PLMN ID 的 <MNC> 和 <MCC> 均为 3 位数字。如果 MNC 中只有 2 位有效数字，则在左侧插入一个数字“0”来填充。

5. S-NSSAI 切片标识

单网络切片选择辅助信息（Single Network Slice Selection Assistance Information，S-NSSAI）标识一个网络切片。S-NSSAI 结构示意如图 5-46 所示，其中，SST 长度为 8bits，SD 长度为 24bits。

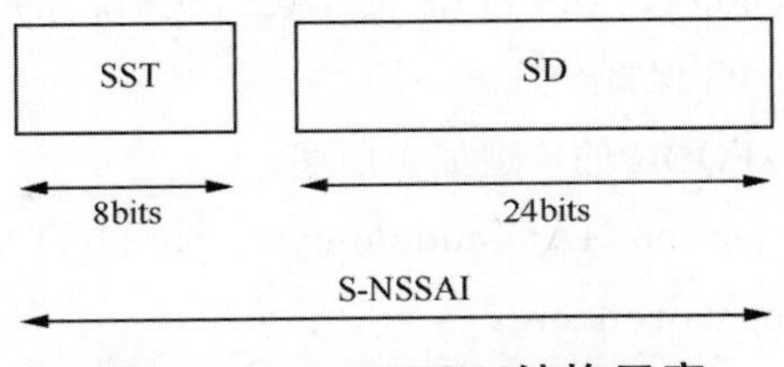

图5-46　S-NSSAI结构示意

其中，SST（Slice Service Type）为切片服务类型，它是指特征和业务方面的预期的网络切片行为，其长度为 8bits，例如，国际标准化的 SST=1/2/3/4 分别代表 eMBB/uRLLC/mIoT/V2X；SD（Slice Differentiator）为切片区分符，它是补充切片 / 业务类型的可选信息，用以区分同一切片 / 业务类型的多个网络切片，其长度为 24bits。

一个 S-NSSAI 可以具有标准值或 PLMN 非标准值，标准化的 SST 值为建立切片的全局互操作性提供了便利，以便不同的 PLMN 间可以更有效地支持切片的漫游，SST 值主要用于常用的切片 / 业务类型。具有非标准值的 S-NSSAI 标识与其相关联的 PLMN 内的单个网络片，具有非标准值的 S-NSSAI 只能由与 S-NSSAI 相关联的 PLMN 内的 UE 适应，外部 UE 不能接入。

NSSAI 是 S-NSSAI 的集合，5G 核心网能识别请求的 NSSAI 和签约的 NSSAI。

6. 跟踪区标识（TAI）

跟踪区标识（Tracking Area Identity，TAI）的编号由 3 个部分组成。

TAI 结构示意如图 5-47 所示，其中，MCC、MNC 与 PLMN ID 的 MCC 和 MNC 相同，均为 3 位数字。如果 MNC 中只有 2 个有效数字，则应在左侧插入一个数字“0”。

TAI = MCC+MNC+TAC。

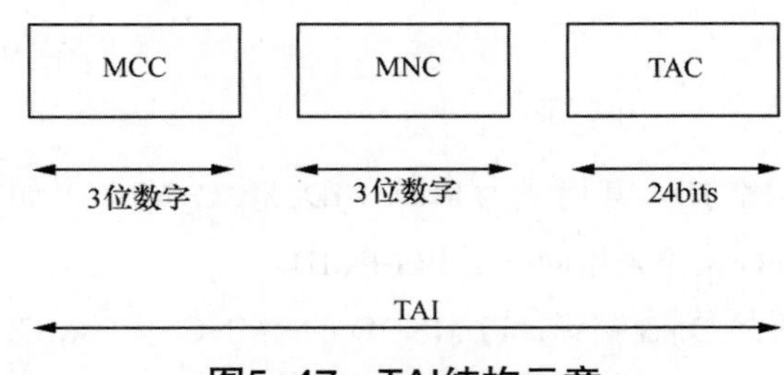

图5–47 TAI结构示意

跟踪区代码（Tracking Area Code，TAC）是识别PLMN内的跟踪区域，长度为24bits，为6位十六进制编码，X1X2X3X4X5X6。需要说明的是，TAC国际标准是16位，5G因为采用超密集组网，原来4G的TA会再分裂，国内运营商为了考虑与4G网络跟踪区的兼容，就在原来16位的基础上增加了8bits（后面的X5X6两位）。当UE中不存在有效的TAI时，在一些特殊情况下使用000000或全FFFFFF的TAC。另外，为了便于实现4G/5G网络互操作，5G网络TAC划分与4G保持一致。

5GS跟踪区标识（TAI）FQDN的构造如下所述。

tac-lb<TAC-low-byte>.tac-mb<TAC-middle-byte>.tac-hb<TAC-high-byte>.5gstac. 5gc. mnc<MNC>.mcc<MCC>.3gppnetwork.org。

其中，<TAC-high-byte>是TAC中最高有效字节的十六进制字符串，<TAC-low-byte>是最低有效字节的十六进制字符串。如果<TAC-low-byte><TAC-middle-byte>或<TAC-high-byte>中的有效位数少于2位，则应在左侧插入数字“0”以填充2位数编码。例如，5GS TAC为0B1A21，MCC 345和MNC 12的5GS跟踪区标识在DNS中编码如下。

tac-lb21.tac-mb1a.tac-hb0b.5gstac.5gc.mnc012.mcc345.3gppnetwork.org。

7. NR小区全球标识（NCGI）

NR小区全球标识（New Radio Cell Global Identity，NCGI）由3个部分组成。

NCGI = MCC+MNC+NCI。

NR小区标识（NR Cell Identity，NCI）由两个部分组成：NCI = gNB ID+Cell ID，长度为36bits，采用9位十六进制编码，即X1X2X3X4X5X6X7X8X9。其中，X1X2X3X4X5X6对应该小区的gNB ID。X7X8X9为该小区在gNB内的标识（常规称为Cell ID），分配原则为在gNB内唯一。

8. 归属网络域名（HNDN）

归属网络域名（Home Network Domain Name，HNDN）是各NF的域名的后缀，其格式如下所述。

5gc.mnc<MNC>.mcc<MCC>.3gppnetwork.org。

其中,“<MNC>”和“<MCC>”字段对应于运营商 PLMN 的 MNC 和 MCC。“<MNC>”和“<MCC>”字段均为 3 位数字。如果 MNC 中只有 2 位有效数字，则应在左侧插入一个数字“0”，以填充 NF 服务端点格式的 MNC 的 3 位编码，用于 PLMN 间路由。

5.9 5GC 云资源池方案

3GPP 在制定 5G 核心网标准时将 5G 核心网基于云原生（Cloud Native）来设计，5G 核心网采用通用的 IT 硬件，部署在云环境中。5GC 是运营商内部的生产网，与外部网络相对隔离，所以 5GC 一般都部署在私有云上。云计算技术已经发展多年，云计算组网应用等相对比较成熟，关于云计算技术在这里不再赘述。

5GC 引入 NFV 技术，将 5GC 的各功能实体虚拟化后运行在通用的 IT 云环境中，以降低网络成本，敏捷运营，缩短业务上线时间。

5.9.1 基于 NFV 架构的 5GC

1. NFV 典型网络架构

NFV 概念最早由 ETSI 组织于 2012 年 10 月提出，是指通过 IT 虚拟化技术，利用标准化的通用 IT 设备来实现各种网络设备功能。其本质是实现硬件资源与软件功能的解耦，目标是通过标准的 x86 服务器、存储和交换设备来取代通信网络中私有的、专用的网元设备，在为运营商节省投资的同时实现新业务的快速开发和部署，并基于实际业务需求实现自动部署、容量的弹性伸缩、故障隔离和自愈等功能。NFV 典型架构示意如图 5-48 所示。

整个 NFV 架构可分为 3 个主要部分。

（1）NFV 基础设施（NFV Infrastructure，NFVI)。NFV 基础设施包括物理资源、虚拟化层及其上的虚拟资源，其中物理资源包含计算、存储、网络 3 个部分的硬件资源，相应的虚拟资源也对应计算、存储和网络 3 个部分。

（2）虚拟网元与网管。虚拟网元与网管包括虚拟化网络功能（Virtualize Network Function，VNF）与网元管理系统（Element Management System，EMS)。

VNF：虚拟化后的业务网元部署在虚拟机上，其功能与接口和非虚拟化时保持一致，只是实现方式不同。

EMS：完成传统的网元管理功能。

（3）NFV 的管理和编排（NFV Management and Orchestration，MANO)。MANO 包括 NFV Orchestrator、VNFM 与 VIM，负责虚拟业务网络的部署、调度、运维和管理，构建可管、可控、可运营的业务支撑能力。

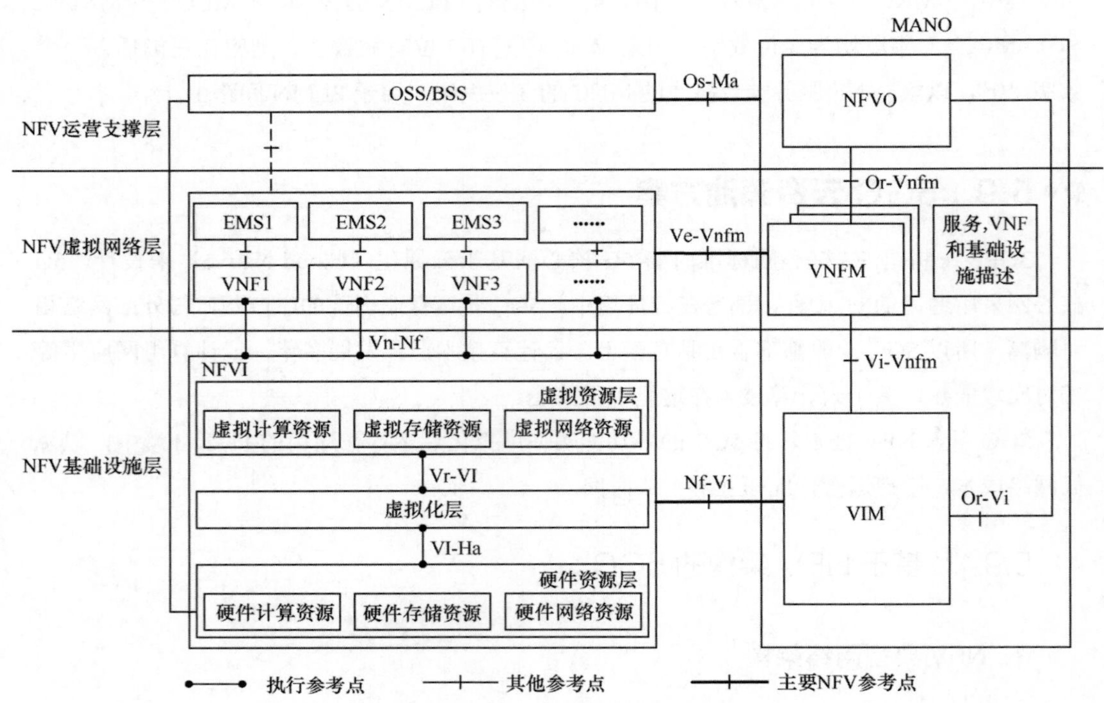

图5-48 NFV典型架构示意

此外，MANO 还有 OSS/ 业务支撑系统（Business Support System，BSS）网元。该网元除支持传统网络管理功能外，还支持在虚拟化环境下与 Orchestrator 交互，完成维护与管理。

2. 基于 NFV 的 5GC 网络架构

具体到 5GC，基于 NFV 的 5GC 网络组织如图 5-49 所示。

在基于 NFV 的网络中，传统专用硬件架构的网元被拆分成 NFVI 和 VNF。NFVI 为云资源池内的计算、存储及网络资源，VNF 为网元的功能。NFV 架构只是改变了网元功能的实现方式，不改变网元之间的逻辑关系。

（1）NFVI

NFV 基础设施包括硬件资源、虚拟化层及其上的虚拟资源，具体描述如下。

- 计算资源为上层应用提供计算处理能力，其设备形态主要包括机架式服务器、刀片式服务器、整机柜服务器等通用 x86 服务器，x86 服务器内组件主要包括 CPU、内存、网卡、硬盘等。
- 存储资源为上层应用提供存储能力，主要包括各类集中式存储和分布式存储设备，例如，集中式磁盘阵列、通用服务器构成的分布式存储设备等。对于分布式存储，其设备形态与计算资源设备形态一致，均为通用 x86 服务器。

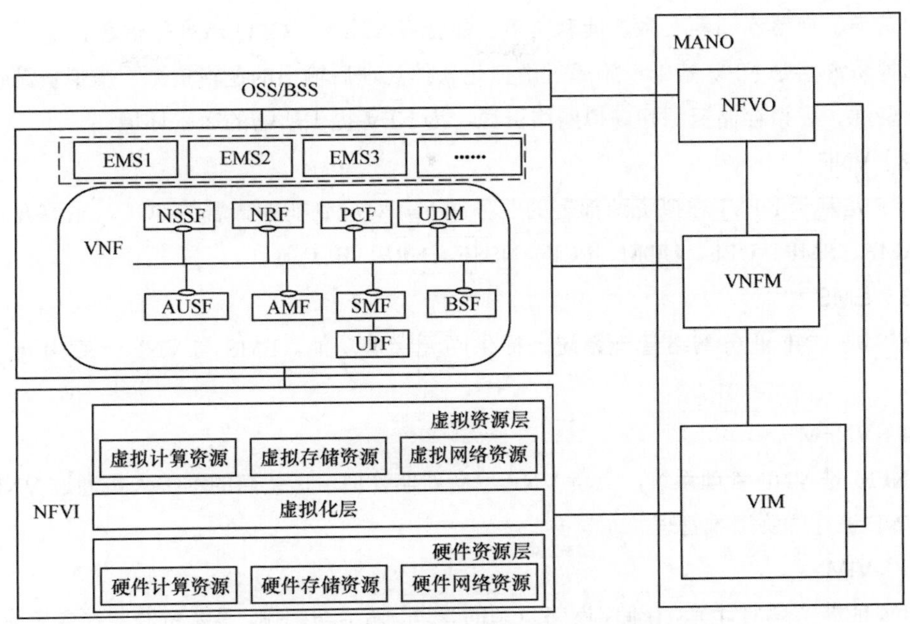

图5-49 基于NFV的5GC网络组织

- 网络资源为 NFV 基础设施环境提供物理网络互联互通能力，主要包括交换机、路由器、防火墙、负载均衡等网络设备。

具体的 5GC 的 NFV 基础设施可以根据需要对 x86 服务器的具体配置进行定制，例如，对计算资源的 x86 服务器可以加强 CPU 的配置，对于分布式存储服务器可以加强存储的定制，以提高硬件基础设施的使用效率。

虚拟化层是通过虚拟化软件（例如，Hypervisor）为虚拟机提供运行环境。它允许多个客户操作系统（GuestOS）同时运行在一个物理主操作系统（HostOS）上，GuestOS 共享主机的硬件，使每个操作系统都有自己虚拟的处理器、内存和其他硬件资源。虚拟化层可以实现以下功能。

- 支持虚拟机的创建、删除、上电、下电、查询等基本操作。
- 支持虚拟机间的资源隔离。
- 支持虚拟机热迁移。
- 支持分布式虚拟交换机。
- 支持虚拟机运行状态的监控及向 VIM 上报，包括运行、停止、故障及其他状态信息，也包括虚拟机的 vCPU 占用率、虚拟内存使用率、虚拟磁盘占用率、虚拟网卡的吞吐占用率等。
- 支持物理服务器运行状态的监控及向 VIM 的上报，包括运行、停止、故障及其他状态信息，也包括物理服务器 CPU、内存、磁盘、网卡等关键部件的状态及 CPU 利用率、内存利用率、网络吞吐率、磁盘读取速率、磁盘写入速率、CPU 温度等信息。

虚拟资源层是 NFV 基础设施通过虚拟化软件处理后输出的逻辑资源。虚拟资源包括虚拟计算资源、虚拟存储资源和虚拟网络资源，为 NFV 提供所需的运行环境。

（2）VNF

VNF 是基于 NFVI 虚拟资源部署的业务网元，对应到初期部署的 5GC，主要业务网元包括 AMF、SMF、UPF、UDM、PCF、NSSF、NRF、BSF 等。

（3）EMS

EMS 是 VNF 业务网络管理系统，提供网元管理功能。EMS 与 VNF 一般由同一厂商提供。

（4）VNFM

VNFM 是 VNF 管理系统，负责 VNF 生命周期管理，运营商的维护人员通过 VNFM 可以对 VNF 进行透明运维管理。

（5）VIM

VIM 能够实现对计算、存储、网络资源的管理、调度与编排，具备资源监控告警等功能，并配合 NFVO 和 VNFM 实现上层业务和 NFVI 资源间的映射和关联，以及 OSS/BSS 业务资源流程的实施等。

（6）NFVO

NFVO 负责 NFVI 资源编排及 NFV 生命周期的管理和编排，并负责网络服务模板（Network Service Descriptor，NSD）的生成与解析。

3. 基于 NFV 的 5GC 的集成方式

基于 NFV 方式的网络部署，不可避免地会遇到集成问题，而集成又涉及设备的软硬件解耦或三层解耦。

软硬件解耦指的是硬件资源与部署在硬件资源上的软件是不相关的、透明的，即软件部署与硬件的类型、型号无关，软件可以部署在 A 厂商提供的硬件设备上，也可以部署在 B 厂商提供的设备上，对应到计算资源，可以理解为软件部署在 x86 服务器上，与哪个设备厂商是什么型号的服务器无关。在软硬件解耦中虚拟化层将具体的物理计算资源、存储资源、网络资源抽象为虚拟资源，实现上层应用软件与底层硬件的透明化。在软硬件解耦架构下，硬件基础设施可以由运营商单独部署，虚拟化层以及应用软件由厂商统一集成，当然在软硬件解耦架构下也可以把全部软硬件都交付给一个厂商集成。

三层解耦是在软硬件解耦的基础上再进一步解耦，从下到上形成通用硬件 + 虚拟化（虚拟化层和虚拟资源）+ 应用软件（NFV）三层的相互独立，这三层间相互透明。通用硬件、虚拟化、应用软件可以分别由不同的厂商或服务商提供。在三层解耦架构下，系统集成可以根据解耦开放程度的不同分为单厂商模式、共享虚拟资源模式、软硬件独立模式和全解耦模式。基于 NFV 的 5GC 集成方式如图 5-50 所示。

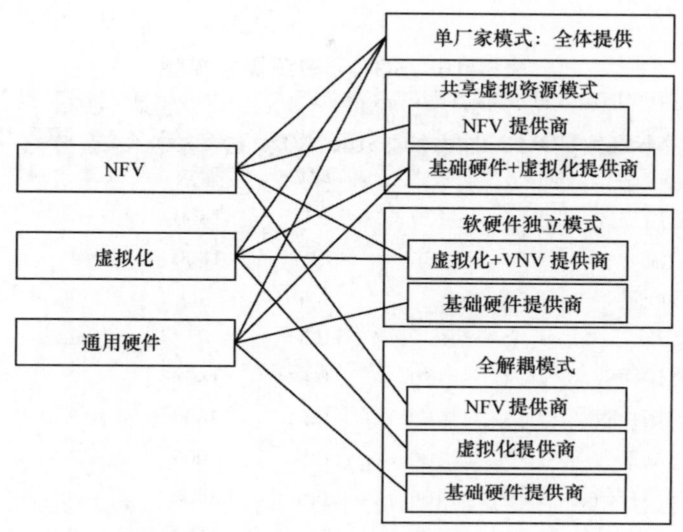

图5-50　基于NFV的5GC集成方式

上述不同模式的集成难度各不相同，单厂商模式层间开放性不够，但因为都是厂商内部设备的互通，层与层间的兼容适配等问题解决起来相对更快，理论上完成整体集成工作所需的时间最短。全解耦模式下运营商的选择性最大，集成相应的也是最复杂的，涉及不同层间的兼容性适配，即层间互通难度较大。当采用三层全解耦模式时，为保证 NFV 架构的网络能按照预期设定的目标运行，运营商会在网络正式部署前开展相关解耦测试等准备工作，以统一各参与方对跨层互通的一致性，屏蔽提供方的个性化方案，为正式部署扫清障碍。

具体集成模式的选择需要考虑多种因素，例如，时间因素、集成的成熟度、测试情况、供货情况、投资成本等，运营商需要根据自己的情况选择最合适的集成模式。

这里以软硬件解耦方式为主来阐述 5GC 的云资源池方案。

5.9.2　云资源需求

云资源需求主要是计算资源、存储资源和网络资源，下面分别从 4 个维度提出云资源的需求。

1. 资源需求模型

每个 VNF 内部处理机制的复杂程度并不一样，对资源的需求各不相同。接下来，我们基于某个假定的业务模型示例来计算资源的需求。在实际工作中，这个模型需要结合实验室测试、现网测试以及可能的商用网络运营的经验数据综合得出。5GC 云资源需求模型见表 5-16。

表5-16 5GC云资源需求模型

网元名称	关键指标名称	单位	vCPU 需求（个）		存储需求（GB）		内存（GB）	
			每套基础需求	单位容量需求	每套基础需求	单位容量需求	每套基础需求	单位容量需求
AMF	附着用户数	万门	120	0.8	1800	10	32	0.05
SMF	流	万个	130	1	1800	4	32	0.05
UPF	吞吐量	Gbit/s	120	0.5	2000	3	16	0.05
	流	万个		0.5		2		0.05
UDM-FE	动态用户数	万门	120	0.5	1800	2	32	0.05
UDM-BE	静态用户数	万门	100	0.5	2600	2	16	0.05
PCF-FE	动态会话数	万个	100	0.5	2000	3	32	0.05
PCF-BE	静态用户数	万门	100	0.5	2600	3	16	0.05
NRF	每秒查询次数	次 / 秒	100	0	1600	0	16	0
NSSF	每秒查询次数	次 / 秒	100	0	1600	0	16	0
BSF	会话绑定数	万个	50	0.1	1800	1	16	0.05

2. 资源需求

衡量计算资源的主要指标是 vCPU，为此需要计算 VNF 对 vCPU 的需求。各 VNF 网元内部划分为若干种 VNF 组件（VNF Component，VNFC），划分规则由各厂商根据自身的软件设计定义。每个 VNFC 有相应的容量处理能力指标，并对应虚机配置（vCPU、内存、应用层存储配置需求）。

假设有 *i* 种 VNF 网元，VNF 网元内部划分为 *j* 种 VNFC，则有如下公式。

VNFC*ij*_vCPU 需求 =VNFC*ij* 虚机 _vCPU 需求 × VNFC*ij*_ 虚机数

VNFC*ij*_ 内存需求 =VNFC*ij* 虚机 _ 内存需求 ×VNFC*ij*_ 虚机数

VNFC*ij*_ 存储需求 =VNFC*ij* 虚机 _ 存储需求 ×VNFC*ij*_ 虚机数

VNF_vCPU 需求 =$\Sigma i \Sigma j$VNFC*ij*_vCPU 需求

VNF_ 内存需求 =$\Sigma i \Sigma j$VNFC*ij*_ 内存需求

VNF_ 存储需求 =$\Sigma i \Sigma j$VNFC*ij*_ 存储需求

为统一起见，每个网元内部划分的 VNFC 被规整到每套 VNF 基础配置需求，具体见表 5-16 的业务模型，在进行实际工程计算时建议细化到每个 VNFC。

基于前面的业务模型以及资源需求模型，假定 5G 移动互联网用户数为 600 万户，则可以得到各 VNF 的虚拟资源的需求示例，5GC VNF 的虚拟资源的需求示例见表 5-17。

表5-17　5GC VNF的虚拟资源的需求示例

网元名称	套数	容量单位	总容量配置容量	vCPU 需求（个）	存储需求（GB）	内存(GB)
AMF	4	万门附着用户	600	960	13200	158
SMF	4	万个流	660	1180	9840	161
UPF	4	Gbit/s	660	810	9980	97
		万个流	1440	720	2880	72
UDM-FE	2	万门	600	540	4800	94
UDM-BE	2	万门	900	650	7000	77
PCF-FE	2	万个	600	500	5800	94
PCF-BE	2	万门	900	650	7900	77
NRF	2	次 / 秒	4167	200	3200	32
NSSF	2	次 / 秒	167	200	3200	32
BSF	2	万个	660	166	4260	65
合计	26		11354	6576	72060	959

云资源池的 MANO 和 EMS 也需要配置虚拟资源。MANO 的 VIM、VNFM、VNFO 的虚机容量需求与 VNF 虚机数量相关；另外，也可以基于以往云资源池的经验，按照 VNF 虚机的占比来估算 MANO 对虚机的需求，例如，10%。EMS 的虚机需求与 VNF 的厂商相关，不同的 VNF 消耗的资源不一样，具体和厂商相关，但大体算法可以用以下公式算出 EMS 的虚机需求。

EMS_ 虚机数 =Σ*i*VNF 网元数 ×EMS_VNF*i* 的虚机处理能力需求

为了便于计算，EMS 的虚机数按照 VNF 虚机的 5% 来配置，由此可以简单计算资源的需求，5GC VNF 的虚拟资源的需求汇总见表 5-18。

表5-18　5GC VNF的虚拟资源的需求汇总

类型	VNF 需求	MANO 需求	EMS 需求	合计
vCPU 需求（个）	6576	658	329	7563
存储需求（GB）	72060	7206		79266
内存（GB）	959	96		1055

3. 物理机配置计算

物理机的主要配置指标是 CPU 类型、内存容量和本机存储容量，其中，CPU 类型是关键指标，一般以 CPU 指标来计算资源的配置需求，内存可以根据配置的物理机来配置相应的内存，保证内存能满足整体要求。

每物理机 CPU 可用 vCPU 数 =（CPU 路数 × 每路 CPU 核数 – 虚拟化层开销）× 超线

程比 × 超配比

5GC 物理机典型配置模型见表 5-19。

表5-19 5GC 物理机典型配置模型

指标名称	单位	数值
CPU 路数	路	2
每路 CPU 核数	核	14
虚拟化层开销	核	4
超线程比		2
超配比		1
物理机冗余系数		1.2

根据上述模型可以得出以下结论。

计算物理机的需求 =vCPU 需求 / 每物理机 CPU 可用 vCPU 数 × 物理机冗余系数

= vCPU 需求 /[（CPU 路数 × 每路 CPU 核数 – 虚拟化层开销）× 超线程比 × 超配比] × 物理机冗余系数

= 7562/ [（2×14–4）×2×1] ×1.2

= 189（台）

4. 存储配置计算

根据前面的计算，存储需求约为 77.5TB，以“3 副本 +1 正本”的模式建设，则需要 310TB 的裸容量。如果采用 Server SAN 型储存服务器，单台配置 10 块 6TB 硬盘，则需要 6 台 SAN 型存储服务器。

5.9.3 云安全要求

5GC 的云安全体系可以分为安全技术体系和安全管理体系。其中，安全管理体系与运营商的具体运营管理要求密切关联，不同运营商的云管理要求的个性差别较大，这里对云安全管理体系的要求不做具体描述，仅对云安全技术体系从基础设施虚拟化安全、通信网络安全和区域边界安全 3 个方面阐述云安全要求。

1. 基础设施虚拟化安全要求

（1）虚拟机安全

虚拟机安全防护的重点是解决虚拟机安全隔离和虚拟机自身安全防护问题，例如，通过 VLAN、虚拟防火墙、硬件交换机等技术实现虚拟机间的隔离控制。虚拟机包括以下安全要求。

● 实时地对虚拟机进行监控，对虚拟机的运行状态、资源占用、迁移等信息进行监控。

● 确保虚拟机的镜像安全，提供虚拟机镜像文件完整性校验功能，防止虚拟机镜像被恶意篡改，保证逻辑卷同一时刻只能被一个虚拟机挂载。

● 实现虚拟化平台的资源隔离，每个虚拟机都能获得相对独立的物理资源，并能屏蔽虚拟资源的故障，确保某个虚拟机崩溃后不影响虚拟化软件及其他虚拟机。不同虚拟机之间的 vCPU 指令、内存隔离。

● 支持虚拟机安全隔离，在虚拟化软件层提供虚拟机与物理机间的安全隔离措施。

● 具备虚拟机跨物理机迁移过程中的保护措施。

● 提供虚拟机镜像文件加密功能，具备对虚拟机所在物理机范围镜像指定或限定的能力。

（2）存储虚拟化安全

存储虚拟化安全要求具备设置数据分层分级访问控制的能力，可根据承载的应用类型及安全级别进行存储位置分配；提供安全数据传输与空间安全隔离；支持镜像文件完整性保护；禁止或限制对物理存储实体直接访问；保障各个客户所使用的虚拟存储资源之间逻辑隔离；具备虚拟机数据访问控制手段和虚拟存储冗余备份能力。

（3）网络虚拟化安全

网络虚拟化安全要求具备对云中的虚拟网络资源上的虚拟机间的访问实施网络逻辑隔离并提供访问控制手段，例如，通过 VLAN、防火墙等方式实现虚拟用户间的非法访问。在访问云服务的网络和内部管理云的网络之间采取隔离和访问控制措施；要求具备虚拟机端口限速功能，实现端口级别的流量控制；支持划分虚拟安全域功能；禁止虚拟机端口使用混杂模式进行网络通信嗅探。

2. 通信网络安全要求

通信网络安全要求实现资源池内部与外部网络、资源池内部安全域之间的安全防护隔离，在网络架构设计上需要考虑内外网络的隔离、关键设备冗余部署、安全域划分，并根据需要部署抗 DDoS 攻击防御系统、入侵防御系统（Intrusion Prevention System，IPS）、入侵检测系统（Intrusion Detection System，IDS）设备。

（1）根据云资源池的结构特点，将其划分为接入域、计算域、存储域、管理域等多个安全域，并采用 VPN、防火墙、VLAN、分布式虚拟交换器等技术实现各域的安全隔离，避免网络安全问题的扩散。

（2）在各安全域边界进行安全防御，在各安全域边界部署防火墙或者虚拟防火墙系统，并以强化边界路由设备访问控制策略为辅助手段。

（3）构建异常流量监控体系，阻断外网对云计算数据中心的 DDoS 攻击，确保云计算数据中心服务的连续性。

（4）云资源池的承载网络应支持设备级、链路级的冗余备份。

（5）通过采用 VPN、数据加密等技术，实现从用户终端到云资源池传输通道的安全。

3. 区域边界安全要求

（1）在连接外部系统的边界和内部系统的关键边界上对通信进行监控；在访问系统的关键逻辑边界上对通信进行监控。

（2）将允许外部公开直接访问的组件划分在一个与内部网络逻辑隔离的子网络上，并确保允许外部人员访问的组件与允许租户访问的组件在逻辑层面实现严格的网络隔离。

（3）确保与外部网络或信息系统的连接只能通过严格管理的接口进行，在接口上应部署边界保护设备。在边界部署入侵防范设备，例如，IDS、IPS、未知威胁检测系统 、全流量分析检测设备、恶意代码防范设备，防范外部网络恶意入侵。

（4）确保外部通信接口经过授权后方可传输数据。

5.9.4 NFVI 组网设计

5GC 云资源设备组网分为三层，即接入层架顶交换机（Top of Rack，TOR）、核心层列汇聚交换机（End of Rack，EOR）和网络出口层路由器。接入层 TOR 按照接入对象的不同，可划分为业务 TOR、存储 TOR 和管理 TOR。TOR 可以提供 GE、10GE 的接入能力。其中，10GE 接口能力用于业务和存储；TOR 与 EOR 采用 10GE、40GE 互联，TOR 的端口数量配置由其所部署的服务器端口数确定。EOR 按需部署一对或多对交换机，提供 10GE、40GE 的汇聚转发能力。Border Leaf 成对部署，一般配置高档交换机或路由器，运行 IGP/BGP 路由协议，通过 40G 或 100G 与外部 IP 网的路由器相连。

服务器和存储设备一般划分为 3 个区域，分为管理区域、业务区域和存储区域。相应的接入层设置管理交换机、业务交换机和存储交换机，每类交换机采用双机、堆叠方式组网，NFVI 管理数据流、业务应用数据流（含应用层管理）和存储数据流分别接入对应的接入层网络交换机进行物理隔离，保证了各类流量的网络带宽。

此外，云资源池的组网还根据需求配置防火墙、入侵检测设备 IPS、负载均衡设备、应用防火墙、Bypass 等网络设备。另外，5GC 安全三同步系统的部署通常由专门的项目解决。

典型的 NFVI 组网设计如图 5-51 所示。

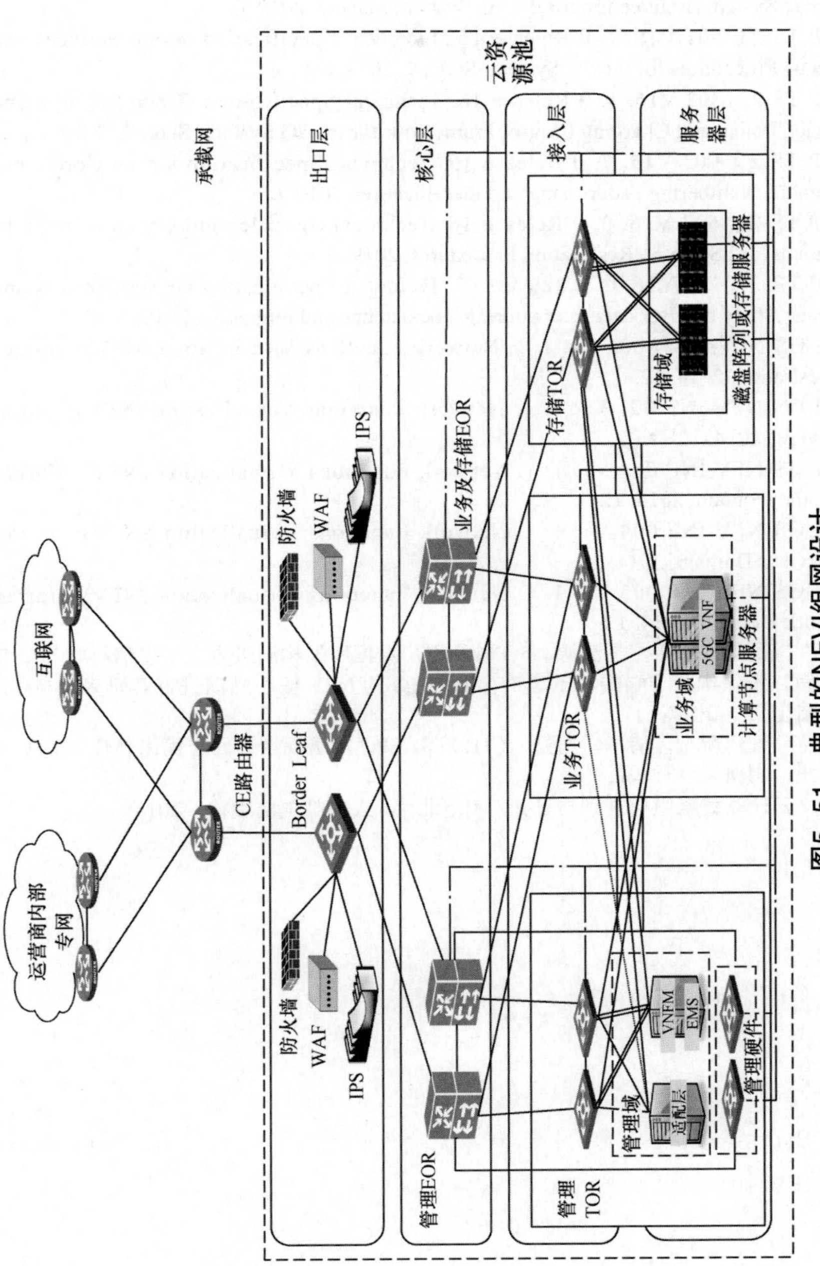

图5-51 典型的NFVI组网设计

参考文献

[1] 3GPP TS 23. 501 V16. 1. 0 Release 16. Technical Specification Group Services and System Aspects; System Architecture for the 5G System; Stage 2, 2019. 6.

[2] 3GPP TS 23. 502 V16. 1. 0 Release 16. Technical Specification Group Services and System Aspects; Procedures for the 5G System; Stage 2, 2019. 6.

[3] 3GPP TS 23. 503 V16. 1. 0 Release 16. Technical Specification Group Services and System Aspects; Policy and Charging Control Framework for the 5G System; Stage 2, 2019. 6.

[4] 3GPP TS 23. 003 V15. 7. 0 Release 15. Technical Specification Group Core Network and Terminals; Numbering , addressing and identification, 2019. 6.

[5] 3GPP TS 23. 527 V16. 0. 0 Release 16. Technical Specification Group Core Network and Terminals; 5G System; Restoration Procedures, 2019. 6.

[6] 3GPP TR 23. 732 V16. 0. 0 Release 16. Technical Specification Group Services and System Aspects; Study on User data interworking, coexistence and migration, 2019. 3

[7] ETSI GS NFV-MAN 001 V1. 1. 1. Network Functions Virtualization (NFV); anagement and Orchestration, 2014. 12.

[8] ETSI GS NFV-INF 001 V1. 1. 1. Network Functions Virtualization (NFV); Infrastructure Overview, 2014. 12.

[9] ETSI GS NFV-INF 003 V1. 1. 1. Network Functions Virtualization (NFV); Infrastructure; Compute Domain, 2014. 12.

[10] ETSI GS NFV-INF 004 V1. 1. 1. Network Functions Virtualization (NFV); Infrastructure; Hypervisor Domain, 2014. 12.

[11] ETSI GS NFV-INF 005 V1. 1. 1. Network Functions Virtualization (NFV); Infrastructure; Network Domain, 2014. 12.

[12] 赵远，肖子玉，韩研，马洪源．5G 融合用户数据库架构演进方案．电信科学 [J]．2019．6.

[13] 于建伟，张保华，于娟娟，卜忠贵．面向 5G 的 NFV 核心网演进方案研究．电信工程技术与标准化 [J]．2017．1.

[14] 汪丁鼎，景建新，肖清华，谢懿．LTE FDD\EPC 网络规划设计与优化 [M]．北京：人民邮电出版社，2014.

[15] 李劲．云计算数据中心规划与设计 [M]．北京：人民邮电出版社，2018.

5G

5G 核心网设备要求

Chapter 6

第六章

导读

5G 核心网对业务以及应用的支持是通过各设备的协同来实现的，这就要求核心网的各个设备具备相应的功能。本章重点对 5GC 的主要网元 AMF、UPF、SMF、AUSF、UDM、UDR、PCF、NSSF、NRF 的设备功能要求进行阐述，并对部分重点功能的应用场景进行分析。AMF 设备要求包括接入控制和移动性管理功能。其中，移动性管理包括注册管理、连接管理以及用户的移动性管理。UPF 设备要求包括用户面功能、DPI 以及与 SMF 的会话管理。用户面功能包括数据策略执行、数据转发等。SMF 设备要求包括会话管理、用户面管理、数据转发、策略控制、QoS 控制以及计费等功能，SMF 的会话管理是其最基本的功能。UDR、AUSF、UDM 三者密切相关，负责用户数据的存储、用户的鉴权、用户的移动性管理、会话管理等功能。PCF 设备要求侧重会话策略控制、接入与移动性管理策略控制、UE 的策略控制。此外，BSF 的绑定功能也作为其功能要求的一部分。NSSF 设备要求主要具备切片选择功能。NRF 设备要求具备管理服务、NF 发现服务、NF 的授权服务、信令路由等功能。此外，5GC 各 NF 还有一些共性功能，例如，服务化功能、切片功能、云化部署功能等。

AMF功能

接入控制功能对终端接入网络进行安全鉴权，为NAS消息提供机密性和完整性保护；移动性管理功能负责UE的注册（或去注册）管理、连接管理（空闲和连接状态）和用户移动性管理（上下文、UE可达性、移动限制、无线资源等管理）

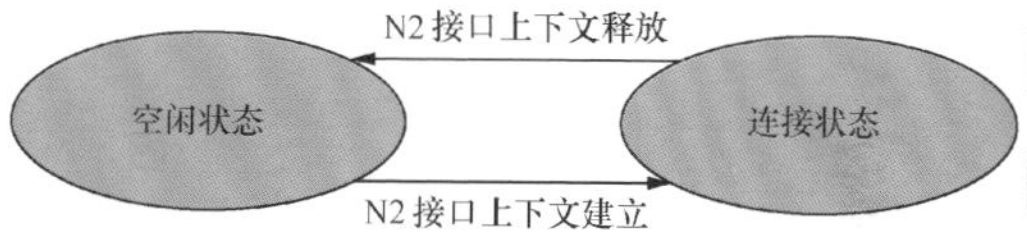

空闲状态
连接状态
N2接口上下文释放
N2接口上下文建立

UPF功能

用户面功能（包括IP、F-TEID地址分配和释放、多SMF控制、ULCL和

SMF
（控制中心）
SMF

保存NF的各种能力的注册信息；为SMF、AUSF、AMF、PCF、UDM、UPF等5GC服务化网元提供服务管理、服务发现和服务授权；管理NF注册、NF更新、NF去注册、NF状态订阅、NF状态通知和NF状态去订阅

共性功能

- 云化部署功能
- IPV6
- 特殊通信
- 服务化功能
- 网络切片功能

云化部署功能

- 虚拟化功能要求
  - ✓ 通过MANO在NFVI上完成实例化部署
  - ✓ 通过MANO实现容量的扩容或缩容
  - ✓ 业务连续性
  - ✓ 负载均衡
  - ✓ 监测和监控
- 虚拟化管理要求
- 虚拟化接口

第六章 内容概要一览图

6.1 AMF 功能

AMF 与 4G EPC MME 类似，AMF 主要负责终端以及无线网络的接入控制、终端的移动性管理。

6.1.1 接入控制功能

AMF 是 5G 核心网面向无线网、终端网络的接入设备，负责对终端用户的接入进行鉴权，确保终端能安全地接入 5G 网络。其所请求的业务是经授权使用的业务。UE 与 AMF 间的鉴权过程是相互鉴权并进行秘钥协商，AMF 与 UE 之间的鉴权可以采用 EAP 5GAKA、AKA' 等鉴权算法。

UE 初始注册到 5G 网络，AMF 基于 AUSF 中的签约鉴权信息对用户进行鉴权，向 UDM 获取移动性管理签约数据。为了避免用户真实身份信息在无线空口中传递，AMF 在用户首次注册时为 UE 分配 5G-GUTI，作为 UE 的临时用户身份标识。另外，若需要检查对终端的合法性，AMF 可以向终端请求设备的标识。若识别判断设备不合法，则 AMF 有权拒绝该终端入网注册。

在用户与 AMF 传递 NAS 消息时，AMF 能为 NAS 信令的机密性和完整性提供保护，AMF 在发给 UE 的 NAS 安全模式命令消息中加入支持 NAS 安全算法列表和 ngKSI，UE 和 AMF 选择安全算法并利用生成的密钥对 NAS 信令的机密性和完整性进行保护。

6.1.2 移动性管理功能

5G 可以支持固定终端接入，也可以支持移动终端接入。当 UE 处于移动状态时，则可能会发生 UE 在系统内以及系统间的切换。这就需要 AMF 对 UE 的移动行为进行管理，例如，用户在 AMF 内的不同注册区间移动以及用户在不同 AMF 之间的移动引起注册更新，用户在 AMF 内的不同 5G 基站（简称 gNodeB 或 gNB）之间的切换、用户在不同 AMF 之间切换的注册更新等。系统间的移动管理包括用户在 LTE 和 5G 网络间基于 N26 接口的重选、用户在 LTE 和 5G 网络间基于 N26 接口的切换、用户由于语音或者紧急业务引起的从 5G 到 LTE 网络的切换和重定向等。

AMF 对 UE 的移动性管理主要是通过注册管理、连接管理、用户移动性管理来实现的。

1. 注册管理

UE 和 AMF 使用两种注册管理（Register Management，RM）状态来反映 UE 在网

络中的注册状态，分别为注册管理状态（RM-REGISTERED）和未注册管理状态（RM-DEREGISTERED）。UE 在 AMF 中两个 RM 状态中的转换示意如图 6-1 所示。

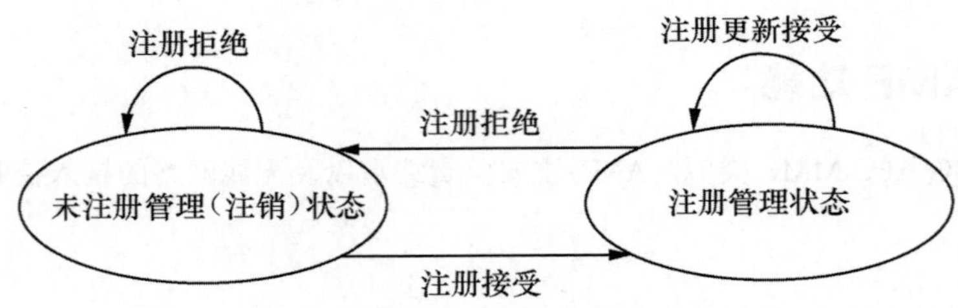

图6-1 UE在AMF中两个RM状态中的转换示意

在未注册管理状态下，UE 没有注册在网络上，AMF 上没有 UE 的有效位置和路由信息，此时 UE 不可达。在注册管理状态下，UE 注册在网络上，AMF 上有 UE 的有效位置和路由信息，AMF 可以将业务发送给 UE，UE 也可以发起业务请求消息。

UE 初始注册到 5G 网络，AMF 基于 AUSF 中的签约鉴权信息对用户鉴权，向 UDM 获取移动性管理签约数据，并将自身地址和标识注册到 UDM 中 UE 签约的上下文信息中。AMF 为 UE 建立 MM 上下文，变更用户的移动性状态为注册状态。AMF 在 UE 初始注册完成后给 UE 下发周期性注册更新定时器。当周期性注册更新定时器到时后，UE 发起注册请求。相应的，AMF 再处理 UE 发起的周期性注册更新请求，其目的之一是保持 UE 在注册状态下的可达性。去注册操作可以由 UE 发起。如果用户关机或将手机调至飞行模式时去注册，去注册操作也可以由 AMF 发起。如果 AMF 在设定的某个具体去注册时间到时后，则发起注册操作。

为了降低 UE 因为位置移动带来的注册操作频率，AMF 可以在 UE 注册后，为 UE 分配包含一组 TAI 列表作为注册区，UE 在该 TAI 列表标识的注册区内移动时不需要进行移动性注册。当 UE 在位置移动、注册更新等场景下时，AMF 支持根据本地策略或动态策略重新分配注册区域。

AMF 可以参考移动性模式和允许 / 不允许区域等移动性限制信息来为 UE 分配注册区。当 UE 处于仅限移动发起的连接（Mobile Initiated Connection Only，MICO）模式时，AMF 应支持给 UE 分配整个 PLMN（all PLMN）作为其注册区域。MICO 模式只能由 UE 发起注册链接，当 UE 配置改变需要更新网络注册时，或注册定时器到时后，又或者 UE 需要发送数据时，UE 才发起注册链接，UE 相应的连接状态由空闲状态转换为连接状态。当 UE 处于 MICO 模式下的空闲状态时，AMF 拒绝针对 UE 的任何下行链路数据的传送请求，AMF 也不会对 UE 发起寻呼，UE 不需要收听寻呼。MICO 模式一般适用于定期发送信息的终端，平时处于 IDLE 模式以降低能耗，需要发送信息时才注册，例如，抄表的终端。

2. 连接管理

5G 核心网网元 AMF 的连接管理反映了 UE 和 AMF 之间的 NAS 信令连接状态。AMF 的连接管理（Connection Management，CM）有两种状态，分别为空闲状态（CM-IDLE）和连接状态（CM-CONNECTED），AMF 侧的 UE 两种 CM 状态转换示意如图 6-2 所示。

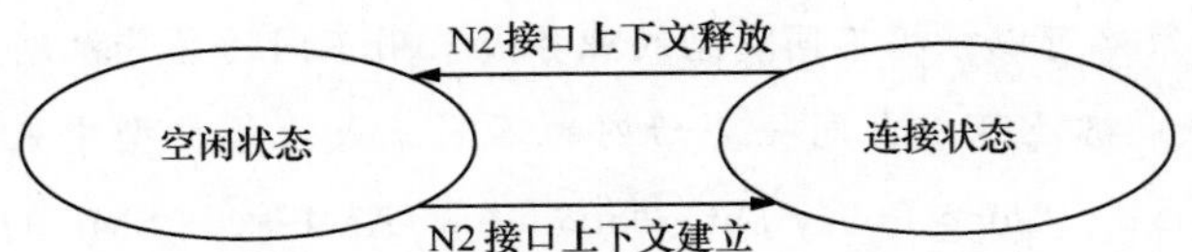

图6–2　AMF侧的UE两种CM状态转换示意

当 UE 与 AMF 间的连接状态处于空闲状态时，UE 与核心网间没有 NAS 信令连接，没有 RAN 信令连接和 N2 接口的信令连接，也没有 N3 接口的用户面连接，UE 不能使用业务。当 UE 与 AMF 处于连接状态时，UE 与 AMF 间存在 NAS 信令连接。

当 AMF 上的用户状态为空闲状态和注册状态时，AMF 可以发起网络侧的业务请求流程，并根据本地保存的 UE TA 信息发送寻呼请求。但如果 UE 处于 MICO 模式或移动性限制情况状态，AMF 不会触发网络侧发起业务请求，相应地，AMF 也不会发起针对该 UE 的寻呼。

连接状态由空闲状态转换为连接状态可以由 UE 发起，也可以由网络侧发起。处于空闲状态的 UE 通过业务请求、注册更新等流程来建立和 AMF 的 NAS 信令连接，AMF 接收并处理 N2 接口消息，AN 和 AMF 之间的 N2 连接建立成功后，AMF 上的用户进入连接状态。当网络侧有业务请求时，AMF 也能发起连接建立请求。当用户进入连接状态时，网络侧将下行数据发送到 UE。当释放流程发生后，AMF 发起下一代应用协议（Next Generation Application Protocol，NGAP）信令连接释放和 N3 用户面连接释放，UE 进入空闲状态。

连接管理是 AMF 侧对 UE 的状态管理，在 RAN 侧，还有无线资源控制（Radio Resource Control，RRC）的激活 / 去激活状态。AMF 在注册、业务请求、切换等流程中把 UE 下发的辅助信息给 RAN，RAN 借助这些辅助信息决定 UE 是否进入 RRC 去激活状态。这些辅助信息包括 UE 级别的非连续性接收、注册区、周期性注册定时器时长、针对 MICO 模式用户的 MICO 标识和 5G S-TMSI。

5GC 网络通过 N2 接口的消息流程可以得知 RAN 侧 RRC 的状态是去激活状态还是激活状态（即 RRC 处于连接状态）。当 UE 处于 RRC 去激活状态时，AMF 可下发位置信息上报控制消息并接受 UE 上报的位置信息。当 RAN 寻呼失败时，AMF 发起释放流程，AMF 侧 CM 状态变成空闲态。

当 AMF 网络中没有 UE 的位置信息（UE 处于 CM-IDLE）且需要找到 UE，以便进行业务处理时，AMF 可以发起 RAN 侧的寻呼。AMF 为支持不同类型的业务，可以采用不同的寻呼策略。这些策略包括以下几种。在实际运营中，运营商可以根据具体的业务需求进行策略选择和调整。

- AMF的寻呼策略可以根据用户号段（GPSI/SUPI）、终端类型（IMEI）、5QI、DNN的不同，分别配置不同的寻呼策略，例如，last gNodeB、gNodeB列表、last TA、TA列表等。
- AMF的寻呼策略可以根据不同的DNN、PPI、ARP、5QI配置相应的寻呼策略。
- AMF的寻呼策略可以根据不同类型的业务流采用不同的寻呼机制。
- AMF的寻呼策略还可以在同一会话内的不同流或业务类型中采用不同的寻呼策略（即PPD寻呼策略区分Paging Policy Differentiation）。AMF收到SMF的下行业务请求（携带PPI、ARP和5QI）后匹配本地配置，生成差异化的寻呼策略并发给RAN。AMF在给RAN下发寻呼请求时，还可以根据收到的SMF发送的ARP决策（是否携带寻呼优先级指示）携带寻呼优先级指示。

3. 用户移动性管理（MM）

（1）用户上下文管理

当UE通过RAN注册到5GC时，AMF会生成针对UE的5G MM上下文，MM上下文包括来自UDM的用户信息、来自UE的终端位置类信息，具体包括用户的位置信息、用户终端的能力、周期性注册更新定时器、用户的签约数据、5G安全上下文等。用户的上下文在AMF本地保存，以便一些操作可以快速执行（例如，承载建立），不必每次都让AMF与UDM协商。当UDM中用户签约数据发生修改变更时，AMF需要更新MM上下文中用户的签约信息。当用户去注册时，AMF启动清除用户MM上下文定时器，等定时器到时后，AMF删除本地保存的该UE的MM上下文，并将清除MM上下文的消息通知给UDM。

（2）UE可达性管理

UE可达性管理用于“SMS over NAS”和UDM/NF发起的UE可达性事件通知请求。UE可达性事件通知请求是AMF开放给其他NF的订阅通知请求服务。AMF收到UDM/NF发送的UE可达性事件通知请求订阅服务后进行授权检查，存储授权通过的UE可达性请求，接受和保存UDM下发的是否直接通知NF的指示。当AMF发现UE可达时（例如，UE开机后连接到网络时），AMF通过Namf_EventExposure_Notify服务向UDM或NF发送UE可达性通知。AMF对UE的可达性管理包括UE在空闲状态下的可达性管理和连接状态下的可达性管理。当用户处于空闲状态时，AMF开启的用户可达定时器（该定时器时长大于UE的周期性注册更新定时器的时长）。当AMF的用户可达定时器超时后，AMF标记UE为不可被寻呼并启动一个去注册定时器。当AMF的用户去注册定时器超时后，AMF主动去注册用户。在UE处于空闲状态，AMF收到发往UE的下行请求时，AMF发起对UE的寻呼。如果寻呼成功，AMF即与UE建立联系，则认为UE可达，否则认为UE不可达。

当 UE 处于连接状态时，意味着 UE 是可达的，AMF 可从 RAN 获取 UE 的位置信息。

（3）移动性限制管理

移动性限制管理是 AMF 根据业务需求对 UE 的移动性处理或服务访问进行限制，移动性限制可以在 UE 的 UDM 签约中确定，也可以由 AMF 所在的 VPLMN 策略在本地生成。移动性限制仅适用于 3GPP 接入和有线接入，不适用于非 3GPP 接入（例如，通过 Wi-Fi 接入）。移动性限制策略包含 RAT 限制、禁止区域限制、服务区域限制和核心网络类型限制。

◆ **RAT 限制**

RAT 限制不允许 UE 在 PLMN 中接入。AMF 根据用户在 UDM 中签约的接入限制信息对用户进行移动性限制，例如，PLMN、RAT 等，RAT 限制在网络中实施。

◆ **禁止区域限制**

AMF 能根据用户在 UDM 中签约的区域限制信息对用户进行移动性限制。在禁止区域中，不允许 UE 发起与该 PLMN 网络的任何通信。

◆ **服务区域限制**

服务区域限制定义 UE 可能会或可能不会发起与网络通信的区域，服务区域限制仅包含允许区域（Allowed Area）或非允许区域（Non-Allowed Area），不会同时包含两种服务区域。若用户未收到服务区域限制，PLMN 内所有跟踪区域（Tracking Area，TA）都被认为是可以访问的。AMF 能够根据 UDM 签约信息为 UE 提供 Allowed Area 或 Non-Allowed Area 服务区域限制。

服务区域限制是 UE 订阅数据的一部分，UDM 上 UE 的签约数据中可能签约了 Allowed Area 或 Non-Allowed Area。其中，区域的划分标识可以是网络的 TA 或隐式的地理信息（例如，经度 / 纬度、邮政编码等），网络侧需要将隐式的地理信息映射为网络的 TA 列表后再发到 PCF、RAN 和 UE。当 AMF 向 UE 分配有限的允许区域时，AMF 将向 UE 提供服务区域限制，其包括允许区域和不允许区域。

在 UE 注册的过程中，AMF 从 UDM 获取服务区域限制。另外，PCF 根据 UE 的位置、应用、当前时间和日期等信息，可进一步决策 UE 的服务区域限制信息。服务区域限制确定后，由 AMF 执行对 UE 的服务区域限制。AMF 在注册过程中以 TA 的形式提供服务区域限制，服务区域限制包含 1~16 个 TA。对于 eMBB 业务场景，允许区域可以被配置为无限制，即它可以包含运营商网络内的所有跟踪区域。在用户移入某个特定业务区，不在原有 SMF 管辖范围时，AMF 需要选择对应的 I-SMF 来继续使用业务，有关 I-SMF 的信息见本书 6.2.3 节中的 UPF 和 SMF 间的会话管理。

◆ **核心网络类型限制**

核心网络类型限制定义用户是否可以接入 PLMN 内核心网（5G 核心网只包括 EPC 和 5GC），用户只能连接到 5GC 或 EPC，或者二者都可以。

(4)定时器管理

UE 通过 RAN 接入 5G 网络时，会触发 AMF 上的多个定时器。AMF 上的主要定时器如下所述。

◆ 周期性注册更新定时器

AMF具备对UE周期性注册更新的管理功能。周期性注册更新定时器由AMF本地配置，并通过注册接受（Registration Accept）消息下发给 UE。当该定时器到时后，UE 主动发起周期性注册更新流程。如果此时 UE 不在 5G 覆盖范围内，则当 UE 重新回到 5G 覆盖区后再执行周期性注册更新。

◆ 用户可达定时器

AMF 为 UE 配置可达定时器。AMF 上配置的用户可达定时器的时间应大于周期性注册更新定时器的时间。每次用户和 AMF 建立了 NAS 信令连接后，AMF 需要重置用户可达定时器。当用户可达定时器到时后，AMF 不会立即删除用户数据，而是启动一个隐式去注册定时器并且设置 UE 不可达。

◆ 隐式去注册定时器

为配合 UE 可达性管理，当用户可达定时器到时后，AMF 为 UE 配置隐式去注册定时器，即隐式去注册定时器在用户可达定时器到时后启动。在隐式去注册定时器到时前，AMF 不会对该 UE 进行寻呼。当隐式去注册定时器到时后，AMF 应对 UE 进行去注册。当用户主动和 AMF 建立 NAS 信令连接后，AMF 停止隐式去注册定时器。

◆ 清除定时器功能

AMF 支持清除（Purge）定时器管理。当用户在显式或隐式去注册之后，AMF 启动清除定时器。待定时器到时后，AMF 删除本地保存的 UE 签约数据和 5G 安全上下文，并通过清除消息通知 UDM，取消订阅并取消注册 UDM。

(5)无线资源管理

为了支持 RAN 中的无线资源管理，AMF 通过 N2 接口的 NGAP 消息携带频率选择优先级索引（RAT Frequency Selection Priority Index，RFSP Index）给 NG-RAN，协助 RAN 进行无线资源管理，RAN 对 RFSP Index 进行映射并将其翻译为本地定义的配置。RFSP Index 是 UE 签约的用户属性的组成部分，适用于所有无线承载。

针对非漫游用户，AMF 基于用户签约、本地配置的运营商策略、允许的切片、AMF 的 UE 上下文等因素选择 RFSP Index。若需进一步认证确认，AMF 可以上报用户签约的 RFSP Index 给 PCF。若 PCF 返回被授权的 RFSP Index，AMF 使用 PCF 返回的被授权的 RFSP Index 替代从 UDM 获得的签约 RFSP Index。针对漫游用户，AMF 基于拜访网络策略选择 RFSP Index，例如，基于 PLMN 维度可预配置 RFSP Index。

AMF 保存 UE 签约的 RFSP Index 和在用的 RFSP Index，在注册更新时可以更新在用的 RFSP Index（例如，AMF 中的 UE 相关上下文信息已经改变，则 AMF 需要更新在用的 RFSP Index 值）。当 RFSP Index 值改变时，AMF 通过修改现有 UE 上下文或通过在 RAN 中建立新的 UE 上下文等方式向 RAN 节点提供在用更新的 RFSP Index 值。当通过 Xn 或 N2 接口发生 RAN 节点间切换时，在用的 RFSP Index 值从源 RAN 节点转发到目标 RAN 节点。当在 AMF 间移动切换时，源 AMF 将 RFSP Index 值转发到目标 AMF。目标 AMF 可以根据运营商的策略和目标 AMF 可用的 UE 相关上下文信息来更新在用的 RFSP Index 值。

6.1.3 其他功能

1. 语音业务、紧急呼叫业务、NAS 短信业务的支持

◆ 语音业务

5G 的语音业务可以采用 EPS FALL BACK 使用 VoLTE 来实现，也可以通过新无线承载（Voice over New Radio，VoNR）来解决。

AMF 在 UE 注册过程中向终端指示网络支持语音分组域承载（Voice over PS Session，IMS VoPS）参数与流程处理。若要使用 IMS 话音业务，不管是 EPS FALL BACK 还是 VoNR，AMF 都要给 UE 发送支持 IMS VoPS 的参数。对于 EPS FALL BACK 场景，在建立初始上行文时，AMF 给 RAN 发送"可以重定向用于语音的 EPS 回退"参数，这样用户在发起语音业务时，UE 和 RAN 将发起回退到 EPS 的流程；如果 AMF 给 RAN 发送"无法重定向 EPS 回退语音"，则 UE 和 RAN 不会发起回退 EPS 的操作。AMF 配合 SMF 在终端要求 P-CSCF/BAC 地址时，向终端下发 P-CSCF/BAC 地址列表，SMF 可以从 NRF 获取 P-CSCF/BAC 地址，也可以基于本地配置获得 P-CSCF 列表。

◆ 紧急呼叫业务

当终端注册到 5GC 网络时，AMF 通过下发给终端 Registration Accept 消息把当前网络支持的紧急号码列表通过紧急呼叫业务支持（Emergency Services Support）下发给终端，并指示紧急呼叫业务回落（Emergency Services Fallback）。

在 5G 网络部署初期，如果不支持紧急呼叫，这时 5G 网络可以回退到 4G 网络，使用紧急呼叫。当终端发起业务类型为紧急呼叫回落的服务请求时，AMF 判断为紧急业务并通知无线侧回落至 4G。5G 对紧急呼叫业务的直接支持或紧急呼叫回退指示在 UE 注册时由 AMF 告知 UE。

◆ NAS 短信业务

AMF 可以提供经由 NAS 消息转发短信的功能。如果 UE 在注册消息中指示支持短消息，AMF 从 UDM 获取 UE 签约信息，检查 UE 是否签约了短消息业务。如果 UE 签约了短消

息业务，AMF 在注册登记接受消息中指示 UE 支持短消息。

AMF 为 UE 选择可用的 SMSF，SMSF 的获取方法如下所述，可灵活配置获取。

（1）AMF 支持本地配置 SMSF 地址。

（2）从 UDM 获取 SMSF 地址。

（3）从 NRF 获取 SMSF 地址。

AMF 在 UE 和 SMSF 间透明传送短消息内容，支持通过 Namf 接口转发短消息，为 MT 短消息寻呼空闲态 UE。

2. 拥塞控制与负载均衡功能

AMF 拥塞控制功能，支持负载均衡与负载重均衡功能。

（1）AMF 支持通过 N2 接口实施过载控制。

（2）AMF 支持通过 NAS 实施拥塞控制。

AMF 支持通过 NAS 消息中携带 Back-off Timer 指示终端延迟接入，限制终端发起的 NAS 信令，实现 NAS 层的移动性管理和会话管理的拥塞控制。

（3）AMF 支持 AMF Set 内的负载均衡。

AMF 支持 Served GUAMI 及权重的配置，并通过该配置来实现 AMF Set 内各 AMF 的负载均衡。AMF 支持在 NG setup 流程中通过 NG SETUP RESPONSE 消息将 Served GUAMI 及权重信息下发给 RAN，以便 RAN 使用权重信息实现 AMF Set 内各 AMF 间的负载均衡。

AMF 支持由于设备容量改变或其他原因来更新 AMF 的 Served GUAMI 和权重配置，并支持将新的 Served GUAMI 和权重信息通过 AMF CONFIGURATION UPDATE 消息下发给 RAN。

（4）AMF 支持 AMF Set 内负载重均衡。

在 AMF Set 内，若出现某 AMF 负荷过高，AMF 可以通过负载重均衡将负荷较高 AMF 上的 UE 迁移到 AMF Set 中其他负荷较低的 AMF 上。例如，RAN 可以根据源 AMF（即负荷较高的 AMF）指示的不可用 GUAMI 和目标 AMF 的信息，将 UE 后续的 Initial NAS 或 N2 消息重定向给目标 AMF（即负荷较轻的 AMF），目标 AMF 重新分配新的 GUTI 给重定向的 UE。

3. 服务 AMF 的选择

AMF 在 UE 注册过程中支持服务 AMF 的选择功能，其中，服务 AMF 的选择指在网络中找到合适的 AMF 为 UE 提供注册及后续服务。服务 AMF 的选择流程详见本书第三章 5G 核心网关键技术。

●• 6.2 UPF 功能

UPF 是处理 PDU 会话的用户平面路径的网元，支持 UE 业务数据的转发、通过 N4 接口接受 SMF 控制和管理、依据 SMF 下发的各种策略执行业务面业务流的处理，其支持的主要功能如下所述。

- RAT 内 / 间移动性锚点。
- 响应 SMF 请求为 UE 分配 IP 地址。
- PDU 会话和数据网络的连接点。
- 数据包路由和转发（例如，支持上行链路分类器将流量路由到某个数据网络，支持多归属 PDU 会话，支持 5G 虚拟网组内的流量转发）。
- 数据包检测（例如，基于业务数据流模板或来自 SMF 的 PFD 的应用检测）。
- 用户面策略执行（例如，门控、重定向、流量导航）。
- 合法拦截。
- 流量使用报告。
- 用户平面的 QoS 处理（例如，UL/DL 速率实施、DL 中的反射 QoS 标记）。
- 上行链路流量验证（SDF 到 QoS 流量映射）。
- 上行链路和下行链路中的传输层数据包标记。
- 下行链路数据包缓冲和下行链路数据通知触发。
- 将“结束标记”发送给源 RAN 节点。

在上述功能中，并不是要求所有应用场景的 UPF 都具备，具体的功能支持需要结合应用场景和业务需求来删减或增补。

6.2.1 用户面功能

1. 移动性管理

UPF 能辅助 AMF、SMF 等完成以下移动性管理程序。

- 基于 Xn 接口的切换。
- 基于 N2 接口的切换。
- 5GC 与 EPS 间的切换。

基于 Xn 接口的切换以及基于 N2 接口的切换详见本书 6.34 节中的切换。5GC 与 EPS 间的切换见本书附录 5 4G/5G 互操作。

2. IP 地址分配

UE IP 地址管理包括 UE IP 地址的分配和释放以及分配的 IP 地址的更新。UPF 支持由 SMF 控制，在 PDU 会话建立过程中为 UE 分配 IP 地址，支持 IPv4、IPv6 和 IPv4v6 类型的本地地址分配。

3. F-TEID 分配和释放

F-TEID 为 GTP 端口的地址信息，包括端口的 IP 地址和隧道端口标识 TEID。F-TEID 应由 SMF 或 UPF 分配，其中，SMF 对 F-TEID 的分配是必选功能，UPF 对 F-TEID 的分配是可选功能。

当在 SMF 中执行 F-TEID 分配时，SMF 分配给 PDE IE［具体为包检测信息（Packet Detection Information，PDI）的 F-TEID 信元（Information Element，IE）］，并将指定的 F-TEID 值提供给 UPF。

如果 UPF 支持 F-TEID 的分配，则 UPF 应在 UP 功能 IE 中设置 FTUP 功能标识。在 SMF 和 UPF 均支持 F-TEID 分配的情况下，由网络配置来确定是 SMF 还是 UPF 来负责 F-TEID 的分配。当在 UPF 中执行 F-TEID 分配时，SMF 通过在包检测规则（Packet Detection Rule，PDR）IE 的本地 F-TEID IE 中设置 CHOOSE 标识来请求 UPF 分配 F-TEID，其中，源接口 IE 指示为哪个接口分配 F-TEID。SMF 可以请求 UPF 将相同的 F-TEID 分配给某个包转发控制协议（Packet Forwarding Control Protocal，PFCP）会话建立请求中创建的若干个 PDR，即同一个 PFCP 会话建立的多个 PDR 可以共用一个 F-TEID。如果成功创建 PDR，则 UPF 应返回其分配给 PDR 的 F-TEID。在接收到移除 PDR 或删除 PFCP 会话请求时，如果已经没有其他 PDR 使用该 F-TEID，则 UPF 将释放分配给 PDR 或 PFCP 会话的 F-TEID。

4. 支持多 SMF 控制 UPF

UPF 支持由单个 SMF 或多个 SMF（针对不同的 PDU 会话）控制的功能，当其中某个 SMF 发生故障时，不影响其他 SMF 在该 UPF 上的用户会话业务。

UPF 支持向多个 SMF 分别发起 PFCP 关联创建、更新和释放流程，也支持接收多个 SMF 发起的 PFCP 关联创建、更新和释放流程，UPF 也相应地支持向多个 SMF 发起节点级上报功能。UPF 应支持多个 SMF 发起的 PFCP 会话创建、修改、删除流程以及向多个 SMF 发起会话级上报。UPF 应支持对多个 SMF 发起心跳检测流程。当 SMF 分配 F-TEID 时，UPF 要根据 TEID 的取值范围对不同的 SMF 进行分段，以防止不同 SMF 分配相同的 F-TEID。

此外，UPF还支持由一个SMF组（类似SMF POOL）控制的功能，UPF支持PFCP会话可以由同一个SMF组中的不同SMF连续控制，即UPF与SMF组只须建立一个PFCP关联，该PFCP关联的节点ID被设置为SMF组的FQDN（在关联建立过程中SMF应向UPF表明它支持Set功能，该功能表示该关联可被SMF POOL内多个SMF连续控制）。在建立PFCP会话时，SMF应在PFCP会话建立请求的F-SEID中分配SMF组内的唯一会话终结点标识符（Session Endpoint Identifier，SEID），SMF组中的任何SMF都可以发出修改或删除与UPF的PFCP会话，或更新、或释放PFCP关联。

5. 支持ULCL和分支点功能

ULCL和分支点（Branching Point，BP）功能是UPF的功能之一，UPF基于SMF提供的流量检测规则和流量转发规则将相同的PFCP会话（PDU会话）的上行链路业务流路由到多个会话锚点（PDU Session Anchor，PSA）UPF，并将来自这些PSA UPF的下行链路业务流合并后路由到UE。

ULCL功能支持IPv4、IPv6、IPv4v6或以太网类型的PDU会话。ULCL根据UE发送的上行数据包的IP地址或前缀将IP PDU会话发送到不同的PDU会话锚点。ULCL功能设计的主要目的是将一些与SMF提供的流量过滤规则相匹配的流量转移至本地，例如，在边缘计算场景下，本地流量就近访问边缘计算的业务平台。

在PDU会话修改期间，SMF可以删除上行链路分类器或分支点，只须移除至相应锚点的UL和DL的PDR即可。

BP是IPv6多归属（Multi-homing）功能，即一个PDU会话可以与多个IPv6前缀相关联，该UPF作为BP连接多个PDU会话锚点UPF，再通过多个PDU会话锚点接入数据网络。

UPF支持提供将不同IPv6前缀的上行业务流转发至不同的PDU会话锚点UPF，并把来自链路上的不同PDU会话锚点UPF的下行业务流合并到UE。

UPF应支持同时作为ULCL和PDU会话锚点的能力。UPF应支持同时作为IPv6多归属的分支点和PDU会话锚点的能力。

关于ULCL、BP以及多归属的信息可参考本书6.3.2用户面管理的相关内容。

6. I-UPF功能要求

中间UPF（Intermediate UPF，I-UPF）一般介于RAN与PSA UPF之间，可以用于支持冗余传输以提高传输的可靠性（例如，满足uRLLC场景下的高可靠要求）。另外，I-UPF也可以用于基于Xn的NG-RAN间切换（详见本书6.3.4切换）。在使用ULCL的情况下，I-UPF可以被视为ULCL；在使用BP的情况下，I-UPF可以被视为BP。在回归属地路由的漫游场景，UE 的 PDU 会话至少包括 VPLMN 中的 UPF 和 HPLMN 中的 UPF，归属地的 UPF 为 PSA UPF，VPLMN 的 UPF 相当于 I-UPF。

SMF 支持选择新的 UPF 作为 PDU 会话的 I-UPF，或者在没有 I-UPF 的 PDU 会话中插入 I-UPF。SMF 向新的 UPF 发送 N4 会话建立请求消息，同时将数据包检测、数据转发、执行和报告规则提供给 I-UPF。此外，用于该 PDU 会话的 PSA 的 CN 隧道信息也将被提供给 I-UPF，I-UPF 按照 N4 会话建立请求流程进行处理和响应。

当用户移动出 N3 连接的 UPF 服务区但仍在 SMF 服务区内时，SMF 在 PSA UPF 前插入 I-UPF，I-UPF 应支持通过 N3 和 N9 接口分别连接 RAN 和 PSA UPF，PSA UPF 通过 I-UPF 完成与 RAN 间的上下行数据的传输，即 I-UPF 完成 PSA UPF 与 RAN 间的承载级和会话级的隧道转发。

UPF 应支持在会话创建时，由 SMF 在 RAN 和 PSA UPF 之间插入 I-UPF。UPF 应支持在 TA 发生变化时，由 SMF 在 RAN 和 PSA UPF 之间插入 I-UPF。

UPF 应支持在一个 PDU 会话中插入多个 I-UPF（例如，插入 2 个并行的 I-UPF，作为路由冗余）。

I-UPF 应支持接收 SMF 的指示，执行与 RAN 之间的 N3 隧道以及与 UPF 之间的 N9 隧道的分配和释放。

终端在 IDLE 状态时，I-UPF 应支持下行报文的缓存，并通过 N4 接口向 SMF 发送消息，告知用户面路径接收到了下行报文。当终端进入连接状态后，SMF 更新 I-UPF 的缓存状态，I-UPF 应将这些缓存数据转发至 RAN。

7. 隧道管理

UPF 支持与 RAN 之间的 N3 接口以及与 UPF 之间的 N9 接口的 PDU 会话隧道的建立与释放。

如果 PDU 会话涉及多个 UPF，则 UPF 之间的任何隧道（即 N9 接口的隧道，例如，终结 N3 接口的 UPF 与 PDU 会话锚点的 UPF 间的隧道）在 UE 进入 CM-IDLE 状态时仍然保持建立。

当 PDU 会话的用户面连接被去激活时，SMF 可以释放终结 N3 接口的 UPF。在这种情况下，原先与该终结 N3 接口 UPF 相连的 UPF（例如，分支点 / ULCL 或 PDU 会话锚）将缓存下行数据包。如果 SMF 没有释放 N3 接口终结的 UPF，则由该 UPF 负责缓存下行数据包。

当 PDU 会话的用户面连接被激活并且分配新的 UPF 终结 N3 接口，原先负责数据包缓存的旧 UPF（例如，PDU 会话锚点的 UPF）建立与新 UPF 之间的数据转发隧道，缓存的数据包从旧 UPF 通过数据转发隧道传输到新分配的 UPF。

UPF 对 CN 隧道管理功能见本书 6.3.2 用户面管理。

8.“End marker”功能

核心网发送结束标记“End marker”的目的之一是在 RAN 发生切换的过程中辅助目标 RAN 对收到的数据包重新排序。

结束标记数据包的构建可以在 SMF 中完成，也可以在 UPF 中完成，具体由运营商的网络配置确定由哪个网元来构建。

◆ UPF 构造“End marker”

● 在 UPF 不改变 RAN 切换的过程中，SMF 通过 N4 接口向 UPF 发送会话修改请求，指示 UPF 切换到新的 N3 用户面路径，同时指示 UPF 在旧的 N3 用户面路径上发送“End marker”标记数据包，指示 UPF 向源 RAN 发送“End marker”数据包。

● 在 UPF 改变 RAN 切换的过程中，SMF 通过 N4 接口向 UPF 发送会话修改请求，指示会话锚点（PSA）UPF 切换 N9 用户平面路径（即从源 UPF 切换到目的 UPF），同时指示 PSA UPF 在旧路径上发送“End marker”数据包。在接收到该指示后，PSA UPF 将构造“End marker”数据包，并在发送旧路径上的最后一个 PDU 之后将其发给与源 UPF 间的每个 N9 GTP-U 隧道。源 UPF 在 N9 GTP-U 隧道上接收到“End marker”数据包时，应转发“End marker”数据包给予源 NG-RAN 间的每个 N3 GTP-U 隧道。

◆ SMF 构造“End marker”

● 在 UPF 不改变 NG-RAN 切换的过程中，SMF 应通过发送 N4 接口会话修改请求消息指示 UPF 切换 N3 用户面路径。在旧 N3 用户面路径上发送最后一个 PDU 之后，UPF 将用新的 N3 接口隧道信息替换旧的 N3 接口隧道信息，并将 N4 接口会话修改响应消息告知 SMF 确认路径切换是否成功。当路径切换完成时，SMF 构造“End marker”数据包并将其发送到 UPF，UPF 将收到的“End marker”数据包转发给源 NG-RAN。

● 在 UPF 改变 NG-RAN 切换的过程中，SMF 应通过发送 N4 接口会话修改请求消息来指示 PSA UPF 切换 N9 用户平面路径。在旧的 N9 用户面路径上发送最后一个 PDU 之后，PSA UPF 将用新的隧道信息替换旧的隧道信息，并用 N4 接口会话修改响应消息向 SMF 确认路径切换是否成功。当路径切换完成时，SMF 构造“End marker”数据包并将其发送到 PSA UPF，PSA UPF 收到“End marker”数据包后再将其转发到源 UPF。

9. 策略执行功能

UPF 具备策略计费执行功能（Policy and Charging Enforcement，PCEF）。严格意义上讲，PCEF 功能由 UPF+SMF 共同实现，接收 PCF 的策略下发（通过 SMF），按照策略的规则对流经的数据包进行处理。

◆ 预定义 PCC 静态规则执行

预定义 PCC 静态规则在 PCEF 中预先配置，PCF 可以随时激活或停用预定义的 PCC

规则。对预定义的 PCC 规则进行分组，从而允许 PCF 动态地激活一组 PCC 规则。SMF、UPF 作为 PCC 架构的 PCEF，预定义 PCC 规则可以在 SMF 上配置，也可以在 UPF 上配置，但规则的激活 / 停用由 PCF 负责。

当一个预定义 PCC 规则被激活 / 停用时，SMF 应当提供必要的信息给 UPF，具体执行规则如下所述。

- 如果预定义 PCC 规则包含应用标识（Application Identifier），并且对应的应用检测过滤器设置在 UPF，SMF 提供对应的应用标识给 UPF。
- 如果预定义 PCC 规则包含业务流过滤器［Service Data Flow Filter(s)］，SMF 应将该业务流过滤器提供给 UPF。
- 如果预定义 PCC 规则包含 UPF 上预配置的流量处理策略，SMF 应激活这些流量处理策略。
- 如果预定义 PCC 规则包含流量导向策略标识［Traffic Steering Policy Identifier(s)］，则 SMF 应向 UPF 提供相应的流量导向策略标识符。

◆ **动态 PCC 规则执行**

UPF 中所需的应用检测过滤器可以在 SMF 中配置并作为业务数据流过滤器提供给 UPF，或配置在由应用标识符标识的 UPF 中。

当从 PCF 收到包含用于 UPF 的 Application Identifier 和业务处理参数的动态 PCC 规则时，有如下两种情况。

- 第一种情况：如果在 SMF 中配置了应用检测过滤器，则 SMF 应将其转化为 SDF，提供给 UPF，以及从动态 PCC 规则中接收到的业务处理参数。
- 第二种情况：如果不是第一种情况所述，则应该在 UPF 中配置应用检测过滤器，SMF 根据动态 PCC 规则向 UPF 提供 Application Identifier 和对应的业务处理参数。

UPF 的策略执行支持重定向功能、流量门控功能和流量导向功能，具体如下所述。

（1）重定向功能

流量的重定向是指 UPF 将上行链路的流量重定向到指定目的地的过程，例如，将一些 HTTP 流量重定向到服务配置页面或缴费页面。

重定向目的地的地址可以由 PCF 提供，也可以在 SMF 或 UPF 预先配置，由运营商的网络配置确定。流量重定向可以只由 UPF 执行，UPF 该功能特性通过向 SMF 报告功能特性 IE 来说明。流量重定向可能不是所有 UPF 都支持，若某些业务或用户需要流量重定向，则 SMF 需要在 UPF 中选择支持重定向的 UPF 来提供这些服务。

当 PCF 下发的动态 PCC 规则中包含重定向信息（例如，启用 / 禁用重定向和重定向目的地）或 PCF 激活 / 去激活预定义规则中的重定向策略时，SMF 应决定执行重定向的主体。

- 当在 UPF 中执行重定向时，SMF 应将重定向目的地或 URL 提供给 UPF。

● 当在SMF中执行重定向时，SMF应指示UPF将指定的业务流转发给SMF。

一般情况下，重定向在UPF执行相对更合理，UPF是负责处理流量转发的，SMF主要负责流量策略的制订和下发。当在UPF上实施流量重定时，SMF需要采取以下措施，以指导UPF执行重定向。

● 创建必要的PDR以标识需要重定向的流量（如果先前还没有创建标识）。

● 创建一个数据包转发规则（Forwarding Action Rule，FAR），其中，重定向信息IE包含重定向目的地的地址（如果要将流量重定向到SMF提供的目的地，SMF提供的重定向地址优先于UPF本地配置的重定向地址）。对于HTTP流量重定向，重定向地址类型应设置为"URL"，SMF将FAR中的目标接口IE设置为"access"；对于其他类型的流量重定向，目标接口IE可以设置为"core"。

● 或者转发策略IE包括要应用的转发策略标识（如果需要将流量重定向到UPF中预先配置的重定向目的地）。

● 将FAR与PFCP会话的上述PDR关联。

（2）流量门控功能

流量门控是指用户平面中启用或禁用某类数据流或某应用IP数据包通过，也就是对检测出的特定业务的IP包的转发是放行打开还是禁止并丢弃。UPF应支持基于SDF或应用业务的门限控制，以控制通过某个端口的上下行数据流或者业务应用报文的转发或丢弃。

SMF通过创建PDR并关联一个包含门限状态信元（IE）的QoS执行规则（QoS Enforcement Rules，QER），对需要控制的数据流或业务应用报文创建UPF执行的规则。UPF通过PDR中的PDI携带的源接口IE或者FAR中携带的目的接口IE识别上行和下行业务流，UPF将对识别后的业务流进行上行和下行门限控制。

UPF应支持对指定或排除一个或一组SDF(s)/应用、基于业务标识（Service Identifier）或监控键值（Monitoring Key）等颗粒度的用量监控。UPF可支持的用量监控度量方式包括以下内容。

● 基于流量。

● 基于时长。

● 基于流量和时长。

● 基于事件。

（3）流量导向（Traffic Steering）功能

流量导向是指在UPF（PDU会话锚点）中将特定N6-LAN流量导向运营商设置的特定设备或第三方服务提供的设备（例如，NAT、反恶意软件、DDoS保护等）。

UPF在功能IE中设置TRST功能标识，告知SMF该UPF支持流量导向功能。流量导向由 SMF 通过 N4 接口指示 UPF 对特定的流量转发策略以实施流量导向。此外，转发策略也可以在 UPF 本地配置，转发策略由转发策略标识符标识。

SMF 在控制 UPF 进行流量导向时，采用以下操作。

- 创建必要的 PDR 以标识要导向的数据。
- 创建 FAR，其转发策略 IE 包括流量导向策略标识符。
- 将 FAR 与 PFCP 会话的上述 PDR 关联。

UPF 应支持接收 SMF 下发的流量导向策略（可分上行、下行或双向），执行数据包标记并将其业务路由至指定的应用服务中。

10. 计费功能

计费功能是 SMF 通过在 UPF 中激活业务量测量和报告网络资源的累计使用情况来实现的，因此对于 UPF 而言，计费功能主要实现对业务量的测量和上报（例如，上网的流量、时长等），按照业务量的测量维度可以分为基于流量的测量和基于时间的测量。

（1）基于流量测量的上报

UPF 支持以下基于流量测量的用量上报配置。

- 流量门限：当测量业务达到流量门限时，UPF 生成一个用量报告并通知 SMF。
- 流量配额：当测量业务达到流量配额并且没有新的流量配额可用时，UPF 停止转发业务报文（或者按照运营商的部署其他策略要求重定向到指定页面）、生成使用量报告并通知 SMF。
- QoS 实施前的测量（Measurement Before QoS Enforcement，MBQE）标识被设置为 1：要求 UPF 在 QoS 控制执行前开始测量业务流量。

上述流量门限和流量配额的具体值一般由 SMF 提供给 UPF。

（2）基于时间测量的上报

UPF 支持以下基于时间测量的用量上报配置。

- 时间门限：当测量业务达到时间门限时，UPF 生成一个用量报告并通知 SMF。
- 时间配额：当测量业务达到时间配额并且没有新的时间配额可用时，UPF 停止转发业务报文、生成用量报告并提供给 SMF。
- 非活跃检测时间（Inactivity Detection Time，IDT）：在非活跃检测时间到时后，当没有收到业务报文时，测量将被挂起；当收到业务报文时，测量再恢复。非活跃检测时间用于在这段时间内如果没有收到数据包时，则请求 UPF 暂停时间测量。

上述时间门限和时间配额以及 IDT 的具体值一般由 SMF 提供给 UPF。

UPF 还支持停止对流量的测量，当 SMF 通过 URR 测量请求消息中的去激活测量标识（Inactive Measurement Flag）来告知 UPF 停止对网络资源的测量时，UPF 能停止测量网络资源的使用并存储当前的资源使用的测量值，以便下次激活 URR 测量时恢复测量计数。

11. 数据转发及路由

UPF 具有把来自外部数据网的 PDU 用 GTP 包头和 UDP/IP 包头进行封装的功能，并以包头的相关地址信息作为标识，利用一条点到点的双向隧道来传输封装数据给终端。对于去往外部数据网的 GTP-U PDU，应去除其封装包头后再转发给外部数据网。

UPF 应该支持静态路由、策略路由、备份路由。定义一条策略等同于定义一组过滤器，并在接收、发布一条路由信息或在不同协议间进行路由信息交换前应用这些过滤器。

UPF 应该支持路由映像（Route-Map）定义、路由引入和分发定义，以及路由的前缀、自治系统路径、团体属性、访问列表等限制规则。UPF 还应支持多条备份路由，备份路由之间可以实现负荷分担。

UPF 应该支持 OSPF、BGP 等开放的、标准的路由协议。

12. 用户面数据转发

SMF 向 UPF 提供数据包转发规则（Forwarding Action Rule，FAR），从而根据 PDR 流量检测信息控制用户面数据包转发。FAR 中包括转发操作信息和转发目标信息，UPF 相应地需要支持以下功能。

- N3/N9 隧道相关处理，例如，封装。
- 将流量转发到 SMF 或从 SMF 转发流量。
- 将 SM PDU DN 请求从 SMF 转发到 DN-AAA 服务器。
- 根据本地配置的流量导向策略转发流量。
- 如果 5G 网络有虚拟网络组通信功能，则需要根据 5G 虚拟网络（Virtual Network，VN）组的 N4 规则转发流量，在 5G VN 组内通信。

其中，SMF 和 UPF 之间的数据转发通过在 N4 接口的 PFCP 消息传输，SMF 和 UPF 之间的数据转发场景见表 6-1。

表6-1 SMF和UPF之间的数据转发场景

序号	场景描述	数据转发方向
1	转发 UE 和 SMF 之间的用户面数据包，例如，DHCP 信令	UPF 到 SMF SMF 到 UPF
2	转发 SMF 和外部数据网络之间的数据包，例如，DN-AAA 服务器	UPF 到 SMF SMF 到 UPF
3	转发数据包到 SMF 进行缓存	UPF 到 SMF SMF 到 UPF

（续表）

序号	场景描述	数据转发方向
4	SMF 构造“End marker”数据包给下行网络节点，即 UPF	SMF 到 UPF
5	在 NB-IoT 场景下，转发控制面 CIoT 5GS 优化（Cellular IoT 5GS Optimisation）的用户数	UPF 到 SMF SMF 到 UPF
注：控制平面 CIoT 5GS 优化功能是 NB-IoT 场景下用于在 UE 和 SMF 之间通过上下行链路的 NAS 消息来直接传递数据，从而避免通过建立 PDU 会话的用户平面连接来传递数据。		

UPF 可根据转发规则里面设置的标记执行下列动作。

- DROP 标记：丢弃业务报文。
- FORW 标记：转发业务报文并按照转发参数转发报文。
- BUFF 标记：缓存下行报文并按照缓存参数执行缓存动作。
- NOCP 标记：通知 SMF 收到第一个下行缓存报文。
- DUPL 标记：复制报文并根据提供的参数转发复制的报文。

13. 数据缓存

5GC 支持缓存至 UE 的数据包，这些数据包因至 UE 的 PDU 会话已经去激活，暂时无法传递到 UE，需要在 5GC 中缓存。

5GC 中数据缓存一般是在 UPF 中执行，SMF 支持缓存是可选功能。

（1）数据包在 UPF 中缓存

UPF 在与 SMF 的 N4 接口关联建立消息中，通过设置信元标记告知 SMF，本 UPF 具备支持数据缓存的能力。

UPF 支持接收并执行来自 SMF 的关于数据包缓存的指令，SMF 至少向 UPF 提供以下数据包缓存指令。

- 缓存数据，不报告第一个下行链路数据包的到达。
- 缓存数据，报告第一个下行链路数据包到达的缓冲区。
- 丢包。

当 PDU 会话的 UP 连接被去激活并且 SMF 决定激活 UPF 中的会话缓存时，SMF 将通知 UPF 开始缓存该 PDU 会话的数据包。

UPF 的数据包缓存不是无休止的缓存，通常会配置一个缓存的定时器或缓存数据包的量（具体由 SMF 来决定 UPF 的定时器和缓存量的控制）。当定时器到时或缓存的量达到设定的量后，UPF 将停止数据包缓存，缓存的数据包根据包的转发模式被丢弃或转发。

当 UPF 启动缓存后，第一个下行报文到达时，如果 SMF 指示需要上报，UPF 应支持通过 N4 接口向 SMF 发送消息说明用户面路径接收到下行报文。

当 PDU 会话的用户面连接被激活时，SMF 更新 UPF 的缓存状态。如果存在缓存数据，则 UPF 应将这些数据转发至 RAN。如果 PDU 会话的用户面连接去激活很长时间了，则 SMF 应该指示 UPF 停止缓存。

（2）数据包在 SMF 中缓存

当 PDU 会话用户面连接是去激活时，SMF 支持激活 SMF 上的缓存功能，通知 UPF 开始向 SMF 转发下行数据包。UPF 应支持接收并执行 SMF 在 FAR 中下发的 Destination Interface，将下行数据报文转至 SMF。

当 PDU 会话用户面连接激活时，如果有可用的缓冲数据包并且缓冲持续时间尚未过期，则 SMF 支持将这些数据包发给 UPF，UPF 再将从 SMF 接收的缓存数据包转发到 RAN。

6.2.2 深度包检测（DPI）

深度包检测（Deep Packet Inspection，DPI）是对数据报文内容进行深度检测，是 PCC 架构中 PCEF 的重要功能之一，是实现内容计费的基础功能。UPF 作为 PCC 架构下的策略执行实体，具备 DPI 的功能。

1. 数据检测和识别

对于 IPv4、IPv6 或 IPv4/IPv6 PDU 会话类型，检测信息包括以下组合。

- CN 隧道信息。
- 网络实例。
- QoS 流标识（QoS Flow Identity，QFI）。
- IP 包过滤器集。
- 应用标识符。

2. 业务解析

UPF 需要支持根据 PCF 下发或预定义的业务数据流模板，对流经的数据流进行不同协议层的业务分析，并根据 SMF 提供的 FAR、QER、URR/BAR 等规则处理业务报文。

UPF 执行业务解析的层包括以下内容。

- IP 协议的第三层（基于源 IP 地址、源 IP 地址掩码、目的 IP 地址和目的 IP 地址掩码，包括 IPv4 和 IPv6）。
- IP 协议的第四层（协议类型、源 / 目的端口号），在第四层协议中，应能支持控制面与承载面分离的协议类型。
- IP 协议的应用层（第七层，基于应用的 URL、特殊字段信息）。

UPF 应支持识别以下数据业务：浏览类业务、下载类业务、电子邮件类业务、流媒体类业务、P2P类业务、VoIP类业务、即时消息类业务等。随着新业务的应用，可以在线升级识别新型业务。

UPF支持在七层URL规则中使用自定义端口，且端口号在1~65535范围内不受限制。

3. 业务识别规则

UPF支持内容计费规则的配置，并根据配置对业务数据包进行匹配，实现流量区分，将区分出的相应流量信息上报给SMF。

内容计费规则可配置的属性如下所述。

- APN/DNN。
- Application ID。
- 目的IP地址。
- 目的IP地址掩码或前缀长度。
- 目的端口号范围（起始端口号～结束端口号）。
- 协议类型（TCP/UDP）。
- 七层应用的URL。
- 七层应用协议中的特殊字段值。
- 优先级。

4. PFD管理

数据包的PFD管理是为一个或多个应用标识向UPF提供PFD，其中应用标识指将流量映射到特定应用程序流量检测规则的标识符，是UPF中配置的一组应用程序检测规则的索引，代表了UPF用于检测应用流量的程序或规则。SMF可以通过PFD管理程序向UPF提供应用的检测信息。

UPF支持将SMF下发PFD转化为DPI规则。

6.2.3 UPF和SMF间的会话管理

1. N4关联或PFCP关联

PFCP关联是指Sx接口和/或N4接口关联，PFCP会话是指Sx接口和/或N4接口会话（后续简称为N4关联或N4会话）。对5GC而言，PFCP关联就是N4关联，PFCP会话就是N4会话；对4G EPC网络而言，PFCP会话指Sx会话。所以PFCP会话是N4会话还是Sx会话视具体的网络制式而定。对本章而言，PFCP会话若不特别指出，均默认为5GC的N4会话。

PFCP 关联是在 SMF 和 UPF 间建立关联，以便 SMF 能够使用 UPF 的资源来建立 N4 会话，即先有关联，然后才能建立会话。在 PFCP 关联建立的过程中，SMF 和 UPF 可以彼此交换各自支持的功能特性，以便后续相关功能的调用。PFCP 关联一般由 SMF 发起，在 SMF 与 UPF 建立第一个 PFCP 会话之前应该先建立与该 UPF 的 PFCP 关联，UPF 收到来自 SMF 的关联建立请求后进行处理并发送 N4 关联建立响应。如果 SMF 与 UPF 未建立 PFCP 关联，则 SMF 应拒绝来自该 UPF 的任何 PFCP 会话相关消息，并给出表示与对方不存在 PFCP 关联的拒绝原因，即标识与该 UPF 没有建立关联。相应的，如果 UPF 与 SMF 未建立 PFCP 关联，UPF 也应拒绝来自该 SMF 的任何 PFCP 会话相关消息。

当 UPF 与 SMF 间的 PFCP 关联建立后，SMF 应进行以下操作。

- 在 UPF 中提供与节点相关的参数（即适用于所有 PFCP 会话的参数），例如，PFD。
- 向 UPF 提供 SMF 支持的功能列表，例如，支持负载控制 / 过载控制。
- 建立与 UPF 的心跳机制，以监测对方是否“活着”。
- 可以在 UPF 上建立 PFCP 会话。
- 如果 UPF 已指示它将正常关闭，则应避免尝试在该 UPF 上建立新的 PFCP 会话。

当 UPF 与 SMF 间的 PFCP 关联建立后，UPF 应进行以下操作。

- 更新 SMF 所支持的功能列表。
- 如果 SMF 和 UPF 支持负载控制和 / 或过载控制，则应更新 SMF 的负载控制和 / 或过载控制信息。
- 如果由 SMF 执行 F-TEID 分配，则更新 SMF 可用的 IP 地址资源。
- 接受来自该 SMF 的 PFCP 会话相关消息（除非 UPF 已经过载，不再承接新的会话请求）。
- 使用心跳程序检查 SMF 的响应性，以监测对方是否“活着”。
- 向 SMF 指示是否在正常时间内关闭，以及在可能的情况下告知 SMF 是否出现故障和停止工作。

PFCP 关联的更新和删除既可以由 SMF 发起，也可以由 UPF 发起。PFCP 关联更新的主要目的是更新 UPF 的支持功能或可用资源（例如，设备在线扩容）。PFCP 关联的释放用于删除 SMF 和 UPF 之间的 N4 关联，例如，在网络割接升级过程中通过 OAM 来删除 PFCP 的关联。

另外，UPF 应支持使用 N4 报告功能向 SMF 上报与具体 N4 会话无关的信息，例如，报告影响所有到 GTP-U 远端的 N4 会话的用户面路径故障等，报告的信息参数包括 UPF 标识、事件、状态列表等。

2. N4会话上下文

N4会话的控制参数是SMF来控制UPF对IP流量处理的具体动作指示。在N4会话建立、N4会话修改以及N4会话释放的过程中，SMF向UPF提供会话所需的控制参数。

SMF通过N4接口提供给UPF的参数除了包括N4会话ID（N4会话ID由SMF分配，唯一标识一个N4会话），还可以包含以下参数。

- PDR，它包含对到达UPF的流量进行分类的信息，即UPF识别流量的规则。
- FAR，它包含有关对PDR识别出的流量进行转发、丢弃或缓存的信息。
- 多访问规则（Multi-Access Rules，MAR），它包含有关如何处理MA（Multi-Access）PDU会话的流量导向控制（steering）、交换和分裂的信息；对于MA PDU会话，SMF可以在N4会话修改的过程中通过添加FAR ID来更新MAR，以添加附加的接入隧道信息。
- 使用量报告规则（Usage Reporting Rules，URR），它包含如何计算PDR识别出的流量以及如何报告流量的测量值的信息。
- QoS执行规则（QoS Enforcement Rules，QER），它包含对PDR识别出流量的QoS实施相关的信息。
- 跟踪要求。如果UPF向SMF指示支持Trace功能，则SMF可以在N4会话建立或N4会话修改过程中激活UPF跟踪会话。每次N4会话最多可以激活一个跟踪会话。

上述每个规则都有详细的多个参数属性，每个参数属性都有其具体的用途，详见3GPP TS 23501。

N4会话上下文（Context）是一个结构化的消息体，由N4会话ID唯一标识。N4会话上下文分别由SMF和UPF生成，N4会话上下文具体内容包括N4会话ID、用于该N4会话的所有PDR、URR、QER和FAR或MAR。

3. N4会话管理

N4会话管理用于SMF控制UPF。SMF可以在UPF中创建、更新和删除N4会话上下文，这些操作都由SMF发起。

N4会话建立用于SMF在UPF中为PDU会话创建初始N4会话上下文，SMF为UPF分配一个新的N4会话ID，该会话ID会在SMF和UPF中保存，并唯一标识它们之间交互的N4会话上下文。当需要建立新的PDU会话或更改已建立的PDU会话时，会触发SMF创建N4会话。

N4会话修改过程用于更新UPF上现有PDU会话的N4会话上下文。当需要修改PDU

会话的相关参数时，SMF 向 UPF 发送 N4 会话修改请求消息。该消息包含结构化控制信息的更新，UPF 根据收到的信息更新 N4 会话。

N4 会话删除用于删除 UPF 上已有 PDU 会话的 N4 会话上下文，UPF 收到 N4 会话删除请求后将移去由 N4 会话 ID 标识的整个 N4 会话上下文，并将结果反馈给 SMF。N4 会话删除请求可以由 AMF 或 PCF 触发 SMF 发起。

4. N4 会话上报

N4 会话上报是指 UPF 向 SMF 报告与 N4 会话相关的事件。SMF 在 N4 会话建立、修改的过程中在 UPF 上配置了事件报告的触发器，这些触发器包括以下内容。

- **使用量上报：**使用量信息应在 UPF 中收集，并按规定上报告给 SMF。
- **检测到流量的开始：**SMF 请求的包检测启动后，UPF 检测开始接收到指定 PDR 的流量，UPF 应向 SMF 报告开始流量检测，并向 SMF 报告此事件对应的 PDR 规则 ID。
- **检测到流量的结束：**UPF 检测到指定 PDR 的流量停止了，则向 SMF 上报此事件以及对应的 PDR 规则 ID。
- **检测到下行链路的第一个数据包：**在用户面连接未激活情况下检测到 PDU 会话的第一个下行链路数据包，但此时并不存在 N3、N9、N19 隧道的下行数据传输且数据包缓存由 UPF 执行，UPF 应向 SMF 报告第一个下行链路数据包。如果 PDU 会话类型是 IP，UPF 还应报告数据包的 DSCP。
- **检测定时器周期内 PDU 会话不活动：**在 SMF 提供的 PDU 会话不活动定时器定义的周期内，UPF 检测到 PDU 会话上没有数据传输，则 UPF 将 PDU 会话不活动上报给 SMF。SMF 支持在 N4 会话建立 / 修改时携带不活动定时器给 UPF。

UPF 向 SMF 发送 N4 会话报告消息，其中包含 N4 会话 ID 与可选参数（报告触发器，测量信息）。

6.2.4 其他

1. 会话管理

UPF 能存储和处理处于空闲状态和连接状态下终端的 PDU 会话上下文，根据 APN/DNN 寻址到相应的外部数据网。UPF 可以存储、修改和删除用户的 PDU 会话信息。

UPF 可以通过以下程序进行 PDU 会话的存储和修改。

- PFCP 会话建立请求（Session Establishment Request，SER），触发新的 PDU 会话建立。
- PFCP 会话修改请求（Session Modification Request，SMR），触发 PDU 会话修改，含

QoS 流、数据流模版（Traffic Flow Template，TFT）信息改变。

UPF 可以通过以下程序删除 PDU 会话。

- PFCP 会话删除请求（Session Deletion Request，SDR），触发 PDU 会话的删除流程。
- 在释放某个 QoS 流时，UPF 仅释放与该 QoS 流的相关信息。

UPF 对会话管理主要是配合 SMF 完成的，会话管理详见本书 6.3.1 节中的会话管理。

2. QoS 控制

UPF 具备在 SMF 的控制下实施 QoS 策略，具体见本书 6.3.6 节中的 QoS 控制。

3. P-CSCF 容灾支持

UPF 支持设置 ping 方式周期探测代理会话控制功能实体（Proxy Call State Control Function，P-CSCF）状态，探测周期可配置，*N* 个探测周期无法 ping 通后则可判断 P-CSCF/BAC 故障，*N* 可配置。当 P-CSCF/BAC 故障时，应将 P-CSCF/BAC 故障状态通告 SMF；P-CSCF/BAC 故障恢复后，应将 P-CSCF/BAC 故障恢复通告 SMF。

4. 支持 PGW-U 的功能

对于已经部署了 4G 的运营商，UPF 需要具备兼容现网 EPC PGW-U 的功能。

6.3 SMF

SMF 会话管理功能是 5GC 非常关键的一个网元，是负责建立 5G 业务的网元。在运营商实际网络的部署中，某个具体的 SMF 可以根据需要支持以下部分或全部功能。

- 会话管理功能，例如，会话建立、修改和释放，也包括维护 UPF 和 RAN 之间的隧道。
- UE IP 地址分配和管理（UE 的 IP 地址还可以由 UPF 或外部数据网络分配）。
- DHCPv4 和 DHCPv6（服务器和客户端）功能。
- 选择和控制 UPF，包括控制 UPF 代理地址解析协议（Address Resolution Protocol，ARP）或 IPv6 邻居发现。
- 在 UPF 配置流量导向，将流量路由到指定的目的地。
- 终止与 PCF 的接口。
- 计费接口的支持和计费数据的收集。
- 控制和协调 UPF 的计费数据收集。
- 终止 NAS 消息的 SM（会话管理）部分。
- 下行链路数据通知。

- 特定 SM 信息的发起者，由 AMF 通过 N2 发送到 AN。
- 会话的 SSC 模式选择。
- 支持控制平面 CIoT 5GS 优化（Cellular IoT 5GS Optimisation）。
- 支持标头压缩。
- 支持 I-SMF。
- 支持 IMS 业务的 P-CSCF 发现。
- 漫游功能。

除了上述功能之外，SMF 还负责执行 PCC 的策略，例如，业务数据流检测、授权 QoS、计费、门控、流量使用报告、数据包路由和转发的功能。

在 5GC 内，SMF 通过服务化接口 Nsmf 向 AMF、其他 SMF（v-SMF 或 h-SMF）、PCF 和 NEF 提供服务，同时通过 N4 接口和 UPF 交互并调用 Nudm 接口实现会话注册。

6.3.1 会话管理

5GC 支持 PDU 连接服务，即在 UE 和外部数据网络之间提供 PDU 传送服务。PDU 连接服务由 PDU 会话实现，PDU 会话可以根据 UE 的请求建立。每个 PDU 会话支持的类型只有一个类型，可以是 IPv4、IPv6、IPv4v6、以太网、非结构化中的一种。

PDU 会话可以是单接入 PDU 连接服务，即 PDU 会话通过 3GPP 接入或者非 3GPP 接入，也可以支持多址 PDU 连接服务，即 PDU 会话同时通过 3GPP 接入和非 3GPP 接入。支持单接入 PDU 连接服务的 PDU 会话也称为单接入 PDU 会话，支持多址 PDU 连接服务的 PDU 会话称为 MA PDU（Multi-Access PDU）会话，后者主要用于支持接入流量的导航、交换和分流（Access Traffic Steering Switching Splitting，ATSSS）功能（该功能是可选功能）。这里后续的 PDU 会话均指单 3GPP 接入 PDU 会话。

UE 签约信息中每个 S-NSSAI 相关的内容中包含相应的 DNN 列表和一个默认 DNN。当 UE 在 S-NSSAI 的 PDU 会话建立请求的消息中未提供 DNN 时，如果该切片配置了默认 DNN，则 AMF 为该 PDU 会话选择默认 DNN。如果该切片签约信息中没有配置默认 DNN 且 UE 也未提供 DNN 信息时，则 AMF 为该 S-NSSAI 选择本地配置的 DNN。

1. PDU 会话建立

SMF 支持 UE 发起 PDU 会话建立。SMF 负责检查 UE 的会话建立请求是否符合用户签约要求，SMF 支持从 UDM 中获取 SMF 级别的签约数据并订阅接收签约数据通知，检查 UE 请求和签约数据的一致性。接下来介绍的是 UDM 中与 SMF 会话相关的签约数据，这些签约数据是 DNN 和 S-NSSAI 颗粒度的数据。

- 允许的 PDU 会话类型和缺省的 PDU 会话类型（Default PDU Session Type）。

- 允许的 SSC 模式（会话连续性）和缺省的 SSC 模式。
- QoS 信息：签约的 Session-AMBR、缺省 5QI 和缺省 ARP。
- 静态 IP 地址 / 前缀。
- 签约的用户面安全策略。
- 与 PDU 会话关联的计费属性。

SMF 支持 UE 发送的 PDU 会话类型：包括“IPv4”“IPv6”“IPv4v6”“Ethernet”“Unstructured”；SMF 支持直接给 PDU 会话分配 IP 地址，也可以指示 UPF 分配 IP 地址。

SMF 支持 UE 建立多个 PDU 会话。这些会话可以是相同 DN，也可以是不同 DN。SMF 支持在 UDM 中按照 PDU 会话颗粒度注册 / 去注册。

UE 在向网络发送 PDU 会话建立请求消息中包含由 UE 生成的 PDU 会话 ID。PDU 会话 ID 对于每个 UE 是唯一的，并且是用于唯一标识 UE 的 PDU 会话的标识符。PDU 会话建立请求中除了 PDU 会话 ID 外，还包括请求的 PDU 会话类型、请求的 SSC 模式、5G SM 能力、UE 最大数据速率、永远在线 PDU 会话请求等。UE 发起的会话建立请求通过 NAS 传到 AMF，由 AMF 通过 PDU 会话建立请求向 SMF 发起请求。

PDU 会话的属性见表 6-2。

表6-2　PDU会话的属性

PDU 会话属性	说明	备注
S-NSSAI	网络切片标识	如果没有提供 UE，则网络根据 UE 签约信息中的默认信息 Default S-NSSAIs、Default DNN 来确定。AMF 使用 S-NSSAI 和 DNN 选择 SMF 来建立一个新的会话
DNN（数据网名称）		
PDU 会话类型	IPv4、IPv6 等	如果 UE 没有提供，则根据用户签约获得缺省的 PDU 会话类型
SSC 模式	会话连续性	
PDU 会话标识		
用户面安全增强信息（可选）		
多址 PDU 连接服务（可选）		

上述参数在 PDU 会话激活时间内均不可修改，即上述属性参数若发生更改，相当于重新建立新的 PDU 会话。

2. PDU 会话修改

PDU 会话修改操作通常是在会话过程中修改 QoS、变更 PS data off 状态。SMF 支持 UE 或者网络侧发起 PDU 会话修改。

SMF 在收到 PCF 的策略变更、UDM 中 SM 签约数据变更时触发 PDU 会话修改。SMF 也可以根据本地配置变更或者 RAN 资源变化触发 PDU 会话修改。

SMF 可以根据 PCF 的订阅信息决定是否将变更通知给 PCF，根据变更参数决定是否更新 UPF（如果 AMBR 的 ULCL 发生变化，则 SMF 更新 UPF）。

3. PDU 会话释放

PDU 会话释放过程用于释放与 PDU 会话关联的所有资源，具体包括以下内容。

- 基于 IP 的 PDU 会话分配的 IP 地址、前缀。
- PDU 会话使用的 UPF 资源（包括 N3、N9、N19）。
- PDU 会话使用的接入资源。

SMF 支持 UE 或者网络侧发起 PDU 会话释放，其中，网络侧 SMF 支持根据本地配置或者收到 PCF、DN、UDM、AMF 等实体的消息触发 PDU 会话释放。

SMF 支持 UE 发起的 PDU 会话释放流程，释放所有会话资源，并通知与 PDU 会话相关联的所有实体，包括 PCF、DN。

4. PDU 会话建立中二次鉴权 / 授权

PDU 会话的二次鉴权 / 授权是指由 DN-AAA 服务器对 PDU 会话进行二次鉴权 / 授权。DN-AAA 既可以属于 DN，也可以属于 5GC。在 DN-AAA 属于 DN 的情况下，DN 可以被看作某个企业网，企业网内部署了 DN-AAA 服务器。当企业的用户通过 5G 访问企业网时，部署在企业网内的 DN-AAA 对用户进行二次鉴权 / 授权。只有二次鉴权 / 授权通过后，用户才能访问企业网内的资源。

SMF 支持在 PDU 会话建立时触发二次鉴权 / 授权。

SMF 支持根据 UE 在 PDU 会话建立过程中提供的 DN 特定 ID 认证 / 鉴权信息和 DN 相关的 SMF 本地策略来控制是否进行二次鉴权 / 授权。

5. 激活或去激活 UP 连接

此功能适用于 UE 在建立多个 PDU 会话的情况。激活现有 PDU 会话的 UP（用户面）连接也就是激活 UE-CN 用户面的连接（即 RAN 和 N3 隧道），相应地，去激活现有 PDU 会话的 UP 连接将导致相应的 RAN 和 N3 隧道的连接被去激活，资源被释放。

SMF 支持在已有 PDU 会话上激活 UP 连接，具体包括以下场景。

- 对于处于 CM-IDLE 态的 UE，UE 或者网络触发的服务请求流程可以激活现有 PDU 会话的 UP 连接。
- 处于 CM-CONNECTED 态的 UE 通过服务请求激活现有 PDU 会话的 UP 连接。

SMF 支持去活 UP 连接，SMF 支持在以下场景去激活 UP 连接。

- 在 Handover 切换流程中，所有 QoS 流都被 RAN 拒绝。

- UPF 探测到活动周期内会话没有数据传输。
- AMF 通知 SMF UE 已经移除允许的业务区域。

当上述场景发生时，SMF 可以去激活不同 PDU 会话的 UP 连接。SMF 支持去激活 UP 连接后通知 RAN 释放无线承载资源，通知 UPF 删除 N3 隧道的 RAN 隧道信息。

SMF 支持激活永远在线 PDU 会话（always-on PDU Session）。永远在线 PDU 会话是指从空闲状态到连接状态的每次转换期间必须激活用户平面资源。基于来自上层应用的指示，UE 请求建立永远在线 PDU 会话，由 SMF 决定是否可以将该 PDU 会话建立永远在线的 PDU会话。如果PDU会话是永远在线的PDU会话，则SMF不能停用该PDU会话的UP连接。永远在线 PDU 会话的一个典型场景是使用语音业务，当 VoNR 语音功能打开后，可以触发永远在线 PDU 会话的建立。

6. 会话连续性（SSC）

为了满足不同业务对业务连续性的不同要求，5G 系统支持多种会话连续性（Session and Service Continuity，SSC）模式，与 PDU 会话相关联的 SSC 模式在 PDU 会话的整个生命周期不会改变。SMF 支持以下 3 种 SSC 模式。

（1）SSC 模式 1

网络提供给 UE 的连接服务不掉线，整个会话期间用户的 IP 地址保持不变，即会话锚点不改变，充当锚点的 UPF 不会因 UE 的移动性、接入网络技术的变化而改变，不管用户怎么移动，无论用户通过 3GPP 接入还是 Non 3GPP 接入，充当锚点的 UPF 不会改变，同样分配给 UE 的 IP 地址也不会改变。

SSC 模式 1 可以应用于任何 PDU 会话类型和任何接入类型。

（2）SSC 模式 2

网络可以释放与 UE 的连接服务以及相应的 PDU 会话，原先已经分配给 UE 的 IP 地址也将被相应地释放。SSC 模式 2 可以视作在会话锚点变更时先释放原来的连接，再建立 UE 与新的用户面锚点的连接，中间业务会中断。

在 SSC 模式 2 下，SMF 可以根据运营商策略（例如，来自 AF 的请求或者设备负荷状态）触发释放 PDU 会话并指示 UE 立即建立到相同数据网络的新 PDU 会话，相应地为 UE 分配新的 IP 地址，不提供 IP 连续性。

SSC 模式 2 可以应用于任何 PDU 会话类型和任何接入类型。

（3）SSC 模式 3

SSC 模式 3 介于 SSC 模式 1 和 SSC 模式 2 之间，当用户面改变时（即会话锚点改变），在改变之前建立与新的 PDU 会话锚点间的连接，以保证业务的连续性。

SSC 模式 3 的 PDU 会话，SMF 支持在释放 UE 与上个 PDU 会话锚点的连接之前，建立 UE 与新 PDU 会话锚点间的连接，新连接也是访问同一个 DN。新的 PDU 会话锚点给 UE 分配新的 IP 地址 / 前缀之后，通过 NAS 信令指示 UE 维持旧的 IP 地址 / 前缀一段时间，然后再释放旧的 IP 地址 / 前缀，同时旧的 PDU 会话资源也相应地释放了。在此过程中，用户的 IP 地址会随着用户面锚点的改变而改变，但由于之前已经建立了新连接，用户面不会有业务中断。

SSC 模式 3 仅适用于 IP PDU 会话类型，接入类型可以是 3GPP 接入或 Non 3GPP 接入。

（4）SSC 模式选择

SSC 模式选择由 SMF 基于以下方式完成。

- 用户签约信息中允许的 SSC 模式（包括默认 SSC 模式）。
- PDU 会话类型以及 UE 请求的 SSC 模式。

SSC 模式属于用户签约信息的一部分，SMF 从 UDM 接收用户签约 S-NSSAI、DNN 所允许的 SSC 模式的列表来选择相应的模式。当用户签约的 S-NSSAI、DNN 需要分配静态 IP 地址 / 前缀时，SMF 应为该 PDU 会话选择 SSC 模式 1。 运营商可以通过 UE 路由选择策略（UE Route Selection Policy UE，URSP）向 UE 提供 SSC 模式选择策略（SSC Mode Selection Policy，SSCMSP）（SSCMSP 是 URSP 规则的组成部分）。UE 将使用 SSCMSP 来确定会话类型和 SSC 模式，运营商也可以通过更新 URSP 规则的方式来更新 UE 的 SSC 模式。当 PDU 会话类型为非结构类型或以太网类型时，UE 和 SMF 均不应该选择 SSC 模式 3。如果 UE 不具有 SSCMSP，则 UE 可以基于 UE 本地配置选择 SSC 模式（如果本地配置了 SSC 模式）。

SMF 选择 SSC 模式确定后，将通知 UE 选择用于该 PDU 会话的 SSC 模式。

7. 支持不同会话类型

PDU 会话类型包括以下几种，每个 PDU 会话的类型只能是其中的一种。

- IPv4 。
- IPv6 。
- IPv4v6 。
- Ethernet 。
- Unstructured。

一般 IPv4、IPv6 和 IPv4v6 类型是必选的，SMF 支持在 PDU 会话的生命周期内向 UE 提供 P-CSCF 地址、DNS 服务器地址、GPSI 等信息，同时支持接收来自 UE 的“支持重选 P-CSCF 的指示信息”、UE 的 PS 数据关闭状态等信息。

SMF 对 Ethernet 和 Unstructured 的支持是可选的，其中，Unstructured 类型的 PDU 一般用于通过点对点（P2P）隧道技术经由 N6 接口将数据传递到目的地的应用场景。

8. 支持位置报告和管理

兴趣区（Area of Interest ）是指定 3GPP 系统内的地理区域，兴趣区由跟踪区域列表、小区列表或 RAN 节点标识符列表表示。在 LADN 的情况下，SMF 提供的 LADN DNN 被称为兴趣区，在出现报告区域（Presence Reporting Area，PRA）的情况下，事件消费者（例如，SMF 或 PCF）可以提供兴趣区的标识符来定义其兴趣区。PRA 是一个由 TA 和 / 或 RAN 节点和 / 或小区标识符组成的短列表，可以从应用程序提供给 PCF 的兴趣区获取，或者从 AMF 中预先配置中获取，还可以从用户签约的信息中获取。

当建立或修改 PDU 会话时，或者当用户平面路径发生变化时（例如，UPF 重新分配 / 添加 / 移除），SMF 可以确定兴趣区向 PFC 提供订阅服务，当 UE 出现在 PRA 时向其报告 UE 的位置信息。

对于 3GPP 接入，兴趣区包含以下内容。

- 一组 TA 列表。
- 小区 ID。
- RAN ID 。
- PRA ID(s)。
- LADN DNN。

SMF 可向 AMF 订阅"UE 移动性事件通知（UE mobility event notification)"服务。当 UE 进入或离开兴趣区时，SMF 会收到来自 AMF 的通知，SMF 根据 UE 的位置信息确定如何处理 PDU 会话，例如，重新分配 UPF。当兴趣区是 LADN 时，SMF 应提供 LADN 的 DNN 信息给 AMF 并订阅"UE 移动性事件通知"服务。

订阅服务会在 PDU 会话的整个生命周期内维持不变，无论 PDU 会话的 UP 是否激活。SMF 可以确定新的兴趣区并且利用新的兴趣区向 AMF 发送新订阅。当 PDU 会话被释放时，SMF 取消订阅"UE 移动性事件通知"服务。

在与 PCC 有关的场景中，SMF 支持 PCF 订阅 UE 的 PRA 事件，向 PCF 报告 UE 进入或移出兴趣区。当 PCF 向 SMF 订阅对于兴趣区中的 UE 位置变化通知的服务时，SMF 可以通过 AMF 发送的位置变化通知，或者通过业务请求或切换过程中获知的 UE 的位置信息，将 UE 的位置信息通知给 PCF。当 SMF 检测到 UE 进入 PCF 订阅的兴趣区时，SMF 通知 PCF，以便 PCF 向 SMF 提供更新的 PCC 规则。

9. 支持 I–SMF 功能

中间 SMF（Intermediate SMF，I-SMF）是根据业务需要插入、更改或删除到 PDU 会话的 SMF。I-SMF 插入 AMF 和 SMF 之间，支持与 AMF 的 N11 接口和与 SMF 的 N16a 接口。在网络设置中，原来的 SMF 因服务区的限制等原因，不能对该服务区的 UPF 进行控制，需要借助 I-SMF 来控制该服务区的 UPF。网络在 AMF 与原来的 SMF 间插入 I-SMF，由 I-SMF 控制服务的 UPF。I-SMF 不适用 SSC 模式 2 和 SSC 模式 3。

如果 PDU 会话的 DNN 对应于 LADN，并且 I-SMF 被插入 PDU 会话，则原来 SMF 将释放或拒绝 PDU 会话。这要求运营商在网络规划部署 LADN 时，LADN 业务区在某一个 SMF 服务区内，而不能跨 SMF 服务。非漫游场景下，在 PDU 会话中插入 I-SMF 的架构示意如图 6-3 所示。

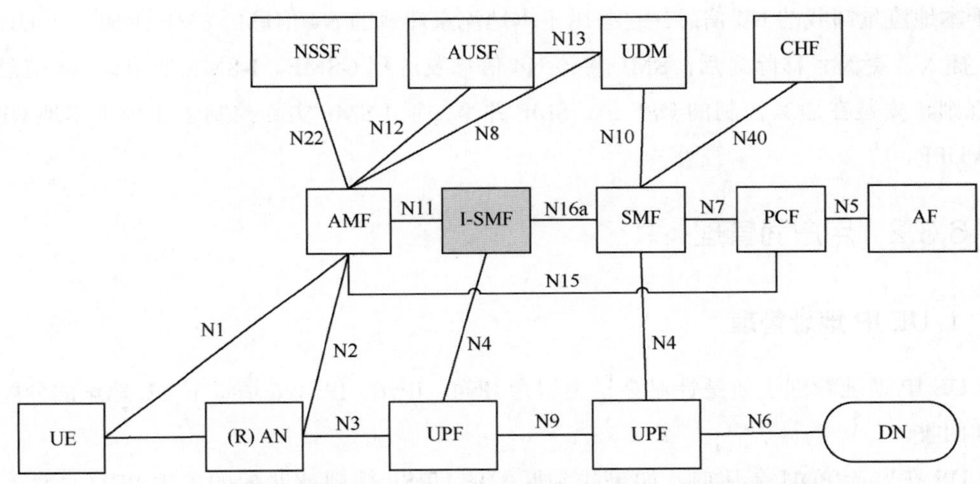

图6–3 非漫游场景下，在PDU会话中插入I–SMF的架构示意

因为 AMF 负责检测何时为 PDU 会话添加或删除 I-SMF，所以 AMF 从 NRF 获得有关 SMF 服务区的信息。在切换或 AMF 改变期间，如果 SMF 的服务区没有涵盖 UE 新的位置区，则 AMF 选择并插入可以服务 UE 目前所处位置的 I-SMF 和 S-NSSAI。如果新 I-SMF 也无法为 UE 位置区提供服务，则 AMF 会启动 I-SMF 更新流程。另外，如果 AMF 检测到不再需要 I-SMF 时，则移除 I-SMF。

在非漫游以及 LBO 的场景下，当 I-SMF 插入 PDU 会话时，I-SMF 应支持插入 ULCL 到用户面传输路径上，I-SMF 基于从 SMF 接收的信息确定是否插入 ULCL，并且 I-SMF 负责选择充当 ULCL 的 UPF 以及访问本地 DNN 的 PSA UPF。同样，在非漫游以及 LBO 的场景下，当 I-SMF 插入 PDU 会话时，I-SMF 应支持插入 BP 到用户面传输路径上，I-SMF 基于从 SMF 接收的信息确定是否插入 BP，并且 I-SMF 选择充当 BP 以及 PSA UPF。

当 I-SMF 插入 PDU 会话时，I-SMF 可以向原来的 SMF 提供它支持的数据网络接入标识（DN Access Identifier，DNAI）列表，基于从 I-SMF 接收的 DNAI 列表信息以及来自 PCF 的规则信息，原来的 SMF 可以为该 PDU 会话提供相关的 DNAI，用于 I-SMF 的本地流量控制。I-SMF 负责 UPF 的插入、修改和删除，以确保本地流量导向。基于本地流量导向和 UE 位置，I-SMF 选择 DNAI，它还负责选择充当 ULCL / BP 和 / 或 PSA 的 UPF，并将这些 UPF 插入 PDU 会话的用户面路径中。

I-SMF 负责与本地 UPF 的 N4 接口，包括以下内容。

- 使用 AN 隧道信息来构建 PDR 和 FAR。
- 负责分配本地 UPF 之间的 CN 隧道信息 。
- 当 PDU 会话的 UP 变为去激活时控制 UPF。

SMF 基于 I-SMF 提供的可用 DNAI，与这些 DNAI 相关的 PCC 规则和计费要求，生成用于本地流量卸载的 N4 信息。这些用于本地流量卸载的 N4 信息由 SMF 生成，在 ULCL /BP 插入、更新、移除之后，SMF 将该 N4 信息发送到 I-SMF。I-SMF 使用该 N4 信息导出规则，安装在由其控制的 UPF 中，SMF 并不知道 I-SMF 实际控制了多少个本地 UPF、PSA UPF。

6.3.2 用户面管理

1. UE IP 地址管理

UE IP 地址管理主要是针对会话类型为 IPv4、IPv6、IPv4v6 场景下 UE 地址的分配请求和回收。

UE 在发起 PDU 会话前，如果找到匹配的 URSP 规则或匹配的本地 PDU 会话类型（“IPv4”“IPv6” 或 “IPv4v6”），则 UE 将所请求的 PDU 会话类型设置为所匹配的 PDU 会话类型；如果 UE 没有匹配的 URSP 规则且没有匹配的本地配置会话类型，则 UE 应在 PDU 会话建立过程中根据自己的 IP 协议栈能力设置请求的 PDU 会话类型，即根据 IP 协议栈对 IPv4、IPv6、IPv4v6 的支持情况选择相应的 PDU 会话类型。

SMF 应支持根据 UE 会话建立请求中携带的 PDU 会话类型，选择建立的 PDU 会话类型，并为其分配 IP 地址。如果 SMF 接收到 PDU 会话类型设置为“IPv4v6”的请求，则 SMF 基于 DNN 配置、用户签约数据和运营商策略选择 PDU 会话类型“IPv4”或“IPv6”或“IPv4v6”。如果 SMF 接收到 PDU 会话类型设置为“IPv4”或“IPv6”的请求，并且 DNN 支持所请求的 IP 版本，则 SMF 选择所请求的 PDU 会话类型。

对于归属路由的情况，V-SMF 将 UE 请求的 PDU 会话类型转发给 H-SMF，V-SMF 向 UE 发送由 H-SMF 选择的 PDU 会话类型。H-SMF 应处理 UE IP 地址管理相关消息，维护相应的状态信息并向 UE 提供 IP 会话请求响应消息。

5GC 支持基于 UDM 中的签约信息或者基于签约用户、DNN 和 S-NSSAI 的配置信息分配静态 IPv4 地址、IPv6 前缀。如果静态 IP 地址 / 前缀保存在 UDM 中，则在 PDU 会话建立的过程中，SMF 可以从 UDM 中获取静态 IP 地址 / 前缀分配给 UE。

5GC 支持基于 DHCP 的 IP 地址配置，UE 在协议配置选项中向网络指示 UE 请求使用 DHCPv4 获取 IPv4 地址。在通过 DHCP 分配 IP 地址的过程中，SMF 应充当 UE 的 DHCP 服务器（PDU 会话锚 UPF 没有 DHCP 功能），SMF 指示 PDU 会话锚 UPF 在用户平面上转发 UE 和 SMF 之间的 DHCP 数据包。

此外，SMF 还支持在 PDU 会话建立的过程中从 PCF 接收用户 IP 索引信息，并利用该信息向 UE 分配 IP 地址。如果 PCF 订阅了 IP 地址分配 / 释放的事件，则 SMF 应通知 PCF 关于 IP 地址的分配 / 释放通知。

当 PDU 会话释放时，SMF 应释放 IP 地址 / 前缀。如果 UE 的 IP 地址是从外部数据网络获取，则 SMF 应支持发送分配、更新和释放 IP 地址请求至外部数据网络。

分配给 UE 的 IP 地址池只能由唯一的实体（例如，SMF/UPF）控制。由 UPF 管理的 IP 地址可以包含多个 IP 地址池分区，每个 IP 地址池都有一个地址池的 ID，UPF 通过地址池的 ID 关联来管理 IP 地址池。当 SMF 配置为从 UPF 获取 UE IP 地址时，SMF 选择支持控制 IP 地址池的 UPF（SMF 通过 N4 接口的关联或通过 NRF 来获取 UPF 对此功能的支持情况）。

2. 核心网络隧道管理

核心网络（Core Network，CN）隧道信息是 PDU 会话的 N3/N9 隧道的核心网络侧的地址，具体为 UPF 用于 PDU 会话的 TEID 和 IP 地址。CN 隧道信息的分配或释放是在 PDU 会话建立或释放的过程中实施的。CN 隧道管理功能既可以在 SMF 上实施，也可以在 UPF 上实施，具体根据运营商的网络配置来确定。如果需要 UPF 分配 / 释放 CN 隧道信息，仍然需要 SMF 来指示 UPF 执行。

（1）当 CN 隧道信息由 SMF 管理时

如果网络配置由 SMF 来负责分配 / 释放 CN 隧道信息，则 SMF 应管理 CN 隧道信息。当 PDU 会话建立或者在已有 PDU 会话用户面路径上增加 UPF 时，SMF 支持通过 N4 接口分配 CN 隧道信息，SMF 应向 UPF 提供分配的 CN 隧道信息；当 PDU 会话释放或者在已有 PDU 会话用户面路径上移去 UPF 时，SMF 支持释放 CN 隧道信息，SMF 应通知 UPF 有关 CN 隧道信息的释放。

（2）当 CN 隧道信息在 UPF 管理时

如果网络配置由 UPF 来负责分配 / 释放 CN 隧道信息，则 UPF 应管理 CN 隧道信息。当 PDU 会话建立或者在已有 PDU 会话用户面路径上增加 UPF 时，SMF 应请求 UPF 为 N4 参考点分配 CN 隧道信息作为回应，UPF 将分配的 CN 隧道信息提供给 SMF；当 PDU 会话释放或者在已有 PDU 会话用户面路径上移去 UPF 时，SMF 请求 UPF 释放 CN 隧道信息。

对比上述两种管理模式，它们的区别在于 CN 隧道的地址由 SMF 还是 UPF 分配，具体何时分配、何时释放，均由 SMF 控制 UPF 来完成。

3. 流检测

流检测（Traffic Detection）是识别 UPF 的数据包属于哪个会话或哪种业务的过程。

SMF 负责提供 PDR 给 UPF 用于检测数据流属于某种会话或业务。其中，PDR 包含的参数描述了 UPF 如何处理与检测信息匹配的数据包。对于 IPv4 或 IPv6 或 IPv4v6 类型的 PDU 会话，PDR 中的检测参数包括 CN 隧道信息、网络实例、QFI、IP 包过滤集、应用程序 ID（应用程序 ID 是 UPF 中配置的一组应用程序检测规则的索引）。对于以太网类型的 PDU 会话，检测参数包括 CN 隧道信息、网络实例、QFI、以太网包过滤集。

4. 用户面转发控制

SMF 支持向 UPF 提供 FAR 指令，从而根据 PDR 流量检测信息控制用户面数据包转发。具体用户面转发控制功能参见 UPF 设备功能的用户面数据转发功能部分。

5. 发送“End marker”

关于“End marker”的功能要求参见本书 6.2.1 节中的用户面功能。

6. UP 路径管理

当 PDU 会话的 UP 连接去激活后，SMF 支持释放 N3 终结点的 UPF。对于 UP 连接已经停用且 SMF 已经订阅位置更改通知的 PDU 会话，SMF 从 AMF 收到 UE 的新位置通知并检测到 UE 已移出现有中间 UPF 的服务区时，SMF 支持维护中间 UPF，删除 UPF 之间已经建立的隧道或重新分配 UPF 之间的隧道。

7. 数据缓存管理

数据缓存管理功能见本书 6.2.1 节中的用户面功能。

6.3.3 数据转发功能

为了支持 5G 网络的选择性流量路由到 DN，SMF 可以控制 PDU 会话的数据路由的路径，对同一个 PDU 会话可以有多个 N6 接口访问 DN。网络中终结 N6 接口的 UPF，称为具备 PDU 会话锚点（PDU Session Anchor，PSA）的 UPF，简称 PSA UPF，每个 PSA UPF 为 PDU 会话提供相同 DN 的不同访问路径。网络中部署选择性流量路由的目的之一是支持其中一些选定的流量就近访问 DN。

1. ULCL

ULCL 是 UPF 支持的功能，旨在对 SMF 提供的流量过滤规则相匹配的流量进行本地分流。对于 IPv4、IPv6、IPv4v6 或以太网类型的 PDU 会话，SMF 可以根据业务需要在 PDU 会话的数据路径中插入或移去 ULCL，即 ULCL 的插入和移去由 SMF 决定。

在整个 ULCL 的插入或移去工作中，不需要 UE 参与。也就是说，UE 不知道网络中存在 ULCL，也不知道自己的流量被本地分流了。

当在 PDU 会话的数据路径中插入 ULCL 时，就意味着该 PDU 会话应该有多个 PDU 会话锚 PSA UPF。这些 PSA UPF 提供对相同 DN 的不同访问路径。在多个 PSA UPF 中，只有一个 PSA UPF 负责为 UE 分配 IP 地址。也就是说，在 ULCL 场景下，UE 的 IP 地址仍然是统一的。

基于 SMF 提供的流量检测规则和流量转发规则，ULCL 向不同的 PSA UPF 转发流量并将来自不同 PSA UPF 的 DL 业务合并后路由到 UE。

在一个已有的 ULCL 会话中，可以根据业务需要，在 PDU 会话的数据路径中再插入 ULCL，为同一个 PDU 会话创建新的数据路径。但针对一个 PDU 会话，只有一个 UPF（包括 ULCL）支持通过 N3 接口连接到 RAN。PDU 会话中所有 ULCL 的数据路由的组织方式取决于运营商的网络配置。

SMF 应支持针对指定的 DN，当用户的跟踪区位置变化时，在 UPF 插入 ULCL。随着 UE 的移动，网络可能需要重新选择 UPF 充当 ULCL 并建立用于访问本地 DN 的新 PSA。为了在 ULCL 重定位期间支持会话的连续性，网络可以在源 ULCL 和目标 ULCL 之间建立临时 N9 转发隧道。

I-SMF 的流量本地卸载示意如图 6-4 所示。

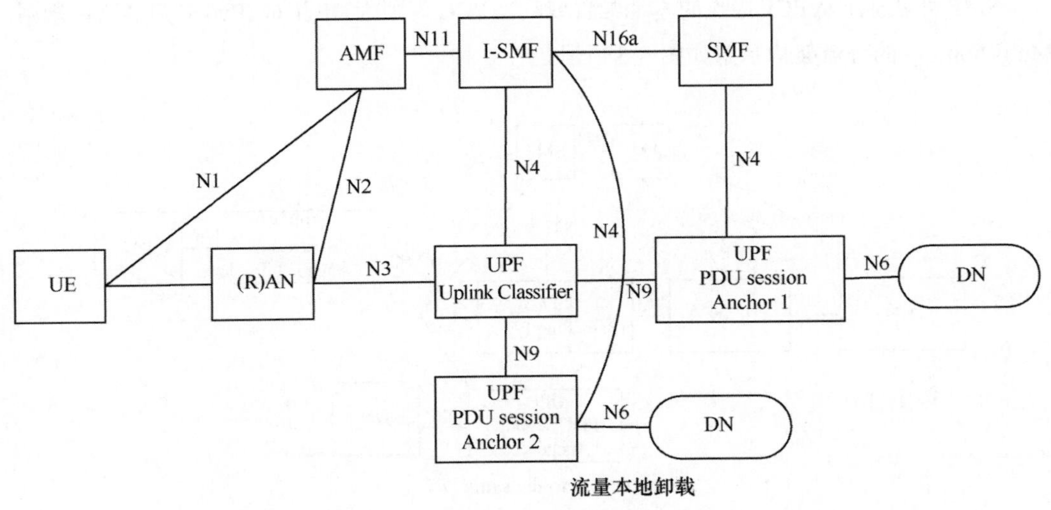

图6-4 I-SMF的流量本地卸载示意

2. Multi-homing(多归属)

PDU 会话可能会有多个 IPv6 前缀，这就涉及 Multi-homingPDU 会话。与 ULCL 一样，多归属 PDU 会话可以通过多个 PSA UPF 访问外部数据网络。发往不同 PSA UPF 的不同用户平面路径在公共 UPF 处分支出来，该公共 UPF 设备叫作支持分支点（Branching Point，BP）功能的 UPF。BP 负责转发上行业务到不同的 PSA UPF，并负责把来自不同 PSA 的下行业务合并后路由到 UE，即将来自不同链路上的各 PDU 会话锚的业务合并到 UE。

SMF 可以决定在 PDU 会话建立期间或之后在 PDU 会话的数据路径中插入支持 BP 功能的 UPF，或者从 PDU 会话的数据路径中移去支持 BP 功能的 UPF，即由 SMF 负责插入或移去支持 BP 的 UPF。

与 ULCL 不同，多归属只适合 IPv6 场景，IPv4 场景不适用。当 UE 会话请求类型为“IPv4v6”或“IPv6”时，UE 还需要向网络提供其是否支持多归属 IPv6 PDU 会话的指示。ULCL 的应用不需要 UE 的功能支持，但多归属功能需要 UE 的支持。

当 UE 具有 IPv6 多归属 PDU 会话时，UE 根据在 UE 中预先配置或从网络接收的 IPv6 多归属路由规则来选择源 IPv6 前缀。从网络接收的 IPv6 多归属路由规则具有比在 UE 中预先配置的 IPv6 多归属路由规则更高的优先级。

多归属路由技术通常用于以下两个场景。

- 用于支持先接后断（make-before-break）服务连续性以支持 SSC 模式 3。
- 用于支持 UE 需要同时访问本地服务（例如，本地服务器）和中心服务（例如，因特网）的情况。

UE 在应用多归属技术时需要确定多归属技术是用于支持服务的连续性还是用于支持本地访问。

SMF 可以基于从 PCF 接收的本地配置或动态 PCC 规则为 UE 生成 IPv6 多归属路由规则。Multi-homing 的分流架构示意如图 6-5 所示。

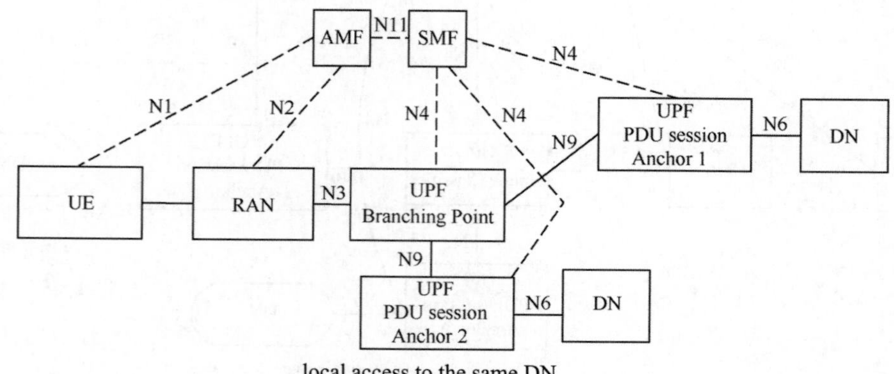

图6-5 Multi-homing的分流架构示意

3. LADN（本地数据网络）

只有当 UE 在这个有限地理区域内时，它才能访问 LADN；当 UE 在这个区域之外时，它将无法访问 LADN。LADN 通常会与兴趣区（Area Of Interest）相联系。兴趣区指 3GPP 系统内具体的地理区域，由跟踪区域列表、小区列表或 RAN 节点标识符列表组成。在 LADN 的情况下，SMF 指定 LADN DNN 服务区为兴趣区。

LADN 服务仅适用于 3GPP 访问和 LBO，不适用于回归属地场景。LADN DNN 的使用前提是需要订阅此 DNN 或订阅通配符 DNN。DNN 是否为 UE 的 LADN DNN 可以通过 UE 本地的配置或在 UE（重新）注册过程中确定。在 UE 注册过程中，AMF 向 UE 提供 LADN 信息（即 LADN 服务区信息和 LADN DNN）。基于 UE 中的 LADN 服务区信息，UE 确定其是否在 LADN 服务区内。 如果 UE 没有 LADN DNN 的服务区信息，则 UE 认为其不在 LADN 服务区内。当 UE 进入 LADN 服务区，UE 可以为此 LADN DNN 发起 PDU 会话建立 / 修改请求，也可以请求为该 LADN DNN 激活已有 PDU 会话的用户面连接。

当 SMF 从 AMF 接收到对应 LADN 的会话请求时，SMF 基于从 AMF 接收的指示（即 UE 在 LADN 服务区）来确定 UE 是否在 LADN 服务区域内。如果 SMF 没有收到该指示，则 SMF 认为 UE 在 LADN 服务区之外，SMF 将拒绝该会话请求。SMF 应支持向 AMF 订阅针对 LADN DNN 的“UE 位置变化通知”服务，并根据从 AMF 收到的 UE 位置和 LADN 服务区关系（在服务区、不在服务区、不确定在不在服务区）的信息，对 PDU 会话进行以下处理。

● 当终端移出 LADN 服务区时，SMF 需要立即释放 PDU 会话，或者保留 PDU 会话但激活PDU会话的用户面连接，如果在一段时间之后没有通知SMF UE进入LADN服务区域，则 SMF 可以释放 PDU 会话。

● 当终端进入 LADN 服务区时，SMF 需要保证 DN 开启；当 SMF 从 UPF 收到下行数据通知时，会收到触发网络发起的业务请求流程来激活用户面连接。

● 当终端的位置不可知时，SMF 可以保证 DN 开启；当 SMF 从 UPF 收到下行数据通知时，会收到触发网络发起的业务请求流程来激活用户面连接。

6.3.4 切换

SMF 支持参与 Handover 切换流程，将 CM-CONNECTED UE 从源 RAN 切换到目标 RAN。Handover 流程既可以通过 Xn 节点（RAN 与 RAN 之间接口）完成，也可以通过 N2 节点（AMF 与 RAN 之间的接口）完成。

1. 基于 Xn 接口的切换

基于 Xn 接口的切换流程，SMF 支持以下场景。

● **UPF 未改变时的 Xn 切换流程**。SMF 支持将 AMF 发送的 RAN 隧道信息转发给 UPF，将 CN 隧道信息发给 AMF。

● **伴随插入 I-UPF 的基于 Xn 切换流程**。如果 UE 已经切换移出到服务 RAN 节点的 UPF 的服务区外，则 SMF 选择一个新的 UPF 作为 I-UPF 并建立 N4 会话。其中，用于同 PSA UPF 建立 N9 隧道的 CN 隧道信息包括在 N4 会话建立请求消息中，如果 SMF 分配 I-UPF 的 CN 隧道信息，则 SMF 还向 I-UPF 提供 UL 和 DL CN 隧道信息。相应的，I-UPF 进行 N4 会话处理操作并响应。另外，SMF 支持将 I-UPF 上行的隧道信息通过 AMF 发送给目标 RAN，从而建立 I-UPF 与目的 RAN 间的 N3 隧道。SMF 向 PSA UPF 发起 N4 会话更新请求，建立 PSA UPF 与 I-UPF 间的 N9 隧道。此后，PDU 会话锚开始通过 I-UPF 向目标 RAN 发送下行数据包。

● **伴随 I-UPF 改变的基于 Xn 切换流程**。此场景用于在 AMF 不变且 SMF 决定更改 I-UPF 时，使用 Xn 将 UE 从源 RAN 切换到目标 RAN。该切换过程假设 UE 的 PDU 会话包括 PSA UPF 和一个 I-UPF 且在非漫游和 LBO 场景下。SMF 支持将新目标 RAN 隧道信息传递给 Target-UPF，将 Target-UPF 下行隧道信息传递给 PSA UPF。同时，SMF 支持将 Target-UPF 上行的隧道信息通过 AMF 发送给目标 RAN。后续流程同“伴随插入 I-UPF 的基于 Xn 切换流程”，区别在于 I-UPF 被替换为 Target-UPF。

2. 基于 N2 接口的切换

当 RAN 之间不存在 Xn 接口时，需要通过 N2 接口进行切换。N2 接口的切换包括 UPF 改变情况下的 RAN 的切换和 UPF 不改变情况下的 RAN 的切换。

在 UPF 没有改变的切换场景下，SMF 应该通过发送 N4 会话修改请求消息（包括 N4 会话 ID、RAN 的新 RAN 隧道信息）指示 UPF 切换 N3 路径。在旧 N3 路径上发送最后一个 PDU 之后，UPF 将用新的 RAN 隧道信息替换旧的 RAN 隧道信息，并用 N4 会话修改响应消息以确认路径切换是否成功。当路径切换完成时，SMF 构造结束标记 IP 包并将其发送到 UPF，UPF 再将该结束标记 IP 包转发到源 RAN。

在 UPF 改变的切换场景下，SMF 应该通过发送 N4 会话修改请求消息（包括 N4 会话 ID、UPF 的新 CN 隧道信息）来指示 PSA UPF 切换 N9 用户平面路径。在旧的 N9 路径上发送最后一个数据包之后，PSA UPF 将用新的 CN 隧道信息替换旧的 CN 隧道信息，并用 N4 会话修改响应消息以确认路径切换是否成功。当路径切换完成时，SMF 构造结束标记 IP 包并将其发送到 PSA UPF，PSA UPF 再将结束标记数据包转发到源 UPF。

在实际的 N2 接口切换时，切换流程分为准备阶段和执行阶段。

在准备阶段，SMF 支持以下功能。

● 支持和 Target-AMF 建立联系，接收 PDU 会话 ID、Target-AMF ID、N2 信息等。

● 支持根据 UE 是否移出了 UPF 服务区等，从而决定是否选择新的 UPF(即 UPF 有没有改变)，并将包含 N3 用户面地址、上行 CN 隧道 ID、QoS 参数的 N2 SM 信息发给 Target-AMF。

● 支持与 Target-RAN、Target-UPF、Source-UPF 间交换 SM N3 转发信息列表，确定数据转发通道。

在执行阶段，SMF 支持以下功能。

● 在 Target-AMF 告知 N2 切换成功后，SMF 支持 Source-UPF 以及 Target-UPF 完成 N4 会话修改流程。

● 在切换完成后，通知 Source-UPF 释放资源和间接转发通道。

6.3.5 策略控制功能

SMF 功能应将 PCC 规则的优先级映射到与相应服务数据流相关联的 PDR 的优先级。

1. 策略和计费控制

（1）计费策略控制功能

SMF 支持以下计费功能。

● SMF 应支持在线和离线计费。

● SMF 应收集每个 PDU 会话的计费信息，包括用户信息、网络信息、上下行分开统计的数据流量信息、PDU 会话的时间信息、计费特性等。

● 每个 PDU 会话的每个业务流应分配一个唯一的计费标识（Charging ID）。

● 使用在线计费时，配额管理的颗粒度应为每个 PDU 会话的每个流的费率组；如果一个 PDU 会话有多个 UPF，则配额管理是基于所有 UPF 的配额管理。

（2）门控控制功能

门控控制功能是指用户平面对检测出的特定业务的 IP 包的转发进行放行或丢弃。SMF 通过为需要检测的业务数据流或应用程序的流量创建 PDR，并通过将包括门控状态信元 IE 的 QER 关联到 PDR 来控制 UPF 的门控。其中，门控状态 IE 是 QER 的一个参数，门控状态指示 UPF 转发还是丢弃该类 PDR 的流量。

（3）用量监测控制功能

SMF 支持用量监测控制功能，SMF 支持从 PCF 接收用量监控门限值，并基于该门限值进行用量累计和监控。当用量累计时长或总量超过门限值时，SMF 应支持向 PCC 上报累计时长或 / 和累计用量信息。

SMF 支持对单独一个业务数据流、一组业务数据流或一个 PDU 会话进行流量监测控制。

（4）业务检测与控制功能

SMF 支持业务检测与控制功能。

2. PDU 会话的关联流策略

SMF 应支持 PDU 会话的关联流策略。

SMF 应支持为 UE 提供 PDU 会话级的 Session-AMBR，并给 UPF 发送 QER 关联 ID，使 UE 和 UPF 可为 PDU 会话中所有 Non-GBR 的 QoS 流进行 Session-AMBR 控制。

SMF 应支持向 UPF 提供 PDU 会话中 QoS 流保证的流比特速率（Guaranteed Flow Bit Rate，GFBR）和最大流比特速率（Maximum Flow Bit Rate，MFBR）。

UPF 为检测到的流量执行传输级别标记并将标记的数据包发送到 SMF。其中，传输层标记是指使用 DSCP 值标记 UPF 上流量的过程，该 DSCP 值基于来自 5QI、优先级和 SMF 配置的 ARP 优先级的映射。传输层标记是在每个 QoS 流的基础上执行的。传输层标记由 SMF 控制，方法是通过在 TOS 中提供 DSCP 或在 FAR 中的传输层标记 IE 中提供流量等级。

3. 策略控制请求触发

SMF 支持策略控制请求触发。

在会话创建时，SMF 应向 PCF 请求策略，协商签约 QoS、计费模式、支持的特性列表等信息。SMF 支持的 PCF 会话策略见表 6-3。

表6-3 SMF支持的PCF会话策略

会话策略	策略描述
Charging information	PCF 下发 CHF 的地址
Default charging method	PCF 下发会话默认的计费方式（Online/Offline）
Policy control request trigger	事件触发器
Authorized Session-AMBR	PCF 下发 Session-AMBR，当 PCF 下发的 Session-AMBR 和 UDM 签约的 Session-AMBR 不一致时，以 PCF 下发为准
Authorized default QoS	PCF 下发的默认 QoS 规则包括 5QI/ARP、priorityLevel、averWindow、maxDataBurstVol，当 PCF 下发的 5QI/ARP 和 UDM 签约的 5QI/ARP 不一致时，以 PCF 下发为准
Usage Monitoring Control related information	PCF 下发用量监控信息，SMF 支持会话级和业务级用量监控

会话创建成功后，SMF 应支持 Trigger 触发、UE 触发 resource request、UPF 触发 Usage Monitoring Data 上报等场景下的策略更新请求，请求 PCF 更新策略。

4. 策略控制请求事件上报功能

SMF 支持在会话管理策略建立和会话管理策略修改流程中的 PCF 交互事件触发策略。

当 SMF 检测到满足触发策略的事件时，应把对应的事件以及事件相关的会话信息上报给 PCF。SMF 支持的上报 PCF 事件见表 6-4。

表6-4　SMF支持的上报PCF事件

事件名称	描述	上报条件
PLMN change	用户移到另外一个运营商网络（例如，网间漫游）	PCF 下发
Resource modification request	SMF 已收到资源修改请求，向 PCF 上报	由 SMF 上报给 PCF
Change in Access Type	PDU 会话的访问类型和 RAT 类型更改	PCF 下发
Location change （serving area）	UE 的服务区改变	PCF 下发
Location change （control plane serving CN node）	服务 UE 的控制平面的 SMF 节点改变	PCF 下发
Location change（user plane serving CN node）	服务 UE 的 UPF 节点改变	PCF 下发
Change of UE presence in Presence Reporting Area	UE 正在进入 / 离开在线报告区域	PCF 下发，使其适用于 PCF
Enforced PCC rule request	SMF 正在按照 PCF 的指示执行 PCC 规则请求	PCF 下发
UE IP address change	SMF 报告分配或释放的 UE IP 地址	由 SMF 上报给 PCF
UE MAC address change	检测到新的 UE MAC 地址或者使用的 UE MAC 地址在特定时段内不活动	PCF 下发
Access Network Charging Correlation Information	分配接入网络计费关联信息	PCF 下发
Usage report	UE 消耗的 PDU 会话资源达到阈值，或者出于其他原因需要报告 UE 的用量	PCF 下发
Start of application traffic detection	已检测到应用程序流量的开始或停止	PCF 下发
Stop of application traffic detection		PCF 下发
Access Network Information report	访问 PCC 规则的“接入网络信息报告”中接入网信息	PCF 下发 + 请求
Credit management session failure	计费网关中的暂时 / 永久性故障	PCF 下发
PS Data Off status change	当 SMF 数据关闭状态改变时	由 SMF 上报给 PCF
Session AMBR change	当 Session AMBR 变化时	由 SMF 上报给 PCF
Default QoS change	签约的默认 QoS 更改	由 SMF 上报给 PCF
Removal of PCC rule	当删除 PCC 规则时，SMF 报告	由 SMF 上报给 PCF
GFBR of the QoS Flow can no longer （or can again） be guaranteed	当从 RAN 接收到来自 QoS 流的 GFBR 不再（或再次）满足时，SMF 通知 PCF	由 SMF 上报给 PCF
Change of DN Authorization Profile Index	从 DN-AAA 收到的 DN 授权配置文件索引已更改	由 SMF 上报给 PCF

关于表 6-4 中事件上报条件的说明如下所述。

- SMF always reports to PCF：不论是否下发 Trigger，SMF 都无条件上报。
- PCF 下发：PCF 下发 Trigger，SMF 触发 Trigger 后上报。
- PCF 下发 + 请求：PCF 通过 lastReqRuleData（RequestedRuleData）请求，Trigger 一次性生效。

6.3.6 QoS 控制

1. QoS 基本功能要求

5G 核心网 QoS 控制是指由 SMF 制订 QoS 执行规则并下发给 UPF，UPF 接收来自 SMF 下发的规则并对识别出的 IP 流进行 QoS 的实施。在 UPF 侧，首先要根据 PDR 识别出流量，然后参照 PDR 中的 QoS 的 5QI 值根据执行规则对识别出的 IP 流进行操作。QER 是对 IP 流进行 QoS 执行的准则，其中包括以下 IP 流的 QoS 规则。

- 上下行门控状态（Gate status UL/DL）：指示 UPF 对 IP 数据包转发的放行或阻止。
- 最大速率（Maximum bitrate）：上下行数据包的最大速率，包括 APN-AMBR（某个 APN 的最大速率）、Session-AMBR（某个会话的最大速率）、QoS Flow MBR（单个 QoS 流的最大速率）、SDF MBR、Bearer MBR（用于同 EPC 互操作）。
- 保障速率（Guaranteed bitrate）：上下行数据包授权保障的速率。
- 速率测算时间窗口（Averaging window）：用于计算在持续时间内接收的数据包。

相较于 4G 的 QoS 参数，5G 的 QoS 参数有继承和拓展。5G 与 4G 的 QoS 参数对比见表 6-5。

表6-5 5G与4G的QoS参数对比

5G		4G	
QoS 类别	QoS 参数	QoS 类别	QoS 参数
GBR 流 QoS 参数	5QI ARP GFBR（UL/DL） MFBR（UL/DL） Notification control（可选） MPLR（UL/DL）（可选）	GBR 承载 QoS 参数	QCI ARP GBR（UL/DL） MBR（UL/DL）
Non-GBR 流 QoS 参数	5QI ARP Session-AMBR（UL/DL） UE-AMBR（UL/DL） RQA（可选）	Non-GBR 承载 QoS 参数	QCI ARP APN-AMBR（UL/DL） UE-AMBR（UL/DL）

2. SMF 和 UPF 的 QoS 功能要求

(1)对于 SMF，需要用以下方式控制 UPF 中的 QoS 实施

- 创建必要的 PDR 以代表数据流、应用、QoS 流、承载或会话。
- 在会话级别、SDF/ 应用程序级别为 QoS 实施创建 QER。
- 为 SDF 聚合（具有相同 GBR QCI）的 QoS 实施创建 QER。
- 将会话级别的 QER 与对应的所有 PDR 相关联（定义会话的 PDR）。
- 将 SDF 或应用的 QER 与对应的 PDR 相关联。
- 将 SDF 聚合的 QER 与对应的 PDR 相关联（共享 QER 的 SDF 或应用）。

对于每个 QoS 流，SMF 应基于 5QI 优先级和 ARP 优先级确定传输级数据包标记值，并向 UPF 提供传输级数据包标记值。

SMF 向 UE 和 UPF 提供 PDU 会话的 Session-AMBR 值，以便 UPF 和 UE 可以对跨 PDU 会话的所有非 GBR QoS 流执行 Session-AMBR。

SMF 应为 UPF 的 PDU 会话的每个 GBR QoS 流提供 GFBR 和 MFBR 值，SMF 还可以向 UPF 提供平均窗口值。如果 UPF 未配置该值或者 SMF 配置的值与 UPF 配置的默认值不同，则以 SMF 下发的值为准。

(2)对于 UPF，需支持以下 QoS 功能

UPF 支持基于 PDR 匹配功能，基于 PDU 会话的 TFT 对应的 PDR 中的下行包过滤器对下行数据包过滤器匹配，以实现后续对 QoS 流的控制。TFT 对应的 PDR 可以包含多个下行包过滤器，每个 QoS 流可以包含多个 PDR。

- UPF 支持 PDU 会话主要的 QoS 参数包括 ARP、GFBR、MFBR 和 Session-MBR、RQI。
- UPF 和 SMF 应支持配置 QFI 与 QoS 参数的映射关系。
- UPF 和 SMF 应支持 QoS 流级的 DSCP marking 功能，QFI 对应的 DSCP 的值应为运营商可配置。
- UPF 应支持对 GBR 的 QoS 流实现 QoS 流级的 MBR 带宽管理功能。
- UPF 应支持对 non-GBR 的 QoS 流的上行和下行数据流量进行 Session-MBR 的带宽管理功能。
- UPF 应能支持本地配置 PCC 规则。
- UPF 应支持 UE 和网络侧发起的创建或者修改 QoS 流，是否建立只能由 SMF 决定，并且 QoS 流级别的 QoS 参数值由 SMF 来分配。
- UPF 应支持发起基于 QoS 更新的 PDU 会话修改流程。

标准化的 5QI 与 QoS 指标参数映射见表 6-6。

表6-6　标准化的5QI与QoS指标参数映射

5QI取值	资源类型	默认优先级	包时延容忍度	丢包率	默认平均时间窗口	业务举例
1	GBR	20	100ms	10^{-2}	2000ms	语音
2		40	150ms	10^{-3}	2000ms	语音视频（实时流媒体）
3		30	50ms	10^{-3}	2000ms	实时游戏、V2X 消息 自动化操作—监控
4		50	300ms	10^{-6}	2000ms	非语音视频（缓存流媒体）
65		7	75ms	10^{-2}	2000ms	Mission Critical user plane Push To Talk voice
66		20	100ms	10^{-2}	2000ms	Non-Mission-Critical user plane Push To Talk voice
67		15	100ms	10^{-3}	2000ms	Mission Critical Video user plane
71	Non-GBR	56	150ms	10^{-6}	2000ms	直播上行流
72		56	300ms	10^{-4}	2000ms	直播下行流
73		56	300ms	10^{-8}	2000ms	直播上行流
74		56	500ms	10^{-8}	2000ms	直播上行流
75		56	500ms	10^{-4}	2000ms	直播上行流
5		10	100ms	10^{-6}	N/A	IMS 信令
6		60	300ms	10^{-6}	N/A	视频流（可缓冲）
7		70	100ms	10^{-3}	N/A	交互类的视频语音
8		80	300ms	10^{-6}	N/A	视频流（可缓冲）
69		5	60ms	10^{-6}	N/A	时延敏感（例如，信令）
70		55	200ms	10^{-6}	N/A	与 5GI 为 6 和 8 类似的视频业务
79		65	50ms	10^{-2}	N/A	V2X 消息类
80		68	10ms	10^{-6}	N/A	AR 等低时延 eMBB

3. 反射 QoS 功能

SMF 支持反射 QoS 功能。SMF 支持在向 PCF 发起会话创建时上报 UE 是否支持反射 QoS（refQoSIndication）功能；如果 PCF 支持反射 QoS，则 PCF 可以返回 reflectiveQoSTimer，并针对需要应用反射 QoS 的 Non-GBR 流，在 QoS Rule 绑定的 QoSData 中将其设置为 true。

SMF 支持把 reflectiveQoSTimer 传递给 UE。

SMF 支持把 QoS Rule 的 RQA（Reflective QoS Attribute）提供给 RAN（通过 N2 接口），如果不再对某条 QoS Rule 使用反射 QoS，则 SMF 要通过 N2 接口通知 RAN 删除这个 QoS

Rule 的 RQA。

SMF 支持通过 N4 接口给 UPF 发送 QoS 反射指示并携带相应的 SDF 信息；相应的 UPF 也支持反射 QoS 功能，UPF 收到这个指示信息后，在对这个 SDF 对应的每个下行数据打包时都会设置 N3 包头的 RQI 参数。

4. QoS Flow 绑定

QoS Flow 绑定是将业务 IP 数据流与 QoS 流关联的过程，是 PCC 规则与 PDU 会话内的 QoS 流的关联。SMF 支持为 PCF 下发的规则绑定 QoS 流，绑定的参数包括以下内容。

- 5QI。
- ARP。
- QoS 告示控制（QoS Notification Control，QNC）（如果 PCC 规则中存在且有效）。
- Priority Level（如果 PCC 规则中存在且有效）。
- Averaging Window（如果 PCC 规则中存在且有效）。
- Maximum Data Burst Volume（如果 PCC 规则中存在且有效）。

如果 PCF 在 PCC 规则中指示某个规则绑定到默认的 QoS 流（与默认 QoS 流相同的 5QI 和 ARP），则 SMF 直接将规则绑定到默认 QoS 流，不通过上述参数去绑定 QoS 流。否则，SMF 将评估现有 QoS 流中是否存在绑定的相同参数流。如果存在，则 SMF 更新 QoS 流，以便新的 PCC 规则绑定到该 QoS 流；如果不存在这样的 QoS 流，则 SMF 使用 PCC 规则导出 QoS 参数，用于新的 QoS 流并将 PCC 规则绑定到 QoS 流。

在 PCC 规则和 QoS 流之间创建的绑定使服务数据流的下行链路部分被引导至 UPF 处的关联 QoS 流。

当 PCF 删除 PCC 规则时，SMF 应删除 PCC 规则与 QoS 流的绑定，并将删除结果报告给 PCF。

6.3.7 计费功能

5GC 支持以下计费模型。

- 基于流量的计费。
- 基于时间的计费。
- 基于流量和时间的混合计费。
- 基于事件的计费。
- 不计费（不用计费控制并且不产生计费记录）。

SMF 需具备以下计费功能并且需要满足各运营商不同策略场景下的计费，具体计费功能的选取与运营商的策略相关。

- 可以根据UE的漫游状态采用不同的速率和计费模型。
- 可以基于UE的位置采用不同的费率。
- 可以对业务的特定部分采用不同的费率，例如，允许UE以相对较高的速率下载特定流量，并且在达到该流量之后恢复正常的费率。
- 可以根据一天中的时间采用不同的费率，例如，在忙时和闲时采用不同的费率。
- 可以对PCC规则标识的业务数据流基于用户使用量的不同采取不同的费率。
- 可以根据用于接入网络的不同采用不同的费率，例如，3GPP接入和非3GPP接入。
- 可以通过启动/停止对在线计费进行操作。

1. 5G融合计费基本功能

SMF支持融合计费基本功能，具体如下所述。

- SMF支持融合的在线计费和离线计费。
- SMF支持基于SBI服务化接口的PDU会话计费。
- SMF支持网络切片实例计费。
- SMF基于PDU会话采集计费信息。
- SMF支持为每个PDU会话分配唯一的用于计费的标识（Charging ID）。
- SMF支持上行、下行数据流量的单独统计，数据流量对应为SMF接收、发送给用户的数据。
- SMF支持采集PDU会话启动时的数据和时间信息。
- SMF支持计费属性（Charging Characteristics）的处理，计费属性可以从签约信息中获取，或者根据签约的DNN指定。
- SMF支持基于业务数据流统计数据流量、时长的计费（Flow Based Charging）。一个PCC规则可以标识一个业务数据流。
- SMF支持按照费率组（Rating Group）、费率组和业务标识的组合上报业务或应用的使用量，上报级别可按PCC规则指定。
- 对于在线计费，SMF支持PDU会话按费率组进行配额管理。

2. 计费信息的采集

SMF支持基于PDU会话进行计费信息的采集。对融合在线和离线计费，SMF应采集的计费信息包括以下内容。

- 流量使用量包括向UE发送或从UE收到的流量。
- 时长使用量为从PDU会话建立到PDU会话释放的时长。
- UE地址和/或用户标识（SUPI/GPSI）等用户信息。

● DNN 级别的数据网络地址。

● 外部网络的数据使用量包括发送和接收的外部网络数据量，外部网络通过 DNN 来标识。

● PDU 会话开始时间。

● 用户位置、HPLMN、VPLMN，在 PRA 内或外，或其他更准确的位置信息。

● SMF 支持在 PDU 会话内通过费率组或费率组与业务标识的组合对业务流进行计费信息的采集。

● 当实施流量计费时，按费率组或费率组与业务标识的组合区分上下行采集流量使用量。

● 当实施时长计费时，按费率组或费率组与业务标识的组合采集业务流对应的时长信息。

对同一个 PDU 会话，SMF 支持按费率组或费率组与业务标识的组合来区分 UPF 采集的业务流的计费信息。

3. 计费信息的上报

SMF 支持按 CHF 指定的计费事件采集计费信息并向 CHF 上报，计费事件可分为以下两类。

● 立即上报，当计费事件发生时，SMF 搜集计费信息并立即向 CHF 上报。

● 延迟上报，当计费事件发生时，SMF 搜集计费信息本地保存，并在下行需要向 CHF 上报时进行上报。

SMF 应支持 PDU 会话级和费率组级的计费事件处理。SMF 应支持本地配置计费事件的上报类别和是否生效。

4. PCC 规则和计费

SMF 支持基于动态 PCC 规则和预定义 PCC 规则的计费。PCC 规则指定计费键值（Rating Key）、计费方式（Measurement Method）、上报级别（Reporting Level）等信息。

为执行针对性的业务数据流的策略和计费控制，PCF 需要给 SMF 下发 PCC 规则。

SMF 支持 3 种 PCC 规则：动态规则、预定义规则和本地规则。动态规则由 PCF 在 PDU 会话建立或者更新时通过 N7 接口动态下发给 SMF，而预定义规则是在 SMF 本地预先定义，后续由 PCF 激活。SMF 支持通过本地配置的规则来实现策略和计费控制。

PCC 规则通常包括业务流检测、计费、QoS、门控、重定向、业务流导向控制（Traffic Steering）等信息。

为了支持业务数据流和应用（例如，IMS）之间的关联以及应用的在线计费，PCF 将适用的计费标识符和访问类型标识符传递给 AF。

SMF和PCF支持信用管理，信用管理仅适用于在线计费，并且针对每个计费键值配置信用额度。对于每个在线计费的PDU会话，SMF应与在线计费系统启动一个信用管理会话，PCF可以通过在PCC规则中分配唯一的计费键值来实现对单个业务/应用的独立信用控制。

5. PDU会话关联的关联流策略

SMF应支持针对PDU会话分配计费标识（Charging Identifier），用于计费和PDU会话间的关联。

SMF在PDU会话建立时，SMF在收到PDU会话激活请求时分配一个新的计费标识。该计费标识在SMF内应是唯一的，该计费标识用于PDU会话的所有后续流量。一旦分配，计费标识将在整个PDU会话的生命周期中使用。在UE发生系统间更改或PDU会话切换的情况下，只要保留PDU会话标识，即PDU会话标识没有改变，该PDU会话的计费标识也不会改变。

6. CHF选择

SMF应支持在PDU会话建立时选择主备CHF。SMF支持通过以下优先级顺序选择CHF。

- 使用PCF在PCC规则中携带的CHF。
- 根据UDM提供的计费标识选择本地配置的CHF。
- 使用基于NRF发现的CHF。
- 使用本地配置的计费标识选择本地配置的CHF。

7. 失败切换处理

SMF应支持在向主用CHF发送计费请求消息失败或收不到请求响应时向备用CHF重发计费请求消息。

6.3.8 其他

1. SMF和AMF间交互

SMF支持和AMF交互，转发N1、N11、N2、N3、N4共5个接口会话管理相关消息。

2. SMF和UPF间交互

SMF支持和UPF间的N4接口会话管理，包括建立、更新、删除UPF中的N4会话上下文，SMF 和 UPF 间的交互功能要求见本章 6.2.3 节中的 UPF 与 SMF 间的会话管理。

3. 会话管理签约数据管理

SMF 支持向 UDM 订阅会话管理签约数据变更通知服务。SMF 收到 UDM 会话管理签约数据变更通知后，修改 UE SM 上下文中的数据，发起 PDU 会话修改流程或者释放流程。

4. 语音业务

5G 语音业务可以采用 EPS FALL BACK 使用 VoLTE 来实现，也可以通过 VoNR 来解决。当采用 VoNR 时，相当于在 5GS 之上部署 IMS，由 IMS 来提供语音业务。5GC 与 IMS 的互通对 SMF 提出了以下要求。

- 识别 IMS 的 PDU 会话标识，IMS 的 PDU 会话标识可以是“APN”或“DNN”。
- 能发现 P-CSCF，即发现部署在网络中的 P-CSCF。
- P-CSCF 恢复，能将故障恢复后的 P-CSCF 纳入正常的 P-CSCF。
- 支持用于 IMS 媒体流的 QoS 流的策略和计费控制的 N7 接口。

在与 IMS 相关的 PDU 会话建立的过程中，SMF 应支持将 P-CSCF 地址通过 AMF 透传发送给 UE。如果使用 LBO，则由拜访地的 SMF 发送 P-CSCF 地址信息。对于回归属地路由，P-CSCF 地址信息由 HPLMN 中的 SMF 发送。SMF 通过本地配置预先设置 P-CSCF 服务器的地址列表，或者通过 UDM 来告知 SMF P-CSCF 服务器的地址列表。P-CSCF 列表需要按照每个 DNN 来配置，该列表在 PDU 会话建立时提供给 UE。SMF 中管理的 P-CSCF 列表包括多个不同优先级的 P-CSCF/BAC，SMF 针对不同 UE 的请求按照配置的权重动态轮选不同的 P-CSCF/BAC 地址列表，权重比例可按设备容量等指标配置，保证 P-CSCF/BAC 的均衡。

SMF 支持 P-CSCF 容灾的相关功能要求。SMF 接收到 P-CSCF/BAC 故障状态通告，启动 P-CSCF 地址列表更新，新下发列表将不再包含该故障 P-CSCF/BAC；SMF 接收到 P-CSCF/BAC 故障恢复通知后，将 P-CSCF/BAC 纳入列表恢复正常。

5. SMF 支持切片相关功能

在 PDU 会话建立的过程中，SMF 可以根据切片信息进行相应的会话管理。SMF 可以从 AMF 获取 UE 的切片信息，并根据会话流程向 UDM 查询 UE 会话管理的切片信息。SMF 根据切片信息选择对应的 UPF，给 UE 分配对应切片的 IP 地址，并配合设备的管理提供切片相关的业务、性能统计。

6. 支持 PGW-C 的功能

对于已经部署 4G 的运营商，SMF 需要具备兼容现网 EPC PGW-C 的功能（运营商根据需要，也可以要求 SMF 支持 SAEGW-C 功能，要求 UPF 支持 SAEGW-U 功能）。

7. 支持来自不同 AF 的资源共享功能

SMF 与 PCF、AF 一起支持来自不同 AF 的资源共享功能，具体见本章 6.7.1 节中的会话管理策略控制。

●• 6.4 AUSF

AUSF 支持 5G 系统鉴权功能，支持用户从 3GPP 和 non-3GPP 网络接入 5G 网络时的鉴权。AUSF 通过对 5G AKA 鉴权机制和 EAP-AKA' 鉴权机制的支持，实现以下功能。

- 为请求者 NF 验证 UE 的合法性。
- 向请求者 NF 提供密钥材料。
- 保护请求者 NF 的转向信息。

AUSF 在鉴权过程中充当服务生产者的角色，它向请求者 NF（一般为 AMF）提供针对 UE 的认证服务。鉴权服务发起时，服务请求者 NF 向 AUSF 提供以下信息来发起对 UE 的认证。

- UE ID（例如，SUPI）。
- 服务的网络名称。

AUSF 检查请求鉴权数据的服务网络名是否有权被用户访问？若未被授权访问，则 AUSF 应拒绝该鉴权请求。

AUSF 从 UDM 检索该 UE 的订阅鉴权认证方法并根据 UDM 提供的信息进入以下认证阶段（在实际运营中可以简化，例如，从 3GPP 接入时使用 5G AKA，从非 3GPP 接入时使用 EAP-AKA'）。

- 5G-AKA。
- 基于 EAP 的身份验证（主要是 EAP- AKA'）。

当 UDM 选择 5G AKA 鉴权时，计算并返回 5G 归属鉴权向量四元组（RAND、AUTN、XRES*、K_{AUSF}）。

当 UDM 选择 EAP AKA' 鉴权时，计算并返回鉴权向量五元组（RAND、AUTN、XRES、CK'、IK'）。

上述两个鉴权过程是不同的流程，AUSF 分别对其予以处理。此外，关于鉴权的安全及测试的细节详见本书第七章。

6.4.1 5G-AKA 鉴权

在该过程中，NF 服务消费者（例如，AMF）通过提供 UE 的用户标识和服务网络名称来请求 UE 的认证，并且选择 5G AKA。NF 服务消费者将从 UE 收到的结果返回给 AUSF，5G-AKA 鉴权流程示意如图 6-6 所示。

（1）NF 服务消费者（AMF）向 AUSF 发送 POST 请求。请求消息主体的有效载荷应至少包含 UE ID 和服务网络名称。

（2）若请求成功，AUSF 将返回“201 Created”。消息主体的有效载荷应包含所创建的资源，“Location”头应包含所创建资源的标识符（Uniform Resource Identifier，URI）。例如，AUSF 生成子资源“5g-aka-confirmation”，AUSF 在有效载荷中提供指向该子资源的超媒体链接（Hypermedia Link），以便指示 AMF 向该链接发送 PUT 消息以进行确认。

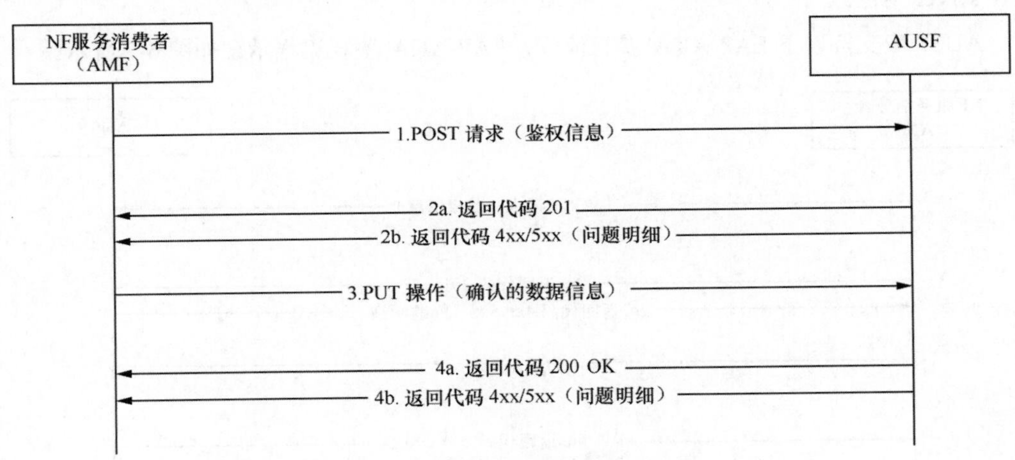

图6-6 5G-AKA鉴权流程示意

（3）若请求失败，将返回相应的问题状态码，例如，“403 Forbidden”“404 Not Found”“504 Gateway Timeout”等。

（4）根据业务逻辑，NF 服务消费者收到返回的 201 信息，NF 需要去 URI 获取资源信息。NF 根据推断应该将 UE 提供的“RES *”通过 PUT 发送到由 AUSF 提供的 URI。如果发生下述情况，NF 服务消费者（AMF）还在 RES* 中发送包含空值的 PUT 消息，以告知 AUSF 鉴权失败。

- 消息如果未到达 UE，NF 服务消费者（AMF）未从 UE 接收到 RES*。
- 在 NF 服务消费者（AMF）中，对 HRES* 和 HXRES* 的比较是不匹配的。
- 从 UE 接收认证失败。

（5）PUT 确认成功，将返回“200 OK”。AUSF 接收到服务网络返回的鉴权确认消息，比较 UE 返回的 RES* 与 UDM 返回的 XRES*：若相同，则 AUSF 向 NF 返回鉴权成功响应；

若 AUSF 接收到的鉴权请求中用户标识为 SUCI，则 AUSF 需在响应消息中包含 SUPI。

如果 UE 未被认证，例如，在 AUSF 中 RES * 的验证不成功，则 AUSF 应将 AuthResult 的值设置为 AUTHENTICATION_FAILURE。

（6）PUT 确认失败，将返回 HTTP 错误状态代码，例如，“403 Forbidden”“404 Not Found”“504 Gateway Timeout”等。消息体包含 ProblemDetails 结构，其中，“cause”属性设置为原因值。

6.4.2 EAP-AKA' 鉴权

在 EAP-AKA' 鉴权流程中，EAP 消息在 UE、AMF 和 AUSF 之间交换。其中，UE 承担 EAP peer 角色，AMF 充当直通认证器（pass-through authenticator）角色，AUSF 充当 EAP server 角色。

AUSF 应支持以下 EAP-AKA' 鉴权流程，EAP-AKA' 鉴权流程示意如图 6-7 所示。

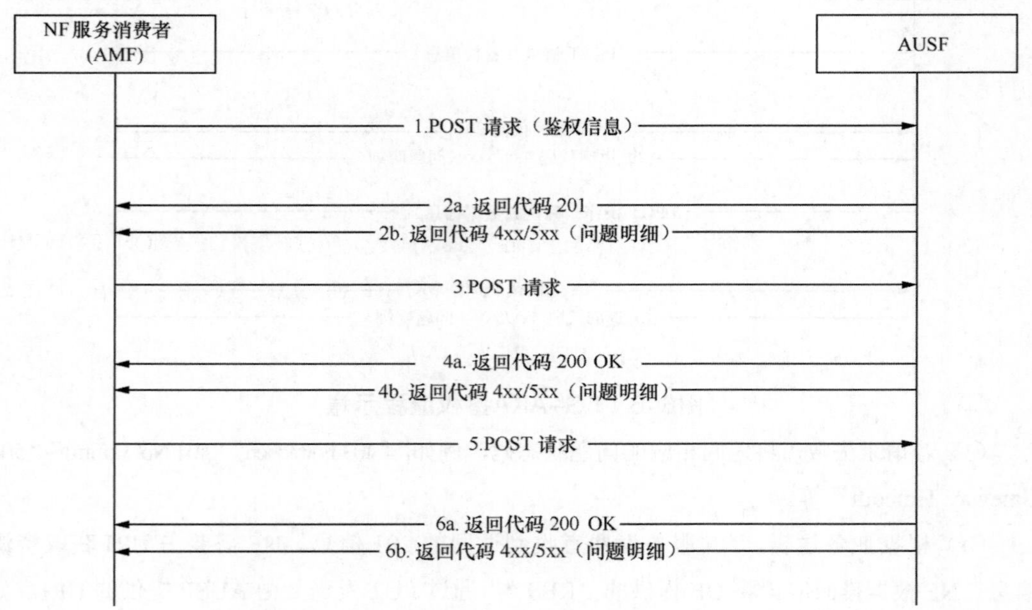

图6-7 EAP-AKA'鉴权流程示意

（1）AMF 向 AUSF 发送 POST 请求。请求消息主体的有效载荷应至少包含 UE ID 和服务网络名称。

（2）若请求成功，AUSF 将返回“201 Created”。消息主体的有效载荷应包含所创建的资源，“Location”头应包含所创建资源的 URI。（例如，…… / v1 / ue_authentications / {authCtxId} / eap-session）。AUSF 生成子资源“eap-session”。AUSF 应在有效载荷中提供指向该子资源的超媒体链接，以便 AMF 发送包含 EAP 分组响应的 POST。有效载荷还应包含 EAP-Request / AKA'–Challenge。

（3）若请求失败，将返回相应的问题状态码，例如，“403 Forbidden”“404 Not Found”“504 Gateway Timeout”等。如果服务网络未经授权，AUSF 将返回 SERVING_NETWORK_NOT_AUTHORIZED。

（4）AMF 将向 AUSF 发送 POST 请求，该请求消息中包括从 UE 接收的 EAP-Response/AKA'-Challenge。POST 请求发送到 AUSF 提供的 URI。

（5）在成功的情况下，AUSF 将回复“200 OK”。如果 AUSF 和 UE 协商使用受保护的成功结果指示，HTTP 消息主体包含 EAP 请求 / AKA' 通知以及指向子资源“eap-session”的超媒体链接。

（6）如果失败，AUSF 将返回相应的问题状态码。

（7）AMF 向 AUSF 发送 POST 请求，包括从 UE 接收的 EAP-Request/AKA'–Challenge。POST 请求被发送到 AUSF 提供的 URI。

（8）如果 EAP 认证交换成功完成，则应将“200 OK”返回给 AMF。AUSF 接收到 EAP-Response/AKA'–Challenge 消息后，比较 UE 返回的 RES 与 UDM 返回的 XRES：若相同，则 AUSF 基于 CK'、IK' 推算出 K_{AUSF}，并据此计算出 K_{SEAF}，向服务网络返回鉴权成功响应（包含 EAP Success 消息、K_{SEAF}）；若 AUSF 接收到的鉴权请求中用户标识为 SUCI，则需要在响应消息中包含 SUPI。

如果 UE 未经过身份验证，则 AUSF 应将 authResult 设置为 AUTHENTICATION_FAILURE。

（9）当 EAP 认证交换失败时，AUSF 将返回 HTTP 错误状态代码；消息体包含 ProblemDetails 结构，其中，“cause”属性设置为原因值。

6.4.3 其他

1. 漫游导航 SOR 信息保护

安全是 5G 的重要内容之一，用户在漫游地的选网安全是其中的组成部分。为了保证用户出国漫游选网注册登记时不被 VPLMN 影响，归属地 AUSF 需要配合归属地 UDM 来实施漫游导航（Steering of Roaming，SOR）信息保护。

当用户漫游时，为了保证正常的漫游网络选择，AUSF 提供漫游导航 SOR 信息保护服务（Nausf_SoRProtection Protect service）。该服务允许向 AMF（例如，UDM）提供 SoR-MAC-IAUSF 和 CounterSoR，以保护漫游导航信息列表不被 VPLMN 篡改或移除，从而按照归属运营商的漫游导航策略来指导用户选择网络注册登记。

AMF（例如，UDM）使用该服务操作向 AUSF 提供导航信息列表请求计算 SoR-MAC-

IAUSF 和 CounterSoR。NF 服务消费者还可以提供来自 UE 的请求指示向 AUSF 请求计算 SoR-XMAC-IUE，这些参数为 UDM 指导和校验 UE 选网提供决策依据。

2. 鉴权结果通知

AUSF 完成 UE 鉴权流程后，支持向 UDM 发起鉴权结果通知，包含鉴权结果（成功或失败）、时间戳以及鉴权方式（5G AKA 或 EAP-AKA'）。

3. 鉴权会话信息存储

AUSF 支持存储在最新一次的鉴权过程中生成的 K_{AUSF}。

●• 6.5 UDM

UDM 为统一数据管理设备，基于存储于 UDR 中的用户签约数据（包含鉴权数据）支持以下功能。

- 生成 3GPP AKA 身份验证凭据。
- 用户识别处理，例如，用户的 SUPI 的存储和管理。
- 支持 SIDF 功能。
- 基于签约数据的接入授权（例如，漫游限制）。
- 正在服务 UE 的 NF 的注册管理（例如，为 UE 存储服务 AMF，为 UE 的 PDU 会话存储服务 SMF）。
- 支持业务 / 会话的连续性（例如，保持进行中的会话所对应的 SMF/DNN 的关系）。
- MT-SMS 的投递。
- 合法侦听功能。
- 用户签约管理。
- 短信管理。
- 5G LAN 组的管理处理。
- 4G HSS 的支持。

现有运营商为支持用户不换卡不换号使用 5G 业务，要求 UDM 具备 HSS 所有的功能。若 UDM 与 HSS 分设，则 UDM 需要具备与 HSS 交互的能力，具体要求由运营商自己根据需要明确要求。

UDM 在 5GC 中的参考点架构如图 6-8 所示。图 6-8 中并未体现 UDM 与 UDR 的接口，根据 3GPP 的参考点架构，UDR 属于 UDM 内部的组成部分（详见本书图 6-10　UDR 参考点架构），因此 UDM 的参考点架构未体现 UDR 以及 UDR 与 UDM 的 N35 接口。

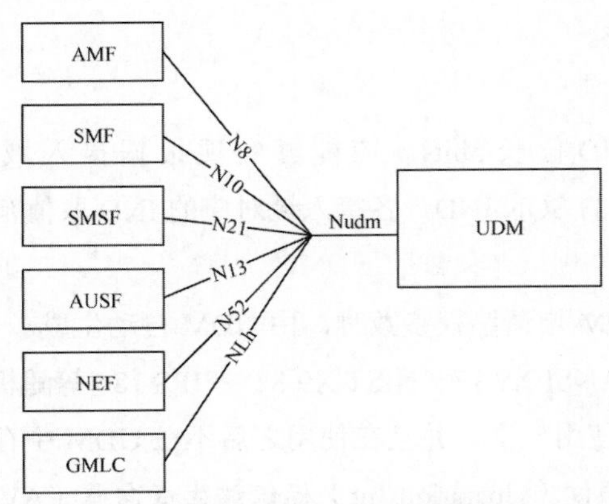

图6-8 UDM在5GC中的参考点架构

6.5.1 5G 系统鉴权功能

UDM 应能根据 AUSF 请求向 AUSF 提供鉴权参数，支持鉴权业务相关处理。UDM 应能通过 Nudm 服务接口配合 AUSF 完成对用户的鉴权功能，主要完成用户鉴权数据的存储、计算并发送给 AUSF。

（1）UDM 应能支持 5G AKA 和 EAP-AKA' 鉴权方式，既可以根据用户的签约来选择鉴权方式，也可以基于本地的策略来选择鉴权方式。

（2）UDM 应能支持以下鉴权算法：同时支持 5GS 的算法，包括 MILENAGE 算法（包括 f0，f1，f1*，f2，f3，f4，f5，f5*）、HMAC-SHA-256 算法及其他可能要求的算法。

（3）能够根据服务网络请求生成并提供认证向量。

（4）能够根据用户鉴权算法标识与服务网络的网络标识进行相关运算。

1. 鉴权业务处理

当接收到来自 AUSF 的认证数据请求（包括用户标识 SUPI 或 SUCI、服务网络标识 PLMN ID）时，应当选择相应的鉴权算法，按要求计算得到认证向量，向 AUSF 返回认证响应，认证响应消息中包含鉴权向量。

UDM 支持生成用户认证相关的密钥信息与认证向量，认证向量相关参数包括 RAND、AUTN、XRES、CK'、IK'、XRES*、K_{AUSF}，涉及的安全参数有 K、r1-r5、c1-c5、AMF、SQN、RAND、OPc、AK、SN ID、AUTN、XRES、CK'、IK'、XRES*、K_{AUSF}。

2. 鉴权机制输入 / 输出参数设置

(1) 5G AKA 认证所需要的输入参数

UDM 应当负责存储与计算 AKA 认证所需的各种输入参数，包括 RAND、SQN、

AMF、OPc、r1-r5、c1-c5。

◆ **SQN 及相关参数**

SQN 位长 48bits；IND 位长 5bits，应能够实现根据接入域（例如，EPS、WLAN、IMS、5GS 等）配置不同的 SQN IND，各接入域对应的 IND 取值范围可由运营商配置。

◆ **RAND**

① 当服务网络向 UDM 申请鉴权参数时，由 UDM 自动生成。

② 生成算法应参照 ANSI X9.17、NIST X9.82、FIPS 186 等随机数发生器标准。

③ 一个 RAND 只能使用一次，并且在使用之后不在 UDM 中存储。

● AMF 应能利用分隔位（separation bit）标识该生成向量（AV）是 SAE AV/5G AV 还是 UMTS AV，并支持重新写入 AMF 值。

● 应当接收来自服务网络的服务网络名称（SN Name），并将该标识用于 AKA 认证计算过程中。

（2）5G AKA 认证所需要的输出参数

UDM 负责生成与发送 5G AKA 认证所需的各种输出参数，包括同时作为输入参数的 RAND，以及通过计算得到的 AUTN、XRES*、K_{AUSF}。

① K_{AUSF} 是根据 CK、IK 和 SN Name 推演得到的密钥，位长 256bits。

② AK：启用 AK 对 SQN 进行保护，位长 48bits。

③ AK*：启用 AK* 对 SQN_{MS} 进行保护，位长 48bits。

④ XRES*：位长 128bits。

3. SIDF

UDM 应该支持用户身份解密功能（Subscription Identifier Deconcealing Function，SIDF），SIDF 功能根据用于生成 SUCI 的保护方案从 SUCI 解析 SUPI。

当 AMF 向 AUSF 对用户进行鉴权时，AUSF 向 UDM 发送 Nudm_UEAuthentication_Get 请求。如果携带的用户标识是 SUCI，则 UDM 利用 SIDF 功能将 SUCI 还原成 SUPI，然后进行下一步操作。例如，选择并返回鉴权算法（5G AKA 或 EAP-AKA'）。

UDM 中用于保护用户隐私的归属网络私钥应享有避免受到物理攻击的保护。

UDM 中应保存用于用户隐私的“私钥和公钥配对”的公钥标识符。用于用户隐私秘钥的算法应在 UDM 的安全环境中执行。

6.5.2 移动性管理

UDM 的移动性管理功能包括注册管理流程、去注册流程等。

注册管理应用于以下场景。

- UE 初次注册网络。
- UE 周期性注册网络。
- UE 位置变更引起的网络重新注册。
- 紧急业务引发的网络注册。

UDM 应能配合 AMF 发起的登记通知，完成用户位置登记状态以及当前服务 AMF 地址的更新。

AMF 通过注册操作来更新存储在 UDR 中的接入类型（例如，3GPP 接入或非 3GPP 接入）和移动性管理的用户信息（例如，服务器区限制）。

在以下情况发生时，UDM 应向原 AMF 主动发起注销并携带相关的注销类型：用户初次附着网络、用户移动至新的 AMF、网络强制更改用户的注册状态或 AMF 地址、用户被删除等。

上述场景的注册在网络中表现为 AMF 和 SMF 向 UDM 的注册。在注册过程中，UDM 响应来自 AMF 和 SMF 的注册请求，并保存用户当前服务 UE 的 AMF 和 SMF 地址。

去注册流程包括以下内容。

- UE 主动发起的去注册流程（例如，UE 关机、UE 开启飞行模式等）。
- 网络侧发起的去注册流程（例如，在 UDM 上销户、删除 UE 的 5G 签约、清除 AMF 位置信息，在 AMF 上清除 UE 等）。

AMF 在 UE 去注册时，AMF 向 UDM 发起取消订阅和清除 UE 的请求，UDM 更新本地的 UE 上下文，并且给该 UE 设置与接入类型相关的 UE 清除标识。

6.5.3 SMF 会话管理

UDM 应该能够根据签约参数对用户的 PDU 会话进行控制。

（1）UDM 协同 UDR 存储当前为用户服务的 SMF 地址、DNN 等参数。

（2）UDM 支持来自 SMF 的注册请求，并在 UDR 中更新 UE 的会话信息（当前注册的 SMF 的地址、DNN 等）。

（3）UDM 应能支持 SMF 发起的注册通知，完成用户 PDU Session 信息以及当前服务 SMF 地址的更新。

（4）UDM 支持对用户签约的会话信息的管理并支持 SMF 获取订阅信息（包括订阅的切片以及 DNN 相关的签约信息）。

如果当 UE 发起会话建立请求且 SMF 认为从 AMF 获得的会话管理信息不可用时，SMF 向 UDM 发送会话管理签约数据请求，UDM 将用户签约的会话管理数据返回给 SMF，协助 SMF 进行会话的建立。

（1）当收到 SMF 发来的注销请求后，UDM 应能清除相关的注册信息。

（2）UDM 应支持 NEF 等 NF 从 UDM 获取 SMF 注册信息，用于能力开放等场景。

6.5.4 语音短信业务的支持

1. 语音业务

UDM 支持 5G VoNR 相关功能，并支持 EPS FALL BACK 使用 VoLTE 语音。UDM 支持域选择相关功能。

UDM 支持在 5G 用户注册过程中通过 AMF 向终端指示网络支持 IMS VoPS 的参数与流程处理。

UDM 支持基于 UDM/HSS 的 P-CSCF 容灾处理功能。UDM/HSS 在接收到 S-CSCF 的 SAR 消息中携带 P-CSCF/BAC 发生容灾指示时，应能通知 AMF 完成 PDU Session Release，从而更新 P-CSCF 地址列表或者直接通知 SMF 完成 P-CSCF 地址列表更新。

UDM 支持 P-CSCF 恢复操作，UDM 通知已注册的 AMF 或 SMF 有关 P-CSCF 恢复的信息，其中包括 P-CSCF 的访问 URI 以及 P-CSCF 恢复指示。

2. 短信业务

5G 短信有两种实现方式，即基于 IP 的短信和基于 NAS 的短信。其中，IP 短消息功能除了传统 HSS 对短信的要求之外还有以下要求。

（1）用户以 IP 方式接入 IMS 网络后，通过 IMS 网络发送和接收短消息。

（2）当用户同时签约 5G SMS over NAS 时，UDM 需要配合 HSS 支持接收并处理来自 IP-SM-GW 的 SRIforSMS 请求，即当 UDM 接收到 SRIforSMS 请求时，可以根据用户登记的相关 IP-SMGW 地址信息进行判断。例如，如果请求来自 IP-SMGW，则需要 UDM 返回对应的 SMSF 地址以及对应的 IMSI，从而协助 IP-SMGW 完成域选择。

UDM 支持 5G SMS over NAS 短信的功能要求如下所述。

（1）UDM 需要支持根据签约信息下发短信限制 / 允许信息到 AMF。

（2）支持 SMSF 注册、去注册服务；支持 SMSF 获取及订阅 SMS 签约数据，并在签约数据发生改变时通知 SMSF。

（3）支持 NEF 等 NF 从 UDM 获取 SMSF 注册信息。

（4）支持短信被叫流程；支持短信发送状态报告及被叫失败重试流程，包括 UE 可达信息的订阅和通知。

6.5.5 其他

1. 翻译功能

UDM 支持来自 NF（例如，NEF）的翻译请求，例如，根据 GPSI 查询对应的 SUPI 或者根据 SUPI 查询 GPSI，根据 IMSI 查询对应的 GPSI 或者根据 GPSI 查询 IMSI。

5G 支持 LAN-Type（TS 22.261）业务时，会在网外定义各种虚拟网络组，以 Group ID 来标识，5GC 网内会有对应的标识，这些 5GC 网内 / 外组标识保存在 UDM 中，UDM 需要支持来自 NEF 的组标识翻译功能。

2. 漫游及区域限制

UDM 应支持基于 Forbidden Area 和 Service Area Restriction 的区域签约限制业务。

用户在与运营商签约时，可以根据自己的实际需要提出漫游区域，漫游区域由区域签约识别码表示，每个用户最多可以分配 10 个区域码。签约完成后，运营商根据用户签约的区域码序列向用户提供相应区域的漫游业务。

UE 在向 AMF 注册的过程中，UDM 支持将 Forbidden Area 和 Service Area Restriction 的区域码下发给 AMF，由 AMF 对 UE 的注册区进行限制。

3. 支持网络切片

UDM 需要根据 UE 签约信息对用户的切片进行管理和控制，包括存储用户签约的切片信息及默认切片列表，响应 AMF 对 UE 切片信息的查询以及 SMF 对 UE 会话管理信息的查询（其中包括 UE 的切片信息）。

4. 4G/5G 互操作的移动性管理

UDM 支持 4G/5G 互操作功能，详见本书附录 5　4G/5G 互操作。

5. 5G 开通功能

UDM 应支持运营商 5G 业务自动开通方案的个性功能要求，具体由各运营商确定。

6.6　UDR

UDR 为统一数据存储设备，存储的数据包括用户签约数据、策略数据、对外开放的数据和应用程序数据。数据存储架构如图 6-9 所示。

UDR 参考点架构如图 6-10 所示。从图 6-10 中可以看出，实际部署时，UDR 一般会与 UDM 集成在一起，这意味着 UDM 与 UDR 间的接口可能会是厂商内部的私有接口。

UDR 支持以下功能。

- 由 UDM 存储和读取的用户签约数据。
- 由 PCF 存储和读取的用户策略数据。
- 存储和读取对外开放的结构化数据。

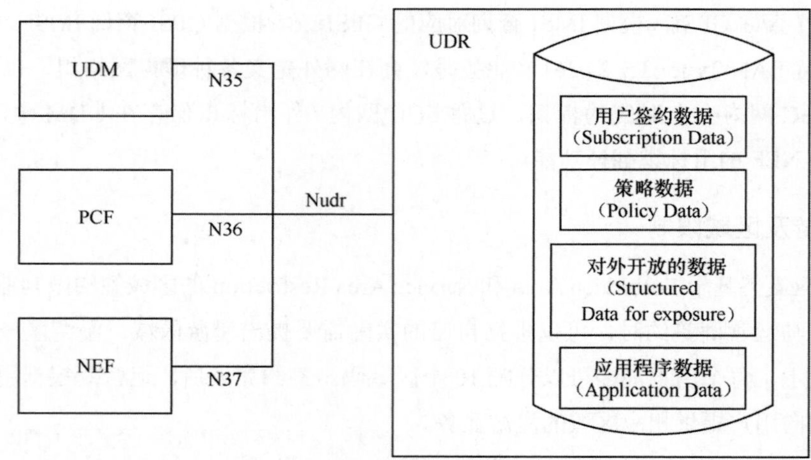

图6-9 数据存储架构

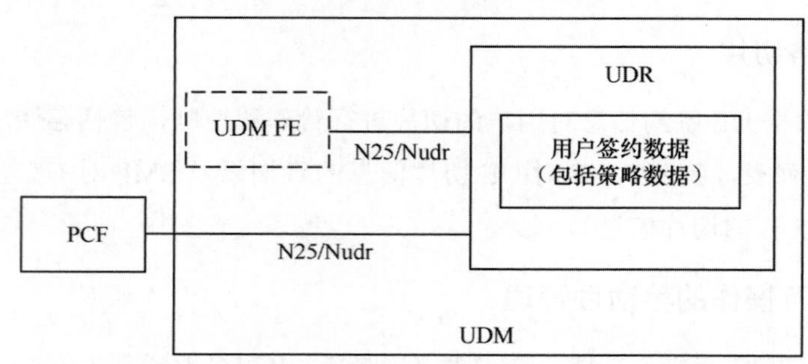

图6-10 UDR参考点架构

- 应用数据的存储和读取〔包括用于应用检测的分组数据流描述（PFD）、用于多个UE的AF请求信息、用于5G LAN管理的5G LAN组信息〕。

UDR以及通过Nudr接口存储和读取数据的NF服务消费者应同属于一个PLMN。也就是说，访问UDR的UDM、PCF、NEF必须与UDR是同一个PLMN，不允许网外的NF直接访问UDR。

6.6.1 服务操作和数据访问授权

UDR为NF服务消费者提供统一的数据存储和读取服务，而不同类型的数据可能具有不同的数据访问权限。UDR能够具有授权管理机制以保证数据访问的安全性，并且UDR提供的服务操作中应该能够识别消费者的NF类型和服务操作类型，应该能够识别所请求的数据信息（包括数据集和数据子集）以及资源/数据的标识符。这些信息都应该体现在HTTP操作消息中。如果NF服务消费者发起了非法服务操作或数据访问请求，则应通过Nudr接口返回服务失败响应并给出具体的失败原因值。

UDR 在网络中相当于服务生产者，为其他 NF 服务消费者（UDM、PCF、NEF）提供统一的数据存储库服务。UDR 可以为 UDM、PCF、NEF 提供以下服务操作。

- Query。
- Create。
- Delete。
- Update。
- Subscribe。
- Unsubscribe。
- Notify。

这些服务操作允许 NF 服务消费者检索、创建、更新、修改和删除存储于 UDR 中的数据。

对于创建、查询、更新和删除操作，服务操作的 HTTP 请求包含一个资源标识（Uniform Resource Identifier，URI），URI 由前面顶级段 <top-level segment> 和后面子级段 <sub-level segments> 组成。URI 前面的顶级段通常为“/ subscription-data”“/ policy-data”“/ exposure-data”和“/ application-data”中的一种，后面的子级段指具体的某个资源。

对于订阅、取消订阅操作，服务操作的 HTTP 请求的 URI 应该作为每个数据集的子资源（即“/ subscription-data”“/ policy-data”“/ exposure-data”和“/ application-data”），并且每个数据集的子级别段指示需要通知订阅的资源。

由于 UDR 的各种操作流程类似，这里仅以创建操作为例来说明其流程。NF 访问 UDR 的操作流程示意如图 6-11 所示。

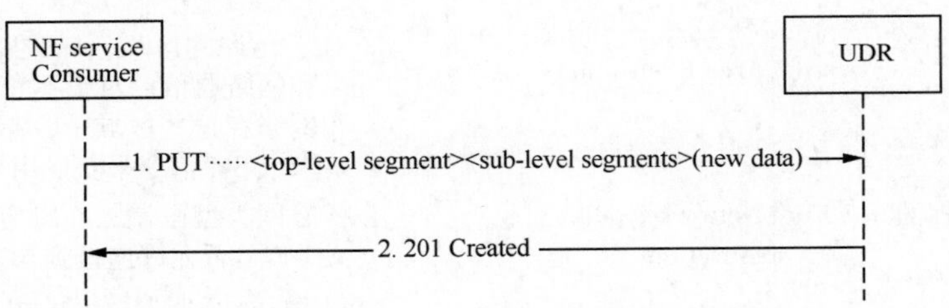

图6-11 NF 访问UDR的操作流程示意

（1）NF 服务消费者向 UDR 发起 HTTP PUT 请求，PUT 请求的有效负载主体应包含要创建的新数据。

（2）创建成功时，UDR 将返回“201 Created”响应，消息的有效载荷中包含所创建的数据，并且“Location”标题包含所创建数据的 URI。

如果创建未成功，则 UDR 应返回带有错误原因信息的错误代码。

UDR 对保存在本地用户数据的“创建、查询、更新、删除、订阅、取消订阅”六类操作，既可以针对某个用户操作，也可以针对一批用户操作。

6.6.2 数据存储

UDR 保存了用户签约数据、策略数据、对外开发的数据和应用程序数据，每类数据的内容各不相同，这里给出最常用的用户签约数据，UDR 中的 5G 用户签约数据见表 6-7。

表6-7 UDR中的5G用户签约数据

签约数据分类	参数名称	M/C	P/T	描述
接入和移动性签约数据（用于 UE 注册和移动性管理的数据）	SUPI	M	P	用于用户数据索引
	GPSI List	C	P	GPSI 列表，用于运营商网内和网外用户通用标识
	Internal Group ID-list	C	P	用户归属的内部分组标识列表
	Subscribed-UE-AMBR	M	P	以用户为颗粒度，标识用户 non-GBR 承载允许接入的最大速率（上行 + 下行）
	Subscribed S-NSSAIs	M	P	运营商定义的用户 S-NSSAIs，即用户签约的切片，在漫游情况下为可用签约的切片
接入和移动性签约数据（用于 UE 注册和移动性管理的数据）	Default S-NSSAIs	M	P	运营商定义的用户默认 S-NSSAIs
	UE Usage Type	C	P	运营商定义的用户 UE 使用类型（UE Usage Type，UUT）（例如，4G、5G 等）
	RAT restriction	C	P	用户接入类型限制标识，例如，非 3GPP 方式不允许接入
	Forbidden area	C	P	在限制区域中，UE 不允许与网络通信
	Service Area Restriction	C	P	服务区域限制 对于允许的区域，UE 在这些区域中可以和网络通信；对于不允许的区域，UE 和网络在这些区域中，不允许发起业务请求或 SM 信令来获取用户服务
	Core Network type restriction	C	P	核心网类型限制，在特定 PLMN 下，定义 UE 是否允许连接到 5GC 和 / 或 EPC
	CAG information	C	P	包括允许封闭访问组（Closed Access Group，GAG）列表，并且可选地指示 UE 是否仅被允许通过 CAG 小区接入 5GS
	RFSP Index	C	P	RFSP 索引，在 NG-RAN 中，特定 RRM 配置的索引
	Subscribed Periodic Registration Timer	C	P	周期注册定时器的值
	MPS priority	C	P	签约了多媒体优先业务（Multimedia Priority Services，MPS）业务
	MCX priority	C	P	签约了关键任务服务（Mission Critical Services，MCS）业务

（续表）

签约数据分类	参数名称	M/C	P/T	描述
接入和移动性签约数据（用于 UE 注册和移动性管理的数据）	Steering of Roaming	C	P	可选；漫游导航信息；优选网络列表
	Network Slicing Subscription Change Indicator	C	T	当存在时，向服务 AMF 指示用于网络切片的订阅数据已经改变并且必须更新 UE 配置
接入和移动性签约数据（用于 UE 注册和移动性管理的数据）	Service Gap Time	C	P	Service Gap 定时器
	UDM Update Data	C	P	通过 NAS 信令从 UDM 传送到 UE 的一组参数（例如，更新的路由指示器、更新的默认切片信息）
	NB-IoT UE priority	C	P	通过 NB-IoT 访问的各 UE 之间的优先级的数值
切片选择签约数据（用于切片选择的数据）	SUPI	M	P	Key
	Subscribed S-NSSAIs	M	P	UE 签约的网络切片，在漫游场景时，表示用于服务 PLMN 的签约网络切片
AMF 数据中的 UE 上下文	SUPI	M	P	Key
	AMF	M	T	注册用户分配的 AMF，包括 AMF 地址和 AMF 的 NF 标识
	Access Type	M	P	无线接入类型，例如，3GPP 或 non-3GPP 类型
	Homogenous Support of IMS Voice over PS Sessions for AMF	M	P	表示服务 AMF 中的所有 TA 均支持“PS 语音超过 PS 会话”或者均不支持，或者未知
	URRP-AMF information	M	P	UDM 向 AMF 订阅的 UE 可达性请求参数指示，该信息是针对每个 UE 的，并且即使在移除与特定 AMF 相关的上下文时也应该保留该信息
SMF 选择签约数据（用于选择 SMF 的数据）	SUPI	M	P	Key
	Subscribed S-NSSAIs	M	P	签约的 S-NSSAI 的值
	Subscribed DNN list	M	P	UE 签约的 DNN 列表
	Default DNN	M	P	UE 默认的缺省 DNN，如果 UE 没有提供 DNN list
	LBO Roaming Information	M	P	指示每个 DNN 或每个（S-NSSAI，签约 DNN）是否允许 LBO 漫游
	Interworking with EPS indication list	M	P	指示每个 DNN 或 S-NSSAI 是否支持 EPS 互操作
	Invoke NEF indication	M	P	当出现时则表明每个 S-NSSAI 和每个 DNN，基于 NEF 的小数据传输将用于 PDU 会话

（续表）

<table>
<tr><th>签约数据分类</th><th>参数名称</th><th>M/C</th><th>P/T</th><th>描述</th></tr>
<tr><td rowspan="3">SMF 数据中的 UE 上下文</td><td>SUPI</td><td>M</td><td>P</td><td>Key</td></tr>
<tr><td>PDU Session Id（s）</td><td>M</td><td>T</td><td>UE 的 PDU 会话标识列表</td></tr>
<tr><td colspan="4">针对紧急呼叫的 PDU Session Id</td></tr>
<tr><td rowspan="5">SMF 数据中的 UE 上下文</td><td>Emergency Information</td><td>M</td><td>T</td><td>用于与 EPC 互操作的紧急会话的 PGW-C+SMF FQDN</td></tr>
<tr><td colspan="4">针对非紧急呼叫每一个 PDU 会话标识</td></tr>
<tr><td>DNN</td><td>M</td><td>T</td><td>PDU 会话相关的 DNN</td></tr>
<tr><td>SMF</td><td>M</td><td>T</td><td>为该 PDU 会话分配的 SMF，包括 SMF IP 地址和 SMF 的 NF 标识</td></tr>
<tr><td>PGW-C+SMF FQDN</td><td>M</td><td>T</td><td>用于与 EPS 互操作的 PGW-C + SMF FQDN</td></tr>
<tr><td rowspan="2">SMS 管理签约数据（用于 SMSF 注册的数据）</td><td>SMS parameters</td><td>M</td><td>P</td><td>SMS 业务签约的 SMS 参数，例如，SMS 远程服务、SMS 禁止列表</td></tr>
<tr><td>Trace Requirements</td><td>M</td><td>T</td><td>关于 UE 的跟踪要求（例如，地址）此信息仅发送到 HPLMN 中的 SMSF</td></tr>
<tr><td>SMS 签约数据（AMF 中的数据）</td><td>SMS Subscribed</td><td>C</td><td>T</td><td>指示通过 NAS 订阅 SMS 服务的签约信息</td></tr>
<tr><td rowspan="2">SMSF 数据中的 UE 上下文</td><td>SMSF Information</td><td>C</td><td>T</td><td>指示为该 UE 分配的 SMSF，包括 SMSF 地址和 SMSF 的 NF 标识</td></tr>
<tr><td>Access Type</td><td>C</td><td>T</td><td>无线接入类型，例如，3GPP 或非 3GPP 类型</td></tr>
<tr><td rowspan="7">会话管理签约数据（用于 PDU 会话建立的数据）</td><td>GPSI List</td><td>C</td><td>P</td><td>GPSI（通用公共签约标识）列表，3GPP 系统内部与系统外部用来定位寻找用户</td></tr>
<tr><td>Internal Group ID-list</td><td>C</td><td>P</td><td>UE 所属的签约内部组列表</td></tr>
<tr><td>Trace Requirements</td><td>C</td><td>P</td><td>关于 UE 的跟踪要求（例如，地址）。此信息仅发送到 HPLMN 中的 SMF 或对等 PLMN 的 SMF</td></tr>
<tr><td colspan="4">会话管理签约数据包含一个或多个 S-NSSAI 级别签约数据</td></tr>
<tr><td>S-NSSAI</td><td>M</td><td>P</td><td>S-NSSAI 的值</td></tr>
<tr><td>Subscribed DNN list</td><td>M</td><td>P</td><td>该 S-NSSAI 签约的 DNN 列表</td></tr>
<tr><td colspan="4">S-NSSAI 级别签约数据中的每个 DNN</td></tr>
</table>

（续表）

签约数据分类	参数名称	M/C	P/T	描述
会话管理签约数据（用于 PDU 会话建立的数据）	DNN	M	P	PDU 会话的 DNN
	UE Address	M	P	表示访问 DNN 的 IPv4 或 IPv6 或 IPv4v6 类型 PDU 会话的预订购的静态 IP 地址
会话管理签约数据（用于 PDU 会话建立的数据）	Frame Routes	M	P	组路线信息集，组路由是指与在 DNN 上建立的 PDU 会话关联的一系列 IPv4 地址 / IPv6 前缀
	Allowed PDU Session Types	M	P	DNN，S-NSSAI 中所允许的 PDU 会话类型（IPv4、IPv6、IPv4v6、Ethernet、非结构化）
	Default PDU Session Type	M	P	DNN，S-NSSAI 中缺省的 PDU 会话类型
	Allowed SSC modes	M	P	DNN，S-NSSAI 中允许的 SSC 模式
	Default SSC mode	M	P	DNN，S-NSSAI 中缺省的默认 SSC 模式
	Interworking with EPS indication	M	P	DNN，S-NSSAI 是否支持与 EPS 的互操作
	5GS Subscribed QoS profile	M	P	DNN，S-NSSAI 中 QoS 流级别的 QoS 参数值
	Charging Characteristics	M	P	包括如何与计费功能实体交互的信息
	Subscribed-Session-AMBR	M	P	在 DNN，S-NSSAI 每个 PDU 会话，所有 Non-GBR QoS 流共享的上下行链路 MBR 最大值
	Static IP address/prefix	C	P	DNN，S-NSSAI 中静态 IP 地址 / 前缀
	User Plane Security Policy	C	P	用户面完整性保护和加密安全策略
标识转换	GPSI	M	P	通用公共签约数据标识，用于 3GPP 系统内部或外部标识 3GPP 的签约数据
	SUPI	M	P	GPSI 对应的 SUPI
	（Optional） MSISDN	C	P	与 GPSI（外部标识）对应的 GPSI（MSISDN），可选的提供给不支持 MSISDN-less 功能的 SMS 设备，当通过 T4 接口将 SMS 发送到 SMS-SC 时，MSISDN 用于标识 UE 并将该指示通知给 NEF
注：在此表中，M 表示必选参数（Mandatory），C 表示条件参数（Conditional），P 表示该数据是永久不变的（Permanent），T 表示该参数是临时的（Temporary）、动态可变的。				

在表 6-7 中，用户签约数据在实际运营商部署时可根据运营的需要进行删减，例如，增加一些运营商个性业务的参数。

●• 6.7 PCF

PCF 策略控制功能是 PCC 策略和计费控制架构的策略控制功能，延续了 4G PCC 架构的 PCRF 功能。4G PCC 架构的术语与 5G PCF 的部分术语存在以下映射关系。

- IP-CAN 会话映射到 5GC 中的 PDU 会话。
- APN 映射到 5GC 中的 DNN。
- IP-CAN 承载映射到 5GC 中的 QoS 流 。
- PCRF 映射到 PCF。
- PCEF 映射到 5GC 中 SMF 和 UPF 的组合 。
- PCC 架构的流量检测功能（Traffic Detection Function，TDF）没有单独的实体，由 UPF 和 SMF 共同实现。

PCF 在 5G 网络中提供以下功能。

- 支持统一的策略框架来管理网络行为。
- 为控制平面功能（SMF/AMF）提供策略规则并执行这些规则。
- 访问统一数据存储库（UDR）中与策略控制相关的签约信息。

在 PCF 中通过策略规则来控制管理网络，PCF 中的 PCC 的规则信息见表 6-8。

表6-8 PCF中的PCC的规则信息

信息名称（IE）	说明	类型	SMF 中的动态规则是否可以修改
Rule identifier	PDU 会话中唯一标识 PCC 规则，用于 PCF 和 SMF 之间的规则引用	M	No
Service data flow election	定义用于检测识别业务数据流 IP 包的规则		
Precedence	在业务数据流检测、执行、计费时应用业务数据流模板的顺序或优先级	C	Yes
Service data flow template（SDF）	业务数据流过滤器列表或应用程序标识（用于检测业务数据流的应用程序过滤器的标识）	M	C
Mute for notification	应用程序启动或停止通知是否静音	C	No
Charging	计费的标识和指令		
Charging key	CG 用于业务数据流计费的信息		Yes
Service Identifier	业务标识符		Yes
Sponsor Identifier	赞助商标识符由 AF 提供，用于标识赞助商；将用户的流量与赞助商标识符关联，用于计费	C	Yes
Application Service Provider Identifier	业务提供商标识符由 AF 提供；将用户的流量与业务提供商关联，用于计费	C	Yes
Charging method	表示 PCC 规则的计费方法：在线、离线或两者都不是	C	No

（续表）

信息名称（IE）	说明	类型	SMF 中的动态规则是否可以修改
Service Data flow handling while requesting credit	指示在 SMF 等待对信用请求响应时是否允许业务数据流启动（只适用于在线计费）		No
	参数值：blocking or non-blocking		
Measurement method	指示业务量的测算方式：时间、流量以及两者组合		Yes
Application Function Record Information	来自 AF 的应用级标识符。用于 PCC 规则中从 AF 提供的标识符将该 PCC 规则中的 Charging key/Service identifier 与应用间的关联		No
Service Identifier Level Reporting	表示应为此业务标识符生成单独的使用报告		Yes
	参数值：mandated or not required		
Policy control	此部分定义如何对业务数据流使用策略控制		
Gate status	门控状态（open 或 closed），表示监测的数据流是放行还是丢弃		Yes
5G QoS Identifier（5QI）	业务数据流的授权 QoS 参数的标识符	C	Yes
QoS Notification Control（QNC）	指示在 QoS 流的生命周期内 GFBR 满足 QoS 状态变化（在不满足与满足间变化）时是否向 3GPP RAN 发送通知	C	Yes
Reflective QoS Control	表示为 SDF 应用反射 QoS		Yes
UL-maximum bitrate	授权业务数据流的上行最大速率		Yes
DL-maximum bitrate	授权业务数据流的下行最大速率		Yes
UL-guaranteed bitrate	授权业务数据流的上行保证速率		Yes
DL-guaranteed bitrate	授权业务数据流的下行保证速率		Yes
UL sharing indication	表示上行方向上的资源共享，其业务数据流在其 PCC 规则中具有相同的值		No
DL sharing indication	表示下行方向上的资源共享，其业务数据流在其 PCC 规则中具有相同的值		No
Redirect	业务数据流重定向的状态	C	Yes
	参数取值：enabled/disabled		
Redirect Destination	重定向的地址（当业务数据量重定向功能打开时）	C	Yes
ARP	业务数据流的分配和保留优先级	C	Yes
Bind to QoS Flow associated with the default QoS rule	表示动态 PCC 规则应始终与默认 QoS 规则关联的 QoS 流绑定。该参数表示忽略 PCC 动态规则中的 QoS 参数，启用默认的 QoS		Yes
Bind to QoS Flow associated with the default QoS rule and apply PCC rule parameters	表示动态 PCC 规则应始终与默认 QoS 规则关联的 QoS 流绑定	C	Yes

（续表）

信息名称（IE）	说明	类型	SMF 中的动态规则是否可以修改
Priority Level	表示 QoS 流中调度资源的优先级		Yes
Averaging Window	表示计算流量的持续时间		Yes
Maximum Data Burst Volume	表示在 5G-AN PDB 期间需要传输的最大数据量		Yes
Access Network Information Reporting	该部分描述了在建立、修改或终止相应的 QoS 流时，向 PCC 规则报告的接入网络信息		
User Location Report	报告 UE 的服务小区		Yes
UE Timezone Report	报告 UE 的时区		Yes
Usage Monitoring Control	此部分描述了应用监测控制所需的身份		
Monitoring key	用于区分共享使用量的组服务		Yes
Indication of exclusion from session level monitoring	表示应从 PDU 会话使用情况监视中排除业务数据流		Yes
RAN support information	该部分定义了支持 RAN 的信息，例如，切换阈值		
UL Maximum Packet Loss Rate	业务数据流在上行方向上可以容忍的丢失数据包的最大速率（只适用于语音业务场景，例如，VoNR）	C	Yes
DL Maximum Packet Loss Rate	业务数据流在下行方向上可以容忍的丢失数据包的最大速率（只适用于语音业务场景，例如，VoNR）	C	Yes

6.7.1 会话管理策略控制

1. 绑定机制

绑定机制是将业务数据流（在 PCC 规则中通过 SDF 模板定义）与网络侧承载这些数据流的 QoS 流（QoS flow）相关联的过程；对于属于 AF 会话的业务数据流，绑定机制还需将 AF 会话信息与选择用于承载 AF 业务数据流的 QoS 流相关联。

绑定功能具体包含会话绑定功能、PCC 规则授权功能以及 QoS Flow 绑定功能。

（1）会话绑定功能

会话绑定功能是 AF 会话信息与一个且仅一个 PDU 会话相关联。PCF 可与以下 PDU 会话参数执行会话绑定。

- 对于 IP 类型的 PDU 会话，可以与 UE 的 IPv4 地址和 / 或 IPv6 网络前缀执行会话绑定。
- 对于以太网类型的 PDU 会话，可以与 UE MAC 地址执行会话绑定。
- UE 身份（例如，SUPI）。
- 用户正在访问的 DN 的信息，即 DNN。

（2）PCC 规则授权功能

PCC 规则授权功能是按照 PCC 规则选择 5G QoS 参数。PCF 对上述会话绑定步骤中选择的 AF 会话的动态 PCC 规则执行 PCC 规则授权，PCF 也支持对没有相应 AF 会话的 PDU 会话执行 PCC 规则授权。PCF 应为紧急服务配置本地规则授权。

（3）QoS Flow 绑定功能

QoS Flow 绑定功能是 PCC 规则与 PDU 会话内的 QoS 流关联。PCF 使用以下绑定参数执行 QoS Flow 绑定。

- 5QI。
- ARP。
- QoS 通知控制 QNC。
- 优先级。
- 平均窗口。
- 最大数据突发量。

当 PCF 提供 QoS Flow 绑定规则给 SMF 时，SMF 将评估该规则是否已经存在（即相同的 QoS 参数的流）：若存在，则更新 QoS 流；若不存在，则根据 PCC 规则中的参数导出 QoS 参数，用于新的 QoS 流并将 PCC 规则绑定到 QoS 流。

2. 用户业务使用量和上报机制

用户业务使用量（简称“用量”）监控包括流量和时间的使用情况监控，并报告类型为 IP 和以太网的 PDU 会话对网络资源累计使用的情况。

用量监控是基于每个 PDU 会话和用户对网络资源的累积使用量。因此该功能是实时基于网络总体使用情况实施动态策略决策所必需的功能。

PCF 利用用量监控进行动态决策时，PCF 应设置适当的阈值并将阈值发送给 SMF 进行监控。用量的阈值可以是流量和时长，PCF 可以将这两个阈值都发送给 SMF。当用量达到阈值时（流量阈值或时间阈值），SMF 应通知 PCF 并报告自上次报告用量监控以来的累计用量情况。

用量监控可以是对一个用户或一组业务数据流的用量监控，也可以是对 SMF 中的一个 PDU 会话的所有流量的用量监控。当启用对 PDU 会话的所有流量的用量监控时，应该可以通过配置从该 PDU 会话的所有流量的用量监控中排除单个 SDF 或一组 SDF。

用量监控可以通过预定义 PCC 规则和动态 PCC 规则的方式激活和去激活，规则中包括延迟激活和 / 或停用时间。

当 PDU 会话级别的用量监控启用时，PCF 应在 PCC 规则中指明 PDU 会话级别的用量监控需要排除 SDF 的信息（例如，某些流量不纳入用量统计）。

PCF 应支持根据不同的接入方式下发不同的 SDF 用量监控规则。

3. 业务检测和控制功能

业务的检测和控制功能包括检测指定具体业务流量的请求、向 PCF 报告业务流量的启用 / 停止并执行指定的策略和计费。

PCF 应通过激活 SMF 中相应的 PCC 规则，指示 SMF 对哪些业务进行检测以及是否向 PCF 报告该业务的启动或停止信息。SMF 向 PCF 提交的报告包括业务的启动或停止、检测到的标识符，以及业务流量的业务数据流描述。在从 SMF 接收到报告后，PCF 可以基于所接收的信息做出策略决策。如果有更新的规则，则 PCF 可以将更新的 PCC 规则发送到 SMF。

4. 计费策略控制

为了实现基于 SDF 的计费功能，PCF 指定基于 SDF 的计费规则，计费规则是与策略控制信息一起提供给 SMF。SMF 按照计费规则与 UPF 配合执行计费。

PCF 对计费的支持情况见 SMF 设备的计费功能。另外，PCF 还支持信用管理功能。PCF 可以通过在 PCC 规则中分配唯一的计费键值来实现对单个业务 / 应用的独立信用控制。

5. QoS 控制

QoS 控制是指对一个数据流进行网络资源（例如，上下行带宽，时延、丢包率等）使用授权的控制，既允许使用的最大网络资源。数据流可以是 SDF 级别、QoS Flow 级别、PDU 会话级别的数据流。其中，SDF 级别的数据流的类型可以是 IP 或以太网，PDU 会话级别的数据流的类型可以是 IP、以太网、非结构化。QoS 控制还包括 Session-AMBR 和默认 5QI / ARP 组合的授权，PCF 将授权 Session-AMBR 和默认 5QI/ARP 组合作为 PDU 会话信息的组成部分提供给 SMF。相较于 SMF 本地配置的 Session-AMBR 和默认 5QI/ARP，来自 PCC 的策略具有更高的优先级。

◆ SDF 级别 QoS 控制

PCF 可以基于用户的 QoS 签约信息和基于业务、基于订阅或预定义的 PCF 内部策略的规则，向 SMF 提供每个具体 SDF 的 QoS 授权。

PCF 可以针对一个 PDU 会话的不同业务数据流下发不同的 QoS 授权信息。

◆ QoS Flow 级别 QoS 控制

PCF 可以支持 QoS 预留控制（可以由 UE 或 PCF 发起）。PCF 可以基于用户 QoS 签约信息、基于业务的策略配置等信息向 SMF 下发 QoS Flow 级别的授权 QoS 信息。

PCF 可以针对一个 QoS Flow 按需分配 GBR 或 non-GBR 的 QoS 授权信息。

◆ PDU 会话级别 QoS 控制

PCF 可以针对 PDU 会话下发 Session-AMBR 以及默认 5QI/ARP 参数等进行会话级的

QoS 控制。

6. 门控功能

PCF 网元需要支持门控功能。SMF 可以从 PCF 获取门控的相关策略并下发给 UPF，UPF 按照门控策略要求对每个业务数据流实施门控。

AF 向 PCF 报告会话终止、修改等事件，PCF 根据 AF 报告的事件决策是否启用门控功能。当 AF 向 PCF 报告会话终止事件时，PCF 触发门控，向 SMF 下发“关闭门”指示，UPF 收到门控指示后将丢弃后续的数据包。

门控控制适用于 IP 类型的业务数据流。

UPF 和 SMF 的门控功能详见本书 6.2.1 节中的用户面功能和本书 6.3.5 节中的策略控制功能。

7. 业务的优先级及冲突处理功能

当一个用户同时使用了多项业务，相应地激活了多个 PCC 规则，这些 PCC 规则约定的 QoS 带宽之和超过了该用户签约的保证带宽时，PCF 需要对这些冲突的 PCC 规则进行优先级处理。处理的机制是 PCF 利用每个业务的 QoS 中的抢占优先级参数，去激活抢占优先级低的业务，释放带宽资源给抢占优先级高的业务。

当用户新发起一个业务或来自 AF 的新业务请求时（例如，来自 IMS 的视频来电业务），如果接受该新业务请求，则各业务的带宽总和超过用户签约的带宽总和，这时 PCF 根据 PCC 规则的抢占优先级以及来自 AF 业务的优先级决策是否去激活一个或多个 PCC 规则，以便释放出带宽资源给更高优先级的业务使用。如果 PCF 发现新业务的优先级低于现有的 PCC 规则的优先级，则 PCF 可以拒绝该新业务。

8. 不同 AF 会话间资源共享功能

AF（例如，P-CSCF）可以向 PCF 指示 AF 会话的资源可以与其他 AF 会话的资源共享，AF 可以指示在一个方向（上行或下行）或两个方向与其他 AF 会话共享资源。PCF 收到用于多个 AF 会话的资源共享请求时，PCF 向 SMF 下发资源共享 PCC 规则组，即该组 PCC 规则共享相同的资源；PCF 根据 AF 指示的资源共享的方向，在下发的资源共享 PCC 规则组中携带相同的上行和 / 或下行共享标识。

对于每个方向，SMF 应从与该方向相同共享标识的 PCC 规则组中获取最高 GBR 值，用于共享资源的 GFBR 进行管控；对于每个方向，SMF 应从与该方向相同共享标识的 PCC 规则组中获取最高 MBR 值，用于共享资源的 MFBR 进行管控。

AF 会话终止会触发 SMF 从共享 PCC 规则组中删除该 AF 对应的 PCC 规则，只要具有相同共享标识的一组PCC规则发生变化，SMF就应重新计算QoS流的GFBR值和MFBR值。

不同AF会话的资源共享功能只有当AF（例如，P-CSCF）、PCF和SMF均支持时，才能启用。

9. 资源预留及业务共享优先级功能

AF可以指示其会话的媒体流优先级与其他AF会话的媒体流优先级相同，即不为该AF媒体流分配更高的优先级。在这种情况下，AF除了提供应用标识符和服务优先级之外，还将提供优先级共享标识符。其中，应用标识符和服务优先级用于计算ARP优先级，优先级共享标识符用于指示允许相同标识符的媒体流共享优先级。AF还可以向PCF提供每个媒体流建议的ARP抢占能力和ARP抢占脆弱值（标识被抢占的值），PCF根据运营商策略以及来自AF的信息设置ARP抢占能力和ARP抢占脆弱值。

PCF会为每个AF的媒体流独立生成PCC规则，对于分配相同5QI且具有相同优先级共享标识符的PCC规则，PCF按照以下方式修改ARP值。

- 在选取相同优先级共享标识的所有PCC规则中，原始ARP值最高值为本PCC规则的ARP值。
- 如果原始PCC规则中的任何一条具有ARP抢占能力集，则设置修改后的ARP抢占能力集。
- 如果所有原始PCC规则都设置了ARP抢占脆弱值，则设置修改后的ARP抢占脆弱值。

10. 流量导向控制功能

流量导向控制由PCF发起，当检测到匹配特定规则（例如，SDF过滤器）的业务数据流时，PCF通知SMF将该数据流导向由运营商或第三方服务提供商指定的平台或网络。

PCF在选择流量导向策略时，需要综合考虑运营商的策略、用户签约、用户的当前RAT、网络负载状态、应用标识符、时间、UE的位置、DNN等信息。

PCF通过在PCC规则中提供和修改流量导向控制信息来实施流量控制，流量导向控制信息包括流量描述和在SMF中配置的流量导向策略索引。SMF指示UPF执行必要的操作，以执行PCF下发的流量控制策略，即UPF是真正实施流量导向的实体，PCF和SMF提供流量导向控制策略。

UPF的流量导向情况见本书6.2.1节中的用户面功能。

11. 重定向功能

重定向一般是针对上行应用流量，SMF或UPF改变原先的流量路径。

PCF可以通过N7接口配置和修改动态PCC规则来控制重定向，也可以激活/停用SMF中预定义的重定向策略。PCF重定向的规则信息包括启用/禁用重定向功能、每个动态PCC规则设置重定向目的地。PCF向SMF发送重定向规则信息，指示SMF是否执行到特定重定向目的地。其中，重定向目的地是动态 PCC 规则的一部分，也可以在 SMF 或 UPF 中预先配置，但动态规则的优先级高于本地配置的优先级，即动态 PCC 规则中提供的重定向目标地址将覆盖 SMF 或 UPF 中预配置的重定向目标地址，只有当动态 PCC 规则不包含目标地址信息时，SMF 或 UPF 本地配置的重定向地址才能生效。

12. 与 SMF 相关的策略控制请求触发器

PCF 支持来自 SMF 的策略控制请求。当 SMF 需要对已经建立的 PDU 会话请求实施策略控制时，SMF 触发与 PCF 的交互来修改 PDU 会话的策略。SMF 的策略控制触发事件包括以下事件，在实际的网络运营中可以根据运营商的需要有选择性地配置。

- PLMN 改变：UE 从一个运营商网络移动到另一个运营商的网络。
- QoS 改变：QoS 流的 QoS 参数更改。
- QoS 改变并超出授权：QoS 流的 QoS 参数已经改变并超出 QoS 的授权。
- 流量映射信息变化：QoS 配置文件的流量映射信息已经更改。
- 资源修改请求：SMF 收到资源修改请求，向 PCF 发送新的 PCC 规则。
- 接入类型的改变：PDU 会话的 RAT 改变了。
- 服务区域的位置变化。
- 服务的核心网控制面节点改变。
- 服务的核心网业务面节点改变。
- UE 进出 PRA 区域。
- 授权的信用不足。
- 信用管理会话失败。
- UE 的 IP 地址改变，重新分配或收回。
- 业务使用量报告：UE 消耗的 PDU 会话或监控的特定资源达到阈值或运营需要的报告。
- 启动 / 停止应用程序流量检测。
- 3GPP PS 数据关闭状态更改。
- Session AMBR 改变。
- 默认 QoS 改变。
- 取消 PCC 规则。
- QoS 流的 GFBR 满足状态改变（GFBR 条件不再或再次得到满足）。

13. 3GPP 数据关停功能

3GPP 数据关停（3GPP PS Data Off）功能是为支持 3GPP 数据关停豁免业务（3GPP

PS Data Off Exempt Services）服务的。该类业务一般是运营商定义特定业务，当“3GPP 数据关停”功能激活时，该类业务是上行、下行方向唯一允许的业务，即 UE 其他业务的数据包将被丢弃。例如，当国内运营商用户出国漫游到国外某个合作伙伴的移动网络时，只允许该漫游用户使用 IMS 语音业务，其他数据业务不允许使用，IMS 语音业务被纳入“3GPP 数据关停”豁免业务列表，用户可以通过激活“3GPP 数据关停”功能来实现这种业务场景。

PCF 支持“3GPP 数据关停”功能，能够配置“3GPP 数据关停”豁免业务列表，该列表可以针对每个 DNN 进行配置，列表的内容可以是空的，具体由运营商确定。当“3GPP 数据关停”状态变化时，SMF 通知 PCF 该状态的变化，PCF 根据“3GPP 数据关停”状态的改变来触发相应的策略控制。当 SMF 告知 PCF“3GPP 数据关停”功能激活时，PCF 将更新 PCC 规则，仅转发属于“3GPP 数据关停”豁免业务列表的数据包，丢弃其他数据包。为了使 SMF / UPF 禁止不属于“3GPP 数据关停”豁免业务列表的业务使用，PCF 可以通过设置门控来修改 PCC 规则（即将其他 PCC 规则的门控设置为“关”）或者删除其他 PCC 规则。例如，某个 PDU 会话有 4 个 PCC 规则 A、B、C、D 是激活的，其中，只有规则 A 用于“3GPP 数据关停”豁免业务。当“3GPP 数据关停”功能被激活时，PCF 可以通过设置门控为“关”来修改 PCC 规则 B、C、D 或者直接停用 PCC 规则 B、C 和 D。

6.7.2 AMF 事件订阅功能

PCF 应支持通过 Policy Control Request Triggers 消息向 AMF 订阅移动性管理事件，包括位置改变事件（Location change）、UE 进入区域上报事件（Change of UE presence in Presence Reporting Area）、服务区域限制事件（Service Area restriction change）、RFSP index 改变事件（RFSP index change）等。AMF 可支持的订阅事件见表 6-9。

表6-9 AMF可支持的订阅事件

策略控制请求触发器	描述
Location change	UE 的跟踪区域已经改变
Change of UE presence in Presence Reporting Area	UE 正在进入 / 离开 PRA 区域
Service Area restriction change	签约的服务区域限制信息已更改
RFSP index change	签约的 RFSP 索引已更改

6.7.3 接入与移动性管理策略控制功能

PCF 通过基于服务的接口向 AMF 提供与访问和移动管理相关的策略控制，并与 AMF 交互控制 AMF 实施接入和移动策略。PCF 能够评估从 AMF 收到的事件触发运营商的策略。PCF 的接入和移动性策略控制包括服务区域限制的管理以及 RFSP 功能和 UE-AMBR 的管理。PCF 的接入与移动性策略信息见表 6-10。

表6-10　PCF的接入与移动性策略信息

信息名称（IE）	说明	类型	是否允许 PCF 修改 AMF 中 UE 上下文
Service Area Restrictions	这部分定义了服务区域限制		
List of allowed TAIs	允许的 TAI 列表	C	是
List of non-allowed TAIs	不允许的 TAI 列表	C	是
Maximum number of allowed TAIs	允许的最大 TAI 数	C	是
RFSP Index	该部分定义了 RFSP 索引（如果启用了 RFSP 索引）		
RFSP Index	适用于 UE 的 RFSP 索引	C	是
UE-AMBR	定义了适用于 UE 的 UE-AMBR 值	C	是

服务区域限制的管理使 PCF 能够修改 AMF 使用的服务区域限制。UE 的签约信息可以包含服务区域限制，但该信息可以由 PCF 基于运营商定义的策略进一步修改，例如，通过扩展允许的 TAI 列表、减少不允许的 TAI、增加允许的最大 TAI 数来修改等方式。PCF 中的运营商定义的策略可以根据 UE 位置、一天中的时间以及其他 NF 提供的信息来灵活制订。

当 AMF 中的“接入和移动控制指示”启用时，AMF 在注册期间从 UDM 接收的签约服务区域限制或当 AMF 改变时向 PCF 报告其本地的接入与移动控制策略。在此报告过程中，AMF 告知 PCF 其服务区域的限制情况，PCF 再根据运营商的策略向 AMF 发送修改的服务区域限制信息。AMF 从 PCF 接收后将该信息保存在本地并将该策略应用到 UE 的移动性限制策略中。表 6-10 服务区域限制包括允许的 TAI 列表、不允许的 TAI 列表以及允许的最大 TAI 数。PCF 中的运营商定义的区域限制策略取决于输入数据，例如，UE 位置、一天中的时间、其他 NF 提供的信息等。

在 PCF 的接入和移动性管理策略中，RFSP 索引的管理允许 PCF 修改 AMF 使用的 RFSP 索引，以执行无线资源管理功能。UE 的签约信息中如果包含 RSFP 索引，则 AMF 在向 PCF 的报告消息中告知 PCF，PCF 可以根据运营商政策在任何时间对 RFSP 索引进一步调整。运营商的 RFSP 索引策略的调整可以基于累计使用情况、网络切片的负载信息等来制订。

在 PCF 的接入和移动性管理策略中，UE-AMBR 的管理允许 PCF 能够基于网络策略向 AMF 提供 UE-AMBR 信息。AMF 从 PCF 接收修改的 UE-AMBR，再向 RAN 提供网络的 UE-AMBR 值。

6.7.4　UE 策略控制功能

5GC 能够从 PCF 向 UE 提供策略信息，策略信息包括以下两个方面。

● 接入网络发现和选择策略（Access Network Discovery & Selection Policy，ANDSP）：UE使用它来选择非3GPP接入网络，如WLAN的接入。

● UE路由选择策略URSP：UE使用该策略来确定如何路由出站流量（即上行流量），流量可以路由到已建立的PDU会话，也可以路由到非3GPP接入，或者可以触发建立新的PDU会话，路由到新的PDU会话。

ANDSP和URSP可以在UE中预先配置或者由PCF提供给UE。两种策略中来自PCF下发的策略优先权比UE本地预先配置的策略更高。只有当UE没有收到PCF的策略时，UE才可以启用本地配置的策略。PCF根据本地配置信息以及来自AMF、SMF等网元的策略输入信息和运营商的策略来选择适用于每个UE的ANDSP和URSP。PCF下发给UE的策略通过AMF的N1/N2接口透传来实现。

URSP规则包括一个流量描述符，用于指定匹配条件以及以下一个或多个组件。

（1）SSCMSP：UE用来为特定应用匹配对应的SSC模式。

（2）NSSP：UE利用S-NSSAI参数为特定应用匹配对应的切片实例。

（3）DNN选择策略：UE用来与特定应用匹配对应的DNN网络。

（4）PDU会话类型策略：UE用来对特定应用选择匹配的PDU会话类型。

（5）非无缝卸载策略：UE使用该策略将应用非无缝地卸载到non-3GPP接入（即在PDU会话之外通过非3GPP接入）。

（6）接入类型偏好：UE为匹配应用新建PDU会话，指示UE为新建的PDU会话设置接入类型（3GPP或non-3GPP）。

PCF下发给UE的接入选择和PDU会话相关的策略信息长度需要在PCF预定义的长度范围内（预定义的长度需要考虑NAS的消息允许传递的消息长度），否则，PCF需要支持将策略拆分为多个策略段。每个策略段需要分配不同的策略段标识符（Policy Section Identifier，PSI）标识，用于区分不同的策略段。

URSP规则结构和内容见表6-11。

表6-11　URSP规则结构和内容

信息名称	描述	类型	是否允许PCF修改
Rule Precedence	在UE中执行URSP规则的顺序	M	是
Traffic descriptor	定义URSP规则的流量描述符组件	M（以下组件至少有一个）	
Application descriptors	由OSID和OSAppId组成。该信息用于识别在UE的操作系统（Operating System，OS）上运行的应用程序。OSID不包含操作系统版本号。OSAppId不包含应用程序的版本号	Optional	是

（续表）

信息名称	描述	类型	是否允许 PCF 修改
IP descriptors	目标 IP 3 元组（IP 地址或 IPv6 网络前缀，端口号，IP 上层协议的协议 ID）	Optional	是
Domain descriptors	目的地的 FQDN	Optional	是
Non–IP descriptors	非 IP 流量目的地信息的描述符（不能与 IP descriptors 同时用）	Optional	是
DNN	应用程序提供的 DNN 信息	Optional	是
Connection Capabilities	UE 应用请求具有某些能力的网络连接（例如，"ims""mms""internet"等）	Optional	是
List of Route Selection Descriptors	路线选择描述符列表	M	

6.7.5　PCF 其他技术要求

1. 策略信息输入

PCF 的策略可以基于本地预定义信息设置，也可以根据周边网元提供的信息进行动态配置。这些周边网元主要包括 SMF、AMF、AF 以及 UDR、CHF、NWDAF。这些网元也应该向 PCF 提供尽可能多的信息，从而协助 PCF 制订灵活的针对不同场景的策略。下面是 AMF 和 SMF 可以提供给 PCF 的信息，AF 需要依据具体的应用输入相应的信息。下述策略输入信息在不同场景下根据参数的适用情况会有所取舍。此外，在实际应用中，运营商也可以根据自身的具体情况进行配置。

（1）AMF 可能会提供的信息

AMF 可能会提供的信息如下所述。

- SUPI。
- UE 的设备永久标识。
- 用户的位置。
- 服务区域限制。
- RFSP 索引。
- RAT 类型。
- 通用的公共用户标识 GPSI。
- 接入类型。
- 服务的运营商标识。
- 允许的切片 NSSAI。

- UE时区。
- 签约的UE-AMBR。
- 操作系统标识OSID 。
- PSI列表。
- UE支持ANDSP标识。

（2）SMF可能会提供的信息

SMF可能会提供如下信息。

- SUPI。
- UE的设备永久标识。
- UE的IPv4地址。
- UE的IPv6地址前缀。
- 默认的5QI和ARP。
- 请求的会话类型。
- PDU会话类型。
- 接入类型。
- RAT类型。
- GPSI。
- 内部组标识。
- 用户的位置。
- S-NSSAI。
- DNN。
- 运营商标识。
- 业务标识。
- 分配的业务实例标识符。
- 检测到的业务数据流描述。
- UE支持反射QoS。
- QoS规则支持的数据包过滤器数量。
- 3GPP数据关停状态（3GPP PS Data Off status）。
- Session AMBR。

（3）AF可以通过NEF提供以下背景数据传输相关信息

AF可以通过NEF提供以下背景数据传输相关信息。

- 背景数据传输ID。

- 背景数据传输策略。
- 每个 UE 的流量。
- UE 数量。
- 期望的时间窗口。
- 网络区域信息。

2. 背景数据传输支持

背景数据传输协商需要通过 NEF 转发来实施。在早期的 5GC 网络中，若没有部署 NEF，则该功能可以暂不启用。另外，若网络未部署 AF，则该功能也可以暂缓启用。

PCF 支持接收 AF 发起的经由 NEF 转发的背景数据传输（Background Data Transfer，BDT）的协商请求，用于在未来一段时间内进行背景数据传输的网络条件。来自 AF 请求应包含应用提供商（Application Service Provider，ASP）标识符、每个 UE 要传输的数据量、UE 数量、期望的时间窗口、外部组标识符、网络区域信息等。

PCF 应首先检索已存储在 UDR 的所有 ASP 的后台传输策略，另外，根据网络配置情况，PCF 还可能检索 NWDAF 中当前使用 ASP 业务的 UE 所在区域的网络资源消耗数据和网络能力数据。然后，PCF 应基于 AF 提供的信息和其他可用信息（例如，网络策略和现有后台传输策略）确定一个或多个后台传输策略。PCF 可以通过配置将 ASP 标识符映射到目标 DNN 和切片信息（即 S-NSSAI）。背景传输策略包括用于背景数据传输的建议时间窗口、对应的计费费率、背景数据传输 ID、网络区域信息、最大聚合比特率。最后，PCF 应通过 NEF 将背景数据传输 ID、后台传输策略或所选背景传输策略的候选列表一起提供给 AF。如果 AF 收到多个背景转移政策，AF 将选择其中一个并通知 PCF。

所选择的背景传输策略最终由 PCF 保存在 UDR 中，同时存储的还有背景数据传输 ID、网络区域信息以及通知请求信息。其他 PCF 可以从 UDR 检索该后台传输策略和相应的兴趣区，供其在遇到相同或其他 ASP 相关的背景数据传输策略决策时参考。

3. 用户签约策略控制管理功能

PCF 可以将用户签约的策略信息存储在 UDR，这些信息包括 QoS、URSP、DNN、SSC mode。PCF 可以在 PDU 会话建立和 UE 策略关联建立过程中向 UDR 请求用户的签约信息，PCF 也可以接收关于用户签约的策略信息变化的通知。当 PCF 收到用户签约策略信息变更通知后，PCF 应根据签约的变化做出必要的策略控制决策。如果需要，则应及时更新 SMF/AMF 中用户的策略控制信息。

在 PDU 会话建立阶段，UDR 通过 Nudr 服务接口向 PCF 提供的策略控制签约信息包括以下参数。

- 允许的业务列表：用户签约允许的业务标识列表。
- 用户类别：与用户关联的类别标识符列表。
- 签约的 GBR：DNN 和 S-NSSAI 的所有 GBR QoS 流中提供的最大聚合速率。
- ADC 的支持：指示是否可以为用户启用应用程序检测和控制（Application Detection and Control，ADC）。
- 用户业务使用量限制控制：指示 PCF 是否根据用户使用量限制实施策略。
- 用户的 IP 地址。
- 背景数据传输 ID。
- 默认计费方式：在线或离线。
- CHF 地址。
- 业务使用监控相关信息。
- MPS 签约数据。

在 UE 策略关联建立过程中，UDR 通过 Nudr 服务接口向 PCF 提供的策略控制签约信息包括以下参数。

- 用户类别。
- 跟踪要求。
- UE 的 PEI。
- UE 的操作系统 ID OSID。
- UE 对 ANDSP 的支持。
- 签约的 S-NSSAI 列表包含已订阅的 S-NSSAI 列表及其关联的 DNN，对于每个 DNN，允许访问的 PDU 会话类型和允许使用的 SSC 模式。

在 PDU 会话建立时，如果用户在 UDM 中的签约信息与 PCF 中的签约信息不一致时，以 PCF 的签约信息为准，PCF 可以随时将其策略信息下发给 AMF、SMF。当用户的 URSP 策略变更后，PCF 应主动把 URSP 下发给 UE。

4. 业务策略信息管理

业务策略信息保存在 UDR 中，具体包括以下内容。

- 背景数据传输信息保存在 UDR 中的数据集“Policy Data”的子集“Background Data Transfer data”中，它包含 ASP 标识、传输策略、背景数据传输 ID、每个 UE 传输的数据流量、预期的 UE 数量、可选的网络区域信息等。
- 业务提供商的数据连接信息存储在 UDR 的数据集“Policy Data”的子集“Sponsored data connectivity profile data”中，该信息包含每个赞助商的 ASP 标识以及每个 ASP 标识下的具体业务。

● 多个 UE 的业务功能请求信息存储在 UDR 的数据集“Application Data”的子集“AF request information for multiple UEs”中。

PCF 可以向每个 AF 请求具体的业务策略信息，PCF 也可以根据 AF 的请求更新其业务策略信息。

5. 对 IMS 紧急会话的支持

当 5G 网络支持 IMS 紧急呼叫时，IMS 紧急呼叫的 PDU 会话由 vPLMN 提供，vPLMN 的 PCF 也需要支持 IMS 的紧急呼叫业务。

IMS 紧急呼叫会话是通过紧急呼叫 DNN 或紧急呼叫 APN 来识别的，即 PCF 应基于 DNN（或 APN）确定是不是紧急呼叫会话。IMS 紧急呼叫一般不需要用户签约和所有用户均支持，具体情况根据运营商政策和当地监管要求确定。

IMS 紧急呼叫解决方案不能通过回归属地使用紧急呼叫业务，此时运营商间的 N36 接口将不适用。

PCF 识别紧急呼叫会话后对其进行授权和策略决策，限制紧急呼叫的流量只能到指定的目的（即紧急呼叫 DNN 或 APN）。此外，PCC 规则中允许授权 IMS 紧急呼叫会话 QoS 参数更高的优先权。紧急呼叫会话只能用于 IMS 紧急呼叫业务，不能用于其他任何业务，也不能转发任何其他业务的 PDU 会话。

对于紧急呼叫会话，PCF 不执行用户的签约信息检查，它利用本地配置的运营商策略来制订授权和策略决策。另外，如果需要 PCF，则应根据 IMS 的 P-CSCF 请求提供用户的 IMEI 和用户标识符（例如，IMSI、MSISDN）。

6. 对 MPS、MCS 的支持

PCF 支持 MPS 以及 MCS 对策略控制的要求。

MPS 允许用户在拥塞时优先访问网络资源，从而支持优先调用、修改、维护和释放会话的能力并在网络拥塞条件下传送优先媒体分组。MPS 业务的服务对象可以是运营商授权的人员、应急管理员以及其他授权用户（例如，自然灾害情况下的应急指挥人员）。MPS 业务的优先级是端到端的优先级。在接入侧，MPS 用户的 USIM 具有特殊的接入标识，网络对于这类特殊的接入标识分配最高优先级的网络接入权限。在核心侧，MPS 用户的签约信息里支持优先 PDU 连接服务的指示，核心网针对该类指示提供优先 PDU 连接服务。

MCS 业务是为满足特定用户（例如，公共事业、铁路）的即时通信，包括一键通（Push to talk）、视频即时通信（Mission Critical Video）、即时数据通信（Mission Critical Data）业务。MCS 业务根据运营商的政策以及当地的地方通信管理政策定义，这类业务通常要优先处理。

与 MPS 业务一样，MCS 业务也可以享有优先调用、修改维护和释放会话的能力，并在网络拥塞条件下优先传送数据包。

PCF 通过 N25 接口从 UDR 获取用户的 MPS 或 MCS 业务的签约信息，并为 MPS 和 MCS 提供优先 PDU 连接服务。PCF 为 MPS 和 MCS 业务应生成相应的 PCC 规则，其中 ARP 和 5QI 参数选用高优先级的配置。

7. PCF 选择和绑定功能（BSF）

PCF 的选择涉及 BSF。BSF 存储涉及用户身份、DNN、UE IP 地址、DN 信息（例如，S-NSSAI）以及用于特定 PDU 会话的所选的 PCF 地址。在 PDU 会话建立并与 PCF 绑定后，PCF 应向 BSF 发起注册，登记该 UE PDU 会话相关的五元组信息（UE 地址、DNN、S-NSSAI、SUPI、GPSI）和对应的 PCF ID 或 PCF 地址，BSF 保存这些信息作为该 UE PDU 会话的会话绑定信息。当 PDU 会话释放后，PCF 去注册 BSF 中的 UE PDU 会话信息。

AMF 与 SMF 通过 NRF 发现可用的 PCF 列表并选择 PCF。选定的 PCF 从 UDR 下载用户配置文件；根据运营商的策略，PCF 检查 BSF 是否已经存在服务 UE SUPI、S-NSSAI、DNN 组合的 PCF。如果没有找到符合条件的 PCF，PCF 将自己注册到 BSF，如果找到上述组合的现有 PCF，则 PCF 应将现有 PCF 的 PCF ID 和重定向指示返回给 AMF、SMF，告知 AMF、SMF 选择现有的 PCF。

BSF 能为 AF、NEF、Diameter 路由代理（Diameter Routing Agent，DRA）发起基于 UE IP 地址、DNN、SUPI/GPSI、S-NSSAI 查询 UE PDU 会话的绑定信息，并返回符合条件的 PCF ID。

BSF 可以单独部署，也可以与其他网络功能合设，例如，PCF、UDR、NRF、SMF 或 EPC 的 DRA 等，BSF 也和其他 NF 一样需要注册到 NRF。

8. 统一策略配置功能

对于已经部署 4G 网络的运营商，PCF 需要具备兼容现网 PCRF 的功能，以及对 4G/5G 的实时策略控制功能。

PCF 需要具备统一策略配置功能。在 PCF 上进行策略配置时，能够集中对负责辖区的 AMF、SMF 下发策略配置，并且对 AMF、SMF 上的策略配置进行一致性校验。当 AMF、SMF 上的策略配置与 PCF 上集中下发的策略配置不一致时进行报错提示。PCF 在集中对 AMF、SMF 下发策略配置时，能够进行策略冲突检测。如果检测发现策略冲突，可进行提示，策略冲突检测通过后便可进行策略配置下发。

9. 策略灰度上线功能

由于运营商的策略需要根据市场的竞争情况以及市场的营销政策经常变化，这就要求PCF支持灰度上线功能。

PCF中能够将新策略与老策略隔离、测试用户与商用用户隔离。新策略上线前先使用测试用户进行测试，对老用户和老策略无影响；测试通过后进行新策略上线，策略上线失败回退时数据无损。改造存量策略进程时，可先使用测试用户进行改造策略测试，对老用户和老策略无影响；测试通过后进行改造策略上线，策略上线失败回退时数据无损。

10. 支持多地容灾功能

PCF需要具备高地理容灾的可靠性，组网上支持PCF/PCRF的UDR多地容灾功能，保证网元故障场景，使用户业务不掉线。

以三地容灾场景为例，具体要求如下所述。

UDR一主两备，PCF/PCRF采用负荷分担模式，组成三地容灾。在主用UDR出现故障的情况下，两个备用UDR中的其中一个可自动升主用，接管营帐业务及PCF的数据访问业务；当主用UDR和其中一个备用UDR出现故障时，剩余备用UDR可自动升主用，接入营帐业务及PCF/PCRF的数据访问业务。

11. 支持语音业务

PCF需要支持IMS语音业务，包括支持切换流程中语音EPS回落等功能，支持语音音视频业务、5QI映射等功能。

●•6.8 NSSF

网络切片是5G新引入的关键技术之一。该技术允许运营商在一张物理网络上根据用户的不同需求定制多张逻辑上相互隔离的5G网络。NSSF是负责5G网络切片分配和管理的实体。网络切片选择功能在非漫游状态下为AMF提供允许的NSSAI以及用于当前配置的注册PLMN的NSSAI，在漫游状态下为vPLMN的NSSF提供切片选择信息。NSSF通常配置自己的FQDN，AMF以及其他NSSF通过FQDN信息来发现NSSF。

网络切片选择的场景比较多，下面是典型的3种切片选择场景。

（1）重新分配AMF用于UE注册。当初始AMF接收到UE注册请求时，由于初始注册AMF判断不适合为该UE提供服务（例如，运营商的策略改变了网络切片实例的映射关系），初始注册的AMF向NSSF请求可为该UE提供服务的AMF，AMF再将UE的注册请求重新路由到NSSF返回的具体AMF。

（2）UE配置更新过程。对于已经注册的UE，允许对网络切片实例与服务AMF之间的映射关系进行修改，或者对UE切片签约数据进行修改，UE的NASSAI信息也相应地发生改变，这时AMF可以发起更新UE配置中的接入和移动性管理的相关信息，也可以由AMF指示UE发起注册更新。

（3）当用户漫游采用回归属地路由方式时，漫游地AMF或NSSF向归属地网络NSSF查询用户的SMF信息，从而选择合适的归属地SMF。

6.8.1 切片选择

NSSF切片选择功能主要包括负责处理NF消费者发起的切片选择消息，为NF提供允许的NSSAI、已配置的NSSAI、目标AMF集或候选AMF列表，以及可选的允许的NSSAI映射、已配置NSSAI的映射、与允许的NSSAI的网络切片实例相关联的NSI ID等信息。切片的详细架构及流程见本书第三章　5G核心网关键技术中的网络切片相关章节。

UE通过网络切片建立与数据网络的连接大致可分为以下两个步骤。

- 在UE的注册管理过程中选择网络切片的AMF，从而进入5GC网络切片的入口。
- 通过网络切片实例建立一个或多个PDU会话到所需的数据网络。

1. NSSF在UE注册管理流程中提供网络切片的AMF

在UE注册管理流程中，RAN根据无线侧的NSSAI选择一个AMF或者RAN根据配置选择一个默认的AMF。AMF判断其自身不是为UE提供服务的切片，则需要向NSSF获取可以为该UE提供服务的切片信息。NSSF查询成功时给AMF返回可用的切片信息，可包括Allowed NSSAI、目标AMF集合/候选AMF列表、切片实例、切片专用的NRF、Configured NSSAI，以及Allowed NSSAI与签约NSSAI的映射关系等。NSSF也支持在没有合适的切片信息时给AMF返回空的“AuthorizedNetworkSliceInfo”JSON对象。

2. NSSF在PDU会话建立流程中提供NRF信息

在PDU会话建立流程中，当AMF无法根据UE提供的S-NSSAI确定哪个NRF时，AMF发送GET消息到NSSF获取可用的切片，NSSF支持查询成功时返回NsiInformation（包括NRF ID、NSI ID）。若没有合适的切片信息，则给AMF返回空的“AuthorizedNetworkSliceInfo”JSON对象。

6.8.2 NSSF和其他NF间的切片可用性服务

NSSF支持切片可用性服务功能，即支持NF消费者（例如，AMF）发送消息到NSSF更新基于TA的S-NSSAI切片状态或属性，支持NF消费者到NSSF订阅/去订阅其他NF

的切片可用性，NSSF 支持在被订阅切片可用性状态或属性变化时通知订阅者。NSSF 支持 NF 消费者的切片可用性服务，具体包括以下内容。

- NSSF 支持 NF 消费者（例如，AMF）更新基于 TA 的 S-NSSAI。
- NSSF 支持 NF 消费者订阅和取消订阅 NSSAI 可用性信息变更。
- NSSF 支持将 S-NSSAI 的变更通知 NF 消费者。

6.9 NRF

5G 核心网是基于 SBA 架构的，网络中定义的各种网络功能称为 NF，各 NF 的具体能力保存在 NRF 中。各 NF 网元统一向 NRF 注册其所能对外提供的服务，其他网元通过 NRF 来发现这些服务并使用服务。NRF 在 5G 核心网中主要提供以下功能。

- 维护各网元的可服务性的管理功能。
- 网元间的服务发现功能；NRF 从 NF 接收 NF 发现请求，并提供满足条件的可用 NF 的信息。
- 网元间相互访问时的服务授权功能，以及跨网络（PLMN）分级 NRF 功能。

另外，NRF 是属于某个网络切片实例，在 AMF 等确定网络切片实例之后，NRF 再用于选择网络切片实例中的 NF 服务。

6.9.1 NRF 提供的服务

NRF 支持 3GPP 中定义的 SMF、AUSF、AMF、PCF、UDM、UPF 等 5GC 服务化网元的服务管理、服务发现和服务授权。

NRF 提供服务管理接口，实现 NF 的服务注册、更新、去注册、NF 状态订阅、NF 状态通知、NF 状态去订阅功能。

5GC SBA 架构的应用协议采用 HTTP 2.0 协议，NRF API 的 HTTP 消息中包括 PUT、GET、PATCH、DELETE、POST 等操作，这些消息操作的具体含义如下所述。

- HTTP POST 操作允许 NF 服务消费者在 NF 服务生产者处创建新的子资源，使 NF 服务生产者选择子资源标识符和子资源的 URI。例如，某个网元实体创建新的订阅时使用 POST 操作。
- HTTP PUT 操作允许 NF 服务消费者在 NF 服务生产者处创建新资源，使 NF 服务消费者选择资源标识符和资源的 URI。例如，新网元入网注册新的实体时可以用 PUT 操作。
- HTTP PUT 操作允许服务消费者 NF（客户端）通过完全替换方式来更新存储在服务器上的信息，即完全替代操作。
- HTTP PATCH 操作允许服务消费者 NF（客户端）通过部分替换方式来更新存储在服

务器上的信息，即通过打补丁的方式来更新信息。例如，修改某个网元的某些参数设置。

● HTTP GET 操作允许服务消费者（客户端）从服务生产者（服务器）读取信息。例如，检索某个 NF 实例的 NFProfile。GET 操作要读取的对象是 URI 标识，GET 操作还可以查询一组资源数据。

● HTTP DELETE 操作允许服务消费者 NF（客户端）从服务器删除资源。例如，向 NRF 注销某个 NF 实例，相当于某个网元下线时，通过 DELETE 操作将该网元从网络中删除。

1. 管理服务

NRF 的管理服务（对应 Nnrf_NFManagement）允许 PLMN 网内的各功能实例在 NRF 中注册、更新或注销其可提供的服务。NF 把自己可向外提供的服务注册到 NRF，当 NF 注册的服务信息变化时，可以进行服务更新，更新包括部分更新和全部更新。当 NF 及其服务不能提供对外服务时，可以主动发起去注册操作，去注册成功后，此 NF 网元及其服务不能再被其他 NF 网元发现。

NRF 的管理服务还允许 NRF 实例在同一个 PLMN 网内向另外一个 NRF 注册、更新或注销其配置文件，如果 NRF 分级组网时，下级的 NRF 向上级的 NRF 注册。

NRF 还允许 NF 订阅其他 NF 实例的通知服务，当 NF 实例注册、更新或注销其配置文件时通知订阅的 NF 实例。NRF 服务还可以检索当前在 NRF 中注册的 NF 实例列表或给定某个 NF 实例的 NF 配置文件。

NRF 的关联服务包括 NF 注册、NF 更新、NF 去注册、NF 状态订阅、NF 状态通知和 NF 状态去订阅。其中，NF 更新还包括 NF 与 NRF 间心跳消息的更新。

（1）NF 注册

NF 实例上线时向 NRF 进行注册，注册成功后，NRF 标记此 NF 为可用、可以被其他 NF 发现。注册的配置文件包括注册 NF 实例的一般参数，以及 NF 实例公开的服务列表。NF 注册可以实现以下功能。

● 向 NRF 提供请求 NF 注册的配置文件（其中包括可以对外提供的服务列表），NRF 将请求 NF 标记为可由其他 NF 实例发现。

● 注册与现有 NF 实例相关的服务。

● 在另一个 NRF 中注册 NRF 信息，该信息用于转发或重定向服务发现请求。

NF 实例注册流程示意如图 6-12 所示。

① NF 实例向 NRF 发起注册请求（PUT），其中，NF 实例提供的变量 {nfInstanceID} 是 NF 实例的标识符，该标识符在 PLMN 网内是全局唯一的。PUT 请求的消息体包含要创建的 NF 实例的属性参数。

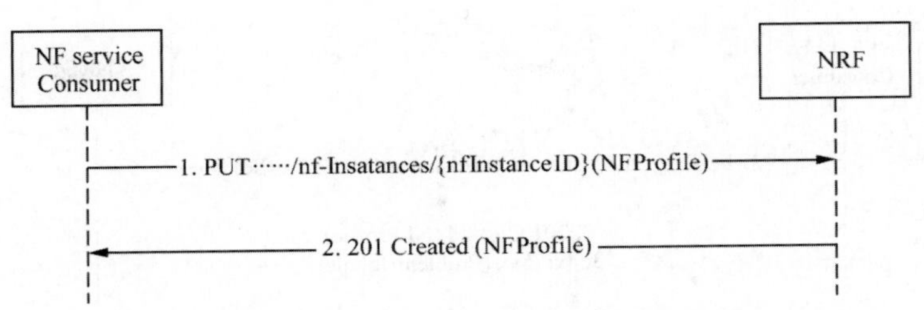

图6-12 NF实例注册流程示意

② 注册成功后，NRF 返回“201 Created”，PUT 响应的消息体应包含所创建资源的属性参数，“Location”消息头包含所创建 NF 资源的 URI，创建的 NF 资源可以是完整的 NF 配置文档或 NF Profile（NF 简档）。同时，NRF 应返回“心跳计时器（heart beat timer）”，这个计时器用来检测 NF 实例和 NRF 间的链路是否正常，NF 应在定时超时后，发起心跳更新。

在注册失败场景下，如果由于 NFProfile JSON 对象的编码错误导致 NF 实例在 NRF 注册失败，则 NRF 应该返回“400 Bad Request”状态代码，携带问题明细信息元（ProblemDetails IE）提供详细的错误信息。如果由于 NRF 内部错误导致 NF 实例在 NRF 注册失败，则 NRF 应该返回“500 Internal Server Error”状态代码，携带 ProblemDetails IE 提供详细的错误信息。

下级 NRF 向同级或上级 NRF 注册，除了上述流程之外，还需要注意以下几点。

- 注册 NRF 应在 NFProfile 中将 NFType 设置为“NRF”。
- 注册 NRF 应将 nfService 设置为在 NFProfile 中包含“nnrf-disc”和“nnrf-nfm”。
- 如果 NRF 收到 NFType 设置为“NRF”的 NF 注册，则 NRF 应在转发或重定向 NF 服务发现请求时使用 NFProfile 中包含的 NRF 信息来定位注册的 NRF。

（2）NF 更新

当 NF 的信息发生变化时，通过更新服务来更新 NF 的属性，NF 更新包括完全替换或部分更新（增加、删除、更新 NF 属性参数）。对于全部更新，NF 需要发送 HTTP PUT 请求，对于部分更新属性，NF 发送 HTTP PATCH 请求，携带操作列表，例如，增加、删除、更新。

NF 实例完全更新流程示意如图 6-13 所示。

① NF 实例向 NRF 发起注册请求（PUT）消息，通知 NRF 其更新的 NF 配置文件（例如，NF 扩容后更新其容量）。PUT 请求消息的有效载荷主体包含要在 NRF 中完全替换的 NF 实例资源。

② 如果 NRF 更新 NF 服务消费者的 NF 配置文件成功，系统就会返回“200 OK”的信息。其中，替换资源可以是完整的 NFProfile，也可以是包含必要属性的简要 NFProfile。

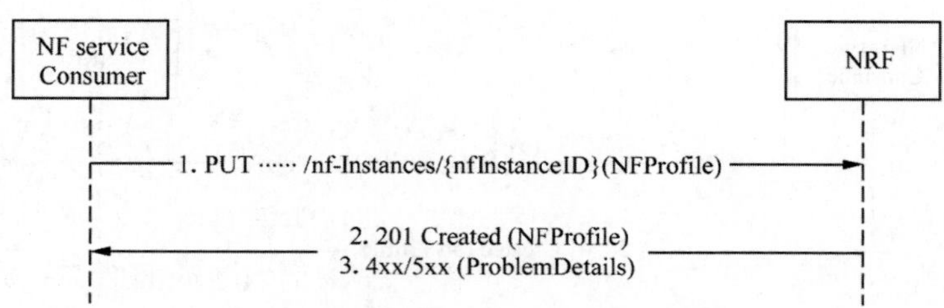

图6-13 NF实例完全更新流程示意

③ 更新失败，例如，由于 NFProfile JSON 对象的编码错误导致 NF 实例更新失败，则 NRF 应该返回“400 Bad Request”状态代码，携带 ProblemDetails IE 提供详细的错误信息。如果由于 NRF 内部错误导致 NF 实例更新失败，则 NRF 应该返回“500 Internal Server Error”状态代码，携带 ProblemDetails IE 提供详细的错误信息。

对于 NF 实例的部分更新，NF 实例发起 HTTP PATCH 请求。部分更新应用于添加 / 删除 / 替换 NF 实例的部分参数，或者添加 / 删除 / 替换 NF 实例提供的部分服务，NF 实例部分更新流程示意如图 6-14 所示。

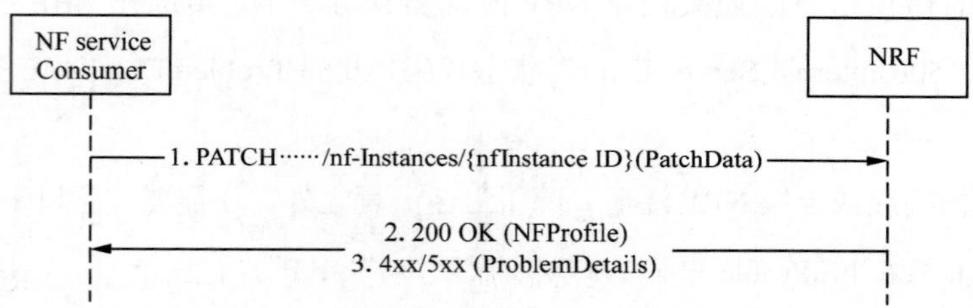

图6-14 NF实例部分更新流程示意

① PATCH 请求的有效载荷主体包含了要应用于 NF 实例的 NF 配置文件的操作列表（添加 / 删除 / 替换），这些操作可以针对 NF 配置文件的各个参数或 NF 实例提供的服务列表。为了使 NF 配置文件状态保持一致，PATCH 请求主体指定的所有操作都应以原子方式执行。

② 如果更新成功，则返回“200 OK”，PATCH 响应的有效载荷主体应包含被替换资源。

③ 如果需要更新的 NF 在 NRF 列表中没有找到，则返回“404 Not Found”，携带 ProblemDetails IE 提供详细的错误信息。

（3）NF 心跳更新

NRF 支持与注册成功的 NF 进行周期性心跳交互，以便检测 NF 是否可用。NRF 配置通用心跳周期时长，并在其注册成功响应时传递给 NF。NF 在心跳时长到时后，发起心跳更新消息，NRF 在收到心跳更新消息后，判断此 NF 为可用状态；如果在 NRF 检测定时超时后仍未收到心跳，则认为此 NF 状态异常，需要将其置为 SUSPEND（暂停状态），且其服务不可用。NRF 侧也需要配置一个检测时长，其值应稍大于心跳周期时长。检测时长到时后，NRF 若未收到 NF 的心跳消息，则 NRF 判定 NF 为 SUSPEND 状态、NF 服务不可被发现。在判断NF状态异常后，NRF应通知满足此订阅条件的其他订阅NF，告知该NF不可用。

NF和NRF间的心跳消息通过HTTP PATCH更新消息来实施，操作类型为REPLACE（重置），nfStatus置为REGISTERED。对于成功的心跳，NRF返回"204响应"；如果有参数变化（NFProfile），则应返回"200 OK"，且带有此NF的NFProfile信息；如果找不到对应的nfInstanceID，则NRF返回"404失败响应"。

（4）NF去注册

当NF不能再提供服务时，应向NRF发起去注册请求，通知NRF可直接删除此NF实例及其相应的Profile数据。去注册时，在DELETE消息中应带有实例ID（nfInstanceID），也就是通知NRF删除nfInstanceID的NF实例。

NF实例去注册流程示意如图6-15所示。

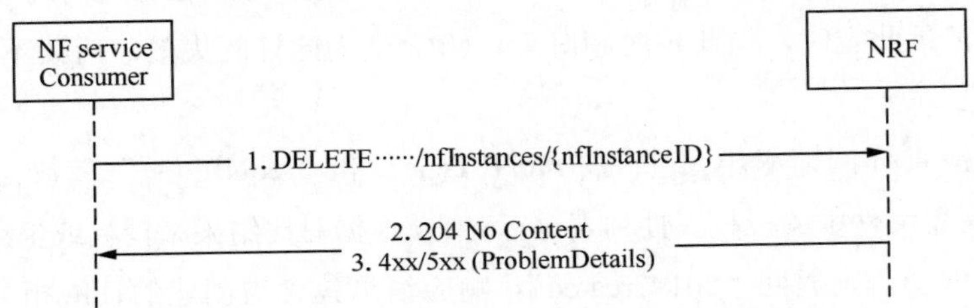

图6–15 NF实例去注册流程示意

① NF因为自身原因不能提供服务（例如，下线或版本升级），向NRF发送HTTP DELETE消息，通知NRF其不可用性。

② 如果删除成功，则返回"204 No Content"，消息实例内容为空。

③ 如果用nfInstanceID标识的NF Instance在NRF注册列表中不存在，则NRF应该返回"404 Not Found"状态代码，携带ProblemDetails IE提供详细的错误信息。

（5）NF状态订阅

NF状态订阅是指某个NFa对其他NF组或具体某个NFb进行订阅，当订阅的NF组或具体NFb在向NRF注册/注销或配置文件修改时，NRF将NF组或NFb状态变更的消息通知订阅的NFa。NRF支持订阅的通知包括注册或去注册变更通知以及NFProfile变更通知。针对指定的具体NF实例的订阅（在请求中带目标NF的nfInstanceID），当此特定NF实例的配置文件被修改或从NRF去注册时，NRF可以通知NF服务消费者。针对NF组的订阅，考虑到NF组内可被订阅的授权属性不完全相同，从而导致对该NF组中的一部分NF实例的订阅授权通过（其他授权不通过）。在这种情况下，NRF可以接受对NF组的订阅，但只有通过授权的NF才会触发通知，其他未授权的NF则不会触发通知。

NF状态订阅包括一个运营商内（即在PLMN网内）的订阅和跨PLMN间的订阅（例如，

出国漫游用户向归属 NRF 订阅），这里仅说明运营商内的状态订阅。

NF 实例状态订阅流程示意如图 6-16 所示。

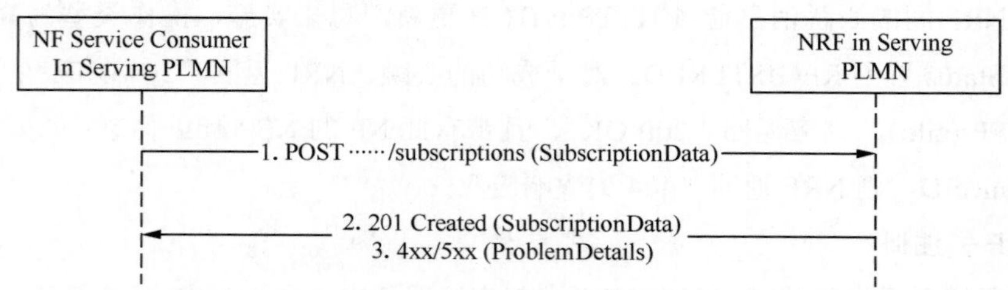

图6-16　NF实例状态订阅流程示意

① NF 实例向 NRF 创建订阅请求（POST），订阅的信息通过"subscriptions"来携带。订阅方订阅请求的内容包括该 NF 服务消费者感兴趣类型数据的通知，以及订阅服务消费者的 URI，以便 NF 服务消费者接收来自 NRF 的相关通知。NF 在订阅时可以带有订阅定时指示，NRF 记录此定时，当此定时超时后，NRF 认为此订阅失效，后续不再通知此 NF 相关的订阅变化。

NRF 通过检查订阅请求消息中的"reqNFType"和"reqNfFqdn"参数与被订阅目标 NF 实例的 NF 配置文件中的授权属性列表进行对比，根据对比结果来授权或拒绝本次订阅。

② 若订阅成功，则返回"201 Created"。响应消息包含与创建的订阅相关的数据，包括由 NRF 确定的有效时间（超过时间之后订阅变为无效）。订阅到期后，如果 NF 服务消费者希望继续接收状态通知，它需要在 NRF 中再创建新订阅。

③ 如果由于订阅请求识别，根据情况 NRF 将返回"400 Bad Request""500 Internal Server Error"等代码。

当订阅的有效时间即将到期时，NF 仍然需要保持订阅状态，则 NF 可以向 NRF 更新订阅，从而刷新订阅的有效时间。该操作可以通过 HTTP PATCH 信息来请求更新订阅信息，在请求中应带有 subscriptionID 来标识订阅信息，操作类型为 REPLACE，同时在 SubscriptionData 中携带 ValidityTime，NRF 根据此值更新保存订阅有效定时器。

（6）NF 状态通知

NF 状态通知是 NRF 将 NF 状态变更（注册 / 注销或 NFProfile 变更）消息通知给先前订阅了该通知服务的 NF 服务消费者。状态通知发送到每个 NF 服务消费者在订阅期间提供的 URI（具体为 nfStatusNotificationURI 参数）。NRF 在收到 NF 实例的变更请求并处理成功后，判断此 NF 是否满足订阅条件。如果满足，则向订阅了该 NF 状态通知的订阅方发起状态通知消息。

同样 NF 状态通知也包括一个运营商内（即在 PLMN 网内）的状态通知和跨 PLMN 间的状态（例如，出国漫游用户向归属 NRF 订阅），这里仅说明在一个运营商内的状态通知。

NF 实例状态通知流程示意如图 6-17 所示。

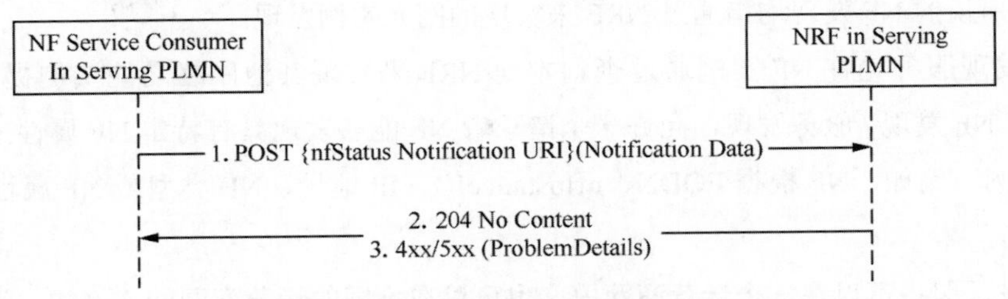

图6–17　NF实例状态通知流程示意

① NRF 向订阅方 URI 发送 POST 请求。

对于 NF 实例的配置文件的更改通知，消息主体包括其配置文件已更改的 NF 实例的 NFInstanceID，通知事件的指示（“配置文件更改”）以及新配置文件数据。对于从 NRF 注销的 NF 实例通知，消息主体应包括注销的 NF 实例的 NFInstanceID，以及通知事件的指示（“注销”）。当 NF 服务消费者订阅一组 NF 时，被监视的 NF 实例的配置文件发生变化时，NRF 应在通知消息中使用“配置文件更改”事件类型。

② 如果通知成功，则返回“204 No Content”，消息实体内容为空。

③ 如果 NF 服务消费者认为“nfStatusNotificationURI”无效 URI（例如，该 URI 不属于 NRF 中 NF 服务消费者创建的任何现有订阅），则 NF 服务消费者应返回“404 Not Found”状态代码，ProblemDetails IE 提供详细的错误信息。

（7）NF 状态去订阅

NF 可以通过去订阅服务取消自己的订阅。NRF 提供 NF 状态去订阅服务，此服务操作将删除现有的 NF 状态订阅，删除的订阅服务通过 SubscriptionID 标识来识别。该操作通过 HTTP DELETE 消息来实施。NF 实例状态去订阅流程示意如图 6-18 所示。

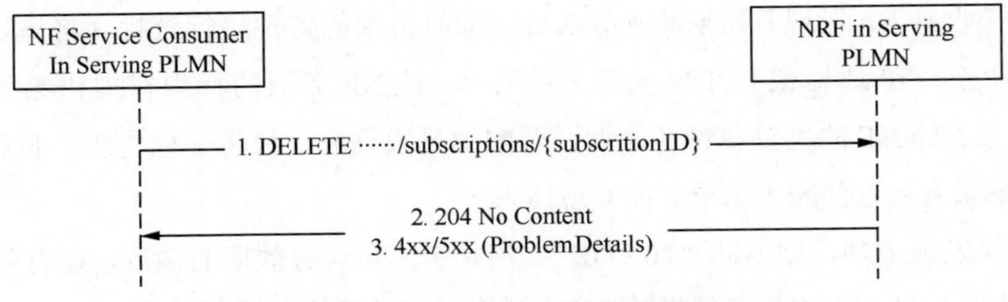

图6–18　NF实例状态去订阅流程示意

2. NF 发现服务

NF 的发现功能可以通过在设备本地配置来实现，也可以通过 NRF 来发现，本地配置是运营商在网络部署时将网络中需要相互信息交换的网元实例在本地预先配置好，主要配置信息是对方的 IP 地址或 FQDN 等，然后各网元根据本地的配置以及本地的网元实例选择算法，找到需要进行信息交互的对方网元实例。

下面所说的NF发现均指通过NRF来实现的网元实例发现。

NF发现服务允许NF实例通过查询本地NRF来发现其他网络功能实例提供的服务。NRF支持NF发现/服务发现，允许一个请求者NF能够发现具有特定NF属性或服务的一组NF实例，例如，NF根据FQDN、nfInstanceID、IP地址、NF类型或NF属性等来发起发现请求。

NF发现服务可以在一个运营商网内，也可以在不同的运营商网间（例如，漫游状态），这里仅阐述运营商网内（即同一PLMN）的发现服务。NF发现服务是找到当前在NRF中注册并满足输入查询参数的NF实例集。

如果新服务发现请求中输入的查询参数与先前搜索所使用的查询参数相同，并且结果仍在有效期内，则服务消费者应重用先前发现的结果。

NF发现服务通过NF向NRF发起HTTP GET消息查询“nf-instances”来执行。NF实例发现服务流程示意如图6-19所示。

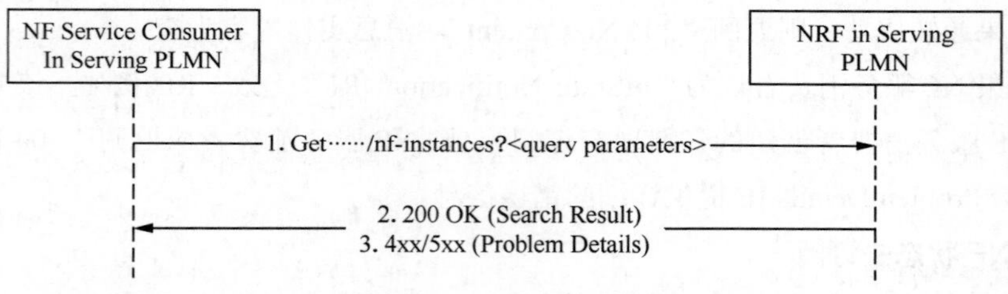

图6-19 NF实例发现服务流程示意

① NF服务消费者向NRF发起HTTP GET请求，发现请求的输入过滤条件包含在查询参数中。

NRF接收到NF发现/服务发现请求后，按照请求的条件进行查找，将满足条件的所有NF或服务的IP地址或FQDN或相关服务和/或NF实例的标识符提供给请求者NF。NRF同时会返回NF的关键属性（例如，匹配的号段列表、权重、优先级、负载、位置信息等）给请求者，以便减少请求者的发现请求。

② 如果发现成功，则返回“200 OK”，消息主体包含有效期的参数，在有效期内，NF服务消费者可以缓存本次搜索结果。消息主体还包括满足搜索过滤条件的NFProfile对象组。

③ 如果不允许NF服务消费者发现所请求的NF服务，则NRF应返回“403 Forbidden”(NF注册时携带了允许被发现的条件，例如，allowedNFTypes等，不满足条件则不允许被发现。在网络切片环境下，NRF根据网络切片的配合来授权发现NF）。如果由于URI查询参数中输入错误的数据而导致发现请求失败，则NRF将返回“400 Bad Request”状态代码。如果由于NRF内部错误而导致发现请求失败，则NRF将返回“500 Internal Server Error”状态

代码，ProblemDetails IE 提供详细的错误信息。

NF 发现请求的发起方携带的参数包括必选参数和可选参数。其中，必选参数包括一个或多个目标 NF 服务名称、目标 NF 的 NF 类型、NF 服务消费者的 NF 类型。如果 NF 服务消费者希望发现提供所有标准化服务的 NF 服务生产者，则它提供的 NF 的服务名称为通配符。可选参数与发现的 NF 类型相关，不同 NF 类型可以携带其特定的可选参数。这些可选参数可以方便服务消费者更精确地选择发现相应的 NF。例如，发现服务目标 NF 是 UDR，如果在请求中使用 SUPI 作为可选输入参数，则 NRF 应提供与可选输入 SUPI 匹配的 UDR 实例，如果请求中未提供 SUPI，则 NRF 应返回所有适用的 UDR 实例（例如，数据集 ID、NF 类型）以及每个 UDR 实例支持的 SUPI 和 / 或数据集 ID 范围的信息。

（1）SMF 发现

对 SMF 的服务发现，发起方可以携带以下 SMF 相关的参数。

- 选定的 DNN。
- S-NSSAI。
- PLMN 信息。
- SMF 的区域信息。

（2）AUSF 发现

对 AUSF 的服务发现，发起方可以携带以下 AUSF 相关的参数。

- SUPI。
- SUCI 中的路由 ID。
- AUSF Group ID。

（3）AMF 发现

对 AMF 的服务发现，发起方可以携带以下 AMF 相关的参数。

- AMF Region ID。
- GUAMI。
- TAI。
- AMF Set ID。

（4）PCF 发现

对 PCF 的服务发现，发起方可以携带以下 PCF 相关的参数。

- SUPI 。
- DNN 。

（5）UDM 发现

对 UDM 的服务发现，发起方可以携带以下 UDM 相关的参数。

- SUPI 。

● GPSI 或外部网络标识（例如，如果在 AF 请求中接收到 NEF/PCF）。

● SUCI 中的路由 ID。

● UDM Group ID 。

（6）UDR 发现

对 UDR 的服务发现，发起方可以携带以下 UDR 相关的参数。

● SUPI 。

● UDR Group ID 。

● Data Set Identifier 。

● IMPI，IMPU。

（7）UPF 发现

UPF 在 NRF 中注册是可选的功能，如果 UPF 不通过 NRF 注册，这时需要通过 OAM 来配置 SMF 和 UPF 的关联信息，这部分内容不属于 UPF 发现。UPF 发现是指 UPF 向 NRF 注册，其他 NF（例如，SMF）向 NRF 发现 UPF。

NRF 支持 SMF 请求发现符合要求的 UPF 实例和服务，NRF 向 SMF 提供对应的 UPF 实例的 IP 地址或 FQDN，还可以向 SMF 提供附加信息以帮助 UPF 选择，例如，UPF 位置、UPF 容量、UPF 可选功能和能力。

（8）NRF 发现

NRF 支持发现 NRF，即 NRF 也视作一个 NF，可以是上级 NRF（例如，骨干 NRF）发现下级 NRF（省级 NRF）。

（9）BSF 发现

对 BSF 的服务发现，发起方可以携带以下 BSF 相关的参数。

● IPV4 或 IPV6 Prefix。

● GPSI。

（10）CHF 发现

对 CHF 的服务发现，发起方可以携带以下 CHF 相关的参数。

● SUPI 。

● GPSI 。

● PLMN。

（11）NF 发现基于 NF 的 FQDN 或 nfInstanceID

对特定 NF 的服务发现，发起方可以携带特定 NF 实例标识相关的参数。

● 目标 NF 实例 ID 或目标 NF 的 FQDN。

3. NF 授权服务

NRF 提供授权服务，NRF 侧提供的授权基于 OAuth2.0 标准规范（详见 IETF RFC 6749:"The OAuth 2.0 Authorization Framework"），NRF 为授权服务器（Token Endpoint）并向 NF 公开，NF 服务消费者可以在其中请求访问令牌请求服务。

NF 授权操作流程示意如图 6-20 所示。

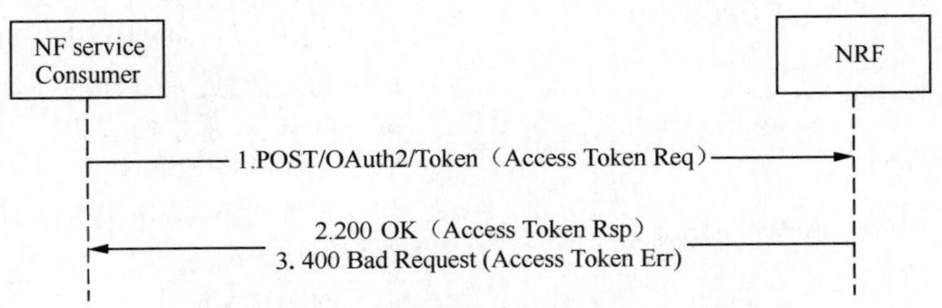

图6-20　NF授权操作流程示意

① NF 服务消费者使用此服务操作从授权服务器（NRF）发送 POST 请求 OAuth2.0 访问令牌。HTTP POST 请求的正文中应包含以下内容。

- OAuth2 授权类型设置为"client_credentials"。
- "scope"参数，指示 NF 服务消费者试图访问的 NF 服务的名称。
- NF 服务消费者的 NF 实例 ID 或 NF 服务消费者的 NF 类型。

如果 PLMN 在传输层使用保护措施，NF 服务消费者应使用 TLS 与 NRF 进行相互认证，以便访问该服务器。

② 访问成功时返回"200 OK"，POST 响应的有效负载主体应包含所请求的访问令牌，并将令牌类型设置为"Bearer"。另外，响应的有效载体还包括令牌的到期时间或有效期，NF 仅在此有效期内使用此请求所获取的 Token，过期则需要重新获取新的 Token。

③ 访问令牌应为 JSON Web Token（JWT），NRF 返回的访问令牌应包括编码为 JSON 对象的声明，然后使用 JWS 进行数字签名，数字签名的访问令牌应以字符串形式转换为 JWS Compact Serialization 编码。

6.9.2 结构化数据类型定义

NRF 支持 NF 注册的数据结构，即 NFProfile 类型数据结构。NRF 设备中所存储的主要数据（NFProfile）见表 6-12。

表6-12　NRF设备中所存储的主要数据（NFProfile）

属性名称	数据类型	参数类型	描述
nfInstanceID	NfInstanceID	M	网元实例号，NF 实例的唯一标识

（续表）

属性名称	数据类型	参数类型	描述
nFType	NFType	M	网元类型
nfStatus	NFStatus	M	网元状态
nfInstanceName	String	O	可读的 NF 实例名称（例如，中文设备名称）
heartBeatTimer	Integer	C	网元心跳定时器，以秒为单位
plmnList	Array（PLMNID）	C	网元所归属或服务的网络，如未提供，则默认 NRF 的 PLMN ID 用于 NF
sNssais	Array（Snssai）	O	网络切片信息，表示这些 S-NSSAIs 适用于 plmnList；如果没有提供，则表示 NF 可以服务于任何 S-NSSAI
nsiList	Array（string）	O	切片实例列表，如未提供，该 NF 可以使用所有切片实例
fqdn	Fqdn	C	网元的 FQDN 地址
interPlmnFqdn	Fqdn	C	跨网络服务发现时的 FQDN 地址
ipv4Addresses	Array（Ipv4Addr）	C	网元的 IPv4 地址
ipv6Addresses	Array（Ipv6Addr）	C	网元的 IPv6 地址
allowedPlmns	Array（PlmnID）	O	此网元允许服务的网络，如未提供，则允许任何 PLMN
allowedNFTypes	Array（NFType）	O	此网元允许服务的网元类型，如未提供，则允许任何网元访问；该参数的变更不会触发配置变更通知
allowedNFDomains	Array（string）	O	此网元允许服务的域；该参数的变更不会触发配置变更通知
allowedNssais	Array（Snssai）	O	此网元允许服务的切片网络；该参数的变更不会触发配置变更通知
priority	Integer	O	优先级（相对于同一类型的其他 NF），范围为 0~65535，用于 NF 选择；该值越低表示优先级越高
capacity	Integer	O	静态能力信息，范围为 0~65535，表示为相对于同类型其他 NF 实例的权重
load	Integer	O	动态负荷，范围为 0~100，表示 NF 的当前负载百分比
locality	String	O	运营商定义的有关 NF 实例位置的信息
UdrInfo	UdrInfo	O	UDR 的相关信息（SUPI 的范围、GPSI 的范围、group ID 等）
udrInfoExt	Array（UdrInfo）	O	UDR 提供附加信息，即使 udrInfo 不存在，也可能存在 udrInfoExt

（续表）

属性名称	数据类型	参数类型	描述
UdmInfo	UdmInfo	O	UDM 的相关信息（SUPI 的范围、group ID 等）
udmInfoExt	Array（UdmInfo）	O	UDM 提供附加信息，即使 udmInfo 不存在，也可能存在 udmInfoExt
ausfInfo	AusfInfo	O	AUSF 的相关信息（SUPI 的范围、group ID 等）
ausfInfoExt	Array（AusfInfo）	O	AUSF 提供附加信息，即使 ausfInfo 不存在，也可能存在 ausfInfoExt
amfInfo	AmfInfo	O	AMF 的特定数据（AMF 集 ID……）
amfInfoExt	Array（AmfInfo）	O	AMF 提供附加信息，即使 amfInfo 不存在，也可能存在 amfInfoExt
smfInfo	SmfInfo	O	SMF 的特定数据（DNN……）
smfInfoExt	Array（SmfInfo）	O	SMF 提供附加信息，即使 smfInfo 不存在，也可能存在 smfInfoExt
upfInfo	UpfInfo	O	UPF 的特定数据（S-NSSAI、DNN、SMF 服务区、接口……）
upfInfoExt	Array（UpfInfo）	O	UPF 提供附加信息
pcfInfo	PcfInfo	O	PCF 的特定数据（group ID 等）
pcfInfoExt	Array（PcfInfo）	O	PCF 提供附加信息
bsfInfo	BsfInfo	O	BSF 的特定数据
bsfInfoExt	Array（BsfInfo）	O	BSF 提供附加信息
chfInfo	ChfInfo	O	CHF 的特定数据
chfInfoExt	Array（ChfInfo）	O	CHF 提供附加信息
nrfInfo	NrfInfo	O	NRF 的特定数据
nwdafInfo	NwdafInfo	O	NWDAF 的特定数据
customInfo	Object	O	自定义网络功能的特定数据
recoveryTime	DateTime	O	网元重启生效时间
nfServicePersistence	Boolean	O	如果存在，并设置为 true 表示不同的服务实例能够将其资源状态保存在共享存储中，在 NF 服务消费者选择新的 NF 服务实例后，这些资源可用
nfServices	Array（NFService）	O	网元所提供的服务列表
NFProfileChanges SupportInd	Boolean	O	NF 配置文件更改支持指示器。如果该值为 True，则表示支持

（续表）

属性名称	数据类型	参数类型	描述
NFProfileChangesInd	Boolean	O	NF 配置文件更改指示器。如果该值为 True，则表示配置文件更改
注：表中 M 是必选参数，C 是条件参数（满足一定条件时有该参数），O 表示该参数是可选参数。			

6.9.3　其他

1. NRF 支持分层架构

NRF 可以根据运营商的组网需要采用分级架构，当 5GC 部署在各省时，NRF 可以设置两级架构，即省 NRF 和骨干 NRF。其中，骨干 NRF 可以具有 PLMN NRF 的功能（国际 NRF），即跨国运营商之间的漫游 NF 服务发现功能。如果 5GC 采用集中设置，则 NRF 采用一级架构组网，可以指定其中的两个或多个 NRF 兼做国际 NRF，也可以单独设置国际 NRF，具体组网由运营商根据自己的组网要求确定。

省级 NRF 管理本省的 5GC 网元，省级 NRF 通过注册到骨干 NRF 实现信息的对应关系。其中，注册信息包括各网元的 Info 信息、NRF Profile 信息，支持 NRF 信息的更新和去注册。省级 NRF 在向骨干 NRF 注册前，可以汇聚同类 NF 信息，在向骨干 NRF 的注册消息中，每类 NF 应只有一个该类 NF 的 Profile 信息，以降低骨干 NRF 中 NF 信息的复杂度。同时，NRF 还应支持对号段信息的聚合。当省 NRF 收到 NF 发现请求时，在本地查询失败后将发现请求转发给对应的骨干 NRF 处理，骨干 NRF 递归查询后，返回发现结果。

骨干 NRF 主要用于跨省网元间的服务发现消息的转发，还负责省级 NRF 的注册、更新、去注册等服务管理。骨干 NRF 支持 NF 关键发现条件和归属 NRF 之间的关系，例如，UDM、AUSF 的发现条件（SUPI 号段信息和 NRF 之间的关系），PCF 的发现条件（例如，SUPI 号段），AMF 的发现条件（AMF Region/SetID）等。

骨干 NRF 支持处理各省 NRF 来的请求并转发给目标 NRF。骨干 NRF 支持跨网络发现 NRF。

2. NFListRetrieval

NFListRetrieval 操作允许检索当前在 NRF 中注册的 NF 实例列表，该操作可以应用于整组注册的 NF 实例或仅应用于 NF 实例的子集。该操作可以基于 NF 类型来操作，并可以设置返回的 NF 实例的最大数量。NF 服务消费者通过 HTTP GET 请求发送到 URF，检索的过滤条件包含在查询参数中。如果检索成功，则返回“200 OK”，响应消息主体应包含 NRF 中满足检索过滤条件的每个注册 NF 的 URI；如果在查询结果中没有 NF 返回，则为空列表（即标识没有符合条件的 NF）。若返回“403 Forbidden”状态码，则表示不允许 NF

服务消费者检索已注册的 NF 实例；若返回“400 Bad Request”状态代码，则表示查询参数中的输入数据错误而导致检索失败；若返回“500 Internal Server Error”状态代码，则表示是 NRF 内部原因导致检索失败。NF 列表检索流程示意 1 如图 6-21 所示。

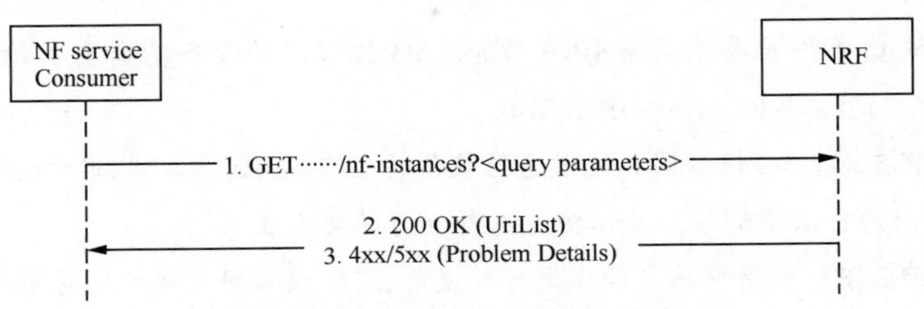

图6-21　NF列表检索流程示意1

3. NFProfileRetrieval

NFProfileRetrieval 操作允许检索当前在 NRF 中登记的给定 NF 实例的 NFProfile，该操作通过 HTTP GET 实施，具体 NF 实例通过“nf-instances/{nfInstanceId}”来标识。如果检索成功，则返回“200 OK”，响应消息主体应包含请求中标识的 NF 实例的 NF 配置文件。如果不允许 NF 服务消费者检索此特定注册 NF 实例的 NF 配置文件，则 NRF 应返回“403 Forbidden”状态代码；如果由于 NRF 内部原因导致检索失败，则返回“500 Internal Server Error”状态代码。NF 列表检索流程示意 2 如图 6-22 所示。

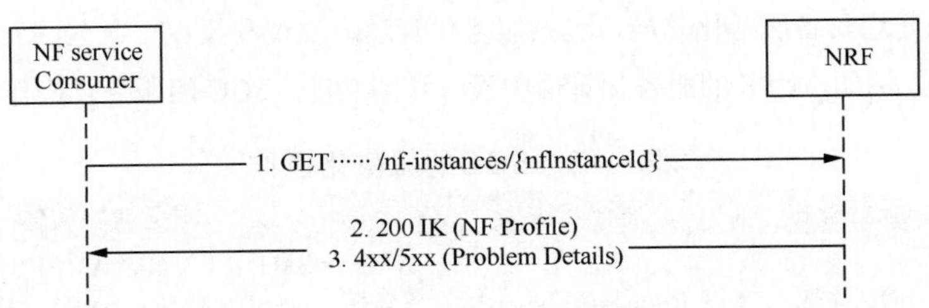

图6-22　NF列表检索流程示意2

4. 基于 SUPI 和 Routing Indicator 的路由寻址

NRF 可以基于 SUPI、Routing Indicator 来路由寻址用户归属的 AUSF、UDM、PCF。

5. 跨 PLMN 的服务发现

对于漫游用户，在 NF 服务消费者发现归属 PLMN 中的 NF 服务的情况下，vPLMN NRF 支持转发 NF 发现 / 服务发现请求给 vPLMN 的 NRF，从而进行跨 PLMN 的发现。

6.10 共性功能

5GC 各网元除了要求具备上述各个共性功能外，还需要具备一些共性的要求，以满足实际的运营需求。

- **IPv6**。5GC 各网元要求具备 IPv6 功能。5G 核心网的设备均需要支持 IPv4 和 IPv6，包括 IPv4 单栈、IPv6 单栈、IPv4/IPv6 双栈。
- **特殊通信要求**。5G 核心网在提供通信服务时，需要满足当地政府对通信的特殊要求，如国家安全部门的合法侦听等，具体功能以当地的标准为准。
- **操作维护要求**。随着网络智能化运营的发展，5G 核心网要满足运营商的可控、可管、可运营需求，设备可能要求直接提供北向接口纳入运营商的运营管理系统，具体的要求以运营商的标准为准。
- **云化部署**。5GC 的 SBA 设计是原生态的云，核心网设备要部署在云上。云的提供方式可以是 5G 核心网与设备厂商统一提供，也可以由运营商提供云基础设施 + 操作系统 + 虚拟化软件，设备厂商只提供 5G 核心网设备 VNF，具体部署模式和要求以运营商的要求为准。

此外，5GC 还需要具备服务化、网络切片功能。这里侧重从设备功能的角度简单阐述对服务化和切片技术的支持。

6.10.1 服务化功能

5GC 各网元均具备服务化功能，包括服务化管理、发现和授权，某些网元只有其中的部分服务化操作，例如，UPF 的服务化管理中没有订阅功能。5GC 的服务化操作见表 6-13。

表6-13 5GC的服务化操作

服务名称	服务操作	操作模式	服务消费实体
管理服务	NF 注册	Request/Response	AMF，SMF，UDM，AUSF，NEF，PCF，SMSF，NSSF，UPF，BSF，CHF，NWDAF，P-CSCF
	NF 更新	Request/Response	AMF，SMF，UDM，AUSF，NEF，PCF，SMSF，NSSF，UPF，BSF，CHF，NWDAF，P-CSCF
	NF 去注册	Request/Response	AMF，SMF，UDM，AUSF，NEF，PCF，SMSF，NSSF，UPF，BSF，CHF，NWDAF，P-CSCF
	NF 状态订阅	Subscribe/Notify	AMF，SMF，PCF，NEF，NSSF，SMSF，AUSF，CHF，NRF，NWDAF，I-CSCF，S-CSCF，IMS-AS，SCP
管理服务	NF 状态通知		AMF，SMF，PCF，NEF，NSSF，SMSF，AUSF，CHF，NWDAF，I-CSCF，S-CSCF，IMS-AS，SCP

（续表）

服务名称	服务操作	操作模式	服务消费实体
管理服务	NF 状态去订阅		AMF，SMF，PCF，NEF，NSSF，SMSF，AUSF，CHF，NRF，NWDAF，I-CSCF，S-CSCF，IMS-AS，SCP
发现服务	Request	Request/Response	AMF，SMF，PCF，NEF，NSSF，SMSF，AUSF，CHF，NRF，NWDAF，I-CSCF，S-CSCF，IMS-AS，SCP
授权服务	Get	Request/Response	AMF，SMF，PCF，NEF，NSSF，SMSF，AUSF，UDM，NWDAF，I-CSCF，S-CSCF，IMS-AS

1. 服务注册、更新、去注册功能

AMF、SMF、UDM、AUSF、NEF、PCF、UPF、BSF 等网元应支持实例上线时发送 PUT 消息到 NRF 注册，消息中包含 NFInstanceID 和 NFProfile。其中，NFInstanceID 在 PLMN 内是唯一的。这些 NF 应支持注册成功后根据 NRF 响应消息中的 URI 信息和“heart-beat timer”，定时向 NRF 发送心跳消息，同时还应支持处理 NRF 返回的错误码“400 Bad Request”或“500 Internal Server Error”以及 ProblemDetails IE 详细错误信息。

AMF、SMF、UDM、AUSF、NEF、PCF、UPF、BSF 等网元在其属性变更后通知 NRF，其中，变更包括增加、删除、更新等方式。这些 NF 通过发送 PUT 消息到 NRF 创建或替换其全部信息，也应支持发送 PATCH 消息到 NRF 更新部分信息，同时还应支持处理 NRF 返回成功响应“200 OK”和 NFProfile 信息，也支持处理更新失败时 NRF 返回的错误码和对应的详细错误信息。另外，NF 应支持周期性发送心跳消息（PATCH）给 NRF，以表明其状态可用，消息中“nfStatus”包含“REPLACE”操作及其负载信息，并支持处理 NRF 返回的操作成功或失败响应。

AMF、SMF、UDM、AUSF、NEF、PCF、UPF、BSF 等网元在其下线时发送 DELETE 消息，以删除其在 NRF 中的信息，消息中携带其资源对应的 URI，请求消息体为空，并支持处理 NRF 返回的操作成功或者失败响应。

2. 状态订阅功能

AMF、SMF、UDM、AUSF、NEF、PCF、UPF、BSF 等网元作为服务消费者，可以通过 POST 消息到 NRF 中订阅服务生产者的服务，具体为各 NF 状态变化的事件通知，订阅消费请求消息中包含被订阅资源的 URI。各 NF 还支持处理 NRF 返回的订阅有效时间，以决定在订阅时间超时前是否继续订阅。

NF 服务消费者事件订阅时通常携带以下参数。

● 兴趣区。

● 事件上报信息：事件上报模式、上报次数、最长上报间隔周期、上报条件。

● 通知地址：通知给目标 NF 的地址。

● 事件上报针对单个用户、部分用户或是所有用户。

上述 NF 网元除了支持状态订阅功能之外，同时也支持取消状态订阅功能，该操作通过 HTTP DELETE 消息到 NRF 中取消，取消的订阅服务通过“subscriptionID”标识来识别。

3. 可提供的事件订阅

5GC 中为其他服务消费者提供订阅服务的 NF 主要包括 AMF、SMF、UDM、PCF 网元（此外 NEF、AF 也可以提供事件订阅服务）。作为服务生产者，他们开放自身的一些服务功能给服务消费者使用，具体表现为：当一些事件发生时，将 HTTP POST 消息发送给合法的订阅者，以为其提供订阅服务。

（1）AMF 可以开放的订阅事件

AMF 可将一些事件开放给其他 NF 服务消费者订阅，例如，NEF、SMF、UDM 等。AMF 可以为服务消费者提供以下事件通知服务。

● 位置变更：TAI、Cell ID、UE IP 地址、UDP 源端口号、兴趣区等。

● 用户进入或离开签约的兴趣区。

● UE 时区变更。

● 接入类型变更：3GPP 接入或非 3GPP 接入。

● 注册状态变更：注册或去注册。

● 连接状态变更：空闲态或连接态。

● UE 失去连接：网络检测到 UE 信令面和用户面均失去联系。

● UE 可达性状态变更。

● 签约数据变更。

（2）SMF 可以开放的订阅事件

5GC 中 UPF 没有状态订阅功能以及状态通知功能，UPF 对外信息的获取和开放是通过 SMF 来实施的，即 UPF 订阅不直接对其他 NF 开放。SMF 可以为其他 NF 服务消费者提供以下事件通知服务。从 SMF 这里订阅的网元主要包括 NEF、AMF、UDM 和 AF。SMF 对外开放的订阅事件如下所述。

● **UE IP 地址 / 前缀改变。**当用户的 IP 地址发生改变时，通知订阅者（即消费者）；事件通知包含新分配的 UE IP 地址 / 前缀以及释放的 IP 地址 / 前缀。

● **PDU 会话释放。**PDU 会话释放的通知消息包含被释放 PDU 的 ID。

• **用户面路由改变**。当用户面路由的DNAI或N6业务路由信息改变，简而言之，就是用户面的PDU会话锚点发生变化，例如，新增会话锚点或移去会话锚点，此时SMF向订阅者发送事件通知；通知事件中包括源/目的DNAI、UE的源/目的DNAI的IP地址/前缀（如果DNAI变化）以及源/目的DNAI的N6流量路由信息。

• **接入类型的变更**。接入类型在3GPP和non 3GPP间切换时通知订阅者；事件通知包含PDU会话的切换后的接入类型。

• **PLMN变更**。当UE在PLMN间切换或漫游时通知订阅者；通知事件包含PDU会话的新PLMN标识符。

• **下行链路数据传送状态**。事件通知包含下行数据包的转发、丢弃、缓存。

（3）UDM可以开放的订阅事件

UDM可以为其他NF服务消费者（例如，AMF、NEF、SMF）提供以下事件通知服务。

• **UE可达性状态变更**。当UE由不可达变成可达时，指示可以向UE发送SMS或下行数据。当UE状态转换到CM-CONNECTED状态或者UE可被寻呼时，监测到UE可达性状态的变更。

• **SUPI和PEI关联的变更**。当用户更换手机时，监测到SUPI与终端PEI关联的变更。

• 漫游状态。它指示UE当前的漫游状态以及在该状态变更时通知，这里的漫游是指运营商之间的漫游。

• **CN类型改变**。指的是UE当前服务的网络发生变化，例如，从MME切换到AMF或从AMF切换到MME，即4G/5G网络间的切换。

（4）PCF可以开放的订阅事件

PCF可以为其他NF服务消费者（主要是AF，例如，IMS、MPS、MCS）提供以下事件通知服务。

• **PLMN标识符通知**：目前UE驻网的PLMN的标识。

• **接入类型变化**：PDU会话的RAT类型发生变化。

• **信令面路径状态**：与AF会话的信令流量相关的资源状态。

• **接入网络计费关联信息**：为AF会话分配的接入网络的计费关联信息。

• **接入网络信息通知**：与AF相关的PDU会话的用户位置或时区发生变化。

• **业务提供商数据连接的业务量使用情况**：已达到AF提供的使用量阈值时通知AF。

• **资源分配状态**：与AF会话相关的资源已分配或释放。

• **要求的QoS满足状态变化**：要求的QoS网络满足状态的变化（满足与不满足间的变化）。

• **信用不足**：没有信用额度。

6.10.2 网络切片功能

网络切片技术的介绍详见本书的第三章内容。为实现网络切片，除了 NSSF 之外，还需要其他 NF 的配合。

1. 服务 AMF 的选择

AMF 应支持服务 AMF 的选择功能，具体要求如下所述。

（1）在 UE 初始注册（UE Initial Registration）流程中，AMF 应支持通过以下步骤为 UE 查找服务 AMF。

- AMF 查询 UDM，以获取包括签约 S-NSSAI 的 UE 签约信息。
- AMF 基于签约的 S-NSSAI 来验证请求的 NSSAI 中的 S-NSSAI 是否符合签约要求。
- 当 AMF 中的 UE 上下文未包含允许的 NSSAI 时，AMF 通过查询 NSSF 或基于本地配置来确定自身是否可以为 UE 服务。
- 当 AMF 中的 UE 上下文已包含允许的 NSSAI 时，根据 AMF 的配置，AMF 可确定自身是否可以为 UE 服务。

（2）AMF 应能够基于以下要点判断其自身是否可以为 UE 服务。

- 当前 AMF 是不是签约的 S-NSSAI 和请求的 S-NSSAI 的交集。
- 当没有 UE 请求的 S-NSSAI 时，当前 AMF 是否可以服务签约的 S-NSSAI 为默认的 S-NSSAI。
- 当任一请求的 S-NSSAI 都不存在于签约的 S-NSSAI 中时，当前 AMF 是否可以服务所有签约 S-NSSAI 都为默认的 S-NSSAI。

当上述条件满足时，当前 AMF 保持为 UE 服务的 AMF，被允许的 NSSAI 由签约的 S-NSSAI 和请求的 S-NSSAI 的交集列表组成。如果 UE 没有提供请求的 NSSAI 或请求的 NSSAI 不存在或请求的 NSSAI 在当前服务 PLMN 是无效的，被允许的 NSSAI 由所有签约的 S-NSSAI 中被标记为缺省的 S-NSSAI 列表组成。

（3）当 AMF 不能判断其自身能否为 UE 服务时，须查询 NSSF 来决定被允许的 NSSAI 及可服务的 AMF 信息。

- AMF 携带请求的 NSSAI、签约的 S-NSSAI、SUPI 的 PLMN ID、位置信息以及其他接入技术中允许的 NSSAI 来调用 NSSF Nnssf_NSSelection 服务查询。
- AMF 从 NSSF 接收到允许的 NSSAI 和目标 AMF 集，或者候选 AMF 的列表。

（4）如果需要重新路由到目标服务 AMF，则当前的 AMF 将注册请求重新路由到目标服务 AMF。

服务 AMF 应该向 UE 返回允许的 NSSAI，并向 UE 指示未包含在允许的 NSSAI 中的请求S-NSSAI，以及这些S-NSSAI的拒绝是永久的（例如，在该PLMN中不支持该S-NSSAI）还是暂时的（例如，该S-NSSAI在当前注册区域不可用）。

2. AMF重定向

在UE注册流程期间，初始AMF基于用户请求的切片、用户签约的切片以及本地配置的切片信息，如果判断的结果不能为用户服务时，初始AMF向NSSF请求可以服务的AMF，并携带位置信息、请求的切片、签约的切片等信息。NSSF返回允许的切片及可以为切片服务的AMF Set或可用的候选AMF。如果NSSF返回AMF Set，则AMF通过RAN重定向；如果NSSF返回具体的候选AMF，则AMF直接重定向给目标AMF。

对于已经注册的UE，如果网络切片实例与当前的UE提供服务的AMF之间的映射关系被修改了，或者UE的切片签约数据被修改了，则当前提供服务的AMF应支持将变更的切片信息通知给UE，触发UE重新发起注册，从而向目标AMF发起重定向。

3. 切片实例内的PDU会话建立

如果在注册流程期间，针对某特定S-NSSAI没有选择网络切片实例或无法确定NRF，则AMF可以使用该特定S-NSSAI、位置信息、SUPI的PLMN ID来问询NSSF，获取网络切片实例或/和NRFID。

当UE触发建立PDU会话时，AMF应支持基于S-NSSAI、DNN、SSC Mode、UE签约信息和本地运营商策略等因素查询NRF，选择满足要求的SMF。

4. AMF支持的切片修改

基于本地策略、签约改变和/或UE位置移动、运营等原因（例如，网络切片实例不再可用），网络侧可以改变UE所属的网络切片的集合，AMF应支持向UE提供新的被允许的NSSAI。新的被允许的NSSAI可能需要进行AMF重定位，AMF向UE提供新的被允许的NSSAI和TAI列表，并且指示是否需要UE确认以及是否需要重新注册，具体包括以下内容。

- 如果被允许的NSSAI的改变不需要UE执行注册流程。
- AMF指示虽然需要UE确认，但是不需要执行注册流程。
- 如果被允许的NSSAI的改变需要UE执行注册流程（例如，当前AMF不能服务新的S-NSSAI），当前服务AMF向UE指示当前5G-GUTI无效，并指示UE执行注册流程。AMF应立刻或延迟释放UE的NAS信令连接，进入CM-IDLE。

当用于一个或多个PDU会话对应的网络切片变得不可用时，除了向UE发送新的允许的NSSAI之外，AMF也应执行以下操作。

● 网络中如果网络切片在当前 AMF 下不再可用（例如，由于 UE 签约改变），则 AMF 指示与相关 S-NSSAI 对应的 SMF 主动释放 UE 的 SM 上下文。

● 网络中如果网络切片在 AMF 重定向后不可用（例如，由于注册区改变），则新的 AMF 向旧的 AMF 指示释放与 S-NSSAI 相关联的 PDU 会话。旧的 AMF 通知相应的 SMF 主动释放 UE 的 SM 上下文。

5. gNB 切片支持能力上报

网络切片可以在一个或多个 TA 中使用，也可以在整个 PLMN 中使用。gNB 在向 AMF 建立或更新 N2 连接时，可以在 Slice Support List 中上报每个 TA/PLMN 支持的 S-NSSAI。AMF 可以向 NSSF 提供 gNB 上报的 TA 支持的 S-NSSAI 信息。

6. UDM

UDM 应该能够根据签约信息对用户的切片进行管理和控制。

（1）UDM 应能支持存储用户签约的可用切片及默认切片列表。

（2）UDM 应能支持 AMF 发起的切片信息查询。

（3）UDM 应能在给 AMF、SMF 下发的签约数据中提供切片信息。

7. SMF 支持切片相关功能

在 PDU 会话的建立过程中，SMF 应支持根据切片信息完成以下功能，获取从 AMF 传递过来的切片信息。

● 从 UDM 获取基于切片的用户签约信息。

● 根据切片信息选择 UPF。

● 在分配 IP 地址时考虑切片因素。

● 基于切片的性能统计。

6.10.3　云化部署要求

1. 虚拟化功能要求

（1）实例化要求

5GC 的 NF 应支持通过 MANO 自动 / 手动的方式在 NFVI 上完成实例化部署；NF 应支持自动 / 手动的方式向新部署的虚拟机分发业务，实现虚拟机的业务负载均衡。

NF 应支持亲和性 / 反亲和性策略。在硬件资源充足的情况下，运行同一功能模块的虚拟机应优先部署在不同的物理机上；运行结合密切的功能模块的虚拟机应优先部署在同一个物理机上。

NF 应实现模块化部署，例如，划分为业务处理模块、接口模块、管理模块等，实现各种通信平面的隔离以及操作维护与业务隔离。

（2）扩 / 缩容要求

NF 应支持通过 MANO 进行手工 / 自动的 Scaling in/out 操作，或者 Scale up/down 操作。

NF 应支持自动监测业务负载和资源使用情况，自动触发 Scaling in/out，或者 Scale up/down 过程。Scaling in/out 与 Scaling up/down 过程中的业务不应中断，并可进行自动负载均衡。

扩 / 缩容后不需要增加 / 删除业务 IP 地址。多模块架构的 NF 应当支持根据不同模块分别扩 / 缩容。

NF 的扩 / 缩容策略和门限设定应符合以下要求。

- 应支持 CPU 占用率、内存占用率、数据流量等门限设定。
- 门限数值应能按需设定。
- 应支持自动检测上下门限和门限差值设置的合理性，并给出相应的提示。
- 应具备扩 / 缩容冷却能力，防止短时间内反复扩 / 缩容震荡。
- 支持多个门限的组合，包括"与""或""非"等多重逻辑关系的叠加。

（3）业务连续性要求

NF 在多点故障、升级、扩 / 缩容、热 / 冷迁移、倒换、维护测试过程中应避免对用户的业务产生影响，保证业务的连续性，具体包括以下内容。

- 所有配置数据不丢失。
- 已经在线的用户不掉线，会话状态和动态数据不丢失。
- 数据报文传送的时延、丢包率在 SLA 定义和用户体验可接受的范围之内。
- 扩容后不需要增加业务 IP 地址，避免对周边网元产生影响。

（4）负载均衡要求

运行相同功能模块的虚拟机（除主备部署方式之外）在 NF 新部署、扩 / 缩容、升级、迁移、倒换、维护测试及故障等情况下均应支持自动 / 手动实现负载均衡。

（5）监测和监控要求

NF 应支持对 VM、进程、软件模块等的状态进行实时监测，在故障时及时进行倒换和迁移。

NF 支持对虚拟资源（vCPU、虚拟内存、虚拟存储、虚拟网络）的使用情况进行实时监控和统计。

NF 支持对业务负载进行实时监控和统计，并根据业务负载触发 Scaling in/out 过程或者 Scale up/down 过程。

（6）冗余保护要求

NF 实例在硬件资源充足的条件下，不应该存在单点故障。

NF 应采用“*N*+*M*”负载分担或主备等方式实现冗余保护。

（7）故障处理要求

NF 应支持以下 3 个层次的故障恢复。

- **软复位**：相关进程重启。
- **硬复位**：在软复位失败后，尝试重启故障虚拟机。
- **重建**：在硬复位失败后，尝试重建一台虚拟机替代故障虚拟机。

在硬件资源充足的条件下，任何虚拟机重建都应遵守亲和性 / 反亲和性的设定。

当遇到硬件资源不足而无法重建新虚拟机的情况时，应当按照负载均衡原则将故障虚拟机上的负荷分散到其他相同功能的虚拟机上。

NF 应支持故障隔离功能，即能对故障资源或软件模块进行隔离，避免对其他模块产生影响。

（8）异地容灾要求

在发生地震、海啸等灾难的情况下，NF 能够通过异地的资源接替业务，从而使网络服务不中断，提高整网业务的可靠性。5GC 支持以下两种方式的容灾备份。

- 不同的 NF 实例分别部署在不同的数据中心。如果一个数据中心发生故障，则可以通过 NF 实例的切换来实现异地的业务恢复。
- 支持数据容灾备份。支持网络的配置数据、用户数据、业务数据备份在不同地区的数据中心，如果一个数据中心故障，则能够及时地从其他地区的数据中心恢复数据，进而可保证网络和业务尽快恢复。

2. 虚拟化管理要求

NF 应能配合 VNFM 进行 NF 生命周期管理操作，包括实例化、启动、扩 / 缩容、操作、查询、更新 / 升级、停止、终止等。

NF 应能主动把 VM、进程、软件模块、通信平面等的故障状态实时监测上报给 VNFM 与 EMS。

3. 虚拟化接口要求

Ve-Vnfm-vnf 为 VNFM 与 VNF 的接口，可以实现以下接口功能。

- NF 实例化、启动、扩 / 缩容、查询、更新、停止和终止。
- VNFM 转发 NF 配置或事件信息到 NF。
- NF 转发相关事件信息到 VNFM。

参考文献

[1] 3GPP TS 23. 501 V16. 1. 0 Release 16. Technical Specification Group Services and System Aspects; System Architecture for the 5G System; Stage 2, 2019. 6.

[2] 3GPP TS 23. 502 V16. 1. 0 Release 16. Technical Specification Group Services and System Aspects; Procedures for the 5G System; Stage 2, 2019. 6.

[3] 3GPP TS 23. 503 V16. 1. 0 Release 16. Technical Specification Group Services and System Aspects; Policy and Charging Control Framework for the 5G System; Stage 2, 2019. 6.

[4] 3GPP TS 23. 003 V15. 7. 0 Release 15. Technical Specification Group Core Network and Terminals; Numbering , addressing and identification, 2019. 6.

[5] 3GPP TS 23. 527 V16. 0. 0 Release 16. Technical Specification Group Core Network and Terminals; 5G System; Restoration Procedures, 2019. 6.

[6] 3GPP TS 29. 501 V16. 0. 0 Release 16. Technical Specification Group Core Network and Terminals; 5G System; Principles and Guidelines for Services Definition; Stage 3, 2019. 6.

[7] 3GPP TS 29. 503 V16. 0. 0 Release 16. Technical Specification Group Core Network and Terminals; 5G System; Unified Data Management Services; Stage 3, 2019. 6.

[8] 3GPP TS 29. 504 V16. 0. 0 Release 16. Technical Specification Group Core Network and Terminals; 5G System; Unified Data Repository Services; Stage 3, 2019. 6.

[9] 3GPP TS 29. 509 V16. 0. 0 Release 16. Technical Specification Group Core Network and Terminals; 5G System; Authentication Server Services; Stage 3, 2019. 6.

[10] 3GPP TS 29. 510 V16. 0. 0 Release 16. Technical Specification Group Core Network and Terminals; 5G System; Network Function Repository Services; Stage 3, 2019. 6.

[11] 3GPP TS 29. 512 V16. 0. 0 Release 16. Technical Specification Group Core Network and Terminals; 5G System; Session Management Policy Control Service; Stage 3, 2019. 6.

[12] 3GPP TS 29. 531 V15. 4. 0 Release 15. Technical Specification Group Core Network and Terminals; 5G System; Network Slice Selection Services; Stage 3, 2019. 6.

[13] 3GPP TS 29. 244 V16. 0. 0 Release 16. Technical Specification Group Core Network and Terminals; Interface between the Control Plane and the User Plane Nodes; Stage 3, 2019. 6.

[14] 3GPP TR 33. 842 V0. 0. 0 Release 15. Technical Specification Group Services and Systems Aspects; Study on Lawful Interception (LI) service in 5G, 2017. 11.

[15] ETSI GS NFV-MAN 001 V1. 1. 1. Network Functions Virtualization (NFV); anagement and Orchestration, 2014. 12.

[16] ETSI GS NFV-INF 001 V1. 1. 1. Network Functions Virtualization (NFV); Infrastructure Overview, 2014. 12.

[17] 杨峰义，张建敏，王海宁等．5G 网络架构 [M]．北京：电子工业出版社，2017.

[18] 汪伟，黄小光，张建国，李燕春．面向 5G 的蜂窝物联网（CIoT）规划设计及应用 [M]．北京：人民邮电出版社，2019.

[19] 工业和信息化部．《5G 移动通信网 核心网总体技术要求》，YD/T3615-2019.

[20] 工业和信息化部．《5G 移动通信网 核心网网络功能技术要求》，YD/T3616-2019.

5G 核心网安全

Chapter 7

第七章

导读

传统的 2G/3G/4G 网络主要用于消费领域，而 5G 网络是产业互联网的承载基础，承载更多的是物物之间的通信。随着数字经济的持续快速发展，未来各行各业都将基于 5G 网络实现其数字化转型，因此 5G 网络的重要性更加凸显，其安全性更需要我们关注。本章通过对 5G 核心网的安全特性进行研究，以期 5G 产业的设备制造商、网络运营商、建设服务商等在实际的 5G 设备制造、网络建设运营等过程中更加了解 5G 核心网的安全机制，从而采取具有针对性的措施提高 5G 核心网的安全保障能力。

在本章的编写过程中，笔者基于 2G/3G/4G 网络的安全性现状，从 5G 网络的安全架构、5G 各安全实体、5G 网络安全重点内容等方面对 5G 核心网的安全特性进行了研究。在编写的过程中，笔者参考了 2G/3G/4G 网络的实际运行经验，以及目前 3GPP 关于 5G 网络安全特性的最新研究成果。由于在本章编写的过程中 5G 标准中的 R16 尚未冻结，业界关于 5G 网络安全的研究也在持续进行，因此对 5G 网络安全有兴趣的读者可以持续关注与 3GPP 相关的最新研究进展以及业界的最新研究成果。

5G安全架构

5G网络的安全架构基本沿用了4G网络安全架构，二者的主要区别在于，5G网络在4G网络安全域的基础上，新增了SBA域

- ➢ 网络接入安全性
- ➢ 网络域安全
- ➢ 用户域安全性
- ➢ 应用程序域安全性

应用层

用户应用 (IV) 应用提供商

归属网络层/服务网络层

终端 (I) (III) USIM (I) 服务网络 (I) (V) (II) 归属网络

传输层

(I) 3GPP AN (I)

心网安全重点内容

- □ 安全上下文
- □ NAS安全机制：在N1参考点上UE和AMF之间的NAS信令保护和数据保护的安全机制

接口安全

- □ 非服务化接口：通过N2和N3接口传输的数据受到机密性和完整性保护，以及抗重放保护
- □ 服务化接口：所有网络功能都应支持TLS，网络功能应同时支持服务器端和客户端证书

切片管理安全

- □ 切片管理接口传输了大量的切片管理消息，例如，激活、停止、修改、删除网络切片实例产生的消息，因此需要对切片管理接口进行安全保护，保证只有授权对象才能创建、更改和删除网络切片实例

●●7.1 5G 安全架构概述

5G 网络安全架构基本沿用了 4G 网络安全架构，二者的主要区别在于，5G 网络在 4G 网络安全域的基础上新增了 SBA 域。5G 安全体系结构概述如图 7-1 所示。

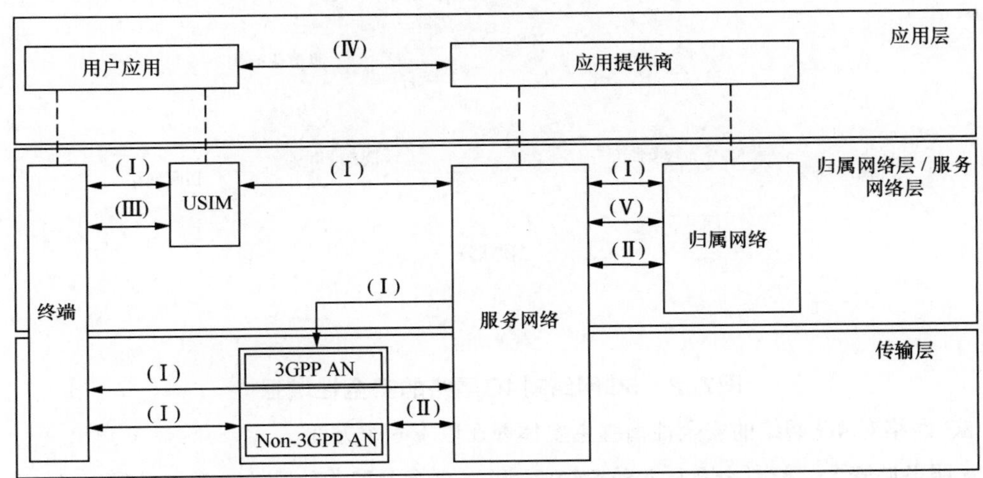

图7-1 5G安全体系结构概述

5G 的安全体系划分为以下安全域。

- 网络接入安全性（Ⅰ）。该安全域使 UE 能够安全地通过网络认证和访问服务，接入的类型可以是 3GPP 接入或者非 3GPP 接入，该安全域能够防止对空口的攻击。此外，为了实现网络接入的安全，该安全域还实现了从 SN（服务网络）到 AN（接入网络）的安全上下文传送。
- **网络域安全（Ⅱ）**。该安全域使网络节点能够安全地交换信令数据和用户面数据。
- **用户域安全性（Ⅲ）**。该安全域能够保护用户访问移动设备的安全性。
- **应用程序域安全性（Ⅳ）**。该安全域使用户域和提供者域中的应用程序能够安全地交换消息。
- **SBA 域安全性（Ⅴ）**。该安全域能确保在服务网络域内以及与其他网络域之间安全地通信。该安全域内的功能包括网络功能注册、发现和授权安全，以及对服务化接口的保护。
- **安全性的可视化和可配置（Ⅵ）**。该安全域能使用户知道安全功能是否正在运行。

总体来说，5G 网络的安全性较 4G 网络的安全性有了较大增强。5G 网络对 4G 网络的安全性增强如图 7-2 所示。

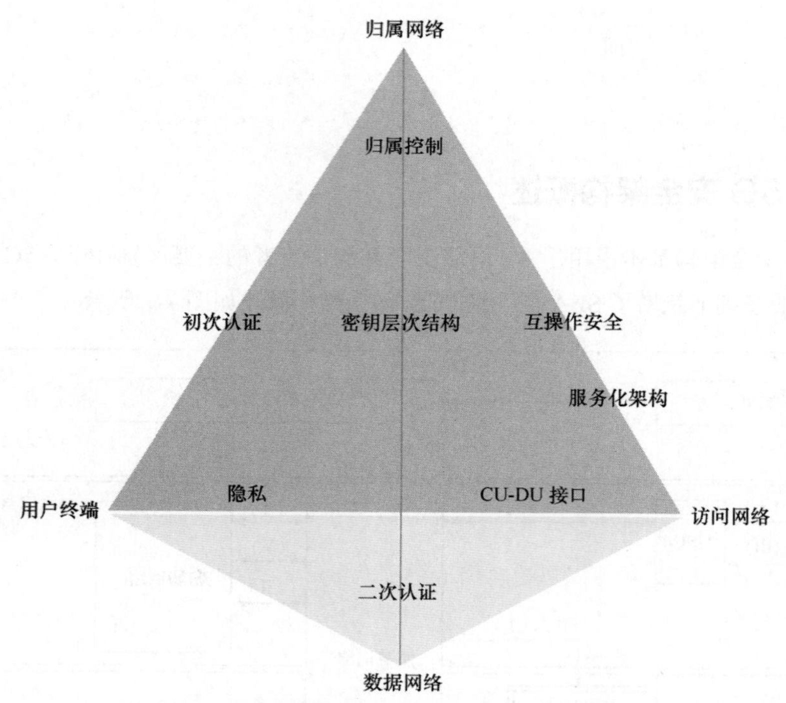

图7-2 5G网络对4G网络的安全性增强

5G 网络对 4G 网络的安全性增强主要体现在以下 6 个方面。

- **服务域安全**。针对全新引入的 SBA 架构，5G 采用完善的服务注册、发现、授权安全机制及安全协议来保障服务域的安全。
- **增强的用户隐私保护**。5G 采用加密方式传送用户身份标识，以防范攻击者利用空中接口明文传送用户身份标识来非法追踪用户的位置和信息。
- **增强的完整性保护**。在 4G 空口用户面数据加密保护的基础上，5G 进一步支持用户面数据的完整性保护，以防范用户面数据被篡改。
- **增强的网间漫游安全**。5G 通过 SEPP 提供了网络运营商之间信令的端到端保护，防范中间人以攻击的方式获取运营商网间的敏感数据。
- **统一认证框架**。4G 网络针对不同接入方式采用不同的认证方式和流程，难以保障异构网络切换时认证流程的连续性。5G 采用统一认证框架，能够融合不同制式的多种接入认证方式。
- **密钥层次结构**。与 4G 相比，5G 密钥架构完成了 3GPP 和 Non 3GPP 接入时密钥的统一推演关系。

●●7.2　5G 安全实体

5G 网络安全域的功能由 5G 网络的网元实体来实现，具体到 5G 核心网，其安全性的保障需要 AMF、UPF、UDM、SMF、AUSF 等网元共同配合完成。

7.2.1　AMF

1. AMF 安全要求

（1）信令的机密性保护

● 应支持 NAS 信令的加密。

● 必须支持以下加密算法：NEA0，128-NEA1，128-NEA2。

● 可选支持以下加密算法：128-NEA3。

NAS 信令的机密性保护是可选的，没有强制性要求。

（2）信令的完整性保护

● 必须支持 NAS 信令的完整性保护和抗重放保护。

● 必须支持以下完整性保护算法：NIA-0，128-NIA1，128-NIA2。

● 以下的完整性保护算法是可选的，没有强制性要求：128-NIA3。

● 除非有监管需求，否则在未认证的紧急会话的 AMF 中禁止使用 NIA-0。

● 除了在 TS 24.501 中明确列出的事及紧急呼叫例之外，所有 NAS 信令消息均应使用与 NIA-0 不同的算法进行完整性保护。

（3）用户隐私保护

● 必须支持使用 SUCI 触发初次认证。

● 支持向 UE 分配 5G-GUTI。

● 支持向 UE 重新分配 5G-GUTI。

● 能够确认从 UE 和从归属网络收到的 SUPI 一致。如果该确认失败，则 AMF 将拒绝对 UE 服务。

2. AMF 安全功能测试

（1）认证和密钥协商程序

AMF 的认证和密钥协商程序主要包括同步失败处理过程和 RES* 验证失败处理过程。

① 同步失败处理

从功能要求说明、功能的测试步骤以及预期结果来对 AMF 同步失败处理过程进行分析。

a. 要求说明

对同步失败处理的要求如下所述。

- 当从 UE 接收到携带同步失败（AUTS）的认证失败消息时，AMF（SEAF 功能）向 AUSF 发送携带“同步失败指示”的 Nausf_UEAuthentication_Authenticate Request 消息。
- AMF（SEAF 功能）不会对来自 UE 主动提供的“同步失败指示”消息作出响应。
- 在从 AUSF 接收到携带“同步失败指示”的 Nausf_UEAuthentication_Authenticate Request 消息的响应之前（或者在超时之前），AMF（SEAF 功能）不向 UE 发送新的认证请求。

b. 测试步骤

可以采取以下步骤对 AMF（SEAF 功能）是否正确处理同步失败进行测试。

- 步骤 1：UE 向 AMF（SEAF 功能）发送携带“同步失败（AUTS）”的认证失败消息。
- 步骤 2：AMF（SEAF 功能）向 AUSF 发送携带“同步失败指示”的 Nausf_UEAuthentication_Authenticate Request 消息。
- 步骤 3a：AUSF 向 AMF（SEAF 功能）发送 Nausf_UEAuthentication_Authenticate Response 消息。
- 步骤 3b：AMF（SEAF 功能）中用于从 AUSF 接收 Nausf_UEAuthentication_Authenticate Response 消息的计时器超时。

c. 预期结果

测试过程中预期的结果如下所述。

- 在从 AUSF 接收到 Nausf_UEAuthentication_Authenticate Response 消息之前以及在用于接收 Nausf_UEAuthentication_Authenticate Response 消息的定时器超时之前，AMF（SEAF 功能）不会再向 UE 发送任何新的认证请求。
- 在从 AUSF 接收到 Nausf_UEAuthentication_Authenticate Response 消息之后或者在用于接收 Nausf_UEAuthentication_Authenticate Response 消息的定时器超时之后，AMF（SEAF 功能）可以向 UE 发起新的认证。

② RES* 验证失败处理

从功能要求说明、功能的测试步骤以及预期结果来对 AMF RES* 验证失败处理过程进行分析。5G AKA 认证过程如图 7-3 所示。

a. 要求说明

在 5G AKA 的认证过程中，AMF（SEAF 功能）会向 AUSF 发送 Nausf_UEAuthentication_Authenticate Request 消息（携带从 UE 接收的 RES *），如图 7-3 中的步骤 10，在 AMF（SEAF 功能）收到 AUSF 返回的 Nausf_UEAuthentication_Authenticate Response 消息后，如图 7-3 中的步骤 12，如果出现以下两种情况之一。

- AUSF 在向 AMF（SEAF 功能）返回的 Nausf_UEAuthentication_Authenticate Response

消息中指出在 AUSF 中 RES* 的验证未成功。

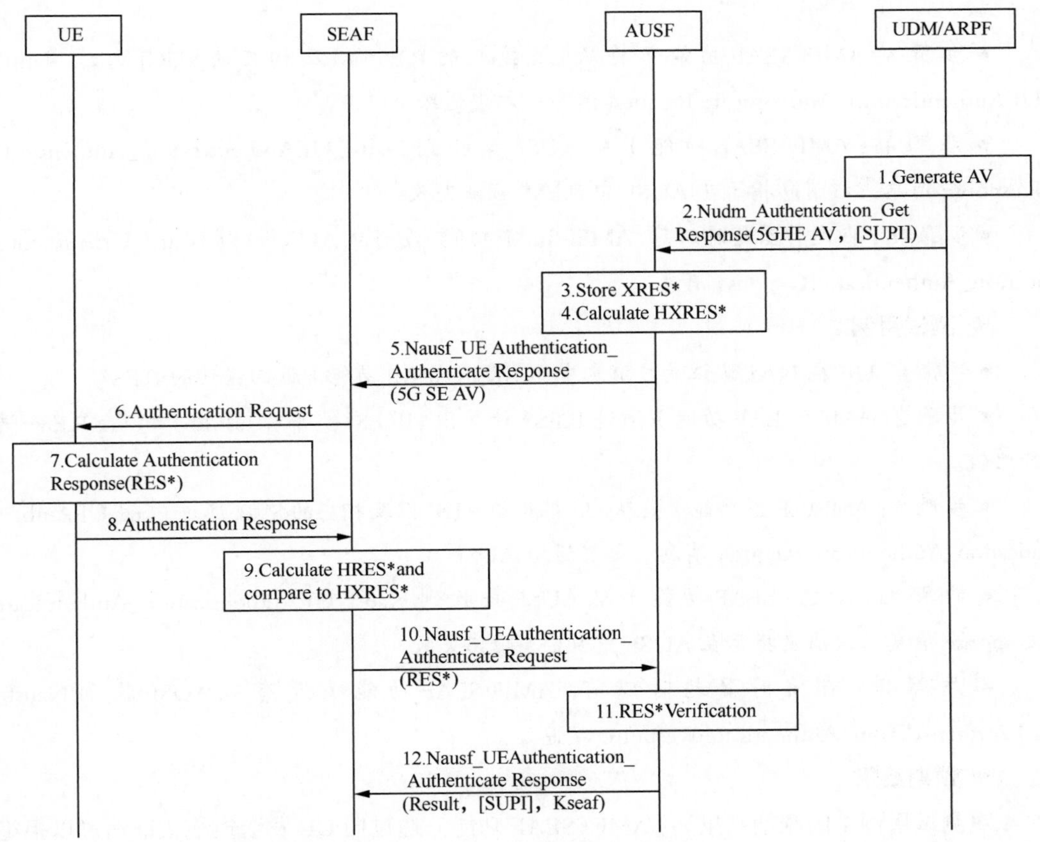

图7-3　5G AKA认证过程

● 在 AMF（SEAF 功能）中 RES* 的验证未成功。

那么，如果 UE 在初始 NAS 消息中使用的是 SUCI，则 AMF（SEAF 功能）通过向 UE 发送拒绝认证消息来拒绝认证。如果 UE 在初始 NAS 消息中使用的是 5G-GUTI，则 AMF（SEAF 功能）将发起对 UE 的认证过程以获取 SUCI。

上述过程结束后可能会触发对 UE 的附加认证过程。

此外，如果 AMF（SEAF 功能）未按预期从 AUSF 接收到任何 Nausf_UEAuthentication_Authenticate Response 消息，则 AMF（SEAF 功能）应拒绝对 UE 的认证或发起对 UE 的认证过程。

b. 测试步骤

一般情况下，对 AMF（SEAF 功能）的测试通过两个测试用例来进行。

◆ 测试用例 1

● 步骤 1：UE 在 NAS 认证响应消息中向 AMF（SEAF 功能）返回错误的 RES*。

● 步骤 2：AMF（SEAF 功能）通过 RES* 计算出 HRES*，并对 HRES* 和 HXRES* 进行比较。

● 步骤 3：AMF（SEAF 功能）将从 UE 接收的 RES* 以及相应的 SUCI 通过 Nausf_UEAuthentication_Authenticate Request 消息一起发送给 AUSF。

● 步骤 4a：AMF（SEAF 功能）从 AUSF 接收到 Nausf_UEAuthentication_Authenticate Response 消息，该消息指示在 AUSF 中 RES* 验证失败。

● 步骤 4b：在定时器超时以前，AMF（SEAF 功能）没有从 AUSF 收到 Nausf_UEAuthentication_Authenticate Response 消息。

◆ **测试用例 2**

● 步骤 1：UE 在 NAS 认证响应消息中向 AMF（SEAF 功能）返回错误的 RES*。

● 步骤 2：AMF（SEAF 功能）通过 RES* 计算出 HRES*，并对 HRES* 和 HXRES* 进行比较。

● 步骤 3：AMF（SEAF 功能）将从 UE 接收的 RES* 以及相应的 SUPI 通过 Nausf_UEAuthentication_Authenticate Request 消息一起发送给 AUSF。

● 步骤 4a：AMF（SEAF 功能）从 AUSF 接收到 Nausf_UEAuthentication_Authenticate Response 消息，该消息指示在 AUSF 中 RES* 验证失败。

● 步骤 4b：在定时器超时以前，AMF（SEAF 功能）没有从 AUSF 收到 Nausf_UEAuthentication_Authenticate Response 消息。

◆ **预期结果**

对测试用例 1 的预期结果为：AMF（SEAF 功能）通过向 UE 发送拒绝认证消息以拒绝认证。

对测试用例 2 的预期结果为：AMF（SEAF 功能）向 UE 发起认证过程以获取 SUCI。

（2）安全模式命令过程

AMF 的安全模式命令过程主要包括 NAS 信令消息加密、NAS 信令消息的完整性保护、NAS 信令消息的重放保护以及 NAS NULL 完整性保护。

① NAS 信令消息加密

从功能要求说明、功能的测试步骤以及预期结果来对 AMF NAS 信令消息加密过程进行分析。

a. 要求说明

AMF 应支持在 N1 接口上对 UE 和 AMF 之间的 NAS 信令消息进行加密。

b. 测试步骤

目前，在 3GPP TS33.512《5G 安全保护规范：AMF》中并未对 NAS 信令消息加密功能的测试步骤做出具体规定，仅在 TS33.117《一般安全保护要求目录》中进行了说明，具体内容如下所述。

- 确定安全配置是否符合产品文档的详细规定。
- 在网络产品与对端设备之间建立安全连接，以验证网络产品支持由安全配置文件授权的所有协议版本和密码算法组合。
- 当对端设备禁用了安全配置文件的功能时（包括所有协议版本和密码算法组合），此时无法在网络产品与对端设备之间建立安全连接。

c. 预期结果

NAS 信令消息在 UE 和 AMF 之间的 N1 接口上进行了加密。

② NAS 信令消息的完整性保护

从功能要求说明、功能的测试步骤以及预期结果来对 AMF NAS 信令消息的完整性保护进行分析。

a. 要求说明

AMF 应支持 UE 和 AMF 之间 N1 接口上的 NAS 信令消息的完整性保护。

b. 测试步骤

目前，在 3GPP TS33.512《5G 安全保护规范：AMF》中并未对 NAS 信令消息的完整性保护功能的测试步骤做出具体规定，仅在 TS33.117《一般安全保护要求目录》中进行了说明，同 NAS 信令消息加密。

c. 预期结果

通过 N1 接口在 UE 和 AMF 之间发送的 NAS 信令消息具备完整性保护功能。

③ NAS 信令消息的重放保护

从功能要求说明、功能的测试步骤以及预期结果来对 AMF NAS 信令消息的重放保护进行分析。

a. 要求说明

AMF 应支持 UE 和 AMF 之间 N1 接口上的 NAS 信令消息的重放保护。

b. 测试步骤

- 步骤 1：使用网络分析仪捕获 UE 和 AMF 之间通过 N1 接口发生的 NAS SMC 过程。
- 步骤 2：使用过滤器过滤掉 NAS SMC 过程的全部信息。
- 步骤 3：检查过滤掉的 NAS SMC 消息中的 NAS SQN，并使用数据包制作工具，制作一个包含同样 NAS SQN 的 NAS SMC 过程消息，或者直接重放捕获的 NAS 信令消息。
- 步骤 4：通过捕获 N1 接口来检查重放的 NAS 信令消息是否被 AMF 处理，以查看是否从 AMF 收到了相应的响应消息。
- 步骤 5：如果 AMF 没有向重放的数据包发送相应的响应，那么可以确认 AMF 通过删除 / 忽略重放的数据包来提供重放保护。

● 步骤 6：从上述结果可以验证，如果 AMF 没有对伪造的 NAS SMC 消息或者重放的 NAS 信令消息进行处理，那么 N1 接口就实现了重放保护。

c. 预期结果

通过 N1 接口在 UE 和 AMF 之间发送的 NAS 信令消息被重放保护。

④ NAS NULL 完整性保护

从功能要求说明、功能的测试步骤以及预期结果来对 AMF NAS NULL 完整性保护进行分析。

a. 要求说明

如果 AMF 不用支持未经认证的紧急会话，那么将在 AMF 中禁用 NIA0。

b. 测试步骤

● 步骤 1：在 UE 认证成功之后，AMF 导出 KAMF 和 NAS 信令密钥。

● 步骤 2：AMF 向包含所选 NAS 算法的 UE 发送 NAS SMC 消息。

c. 预期结果

● AMF 在 NAS SMC 消息中选择的完整性算法与 NIA0 不同。

● NAS SMC 消息受 AMF 的完整性保护。

（3）RAT 内部移动性的安全性

AMF 的 RAT 内部移动性的安全性主要包括 Xn 切换中的 Bidding Down 防护和 AMF 变化时的 NAS 保护算法选择。

① Xn 切换中的 Bidding Down 防护

从功能要求说明、功能的测试步骤以及预期结果来对 AMF Xn 切换中的 Bidding Down 防护进行分析。

a. 要求说明

在 Path-Switch 消息中，目标 gNB 必须将从源 gNB 接收的 UE 的 5G 安全能力发送给 AMF。AMF 应验证从目标 gNB 接收的 UE 的 5G 安全能力是否与 AMF 本地存储的 UE 的 5G 安全功能匹配。如果不匹配，AMF 将在 Path-Switch Acknowledge 消息中将其本地存储的 UE 的 5G 安全功能发送到目标 gNB。此外，AMF 可以记录事件并可采取其他措施，例如，发出警告。

b. 测试步骤

目标 gNB 向 AMF 发送 Path Switch 消息，要求消息中携带的 UE 安全能力与 AMF 本地存储的 UE 安全能力不同。

c. 预期结果

捕获由 AMF 发送给目标 gNB 的 Path-Switch Acknowledge 消息，该消息中包含存储在 AMF 中的 UE 的安全能力。

② AMF 变化时的 NAS 保护算法选择

从功能要求说明、功能的测试步骤以及预期结果来对 AMF 变化时的 NAS 保护算法选择进行分析。

a. 要求说明

如果在 N2 切换或移动性注册更新时，AMF 的更改导致用于建立 NAS 安全性的算法更改，那么目标 AMF 将会把所选择的算法通知给 UE。如果是 N2 切换过程，那么使用 NAS 容器来通知。如果是移动性注册更新过程，那么使用 NAS SMC 消息更新。AMF 应根据有序列表选择具有最高优先级的 NAS 算法。

b. 测试步骤

- N2 切换过程的测试步骤

被测 AMF 接收来自源 AMF 使用的 UE 安全能力和 NAS 算法。被测 AMF 根据有序列表选择具有最高优先级的 NAS 算法。配置列表使测试中的 AMF 选择的算法与从源 AMF 接收的算法不同。

- 移动性注册更新过程的测试步骤

测试步骤与 N2 切换过程的测试步骤一致。

c. 预期结果

- 对 N2 切换过程的测试，捕获由测试中的 AMF 发送给 gNB 的 NGAP HANDOVER REQUEST 消息的 NASC，其中包括所选择的算法。
- 对移动性注册更新过程的测试，受测试的 AMF 启动 NAS SMC 过程并包括所选择的算法。

（4）5G-GUTI 分配

从功能要求说明、功能的测试步骤以及预期结果来对 AMF 5G-GUTI 分配安全性进行分析。

① 要求说明

- 只有在成功激活 NAS 安全性后才能向 UE 发送新的 5G-GUTI。
- 在从 UE 接收到“初始注册”或“移动性注册更新”类型的注册请求消息时，AMF 将在注册过程期间向 UE 发送新的 5G-GUTI。
- 在从 UE 接收到“定期注册更新”类型的注册请求消息时，AMF 应该在注册过程期间向 UE 发送新的 5G-GUTI。
- 在接收到 UE 为了响应寻呼消息而发送的服务请求消息时，AMF 将向 UE 发送新的 5G-GUTI。这个新的 5G-GUTI 应在当前 NAS 信令连接被释放之前发送。

② 测试步骤

◆ 测试用例 1

在从 UE 接收到类型为“初始注册”的注册请求消息时，AMF 在注册过程期间向 UE 发送新的5G-GUTI。

◆ **测试用例 2**

在从UE接收到类型为"移动性注册更新"的注册请求消息时，AMF在注册过程期间向UE发送新的5G-GUTI。

◆ **测试用例 3**

在接收到UE为了响应寻呼消息而发送的服务请求消息时，AMF向UE发送新的5G-GUTI。

③ 预期结果

● 对于测试用例1、例2、例3，通过在注册过程中访问测试AMF通过N1接口发送的NAS信令包来检索新的5G-GUTI。

● 对于测试用例1、例2、例3，封装了新5G-GUTI的NAS消息由被测AMF提供了机密性和完整性保护，其实用的NAS安全上下文与UE的NAS安全上下文一致。

● 新的5G-GUTI与旧的5G-GUTI不同。

7.2.2 UPF

1. UPF安全要求

(1)用户数据保护

● 通过N3接口传输的用户数据的机密性保护：gNB和UPF之间传输的用户数据应受到机密性保护。

● 通过N3接口传输的用户数据的完整性保护：gNB和UPF之间传输的用户数据应受到完整性保护。

● 通过N3接口传输的用户数据的抗重放保护：gNB和UPF之间传输的用户数据应受到抗重放保护。

● 保护在PLMN内通过N9传输的用户数据：5GC内部接口可用于传输信令数据以及隐私敏感数据(例如，用户和订阅数据)，或其他参数(例如，安全密钥)，需要保密和完整性保护。

(2)信令数据保护

● 保护通过N4接口传输的信令数据：5GC内部接口可用于传输信令数据以及隐私敏感数据(例如，用户和订阅数据)，或其他参数(例如，安全密钥)，需要保密和完整性保护。

(3)TEID唯一性

● 在建立或发布新的PDU会话时执行CN隧道信息的分配和释放。SMF或UPF支持此功能。

2. UPF 功能测试

（1）用户数据保护

UPF 的用户数据保护的安全性主要包括通过 N3 接口传输的用户数据的机密性保护、通过 N3 接口传输的用户数据的完整性保护、通过 N3 接口传输的用户数据的抗重放保护，以及在 PLMN 内通过 N9 传输的用户数据的保护。

① 通过 N3 接口传输的用户数据的机密性保护

从功能要求说明、功能的测试步骤以及预期结果来对 UPF 通过 N3 接口传输的用户数据的机密性保护进行分析。

a. 要求说明

gNB 和 UPF 之间传输的用户数据应受到机密性保护。

b. 测试步骤

目前，在 3GPP TS33.513《5G 安全保护规范：UPF》中并未对通过 N3 接口传输的用户数据的机密性保护功能的测试步骤做出具体规定，仅在 TS33.117《一般安全保护要求目录》中进行了说明，具体内容如下所述。

- 步骤 1：确定安全配置是否符合产品文档的详细规定。
- 步骤 2：在网络产品与对端设备之间建立安全连接，以验证网络产品支持由安全配置文件授权的所有协议版本和密码算法组合。
- 步骤 3：当对端设备禁用了安全配置文件的功能时（包括所有协议版本和密码算法组合），此时无法在网络产品与对端设备之间建立安全连接。

c. 预期结果

在 gNB 和 UPF 之间传输的用户数据受到机密性保护。

② 通过 N3 接口传输的用户数据的完整性保护

从功能要求说明、功能的测试步骤以及预期结果来对 UPF 通过 N3 接口传输的用户数据的完整性保护进行分析。

a. 要求说明

gNB 和 UPF 之间传输的用户数据应受到完整性保护。

b. 测试步骤

测试步骤与通过 N3 接口传输的用户数据的机密性保护测试步骤一样。

c. 预期结果

在 gNB 和 UPF 之间传输的用户数据受到完整性保护。

③ 通过 N3 接口传输的用户数据的抗重放保护

从功能要求说明、功能的测试步骤以及预期结果来对 UPF 通过 N3 接口传输的用户数据的抗重放保护进行分析。

a. 要求说明

gNB 和 UPF 之间传输的用户数据应受到重放保护。

b. 测试步骤

● 步骤 1：通过测试仪器捕获 gNB 和 UPF 之间通过 N3 接口发送的用户数据（封装有效载荷）。

● 步骤 2：过滤 ESP 头，其中包含安全参数索引、序列号、有效载荷数据、填充、填充长度以及下一个 ESP 头。

● 步骤 3：检查过滤的 ESP 头的序列号，并使用任意的数据包制作工具创建包含与该序列号相同序列号的 ESP 头，或者直接重放捕获的用户数据包。

● 步骤 4：通过捕获 N3 接口检查重放的用户面数据包是否由 UPF 进行处理，以查看是否从 UPF 接收到了任何相应的响应消息。

● 步骤 5：如果 UPF 没有向重放的数据包发送相应的响应，那么可以确认 UPF 通过丢弃或者忽略重放的数据包来提供重放保护。

● 步骤 6：可以根据结果来验证，如果 IPSec 隧道端点（即 UPF）没有对创建的 ESP 数据包或重放的用户数据进行处理，那么 N3 接口即被实施了重放保护。

c. 预期结果

在 UE 和 UPF 之间传输的用户数据受到重放保护。

④ 在 PLMN 内通过 N9 传输的用户数据的保护

从功能要求说明、功能的测试步骤以及预期结果来对 UPF 在 PLMN 内通过 N9 传输的用户数据的保护进行分析。

a. 要求说明

5G 核心网内的接口可用于传输信令数据以及个人隐私敏感数据，例如，用户数据和订阅数据，还可以传输其他参数数据，例如，安全密钥，因此需要进行机密性和完整性保护。为了保护非 SBA 内部接口，例如，N4 和 N9，5G 核心网内的接口应使用 NDS / IP。

b. 测试步骤

测试步骤与通过 N3 接口传输的用户数据的机密性保护测试步骤一样。

c. 预期结果

在 PLMN 内通过 N9 传输的用户数据受到保护。

（2）信令数据保护

从功能要求说明、功能的测试步骤以及预期结果来对 UPF 信令数据保护进行分析。

a. 要求说明

5G 核心网内的接口可用于传输信令数据以及个人隐私敏感数据，例如，用户数据和订阅数据，还可以传输其他参数数据，例如，安全密钥。因此需要进行机密性和完整性保护。为了保护非 SBA 内部接口，例如，N4 和 N9，5G 核心网内的接口应使用 NDS / IP。

b. 测试步骤

测试步骤与通过 N3 接口传输的用户数据的机密性保护测试步骤一样。

c. 预期结果

通过 N4 接口传输的信令数据受到保护。

（3）TEID 唯一性

从功能要求说明、功能的测试步骤以及预期结果来对 UPF TEID 的唯一性进行分析。

a. 要求说明

按照 3GPP TS 23.501 中的规定，当建立或者发布一个新的 PDU 会话时，执行 CN 隧道信息的分配和发布，该功能由 SMF 或者 UPF 实现。在 3GPP TS 29.281 中，TEID 的定义为“对于一个给定的 UDP/IP 端点，在 GTP-U 协议接收实体中明确标识一个隧道端点”。在 3GPP TS 23.060 中，TEID 定义为“逻辑节点的一个 IP 地址内的唯一标识符”。

b. 测试步骤

- 步骤 1：通过测试仪器拦截 UPF 和 SMF 之间的流量。
- 步骤 2：触发多于一个的连续的 N4 会话建立请求（至少 10000 个），其中，CHOOSE ID 被设置为 1。
- 步骤 3：捕获从 UPF 发送到 SMF 的 N4 会话建立响应，并验证为每个生成的响应创建的 F-TEID 是唯一的。

c. 预期结果

在每个不同的 N4 会话建立响应中设置的 F-TEID 是唯一的。

7.2.3 UDM

1. UDM 安全要求

用于身份验证和安全性关联建立目的的长期密钥应受到保护，免受物理攻击，并且应该使 UDM/ARPF 的安全环境受到保护。

对于 UDM 和 SIDF（用户标识去隐藏功能）相关的用户隐私要求，SIDF 负责对 SUCI 进行隐藏处理，并应满足以下要求。

- SIDF 是 UDM 提供的服务。
- SIDF 必须根据用于生成 SUCI 的保护方案，从 SUCI 解析 SUPI。

用于保护用户隐私的本地网络专用密钥应受到保护，以免受 UDM 中的物理攻击。在

UDM 中应该保存私钥和公钥对的归属网络公钥标识符，该私钥和公钥对的作用是用于用户隐私保护。

用于用户隐私的算法应在 UDM 的安全环境中执行。

2. UDM 安全功能测试

（1）用户隐私程序

从功能要求说明、功能的测试步骤以及预期结果来对 UDM 用户隐私程序进行分析。

a. 要求说明

SIDF 应根据生成 SUCI 的保护方案从 SUCI 中解析 SUPI。

b. 测试步骤

使用任何网络分析仪在 N1、N12 和 N13 接口上捕获 UE 和 AMF 之间的整个认证过程。

- 步骤 1：过滤出从 AUSF 发给 UDM 的 N13 接口中的 Nudm_Authentication_Get Response 消息，该接口包含了 SUPI。
- 步骤 2：比较从 UE 获得的 SUPI 和从 Nudm_Authentication_Get Response 消息中检索到的 SUPI。

c. 预期结果

SIDF 基于生成 SUCI 的保护方案从 SUCI 解析出 SUPI。

（2）认证和密钥协商程序

UDM 的认证和密钥协商程序主要包括同步失败的处理和通过 UDM 存储 UE 的认证状态。

① 同步失败的处理

从功能要求说明、功能的测试步骤以及预期结果来对 UDM 同步失败的处理进行分析。

a. 要求说明

当 UDM / ARPF 收到带有“同步失败指示”的 Nudm_UEAuthentication_Get Request 消息时（其中，ARPF 映射到 HE / AuC），UDM / ARPF 发送一个 Nudm_UEAuthentication_Get Response 消息，带有 EAP-AKA' 或 5G-AKA 的新认证向量，具体取决于适用于 AUSF 的用户的认证方法。

b. 测试步骤

- 步骤 1：AUSF 向 UDM 发送 Nudm_UEAuthentication_Get Request 消息，该消息中包含“同步失败指示”和参数 RAND 及 AUTS。
- 步骤 2：HE/AuC 通过计算 Conc(SQN_{MS}) $\oplus f5^*_K(RAND)$，从 Conc(SQN_{MS}) 中检索出 SQN_{MS}。（注：$f5^*$ 为再同步信息计算函数，K 为 128 位用户密钥，是函数 $f5^*$ 的输入）
- 步骤 3：HE/AuC 检查 SQN_{HE} 是否在正确的范围内，即 USIM 是否接受使用 SQN_{HE} 生成的下一个序列号。
- 步骤 4：如果 SQN_{HE} 不在正确的范围内，那么 HE/AuC 对 AUTS 进行验证。

● 步骤 5：如果验证成功，则 HE/AuC 将计数器 SQN_{HE} 的值重置为 SQN_{MS}。

c. 预期结果

UDM 向 AUSF 发送带有新认证向量的 Nudm_UEAuthentication_Get Response 消息。

② 通过 UDM 存储 UE 的认证状态

从功能要求说明、功能的测试步骤以及预期结果来对通过 UDM 存储 UE 的认证状态进行分析。

a. 要求说明

UDM 应在认证后存储 UE 的认证状态（SUPI，认证结果，时间戳和服务网络名称）。

b. 测试步骤

● 步骤 1：使用分析仪器在 N1、N12 和 N13 接口上捕获 UE 和 AMF 之间的整个认证过程。

● 步骤 2：过滤 N13 接口上的 Nudm_Authentication_Get Response 消息，以找到 SUPI。

● 步骤 3：过滤 N12 接口上的 Nausf_UEAuthentication_Authenticate Response 消息，以从中检索身份验证状态（对 EAP-AKA' 检索 EAP 是成功还是失败，对 5G AKA 检索其结果）。

● 步骤 4：使用 UDM 中存储的身份验证状态来对上述结果进行验证。

● 步骤 5：对 Nudm_Authentication_Get Response 消息中的 SUPI 和 UDM 中存储的 SUPI 进行比较。

● 步骤 6：过滤 N13 接口上的 Nudm_UEAuthentication_Get Request 消息。

● 步骤 7：对 Nudm_Authentication_Get Request 消息中的服务网络名称与 UDM 中存储的服务网络名称进行比较。

c. 预期结果

验证 UDM 中存储 UE 的认证状态（SUPI、认证结果、时间戳和服务网络名称）。

7.2.4 SMF

1. SMF 安全要求

目前，在 3GPP TS 33.515 中定义的 SMF 的安全要求主要为用户面安全策略的优先级。UDM 的用户平面安全策略优先于本地配置的用户平面安全策略。

2. SMF 安全功能测试

从功能要求说明、功能的测试步骤以及预期结果来进行分析，具体内容如下所述。

a. 要求说明

从 UDM 中获取的用户安全策略优先于本地配置的用户面安全策略。

b. 测试步骤

● 步骤 1：通过向 SMF 发送 Nsmf_PDUSession_CreateSMContext Request 消息来触发 PDU 会话建立过程。

● 步骤 2：测试 SMF 使用 UDM 提供的 Nudm_SDM_Get 服务，来检索 Session Management Subscription 数据，该数据包含 UDM 中的用户面安全策略。

c. 预期结果

在 Namf_Communication_N1N2MessageTransfer 消息中包含了 N2 SM 信息，将 N2 SM 信息中的 Security Indication IE 和 UDM 中配置的用户面安全策略进行对比，二者一致。

7.2.5 SEPP

1. SEPP 安全要求

SEPP 的具体安全要求如下所述。

● 充当非透明代理节点。

● 保护使用 N32 接口相互通信的不同 PLMN 的两个 NF 之间的应用层控制平面消息。

● 在漫游网络中与 SEPP 进行密码套件的相互认证和协商。

● 处理密钥管理方面的内容，这些方面涉及在两个 SEPP 之间的 N32 接口上设置保护消息所需的加密密钥。

● 通过限制外部方可见的内部拓扑信息来执行拓扑隐藏。

● 作为反向代理，应提供对内部 NF 的单点访问和控制。

● 接收方 SEPP 应当能够验证发送方 SEPP 是否被授权使用接收到的 N32 消息中的 PLMN ID。

● 能够清楚地区分用于对等 SEPP 认证的证书和用于进行消息修改的中间件认证的证书（例如，通过单独的证书存储来实现这种区分）。

● 丢弃格式错误的 N32 信令消息。

● 实施限速功能，以保护自己和随后的 NF 免受过多控制面信令的侵害，这包括 SEPP 到 SEPP 信令消息。

● 实施反欺骗机制，以实现源和目标地址标识符（例如，FQDN 或 PLMN ID）的跨层验证（例如，如果消息的不同层之间存在不匹配，或者目标地址不属于 SEPP 自己的 PLMN，则将丢弃该消息。）

2. SEPP 安全功能测试

（1）正确处理对等 SEPP 和 IPX 提供商的加密材料

从功能要求说明、功能测试步骤以及预期结果 3 个方面来对正确处理对等 SEPP 和

IPX 提供商的加密材料进行分析。

a. 要求说明

SEPP 应能够清楚地区分用于认证对等 SEPP 的证书和用于认证执行消息修改的中间体的证书。

b. 测试步骤

- 步骤 1.1：两个 SEPP 都配置为通过模拟 IPX 系统进行 N32-f 通信。
- 步骤 1.2：两个 SEPP 相互之间建立 N32 连接。辅助 SEPP 通过 N32-c 向被测 SEPP 提供 IPX 提供商的公钥 / 证书，作为 IPX 安全信息列表的一部分。
- 步骤 1.3：在步骤 1.2 中的 N32 连接仍处于活动状态的同时，尝试使用 IPX 提供商的私钥建立额外的 N32-c TLS 连接。
- 步骤 1.4：根据内部的日志文件，验证被测 SEPP 如何处理步骤 1.3 中的 N32-c 连接尝试。
- 步骤 2.1：两个 SEPP 都配置为通过模拟 IPX 系统进行 N32-f 通信。
- 步骤 2.2：两个 SEPP 相互之间建立 N32 连接。辅助 SEPP 通过 N32-c 向被测 SEPP 提供 IPX 提供商的公钥 / 证书，作为 IPX 安全信息列表的一部分。
- 步骤 2.3：通过 IPX 系统从辅助 SEPP 向被测 SEPP 发送 N32-f 消息。
- 步骤 2.4：中间 IPX 系统在 N32-f 消息中附加一个任意 JSON-（NULL-）补丁，并使用自己的私钥，而不是辅助 SEPP 的私钥对其进行签名，然后将修改后的消息转发给被测 SEPP。
- 步骤 2.5：根据内部日志文件，验证被测 SEPP 如何处理收到的 N32-f 消息。

c. 预期结果

- 使用中间 IPX 系统加密材料的 N32-c TLS 连接建立失败。
- 使用对等 SEPP 的私钥签名的 JSON 补丁被测试中的 SEPP 丢弃。

（2）PX 提供商的加密材料的特定连接范围

从功能要求说明、功能的测试步骤以及预期结果来对 IPX 提供商的加密材料的特定连接范围进行分析。

a. 要求说明

来自 IPX 提供商的加密材料，即用于验证 N32-f 消息修改的原始公钥或证书，仅对其交换的 N32 连接有效。被测试的 SEPP 不接受由 IPX 提供商签名的 N32-f 消息修改，除非加密材料已经作为 IPX 安全信息列表的一部分通过相关的 N32-c 连接进行了交换。

b. 测试步骤

- 步骤 1：两个 SEPP 都配置为通过模拟 IPX 系统进行 N32-f 通信。
- 步骤 2：两个 SEPP 相互之间建立了 N32-c 连接。作为 IPX 安全信息列表的一部分，辅助 SEPP 向被测 SEPP 提供 IPX 提供商（KEY_A）准备好的原始公钥 / 证书。

● 步骤 3：与步骤 1 中建立 N32 连接并行，在两个 SEPP 之间建立另外的连接。在此连接中，交换 IPX 提供商（KEY_B）的备用原始公钥 / 证书。

● 步骤 4：在步骤 1 中建立的 N32 连接中，从辅助 SEPP 向被测 SEPP 发送 N32-f 消息。中间 IPX 系统附加一个任意 JSON-（NULL-）补丁，该补丁属于 KEY_B 的私钥签名，即在该特定 N32 连接的范围之外。然后将修改后的消息转发给需要测试的 SEPP。

● 步骤 5：根据被测 SEPP 的日志文件，验证被测 SEPP 如何处理收到的 N32-f 消息。

c. 预期结果

由 IPX 提供商签名的 N32-f 消息修改，其信息未作为相关 N32-c 连接的一部分进行交换，将会被测试的 SEPP 所丢弃。

（3）正确处理服务 PLMN ID 的不匹配

从功能要求说明、功能的测试步骤以及预期结果来对正确处理服务 PLMN ID 的不匹配进行分析。

a. 要求说明

● 接收 SEPP 应验证输入的 N32-f 消息中包含的 PLMN ID 是否与相关 N32-f 上下文中的 PLMN ID 相匹配。

● pSEPP 应检查访问令牌主题声明的服务 PLMN ID 是否与 N32 消息中的 N32-f 上下文 ID 相对应的远程 PLMN ID 相匹配。

b. 测试步骤

● 步骤 1：除了附加在访问令牌主题声明中的 PLMN ID 与对等 SEPP 的 PLMN ID 不同之外，正确地计算一个访问令牌，然后在 NF 服务请求中包含该访问令牌。

● 步骤 2：对等 SEPP 向测试 SEPP 发送 N32 消息，该消息中包含具有访问令牌的 NF 服务请求。

● 步骤 3：测试 SEPP 从对等 SEPP 接收传入的 N32 消息，并验证访问令牌主题声明中的 PLMN ID 与 N32-f 上下文 N32-f 对等信息中的远程 PLMN ID 不匹配。

c. 预期结果

被测 SEPP 向 N32-c 连接上的对等 SEPP 发送错误信令消息。

7.2.6 NEF

1. NEF 安全要求

NEF 支持将网络功能对外开放给应用程序，这些应用程序通过 NEF 与相关的网络功能交互。NEF 和应用程序功能之间的接口应满足以下要求。

- 应支持 NEF 与应用功能之间通信的完整性保护、抗重放保护和机密性保护。
- 应支持 NEF 和应用功能之间的相互认证。
- 内部 5GC 信息（例如，DNN、S-NSSAI 等）不得在 3GPP 运营商域外发送。
- NEF 不得在 3GPP 运营商域外发送 SUPI。

NEF 能够确定应用程序功能是否被授权与相关的网络功能进行交互。

2. NEF 安全功能

在 5G 系统中，网络功能通过 NEF 将功能和事件安全地开放给第三方应用程序功能。NEF 还可以通过已认证和授权的应用程序功能在 3GPP 网络中安全地提供信息。

（1）双向认证

对于 NEF 和位于 3GPP 运营商域之外的应用功能之间的认证，应使用 TLS 在 NEF 和 AF 之间执行基于客户端和服务器证书的双向认证。基于证书的认证应遵循 3GPP TS 33.210 中 6.2 节给出的配置文件。

（2）NEF-AF 接口保护

TLS 必须用于为 NEF 和 AF 之间的接口提供完整性保护、抗重放保护和机密性保护。TLS 的支持是强制性的。TLS 实施和使用的安全配置文件应遵循 TS 33.210 中 6.2 节的规定。

（3）对 AF 请求的授权

认证之后，NEF 确定是否授权应用程序功能发送对 3GPP 网络实体的请求。NEF 必须使用基于 OAuth 的授权机制来授权来自应用功能的请求，具体的授权机制应遵循 RFC 6749 中的规定。

（4）对 CAPIF 的支持

如果 NEF 按照 TS 23.50 中 6.2.5.1 节的规定支持 CAPIF 进行能力开放，则 CAPIF 核心功能应选择 TS 33.122 中 6.5.2 节所定义的 CAPIF-2e 安全方法进行 NEF–AF 接口的双向认证和保护。

3. NEF 安全功能测试

（1）应用功能认证

从功能要求说明、功能的测试步骤以及预期结果来对 NEF 应用功能认证进行分析。

a. 要求说明

- NEF 应支持与应用功能之间的相互认证。
- 对于 NEF 和驻留在 3GPP 运营商之外的应用功能之间的身份验证，应使用 TLS 在 NEF 和 AF 之间执行基于客户端和服务器证书的相互身份验证。

b. 测试步骤

- 步骤 1：如果使用基于证书的身份验证，则在应用程序功能上提供正确的证书。如果使用基于预共享密钥的身份验证，则在应用程序功能上提供相同的预共享密钥。

● 步骤2：应用功能启动到NEF的TLS连接的建立过程，并检查TLS连接是否成功建立。

● 步骤3：如果使用基于证书的身份验证，则在应用程序功能上提供不正确的证书；如果使用基于预共享密钥的身份验证，则在应用程序功能上提供不同的预共享密钥。

● 步骤4：应用功能启动到NEF的TLS连接的建立过程，并检查是否建立新的TLS连接。

c. 预期结果

在步骤2中仅建立一个TLS连接。

(2) 北向API的授权

关于NEF的北向API授权功能，从功能的要求说明、测试步骤以及预期结果等方面进行分析。

① 要求说明

NEF应使用基于OAuth的授权机制对来自应用程序功能的请求进行授权。

② 测试步骤

◆ **测试用例1(没有令牌)**

● 步骤1：应用程序函数向授权服务器调用Obtain_Authorization服务，以从授权服务器获取令牌，以访问NEF北向API A。

● 步骤2：应用程序函数调用NEF北向API A。

● 步骤3：触发应用程序功能，调用NEF的另一个北向API(称为NEF北向API B)，不需要令牌。

◆ **测试用例2(使用不正确的令牌)**

● 步骤1：应用程序函数向授权服务器调用Obtain_Authorization服务，以从授权服务器获取令牌，以访问NEF北向API A。

● 步骤2：应用程序函数调用NEF北向API A。

● 步骤3：触发应用程序功能，使用伪令牌调用NEF北向API B。

③ 预期结果

NEF北向API A的调用成功，而NEF北向API B的调用失败。

7.2.7 AUSF

1. AUSF安全要求

鉴权服务功能（AUSF）必须处理3GPP接入和非3GPP接入的认证请求。如果VPLMN发送了带有SUCI的验证请求，则只有在验证确认之后，AUSF才应向VPLMN提供SUPI。AUSF应通知UDM已经成功或不成功地进行了用户认证。

2. AUSF 安全功能测试

根据源自 TS 33.501 的 AUSF 的安全功能要求，以及 TR 33.926 中所述的针对 AUSF 的威胁得出的安全要求，没有针对 AUSF 的特定测试用例。

7.3 5G 核心网安全重点内容

7.3.1 认证和鉴权

5G 引入了 eMBB、uRLLC 和 mMTC 三大业务场景，实现的不仅仅是人与人之间的通信，更多地将用于实现人与物、物与物之间的通信。这就决定了 5G 在认证和鉴权方面将面临新的安全需求，主要表现在以下 3 个方面。

（1）统一的认证框架

在 5G 网络下，接入网络的终端除了手机终端，还包括大量的垂直行业终端。5G 网络的接入方式除了 3GPP 接入，还包括各种类型的 Non-3GPP 接入。不同接入技术拥有相互独立的 ID 和独立的鉴权方式，加上网关边缘的各种认证和私密会话业务，造成每种无线接入中都有独立的无线资源管理，不同接入技术之间难以进行互通。为了适应上述变化，5G 网络引入了统一的 UE 认证框架，实现了对各种终端类型、各种接入方式的统一认证和鉴权，以及统一的密钥层次结构。5G 网络的统一认证框架为 5G 网络安全奠定了坚实的基础。

（2）基于归属网络的认证加强

在传统认证机制中，拜访地 / 归属地的两级移动网络架构下的认证机制要求归属网络无条件信任拜访网络的认证结果。但随着网络的发展，出现了越来越多的安全隐患，拜访网络和归属网络之间的信任程度在不断降低。例如，拜访地运营商可以声称为某运营商的用户提供接入服务而实际未提供，导致计费纠纷。对于 5G 网络来说，相较于人与人之间的语音通信和数据交互，万物互联下的移动通信将会承载更多的设备测控类信息，因此对接入安全的要求更高。例如，5G 系统会被垂直行业用于传递远程操控的控制消息，这使 5G 认证还需要加强归属网络对用户终端的认证能力，使其摆脱对拜访网络的依赖，实现用户在归属地 / 拜访地等不同地点间的认证机制统一。

（3）基于垂直行业应用的二次认证

5G 网络将更多地为垂直行业提供服务，而垂直行业对 5G 网络提出了更多的需求。例如，需要通过 5G 网络切片来为垂直行业提供定制化的服务，包括为特定的业务提供数据通道建立前的认证机制。因此 5G 网络引入了二次认证的概念，即在用户接入网络时进行认证后为接入特定业务建立数据通道而进行的认证。在该认证过程中，第一次使用了非运营商控制的信任状要求。例如，当 5G 网络用于为高保障业务系统提供通信时，用户通过接入认证后并不能直接与业务系统建立连接，而是利用业务相关的信任状与用户终端进行认证，并在认证通过的情况下允许5G网络为用户建立与业务系统间的通信链路，从而提升对业务系统的保护。

1. 概述

当UE能够连接到5GC和EPC，并且已经连接到ng-eNB，可以连接到EPC和5GC时，UE能够按照TS 24.501的要求，来选择连接到哪个核心网络。如果UE选择EPC，则UE应使用TS 33.401中的安全过程。如果UE选择5GC，则UE应使用TS 33.501的安全过程。

对于可以连接到EPC和5GC的ng-eNB，ng-eNB应该基于UE选择的核心网络类型来选择相应的安全过程。

2. 初次认证和密钥协议

（1）认证框架

① 一般要求

初次认证和密钥协商过程的目的是实现UE和网络之间的相互认证，并提供可在UE和服务网络之间的后续安全过程中使用的密钥材料。由初次认证和密钥协商过程生成的密钥材料会产生一个被称为锚密钥的K_{SEAF}。该锚密钥由归属网络的AUSF提供给服务网络的SEAF。

可以从K_{SEAF}派生多个安全上下文的密钥，而不需要新的身份验证。例如，在3GPP接入网络上运行的认证还可以提供密钥，以在UE和不可信的non-3GPP接入中使用的N3IWF之间建立安全连接。

锚密钥K_{SEAF}是由中间密钥K_{AUSF}派生而来，归属运营商制订了关于使用这种密钥的策略，将K_{AUSF}安全地存储在AUSF中时使用该策略。

② EAP框架

EAP框架在RFC 3748中进行了规定，它定义了以下角色：对端，传递身份验证器和后端认证服务器。后端认证服务器充当EAP服务器，用于终止与对端的EAP认证方法。在5G系统中，当使用EAP-AKA'时，可以通过以下方式来支持EAP框架。

- UE作为对端的角色。
- SEAF作为传递身份验证器的角色。
- AUSF作为后端认证服务器的角色。

③ 服务网络名称的构建

a. 服务网络名称

服务网络名称用于导出锚密钥。它有以下两个目的。

- 通过包含服务网络标识符（SN Id）将锚密钥绑定到服务网络。
- 通过将服务代码设置为“5G”，确保锚密钥专用于 5G 核心网络和 UE 之间的认证。

在 5G AKA 中，服务网络名称具有与将 RES * 和 XRES * 绑定到服务网络的类似目的。

服务网络名称由服务代码和 SN Id 组成，中间用分隔符“：”连接，服务代码在 SN Id 之前。在服务网络名称中没有像“接入网络类型”这样的参数，因为服务网络名称与 5G 核心网流程相关，而与访问网络类型无关。

SN Id 标识了服务 PLMN，具体定义可以参考 TS 24.501。

b. UE 构建服务网络名称

UE 按以下方式构建服务网络名称。

- 将服务代码设置为“5G”。
- 将网络标识符设置为其正在进行身份验证的网络的 SN Id。
- 将服务代码和 SN Id 用分隔符“：”连接。

c. SEAF 构建服务网络名称

SEAF 按如下方式构建服务网络名称。

- 将服务代码设置为“5G”。
- 将网络标识符设置为 AUSF，进而向其发送认证数据的服务网络的 SN Id。
- 将服务代码和 SN Id 用分隔符“：”连接。

（2）启动认证和认证方法的选择

初次认证过程和认证方法选择如图 7-4 所示。

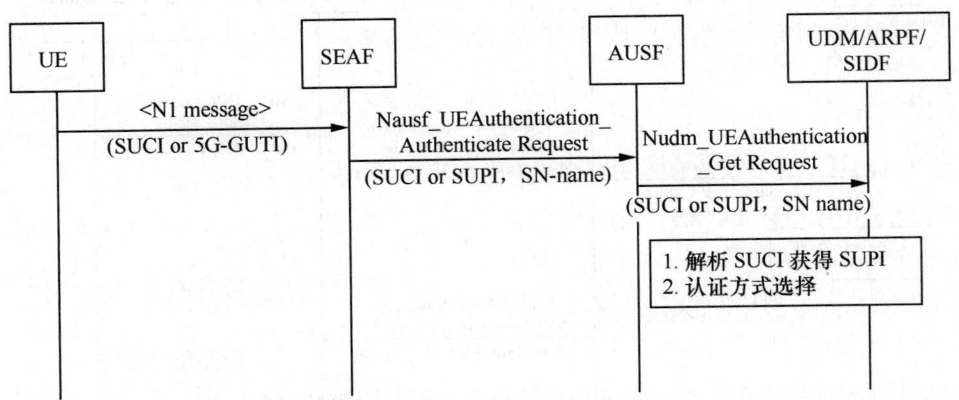

图7-4 初次认证过程和认证方法选择

根据 SEAF 的策略，SEAF 可以在与 UE 建立信令连接的任何过程中发起与 UE 的认证。UE 应在注册请求中使用 SUCI 或 5G-GUTI。当 SEAF 要启动认证时，SEAF 将通过向 AUSF 发送 Nausf_UEAuthentication_Authenticate 请求消息来调用 Nausf_UEAuthentication 服务。Nausf_UEAuthentication_Authenticate Request 消息应包含 SUCI 或者 SUPI。

如果SEAF具有有效的5G-GUTI并且对UE进行重新认证，则SEAF应在Nausf_UEAuthentication_Authenticate请求消息中包含SUPI。否则，在Nausf_UEAuthentication_Authenticate请求消息中应包含SUCI。Nausf_UEAuthentication_Authenticate请求消息还应包含服务网络名称。

当接收到Nausf_UEAuthentication_Authenticate请求消息时，AUSF将通过比较服务网络名称和预期的服务网络名称来检查服务网络中的请求SEAF是否有权使用Nausf_UEAuthentication_Authenticate请求消息中的服务网络名称。AUSF应临时存储接收的服务网络名称。如果服务网络未被授权使用服务网络名称，则AUSF将在Nausf_UEAuthentication_Authenticate响应消息中返回"服务网络未授权"。

从AUSF发送到UDM的Nudm_UEAuthentication_Get请求消息包括以下信息。

- SUCI或者SUPI。
- 服务网络名称。

在接收到Nudm_UEAuthentication_Get请求消息时，如果接收到的是SUCI，则UDM将调用SIDF。在UDM处理请求之前，SIDF应解除SUCI以获得SUPI。基于SUPI，UDM/ARPF应根据订阅数据选择认证方法。

（3）认证过程

① EAP-AKA' 认证过程

EAP-AKA' 认证过程如图7-5所示。

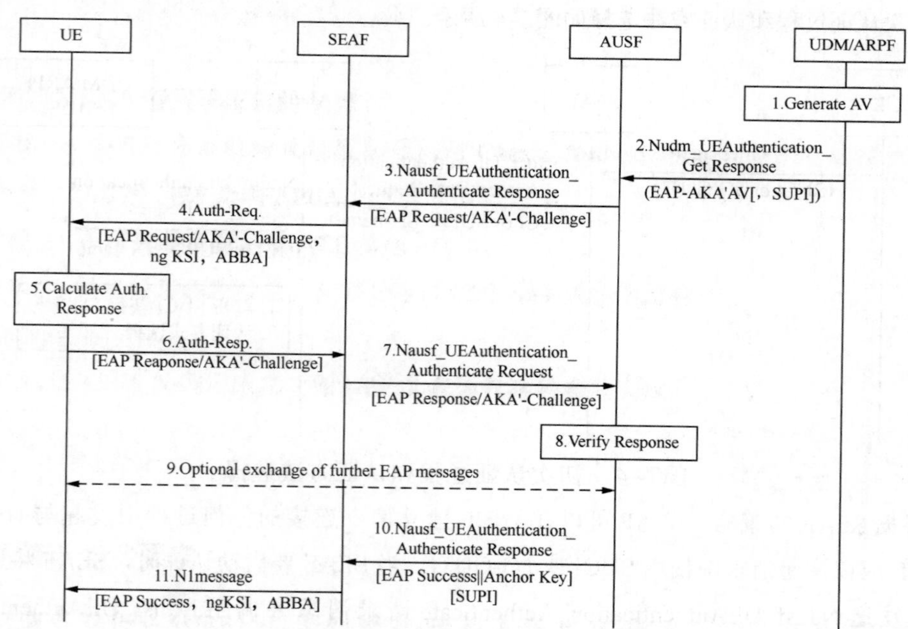

图7-5 EAP-AKA' 认证过程

EAP- AKA' 的认证程序如下所述。

● 步骤 1：UDM / ARPF 首先生成认证向量（AV），其认证管理字段（AMF）分离位为“1”（TS 33.102）。然后，UDM / ARPF 计算 CK' 和 IK'，并用 CK' 和 IK' 替换 CK 和 IK。

● 步骤 2：UDM 在从 AUSF 收到 Nudm_UEAuthentication_Get 请求消息后（该消息中指示 AV' 将被用于 EAP-AKA'），UDM 随后通过 Nudm_UEAuthentication_Get 响应消息将该变换后的认证向量 AV'(RAND，AUTN，XRES，CK'，IK'）发送到 AUSF。如果 SUCI 包含在 Nudm_UEAuthentication_Get 请求消息中，则 UDM 将在 Nudm_UEAuthentication_Get 响应消息中包含 SUPI。

● 步骤 3：AUSF 在 Nausf_UEAuthentication_Authenticate 响应消息中向 SEAF 发送 EAP-Request / AKA'-Challenge 消息。

● 步骤 4：SEAF 在 NAS 消息认证请求消息中将 EAP-Request / AKA'-Challenge 消息透明地转发给 UE。ME 应将在 EAP-Request / AKA'-Challenge 消息中收到的 RAND 和 AUTN 转发给 USIM，该消息应包括 ngKSI 和 ABBA 参数。实际上，SEAF 在所有 EAP-Authentication 请求消息中包含 ngKSI 和 ABBA 参数。UE 和 AMF 使用 ngKSI 来标识在身份验证成功时创建的部分本地安全上下文。SEAF 应设置 ABBA 参数，在 EAP 认证期间，SEAF 发送给 UE 的 ngKSI 和 ABBA 参数的值不得改变。

● 步骤 5：收到 RAND 和 AUTN 后，USIM 应通过检查是否可以接受 AUTN(TS 33.102）来验证 AV' 的新鲜度。如果是这样，USIM 计算响应 RES。USIM 应将 RES、CK、IK 返回给 ME。如果 USIM 使用 TS 33.102 中描述的转换函数 c3，从 CK 和 IK 计算 Kc(即 GPRS Kc)，并将其发送给 ME，则 ME 应忽略此类 GPRS Kc，并不在 USIM 或者 ME 上存储 GPRS Kc。

● 步骤 6：UE 应在 NAS 消息 Auth-Resp 中向 SEAF 发送 EAP-Response / AKA'-Challenge 消息。

● 步骤 7：SEAF 应在 Nausf_UEAuthentication_Authenticate 请求消息中将 EAP-Response / AKA'-Challenge 消息透明地转发给 AUSF。

● 步骤 8：AUSF 应验证上述消息，如果 AUSF 已成功验证该消息，则继续后续的步骤，否则应向 SEAF 返回错误。AUSF 应通知 UDM 认证结果。

● 步骤 9：AUSF 和 UE 可以通过 SEAF 交换 EAP-Request / AKA'-Notification 和 EAP-Response / AKA'-Notification 消息。SEAF 应透明地转发这些信息。

● 步骤 10：AUSF 从 CK' 和 IK' 导出 EMSK。AUSF 使用最重要的 256 位 EMSK 作为 K_{AUSF}' 然后从 K_{AUSF} 计算 K_{SEAF}。AUSF 应在 Nausf_UEAuthentication_Authenticate 响应消息中向 SEAF 发送 EAP 成功消息，该消息应被透明地转发给 UE。Nausf_UEAuthentication_Authenticate 响应消息包含 K_{SEAF}。如果 AUSF 在启动认证时从 SEAF 收到了 SUCI，则 AUSF

还应在 Nausf_UEAuthentication_Authenticate 响应消息中包含 SUPI。

● 步骤 11：SEAF 应在 N1 消息中向 UE 发送 EAP 成功消息，该消息还应包括 ngKSI 和 ABBA 参数。SEAF 应设置 ABBA 参数。

如果未成功验证 EAP-Response / AKA'-Challenge 消息，则根据归属网络的策略确定 AUSF 的后续行为。如果 AUSF 和 SEAF 确定认证成功，则 SEAF 向 AMF 提供 ngKSI 和 K_{AMF}。

② 5G AKA 认证过程

5G AKA 通过为归属网络提供来自访问网络的 UE 的认证成功的证明来增强 EPS AKA。该证明由访问网络在 Authentication Confirmation 消息中发送。5G AKA 认证过程如图 7-6 所示。

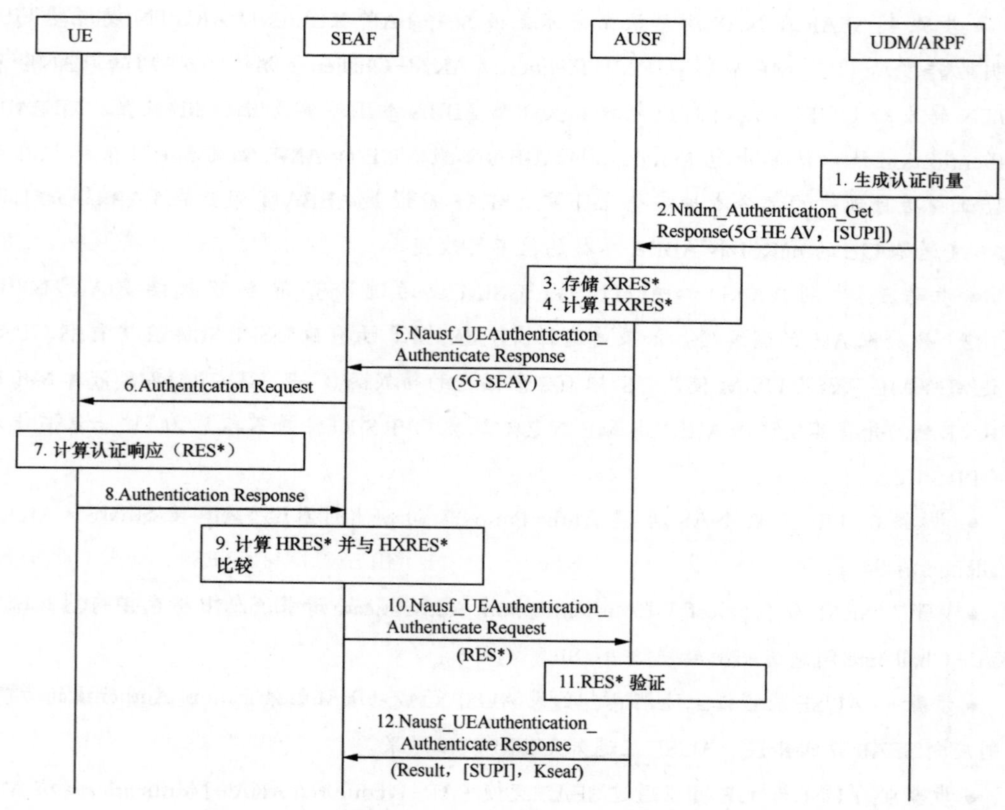

图7-6 5G AKA认证过程

5G AKA 的认证过程如下所述。

● 步骤 1：对于每个 Nudm_Authenticate_Get 请求，UDM / ARPF 应创建 5G HE AV。UDM / ARPF 通过生成 AV 并将认证管理字段（AMF）分离位设置为“1”（TS 33.102）来实现上述目的。然后，UDM / ARPF 将导出 K_{AUSF}，并计算 XRES*。最后，UDM / ARPF

将从 RAND，AUTN，XRES* 和 K_{AUSF} 创建 5G HE AV。

● 步骤 2：UDM 应在 Nudm_UEAuthentication_Get 响应中将 5G HE AV 返回给 AUSF，同时指示 5G HE AV 将被用于 5G AKA。如果在 Nudm_UEAuthentication_Get 请求中包含 SUCI，则 UDM 将在 Nudm_UEAuthentication_Get 响应中包含 SUPI。

● 步骤 3：AUSF 应临时保存 XRES* 和收到的 SUCI 或 SUPI。AUSF 可以存储 K_{AUSF}。

● 步骤 4：AUSF 从 XRES* 计算 HXRES*，从 K_{AUSF} 计算 K_{SEAF}，通过上述计算，从接收到的 5G HE AV 生成 5G AV，并将 5G HE AV 中的 XRES* 替换为 HXRES*，K_{AUSF} 替换为 K_{SEAF}。

● 步骤 5：AUSF 移除 K_{SEAF}，在 Nausf_UEAuthentication_Authenticate 响应中将 5G SE AV（RAND，AUTN，HXRES*）返回给 SEAF。

● 步骤 6：SEAF 在 NAS 消息 Authentication Request 中把 RAND、AUTN 发送给 UE，此消息中还包括由 UE 和 AMF 用于标识 K_{AMF} 的 ngKSI 以及在身份验证成功时创建的部分本地安全上下文。另外，该消息还包括 ABBA 参数，ABBA 参数由 SEAF 设置。ME 应将 NAS 消息 Authentication Request 中收到的 RAND 和 AUTN 转发给 USIM。

● 步骤 7：在收到 RAND 和 AUTN 后，USIM 应通过检查 AUTN 是否可以被接受（TS 33.102）来验证 5G AV 的新鲜度。如果是这样，则 USIM 计算响应 RES，并将 RES、CK、IK 返回给 ME。如果 USIM 使用转换函数 c3（TS 33.102），从 CK 和 IK 计算 Kc（即 GPRS Kc），并将其发送给 ME，则 ME 应忽略此类 GPRS Kc 且不在 USIM 或 ME 中存储 GPRS Kc。ME 应从 RES 计算 RES*，并从 CK 和 IK 计算 K_{AUSF}，从 K_{AUSF} 计算 K_{SEAF}。ME 接入 5G 时应在认证期间检查 AUTN 的 AMF 字段中的分离位是否被设置为“1”。分离位是 AUTN 的 AMF 字段的第 0 位。

● 步骤 8：UE 应在 NAS 消息 Authentication Response 中将 RES* 返回给 SEAF。

● 步骤 9：SEAF 应从 RES* 计算 HRES*，并比较 HRES* 和 HXRES*。如果它们一致，则从服务网络的角度 SEAF 认为认证成功。如果 UE 不可达，并且 SEAF 从未接收到 RES*，则 SEAF 认为认证失败，并向 AUSF 指示失败。

● 步骤 10：SEAF 应将来自 UE 的 RES* 通过 Nausf_UEAuthentication_Authenticate 请求消息发送给 AUSF。

● 步骤 11：当 AUSF 接收到包含 RES* 的 Nausf_UEAuthentication_Authenticate 请求消息作为认证确认时，它可以验证 AV 是否已经过期。如果 AV 已经过期，则从归属网络的角度 AUSF 认为认证是不成功的。AUSF 将收到的 RES* 与存储的 XRES* 进行比较，如果 RES* 和 XRES* 相等，则从归属网络的角度 AUSF 认为认证成功。AUSF 应通知 UDM 认证结果。

● 步骤 12：AUSF 应在 Nausf_UEAuthentication_Authenticate 响应中向 SEAF 表明从归属

网络的角度看认证是否成功。如果验证成功，则应在 Nausf_UEAuthentication_Authenticate 响应中将 K_{SEAF} 发送给 SEAF。如果 AUSF 在认证请求中从 SEAF 收到 SUCI，并且认证成功，则 AUSF 还应在 Nausf_UEAuthentication_Authenticate 响应消息中包含 SUPI。

如果认证成功，在 Nausf_UEAuthentication_Authenticate 响应消息中接收的密钥 K_{SEAF} 将成为锚定密钥。然后，SEAF 从 K_{SEAF}、ABBA 参数和 SUPI 推导出 K_{AMF}。SEAF 应向 AMF 提供 ngKSI 和 K_{AMF}。

如果 SUCI 用于此认证，则 SEAF 仅在收到包含 SUPI 的 Nausf_UEAuthentication_Authenticate 响应消息后才向 AMF 提供 ngKSI 和 K_{AMF}，在服务网络知道 SUPI 之前，不会向 UE 提供通信服务。

在上述步骤 9 中，如果 HRES* 和 HXRES* 二者不一致，则 SEAF 应认为认证不成功。SEAF 应继续上面的步骤 10，并在步骤 12 中从 AUSF 收到 Nausf_UEAuthentication_Authenticate 响应消息后，按以下步骤操作。

如果 AUSF 在发给 SEAF 的 Nausf_UEAuthentication_Authenticate 响应消息中指出在 AUSF 中 RES* 验证未成功，或者如果在 SEAF 中验证 RES* 不成功，那么如果 UE 在初始 NAS 消息中使用了 SUCI，则 SEAF 应通过向 UE 发送认证拒绝消息来拒绝认证，或者如果 UE 在初始 NAS 消息中使用了 5G-GUTI，则 SEAF/AMF 将发起与 UE 的识别过程以检索 SUCI，同时可能会发起新的认证过程。

此外，如果 SEAF 没有按预期从 AUSF 接收到任何 Nausf_UEAuthentication_Authenticate 请求消息，则 SEAF 应拒绝对 UE 的认证或者发起与 UE 的识别过程。

③ 同步失败或 MAC 失败

a. USIM 中的同步失败或 MAC 故障

在使用 5G AKA 认证时的步骤 7，或者在 EAP-AKA' 认证时的步骤 5 中，在收到 RAND 和 AUTN 时，如果 AUTN 的验证失败，则 USIM 向 ME 指示失败的原因并且在同步失败的情况将 AUTN 参数（参见 TS 33.102）传递给 ME。

如果使用 5G AKA，ME 将在 NAS 消息 Authentication Failure 消息中携带 CAUSE 值，指出失败的原因。在 AUTN 的同步失败的情况下（TS 33.102），UE 还包括由 USIM 提供的 AUTN。在接收到认证失败消息后，AMF/SEAF 可以向 UE 发起新的认证（TS 24.501）。

如果使用 EAP-AKA'，ME 将按照 RFC 4187 和 RFC 5448 中针对 EAP-AKA' 的描述进行后续动作。

b. 归属网络中的同步故障恢复

在从 UE 接收到 AUTS 的认证失败消息后，SEAF 向 AUSF 发送具有“同步失败指示”的 Nausf_UEAuthentication_Authenticate 请求消息，同时 AUSF 向 UDM/ARPF 发送 Nudm_UEAuthentication_Get 请求消息，包含以下参数。

在先前的认证请求中发送给 UE 的 RAND 和 SEAF 接收到的 AUTS。

SEAF 不会对来自 UE 的未经请求的"同步失败指示"消息做出回应。在从 AUSF 接收到具有"同步失败指示"的 Nausf_UEAuthentication_Authenticate 请求消息的响应之前（或者在其超时之前），SEAF 不会向 UE 发送新的认证请求。

当 UDM/ARPF 接收到具有"同步失败指示"的 Nudm_UEAuthentication_Get 请求消息时，其将按照 TS 33.102 中 6.3.5 节的描述进行动作，其中，ARPF 被映射到 HE/AuC。UDM/ARPF 根据适用于用户的认证方法，向 AUSF 发送带有 EAP-AKA' 或 5G-AKA 新认证向量的 Nudm_UEAuthentication_Get 响应消息。AUSF 根据适用于用户的认证方法运行与 UE 的新的认证过程。

3. 二次认证

在由 5G 网络进行初次认证以外，5G 网络还支持由外部 DN-AAA 服务器进行基于 EAP 的二次认证。

UE 和外部数据网络中 DN-AAA 服务器之间的身份验证将使用 RFC 3748 中指定的 EAP 框架，SMF 执行 EAP 身份验证器的角色。在归属路由部署场景中，H-SMF 执行 EAP 身份验证器的角色，V-SMF 负责传送在 UE 和 H-SMF 之间交换的 EAP 消息。它依靠外部 DN-AAA 服务器来认证和授权 UE 的 PDU 会话建立请求。

在 UE 和 SMF 之间，应在 SM NAS 消息中发送 EAP 消息。该消息由 AMF 在 N1 接口上接收，并使用 Nsmf_PDUSession_CreateSMContext 服务操作或 Nsmf_PDUSession_Update SM Context 服务操作通过 N11 接口传递到 SMF（TS23.502）。充当 EAP 身份验证器角色的 SMF 通过 UPF 的 N4 和 N6 接口与外部 DN-AAA 通信。

SMF 调用 Namf_Communication_N1N2MessageTransfer 服务操作，以通过 AMF 向 UE 传输包含 EAP 消息的 N1 NAS 消息。

（1）身份验证

使用外部 AAA 服务器进行初始 EAP 身份验证的流程如图 7-7 所示，具体流程说明如下所述。

- 步骤 1~3：NG-UE 在网络上完成初次认证，由 AUSF/ARPF 进行初次认证过程，并与 AMF 建立 NAS 安全上下文。
- 步骤 4：UE 通过发送 NAS 消息来建立一个新的 PDU 会话，该 NAS 消息中包含了 N1 SM 容器内的 PDU 会话建立请求、切片信息（由 S-NSSAI 标识）、PDU 会话 ID，以及 UE 将要连接的 PDN（由 DNN 标识）。

该 PDU 会话建立请求包含 SM PDU DN 请求容器参数，包括有关外部 DN 进行 PDU 会话授权的信息。

- 步骤 5a：AMF 选择一个 V-SMF，发送 Nsmf_PDUSession_CreateSMContext 请求或 Nsmf_PDUSession_UpdateSMContext 请求，并将 N1 SM 容器作为其有效负载之一。它还转发 SUPI PDU 会话 ID、接收到的 S-NSSAI 和 DNN。
- 步骤 5b：V-SMF 向 AMF 发送一个 Nsmf_PDUSession_CreateSMContext 响应或 Nsmf_PDUSession_UpdateSMContext 响应。

在 PDU 会话设置中涉及单个 SMF 的情况下，例如，非漫游或本地情况，此时单个 SMF 会同时充当 V-SMF 和 H-SMF。在这种情况下，将跳过图 7-7 中的步骤 6 和步骤 17。

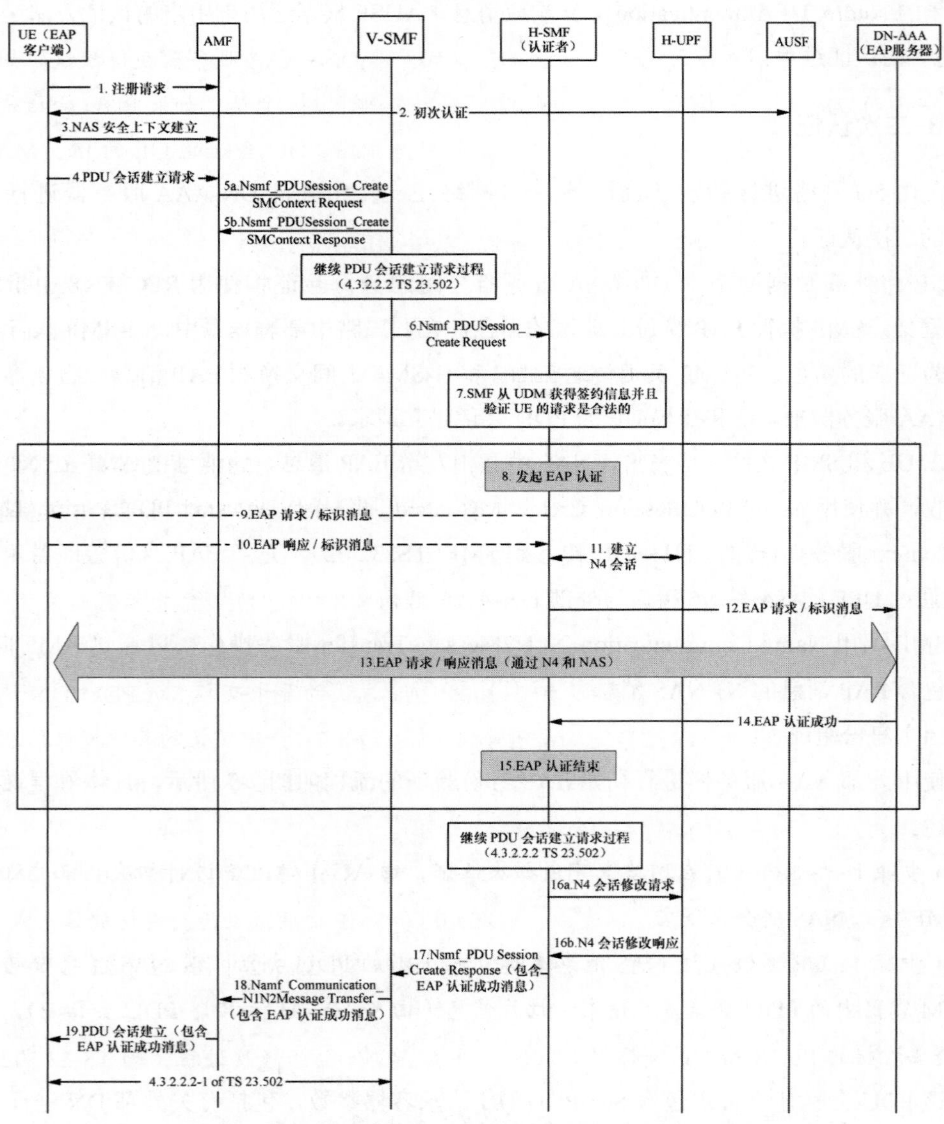

图7-7 使用外部AAA服务器进行初始EAP身份验证

• 步骤 6：V-SMF 向 H-SMF 发送一个 Nsmf_PDUSession_Create 请求。

• 步骤7：H-SMF 针对在步骤 5 中从 AMF 获得的给定 SUPI，从 UDM 获取订阅数据。SMF 根据用户订阅和本地策略，检查订阅数据是否需要二次认证以及是否允许 UE 请求。如果不允许，则 H-SMF 将通过 SM-NAS 信令拒绝 UE 的请求，并跳过其余步骤。如果需要二次认证，则 SMF 还可以检查 UE 是否已经由相同的 DN（例如，步骤 5 中指示的 DNN）或先前的 PDU 会话建立中的相同的 AAA 服务器进行认证和 / 或授权。如果已进行认证和 / 或授权，那么 SMF 可以跳过步骤 8~ 步骤 15。关于 UE 与 SMF 之间成功的认证 / 或授权的信息可以被保存在 SMF 和 / 或 UDM 中。

• 步骤 8：H-SMF 触发 EAP 身份验证，以从外部 DN-AAA 服务器获得授权。如果没有现有的 N4 会话，则 H-SMF 选择一个 UPF 并与其建立 N4 会话。如果 PDU 会话是以太网 PDU 类型，则 H-SMF 将 GPSI（如果有）以及分配给 PDU 会话的 UE 的 IP / MAC 地址和 MAC 地址通知给 DN-AAA 服务器。

• 步骤 9：H-SMF 发送 EAP 请求 / 身份消息给 UE。

• 步骤 10：UE 发送 EAP 响应 / 标识消息，该消息包含在了 NAS 消息的 SM PDU DN 请求容器中。SM PDU DN 请求容器包括其 DN 特定身份［符合网络访问标识符（NAI）格式］和 PDU 会话 ID。为了避免步骤 9 和步骤 10 中的额外交互，可以在步骤 4 中由 UE 发送二次认证标识。

• 步骤 11：如果没有现成的 N4 会话，则 H-SMF 选择一个 UPF 并与其建立 N4 会话。如果 UE 提供了 SM PDU DN 请求容器，则将其转发到 UPF。H-SMF 基于 UE 提供的 SM PDU DN 请求容器和本地配置来标识 DN-AAA 服务器。

• 步骤 12：UPF 将包含 EAP 响应 / 标识消息的 SM PDU DN 请求容器转发到 DN-AAA 服务器。

• 步骤 13：DN-AAA 服务器和 UE 应按照 EAP 方法的要求交换 SM PDU DN 请求容器中包含的 EAP 消息。此外，它可以发送 TS 23.501 第 5.6.6 条中定义的其他授权信息。

• 步骤 14：成功完成身份验证过程后，DN-AAA 服务器应将 EAP Success 消息发送给 H-SMF。

• 步骤 15：这样就完成了 SMF 上的身份验证过程。SMF 可以将 DN 特定 ID 和 DNN（或 DN 的 AAA 服务器 ID）保存在列表中，以在 UE 和 SMF 之间成功进行身份验证 / 或授权。SMF 可以更新 UDM 中的列表。如果授权成功，则从 TS 23.502 中图 4.3.2.2.1-1 的步骤 9a 开始进一步进行 PDU 会话建立。

• 步骤 16a~ 步骤 16b：SMF 用所选的 UPF 发起 N4 会话修改过程，如 TS 23.502 中图 4.3.2.2.1-1 的步骤 9a 和步骤 9b 所示。

• 步骤 17：H-SMF 将 Nsmf_PDUSession_Create 响应发送到 V-SMF。该消息应包括要

发送给 UE 的 EAP Success。

● 步骤 18：如 TS 23.502 中的图 4.3.2.2.1-1 的步骤 11 所示，V-SMF 将 Namf_Communication_N1N2MessageTransfer 发送到 AMF。该消息应包括要在 NAS SM PDU 会话建立接受消息中发送给 UE 的 EAP Success。

● 步骤 19：如 TS 23.502 中的图 4.3.2.2.1-1 的步骤 12 和步骤 13 所述，AMF 将 NAS SM PDU 会话建立接受消息与 EAP Success 一起转发给 UE。

UE 请求的 PDU 会话建立过程进一步进行，如 TS 23.502 中的 4.3.2.3 节所述。

（2）重新认证

使用外部 AAA 服务器进行 EAP 重新认证如图 7-8 所示，具体流程说明如下所述。

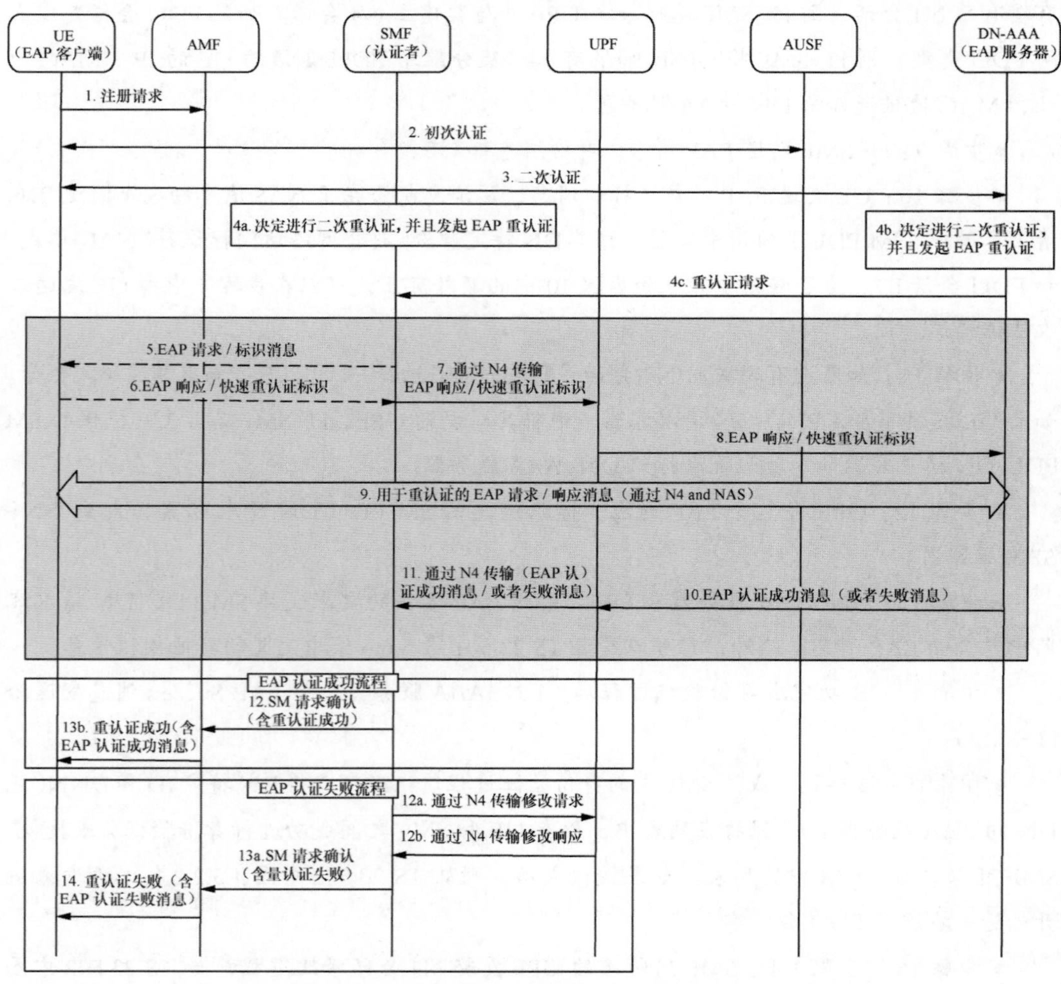

图7-8 使用外部AAA服务器进行EAP重新认证

● 步骤 1~ 步骤 3：二次认证过程已经完成。二次重新认证过程可以由 SMF 或外部 DN / AAA 服务器启动。如果通过 SMF 启动了重新身份验证，则过程将继续执行步骤 4a 跳过步骤 4b 和步骤 4c）。如果重新认证是由外部 DN / AAA 服务器发起的，则该过程将继续执行备用步骤 4b 和步骤 4c。

● 步骤 4a：SMF 决定启动二次重新认证。

● 步骤 4b：DN-AAA 服务器决定启动二次重新认证。

● 步骤 4c：DN-AAA 向 UPF 发送二次重新认证请求，并由 UPF 转发至 SMF。二次重新认证请求包含 GPSI（如果可用）以及分配给 PDU 会话的 UE 的 IP / MAC 地址，如果 PDU 会话属于以太网 PDU 类型，则包含 MAC 地址。

● 步骤 5：SMF 发送 EAP 请求 / 标识消息给 UE。

● 步骤 6：UE 将以 EAP 响应 / 标识消息（具有快速重认证身份）进行响应。

● 步骤 7：SMF 通过 N4 接口将 EAP 响应 / 标识消息转发到在初始身份验证期间选择的 UPF。这将在 SMF 和外部 DN-AAA 服务器之间建立用于 EAP 交换的端到端连接。

● 步骤 8：UPF 将 EAP 响应 / 标识消息转发给 DN-AAA 服务器。

● 步骤 9：DN-AAA 服务器和 UE 按照 EAP 方法的要求交换 EAP 消息。

● 步骤 10：完成身份验证过程后，DN-AAA 服务器将 EAP Success（成功）或 EAP Failure（失败）消息发送到 SMF。

● 步骤 11：这样就完成了 SMF 上的重新认证过程。

● 步骤 12~ 步骤 13：如果授权成功，则将 EAP Success 发送给 UE。

● 步骤 13~ 步骤 14：如果授权不成功，则 SMF 通知 UPF 认证失败。在完成所选 UPF 的 N4 会话修改后，SMF 会通过 AMF 将 EAP Failure 发送给 UE。

4. 密钥层次结构、密钥生成和分发方案

（1）密钥层次结构

密钥生成的层次结构如图 7-9 所示。

与认证相关的密钥包括以下密钥：K、CK/IK。在 EAP-AKA' 认证的情况下，CK'，IK' 由 CK，IK 生成。

密钥层次结构包括以下密钥：K_{AUSF}、K_{SEAF}、K_{AMF}、K_{NASint}、K_{NASenc}、K_{N3IWF}、K_{gNB}、K_{RRCint}、K_{RRCenc}、K_{UPint} 和 K_{UPenc}。

K_{AUSF} 有以下两种生成方式。

● 在 EAP-AKA' 认证的情况下，由 ME 和 AUSF 从 CK' 和 IK' 生成，CK' 和 IK' 作为 AV 的一部分从 ARPF 得到。或者在 5G AKA 认证的情况下，由 ME 和 ARPF 从 CK 和 IK 生成，K_{AUSF} 作为 5G HE AV 的一部分从 ARPF 得到。

● K_{SEAF}是由ME和AUSF从K_{AUSF}生成的锚密钥。在服务网络中，K_{SEAF}由AUSF提供给SEAF。

服务网络中用于AMF的密钥包括K_{AMF}。

● K_{AMF}由ME和SEAF从K_{SEAF}生成。在执行横向密钥推导时，通过ME和源AMF进一步推导出K_{AMF}。

用于NAS信令的密钥包括K_{NASint}和K_{NASenc}。

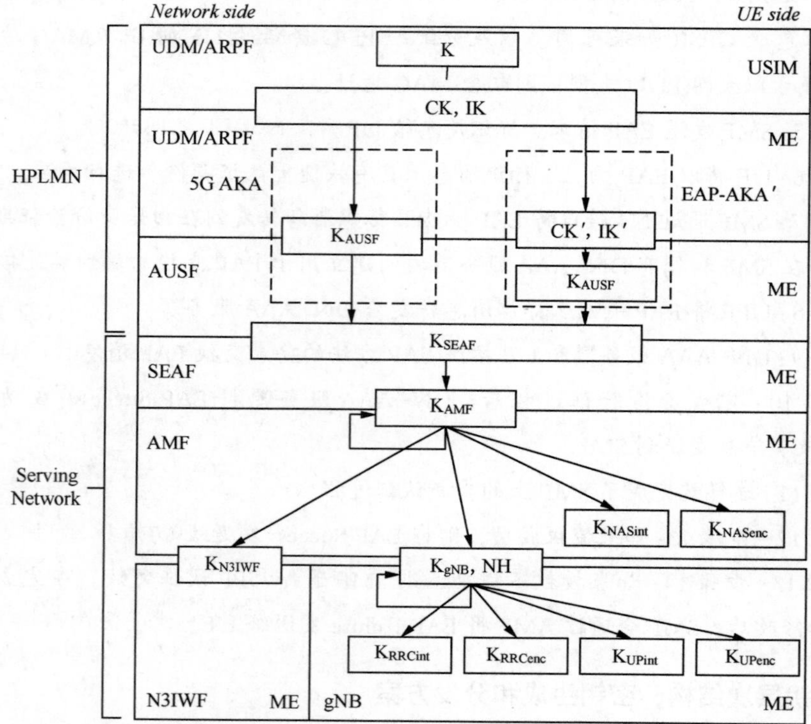

图7-9 密钥生成的层次结构

● K_{NASint}由ME和AMF从K_{AMF}生成，其仅用于特定完整性算法的NAS信令的保护。

● K_{NASenc}由ME和AMF从K_{AMF}生成，其仅用于特定加密算法的NAS信令的保护。

用于NG-RAN的密钥包括K_{gNB}。

● K_{gNB}由ME和AMF从K_{AMF}生成。当执行横向或纵向密钥推导时，通过ME和源gNB进一步推导出K_{gNB}。K_{gNB}用作ME和ng-eNB之间的K_{eNB}。

用于UP流量的密钥包括K_{UPenc}和K_{UPint}。

● K_{UPenc}由ME和gNB从K_{gNB}生成，其仅用于特定加密算法的UP流量保护。

● K_{UPint}由ME和gNB从K_{gNB}生成，其仅用于ME和gNB之间特定完整性算法的UP流量保护。

用于 RRC 信令的密钥包括 K_{RRCint} 和 K_{RRCent}。

- K_{RRCint} 由 ME 和 gNB 从 K_{gNB} 生成，其仅用于特定完整性算法的 RRC 信令的保护。
- K_{RRCenc} 由 ME 和 gNB 从 K_{gNB} 生成，其仅用于特定加密算法的 RRC 信令的保护。

中间密钥包括 NH、$K^*_{NG\text{-}RAN}$ 和 K'_{AMF}。

- NH 由 ME 和 AMF 生成，用于提供前向安全性。
- $K_{NG\text{-}RAN}$* 在执行横向或纵向密钥推导时由 ME 和 NG-RAN（即 gNB 或 ng-eNB）生成。
- K'_{AMF} 在 UE 从一个 AMF 移动到另一个 AMF 时由 ME 和 AMF 生成。

用于 non-3GPP 接入的密钥包括 K_{N3IWF}。

- K_{N3IWF} 由 ME 和 AMF 从 KAMF 生成，K_{N3IWF} 不在 N3IWF 之间转发。

（2）密钥生成和分发方案

① 网络实体中的密钥

a. ARPF 中的密钥

ARPF 应存储长期密钥 K，密钥 K 应为 128 位或 256 位长。

在认证和密钥协商期间，ARPF 应在使用 EAP-AKA' 的情况下从 K 导出 CK' 和 IK'，并在使用 5G AKA 的情况下从 K 导出 K_{AUSF}。ARPF 应将生成的密钥转发给 AUSF。

ARPF 保存归属网络的私钥，SIDF 使用该私钥来解析 SUCI 并重建 SUPI。

b. AUSF 中的密钥

在使用 EAP-AKA' 作为认证方法的情况下，AUSF 将从 CK' 和 IK' 导出密钥 K_{AUSF}。K_{AUSF} 可以在两个后续认证和密钥协商过程之间存储在 AUSF 中。

AUSF 将在认证和密钥协商过程期间，使用从 ARPF 接收的认证密钥材料生成锚密钥（K_{SEAF}）。

c. SEAF 中的密钥

在每个服务网络中初次认证成功以后，SEAF 从 AUSF 接收锚密钥（K_{SEAF}）。

SEAF 绝不会将 K_{SEAF} 发送给 SEAF 以外的实体，一旦 K_{AMF} 被导出，K_{SEAF} 将被删除。SEAF 应在认证和密钥协商程序之后立即从 K_{SEAF} 生成 K_{AMF}，并将其交给 AMF。

d. AMF 中的密钥

AMF 从 SEAF 或另一个 AMF 接收 K_{AMF}。

AMF 应根据策略从 K_{AMF} 获得密钥 K'_{AMF}，以便在 AMF 间移动时转移到另一个 AMF。接收 AMF 应使用 K'_{AMF} 作为其关键 K_{AMF}。

AMF 应生成专用于保护 NAS 层的密钥 K_{NASint} 和 K_{NASenc}。

AMF 应从 K_{AMF} 生成接入网络的特定密钥，特别是以下情况。

- AMF 应生成 K_{gNB} 并将其传输到 gNB。

● AMF 应生成 NH 并将其与相应的 NCC 值一起送至 gNB，AMF 还可以将 NH 密钥与相应的 NCC 值一起传送到另一个 AMF。

● 当 AMF 从 SEAF 收到 K_{AMF} 时，或当 AMF 从另一个 AMF 收到 K'_{AMF} 时，AMF 应生成 K_{N3IWF} 并将其送至 N3IWF。

e. NG-RAN 中的密钥

NG-RAN（即 gNB 或 ng-eNB）从 AMF 接收 K_{gNB} 和 NH，ng-eNB 使用 K_{gNB} 作为 K_{eNB}。

NG-RAN（即 gNB 或 ng-eNB）从 K_{gNB} 和 / 或 NH 生成所有其他接入层（AS）密钥。

f. N3IWF 中的密钥

N3IWF 从 AMF 接收 K_{N3IWF}。

在不可信的 non-3GPP 接入过程中，N3IWF 使用 K_{N3IWF} 作为 UE 和 N3IWF 之间的 IKEv2 的 MSK 密钥。

5G 网络节点的密钥生成和分发方案如图 7-10 所示，图 7-10 显示了不同密钥之间的依赖关系，以及它们是如何在网络节点中生成的。

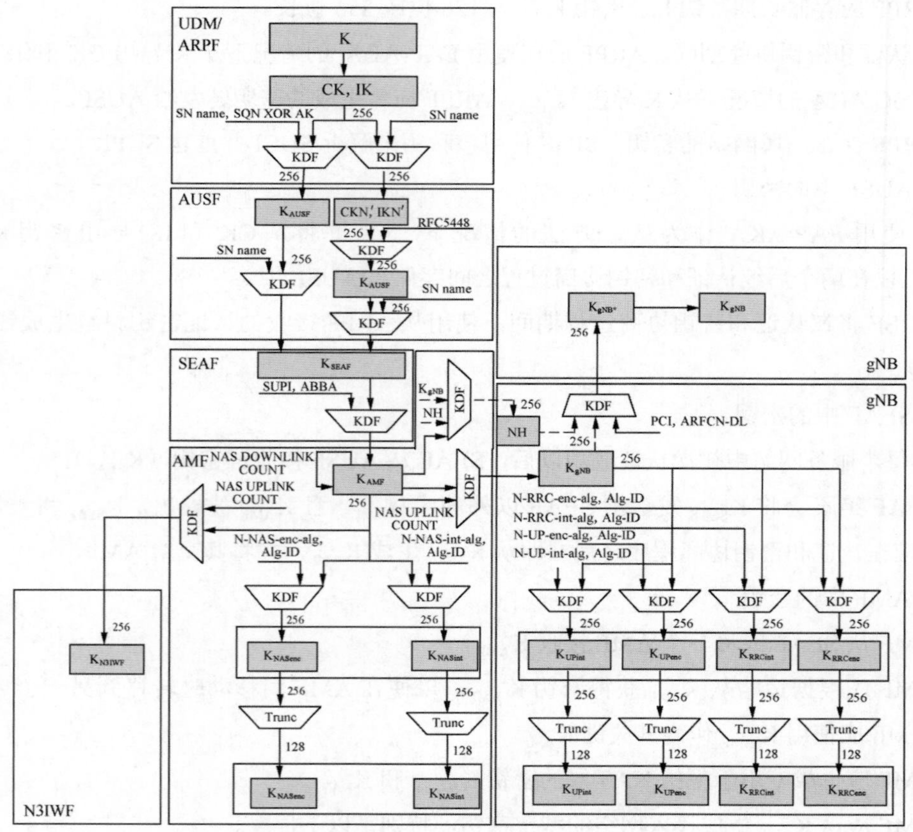

图7-10 5G网络节点的密钥生成和分发方案

② UE 中的密钥

对于网络实体中的每个密钥，UE 中存在对应的密钥。5G 网络 UE 的密钥生成和分发方案如图 7-11 所示，图 7-11 显示了 UE 中密钥的对应关系和生成过程。

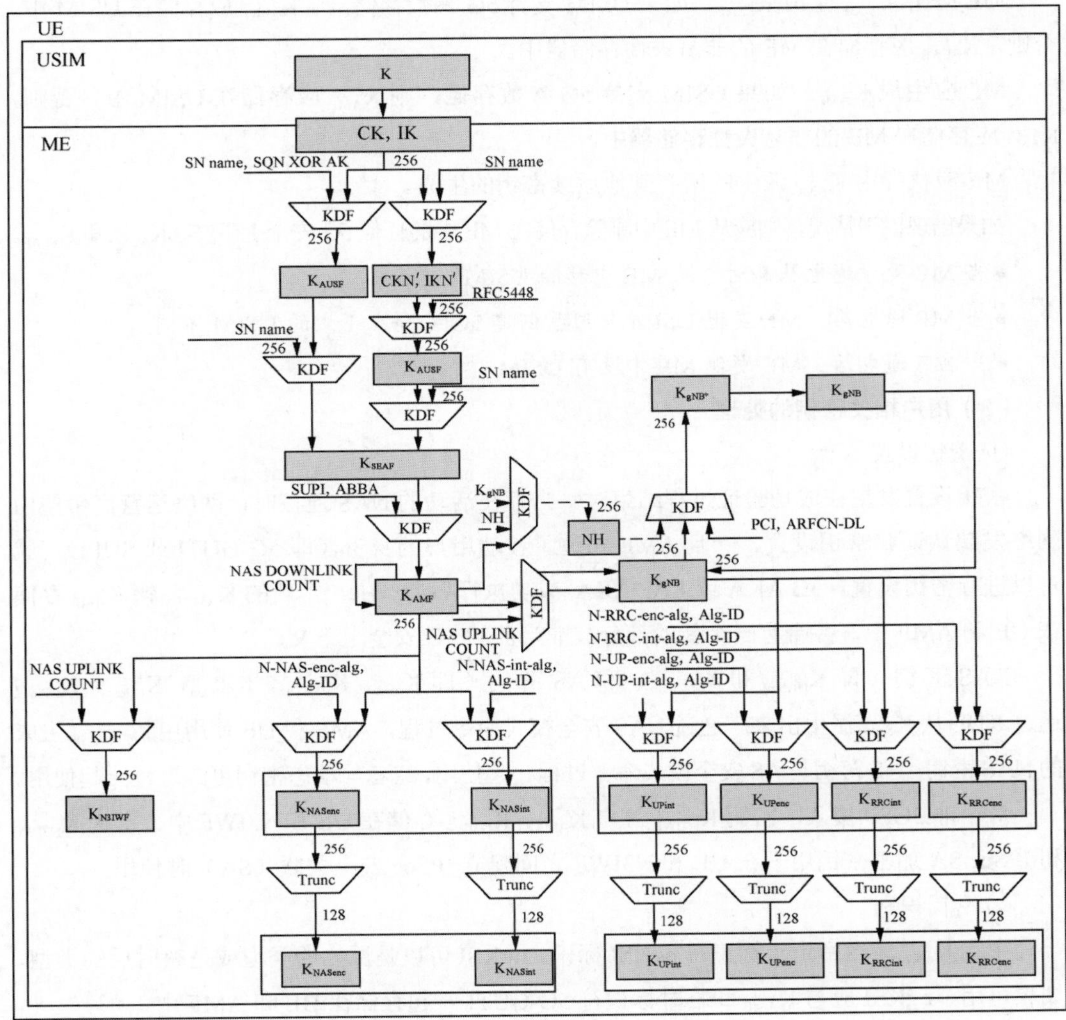

图7-11　5G网络UE的密钥生成和分发方案

a. USIM 中的密钥

USIM 应存储在 ARPF 中的相同长期密钥 K。

在认证和密钥协商过程中，USIM 从密钥 K 生成密钥材料，并将其转发给 ME。

如果由归属运营商提供，那么 USIM 应存储归属网络公钥，以用于隐藏 SUPI。

b. ME 中的密钥

ME 从 USIM 收到 CK 和 IK，并用以生成 K_{AUSF}。此密钥材料的生成特定于身份认证方法。当使用 5G AKA 时，ME 通过 RES 生成 RES *。

在UE处存储K_{AUSF}是可选的。如果USIM支持5G参数存储，则K_{AUSF}应存储在USIM中。否则，K_{AUSF}应存储在 ME 的非易失性存储器中。

ME 应由 K_{AUSF} 生成 K_{SEAF}。如果 USIM 支持 5G 参数存储，则 K_{SEAF} 应存储在 USIM 中。否则，K_{SEAF} 应存储在 ME 的非易失性存储器中。

ME 应生成 K_{AMF}。如果 USIM 支持 5G 参数存储，则 K_{AMF} 应存储在 USIM 中。否则，K_{AMF} 应存储在 ME 的非易失性存储器中。

ME 应执行由 K_{AMF} 派生的所有其他后续密钥的生成。

如果出现以下情况，则应从 ME 中删除存储在 ME 中的任何 5G 安全上下文、K_{AUSF} 和 K_{SEAF}。

- 当 ME 处于通电状态时，从 ME 中移除 USIM。
- 当 ME 通电后，ME 发现 USIM 与用于创建 5G 安全上下文的 USIM 不同。
- 当 ME 通电后，ME 发现 ME 中没有 USIM。

（3）用户相关密钥的处理

① 密钥设置

密钥设置发生在成功验证过程结束时。当存在活动的 NAS 连接时，网络运营商希望由网络发起认证和密钥设置。一旦 AMF 知道了移动用户的身份（即 5G-GUTI 或 SUPI），就可以进行密钥设置。5G AKA 或 EAP AKA' 成功执行后会产生一个新的 K_{AMF}，该 K_{AMF} 存储在 UE 和 AMF 中，并带有一个新的部分、非当前的 5G 安全上下文。

NAS 密钥（即 K_{NASint} 和 K_{NASenc}）和 AS 密钥（即 K_{gNB}、K_{RRCenc}、K_{RRCint}、K_{UPenc}、K_{UPint}）通过 KDF 从 K_{AMF} 派生出来。通过 NAS 安全模式命令过程，AMF 和 UE 使用由新 K_{AMF} 生成的NAS密钥。AS密钥与AS安全模式命令过程一起使用，或者与动态密钥更改过程一起使用。

对于非 3GPP 接入，密钥 K_{N3IWF} 源自 K_{AMF}。K_{N3IWF} 存储在 UE 和 N3IWF 中。密钥 K_{N3IWF} 和 IPSec SA 加密密钥用于在 UE 和 N3IWF 之间建立 IPSec 安全关联（SA）时使用。

② 密钥识别

密钥 K_{AMF} 应由密钥集标识符 ngKSI 标识。ngKSI 可以是原始的类型或是映射后的类型。如果可用，ngKSI 应与 K_{AMF} 和临时标识符 5G-GUTI 一起存储在 UE 和 AMF 中。

原始 ngKSI 与在初次认证期间生成的 K_{SEAF} 和 K_{AMF} 相关联，它由 SEAF 分配并与认证请求消息一起发送到 UE，在 UE 中它与 K_{AMF} 一起存储。ngKSI 的目的是使 UE 和 AMF 能够在不调用认证过程的情况下识别本地 5G 安全上下文，这用于允许在后续的连接建立期间重用本地 5G 安全上下文。

映射 ngKSI 与在互通期间从 EPS 密钥导出的 K_{AMF} 相关联。当在从 EPS 移动到 5GS 导出映射 K_{AMF} 时，它分别在 UE 和 AMF 中生成。映射 ngKSI 与映射 K_{AMF} 一起存储。

映射 ngKSI 的目的是使 UE 和 AMF 能够在交互过程中指示映射 KAMF 的使用。

ngKSI 的格式应能够使此类参数的接收者区分参数是原始类型还是映射类型。格式应包含类型字段和值字段。类型字段表示密钥的类型，值字段包含 3 个比特位，其中，“111”供 UE 使用，用来指示 K_{AMF} 不可用，剩余的 7 个值“000 ～ 110”用于标识密钥。

密钥层次结构中由 K_{AMF} 派生出来的 K_{NASenc} 和 K_{NASint}，可以由 ngKSI 与来自集合 {algorithm distinguisher，algorithm identifier} 的参数一起唯一标识，这些参数用于从 K_{AMF} 导出这些密钥。

中间密钥 K_{NG-RAN} * 以及非初始 K_{gNB} 可以由 ngKSI 与来自集合 {K_{gNB} 或 NH，PCI 序列和 ARFCN-DLs} 的参数唯一标识，这些参数用于从 K_{gNB} 或 NH 中导出这些密钥。

密钥层次结构中的 K_{RRCint}、K_{RRCenc}、K_{UPint} 和 K_{UPenc} 可以由 ngKSI 与来自集合 { algorithm distinguisher，algorithm identifier } 的参数唯一标识，这些参数用于从 K_{gNB} 导出这些密钥。

除了 5G 安全上下文之外，UE 还可以缓存 EPS 安全上下文。这些 EPS 安全上下文由 eKSI 识别。

③ 密钥生命周期

在初始认证成功后，应创建 K_{AUSF} 和 K_{SEAF}。在以下情况下应创建 K_{AMF}。

- 初始身份验证。
- NAS 密钥重设。
- NAS 密钥刷新。
- 与 EPS 互通。

在 UE 没有有效 K_{AMF} 的情况下，UE 将向网络发送具有值“111”的 ngKSI，网络可以基于成功的初始认证来发起（重新）认证过程，以获得新的 K_{AMF}。

K_{NASint} 和 K_{NASenc} 是在成功运行 NAS SMC 过程时基于 K_{AMF} 派生的。

K_{N3IWF} 源自 K_{AMF}，并且只要 UE 通过 non-3GPP 接入到 5GC 或者直到 UE 被重新认证，它都保持有效。

在以下情况下，K_{gNB} 和 NH 基于 K_{AMF}、K_{gNB} 或 NH 生成。

- inter-gNB-CU 切换。
- 状态转换。
- AS 密钥重设。
- AS 密钥刷新。

K_{RRCint}、K_{RRCenc}、K_{UPint} 和 K_{UPenc} 是在新的 K_{gNB} 生成后基于 K_{gNB} 得出的。

5. 安全上下文

（1）安全上下文的分布

① 在一个 5G 服务网络域内用户标识和安全数据的分布

在同一服务网络域内的 5G 核心网实体之间允许传输以下用户标识和安全数据。

- 明文 SUPI。
- 5G 安全上下文。

不得在 SEAF 之间传输 5G 认证向量。一旦用户标识和安全数据已从旧网络实体发送到新网络实体，则旧网络实体应删除该数据。

② 5G 服务网络域之间用户标识和安全数据的分布

在不同服务网络域的 5G 核心网实体之间允许传输以下用户标识和安全数据。

- 明文 SUPI。
- 5G 安全上下文（在 5G 服务网络域的安全策略允许的条件下）。

不应将 5G 认证向量或非当前 5G 安全上下文传输到不同的 5G 服务网络域。

③ 在 5G 和 EPS 服务网络域之间用户标识和安全数据的分布

如果 SUPI 是 IMSI 的形式，则允许在 5G 和 EPS 核心网实体之间以明文方式传输 SUPI，不允许将任何未经修改的 5G 安全上下文传输到 EPS 核心网实体，不允许将 5G 认证向量传输到 EPS 核心网实体，不允许将任何未使用的 EPS 认证向量传输到 5G 核心网实体。如果 SEAF 接收到任何未使用的认证向量（例如，在来自传统 MME 的移动性场景中），则应丢弃它们而不进行任何处理。

（2）在相同或者不同服务网络中进行多次注册场景

在两种情况下，UE 可以在不同 PLMN 的服务网络中或在相同 PLMN 的服务网络中进行多次注册。第一种情况是 UE 通过某种类型的接入（例如，3GPP）在一个 PLMN 服务网络中注册，并且通过另一种类型的接入（例如，non-3GPP）注册到另一个 PLMN 服务网络中。第二种情况是 UE 通过 3GPP 和 non-3GPP 接入在同一 PLMN 服务网络中的相同 AMF 中注册。在这两种情况下，UE 将与网络建立两个 NAS 连接。

UE 在相同或不同的服务网络中进行多次注册时使用相同的订阅凭证。

① 不同 PLMN 中的多次注册

UE 应独立地维护和使用两个不同的 5G 安全上下文，每个 PLMN 的服务网络只有一个。每个安全上下文应通过与归属 PLMN 的初次认证过程单独建立。

如果 USIM 支持 5G 参数存储，则 ME 将在 USIM 上存储两个不同的 5G 安全上下文。如果 USIM 不支持 5G 参数存储，则 ME 应将两个不同的 5G 安全上下文存储在 ME 非易失性存储器中。两个不同的 5G 安全上下文都是当前的 5G 安全上下文。

② 同一 PLMN 中的多次注册

当 UE 通过 3GPP 和 non-3GPP 接入在同一 PLMN 服务网络中的相同 AMF 上注册时，UE 将与网络建立两个 NAS 连接。在接收到注册请求消息时，AMF 应该检查 UE 是否被网络认证。如果这个 UE 有可用的 5G 安全上下文（例如，5G-GUTI），AMF 可以跳过执行新的认证。当 UE 成功通过 3GPP 接入注册时，如果 UE 通过 non-3GPP 接入注册到相同的

AMF，在有可用的5G安全上下文的情况下，AMF可以不执行新的认证。在这种情况下，UE应直接使用可用的公共5G NAS安全上下文，并使用它来保护non-3GPP接入的注册。如果公共5G NAS安全上下文在non-3GPP接入中首次（部分）使用，则在5G NAS安全上下文用于non-3GPP接入之前，UE须将用于non-3GPP接入的UL NAS COUNT值和DL NAS COUNT值设置为零。AMF和UE在首次注册时应建立由一组NAS密钥和算法组成的公共NAS安全上下文。AMF和UE还应在公共5G NAS安全上下文中包含特定于每个NAS连接的参数。

6. NAS 安全机制

该部分内容为在N1参考点上UE和AMF之间的NAS信令保护和数据保护的安全机制。这种保护涉及完整性保护和机密性保护。NAS保护的安全参数是5G安全上下文的一部分。

（1）多个 NAS 连接安全性

① 与不同PLMN的多个活动NAS连接

有这样的一种情况，UE通过3GPP接入注册到一个VPLMN服务网络，同时又经non-3GPP接入注册到另一个VPLMN或者HPLMN服务网络。当UE通过某种类型的接入（例如，3GPP）在一个PLMN的服务网络中注册并且通过另一种类型的接入（例如，non-3GPP）注册到另一个PLMN的服务网络时，UE在不同的PLMN中分别与不同的AMF同时建立两个活动NAS连接。UE将独立地维护和使用两个不同的5G安全上下文，每个PLMN服务网络中各有一个。每个安全上下文将通过与归属PLMN之间的主认证过程独立地建立。为单独认证模式而定义的所有NAS和AS安全认证机制都可以使用5G安全上下文而适用于每个访问。

② 同一个PLMN服务网络中的多个活动NAS连接

当UE通过两种类型的接入（例如，3GPP和non-3GPP）在服务网络中注册时，UE与同一个AMF建立了两个活动的NAS连接。在注册过程中，UE基于第一个接入类型创建了一个通用的5G NAS安全上下文。

为了实现加密分离和重放保护，上述通用NAS安全上下文有对应于每个NAS连接的特定参数。连接的特定参数包括用于上行链路和下行链路的一对NAS COUNTs以及唯一NAS连接标识符。对于3GPP接入，唯一NAS连接标识符的值应设置为“0x01”；对于non-3GPP接入，唯一NAS连接标识符的值应设置为“0x02”。对于多个NAS连接而言，除了唯一NAS连接标识符以外的其他所有参数都是相同的，例如，通用NAS安全上下文中的算法标识符。

在非移动性情况下，当UE同时通过两种类型的接入方式注册且通过其中一种接入（例如，接入A）发生了NAS密钥重置或NAS密钥刷新时，如果另一个接入（例如，接入B）处于CM-CONNECTED状态，则只能通过该接入（接入A）激活新的NAS安全上下文。

UE和AMF不会改变在其他接入（接入B）上正在使用的NAS安全上下文。为了通过其他接入（接入B）激活新的NAS安全上下文，AMF将在当前运行过程或后续NAS过程中，在该接入上触发NAS SMC过程。在第二次NAS SMC运行期间（在接入B上），AMF将包含与新NAS安全上下文相关联的相同ngKSI以及与第一个接入相同的算法选择。在通过其他接入（接入B）成功进行了第二次NAS SMC过程之后，UE和AMF都将删除旧的NAS安全上下文。

当AMF通过接入（接入A）发送NAS SMC并且AMF认为UE在另一接入（接入B）上不处于CM-CONNECTED状态时，AMF将激活在两个接入中都处于活动状态的安全上下文（如果在non-3GPP接入中还未使用）。类似地，每当UE通过接入（接入A）接收NAS SMC并且UE在另一接入（接入B）上未处于CM-CONNECTED状态时，UE将激活在两个接入中都处于活动状态的安全上下文。

在3GPP接入移动的情况下（例如，当AMF改变时，K_{AMF}也在改变），AMF可能没有UE正在non-3GPP接入上使用的安全性上下文。为了使安全性上下文一致，可以使用以下步骤。

● 如果UE在non-3GPP接入上处于CM-CONNECTED状态，那么AMF将在non-3GPP接入上运行NAS SMC过程，以激活安全上下文。

● 每当AMF通过3GPP接入发送注册接受，并且AMF认为UE在non-3GPP接入上不处于CM-CONNECTED状态时，AMF将在non-3GPP接入上激活安全上下文。类似地，每当UE通过3GPP接入接收注册接受，并且UE在non-3GPP接入上不处于CM-CONNECTED状态时，UE将在non-3GPP接入上激活安全上下文。

要从由于AMF和UE状态不匹配导致的NAS安全上下文不一致中恢复过来，在随后的注册过程中，AMF可以使用NAS SMC过程调整3GPP和non-3GPP接入中使用的安全上下文。

（2）NAS完整性机制

NAS信令消息的完整性保护应作为NAS协议的一部分来提供。

① NAS完整性激活

应该使用NAS SMC过程或者在从EPC切换到5GS后激活NAS完整性。

当完整性保护激活后，应激活重放保护，除非选择了NULL完整性保护算法。重放保护应确保接收方仅使用相同的NAS安全上下文接收每个传入的NAS COUNT值。

一旦激活了NAS，UE或AMF就不会接受没有完整性保护的NAS消息。在激活NAS之前，只有在无法应用完整性保护的情况下，UE或AMF才会接受没有完整性保护的NAS消息。

NAS完整性将一直保持激活状态，直到在UE或AMF中删除了5G安全上下文。

② NAS 完整性故障处理

应同时在 ME 和 AMF 中对未通过的 NAS 完整性进行检查。如果在 NAS 完整性保护开始后检测到完整性检查失败（即 NAS-MAC 出现故障或丢失），那么除了在 TS 26.501 中规定的某些 NAS 消息外，还应丢弃相关消息。对于这些情况，AMF 在接收到有故障或丢失 NAS-MAC 的消息时，应采取 TS 24.501[35] 中规定的措施。丢弃消息可能发生在 AMF 侧或 ME 侧。

（3）NAS 机密性机制

NAS 信令消息的机密性保护应作为 NAS 协议的一部分来提供，应该使用 NAS SMC 过程或者在从 EPC 切换到 5GS 后激活 NAS 机密性。

一旦激活了 NAS 机密性，UE 或 AMF 就不会接受没有机密性保护的 NAS 消息。在激活 NAS 机密性之前，只有在无法应用机密性保护的情况下，UE 或 AMF 才会接受没有机密性保护的 NAS 消息。

NAS 机密性会保持激活状态，直到在 UE 或 AMF 中删除了 5G 安全上下文。

（4）NAS COUNTs 的处理

在第一种访问类型注册时所创建的 NAS 安全上下文包含了 NAS 完整性和加密密钥，所选的 NAS 算法对所有 NAS 连接都是通用的。此外，每个 NAS 连接都有唯一的 NAS 连接标识符和一对独特的 NAS COUNTs，一个 NAS COUNT 用于上行链路，一个用于下行链路。在 NAS 安全上下文中，NAS 连接标识符应该是用于区分特定连接参数的区分标识。必须确保一个特定 K_{AMF} 的 NAS COUNTs 不会被设置为起始值（即 NAS COUNT 仅在生成新 K_{AMF} 时具有起始值）。这可以防止在相同的 NAS 密钥上使用相同的 NAS COUNTs，例如，密钥流重复使用。在这种情况下，UE 在两个 AMF 之间来回移动，并重新派生相同的 NAS 密钥。

在 AMF 中，在相同的 5G NAS 安全上下文中，所有不同的 NAS COUNTs 应该在以下情况下设置为起始值。

- 对于在同一个 AMF 和 UE 之间创建的一个 NAS 连接，运行于其上的主认证创建的部分本地 5GC NAS 安全上下文。
- 对于在空闲和连接模式移动期间，UE 从 MME 移动到 AMF 时生成映射的 5G 安全上下文。
- 对于在移动性注册更新或切换期间，在目标 AMF 中使用的新 KAMF。

NAS COUNT 的起始值应为 0。

（5）初始 NAS 消息的保护

初始 NAS 消息是 UE 在空闲状态转换后发送的第一个 NAS 消息。UE 将发送一组有限的 IE（以下称为“明文 IE”），其中包含了没有 5G NAS 安全上下文的情况下在初始消息中建立安全性所需的内容。当UE具有安全性上下文时，UE将发送具有完整初始NAS消息的消息，该消息在NAS容器中加密，并且明文IEs和整个消息具有完整性保护。当需要时（例如，AMF找不到使用的安全上下文），则完整的初始消息包含在NAS容器中的NAS安全模式完成消息中。

初始NAS消息保护的过程如图7-12所示，流程中的步骤具体说明如下所述。

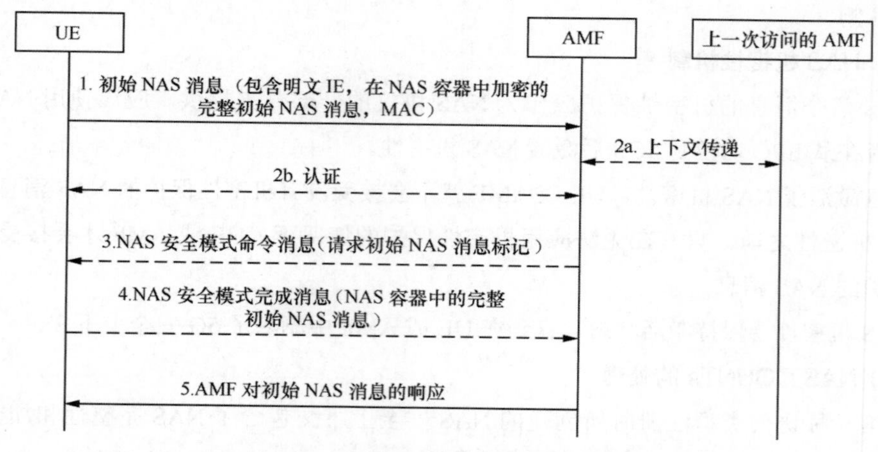

图7-12 初始NAS消息保护的过程

对上述流程中的步骤说明如下所述。

- 步骤1：UE发送初始NAS消息给AMF。如果UE没有NAS安全上下文，则初始NAS消息应仅包含明文IE，即订阅标识符（例如，SUCI或GUTI）、UE安全能力、ngKSI、UE从EPC移动到5GS的标识、附加GUTI，以及IE（包含从LTE移动过来在空闲状态下的TAU Request）。

如果UE有NAS安全上下文，则发送的消息应包含上面以明文IE给出的信息以及在加密的NAS容器中加密的完整初始NAS消息。使用NAS安全上下文，发送的消息也应受到完整性保护。在初始NAS消息受到保护，且AMF具有同样的安全上下文的情况下，步骤2到步骤4可以省略。在这种情况下，AMF将使用NAS容器中完整的初始NAS消息进行响应。

- 步骤2：如果AMF无法在本地或从上次访问的AMF中找到安全上下文，或者完整性检查失败，那么AMF将启动与UE的认证过程。
- 步骤3：在成功认证UE后，AMF将发送NAS安全模式命令消息。如果初始NAS消息受到保护但未通过完整性检查（由于MAC故障或AMF无法找到使用的安全上下文），或者AMF无法解密NAS容器中的完整初始NAS消息，则AMF应在安全模式命令消息中包含一个标识，请求UE在NAS安全模式完整消息中发送完整的初始NAS消息。
- 步骤4：UE应响应NAS安全模式命令消息，向网络发送NAS安全模式完整消息。

NAS 安全模式完整消息应加密并受到完整性保护。此外，如果 AMF 请求或者 UE 发送未受保护的初始 NAS 消息，那么 NAS 安全模式完整消息中应包含完整初始 NAS 消息。

- 步骤 5：AMF 将发送对初始 NAS 消息的响应。此消息应加密并受到完整性保护。

（6）NAS 上 SMS 的安全性

在 3GPP/non-3GPP 中，对于通过 NAS 传输的 MO/MT SMS 消息，当 UE 在发送 / 接收 SMS 消息之前已经和 AMF 之间激活了 NAS 安全性时，UE/AMF 将使用 NAS 安全上下文对 NAS 传输消息进行加密和完整性保护。

① 基于 NAS 的 SMS 注册流程

基于 NAS 的 SMS 注册流程如图 7-13 所示，流程中的步骤具体说明如下所述。

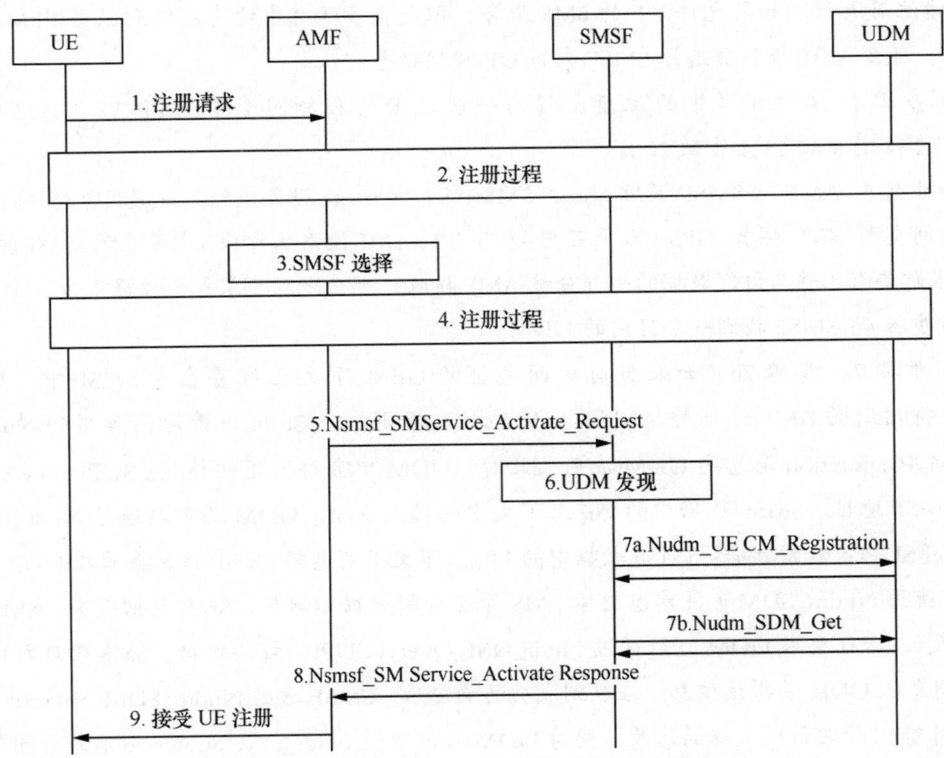

图7-13　基于NAS的SMS注册流程

- 步骤 1：在 5GS 的注册过程中，为了启用基于 NAS 的 SMS 传输，UE 在注册请求中包含了“支持 SMS”的标识，表明 UE 具备在 NAS 上传输 SMS 的能力。“支持 SMS”标识表明了 UE 支持通过 NAS 传输 SMS 消息。
- 步骤 2：在步骤 2 中的注册流程与一般注册流程相同（即 3GPP TS 23.502-g00 中图 4.2.2.2.2-1 的步骤 4 至步骤 14）。AMF 可以使用 Nudm_SDM_Get 消息在 SMSF 数据中检索 SMS 订阅数据和 UE 上下文，这要求 UDM 可以通过 Nudr_DM_Query 消息从 UDR 检索此信息。如果存储的SMSF与AMF属于相同的PLMN，那么UDM就会在Nudm_SDM_Get响应消息中包含SMSF信息。在收到响应消息后并且允许提供SMS服务的情况下，当SMS订阅数据发生变化时，通过Nudm_SDM_Subscribe消息通知AMF订阅，UDM可以通过Nudr_DM_Subscribe订阅UDR信息。

AMF还可以从旧AMF接收包含SMSF信息的UE上下文信息。当在注册过程期间发生AMF重新分配时，旧AMF将SMSF信息作为UE上下文的一部分传递到新AMF。

- 步骤3：如果在注册请求中包含“支持SMS”标识，那么AMF通过检查在步骤2中接收的SMS订阅数据以确认是否允许UE的SMS服务。如果允许UE的SMS服务并且在步骤2中接收的UE上下文包括服务PLMN的可用SMSF，那么AMF激活该SMSF地址并继续注册流程。如果允许UE的SMS服务，但是在步骤2中没有接收到服务PLMN的SMSF，那么AMF查找并选择SMSF来为UE提供服务。

- 步骤4：在步骤4中的注册流程与一般注册流程相同（即3GPP TS 23.502中图4.2.2.2.2-1的步骤15至步骤20）。

- 步骤5：AMF从SMSF调用Nsmsf_SMService_Activate服务操作。该调用包括AMF地址，访问类型，跟踪要求，GPSI（如果可用）和SUPI。AMF使用从步骤3中派生的SMSF信息。如果跟踪要求已作为订阅数据的一部分被AMF接收，那么跟踪要求也会被提供。

- 步骤6：SMSF找到一个可用的UDM。

- 步骤7a~步骤7b：如果当前访问类型的UE上下文已经存在于SMSF中，那么SMSF将用新的AMF地址替换旧的AMF地址。否则，SMSF使用带访问类型的Nudm_UECM_Registration消息向UDM注册，此时，UDM中会存储下列信息：SUPI、SMSF标识、SMSF地址、SMSF数据中的UE上下文中的接入类型。UDM还可以通过Nudr_DM_Update（SUPI、订阅数据、SMSF数据中的UE上下文）消息将SMSF信息存储在UDR中。SMSF使用Nudm_SDM_Get消息检索SMS管理订阅数据（例如，SMS电信服务，SMS限制列表），这就要求UDM可以通过Nudr_DM_Query（SUPI、订阅数据、SMS管理订阅数据）消息从UDR获得该信息。在收到成功的响应后，SMSF通过Nudm_SDM_Subscribe消息订阅SMS管理订阅数据的修改，同时UDM可以通过Nudr_DM_Subscribe消息订阅来自UDR的通知。

SMSF同时也会创建一个UE上下文以存储SMS订阅信息和为该UE服务的AMF地址。

- 步骤8：SMSF使用Nsmsf_SMService_Activate服务操作响应消息响应AMF。AMF存储作为UE上下文一部分接收的SMSF信息。

- 步骤9：仅仅只有在步骤（8）中从SMSF收到一个肯定的指示后，在AMF发送给UE的Registration Accept消息才会包含“允许SMS”的指示。在Registration Accept消息中的“允许SMS”消息指示网络是否允许通过NAS传送SMS消息。

② 基于 NAS 的 SMS 注销流程

如果 UE 向 AMF 指示其不再通过 NAS 发送和接收 SMS（例如，在随后的注册请求消息中不包括“支持 SMS”指示），或者 AMF 认为 UE 已经被注销，或者 AMF 从 UDM 接收到注销通知指示 UE 初始注册、订阅撤回或从 5GS 移动到 EPS，AMF 可以通过 Nudm_SDM_Unsubscribe 服务操作取消订阅 UDM 的 SMS 订阅数据更改通知。UDM 可以通过 Nudr_DR_Unsubscribe 服务操作移除 UDR 中相应的数据变更通知订阅。AMF 基于本地配置，通过调用 Nsmsf_SMService_Deactivate 服务，来触发 SMSF 释放 SMS 的 UE 上下文。AMF 可以在其 UE 上下文中删除或停用存储的 SMSF 地址。SMSF 通过 Nudm_SDM_Unsubscribe 服务操作取消订阅来自 UDM 的 SMS 管理订阅数据更改通知。UDM 可以通过 Nudr_DR_Unsubscribe 服务操作移除 UDR 中相应的数据变更通知订阅。SMSF 将从 UDM 调用 Nudm_UECM_Deregistration（SUPI、NF ID、接入类型）服务操作以触发 UDM 删除 UE 的 SMSF 地址。UDM 可以通过 Nudr_DR_Update（SUPI、订阅数据、SMS 订阅数据、SMSF 地址）更新 UDR 中 SMSF 中的 UE 上下文。SMSF 同时还将删除 SMS 的 UE 上下文，包括 AMF 地址。

7.3.2 接口安全

服务化架构是 5G 网络相比 4G 网络引入的全新特性，由此也带来了新的安全风险。一方面，5G 网络的 SBA 架构参照了 IT 行业各网元间的标准服务调用方式，相较于传统网络各网元间采用点对点的通信接口方式，SBA 架构更加开放。SBA 架构的交互数据在传输过程中更容易被截取，或接口调用更容易被第三方仿冒。另一方面，SBA 架构下的通信协议发生了很大的变化。从 2G、3G 到 4G，通信协议都基于 GTP，属于通信网络专用协议。在 5G 网络中，参考互联网的通信方式采用了 HTTP2.0 协议。在安全性方面，通信网络的安全壁垒降低了，使各类互联网恶意程序更容易移植到通信网络中。

针对 5G 网络全新的 SBA 架构，5G 网络采取了相应的应对措施。对非服务化接口，5G 延续了 4G 的安全机制，支持网络层基于 IPSec ESP 和 IKEv2 证书，提供机密性、完整性和重放保护。各网元之间使用 IPSec 保护传递信息的安全。对服务化接口，SBA NF 间采用 TLS 保护信息传输的安全性。5GC 功能模块之间使用 HTTPS 进行接口保护，通过 TLS 对传输数据进行加密和完整性保护，同时 TLS 双向身份认证可以防止假冒 NF 接入网络。

1. 非服务化接口

(1) 一般要求

基于 NDS/IP 对 5GC 和 5G-AN 之间 IP 接口的保护已在 TS 33.210 中进行了规定。承载控制平面信令接口上的流量可以根据 NDS / IP 实现机密性和完整性保护。

IPSec ESP 的实现应基于 TS 33.210 中的 RFC 4303 进行。对于 IPSec 的实现，必须支持隧道模式，可选支持传输模式。

IKEv2 基于证书的认证实现应根据 TS 33.310 来完成，证书应根据 TS 33.310 的描述来实现；同时应根据 TS 33.310 中描述的 IKEv2 配置文件来支持 IKEv2。

如果 IPSec 流量的发送方使用 DSCP 来区分不同的 QoS 等级，或者通过从内部 IP 报头复制 DSCP 或直接设置封装 IP 报头的 DSCP，那么返回的流量在接收点可能会被重新排序。如果在封装 IP 报头上使用不同的 DSCP，为了避免在同一个 IKE SA 下使用同一组流量选择器来丢弃数据包，应为每个流量类型（使用 DSCPs 来区分）建立不同的 Child-SAs。

（2）N2 接口的安全机制

N2 接口是 AMF 和 5G-AN 之间的参考点。用于通过 3GPP 和非 3GPP 接入在 UE 和 AMF 之间承载 NAS 信令业务。通过 N2 接口传输的控制面数据应受到机密性和完整性保护，以及重放保护。

为了保护 N2 接口，需要实现 IPSec ESP 和 IKEv2 基于证书的认证。IPSec 必须要在 gNB 和 ng-eNB 上实现，在核心网侧可以使用 SEG 来终止 IPSec 隧道。

除了 IPSec 之外，还应支持 RFC 6083 中规定的数据报传输层安全性（Datagram Transport Lager Security，DTLS）以提供完整性保护、重放保护和机密性保护。DTLS 实施和使用的安全概况应遵循 TS 33.310 附录 E 中的规定。

（3）N3 接口的安全机制

N3 接口是 5G-AN 和 UPF 之间的参考点。它用于将用户面数据从 UE 传送到 UPF。通过 N3 接口传输用户数据应该具有完整性和机密性保护，以及重放保护。

为了保护 N3 接口上的流量，需要实现 IPSec ESP 和 IKEv2 基于证书的认证。IPSec 必须在 gNB 和 ng-eNB 上实现，在核心网侧可以使用 SEG 来终止 IPSec 隧道。

（4）使用 GTP 或者 DIAMETER 协议接口上的安全机制

对于 5GC 与不属于 5G 系统的其他网络实体之间的所有 DIAMETER 或 GTP 接口，例如，PCF 和 IMS 系统之间的 Rx 接口以及 AMF 和 MME 之间的 N26 接口，应根据 3GPP TS 33.210 中规定的 NDS/IP 实现对接口的保护。

（5）5GC 内部非服务化接口的安全机制

5GC 的内部接口用于传输信令数据、隐私敏感数据（例如，用户和用户数据）以及其他参数（例如，安全密钥），因此需要机密性和完整性保护。为了保护 5GC 内部非服务化接口的安全（例如，N4 和 N9），应使用 3GPP TS33.210 中规定的 NDS/IP，除非通过物理安全等其他方式提供安全性保护。

2. 服务化接口

（1）网络或者传输层保护

所有网络功能都应支持 TLS，网络功能应同时支持服务器端和客户端证书。TLS 配置文件应遵循 TS 33.210 中 6.2 节给出的配置文件，同时它应符合 RFC 7540 中定义的 HTTP/2 给出的配置文件的限制要求。除非通过其他方式提供网络安全，否则 TLS 应用于 PLMN 内的传输保护。

无论是否使用了 TLS，TS 33.210 和 TS 33.310 中规定的 NDS/IP 都可用于网络层保护。如果接口是可信的（例如，实现了物理保护），则由 PLMN 运营商决定是否使用加密保护。

为了在一个 PLMN 内的 SEPP 和 NF 之间实现 TLS 保护，SEPP 应支持其域名的 TLS 通配符证书，并支持基于从接收到的 N32-f 消息中获得的 FQDN 生成伸缩式 FQDN。

在伸缩式 FQDN 中，一个标签作为第一个元素，FQDN 的域作为尾部组件。伸缩式 FQDN 的结构在 3GPP TS 23.003 的 28.5.2 节中进行了详细定义。

SEPP 将为通过 N32-f 接收的以下三类消息生成可伸缩的 FQDN。

- 类型一：Nnrf_NFDiscovery_Get response 的 HTTP 消息，其中包含一组已发现的 NF 或 NF 服务实例的 FQDN（参见 TS 29.510）。SEPP 为响应中的每个目标 NF FQDN 生成一个可伸缩的 FQDN。用可伸缩的 FQDN 重写原始 FQDN，并将修改后的响应转发给 NRF。
- 类型二：在有效荷载中携带 Callback URI 的订阅消息（参见 TS 29.501）。SEPP 从订阅消息中的 Callback URI 生成可伸缩的 FQDN，重写 Callback URI 中的原始 FQDN，并将修改后的订阅消息转发给生产者 NF。
- 类型三：来自 V-SMF 的 Nsmf_PDUSession_POST HTTP 消息，其中 PDUSession-CreateData 包含表示 V-SMF 中 PDU 会话的 URI（参见 TS 29.502）。SEPP 从消息中的 Callback URI 生成可伸缩的 FQDN，重写 Callback URI 中的原始 FQDN，并将修改后的消息转发到目标 H-SMF。

以下过程说明了 SEPP 如何使用的伸缩的 FQDN 和通配符证书在 NF 和 SEPP 之间建立 TLS 连接。

- 步骤 1：当 SEPP 收到上述三类消息之一时，使用伸缩式 FQDN 从接收到的消息中重写 FQDN，并将修改后的 HTTP 消息转发给 PLMN 内的目标 NF。
- 步骤 2：当在步骤 1 中接收到伸缩式 FQDN 的 NF 准备好与另一个 PLMN 中的目标 NF 进行通信时，它将使用 URI 中的伸缩式 FQDN，该 URI 包含在 HTTP 请求消息中。在 NF 和 SEPP 之间的 TLS 建立期间，SEPP 将使用通配符证书对 NF 进行身份验证。
- 步骤 3：当 SEPP 从 NF 接收到 HTTP 请求时，SEPP 将用原始的 FQDN 重写伸缩式的 FQDN，方法是用句点字符替换标签中的唯一分隔符，并删除其后缀部分。

如果SEPP之间没有IPX实体，则应在SEPP之间使用TLS。如果SEPP之间存在IPX实体，则应使用N32-f接口上的应用层安全，以实现SEPP之间的保护。

如果在N32-f接口上使用了应用层安全性，则应在SEPP和IPX提供商之间应用以下附加传输保护方法之一，以实现机密性和完整性保护。

- NDS/IP（TS 33.210和TS 33.310）。
- TLS VPN（遵循TS 33.210中6.2节给出的配置文件，并符合RFC 7540中定义的HTTP / 2给出的配置文件的限制性规定）。

（2）N32接口的应用层安全性

① 一般要求

网络之间的互联允许不同PLMN中的服务消费NF与服务提供NF之间的安全通信，安全性由两个网络的SEPP提供，分别被称为cSEPP和pSEPP。SEPP对应用层安全性实施保护策略，从而确保要保护的元素的完整性和机密性。

假设cSEPP和pSEPP之间存在互连提供商。cSEPP运营商与之建立业务关系的提供商称为cIPX，而pSEPP运营商与之建立业务关系的提供商称为pIPX。cIPX和pIPX之间可能还有其他提供商，但它们只是简单地转发。

SEPP使用JSON Web加密（JWE，RFC 7516）来保护N32接口上的消息，IPX提供商使用JSON Web签名（JWS，RFC 7515）来签署他们在服务过程中所做的修改。

为了进行说明，考虑服务消费者（服务消费NF）向服务提供者（服务提供NF）发送消息的情况，如果该通信过程基于N32接口跨越PLMN运营商，则cSEPP接收该消息并应用基于对称密钥的应用层保护。生成的JWE对象转发给中间网络。pIPX和cIPX可以提供基于N32接口的传输消息的修改服务，这些修改作为包含所需更改的数字签名JWS对象附加到消息中。

pSEPP接收从pIPX发来的消息，验证JWE对象，提取NF发送的原始消息，验证JWS对象中的签名，并应用中间网络对应的修改补丁。然后，pSEPP将消息转发到目的地NF。N32接口应用层安全概述如图7-14所示。

N32接口的具体内容如下所述。

- N32-c连接，用于管理N32接口。
- N32-f连接，用于在SEPP之间发送JWE和JWS保护的消息。

② SEPP之间的N32-c连接

a. 一般要求

当在N32接口上协商安全机制时（应用层安全），SEPP使用已建立的TLS连接（以下称为“N32-c连接”）来协商N32-f特定的关联安全配置参数。该参数为在SEPP之间交换的HTTP消息上强制执行应用层安全性所需的参数。接收SEPP建立第二个N32-c连接，使其不仅可以接收，还可以发送 HTTP 请求。

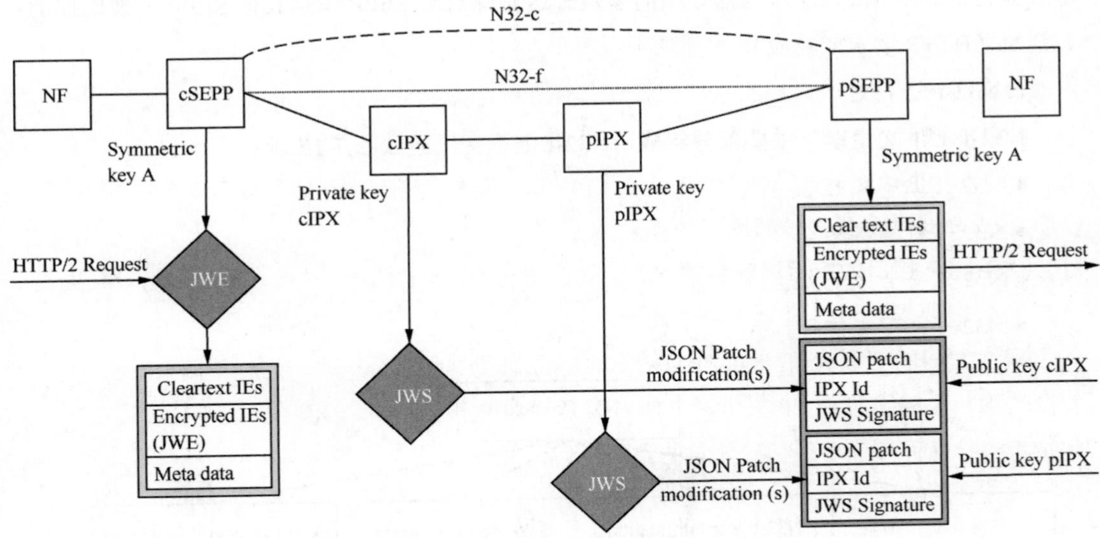

图7-14　N32接口应用层安全概述

N32-c 连接有以下目的。

- **密钥协议**。SEPP 独立地导出与它们之间的第一个 N32-c 连接相关联的密钥材料，并将其作为预共享密钥，用于生成所需的共享会话密钥。
- **参数交换**。SEPP 交换安全相关的配置参数，以保护各自网络中 NF 之间交换的 HTTP 消息。
- **错误处理**。当接收 SEPP 检测到 N32-f 接口上的错误时，其向对端 SEPP 发送一个错误信令。

可以在两个 SEPP 之间交换以下与安全性相关的配置参数。

- 修改策略用于标识发送 SEPP 的 IPX 提供商能够修改哪些 IE。
- 数据类型加密策略用于标识发送 SEPP 能加密哪些类型的数据。
- 当使用应用层安全保护它们之间的 HTTP 消息时，用于机密性和完整性保护的密码套件。
- N32-f 前置文本标识符值，该值由每个 SEPP 用于构造公共 N32-f 上下文 ID，该 ID 标识了与安全相关的配置参数集，以保护从不同 PLMN 的 SEPP 接收的消息。

b. SEPP 中的错误检测和处理程序

在活动的 N32-c 连接上或在两个 SEPP 之间的一个或多个 N32-f 连接上可能发生错误。

当检测到错误时，SEPP 将错误映射到适当的原因代码。SEPP 将创建信令消息，以通知对端 SEPP，并将原因代码作为其参数之一。SEPP 应使用它发起的 N32-c 连接将信令消息发送给对端 SEPP。

如果在处理一个或多个N32-f消息时发生错误，则SEPP应包括从N32-f消息的元数据部分获得的相应消息ID作为信令中的参数。这允许对端SEPP识别其他SEPP发现错误的源消息（HTTP请求或响应）。

c. N32-f上下文

N32-f上下文由以下主要部分组成，N32-f上下文概述如图7-15所示。

- N32-f上下文ID。
- N32-f对端信息。
- N32-f安全上下文。
- N32-f上下文信息。

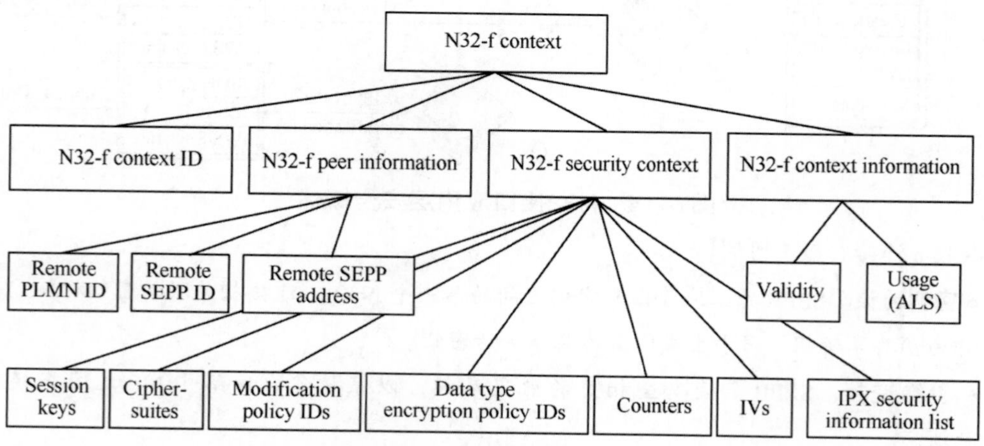

图7-15　N32-f上下文概述

◆ N32-f上下文ID

N32-f上下文ID用于指代N32-f上下文，SEPP应在N32-c协商期间创建N32-f上下文ID，并在N32-f上使用，以通知对端SEPP用哪个安全上下文来解密收到的消息。

SEPP应通过组合在N32-c协商期间获得的两个N32-f前置文本ID来创建N32-f上下文ID。为避免N32-f上下文ID值的冲突，SEPP应在N32-c交换期间选择N32-f前置文本ID为随机值。

在通过N32-f传输应用数据期间，SEPP应在JSON结构的元数据部分的单独IE中包含N32-f上下文ID。接收SEPP应使用此信息在解密和验证期间使用正确的密钥和参数。

◆ N32-f对端信息

SEPP之间的N32-f连接是双向的，由两个SEPP端点和最多两个IPX提供商组成。SEPP由PLMN ID和SEPP ID标识，以区分同一个PLMN中的几个SEPP。远端SEPP地址是将消息路由到正确目的地所必需的。

N32-f 对端信息包含以下参数。

- 远端 PLMN ID。
- 远端 SEPP ID。
- 远端 SEPP 地址。

◆ **N32-f 安全上下文**

N32-c 初始握手建立了会话密钥、IV 和协商密码套件，计数器用于实现重放保护。修改策略由修改策略 ID 标识，以便能够验证接收到的经过 IPX 修改后的消息。

N32-f 安全上下文包含以下参数。

- 会话密钥。
- 协商密码套件。
- 数据类型加密策略 ID。
- 修改策略 ID（如果使用 IPX）。
- 计数器。
- IV。
- 连接到 SEPP 的 IPX 提供商的安全信息列表。
- IPX 提供商标识符。
- IPX 的原始公钥或证书列表。

◆ **N32-f 上下文信息**

N32-f 上下文信息包含以下参数。

- 有效期。
- 用法（应用层安全）。

③ N32 应用层解决方案的保护策略

a. 保护策略概述

保护策略套件由数据类型加密策略和修改策略组成。这些策略共同确定某个消息的哪个部分应受到机密性保护，以及某个消息的哪个部分可由 IPX 提供商修改。SEPP 应在 N32-f 接口上使用消息应用层保护的保护策略。

保护策略有以下两种类型。

- 数据类型加密策略：指定需要保护机密性的数据类型。
- 修改策略：指定哪些 IE 可由中间网络修改。

此外，数据类型加密策略中的数据类型与 NF API 描述中的 IE 之间存在映射。

b. 数据类型加密策略

SEPP 应包含运营商控制的保护策略，该策略指定应加密哪些类型的数据。数据类型的定义如下所述。

- SUPI 类型的数据。
- 认证向量类型的数据。
- 位置数据类型的数据。
- 加密材料类型的数据。
- 授权令牌类型的数据。

该策略应针对每个漫游合作伙伴，该策略应包含一个策略标识符和一个引用它的适用版本的版本号。在两个配对 SEPP 上的数据类型加密策略应该匹配，以强制实现对 N32-f 上的 IE 一致加密。

c. NF API 数据类型放置映射

每个 NF API 数据类型放置映射应包含以下内容。

- 哪些 IE 包含 SUPI 类型的数据或 NAI 类型的数据。
- 哪些 IE 包含验证向量类型的数据。
- 哪些 IE 包含位置数据类型的数据。
- 哪些 IE 包含加密材料类型的数据。
- 哪些 IE 包含授权令牌类型的数据。

IE 的位置是指 SEPP 重写 N32-f 上传输消息之后 IE 的位置。NF API 数据类型放置映射还应包含标识 NF API 的数据，具体内容如下所述。

- NF 名称。
- API 版本。
- NF API 数据类型放置映射的标识符。
- NF 的 3GPP 发行版。

较大的网络中可以包含具有相同 API 的多个 NF，例如，3 个 AMF。NF API 策略适用于具有相同 API 的所有 NF。NF API 数据类型放置映射应驻留在 SEPP 中。

d. 修改策略

SEPP 应包含运营商控制的策略，该策略指定 IPX 提供商可以直接修改与此特定 SEPP 相关的那些 IE，这些 IE 是指在发送 SEPP 重写消息后的 IE。

在建立 N32 连接之前，每个 PLMN 运营商应与 IPX 提供商就修改策略达成一致意见。每个修改策略适用于 PLMN 运营商和 IPX 提供商之间的一个独立的关系。为了覆盖整个 N32 连接，两个漫游合作伙伴应交换其修改政策。两个补充修改策略都应包含此特定 N32 连接的整体修改策略。为了验证对 N32-f 接口上收到的消息的修改，运营商的漫游合作伙伴必须知道整体修改策略。该修改包括删除和添加新的 IE，因此重写的消息中可能会没有 IE。

允许 IPX 修改的 IE 应在列表中指定，该列表给出了 SEPP 创建的 JSON 对象中的 JSON 路径的清单，路径中可以使用通配符。

该策略应特定于每个漫游伙伴和每个用于特定漫游伙伴的 IPX 提供商。修改策略应该保存在 SEPP 中。对于每个漫游伙伴，SEPP 能够存储一个用于发送的策略和一个用于接收的策略。无论两个漫游合作伙伴之间交换的策略是怎样的，都应始终应用以下基本验证规则：不应将要求加密的 IE 插入 JSON 对象中的其他位置。

e. 在 SEPP 中提供策略

SEPP 应包含一个接口，运营商可以使用该接口在 SEPP 中手动配置保护策略。SEPP 应该能够为了发送消息而存储和处理以下策略。

- 通用数据类型加密策略。
- 漫游伙伴特定数据类型加密策略，如果存在，则将优先于通用数据类型加密策略。
- NF API 数据类型放置映射。
- 多个修改策略，用于处理每个 IPX 提供商特定的修改以及特定于每个 IPX 提供商和漫游伙伴的修改策略。

SEPP 还应能够通过 N32-c 在初始连接建立期间为传入消息存储和处理以下策略。

- 漫游伙伴特定的数据类型加密策略。
- 漫游伙伴特定的修改策略，指定哪些字段可由其哪个 IPX 提供商修改。

（3）认证和静态授权

① NF 与 NRF 之间的认证和授权

NRF 和 NF 应在发现、注册和访问令牌请求期间相互验证。如果 PLMN 在传输层进行了保护，则由传输层保护解决方案提供的认证将被用于 NRF 和 NF 的相互认证。如果 PLMN 没有在传输层使用保护，则 NRF 和 NF 的相互认证可能隐含在 NDS / IP 或物理安全性中。

当 NRF 从未经认证的 NF 接收消息时，NRF 应支持错误处理，并可以返回错误消息，反之也应该有同样的流程。在 NRF 和 NF 之间成功认证之后，NRF 将决定 NF 是否被授权执行发现和注册。

在非漫游场景中，NRF 根据预期的 NF 服务的配置文件和 NF 服务消费者的类型来授权 Nnrf_NFDiscovery_Request。在漫游场景中，NF 服务提供商的 NRF 应根据预期的 NF 服务的配置文件、NF 服务消费者的类型和服务网络 ID 来授权 Nnrf_NFDiscovery_Request。

如果 NRF 发现 NF 服务消费者不被允许发现某些 NF 实例，则 NRF 应支持错误处理，并发回错误消息。当 NF 访问 NRF 提供的任何服务（即注册、发现或请求访问令牌）时，NF 和 NRF 之间不需要用于授权的 OAuth 2.0 访问令牌。

② NF 之间的认证和授权

一个 PLMN 内 NF 之间的认证应使用以下两种方法之一。

- 如果 PLMN 在传输层进行了保护，那么由传输层保护解决方案提供的认证将被用于

NF之间的相互认证。

- 如果PLMN没有在传输层使用保护，那么NF之间的相互认证可能隐含在NDS / IP或物理安全性中。

当NF从其他未经身份验证的NF接收消息时，NF应支持错误处理，并可以返回错误消息。如果PLMN使用基于令牌的授权，那么网络应在传输层使用保护。

根据是否使用基于令牌的授权，NF之间的身份验证应以下列方式执行。

- 如果在一个PLMN内使用基于令牌的授权，那么服务消费者NF应在尝试访问服务API之前在传输层验证服务提供者NF。服务提供者NF可以在传输层认证服务消费者NF。服务消费者NF对服务提供者NF的认证将隐含在授权中，该授权只能在服务消费者NF向NRF成功认证之后才能授予。
- 如果在一个PLMN内未使用基于令牌的授权，则服务消费者NF和服务提供者NF应在执行对服务API的访问之前进行相互认证。在授予对服务API的访问权限之前，服务提供者NF还应基于本地策略检查服务消费者NF的授权。不同PLMN中NF之间的认证通过NF-SEPP之间的认证隐藏。

当本地策略检查失败时，NF服务提供者应支持错误处理，并可以返回错误消息。为了防止在N9上注入或欺骗UP流量，建议使用可以关联HTTP/2方法和GTP-U的通用防火墙，以绑定和过滤掉N9上的恶意流量。

③ SEPP与NF之间的认证和授权

一个PLMN内SEPP和NF之间的认证应使用以下方法。

- 如果PLMN在传输层使用了保护，那么传输层保护解决方案提供的认证应用于SEPP和NF之间的认证。
- 如果PLMN没有在传输层使用保护，那么一个PLMN内的SEPP和NF之间的认证可能隐含在NDS / IP或物理安全中。

在SEPP将NF发送的消息转发给其他PLMN中的NF之前，以及在SEPP将其他PLMN的NF发来的消息转发给NF之前，NF和SEPP之间必须要进行相互认证。

（4）NF服务访问的授权

① 一般要求

授权框架使用RFC 6749 [43]中指定的OAuth 2.0框架，如GB 6749第4.4条所述，授权应为客户资格授权类型。如RFC 7515中所述，访问令牌应为RFC 7519中描述的JSON Web令牌，并使用基于JSON Web签名（JWS）的数字签名或消息身份验证代码（MAC）进行保护。

② PLMN内的服务访问授权

RFC 6749中1.1节定义的OAuth 2.0角色如下所述。

- NRF应为OAuth 2.0授权服务器。

● NF 服务消费者应为 OAuth 2.0 客户端。

● NF 服务提供者应为 OAuth 2.0 资源服务器。

a. 在访问服务之前请求访问令牌

NF 服务消费者在访问 NF 服务之前获取访问令牌的流程如图 7-16 所示，具体流程如下所述。

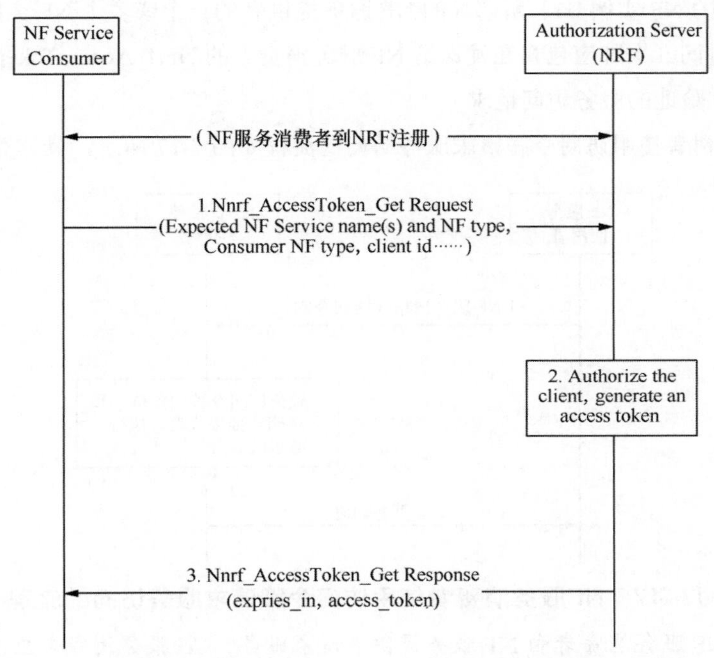

图7–16　NF服务消费者在访问NF服务之前获取访问令牌的流程

● 步骤 1：NF 服务消费者应使用 Nnrf_AccessToken_Get 请求操作从同一 PLMN 中的 NRF 请求访问令牌。该消息应包括 NF 服务消费者的 NF 实例 ID、预期的 NF 服务名称、预期的 NF 提供者实例的 NF 类型和 NF 消费者的 NF 类型。

● 步骤 2：NRF 可以选择授权 NF 服务消费者。然后，它将生成一个包含适当声明的访问令牌。NRF 应根据 RFC 7515 中描述的共享密钥或私钥对生成的访问令牌进行数字签名。令牌中的声明应包括 NRF 的 NF 实例 ID，NF 服务消费者的 NF 实例 ID，NF 服务提供者的 NF 类型，预期的服务名称和到期时间。

● 步骤 3：如果授权成功，NRF 将在 Nnrf_AccessToken_Get 响应操作中向 NF 服务消费者发送访问令牌，否则它将根据 RFC 6749 中定义的 OAuth 2.0 响应进行错误回复。在 TS 29.510 中描述了由 NRF 发送的除了访问令牌之外的其他参数（例如，到期时间、允许范围）。NF 服务消费者可以存储所接收的令牌，存储的令牌可以在其有效时间内被重新利用。

b. 访问特定 NF 提供者（NF 提供者服务实例的令牌请求）

NF服务消费者应从NRF请求特定NF提供者实例（NF提供者服务实例的访问令牌）。该请求应包括所请求的NF提供者的NF实例ID、预期的NF服务名称，以及NF服务消费者的NF实例ID。

NRF可以可选地授权NF服务消费者使用所请求的NF提供者实例/NF提供者服务实例，然后继续生成包括适当声明的访问令牌。令牌中的声明应包括NRF的NF实例ID、NF服务消费者的NF实例ID、所请求的NF服务提供者的一个或多个NF实例ID、预期服务名称和到期时间。令牌应包含在发送给NF服务消费者的Nnrf_AccessToken_Get响应中。

c. 基于令牌验证的服务访问请求

NF服务消费者使用访问令牌请求服务访问的流程如图7-17所示，具体流程如下所述。

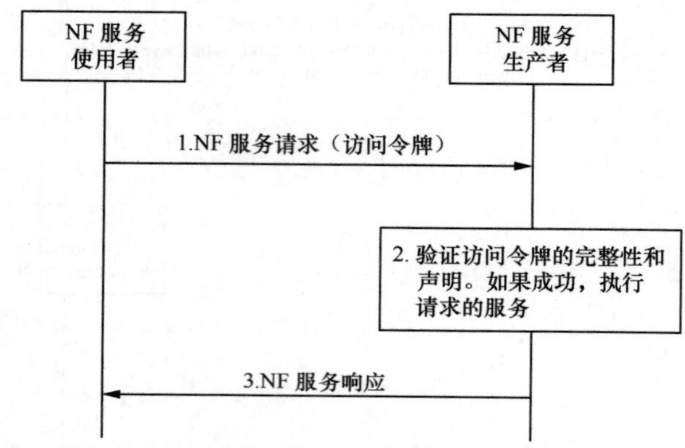

图7-17　NF服务消费者使用访问令牌请求服务访问的流程

- 步骤1：NF服务消费者向NF服务提供者请求服务，NF服务消费者应包括访问令牌。NF服务消费者和NF服务提供者应相互认证。
- 步骤2：NF服务提供者对令牌进行以下验证。
- NF服务提供者通过使用NRF的公钥验证签名或使用共享密钥检查MAC值来确保令牌的完整性。如果完整性检查成功，那么NF服务提供者应按照后续步骤验证令牌中的声明。
- 检查访问令牌中的受众声明是否与其自己的身份或NF服务提供者的类型相匹配。
- 如果存在作用域，那么检查作用域是否与请求的服务操作匹配。
- 通过比较当前数据/时间和访问令牌中的到期时间来检查访问令牌是否已过期。
- 步骤3：如果验证成功，NF服务提供者将执行所请求的服务并对NF服务消费者进行响应，否则，它将根据RFC 6749中定义的OAuth 2.0响应进行错误回复。NF服务消费者可以存储所接收的令牌，存储的令牌可以在其有效时间内被重新使用。

③ 漫游场景下的服务访问授权

在漫游场景中，OAuth 2.0的具体角色内容如下所述。

● vNRF 应为 vPLMN 的 OAuth 2.0 授权服务器，并对 NF 服务消费者进行身份验证。

● hNRF 应为 hPLMN 的 OAuth 2.0 授权服务器，并生成访问令牌。

● vPLMN 中的 NF 服务消费者应为 OAuth 2.0 客户端。

● hPLMN 中的 NF 服务提供者应为 OAuth 2.0 资源服务器。

a. 在 NF 服务访问之前获取访问令牌

在漫游场景下，NF 服务消费者在 NF 服务访问之前获取访问令牌的流程如图 7-18 所示，具体流程如下所述。

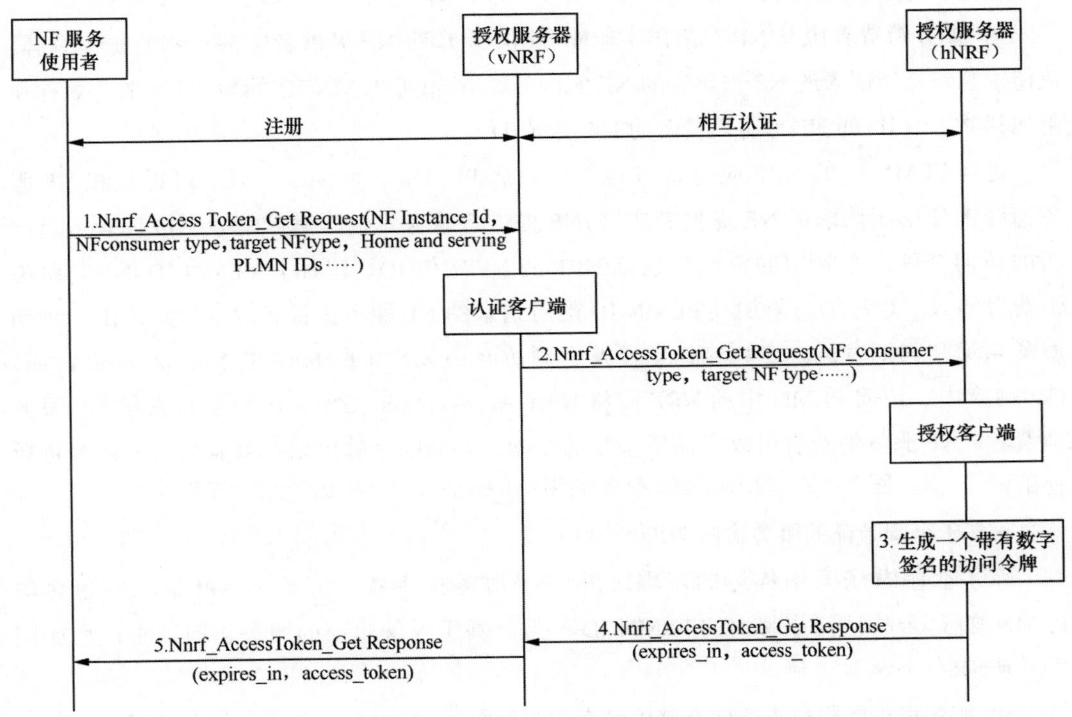

图7–18　NF服务消费者在NF服务访问之前获取访问令牌的流程

● 步骤 1：NF 服务消费者应向同一 PLMN 的 NRF 调用 Nnrf_AccessToken_Get 请求（NF 服务消费者的 NF 实例 ID、预期的 NF 服务名称、预期的 NF 提供者实例的 NF 类型、NF 消费者的 NF 类型、归属和服务 PLMN ID）。

● 步骤 2：服务 PLMN 中的 NRF 应基于归属 PLMN ID 识别归属 PLMN（hNRF）中的 NRF，并如 TS 23.502 中 4.17.5 节所述，向 hNRF 请求接入令牌。vNRF 应将从 NF 服务消费者获得的参数（包括 NF 服务消费者类型）转发给 hNRF。

● 步骤 3：hNRF 可以选择性地授权 NF 服务消费者，并且生成包含适当声明的访问令牌。hNRF 应根据 RFC 7515 中描述的共享密钥或私钥对生成的访问令牌进行数字签名。令牌中的声明应包括NRF的NF实例ID、附加其PLMN ID的NF服务消费者的NF实例ID、附加其PLMN ID的NF服务提供者的NF类型、预期服务名称和到期时间。

- 步骤4：如果授权成功，则访问令牌应包含在对vNRF的Nnrf_AccessToken_Get响应消息中。否则，它将根据RFC 6749中定义的OAuth 2.0错误响应进行回复。NF服务消费者可以存储所接收的令牌，存储的令牌可以在其有效时间内被重新使用。在TS 29.510中描述了除访问令牌之外由NRF发送的其他参数（例如，到期时间、允许范围）。
- 步骤5：vNRF应将Nnrf_AccessToken_Get响应或错误消息转发给NF服务消费者。

b. 获取特定NF提供者/NF提供者服务实例的访问令牌

NF服务消费者应从NRF请求特定NF提供者实例/NF提供者服务实例的访问令牌。该请求应包括所请求的NF提供者的NF实例ID、附加其PLMN ID的预期NF服务名称和附加其PLMN ID的NF服务消费者的NF实例ID。

访问PLMN中的NRF应将请求转发到归属PLMN中的NRF。NRF可以授权NF服务消费者使用所请求的NF提供者实例/NF提供者服务实例，然后继续生成包含适当声明的访问令牌。令牌中的声明应包括NRF的NF实例ID、附加其PLMN ID的NF服务消费者的NF实例ID、附加其PLMN ID的所请求的NF服务提供者的NF实例ID、预期服务名称和到期时间。令牌应包括在发送到访问PLMN中的NRF的Nnrf_AccessToken_Get响应中。访问PLMN中的NRF应将Nnrf_AccessToken_Get响应消息转发给NF服务消费者。NF服务消费者可以存储所接收的令牌，存储的令牌可以在其有效时间内被重新使用。

c. 基于令牌验证的服务访问请求

除了非漫游场景中描述的步骤之外，NF服务提供者还应验证API请求中包含的PLMN-ID是否与访问令牌内的PLMN-ID一致。基于令牌验证的服务访问请求流程如图7-19所示。

NF服务提供者应检查访问令牌中受众声明的归属PLMN ID是否与其自己的PLMN身份匹配。pSEPP应检查访问令牌中主题声明的服务PLMN ID是否与N32消息中的N32-f上下文ID对应的远端PLMN ID匹配。

（5）SEPP之间的安全能力协商

安全能力协商允许SEPP协商使用哪种安全机制来保护N32与NF服务相关的信令。在通过N32传送NF服务相关信令之前，在一对SEPP之间应该有一个商定的安全机制。

当SEPP发现它与对端SEPP之间没有协商好的N32保护安全机制或者SEPP的安全能力已经更新时，SEPP应该与对端SEPP进行安全能力协商，以确定使用哪种安全机制来保护N32与NF服务相关的信令。基于证书的认证应遵循3GPP TS 33.310中6.1.3a和6.1.4a中给出的配置文件，应使用相互认证的TLS连接来保护N32的安全能力协商。TLS连接应提供完整性、机密性保护和重放保护。

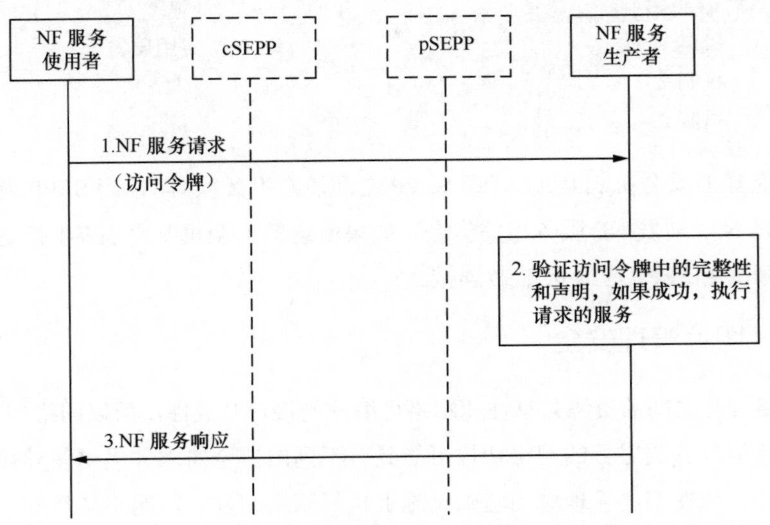

图 7-19　基于令牌验证的服务访问请求流程

SEPP 安全能力协商流程如图 7-20 所示，具体步骤如下所述。

● 发起 TLS 连接的 SEPP 应向响应 SEPP 发送注册请求消息，包括发起 SEPP 支持的保护 N32 上 NF 服务相关信令的安全机制，安全机制应按照初始 SEPP 的优先顺序进行排序。

● 响应 SEPP 应将收到的安全能力与其自身支持的安全能力进行比较，并根据其本地策略选择安全机制，初始 SEPP 和响应 SEPP 同时支持该安全机制。

● 响应 SEPP 发送注册响应消息给初始 SEPP，包括选定的用于保护 N32 上 NF 服务相关信令的安全机制。

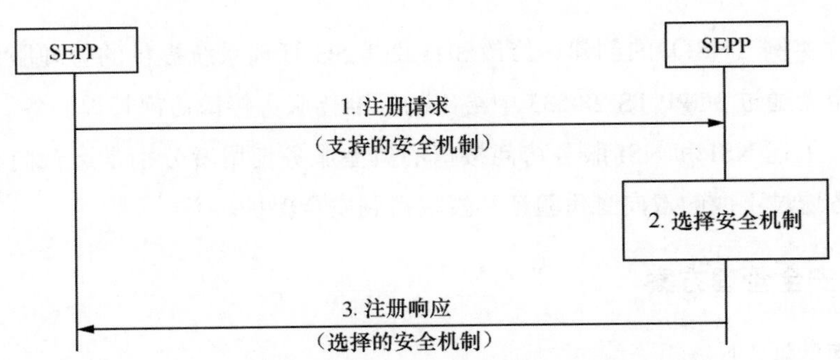

图7-20　SEPP安全能力协商流程

N32 与 NF 服务相关信令的保护机制见表 7-1。

表7-1 N32与NF服务相关信令的保护机制

N32 保护机制	描述
机制 1	N32 应用层安全
机制 2	TLS
机制 n	待定

如果所选择的安全机制是 TLS（即 SEPP 之间没有 IPX 实体），则 SEPP 应使用已有的 TLS 连接通过 N32 转发 NF 服务相关信令。如果所选的安全机制是表 7-1 指定机制以外的其他机制，则两个 SEPP 应终止 TLS 连接。

7.3.3 切片管理安全

由于网络切片之间的资源共享性和网络可编程的接口开放性，所以网络切片安全给 5G 的发展带来挑战。各类服务的网络切片可能具有不同的安全需求并采用差异化的安全协议和机制。此外，当在不同管理域的基础设施上执行网络切片时，网络切片安全协议和方案的设计变得更加复杂。

在 5G 网络切片安全管理方面，5G 网络切片支持运营商为客户提供定制服务，通信服务运营商 / 通信服务管理功能（CSP/CSMF）将服务需求转换为与网络切片需求，并通过切片管理接口通知运营商网络的 NSMF。由于切片管理接口传输了大量的切片管理消息，例如，激活、停止、修改、删除网络切片实例产生的消息，因此需要对切片管理接口进行安全保护。保证只有授权对象才能创建、更改和删除网络切片实例，通信服务用户（CSC）和接入网络之间的相互认证和密钥协商也需要设置在连接到切片管理接口之前完成。

1. 概述

网络切片实例（NSI）的创建、修改和终止是 5G 管理系统提供的管理服务的一部分。管理服务使用者通过 3GPP TS 28.533 中给出的标准化服务接口访问管理服务。如 3GPP TS 28.531 所述，上述 NSI 和 NSI 服务访问接口的典型服务使用者分别是运营商和垂直行业。这些管理服务通过下面的双向身份验证和授权得到安全保护。

2. 切片安全管理方案

（1）双向认证

如果管理服务使用者位于 3GPP 运营商的信任域之外，则应基于以下要求进行双向认证。

● 使用 3GPP TS 33.210 6.2 节中给出的配置文件的客户端和服务器证书，使用 TLS 在管理服务使用者和管理服务生产者之间执行相互认证。

● 遵循 TLS 1.2 的 RFC 4279 和 TLS 1.3 的 RFC 8446 的预共享密钥。其中，TLS 的预共享密钥的密钥分配取决于运营商的安全策略。

（2）管理服务生产者与使用者之间管理交互的安全保护

TLS 将用于为 3GPP 运营商信任域之外的管理服务生产者和管理服务使用者之间的接口提供完整性保护、抗重放保护和机密性保护。TLS 实施和使用的安全配置文件应遵循 TS 33.210 6.2 节中的规定。

（3）管理服务请求消息的授权验证

在双向认证之后，管理服务生产者确定管理服务使用者是否被授权向管理服务生产者发送请求。管理服务生产者应使用以下选项对来自管理服务使用者的请求进行授权。

● 遵循 RFC 6749 的基于 OAuth 的授权机制。

● 基于管理服务生产者的本地策略。

参考文献

[1] 齐旻鹏，彭晋．5G 网络的认证体系 [J]．中兴通讯技术，2019，25（4）：14-18.

[2] 罗玙榕，曹进，李晖．软件定义 5G 通信网络的虚拟化与切片安全 [J]．中兴通讯技术，2019，25（4）：30-35.

[3] 3GPP TS 23. 501 V16. 0. 2 (2019-04) Technical Specification Group Services and System Aspects; System Architecture for the 5G System; Stage 2(Release 16).

[4] 3GPP TS 23. 502 V16. 0. 0 (2019-03) Technical Specification Group Services and System Aspects; Procedures for the 5G System; Stage 2(Release 16).

[5] 3GPP TS 33. 117 V16. 1. 0 (2019-03) Technical Specification Group Services and System Aspects; Catalogue of general security assurance requirements(Release 16).

[6] 3GPP TS 33. 122 V15. 3. 0 (2019-03) Technical Specification Group Services and System Aspects; Security aspects of Common API Framework (CAPIF) for 3GPP northbound APIs(Release 15).

[7] 3GPP TS 33. 401 V15. 7. 0 (2019-03) Technical Specification Group Services and System Aspects; 3GPP System Architecture Evolution (SAE); Security architecture(Release 15).

[8] 3GPP TS 33. 501 V16. 1. 0 (2019-12) Technical Specification Group Services and System Aspects; Security architecture and procedures for 5G system(Release 16).

[9] 3GPP TS 33. 516 V16. 1. 0(2019-12) Technical Specification Group Services and System Aspects; 5G Security Assurance Specification (SCAS) Authentication Server Function (AUSF) (Release 16).

缩略语

英文缩写	英文全称	中文
3D	3 Dimensions	三维
3GPP	3rd Generation Partnership Project	第三代合作伙伴计划
4G	4 Generation	第四代移动通信技术
5G	5 Generation	第五代移动通信技术
5GC	5G Core Network	5G 核心网
5GS	5G System	5G 系统
5G-GUTI	5G Globally Unique Temporary Identifier	5G 全球唯一临时标识
5QI	5G QoS Identifier	5G QoS 标识
AAA	Authentication， Authorization，Accounting	认证，授权，计费
AAU	Active Antenna Unit	有源天线单元
AF	Application Function	应用功能
AI	Artificial Intelligence	人工智能
AMBR	Aggregated Maximum Bit Rate	聚合最大比特速率
AMF	Access and Mobility Management Function	接入与移动性管理功能
AN	Access Network	接入网
API	Application Programming Interface	应用程序接口
AR	Augmented Reality	增强现实
ARP	Allocation and Retention Priority	分配和保留优先权
ASP	Application Service Provider	业务应用提供商标识符
AUSF	Authentication Server Function	鉴权服务功能
BAC	Border Access Controller	边缘接入控制器
BBU	Building Baseband Unit	基带处理单元
BE	Back End	后端
BMC	Baseboard Management Controller	基板管理控制器
BP	Branching Point	分支点
BSF	Binding Support Function	绑定支持功能
CBD	Central Business District	中央商务区
CCSA	China Communications Standards Association	中国通信标准化协会
CDR	Call Detail Record	呼叫详细记录
CFS	Customer Facing Services	面向客户服务
CG	Charging Gateway	计费网关
CGF	Charging Gateway Function	计费网关功能
CHF	Charging Function	计费功能
CM	Connection Management	连接管理

（续表）

英文缩写	英文全称	中文
CN	Core Network	核心网
CP	Control Plane	控制面
CPU	Central Processing Unit	中央处理器
CRM	Customer Relationship Management	客户关系管理
CSMF	Communication Service Management Function	通信服务管理功能
DC	Data Center	数据中心
DCN	Dedicated Core Network	专用核心网
DDoS	Distributed Deny of Service	分布式拒绝服务
DECOR	Dedicated Core Network	专用核心网
DHCP	Dynamic Host Configuration Protocol	动态主机配置协议
DN	Data Network	数据网络
DNAI	DN Access Identifier	数据网接入标识
DNN	Data Network Name	数据网络名称
DNS	Domain Name Server	域名服务器
DPI	Deep Packet Inspection	深度报文检测
DRA	Diameter Routing Agent	Diameter 路由代理
DSRC	Dedicated Short Range Communications	专用短程通信
DTLS	Datagram Transport Layer Security	数据报传输层安全性
eMBB	Enhanced Mobile Broadband	增强移动宽带
EMS	Element Management System	网元管理系统
EOR	End Of Row	列尾
EPC	Evolved Packet Core network	演进分组核心网
EPS	Evolved Packet System	演进分组系统
E-RAB	Evolved Radio Access Bearer	演进无线接入承载
ESP	Encapsulating Security Payload	封装安全载荷
FAR	Forwarding Action Rule	（数据包）转发规则
FE	Front End	前端
F-TEID	Full Qualified -Tunnel Endpoint Identifier	全量隧道端点信息
FQDN	Fully Qualified Domain Name	完全合格域名
GBR	Guaranteed Bit Rate	保证业务速率
GFBR	Guaranteed Flow Bit Rate	保证的流比特率
gNB	generation NodeB	5G 基站
GPSI	Generic Public Subscription Identifier	通用的公共用户标识
GTP	GPRS Tunnel Protocol	GPRS 隧道协议
GTP-U	GPRS Tunnelling Protocol for User Plane	用户面的 GTP 隧道协议
GUAMI	Globally Unique AMF ID	全球唯一 AMF 标识
GUTI	Globally Unique Temporary Identifier	全球唯一临时标识

（续表）

英文缩写	英文全称	中文
HNRF	High Network Repository Function	高级 NRF
HPLMN	Home PLMN	归属陆地移动通信网
HQoS	Hierarchical Quality of Service	层次化 QoS
HR	Home Routed （roaming）	回归属地路由（漫游）
HSS	Home Subscriber Server	归属签约用户服务器
HTTP	Hyper Text Transfer Protocol	超文本传输协议
ID	IDentifier	标识
IDS	Intrusion Detection System	入侵检测系统
IMS	IP Multimedia Subsystem	IP 多媒体子系统
IMSI	International Mobile Subscriber Identity	国际移动用户识别码
IoT	Internet of Things	物联网
IP	Internet Protocol	网际互联协议
IPS	Intrusion Prevention System	入侵防御系统
IPSec	Internet Protocol Security	IP 安全协议
IPX	IP Exchange	IP 交换中心
IPv4	Internet Protocol version 4	互联网协议版本 4
IPv6	Internet Protocol version 6	互联网协议版本 6
IPTV	Interactive Personality TV	交互式网络电视
I–SMF	Intermediate/International SMF	中间 SMF/ 国际 SMF
ITU	International Telecommunication Union	国际电联
I–UPF	Intermediate/International UPF	中间 UPF/ 国际 UPF
JSON	JavaScript Object Notation	JS 对象简谱
KPI	Key Performance Indicator	关键性能指标
LADN	Local Area Data Network	本地数据网络
LBO	Local Break Out （Roaming）	本地 / 拜访地出访（漫游）
L–NRF	Low–NRF	低级 NRF
LTE	Long Term Evolution	长期演进
MAC	Medium Access Control	媒质接入控制
MANO	Management and Orchestration	管理和编排
MCS	Mission Critical Service	关键任务业务
MEAO	MEC Application Orchestrator	MEC 应用编排器
MEC	Mobile Edge Computing	移动边缘计算
MEPM	MEC Platform Manage	MEC 平台管理单元
MFBR	Maximum Flow Bit Rate	最大流比特率
MICO	Mobile Initiated Connection	仅限移动发起的连接
MIMO	Multiple Input Multiple Output	多输入多输出
MM	Mobile Management	移动管理

（续表）

英文缩写	英文全称	中文
MME	Mobility Management Entity	移动管理实体
MMS	Multimedia Messaging Service	多媒体短信服务
mMTC	Massive Machine Type Communications	海量机器类通信
mmW	Millimeter-Wave	毫米波
MNC	Mobile Network Code	移动网号
MPS	Multimedia Priority Service	多媒体优先服务
MR	Measure Report	测试报告
MSISDN	Mobile Station Integrated Services Digital Network Number	移动台综合业务数字网号码
N3IWF	Non-3GPP Inter Working Function	非 3GPP 互操作功能
NAS	Non Access Stratum	非接入层
NB-IoT	Narrow Band Internet of Things	窄带物联网
NDS/IP	Network Domain Security/IP network layer security	网络域安全 /IP 层安全
NEF	Network Exposure Function	网络能力开放功能
NF	Network Function	网络功能
NFV	Network Functions Virtualization	网络功能虚拟化
NFVI	NFV Infrastructure	NFV 基础设施
NFVO	NFV Orchestrator	NFV 编排器
NGC	Next Generation Core	下一代核心网
NLOS	None Line Of Sight	非可视
NOMA	Non-Orthogonal Multiple Access	非正交多址技术
NR	New Radio	新无线电
NRF	Network Repository Function	网络存储功能
NSA	Non Standalone	非独立组网
NSD	Network Service Descriptor	网络服务描述符
NSI	Network Slice Instance	切片实例
NSMF	Network Slice Management Function	网络切片管理功能
NSSAI	Network Slice Selection Assistance Information	网络切片选择辅助信息
NSSF	Network Slice Selection Function	网络切片选择功能
NSSMF	Network Slice Subnet Management Function	网络切片子网管理
NSSI	Network Slice Subnet Instance	子网切片实例
NWDAF	Network Data Analytics Function	网络数据分析功能
OAM	Operation Administration and Maintenance	操作维护管理
ODCC	Open Data Center Committee	开放数据中心委员会
OSS	Operation Support System	运营支撑系统
OTII	Open Telecom IT Infrastructure	面向电信应用的开放 IT 基础设施
OTT	Over The Top	通过互联网向用户提供的各种应用服务

（续表）

英文缩写	英文全称	中文
PCC	Policy and Charging Control	策略和计费控制
PCF	Policy Control Function	策略控制功能
PCI	Physical Cell Index	物理小区标识
PCEF	Policy and Charging Enforcement	策略和计费执行
PCRF	Policy and Charging Rules Function	策略计费规则功能
PCSCF	Proxy Call State Control Function	代理会话控制功能实体
PDI	Packet Detection Information	包检测信息
PDN	Packet Data Network	分组数据网
PDR	Packet Detection Rule	包检测规则
PDU	Protocol Data Unit	协议（分组）数据单元
PEI	Permanent Equipment Identifier	设备永久标识
PFD	Packet Flow Description	数据包的流描述
PFCP	Packet Forwarding Control Protocol	包转发控制协议
PGW	PDN GW	分组数据网网关
PGW-C	PGW-Control	分组数据网网关控制功能
PGW-U	PGW-User	分组数据网网关用户功能
PLMN	Public Land Mobile Network	公用陆地移动网
PRA	Presence Reporting Area	出现报告区域
PSA	PDU Session Anchor	PDU 会话锚点
QCI	QoS Class Identifier	QoS 等级指示
QER	QoS Enforcement Rules	QoS 执行规则
QFI	QoS Flow Identity	QoS 流标识
QoE	Quality of Experience	客户感知
QoS	Quality of Service	服务质量
RAN	Radio Access Network	无线接入网
RAT	Radio Access Technology	无线接入技术
REST	Representational State Transfer	表征状态转移
RM	Register Management	注册管理
RQA	Reflective QoS Attribute	反射 QoS 属性
RRC	Radio Resource Control	无线资源控制
RS	Reference Signal	参考信号
RFSP	RAT Frequency Selection Priority	RAT 频度选择优先级
RSRP	Reference Signal Receiving Power	参考信号接收功率
RSU	Road Side Unit	路侧单元
SA	Standalone	独立组网
SAE	System Architecture Evolution	系统架构演进
SBA	Service Based Architecture	基于服务的架构

（续表）

英文缩写	英文全称	中文
SEID	Session Endpoint Identifier	会话终结点标识符
SBC	Session Border Controller	会话边界控制器
SBI	Service Based Interface	服务化接口
SCP	Service Communication Proxy	服务通信代理
SD	Slice Differentiator	切片区分符号
SDF	Service Data Flow template	业务数据流模板
SDL	Supplementary Download	下行辅助
SDN	Software Defined Network	软件定义网络
SDU	Service Data Unit	服务数据单元
SEA	Security Anchor Function	安全锚点功能
SEPP	Security Edge Protection Proxy	安全边界保护代理
SGW	Serving Gateway	服务网关
SMF	Session Management Function	会话管理功能
SMS	Short Messaging Service	短信服务
SMSF	Short Messaging Service Function	短信服务功能
S-NSSAI	Single Network Slice Selection Assistance Information	单个网络切片选择辅助信息
SOA	Service Oriented Architecture	面向服务的体系结构
SoC	System on Chip	系统级芯片
SON	Self Organizing Network	网络自组织
SOR	Steering Of Roaming	漫游导航
SPR	Subscription Profile Repository	用户属性存储
SRB	Signaling Radio Bear	信令无线承载
SSC	Session and Service Continuity	会话与业务连续性
SSHv2	Secure Shell version 2	安全外壳协议第二版
SST	Slice Service Type	切片服务类型
SSUP	Site Selection based on User Perception	基于用户感知的选址
SUI	Standford University Interim	斯坦福大学临时协定
SUL	Supplementary Upload	上行辅助
SUCI	Subscription Concealed Identifier	用户掩藏的标识
SUPI	Subscription Permanent Identifier	用户永久标识
TA	Track Area	跟踪区
TAI	Tracking Area Identity	跟踪区标识
TBS	Transport Block Size	传输块大小
TCP	Transmission Control Protocol	传输控制协议
TEID	Tunnelling Endpoint Indentification	隧道端点标识符
TFT	Traffic Flow Template	数据流模板
TM	Transparent Mode	透明模式

（续表）

英文缩写	英文全称	中文
TOR	Top Of Rack	架顶
TPC	Fast Transmission Power Control	快速功率控制
UDM	Unified Data Management	通用数据管理
UDR	User Data Repository	用户数据寄存器
UE	User Equipment	用户设备
ULCL	Uplink Classifier	上行分类器
UM	Unacknowledged Mode	非确认模式
UP	User Plane	用户面
UPF	User Plane Function	用户面功能
uRLLC	Ultra-Reliable and Low Latency Communications	超高可靠低时延通信
URL	Uniform Resource Locator	统一资源定位符
URI	Uniform Resource Identifier	统一资源标识
URR	Usage Reporting Rules	使用量报告规则
URSP	UE Route Selection Policy	UE 路由选择策略
V2X	Vehicle to X	车对外界的信息交换
VIM	Virtualized Infrastructure Manager	虚拟基础设施管理
VLAN	Virtual Local Area Network	虚拟局域网
VNF	Virtualize Network Function	虚拟化网络功能
VNFC	VNF Component	VNF 组件
VNFM	VNF Manager	VNF 管理
VoLTE	Voice over LTE	LTE 语音
VoIP	Voice over IP	IP 语音
VPLMN	Visited Public Land Mobile Network	拜访公共陆地移动通信网
VPN	Virtual Private Network	虚拟个人网络
VR	Virtual Reality	虚拟现实

导读

在研究网络架构时，相关人员对关键业务流程进行一定程度的梳理，会有助于他们对网络的进一步理解。本部分内容作者特意对相关知识做了翻译与编排，希望能给从事网络架构搭建的人员一定启发。

附录 1　移动性管理

移动性管理功能主要通过注册、服务请求、切换、接入网（Access Network，AN）释放、去注册等流程来实现。这些流程保证了在 UE 移动的时候，相关网络实体中 UE 位置信息的及时更新，并保证 UE 业务的连续性。

UE 要获得 5G 网络服务，首先需要向网络侧发起注册流程，网络侧可保存 UE 的上下文信息、位置信息以及一些网络协议参数。注册流程完成后，UE 可以进行其他业务流程。如果 UE 和网络侧不需要再继续进行业务，可发起 AN 释放，释放无线侧的 RRC 连接，UE 转为空闲态，在此状态下可节省网络信令和无线侧资源。UE 处于空闲态，如果某个时间 UE 有数据要向网络侧发送或者网络侧有数据要向下发送时，此时须先发起 Service Request 流程，让 UE 和网络侧恢复到连接后再进行数据传输业务。如果 UE 移动了位置，从一个（R）AN 下面移动到另外一个（R）AN，此时（R）AN 会根据信号的强弱触发 Handover 流程，将 UE 切换到信号强的（R）AN 下面继续进行业务。若 UE 要想从一个网络中注销，不再接受此网络的服务时，可发起去注册流程，停止在该网络中的服务。

●• 1.1　注册流程

当 UE 需要接入网络接受服务时，UE 进行初始注册流程；当 UE 移动出原来注册的区域时，进行移动性注册更新；当空闲态 UE 的周期性注册更新超时后，UE 发起周期性注册更新流程。注册流程如附图 1 所示，注册流程中的具体介绍如下。

（1）UE 发起注册流程（Registration Request），消息经过 RAN，到达 AMF 服务进行处理。

（2）AMF 完成用户对用户身份的鉴权后，通过（Nudm_UECM_Registration_Request）向 UDM 注册并获取用户的签约数据信息。

（3）UDM 返回的签约信息（Nudm_UECM_Registration_Response）到达 AMF 服务，AMF 保存用户签约信息。

（4）AMF 向 PCF 发送 Npcf_SMPolicyControl_Create Request 消息获取用户策略信息。

（5）PCF 发送 Npcf_SMPolicyControl Create Response 消息，消息到达 AMF。

（6）AMF 根据 PCF 和 UDM 返回的信息完成控制策略、GUTI 分配等处理后，向 UE 发送 Registration Accept 消息。

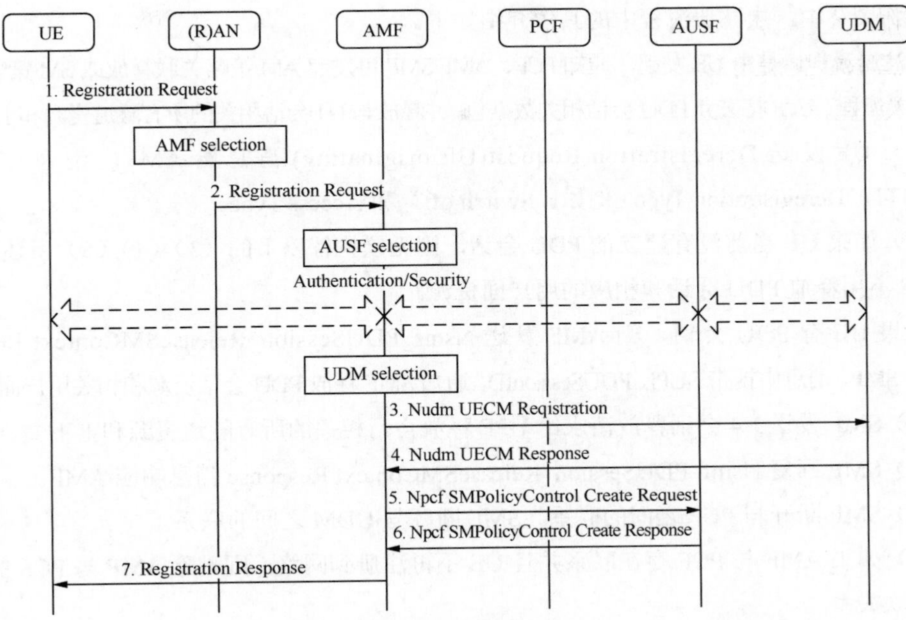

附图1　注册流程

●• 1.2　去注册流程

当 UE 不需要继续访问网络接受服务或者 UE 无权限继续访问网络时，会发生去注册流程。去注册流程如附图 2 所示。

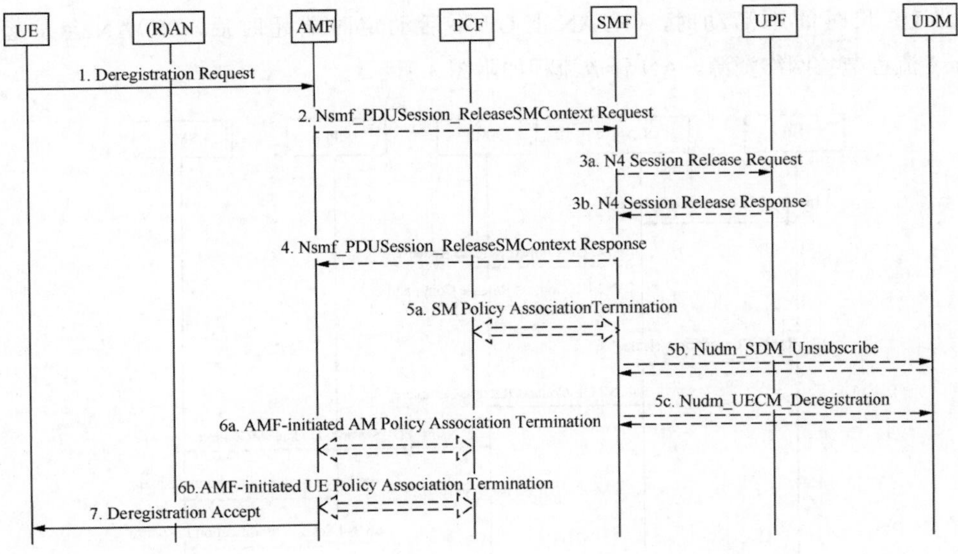

附图2　去注册流程

在附图 2 中，去注册流程中的具体介绍如下。

去注册流程也是由 UE 发起，通知 PCF、AMF/SMF 可发起 AM 策略关联释放或 SM 策略关联释放相关流程。UPF 将丢弃 PDU 会话相关数据包，并释放与 N4 会话相关的所有隧道资源和上下文。

（1）UE 发送 Deregistration Request(UE originating) 消息给 AMF，消息中携带 5G-GUTI、Deregistration Type（例如，Switch off）和 Access Type。

（2）如果 UE 当前没有建立的 PDU 会话，则无须执行以下的（3）（4）（5）所述流程，即 SMF 不用释放 PDU 会话和相应的用户面资源。

如果 UE 有 PDU 会话，则 AMF 发送 Nsmf_PDUSession_ReleaseSMContext Request 消息给 SMF，消息中携带 SUPI、PDUSessionID，通知 SMF 释放 PDU 会话资源和相关用户面资源。

（3）SMF 发送 N4 会话释放请求给 UPF 释放会话相关的所有隧道资源和上下文。

（4）SMF 回复 Nsmf_PDUSession_ReleaseSMContext Response 消息响应 AMF。

（5）SMF 断开与 PCF 之间的联系，SMF 断开与 UDM 之间的联系。

（6）如果 AMF 与 PCF 存在联系并且 UE 不再注册到网络，则删除 AMF 与 PCF 的 AM 策略关联关系。

如果 AMF 与 PCF 之间存在与该 UE 相关的关联关系，且该 UE 在任何接入方式下都不再注册，则删除 AMF 与 PCF 的 UE 策略关联关系。

（7）AMF 发送 Deregistration Accept 消息给 UE，并释放 N2 信令连接，流程结束。

••1.3 AN 释放流程

当 UE 长时间不活动时，(R)AN 上 UE 不活动定时器超时后，(R)AN 会发起 AN Release 流程节省网络资源。AN 释放流程如附图 3 所示。

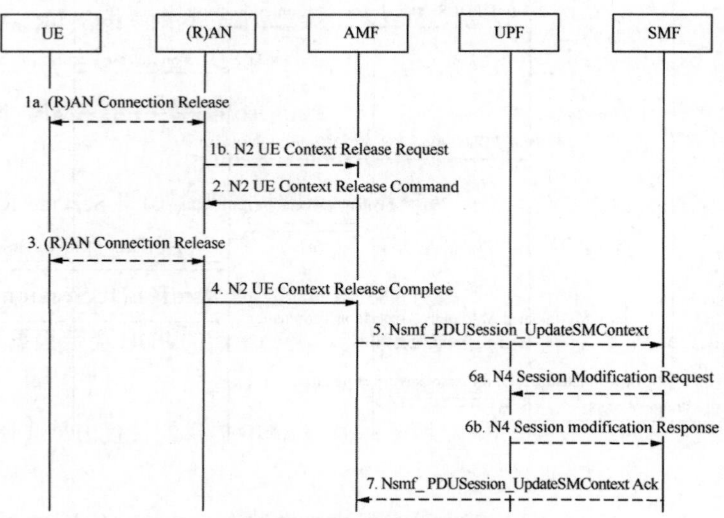

附图3 AN释放流程

在附图 3 中，AN 释放流程的具体介绍如下。

AN 释放流程用于释放逻辑 NG-AP 信令连接、N3 用户面连接和相关的资源，也就是把所有用户面资源都释放。这样在 UE 不活动场景或网络故障等场景下，可以节省无线空口等资源。

（1）如果是（R）AN 发起的流程，（R）AN 向 AMF 发送 N2 UE Context Release Request 消息。AMF 判断消息中携带了 PDU 会话 ID，且 N3 用户面链路是激活可用，则先执行（5）（6）（7）所述流程，对相应的 PDU 会话进行去激活，再执行接下来的（2）（3）（4）所述流程。

（2）AMF 给（R）AN 发送 N2 UE Context Release Command 消息。如果是 AMF 发起的 AN Release 流程，则流程从该步骤开始依次执行（3）（4）（5）（6）（7）所述流程。

（3）如果（R）AN 与 UE 之间的连接还没有完全释放，（R）AN 请求 UE 释放（R）AN 连接，并且在收到 UE 释放连接的确认后，（R）AN 删除 UE 的上下文。

（4）（R）AN 向 AMF 发送 N2 UE Context Release Complete，表示 N2 连接已经释放。

（5）AMF 给 SMF 发送 Nsmf_PDUSession_UpdateSMContext Request 去激活对应的 PDU 会话的用户面资源。

（6）SMF 发起 N4 会话修改流程。

（7）SMF 给 AMF 回复 Nsmf_PDUSession_UpdateSMContext Response 消息，流程结束。

●•1.4 服务请求流程

服务请求流程用于空闲状态 UE 与 AMF 之间建立信令连接，也可以用于空闲态或连接态 UE 激活已建立的 PDU 会话的用户面连接，服务请求流程如附图 4 所示。

在附图 4 中，服务请求流程具体介绍如下。

（1）UE 发送 Service Request 消息（包含在 RRC Message 里面）给（R）AN，消息里面携带 Service Type、5G-S-TMSI。

（2）（R）AN 通过 N2 Message 消息将 Service Request 信息转发给 AMF，N2 Message 消息中携带 N2 parameters、Service Request、UE Context Request。

（3）AMF 发起对 Service Request 消息的 NAS 鉴权流程。如果 Service Request 消息已经进行完整性保护，则不用执行鉴权操作。

（4）AMF 给需要激活的 PDU 会话对应的 SMF 发送 Nsmf_PDUSession_UpdateSMContext Request 消息，请求恢复 PDU 的会话连接。需要激活的 PDU 会话根据 UE 在 Service Request 消息中的 Uplink data status 信元来指定。

（5）SMF 发起 SM 策略关联修改流程，并根据 AMF 提供的位置信息选择 UPF。

（6）SMF 与新 UPF 间建立连接。

（7）SMF 将新侧 I-UPF 的下行隧道信息发送给锚定点 UPF(PSA)，UPF(PSA) 可以将下

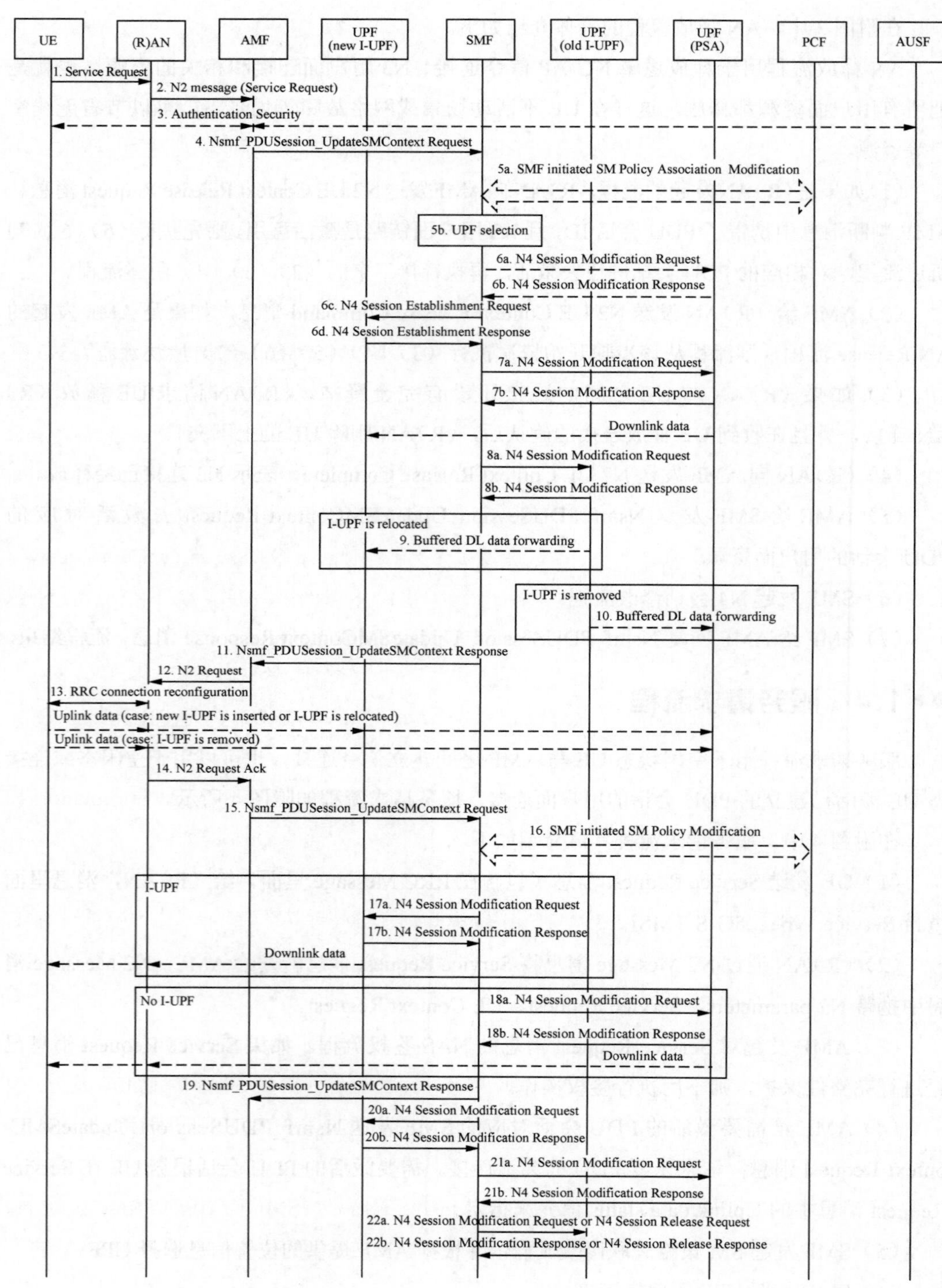
UE
(R)AN
AMF
UPF
(new I-UPF)
SMF
UPF
(old I-UPF)
UPF
(PSA)
PCF
AUSF
1. Service Request
2. N2 message (Service Request)
3. Authentication Security
4. Nsmf_PDUSession_UpdateSMContext Request
5a. SMF initiated SM Policy Association Modification
5b. UPF selection
6a. N4 Session Modification Request
6b. N4 Session Modification Response
6c. N4 Session Establishment Request
6d. N4 Session Establishment Response
7a. N4 Session Modification Request
7b. N4 Session Modification Response
Downlink data
8a. N4 Session Modification Request
8b. N4 Session Modification Response
I-UPF is relocated
9. Buffered DL data forwarding
I-UPF is removed
10. Buffered DL data forwarding
11. Nsmf_PDUSession_UpdateSMContext Response
12. N2 Request
13. RRC connection reconfiguration
Uplink data (case: new I-UPF is inserted or I-UPF is relocated)
Uplink data (case: I-UPF is removed)
14. N2 Request Ack
15. Nsmf_PDUSession_UpdateSMContext Request
16. SMF initiated SM Policy Modification
I-UPF
17a. N4 Session Modification Request
17b. N4 Session Modification Response
Downlink data
No I-UPF
18a. N4 Session Modification Request
18b. N4 Session Modification Response
Downlink data
19. Nsmf_PDUSession_UpdateSMContext Response
20a. N4 Session Modification Request
20b. N4 Session Modification Response
21a. N4 Session Modification Request
21b. N4 Session Modification Response
22a. N4 Session Modification Request or N4 Session Release Request
22b. N4 Session Modification Response or N4 Session Release Response

附图4 服务请求流程

行数据发送给新侧 I-UPF。

（8）当网络侧有数据发送，并且旧侧 UPF 确定要删除，此时旧侧 UPF 不能继续作为数据缓存点，需要建立新的转发隧道，便于旧侧 I-UPF 将缓存的数据发送到新的缓存点。

（9）如果 I-UPF 改变，并且旧（中间）UPF 建立了到新 I-UPF 的转发隧道，则旧（中间）UPF 将其缓存数据转发给作为 N3 终结点的新（中间）UPF。新 UPF 不应该发送从 UPF (PSA) 接收的缓存下行数据包，直到从旧 I-UPF 接收到结束标记数据包或（6）中启动的定时器超时。

（10）如果旧侧 I-UPF 被删除，PDU Session 没有分配新的 I-UPF，且旧侧（中间）UPF 与 UPF（PSA）的转发隧道已经建立，则旧侧（中间）UPF 将缓存的数据转发给作为 N3 终结点的 UPF（PSA）点。UPF（PSA）不应该发送从 N6 接口接收的缓存的 DL 数据，直到它从旧 I-UPF（I-UPF）接收到结束标记数据包或（7）中启动的定时器超时。

（11）SMF 接受了 PDU 会话激活请求，向 AMF 回复 Nsmf_PDUSession_UpdateSMContext Response 消息，携带会话相关的信息，包括会话 ID，QoS 等信息。

（12）AMF 向（R）AN 发送 N2 Request 消息。消息中包括 N2 SM information received from SMF、security context、Mobility Restriction List、Subscribed UE-AMBR、MM NAS Service Accept、list of recommended cells/TAs/NG-RAN node identifiers、UE Radio Capability 等信息。

（13）（R）AN 根据已经激活的 PDU 会话的 QoS 信息，与 UE 执行 RRC Connection Reconfiguration，完成 RRC 的信令连接。

（14）（R）AN 向 AMF 发送 N2 Request Ack 消息，消息中携带 N2 SM information 和 PDU 会话 ID，N2 SM information 包括 AN 的隧道信息，接受的 QoS 流列表，拒绝的 QoS 流列表。

（15）如果（14）中携带了 N2 SM information 且 AMF 收到了该信息，AMF 给 PDU 会话对应的 SMF 发送 Nsmf_PDUSession_UpdateSMContext Request 消息，将 N2 SM information 消息转发给 SMF。

（16）如果启用了动态 PCC 且 PCF 已经订阅了该服务，则 SMF 发起 PCC 流程。

（17）如果上述（8）建立的是与 I-UPF 的隧道信息，SMF 向新侧 I-UPF 发送 N4 Session Modification Request，提供新的 AN 隧道信息，此时新侧 I-UPF 的下行数据可以转发到［（R）AN］和 UE。

（18）如果上述（8）建立的是与 UPF(PSA) 的隧道信息，SMF 向 UPF（PSA）发送 N4 Session Modification Request 消息，将 AN 的隧道信息发送给 UPF（PSA）。UPF（PSA）的下行数据此时可以被转发到（R）AN 和 UE 上。

（19）SMF 给 AMF 回复 Nsmf_PDUSession_UpdateSMContext Response。

（20）上述（8）中建立了数据转发隧道，并且启动了定时器，如果定时器超时，则需要释放转发隧道，（20）和（21）分别用于释放（8）中两种场景的隧道。

（21）SMF 发送 N4 Session Modification Request 给作为 N3 终节点的 UPF（PSA），释放建立的转发隧道。释放掉转发隧道后，UPF（PSA）回复 N4 Session modification response 给 SMF。

（22）SMF 发送 N4 Session Modification Request 给旧侧 I-UPF 更新 AN 隧道信息，或者发送 N4 Session Release Request 给旧侧 I-UPF，删除在旧侧 UPF 上的资源。

1.5 切换流程

连接态 UE 从一个源（R）AN 节点切换到一个目标（R）AN 节点，发生 5GS 系统的切换流程，根据源和目标（R）AN 节点是否存在 Xn 接口分为基于 Xn 接口的切换和基于 N2 接口的切换流程。基于 Xn 接口的切换流程如附图 5 所示。基于 N2 接口的切换流程如附图 6 所示。

在附图 5 中，基于 Xn 接口的切换流程具体介绍如下。

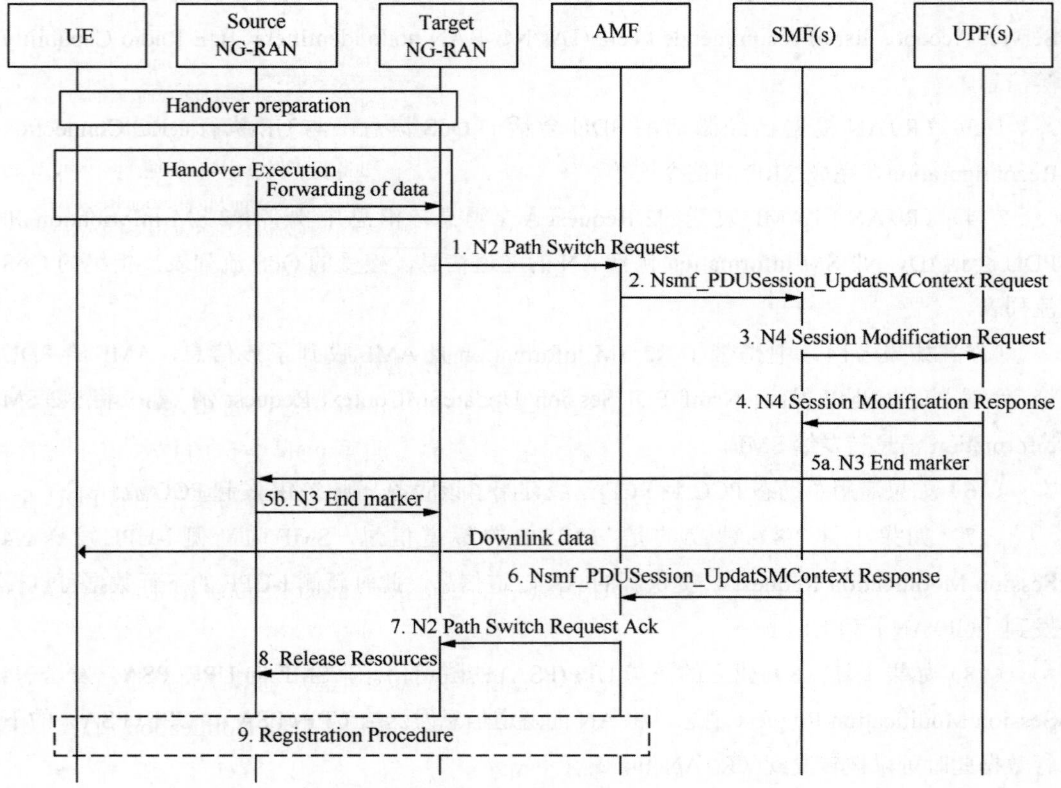

附图5 基于Xn接口的切换流程

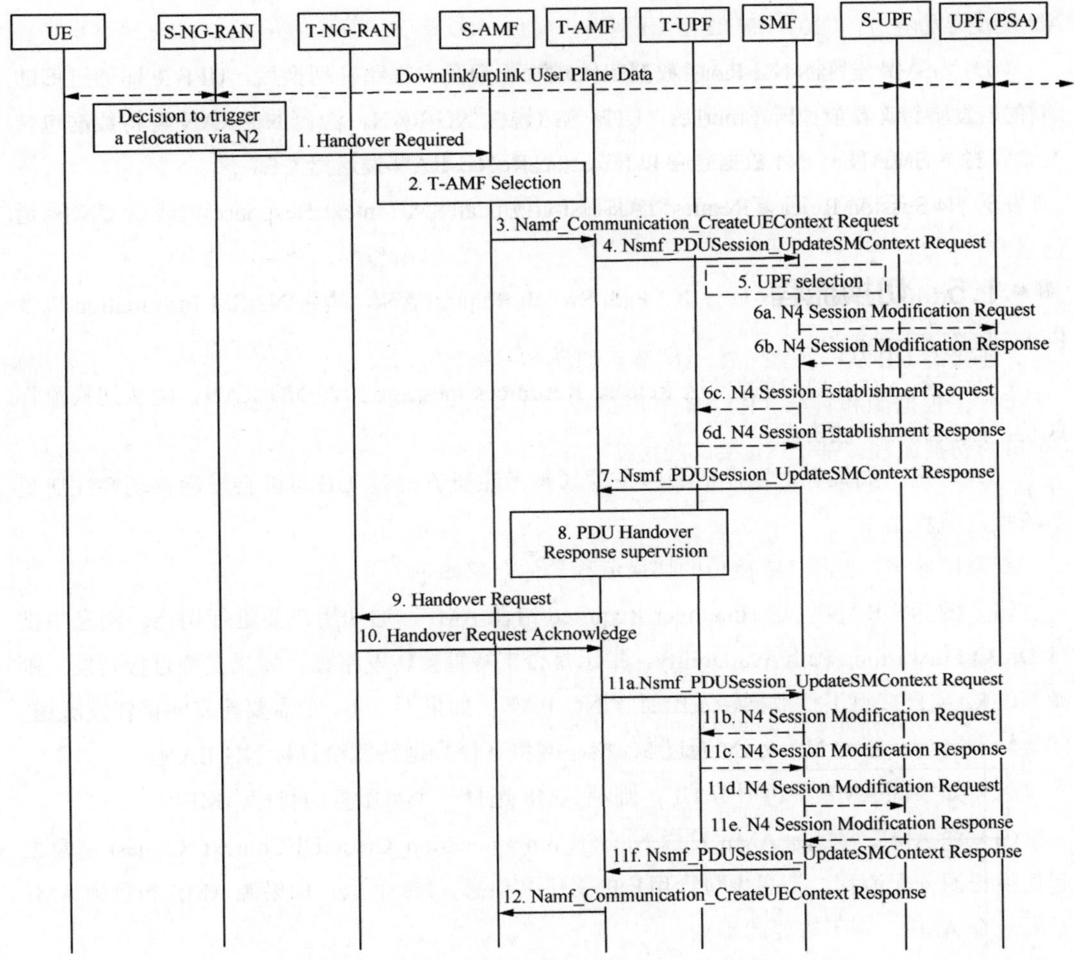

附图6　基于N2接口的切换流程

（1）目标 NG-RAN 给 AMF 发送 N2 Path Switch Request 消息，通知 AMF 用户已经移动到新的区域，并且提供需要切换的 PDU 会话列表。如果 PDU 会话的 QoS 流不被目标 NG-RAN 所接受或者目标 NG-RAN 不支持网络切片，消息中会携带需要拒绝的 PDU 会话列表。

（2）AMF 给 SMF 发送 Nsmf_PDUSession_UpdateSMContext Request 消息，携带 AN 的隧道信息。

（3）SMF 给 UPF 发送 N4 Session Modification Request 消息，提供 AN 隧道信息，以及通知 UPF 丢弃原始的 Data Notification 消息或者不再发送后续 Data Notification 消息。如果 SMF 分配了新的 CN 隧道信息，则提供给 UPF。

（4）UPF 回复 N4 Session Modification Response 消息给 SMF，通知 SMF PDU 会话切

换完成，并且将CN隧道信息携带给SMF。如果有PDU会话需要去激活，UPF释放掉N3（R）AN隧道信息。

（5）为了保证目标NG-RAN数据包的顺序不混乱，在路径切换后，UPF立即通过旧的路径发送一个或多个“End marker”数据包给源侧NG-RAN，源侧NG-RAN再将数据包转发给目标NG-RAN。下行数据包可以直接通过新NG-RAN发送给UE。

（6）SMF给AMF回复Nsmf_PDUSession_UpdateSMContext Response，携带CN隧道信息。

（7）AMF给NG-RAN回复N2 Path Switch Request Ack，携带N2 SM Information以及Failed PDU Session。

（8）目标NG-RAN通过发送Release Resources message给源NG-RAN，确认切换流程成功，触发源侧释放资源。

（9）可选，如果有触发注册流程条件（参考注册流程），UE可能会发起移动性注册更新流程，流程结束。

在附图6中，基于N2接口的切换流程具体介绍如下。

（1）源NG-RAN发送Handover Required给源AMF，通知用户要进行切换。消息中携带Direct Forwarding Path Availability，指示是否支持直接转发路径。如果支持直接转发，则源NG-RAN直接将下行数据转发给目标NG-RAN。如果不支持，则需要建立间接转发隧道，间接转发隧道是指源NG-RAN通过5G核心网将下行数据转发给目标NG-RAN。

（2）如果源AMF不再服务UE，则源AMF选择一个可服务的目标AMF。

（3）源AMF给目标AMF发送Namf_Communication_CreateUEContext Request消息发起切换资源分配流程。消息中包含用户的上下文信息、N2信息。如果源AMF和目标AMF是同一个AMF，则不需要此步骤。

（4）对于源NG-RAN指示的每个PDU Session，AMF发送Nsmf_PDUSession_UpdateSMContext请求给关联的SMF，建立目标AMF与SMF的联系，告知SMF需要切换的PDU会话ID、目的ID、T-AMF ID以及N2信息。PDU会话标识，表示N2切换的候选PDU会话。Target ID表示UE的位置信息。SM N2 Info包含Direct Forwarding Path Availability。

（5）SMF根据Target ID判断UE是否可以接受切换，以及UE是否移出了UPF的服务范围，从而决定是否选择新的UPF。

（6）如果SMF选择一个新的UPF作为PDU Session的中间UPF，SMF需要向UPF（PSA）更新CN隧道信息。

（7）SMF给目标AMF回复Nsmf_PDUSession_UpdateSMContext Response，消息中携带PDU会话ID，N2 SM信息。其中，N2 SM信息包含了N3用户面地址和上行CN隧道ID和QoS参数。如果直接转发数据通道不可用，N2 SM信息中还包括指示转发数据不可用的标识。如果在（5）没有接受 PDU Session 的 N2 切换，则 SMF 不会在响应消息中携带 PDU 会话的 N2 SM 信息，以避免在目标 NG-RAN 上建立无线资源。

（8）AMF 监控来自相关 SMF 的 Nsmf_PDUSession_UpdateSMContext 响应消息。等待切换候选 PDU 的最大延迟指示的最低值为 AMF 等待 Nsmf_PDUSession_UpdateSMContext 响应消息的最大时间。在最大等待时间超时或收到所有 Nsmf_PDUSession_UpdateSMContext 响应消息后，AMF 继续执行 N2 切换流程。

（9）目标 AMF 根据 Target ID 确定目标 NG-RAN。目标 AMF 给目标 NG-RAN 发送 Handover Request 消息，请求建立无线侧网络资源。

（10）目标 NG-RAN 回复 Handover Request Acknowledge 给目标 AMF，此时目标 NG-RAN 做好接收分组数据单元的准备。消息中包括可切换的 PDU 会话列表和无法切换的 PDU 会话列表，可切换的 PDU 会话列表中每个 PDU 会话的 N2 SM 信息包含目标 NG-RAN 的 N3 地址和隧道信息。

（11）该步骤主要是与目标 NG-RAN、目标 UPF、源 UPF 间相互交互 SM N3 转发信息列表，确定数据转发通道。

（12）目标 AMF 发送 Namf_Communication_CreateUEContext Response 消息，将包含下行数据隧道信息的 N2 SM 信息携带给源 AMF。

●• 1.6 UE 配置更新流程

UE 的配置可以由网络侧随时发起 UE 配置更新流程而进行更新。UE 配置更新流程如附图 7 所示。

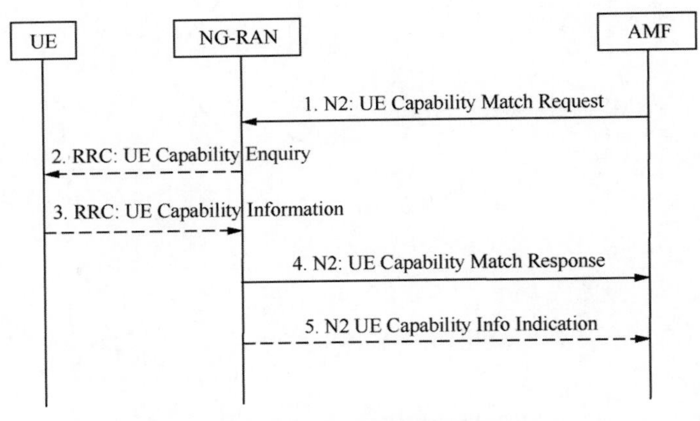

附图7 UE配置更新流程

在附图 7 中，UE 配置更新流程具体介绍如下。

（1）AMF 根据各种因素（例如，UE 移动性变化、网络策略、从 UDM 处接收到用户数据更新通知、网络切片配置改变）而决定是否需要发起UE配置更新流程以及UE是否需要发起注册流程。如果此时UE处于CM-IDLE状态，AMF可以等待UE进入连接态，或者直接发起网络触发的服务请求流程从而使UE进入连接态，然后再发起UE配置更新流程，AMF的行为取决于网络的具体实现情况。

（2）AMF发送UE Configuration Update Command消息给UE进行UE配置参数的更新。命令消息中包括一个或多个UE参数，例如，配置更新指示、5G-GUTI、TAI列表、允许NSSAI、允许的NSSAI与签约S-NSSAI的映射、服务PLMN配置NSSAI、配置的NSSAI与签约S-NSSAI的映射、拒绝S-NSSAI、NITZ、移动性限制、LADN信息、MICO、运营商定义接入类别定义。

（3）UE根据步骤1UE配置更新命令中指示对命令消息进行确认，AMF收到UE的确认消息后对UDM进行网络切片签约变化的确认，并将新5G-GUTI中UE标识索引值传递给无线。

（4）根据配置更新命令携带的参数不同，UE可能在连接态就立即发起注册流程和网络侧协商参数，或者AMF立即释放UE的NAS信令连接，令UE进入空闲态，并立即发起注册流程协商参数，或者直到UE到下次注册流程时再协商参数。

（5）当UE进入CM-IDLE态后发起适当的注册流程，并且在接入层信令中不包含5G-S-TMSI或GUAMI。

附录 2　安全管理

●• 2.1　鉴权流程

5G 认证框架由 UE、AMF、AUSF 和 UDM 组成，认证方法包括 EAP-AKA'、5G AKA，安全锚点是 AMF。

2.1.1　5G AKA 流程

5G AKA 是 EPS AKA 的变种，在 EPS AKA 的基础上增加了归属网络鉴权流程，以防欺诈攻击。相较于 EPS AKA 由 MME 完成鉴权功能，5G AKA 中由 AMF 和 AUSF 共同完成鉴权功能，AMF 负责服务网络鉴权，AUSF 负责归属网络鉴权。

5G AKA 鉴权可以分成 3 个子流程：获取鉴权数据、UE 和服务网络双向鉴权、归属网络鉴权，AKA 鉴权如附图 8 所示。

1. 获取鉴权数据

AMF 向 AUSF 发起初始鉴权请求，AUSF 判断服务网络被授权使用后向 UDM 请求鉴权数据。UDM 将 SUCI 解密为 SUPI，根据用户签约信息选择鉴权方式并生成对应的鉴权向量。5G AKA 鉴权中一次只能获取一个鉴权向量，且 AUSF 会做一次推衍转换后发送 AMF。

2. UE 和服务网络双向鉴权

（1）AMF 向 UE 发起鉴权请求，携带 AUTN、RAND 等鉴权参数。

（2）UE 根据 AUTN 鉴权网络，鉴权成功后，通过 RAND 计算鉴权响应 RES* 发送给 AMF。

（3）AMF 验证 UE 返回的鉴权响应判断服务网络鉴权是否通过。

3. 归属网络鉴权

AMF 将 UE 的鉴权响应 RES* 发给 AUSF，AUSF 验证 RES* 给出归属网络鉴权确认结果并通知 AMF。如果鉴权成功，AUSF 发送 K_{SEAF} 给 AMF，以便 AMF 推衍后续密钥。

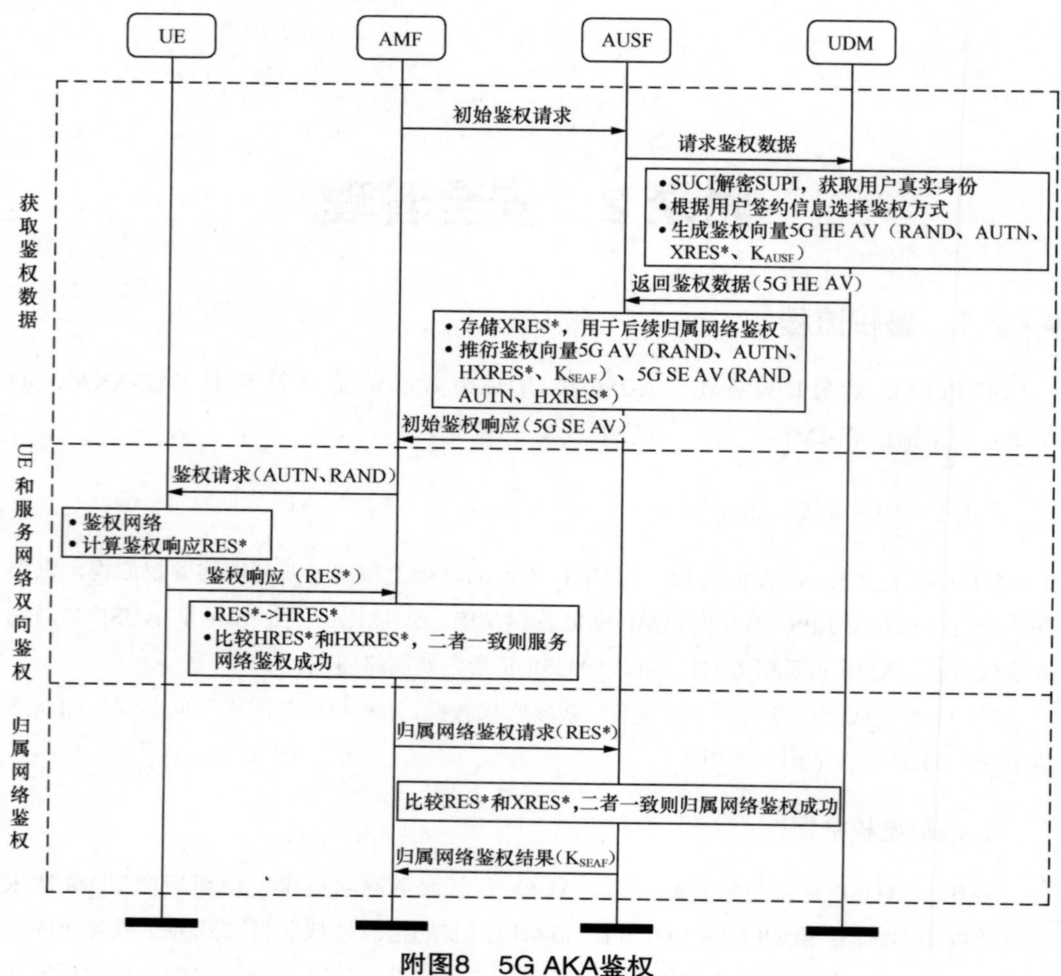

附图8　5G AKA鉴权

2.1.2　EAP-AKA' 流程

EAP-AKA' 是一种基于 USIM 的 EAP 认证方式。相较于 5G AKA，EAP-AKA' 鉴权流程中由 AUSF 承担鉴权职责，AMF 只负责推衍密钥和透传 EAP 消息。

EAP-AKA' 鉴权可以分成两个子流程：获取鉴权数据、UE 和网络双向鉴权，EAP-AKA' 鉴权如附图 9 所示。

1. 获取鉴权数据

AMF 向 AUSF 发起初始鉴权请求，AUSF 判断服务网络被授权使用后向 UDM 请求鉴权数据。UDM 将 SUCI 解密为 SUPI，根据用户签约信息选择鉴权方式并生成对应的鉴权向量下发给 AUSF。AUSF 内部处理后发送 EAP 消息给 AMF，携带 RAND、AUTN

等鉴权参数。

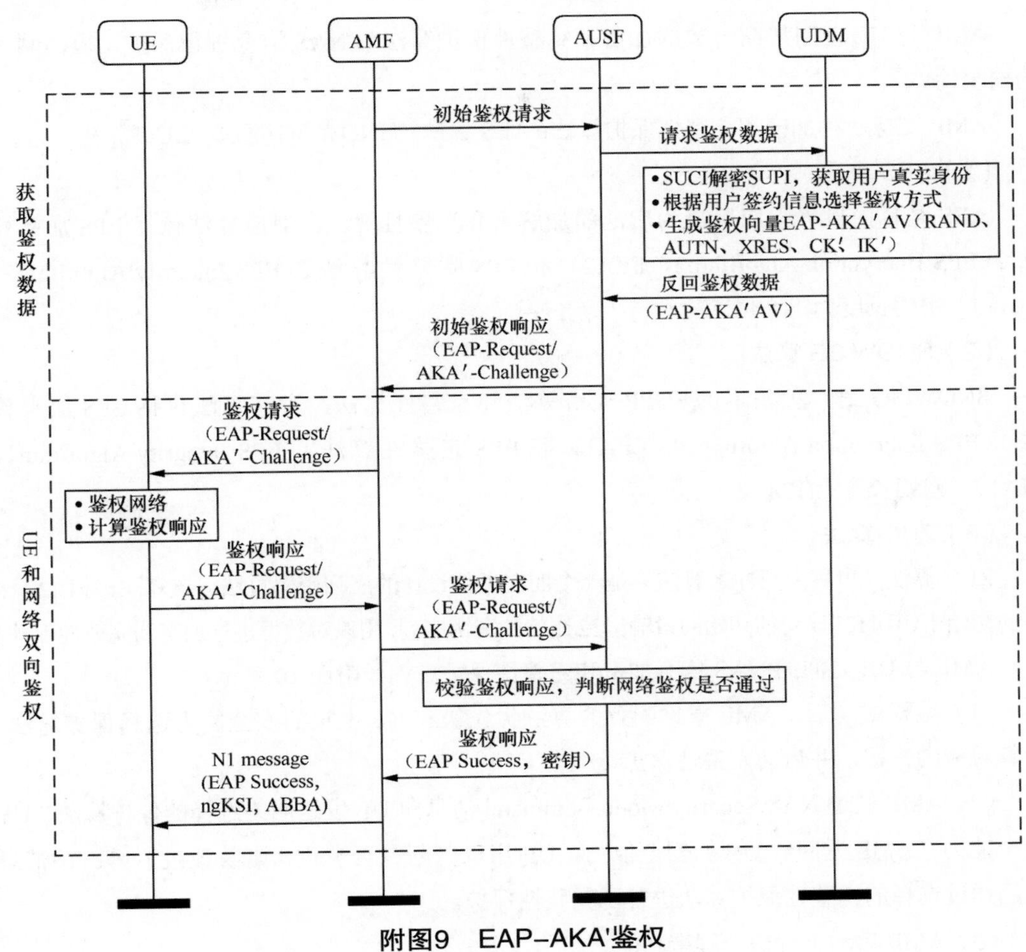

附图9　EAP-AKA'鉴权

2. UE 和网络双向鉴权

（1）AMF 向 UE 发起鉴权请求，透传 EAP 消息给 UE。

（2）UE 根据 AUTN 鉴权网络，鉴权成功后，通过 RAND 计算鉴权响应发送给 AMF。

（3）AMF 透传 EAP 消息给 AUSF。

（4）AUSF 验证 UE 返回的鉴权响应判断网络鉴权是否通过。如果鉴权成功，AUSF 下发 EAP Success 消息给 AMF，消息中包含根密钥。

（5）AMF 使用根密钥推导后续 NAS 和空口密钥、非 3GPP 接入使用的密钥，并通过 N1 message 将鉴权结果发送给 UE。

●• 2.2 NAS 信令加密和完整性保护

AMF 与 UE 使用协商一致的加密和完整性保护算法对 NAS 信令进行保护，提高网络的安全性。

AMF 支持 3 种加密和完整性保护算法：AES 算法、SNOW 3G 算法、ZUC 算法。

（1）AES 算法

AES 是目前世界上应用最为广泛的加解密和完整性算法，对应算法包括 EPS 加密算法 2（EPS Encryption Algorithm2，EEA2）和 EPS 完整性算法 2（EPS Integrity Algorithm2，EIA2），密钥长度为 128 位。

（2）SNOW 3G 算法

SNOW 3G 是一种基本的 3GPP 加密算法和完整性算法，对应算法包括 EPS 加密算法 1（EPS Encryption Algorithm1，EEA1）和 EPS 完整性算法 1（EPS Integrity Algorithm1，EIA1），密钥长度为 128 位。

（3）ZUC 算法

ZUC 算法（也称为祖冲之算法）是一个面向硬件设计的序列密码算法。该算法根据 128 比特的初始密钥和 128 比特的初始向量输出 32 比特的密钥序列，用以对数据进行加密和完整性保护。

AMF 与 UE 之间的 NAS 信令加密和完整性保护流程如附图 10 所示。

（1）鉴权成功后，AMF 根据配置的算法优先级和 UE 上报的安全能力选择保护算法、计算对应的密钥，并启动完整性保护。

（2）AMF 通过 NAS Security Mode Command 消息向 UE 发送网络选择的保护算法、UE 安全能力（AMF 返回给 UE 的安全能力，UE 用以判断是否被攻击者篡改过）等。该消息已经通过选择的完整性保护算法进行了完整性保护。

（3）AMF 启动上行信令解密功能。

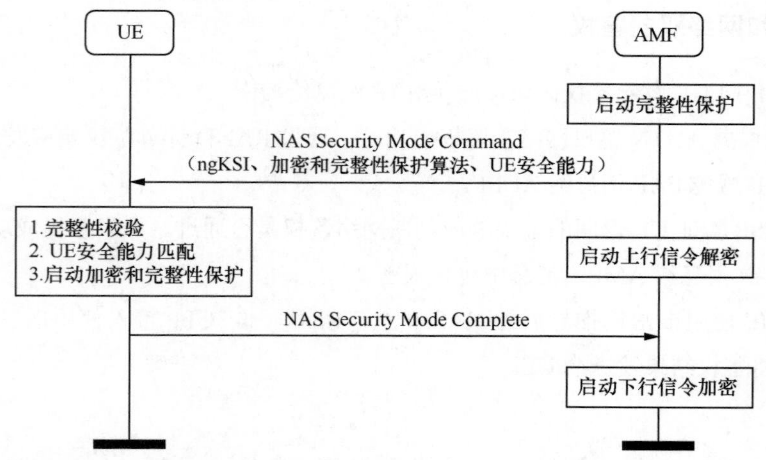

附图10 AMF与UE之间的NAS信令加密和完整性保护流程

（4）UE 收到 NAS Security Mode Command 消息后对其进行校验，包括检查 AMF 发送的 UE 安全能力与 UE 本地存储的安全能力是否相同，确保 UE 安全能力未被篡改；使用消息携带的 NAS 完整性保护算法和 ngKSI 指示的 NAS 完整性保护 key 校验完整性保护是否正确。如果校验成功，则 UE 启动加密和完整性保护。

（5）UE 向 AMF 发送 NAS Security Mode Complete 消息，该消息已经经过了加密和完整性保护。

（6）AMF 收到 NAS Security Mode Complete 消息后对其进行完整性校验和解密，并开始对下行信令进行加密。

NAS Security Mode Command 流程成功之后，AMF 对所有发送的 NAS 消息进行加密和完整性保护，对所有接收到的 NAS 消息进行完整性校验和解密。

●• 2.3　用户身份识别流程

在 5G 网络中，用户身份标识包括 SUPI、SUCI、5G-GUTI、PEI。

（1）用户永久标识（Subscription Permanent Identifier，SUPI）：5G 网络中 UE 的永久身份标识。

（2）用户掩藏的标识（Subscription Concealed Identifier，SUCI）：UE 对 SUPI 加密生成 SUCI。当 UE 无有效 5G-GUTI 时，采用 SUCI 标识自己的身份。

（3）5G 全球唯一临时标识（5G Globally Unique Temporary Identifier，5G-GUTI）：AMF 为 UE 分配的临时身份标识。

（4）用户身份识别流程如附图 11 所示。PEI（Permanent Equipment Identifier）：5G 网络中 UE 的永久设备标识。

当 UE 以 5G-GUTI 注册到网络时，如果首次鉴权失败，或 AMF 无法识别该 5G-GUTI，或 AMF 需要获取 UE 的 PEI 进行设备身份识别时，AMF 向 UE 发送身份识别请求，以获取 UE 的 SUCI 或 PEI，用户身份识别流程如附图 11 所示。

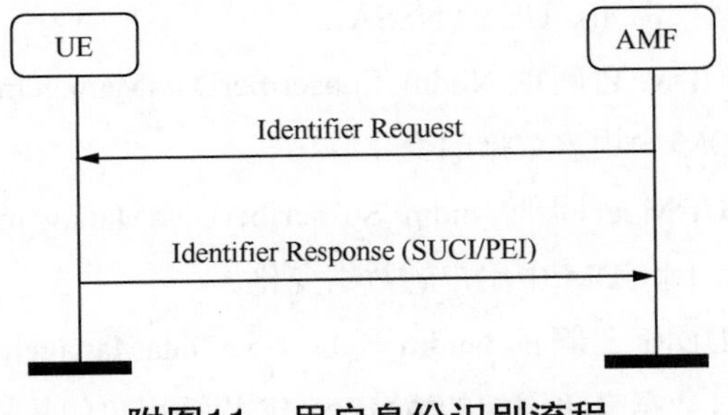

附图11　用户身份识别流程

附录 3 用户数据管理

5G 移动用户数据包括以下两个部分。

（1）移动用户在 UDM 中签约的信息，包括用户标识 SUPI、计费信息等。

（2）用户接入 5G 网络过程及 PDU 会话过程中动态生成的数据，包括用户当前位置信息、当前会话为 UE 分配的 IP 地址、用户实际使用的 QoS 资源等。

●• 3.1 用户数据管理流程

UNC 的用户数据管理功能包括以下 3 个方面的内容。

（1）当用户首次注册或者跟踪区更新到一个新的 AMF/SMF 时，AMF/SMF 主动向 UDM 请求该用户的签约数据。当 UDM 中的用户签约数据（例如，QoS）发生改变时，UDM 会主动向 AMF/SMF 插入更新后的用户数据，以实现 AMF/SMF 上签约数据的修改。

（2）当 AMF/SMF 接收到移动用户数据时，检查其中的用户签约特性（业务功能项等），如果不支持其中某些特性，则通知 UDM，由 UDM 本地存储这些信息并根据此信息决定是否允许用户接入 AMF/SMF。

（3）当用户在 AMF/SMF 服务区内活动时，AMF/SMF 一直保留该用户的数据，以减少与 UDM 之间的交互信令。当用户分离后一段时间内没有再次注册时，AMF/SMF 会主动清除该用户数据，释放占用的资源。

用户数据管理流程如附图 12 所示。

（1）AMF/SMF 和 UDM 之间的 Nudm_SubscriberDataManagement_Get 流程主要用于 AMF/SMF 获取用户数据，例如，UE 的 NSSAI。

（2）AMF/SMF 和 UDM 之间的 Nudm_SubscriberDataManagement_Subscribe 流程主要用于 AMF/SMF 订阅 UDM 中用户数据的变化。

（3）AMF/SMF 和 UDM 之间的 Nudm_SubscriberDataManagement_Unsubscribe 流程主要用于 AMF/SMF 取消订阅 UDM 中用户的数据变化。

（4）AMF/SMF 和 UDM 之间的 Nudm_SubscriberDataManagement_Notification 流程主要用于 UDM 通知订阅过数据变化通知的 AMF/SMF 相关用户的数据变化。

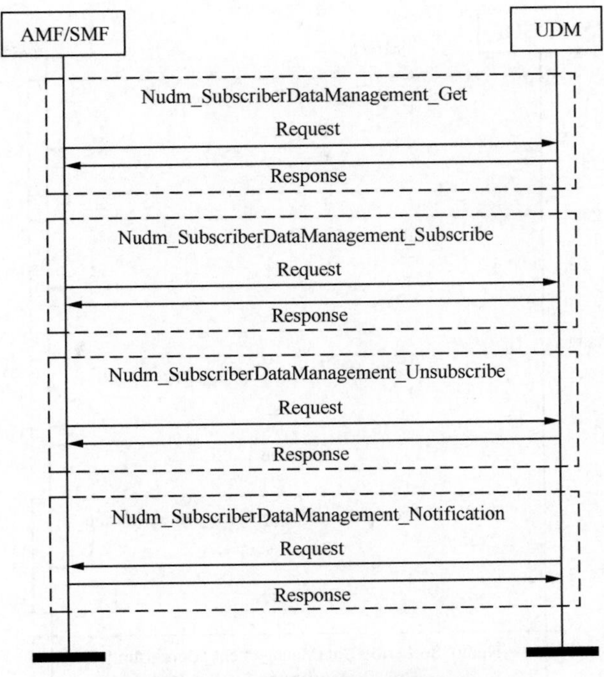

附图12　用户数据管理流程

●• 3.2　UE 上下文管理流程

UE 上下文管理流程如附图 13 所示。

（1）AMF/SMF 和 UDM 之间的 Nudm_UEContextManagement_Get 流程主要用于 AMF/SMF 向 UDM 获取 UE 对应的 AMF/SMF 的注册信息。

（2）AMF 和 UDM 之间的 Nudm_UEContextManagement_Update 流程主要用于 AMF 向 UDM 中更新 AMF 的注册信息。

（3）AMF/SMF 和 UDM 之间的 Nudm_UEContextManagement_Registration 流程主要用于 AMF/SMF 向 UDM 注册自身信息，以保存 UDM 中与 UE 上下文相关的数据。

（4）AMF/SMF 和 UDM 之间的 Nudm_UEContextManagement_Deregistration 流程主要用于 AMF/SMF 向 UDM 去注册。

（5）AMF 和 UDM 之间的 Nudm_UEContextManagement_DeregistrationNotification 流程主要用于 UDM 向发起去注册流程的 AMF 发送去注册的结果。

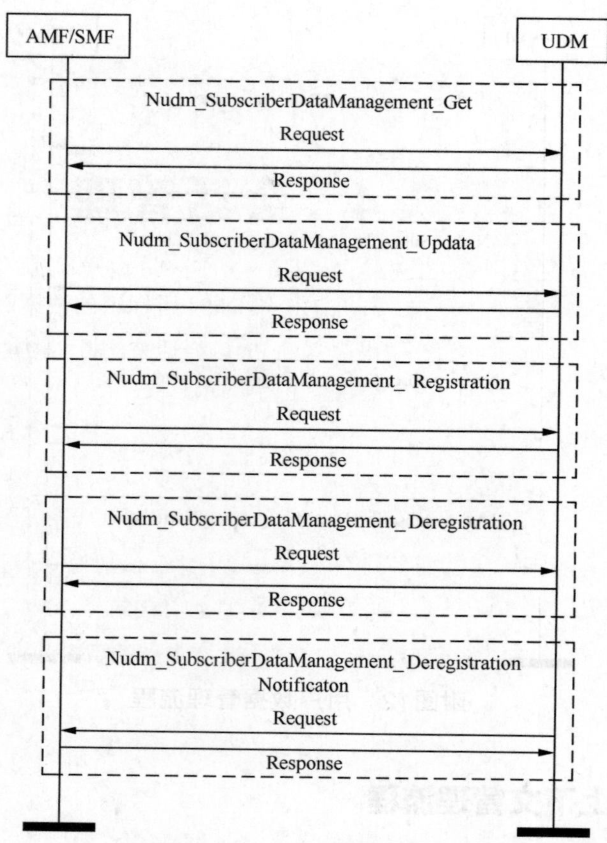

附图13 UE上下文管理流程

附录 4 会话管理

5G 核心网支持 PDU 连接业务，即在 UE 和 DNN 所标识的数据网络之间提供 PDU 交换的服务。PDU 连接业务通过 UE 请求建立的 PDU 会话来支持。PDU 会话的创建、修改、释放通过 UE 和 SMF 之间的 NAS 信令交换实现。

●• 4.1 PDU 会话建立流程

在 UE 需要与外部网络进行业务交互、从 4G PDN 连接切换到 5G PDU 会话等场景下，UE 会发起本流程。本流程包括 UE 的 IP 地址分配、UPF 选择、PCC 策略获取、该 UE 接入外部网络的权限检查等。当 PDU 会话建立完成后，上层的数据包即可通过 5G 网络发送。PDU 会话建立流程如附图 14 所示。

●• 4.2 PDU 会话修改流程

在 UE 和网络之间交换的一个或多个 QoS 参数被修改、UE 能力变更等场景下，UE 或者网络侧会发起本流程更新 QoS 参数。PDU 会话修改流程如附图 15 所示。

●• 4.3 PDU 会话释放流程

在 UE 不再需要相关业务、PCF、SMF 本地配置释放策略等场景下，UE 或者网络侧会发起本流程释放该会话相关的资源。PDU 会话释放流程如附图 16 所示。

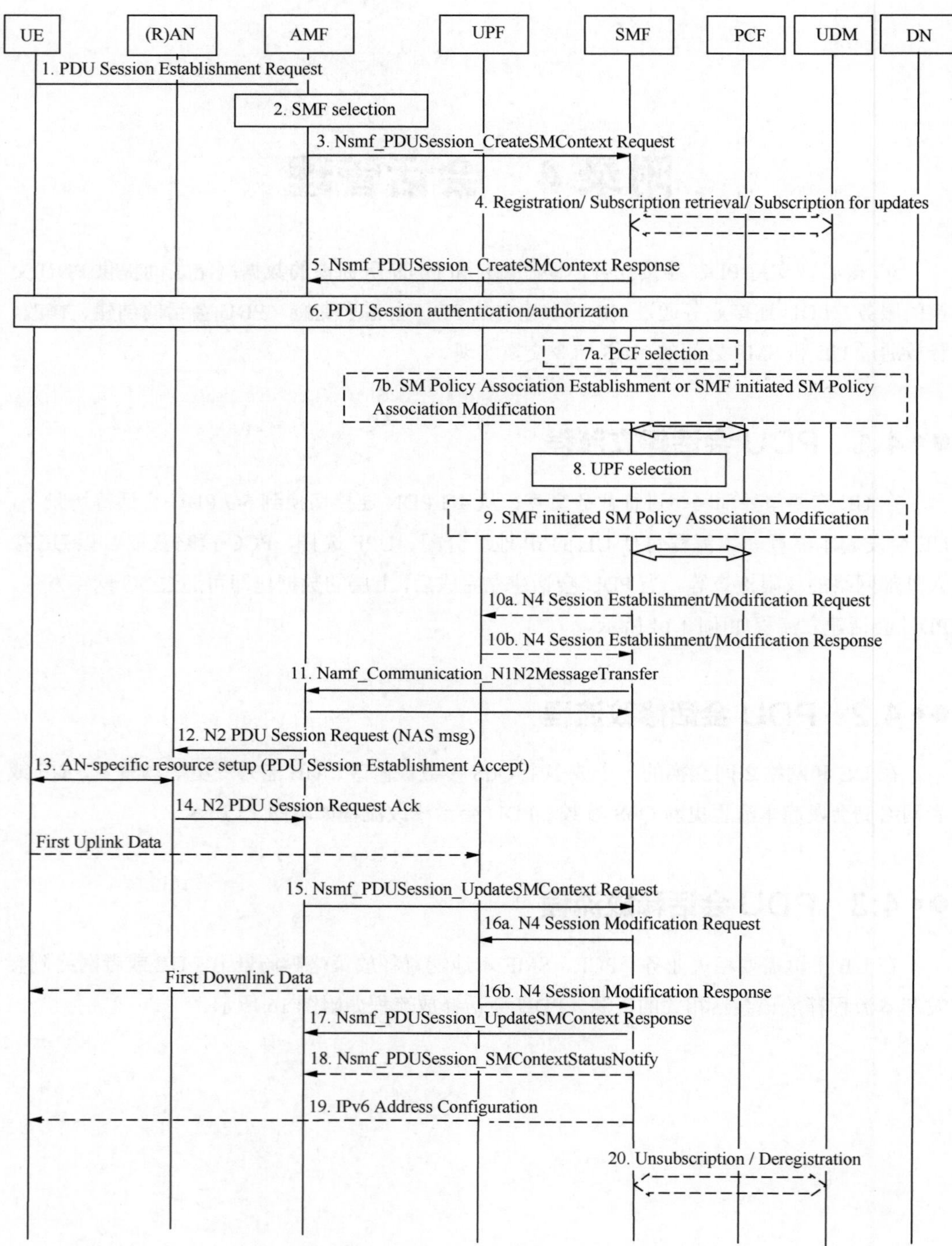

附图14　PDU会话建立流程

在附图 14 中，PDU 会话建立流程的具体介绍如下。

（1）UE 向 AMF 发送 NAS 消息，该消息包括 S-NSSAI、DNN、PDU Session ID、Requested PDU Session Type（Request Type）、PDU Session Establishment Request 等信息。

（2）AMF 根据 S-NSSAI、DNN 等信息为 PDU 会话建立选择 SMF。

（3）AMF 向 SMF 发送 Nsmf_PDUSession_CreateSMContext Request 请求创建 SM 上下文。

（4）可选。当 SUPI、DNN、S-NSSAI 相应的会话管理订阅数据不可用时，SMF 通过 Nudm_SDM_Get 消息获取会话管理订阅数据，通过 Nudm_SDM_Subscribe 消息获取订阅数据变更的通知。

（5）SMF 向 AMF 返回 Nsmf_PDUSession_CreateSMContext Response 确认接受创建 PDU 会话。

（6）SMF 为 PDU 会话选择 PCF。如果没有部署动态 PCC，SMF 可能采用本地策略获取 PCC 规则。

（7）可选。SMF 选择 PCF 后，SMF 与 PCF 建立 SM 策略关联。

（8）SMF 根据 UE 位置、DNN、S-NSSAI 等信息选择 UPF，并根据 UE 在 UDM 中签约时确定的 IP 地址为 UE 分配 IP 地址，也可以由 UPF 根据本地地址池为 UE 分配 IP 地址。

（9）如果之前 PCF 订阅的事件发生时，SMF 会向 PCF 上报相应的信息，例如，时区变更，位置变更等。SMF 也可以通过该流程向 PCF 上报分配的 UE IP 地址 / 前缀。

（10）SMF 建立与 UPF 的连接，提供用于该 PDU 会话的数据监测、报告规则、CN 隧道信息等。

（11）SMF 向 AMF 发送 Namf_Communication_N1N2MessageTransfer 消息，携带的信息包括发送给（R)AN 的 N2 SM Information，其中，包含 QFI、QoS Profile、CN Tunnel Info 等信息。发送给 UE 的 N1 SM Container，其中，包含 PDU Session Establishment Accept、Allocated IPv4 Address 等信息，通知（R)AN 和 UE 需要建立 PDU 会话。

（12）AMF 向（R)AN 发送 PDU Session Resource Setup Request，请求中包含 N2 SM Information、QFI、QoS Profile、CN Tunnel Info。发送给 UE 的 N1 SM Container 包含 PDU Session Establishment Accept、Allocated IPv4 Address。

（13）（R)AN 与 UE 发起信令交互，将 SMF 需要发送给 UE 的 PDU Session ID、N1 SM Container 消息转发至 UE，请求 UE 建立 PDU 会话，消息中包含 PDU Session Establishment Accept、Allocated IPv4 Address。

（14）（R)AN 向 AMF 发送 PDU Session Resource Setup Response，建立 AN 隧道信息，响应消息中包含 AN Tunnel Info、List of Accepted/Rejected QFI 等。

（15）AMF 向 SMF 发送 Nsmf_PDUSession_UpdateSMContext Request，将从（R)AN

接收到的 N2 SM Information 转发给 SMF。

（16）SMF 向 UPF 发送 PFCP Session Modification Request，将 AN 隧道信息和相应的转发规则发送给 UPF。UPF 发送 PFCP Session Modification Response。

（17）SMF 向 AMF 发送 Nsmf_PDUSession_UpdateSMContext Response。

（18）SMF 向 AMF 发送 Nsmf_PDUSession_SMContextStatusNotify。

（19）SMF/UPF 给终端分配 IP 地址。

（20）SMF 向 UDM 发起用户去订阅 / 去注册。

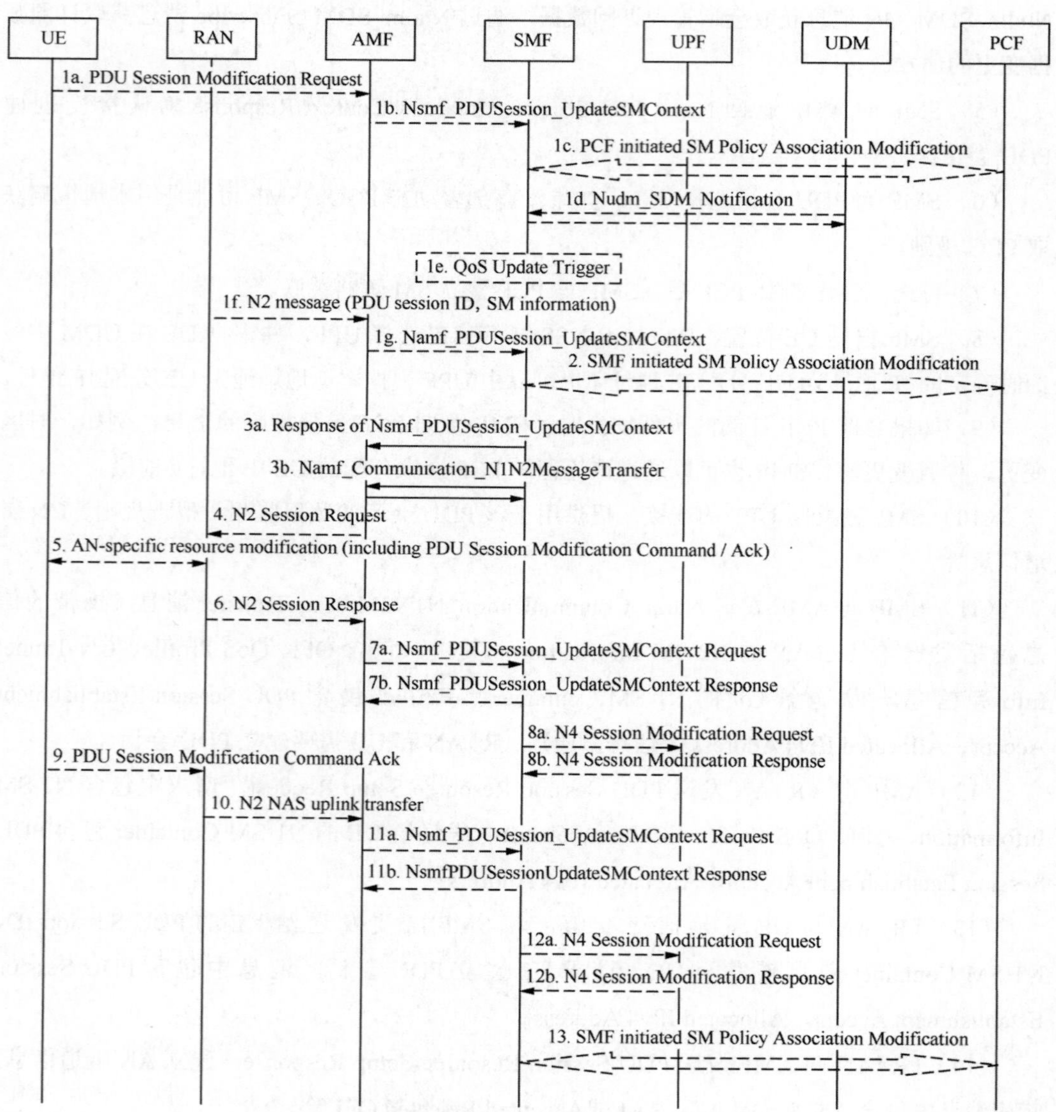

附图15　PDU会话修改流程

在附图 15 中，PDU 会话修改流程的具体介绍如下。

（1）发送 PDU 会话修改请求。

（2）可选。SMF 发送 Npcf_SMPolicyControl_Update Request 消息给 PCF，向 PCF 上报订阅事件及相关信息。PCF 根据 SMF 上报的会话数据和本地的用户签约数据重新进行策略判断，生成新的规则，通过 Npcf_SMPolicyControl_Update Response 消息将新的规则下发给 SMF。如果没有部署动态 PCC，SMF 可以通过本地策略来决定是否改变 QoS。

（3）可选。SMF 通过 Nsmf_PDUSession_UpdateSMContext Response 响应 AMF，携带的信息包括发送给（R）AN 的 N2 SM Information、发送给 UE 的 N1 SM Container、通知（R）AN 和 UE 需要更新的 QoS 信息。

（4）可选。AMF 向（R）AN 发送 PDU Session Resource Modify Request，请求中包含从 SMF 获得的 N2 SM Information、N1 SM Container。

（5）可选。（R）AN 与 UE 发起信令交互，将 SMF 需要发送给 UE 的 PDU Session ID、N1 SM Container 消息转发至 UE，请求 UE 更新 QoS 信息。

（6）可选。（R）AN 向 AMF 发送 PDU Session Resource Modify Response，包含 N2 SM Information。

（7）可选。AMF 通过 Nsmf_PDUSession_UpdateSMContext Request 把从（R）AN 获得的 N2 SM Information 转发给 SMF，通知 SMF（R）AN 已经更新 QoS 信息。SMF 发送 Nsmf_PDUSession_UpdateSMContext Response。

（8）可选。当 N4 会话有修改时，SMF 通过 PFCP Session Modification Request 消息更新 N4 会话，将更新的 QoS 信息通知 PDU 会话修改流程涉及的 UPF；UPF 发送 PFCP Session Modification Response 进行响应。

（9）可选。UE 向（R）AN 发送包含 PDU Session ID、PDU Session Modification Complete 的 NAS 消息，确认接受 PDU 会话修改。

（10）可选。（R）AN 将接收的 NAS 消息转发至 AMF。

（11）可选。AMF 通过 Nsmf_PDUSession_UpdateSMContext Request 将从（R）AN 获得的 PDU Session Modification Complete 等信息发送至 SMF，通知 SMF UE 已经更新 QoS 信息。SMF 发送 Nsmf_PDUSession_UpdateSMContext Response。

（12）可选。当 N4 会话有修改时，SMF 通过 PFCP Session Modification Request 消息更新 N4 会话，将更新的 QoS 信息通知 PDU 会话修改流程涉及的 UPF；UPF 发送 PFCP Session Modification Response 进行响应。

（13）可选。如果 SMF 在步骤 2 中与 PCF 进行了交互，SMF 将发送 Npcf_SMPolicyControl_Update Request 消息给 PCF，向 PCF 上报订阅事件及相关信息。PCF 根据 SMF 上报的会话数据和本地的用户签约数据重新进行策略判断，生成新的规则，通过 Npcf_

SMPolicyControl_Update Response 消息将新的规则下发给 SMF。

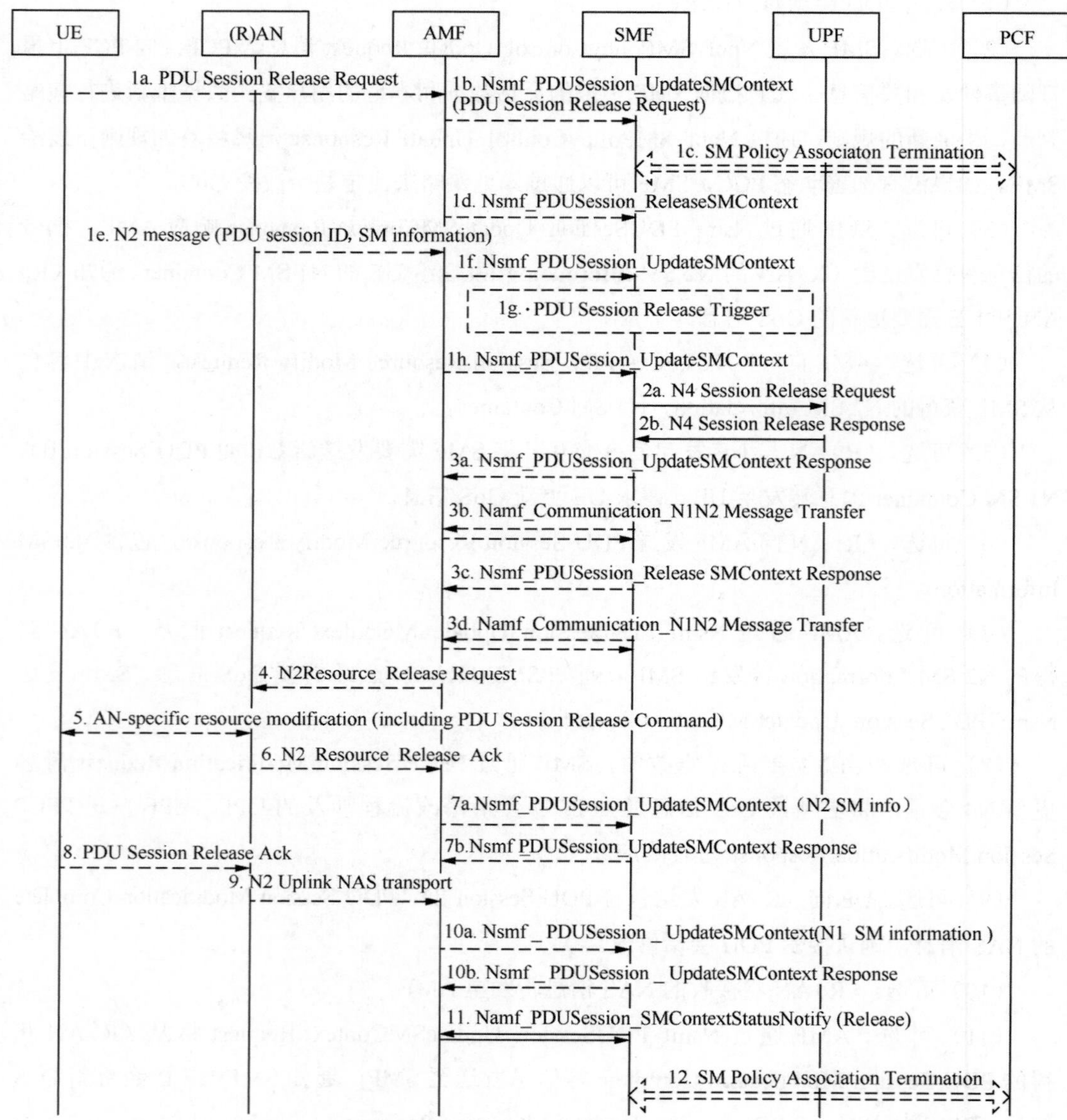

附图16 PDU会话释放流程

在附图 16 中，PDU 会话释放流程的具体介绍如下。

（1）当 UE 不再需要相关业务时，(R)AN 将 UE 请求的 PDU Session Release Request 转发至 AMF，AMF 通过 Nsmf_PDUSession_UpdateSMContext 将请求转发至 SMF。

（2）SMF 释放该 PDU 会话的 IP 地址 / 前缀与相应的用户面资源。

（3）SMF 向 AMF 发送 Nsmf_PDUSession_UpdateSMContext Response，携带的信息包

含发送给（R）AN 的 N2 SM Resource Release Request、发送给 UE 的 N1 SM Container、通知（R）AN 和 UE 释放 PDU 会话。

（4）当 UE 处于空闲态并且指示需要发送 N1 SM 消息时，AMF 指示网络侧发起 Service Request 流程向（R）AN 发送 PDU Session ID、N1 SM container；当 UE 处于连接态时，AMF 向（R）AN 发送 N2 Resource Release Request，请求中包含从 SMF 接收的 N2 SM Information、N1 SM Container。

（5）（R）AN 与 UE 发起信令交互，释放与 PDU 会话相关的 AN 资源。

（6）（R）AN 向 AMF 发送 N2 SM Resource Release Ack。

（7）AMF 发送 Nsmf_PDUSession_UpdateSMContext Request，将 N2 SM Resource Release Ack 发送给 SMF，通知 SMF（R）AN 已经释放相关 PDU 会话资源。SMF 向 AMF 发送 Nsmf_PDUSession_UpdateSMContext Response。

（8）UE 向（R）AN 发送 PDU Session Release Ack，确认已释放 PDU 会话。

（9）（R）AN 向 AMF 发送 N2 NAS Uplink Transport，携带 PDU Session Release Ack。

（10）AMF 发起 Nsmf_PDUSession_UpdateSMContext Request 将 PDU Session Release Ack 发送给 SMF，通知 SMF UE 已经释放相关 PDU 会话资源。SMF 向 AMF 发送 Nsmf_PDUSession_UpdateSMContext Response。

（11）SMF 发起 Nsmf_PDUSession_SMContextStatusNotify，通知 AMF 该 PDU 会话的 SM 上下文已经释放。AMF 释放 SMF ID 、PDU ID、DNN、S-NSSAI。

（12）可选。如果此会话部署了动态 PCC，SMF 向 PCF 发送 Npcf_SMPolicyControl_Delete Request 消息，请求删除 PDU 会话相应的信息。PCF 释放会话资源，给 SMF 回 Npcf_SMPolicyControl_Delete Response 消息。

附录5 4G/5G互操作

3GPP定义了4G/5G互操作架构，通过数据面HSS和UDM融合、PCRF和PCF融合、用户面PGW-U和UPF融合、控制面PGW-C和SMF融合来支持5G用户在LTE和5G网络之间的重选或切换。

4G与5G互通的方案包括基于N26接口的重选流程和基于N26接口的切换流程。

●• 5.1 重选流程

该方案中AMF与MME之间存在N26接口，仅支持UE单注册，即UE一次只能在一个系统中注册，注册到LTE网络或者5G网络。

用户单注册状态下，基于N26接口的5G网络与4G网络之间重选包括以下流程。

（1）UE从4G到5G的注册更新流程。当UE在EPC中处于ECM-IDLE状态，UE移动到5GC网络，则发生5G注册更新流程。空闲态4G到5G注册更新流程如附图17所示。

（2）UE从5G到4G的TAU流程。当UE在5GC中处于CM-IDLE状态，UE移动到LTE网络，则发生TAU流程。空闲态5G到4G TAU流程如附图18所示。

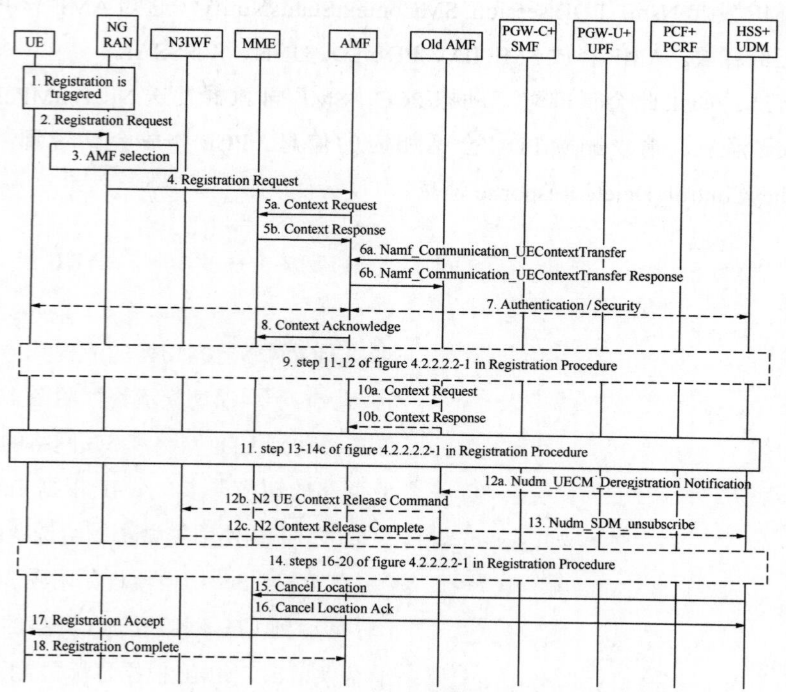

附图17 空闲态4G到5G注册更新流程

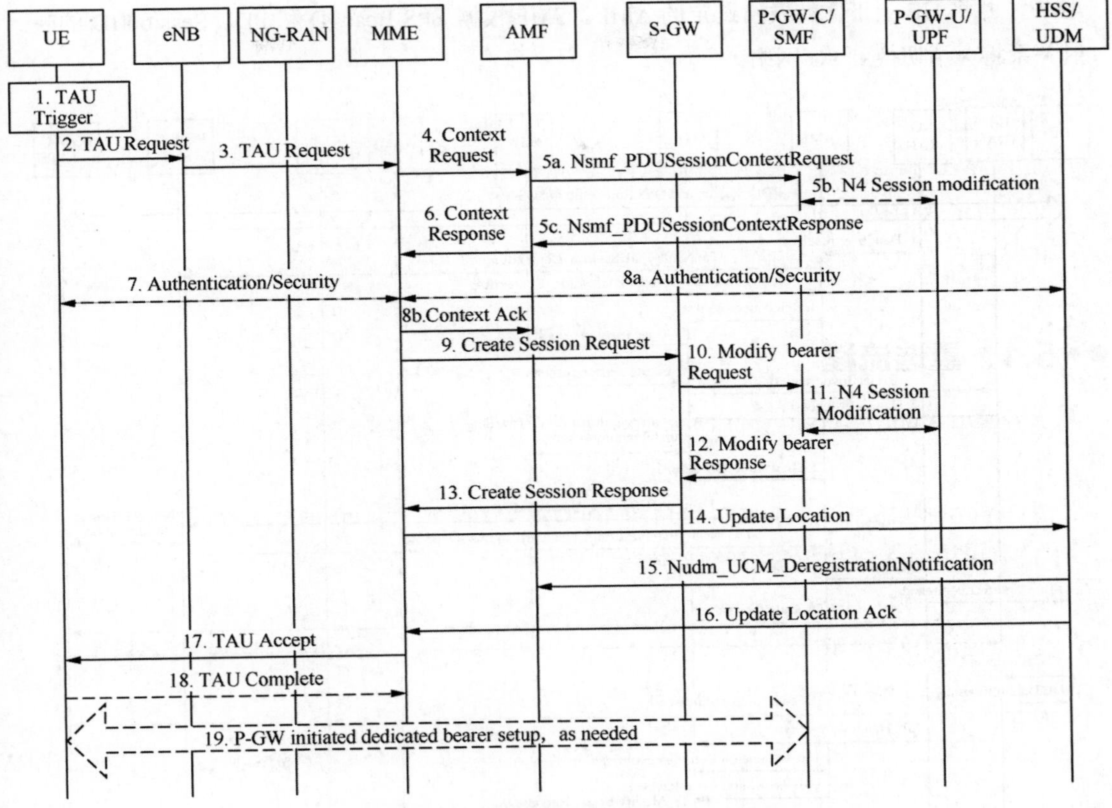

附图18　空闲态5G到4G TAU流程

●• 5.2　切换流程

该方案中 AMF 与 MME 之间存在 N26 接口，仅支持 UE 单注册，即 UE 一次只能在一个系统中注册，注册到 EPC 网络或者 5G 网络。

用户单注册状态下，基于 N26 接口的 5G 网络与 4G 网络之间切换的流程具体描述以下。

（1）UE 从 5G 到 4G 的 Handover 流程。连接态 5G 到 4G 切换流程如附图 19 所示。当 UE 在 5GC 中处于 CM-CONNECTED 状态时，UE 移动到 LTE 网络和 5G 网络的边缘区域，NG-RAN 根据终端的信号测量，发起 5G 到 LTE 网络的切换请求。AMF 根据 Target TAI 向 DNS 获取 Target MME 地址，AMF 将 UE 上下文转发、UE 使用类型转发给选定的 MME。

（2）UE 从 4G 到 5G 的 Handover 流程。连接态 4G 到 5G 切换流程如附图 20 所示。当 UE 在 EPC 中处于 ECM-CONNECTED 状态，UE 移动到 LTE 网络和 5G 网络的边缘区域，LTE 根据终端的信号测量，发起 LTE 到 5G 网络的切换请求。MME 根据目标位置信息，例如，TAI 和任何其他可用的本地信息（包括 UE 在签约数据中可用的 UE 使用类型）选择目标

AMF，并将 UE 上下文转发给选定的 AMF。SMF 根据 EPS Bear ID 和 PDU Session ID 的映射关系将会话切换到 5G 网络。

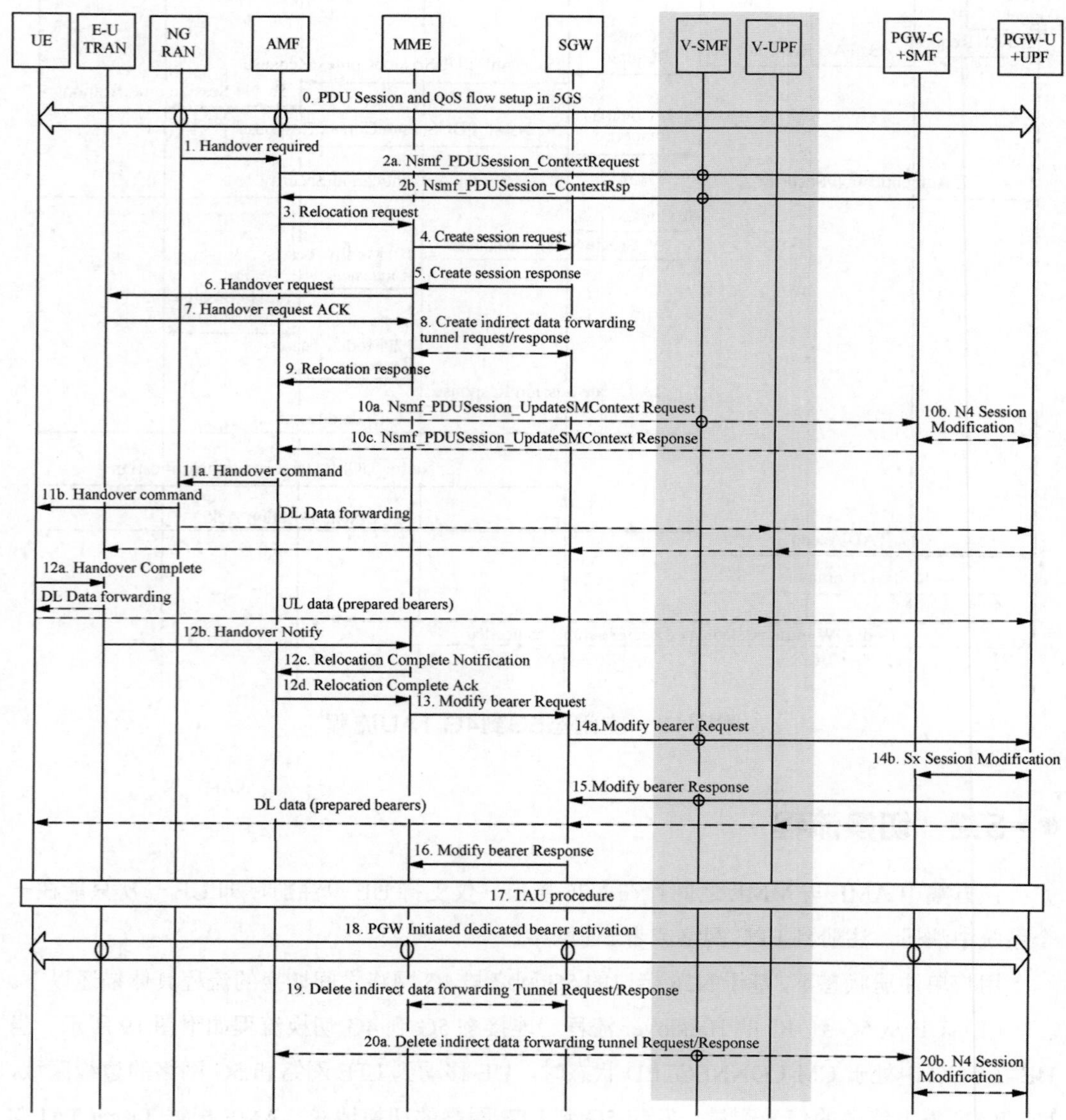

附图19　连接态5G到4G 切换流程

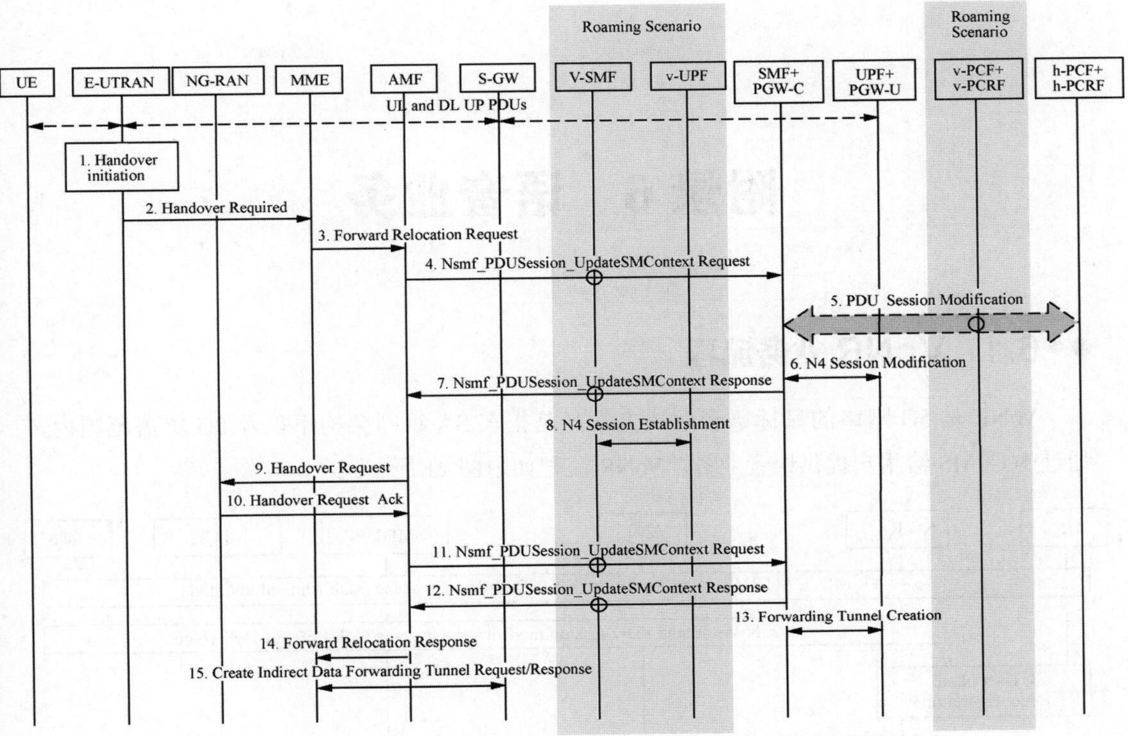

附图20 连接态4G到5G 切换流程

附录 6 语音业务

●• 6.1 VoNR 业务流程

VoNR 是 5G 网络的目标语音解决方案，是指在 SA 组网架构下以及 5G 覆盖范围内，通过 5G+IMS 给用户提供语音业务。VoNR 流程如附图 21 所示。

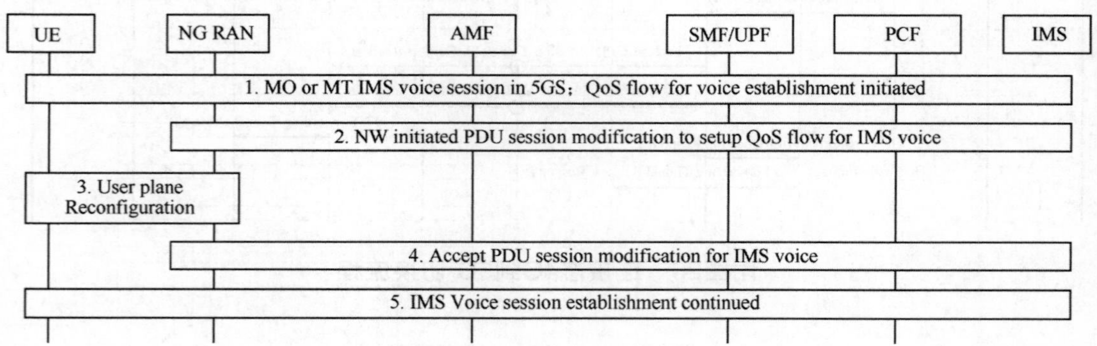

附图21 VoNR流程

（1）在 UE 主叫或者被叫场景下，IMS 系统根据 SIP 交互触发专用承载建立过程。

（2）5GC 给 NG RAN 发送建立专用承载请求。

（3）UE 用户平面重新配置。

（4）为 IMS 语音修改 PDU 会话。

（5）呼叫建立并进行后续流程。

在 VoNR 下，终端驻留 NR，语音业务和数据业务都承载在 NR 网络。当手机移动到 NR 信号覆盖较差的区域时，需要发起基于覆盖的切换来实现和 4G 的互操作，切换到 LTE 后，由 VoLTE 来提供服务。

VoNR 方案与 VoLTE 一样依赖成熟的 IMS 系统，VoNR 与 VoLTE 通过协同来保障用户语音业务的连续性和体验的一致性。另外，由于 VoNR 语音解决方案呼叫建立时间短、语音呼叫同时数据业务仍能高速传输，具有使用户感受更好的优势，因此它是目标语音方案。

●•6.2 EPS FallBack 业务流程

EPS Fallback 是指在 SA 组网架构下，从 5G 回落到 4G 网络的语音解决方案，即当工作在 5G 网络上的终端发起语音呼叫或有语音呼入时，网络通过重定向或切换流程将 5G 终端切换到 4G 网络上，通过 4G 网络的 VoLTE 技术提供语音业务。EPS Fallback 流程如附图 22 所示。

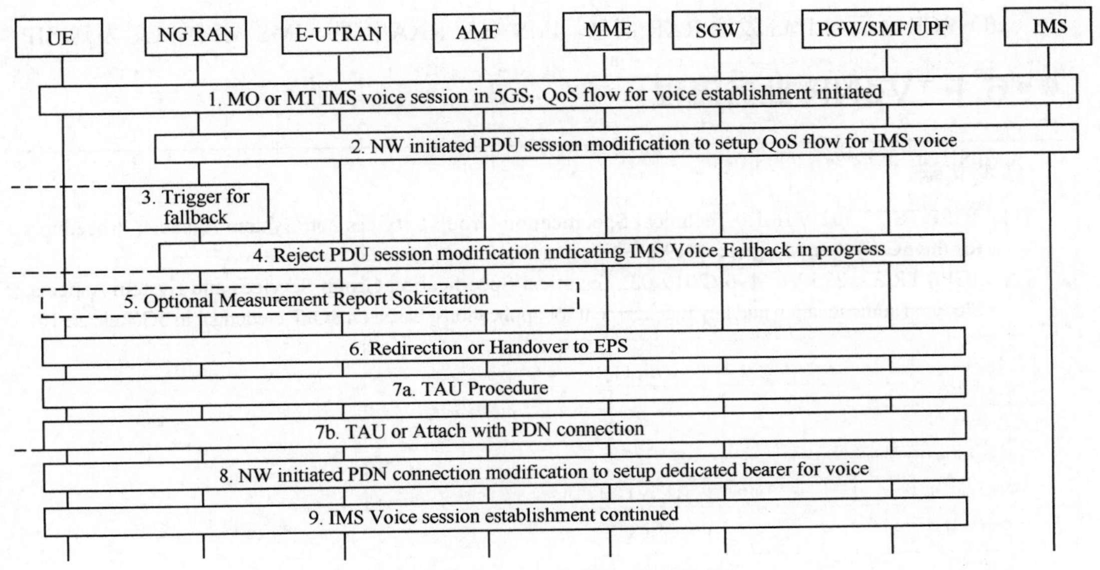

附图22 EPS Fallback流程

UE 附着到 5G 网络后已建立 IMS PDU 会话，并且已在 IMS 网络上注册成功。

（1）UE 发起 IMS 语音业务。UE 发送 SIP invite 消息给 IMS。IMS 发送 AAR 消息给 PCF，PCF 响应 AAA 消息触发创建专用 QoS Flow 的流程。

（2）PCF 向 SMF 发送 Npcf_SMPolicyControl_UpdateNotify Request 消息通知 SMF 创建语音专有 QoS Flow。SMF 响应 Npcf_SMPolicyControl_UpdateNotify Response 消息。

（3）SMF 向 AMF 发送 Namf_Communication_N1N2MessageTransfer，消息中携带 SM 相关信息。AMF 响应 Namf_Communication_N1N2MessageTransfer Response 消息。

（4）AMF 向 NG-RAN 发送 N2 Session Request 消息，通知 NG-RAN 建立语音 QoS Flow 资源，NG-RAN 拒绝语音 QoS Flow，响应 N2 Session Response 消息，并携带 IMS Voice EPS Fallback or RAT Fallback Triggered 原因值。

（5）AMF 向 SMF 发送 Nsmf_PDUSession_UpdateSMContext Request 携带 IMS Voice EPS Fallback or RAT Fallback Triggered 原因值。SMF 响应 Nsmf_PDUSession_UpdateSMContext Response 消息。

（6）（R）AN 发起 5GS to EPS Handover 流程。

（7）Handover 之后的 TAU 流程。

（8）PGW 根据缓存的 *QCI*=1 的 QoS Flow 创建请求，在用户回落 EPS 网络后再发起 IMS 语音专有承载创建流程。

（9）PGW 向 PCRF/PCF 发送 Npcf_SMPolicyControl_update request 消息，消息中携带 IP-CAN-Type、RAT-Type 等信息，这些信息都是 4G 网络中的信元。

（10）PCF 之后向 IMS 发送 RAR 消息，IMS 响应 RAA 消息。IMS 网络向 UE 发送 SIP 消息，语音通话正常。

参考文献

[1] 3GPP TS 23.502 V16.1.0 Technical Specification Group Services and System Aspects; Procedures for the 5G System; Stage 2, 2019.6.

[2] 3GPP TR 33. 835 V0. 4. 0 (2019-03) Technical Specification Group Services and System Aspects; Study on authentication and key management for applications; based on 3GPP credential in 5G(Release 16).